Deregulierte
Telekommunikationsmärkte

Wirtschaftswissenschaftliche Beiträge

**Informationen über die Bände 1–110
sendet Ihnen auf Anfrage gerne der Verlag.**

Band 111: G. Georgi, Job Shop Scheduling
in der Produktion, 1995. ISBN 3-7908-0833-4

Band 112: V. Kaltefleiter, Die Entwicklungshilfe
der Europäischen Union, 1995.
ISBN 3-7908-0838-5

Band 113: B. Wieland, Telekommunikation
und vertikale Integration, 1995.
ISBN 3-7908-0849-0

Band 114: D. Lucke, Monetäre Strategien
zur Stabilisierung der Weltwirtschaft, 1995.
ISBN 3-7908-0856-3

Band 115: F. Merz, DAX-Future-Arbitrage, 1995.
ISBN 3-7908-0859-8

Band 116: T. Köpke, Die Optionsbewertung an der
Deutschen Terminbörse, 1995. ISBN 3-7908-0870-9

Band 117: F. Heinemann, Rationalisierbare
Erwartungen, 1995. ISBN 3-7908-0888-1

Band 118: J. Windsperger, Transaktionskostenansatz
der Entstehung der Unternehmensorganisation, 1996.
ISBN 3-7908-0891-1

Band 119: M. Carlberg, Deutsche Vereinigung,
Kapitalbildung und Beschäftigung, 1996.
ISBN 3-7908-0896-2

Band 120: U. Rolf, Fiskalpolitik in der
Europäischen Währungsunion, 1996.
ISBN 3-7908-0898-9

Band 121: M. Pfaffermayr, Direktinvestitionen
im Ausland, 1996. ISBN 3-7908-0908-X

Band 122: A. Lindner, Ausbildungsinvestitionen in
einfachen gesamtwirtschaftlichen Modellen, 1996.
ISBN 3-7908-0912-8

Band 123: H. Behrendt, Wirkungsanalyse von Tech-
nologie- und Gründerzentren in Westdeutschland,
1996. ISBN 3-7908-0918-7

Band 124: R. Neck (Hrsg.) Wirtschaftswissenschaftliche Forschung für die neunziger Jahre, 1996.
ISBN 3-7908-0919-5

Band 125: G. Bol, G. Nakhaeizadeh/
K.-H. Vollmer (Hrsg.) Finanzmarktanalyse und
-prognose mit innovativen quantitativen Verfahren,
1996. ISBN 3-7908-0925-X

Band 126: R. Eisenberger, Ein Kapitalmarktmodell
unter Ambiguität, 1996. ISBN 3-7908-0937-3

Band 127: M. J. Theurillat, Der Schweizer Aktien-
markt, 1996. ISBN 3-7908-0941-1

Band 128: T. Lauer, Die Dynamik von Konsum-
gütermärkten, 1996. ISBN 3-7908-0948-9

Band 129: M. Wendel, Spieler oder Spekulanten,
1996. ISBN 3-7908-0950-0

Band 130: R. Olliges, Abbildung von Diffusions-
prozessen, 1996. ISBN 3-7908-0954-3

Band 131: B. Wilmes, Deutschland und Japan im
globalen Wettbewerb, 1996. ISBN 3-7908-0961-6

Band 132: A. Sell, Finanzwirtschaftliche Aspekte
der Inflation, 1997. ISBN 3-7908-0973-X

Band 133: M. Streich, Internationale Werbeplanung,
1997. ISBN-3-7908-0980-2

Band 134: K. Edel, K.-A. Schäffer, W. Stier (Hrsg.)
Analyse saisonaler Zeitreihen, 1997.
ISBN 3-7908-0981-0

Band 135: B. Heer, Umwelt, Bevölkerungsdruck
und Wirtschaftswachstum in den Entwicklungsländern, 1997. ISBN 3-7908-0987-X

Band 136: Th. Christiaans, Learning by Doing in
offenen Volkswirtschaften, 1997.
ISBN 3-7908-0990-X

Band 137: A. Wagener, Internationaler Steuer-
wettbewerb mit Kapitalsteuern, 1997.
ISBN 3-7908-0993-4

Band 138: P. Zweifel et al., Elektrizitätstarife und
Stromverbrauch im Haushalt, 1997.
ISBN 3-7908-0994-2

Band 139: M. Wildi, Schätzung, Diagnose und
Prognose nicht-linearer SETAR-Modelle, 1997.
ISBN 3-7908-1006-1

Band 140: M. Braun, Bid-Ask-Spreads von
Aktienoptionen, 1997. ISBN 3-7908-1008-8

Band 141: M. Snelting, Übergangsgerechtigkeit
beim Abbau von Steuervergünstigungen und Subventionen, 1997. ISBN 3-7908-1013-4

Fortsetzung auf Seite 366

Robert F. Pelzel

Deregulierte Telekommunikationsmärkte

Internationalisierungstendenzen, Newcomer-Dynamik,
Mobilfunk- und Internetdienste

Mit 30 Abbildungen und 84 Tabellen

Springer-Verlag Berlin Heidelberg GmbH

Reihenherausgeber
Werner A. Müller

Autor
Dr. Robert F. Pelzel
VIAG INTERKOM GmbH & Co
80260 München
Deutschland
E-mail: robert.pelzel@viaginterkom.de
www.rpelzel.de

Die Deutsche Bibliothek – CIP-Einheitsaufnahme
Pelzel, Robert: Deregulierte Telekommunikationsmärkte: Internationalisierungstendenzen, Newcomer-Dynamik, Mobilfunk- und Internetdienste / Robert F. Pelzel. – Heidelberg: Physica-Verl., 2001
(Wirtschaftswissenschaftliche Beiträge; Bd. 178)

ISBN 978-3-7908-1331-9   ISBN 978-3-642-57567-9 (eBook)
DOI 10.1007/978-3-642-57567-9

Vorwort

Grundlegende technologische und regulatorische Veränderungen haben zur Jahrhundertwende die nationalen und internationalen Telekommunikationsmärkte mit erheblichem Anpassungsdruck konfrontiert. Überdies gibt es eine kontroverse Diskussion über Produktinnovationen und Mehrwertdienste wie E-Commerce, ISDN und UMTS. Zahlreiche Marktsegmente sind durch Preiskämpfe einerseits und Allianzbildungen andererseits gekennzeichnet; im Mobilfunkmarkt für Geschäftskunden ist bereits eine starke Verdrängungskonkurrenz zu beobachten. Wichtig sind zudem die Entwicklungen beim Wettbewerb im Kabelfernsehnetz und im Telefonortsnetz, wobei hier eine vergleichsweise langsame Einführung neuer Dienste absehbar ist. Im Vergleich der Entwicklungen in den USA, Großbritannien und Deutschland zeigen sich markante Unterschiede, aber auch in einigen Bereichen Gemeinsamkeiten.

Die Qualität und der Preis der Informationsübermittlung im Fest- und Mobilfunknetz sind zu einem wesentlichen Element der Leistungsfähigkeit von Volkswirtschaften geworden. Dabei haben sich die Kosten der Telekommunikation als ein weiterer Bestandteil des Standortwettbewerbs herauskristallisiert. Zu konstatieren ist eine gewisse Kluft zwischen der Verbreitungsgeschwindigkeit von Internetapplikationen in den Vereinigten Staaten und in Europa. Auf der anderen Seite ist durch technologische Weiterentwicklungen und die Betonung auf nationale - marktfragmentierende - Regulierungskonzepte die Vormachtstellung Europas im (GSM-)Mobilfunkmarkt in Gefahr. Wesentlich für die transatlantische Konkurrenz wird sicherlich auch die zukünftige Bedeutung der „Konvergenz" sein, also das Zusammenschmelzen bisher getrennter Technologien wie z. B. der Festnetze, der Mobilfunksysteme, der Internetapplikationen und der TV-Übertragungen.

Aus wissenschaftlicher Sicht stellen sich deshalb einige neue Fragen: Welche Folgen kommen auf die Wirtschaft durch die Konvergenzentwicklungen zu? Welche Strategie charakterisiert die Internationalisierungsbestrebungen der Newcomer und traditioneller Netzbetreiber? Werden nationale Regulierungsprinzipien dauerhaft eine Überlebenschance haben? Wie unterschiedlich sind die Internetentwicklungen in den untersuchten Ländern? Welche Beschäftigungsperspektiven entstehen aus der Deregulierung und aus der Verbreitung virtueller Welten?

Diese Analyse der Internationalisierungstendenzen und der Newcomer-Dynamik bei der Einführung von Telekommunikations-Mehrwertdiensten in den deregulierten Ländern Großbritannien, den USA und Deutschland arbeitet Entwicklungslinien sowie Unterschiede und Gemeinsamkeiten heraus. Zu einer Reihe der oben genannten Fragen werden erstmals Untersuchungsergebnisse vorgelegt. Auch die Verbindung von Regulierungspolitik und Innovationsdynamik wird ansatzweise aufbereitet und absehbare Veränderungen werden strukturiert aufgezeigt.

Das vorliegende Buch entstand als Dissertation mit dem Titel „Internationalisierungstendenzen, Newcomer-Dynamik und Mehrwertdienste in deregulierten Telekommunikationsmärkten" an der Universität Potsdam. Mein Dank gilt in erster Linie Herrn Prof. Dr. Paul J. J. Welfens, der durch seine konstruktiven Anregungen wesentlich zum Erfolg dieser Arbeit beigetragen hat. Herrn Prof. Dr. Hans-Georg Petersen danke ich herzlich für die Übernahme des Zweitgutachtens. Danken möchte ich den Mitarbeitern des Europäischen Instituts für Internationale Wirtschaftsbeziehungen an der Universität Potsdam, sowie ganz besonders meiner Familie, die mich über all die Jahre geduldig unterstützt hat.

München, Juli 2000   *Robert F. Pelzel*

Inhaltsverzeichnis

1 Einleitung

1.1 Die Problemstellung

Im Mittelpunkt der hier untersuchten Problemstellung steht der weitreichende Wandlungsprozess des Telekommunikationsmarktes, in dem durch die Liberalisierung und Privatisierung ein deutliches Einsetzen des Wettbewerbs und eine verstärkte Ausnutzung der vorhandenen Innovationspotentiale zu beobachten ist.[1] Unter Wettbewerb versteht man die Konkurrenz zwischen verschiedenartigen Gütern, die substituierbar sind. Die Liberalisierung, also die Öffnung des Marktes für Newcomer und die damit verbundene Erleichterung des Marktzutritts sowie die Umstrukturierung der Ex-Monopolisten, ist inhaltlich von der Privatisierung zu unterscheiden. Die Privatisierung, der Rückzug des Staates aus seinen Beteiligungsverhältnissen an den Telefongesellschaften, sichert per se noch keine wirksame Entflechtung der Monopolstruktur zu. Das Beispiel Großbritannien hat gezeigt, daß die Privatisierung der British Telecom (BT) alleine noch nicht zu einem effizienten Wettbewerb geführt hat.[2] Vergleichbar war die Situation in Deutschland unmittelbar nach der Privatisierung der Deutschen Telekom AG (DTAG).

Kaum ein anderer Wirtschaftsbereich war in den letzten Jahren vergleichbar tiefgreifenden Veränderungen unterworfen. Im Jahr 1995 sind weltweit 45 Mio. (im Vergleich zu 38 Mio. im Vorjahr) neue Festnetzanschlüsse zugeschaltet worden. Im gleichen Jahr wurden 33 Mio. Mobilfunkteilnehmer (im Vorjahr 19 Mio.) verzeichnet.[3] Im Jahr 1996 ist die Zahl der neuen Festnetzanschlüsse auf 50 Mio.[4] gestiegen. Das Festnetzmarktvolumen in Deutschland ist von 34 Mrd. DM (1990) auf 46 Mrd. DM (1998) angewachsen; im gleichen Zeitraum ist das Marktvolumen für Mobilfunkdienste von 0,8 Mrd. DM auf 19 Mrd. DM gestiegen[5]. In USA ist einer Erhebung von MCI zufolge der Umsatz der amerikanischen Telefongesellschaften von 213 Mrd. US\$ im Jahr 1996 auf 224,6 Mrd. US\$ im Jahr 1997 angewachsen.[6] Die internationalen Telefongespräche in den über 200 Ländern im weltumspannenden selbstvermittelten Sprachnetz sind von unter 4 Mrd. Minuten 1975 auf über 60 Mrd. Minuten 1995 gestiegen, das entspricht einer jährlichen Steigerungsrate von 15 %.[7] Die erforderlichen Aufwen-

---

[1] Vgl. das Grußwort von W. Bötsch anläßlich des 4. Forums Telekommunikation im Mai 1996: „Im Rahmen der Postreform von 1994 wurden die ehemaligen Unternehmen der Deutschen Bundespost in Aktiengesellschaften umgewandelt. Damit haben wir dazu beigetragen, daß sich die Deutsche Telekom AG von einer traditionellen Fernmeldeverwaltung zu einem marktorientierten, international operierenden Dienstleistungsunternehmen entwickeln kann." BÖTSCH (1996).

[2] Vgl. OECD (1996), S. 55.

[3] Vgl. ITU (1997), S.3.

[4] Vgl. ITU (1998), S. 14.

[5] Vgl. REGTP (1999c), S. 4.

[6] Vgl. MCI (1997), S. 6.

[7] Vgl. INTUG (1997), S. 7.

dungen für die Bereitstellung von Übertragungsbandbreiten sinken stetig; auf der Transpazifikroute hat im Jahr 1975 ein Sprachkanal 73.000 US$ gekostet, die Kosten sind im Jahr 1996
auf 2.000 US$ gefallen und werden im Jahr 1999 nur noch 200 US$ betragen.[1]

Der Telekommunikationsmarkt in den USA und Europa wächst mit überproportionaler Geschwindigkeit im Vergleich zum durchschnittlichen Zuwachs des Bruttosozialprodukts der
jeweiligen Volkswirtschaften. „Das Wachstum der Telekommunikation hat wesentlich zum
Wachstum der Volkswirtschaften beigetragen."[2] Das zeigt sich zum einem an der konstant
wachsenden Zahl der festen und mobilen Telefonanschlüssen und den damit verbundenen
Umsatzzunahmen der Betreibergesellschaften, zum anderen an der zunehmenden Verbreitung
von innovativen Mehrwertdiensten wie ISDN, Telefax, Electronic Data Interchange, Internet,
Intranet, Multimedia, Domotik[3], Centrex[4] und Videokonferenzen (VC). Überraschenderweise konnten sich die marktbeherrschenden Anbieter über lange Zeiträume trotz wachsender
Konkurrenz in liberalisierten TK-Märkten behaupten. Dies steht im Gegensatz zu den allgemeinen Entwicklungen in der Wirtschaft. „In den 30 Jahren zwischen 1955 und 1985 sind
mehr als die Hälfte aller Fortune-500-Unternehmen aus dieser Statistik verdrängt worden. Bei
der anderen Hälfte wird der Austausch bereits in 15 Jahren erfolgen."[5] Die Tabelle 1 zeigt die
Top-Telekommunikationskonzerne und Allianzen sortiert nach ihrem gemeinsamen Umsatz.

Tabelle 1: Top-Telekommunikationskonzerne und Allianzen

Name	Land	Umsatz in Mio. US$ 1996	Summe Umsatz (96) in Mio. US$	Allianz Stand 1996	Konzern Stand 1996	Umsatz in Mio. US$ 1998
DTAG	Deutschland	41.917	85.531	ja		41.000
France	Frankreich	29.569	85.531	ja		27.400
Sprint	USA	14.045	85.531	ja		s. MCI
AT & T	USA	52.184	75.485	ja		53.600
BT	Großbrit.	23.301	75.485	ja		28.300
Bell	USA	13.081	48.474		ja	31.600
GTE	USA	21.339	48.474		ja	25.500
Nynex	USA	13.454	48.474		ja	k. A.
SBC	USA	13.898	38.403		ja	28.800
Pacific	USA	9.588	38.403		ja	k. A.
Ameritech	USA	14.917	38.403		ja	17.200
MCI	USA	18.494	22.979		ja	47.700
WorldCom	USA	4.485	22.979		ja	s. MCI

Quelle: ITU (1998), S. A-92, WERRES (1999).

---

[1] Eigene Analysen und Anfrage beim BT Top Management im Mai 1998.

[2] SCHWARZ-SCHILLING (1998), empirische Belege hierzu finden sich bei JUNGMITTAG und WELFENS
(1996).

[3] Domotik steht für die Fernsteuerung von Heizungssystemen, Alarmanlagen und Unterhaltungselektroonik über
Telefonsysteme. Sind diese drahtlos, dann spricht man von Cellular Domotik.

[4] Centrex steht für Central Office Exchange, hier werden Funktionalitäten der Nebenstellenanlage wie ein einheitlicher Firmenrufnummernplan in die Ortsvermittlung verlagert.

[5] Vgl. OETINGER (1995), S. 246.

Auch wenn dieser konsolidierte Umsatz nicht in allen Fällen, wie bei Global One etwa, gemeinsam bilanziert wird, so erlaubt er doch Rückschlüsse auf die Marktmacht der einzelnen Carrier. Die Telekommunikationsbranche ist kapitalintensiv und die Markteintrittsbarrieren sind relativ hoch für Newcomer, auf die neben Investitionsaufwendungen zusätzlich hohe Marketingausgaben und Lizenzgebühren zukommen.

Selbst wenn neue Trends im Bereich der Mehrwertdienste für langfristig gute Chancen der Newcomer sprechen, so ist der kalkulierte Break Even der Investitionen der netzbetreibenden Herausforderer in den Monaten der Deregulierung kontinuierlich weiter in die Zukunft gewandert. Wurden 1996 noch mehrheitlich Break-Even-Zeitpunkte im Jahr 2000 genannt, so wurde 1998 im Zusammenhang mit dem Erreichen der Gewinnschwelle der Newcomer das Jahr 2004 erwähnt[1]. Das liegt an den gestiegenen Investitionsaufwendungen für den Aufbau einer alternativen Telekommunikationsinfrastruktur, dem früher einsetzenden Wettbewerb und der damit einhergehenden Preiserosion. Diese Rahmenbedingungen führen zu einem vermehrten Auftreten von diskretionären Führungsentscheidungen, bei denen die aktuelle Situation maßgeblich zu verschiedenen, ad-hoc ergriffenen Entscheidungen führt.[2] Eine teilweise gegenteilige Entwicklung wurde nach der Veröffentlichung der Interconnectionpreise der DTAG im Herbst 1997 sichtbar. Angeregt vom Zusammenschaltungspreis von durchschnittlich 0,027 DM pro Minute[3] hat zumindest die VIAG Interkom das vorgezogene Erreichen der Gewinnschwelle im Jahr 2001 angekündigt. Die Markteinschätzungen für die Newcomer basieren auf der Annahme, daß im Jahr 2008, zehn Jahre nach der Beendigung des Monopols der DTAG auf öffentliche Sprachdienste, der Marktanteil der DTAG auf ca. 65 % zurückgeht. Datapro erwartet, daß der Marktanteil an den TK-Diensten der DTAG von 76 % im Jahr 1997 auf 62 % im Jahr 2002[4] zurückgehen wird, und das, obwohl in dieser Einschätzung der DTAG-Umsatz bis 2005 auf die Größenordnung des gesamten TK-Dienstemarktes von 1997 anwachsen soll. Insgesamt werden die Investitionen innerhalb der EU in den nächsten Jahren auf über 40 Mrd. DM geschätzt.

---

[1] „Frühestens 2002, also ein Jahr später als zuletzt geplant, schafft die Telefonfirma [o.tel.o] den Break Even - und nur wenn die Eigner VEBA und RWE weitere Milliarden zuschießen." LUBER (1999).

[2] Vgl. PETERSEN (1988), S. 245.

[3] Vgl. BÖTSCH (1997a), S. 1.

[4] Vgl. MÜLLER-VEERSE (1997), S. 86.

Tabelle 2: Stand der Öffnung für den Wettbewerb, 1994

Dienst	Ortsgespräche	Ferngespräche	Int. Sprachvermittlung	X.25 Datenübertragung	Mietleitungen	Analoger Mobilfunk	Digitaler Mobilfunk
Deutschland	Monopol	Monopol	Monopol	Wettbewerb	Monopol	Monopol	Duopol
Großbritannien	Wettbewerb	Wettbewerb	Wettbewerb	Wettbewerb	Wettbewerb	Duopol	Wettbewerb
USA	Eingeschr. Wettbewerb	Wettbewerb	Wettbewerb	Wettbewerb	Wettbewerb	Regional-Duopol	Wettbewerb

Quelle: OECD (1996), S. 54.

Die World Trade Organization (kurz WTO) hat die Absicht angekündigt, daß 90 % des weltweiten Telekommunikationsmarktes im internationalen Dienstleistungsbereich im Jahr 2000 liberalisiert sein sollen. Bis zum Jahr 2009 werden die Verbraucher als Konsequenz dieser Liberalisierung durch niedrigere Gebühren, bessere Dienstleistungen und leistungsfähigere Technologien mehr als 1 Billion US$ einsparen.[1] Wenn man Deutschland, USA und Großbritannien in den verschiedenen TK-Segmenten vergleicht, dann erkennt man, daß Deutschland noch 1994 durch eine weitgehende Monopolsituation gekennzeichnet war, während 1999 durchgängig Wettbewerb[2] herrschte. Damit näherte sich die Marktsituation in Deutschland rasch den Verhältnissen in den USA und Großbritannien an.

Traditionell getrennte Technologien der Daten- und Sprachübertragung können auf der IP-Plattform des Internets gemeinsam realisiert werden. Ein Beispiel dafür ist die Internet-Telefonie. Die durch die technische Innovation der TK-Systeme ausgelöste Liberalisierung und politische Deregulierungsschritte bewirken, daß der während der Monopolzeit nicht möglich gewesene internationale Handel mit Telekommunikationsleistungen aufgebaut werden kann und daß Direktinvestionen im Ausland stattfinden.[3] Zwar werden strategische Felder wie der Aufbau von Mobilfunknetzen oder lokale Anschlußkonzepte in nationalen Märkten entwickelt, doch die Kunden, und hier vor allem die multinationalen Unternehmen (kurz MNC), fordern eine Ausrichtung auf weltumspannende Kommunikationsnetze. Diese reduzieren die Transaktionskosten über die bisherigen Marktgrenzen hinweg. „Im traditionellen verarbeitenden Gewerbe führten die sinkenden Kommunikations- und Informationskosten zu einer verstärkten Transparenz der Märkte und damit zu einem breiteren Spielraum bei der Verlagerung von Produktion über Grenzen hinweg."[4] Globale leistungsfähige TK-Betreiber werden nur in den Ländern entstehen können, in denen intensiver Wettbewerb einerseits herrscht und wo andererseits ein hohes Technologieniveau gegeben ist.

---

[1] Vgl. OECD (1998a), S. 147.

[2] Umfang und Effizienz des Wettbewerbs wird in dieser Arbeit untersucht.

[3] Vgl. FREDEBEUL-KREIN und FREYTAG (1997), S. 478.

[4] EUROPÄISCHE KOMMISSION (1997). S. 52.

Für die Aufbereitung der unterschiedlichen Merkmale der Telekommunikationsnetze sind strukturierte Kennzahlen erforderlich. Unter der Telefondichte versteht man die Anzahl der Haupttelefonleitungen pro 100 Einwohner.[1] Dieser Vergleichsmaßstab hat eine Reihe von Vorzügen: (i) Die Zahl der vergebenen Rufnummern ist relativ einfach durch Zählung an allen Hauptverteilern zu erfassen; (ii) im Gegensatz zur Zahl der Endgeräte ist die Zahl der Rufnummern unabhängig von Technologietrends[2]; (iii) und die Erfassung ist in liberalisierten Märkten mit unterschiedlichen Verbindungsbetreibern möglich. Während sich die Zahl der Festanschlüsse in der zweiten Hälfte der 90er Jahre nicht einmal verdoppelte, zeigt Tabelle 3 für den Zeitraum 1994 bis 2000 eine Verfünffachung der Telefaxgeräte und eine Verzehnfachung der Mobiltelefone.

Tabelle 3: Wachstumsindikatoren für TK-Dienste in Deutschland

Jahr	1994	1995	1996	1997	2000[3]
TK-Dienstart					
Telefonhauptanschlüsse je 100 EW	48	49	54	55	63
Faxgeräte je 1000 EW	18	18	22	26	70
Mobile Anschlüsse je 1000 EW	31	46	71	100	300

Quelle: FVIT (1996) S. 31., ITU (1997a), S. A-35, A-43, A-63, ITU (1998), S. A-7 f., DEUTSCHE TE-LEKOM AG (1998), S. U7, eigene Berechnungen (Werte zum Teil gerundet).

Man muß davon ausgehen, daß es längerfristig einen intensiven Wettbewerb im Segment der Dienste selbst, wie etwa Internet oder Vermittlung von Sprache, aber auch in dem Bereich der Infrastruktur gibt. Von den TK-Betreibern mit eigener Infrastruktur sind die reinen Wiederverkäufer zu unterscheiden; die Wiederverkäufer agieren ohne eigene Netzinfrastruktur, indem sie Netzkapazität anmieten. Für Wiederverkäufer ist daher Wettbewerb im Mietleitungsmarkt besonders wichtig. Eine wichtige Frage wird sein, welche Deregulierungstechnologien bzw. -impulse zu umfassendem Wettbewerb führen.

Die privaten Herausforderer, die zum Teil von Holdings aus dem Energieversorgungsbereich geführt werden, hatten im TK-Markt zu Ende der 90er Jahre nur relativ kleine Marktanteile. Eine Ausnahme bilden die Märkte mit einer schon früher einsetzenden technischen Dynamik, die Mobiltelefoniemärkte. Mannesmann Mobilfunk hat es mit dem Mobilfunknetz D2[4] geschafft, in Deutschland in kürzester Zeit im GSM-Markt[5] eine entscheidende Position, etwa vergleichbar mit der DTAG, zu erringen. In der Mobilität der Telekommunikation liegen des-

---

[1] Vgl. ITU (1998), S. 17.

[2] Die bis Mitte der siebziger Jahre übliche Zählung der Endgeräte ist durch die Auflösung der staatlichen Endgerätemonopole, den Einsatz von PCs, Nebenstellenanlagen, ISDN-Systemen und Faxgeräten nicht mehr für die Darstellung der Teledensity geeignet. Vgl. ITU (1998), S. 17.

[3] Werte für das Jahr 2000 sind Schätzungen.

[4] Das Unternehmen Mannesmann Mobilfunk hat 1997 einen Umsatz von 5.588 Mio. DM erzielt, dabei Investitionen von 852 Mio. DM getätigt und zum 31.12.1997 insgesamt 5.767 Mitarbeiter beschäftigt. Die gesamte Sparte der Telekommunikation bei Mannesmann (Mannesmann Arcor, Mannesmann Mobilfunk und Mannesmann Eurocom) erzielte einen Umsatz von 6.790 Mio. DM und beschäftigte 13.393 Mitarbeiter. Vgl. MANNESMANN (1999), S. 10 f. Durch die Übernahme von o.tel.o ist der Personalbestand in 1999 weiter gestiegen.

[5] GSM steht für Global System for Mobile Communication, früher auch Groupe Spéciale Mobile genannt.

halb besondere Chancen für die Newcomer. Das gilt gleichermaßen für die mobilen Endgeräte und die Mobilität im Festnetz selbst.

Abbildung 1: Entwicklung TK-Netze 1990 - 2000 in Deutschland

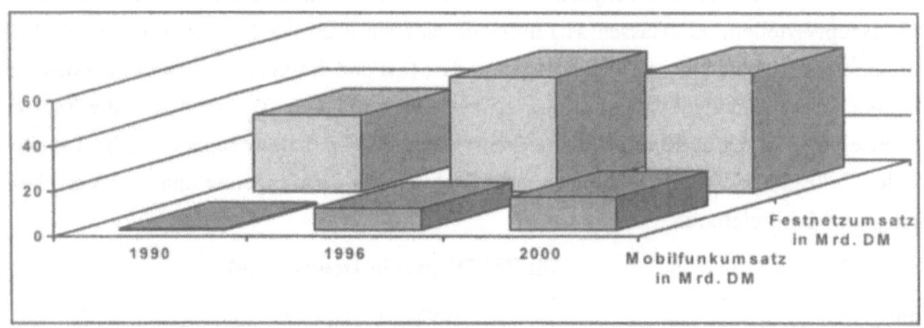

Quelle: BROSS (1997a), eigene Abschätzung.

Die EU geht davon aus, daß die Liberalisierung des TK-Marktes in Summe über eine Million neue Arbeitsplätze in den nächsten acht Jahren im europäischen Wirtschaftsraum schaffen wird.[1] Die neuen Telekommunikationsmöglichkeiten und Mehrwertdienste[2] wie Telefax, Internet und E-Mail erlauben es auch zunehmend, die konventionelle Heimarbeit in zeitgemäßer Form von Telearbeit wiederzubeleben. Die Arbeit wird dezentraler und flexibler, wobei dem vernetzten PC und seiner Leistungsfähigkeit vermutlich die entscheidende Rolle zukommen wird. Nach der Einschätzung von Intel wird bereits 1998 die Stückzahl weltweit verkaufter PCs mit 100 Millionen Stück (Verkaufszahl 1996 war 70 Mio.) die Menge der abgesetzten Fernseher (Verkaufszahl 1996 war 90 Mio. Stück) übertreffen.[3] Die Führungsrolle in einer technologischen Sparte wirkt sich auf den Arbeitsmarkt aus. In der Zeit der inkompatiblen Heimcomputer vor 1985 hatte das preiswerte Gerät ZX 81 von S. Sinclair aus Großbritannien einen durchschlagenden Erfolg und ermöglichte die Förderung einer Generation von englischen Programmierern.[4]

Weitere Ursachen des steigenden Kommunikationsbedarfs sind auch die Veränderung der Arbeitswelt. Der Wandel zur Dienstleistungsgesellschaft, der immer stärkere Zuzug in die Städte[5] und das steigende Bildungsniveau haben einen Anstieg des Austausches von Nachrichten aller Art zur Folge. Nach einer Prognose der Vereinten Nationen wird in den Ländern der Dritten Welt der Anteil der Stadtbevölkerung von heute 38 % auf 57 % im Jahre 2025

---

[1] Siehe HARTMANN (1997).

[2] Vgl. KERSCHNER (1996), S. 6, S. 18 und S. 148, dort werden Mehrwertdienste als Services bezeichnet, die über den reinen Basisdienst der Nachrichtenübertragung einen Mehrwert hinzuliefern bzw. diese Übertragungsleistungen integrieren oder veredeln.

[3] Vgl. GROVE (1997).

[4] Vgl. EUROPÄISCHE KOMMISSION (1996a) S. 14.

[5] Im Jahre 1997 hatten 22 Städte mehr als 8 Millionen Einwohner. Man geht davon aus, daß im Jahre 2015 etwa 33 Städte mehr als 8 Millionen Einwohner haben werden.

ansteigen und vergleichsweise gering dazu der Anteil der Stadtbevölkerung in den Industrienationen von 75 % auf 84 % wachsen. Der weltweit zu beobachtende Zuzug in die Städte führt zu einem veränderten Kommunikationsverhalten, weil die Art der Erwerbstätigkeit und das Kommunikationsverhalten im Umfeld einer Großstadt von der typischen Erwerbstätigkeit in ländlichen Regionen abweicht.

Tabelle 4: Drang in die Städte

Jahr	1975	1995	2025
Kriterium			
Weltbevölkerung in Millionen	4.000	5.700	8.300
Landbevölkerung in %	62 %	55 %	39 %
Stadtbevölkerung in %	38 %	45 %	61 %

Quelle: Globus (1997).

Die Vision eines einheitlichen universellen Netzes ist, abgesehen von der Satellitentelefonie, noch nicht realisiert worden. Der Hauptgrund für die seit 1970 existierende Forderung nach universellen TK-Diensten rund um den Globus über die Merkmale des „Plain Old Telefone Service" (POTS) hinaus, liegt sowohl in dem Wunsch nach persönlichen Freiräumen begründet, als auch in den durch Universal Mobile Telecommunications Systems (UMTS) entstehenden ökonomischen Vorteilen einer hocheffizienten Kommunikationsinfrastruktur.[1] Die in der folgenden Abbildung dargestellte Hochrechnung geht vom Erreichen der Sättigungszone des Mobilfunkmarktes im Jahr 2017 aus.[2]

Abbildung 2: Langfristige Entwicklung des Mobilfunkmarkts in Europa

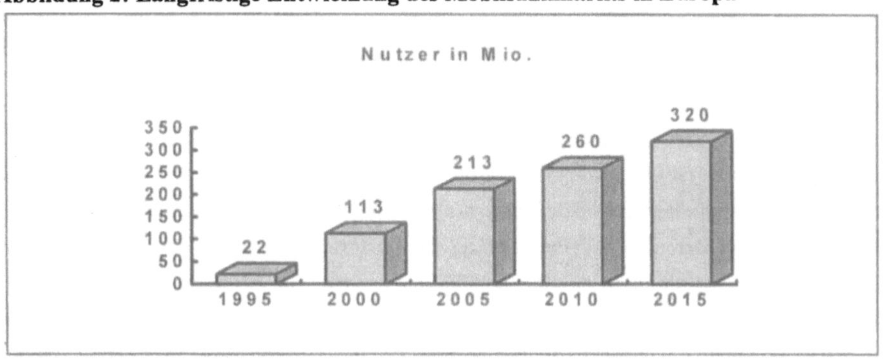

Quelle: UMTS (1997), S. 16 und UMTS (1999), S. 21.

Das UMTS-Forum geht davon aus, daß im Jahr 2005 weltweit 1,4 Mrd. Menschen über einen mobilen Telefonanschluß verfügen werden. Nach dieser Prognose wird im Jahr 2005 die Zahl der mobilen Telefonsysteme (1,4 Mrd.) die Zahl der Festanschlüsse (1,3 Mrd.) erstmals über-

---

[1] Vgl. COMPAINE und WEINRAUB (1997), S. 19.

[2] Vgl. UMTS (1997), S. 16.

treffen.[1] „Cet organisme [l'Institut d'études de l'audiovisuel et des télécommunications en Europe] estime qu'entre 1990 et 1996 le nombre d'abonnés à un service mobile de télécommunications dans le monde est passé de 11 millions à 137 millions, et qu'en 2005 on recensera 545 millions."[2]

Die wachsende Integration der Weltwirtschaft ist vor allem ein Resultat des technologischen Fortschritts in der Telekommunikation, im Transportwesen, in der Globalisierung des Investitionsverhaltens und des grenzenlosen Ideenflusses.[3] Die WTO mit ihren derzeit 125 Mitgliedsländern setzt sich dafür ein, die Liberalisierung von Telekommunikations- und Finanzdienstleistungen voranzutreiben. Die TK-Dienste verzeichnen einen steigenden Anteil am Bruttosozialprodukt (BSP) der führenden Industrienationen und werden damit ein immer wichtigeres Investitionsziel. Die zu untersuchenden Länder USA, Großbritannien und Deutschland unterscheiden sich in ihrem TK-Anteil am Bruttosozialprodukt (siehe folgende Tabelle) nur geringfügig.

Tabelle 5: Anteil der TK-Dienste am BSP der führenden Industrienationen

Land	Anteil am BSP 1993	Anteil am BSP 1995	Veränderung des TK-Anteils 1993 im Vergleich zu 1982 in Prozentpunkten	Veränderung des TK-Anteils 1995 im Vergleich zu 1993
Deutschland	2,1 %	2,0 %	+ 0,3 %	- 0,1 %
USA	2,8 %	2,5 %	+ 0,2 %	- 0,3 %
Großbritannien	2,5 %	2,5 %	+ 0,2 %	+ 0 %

Quelle: COMPUTERWOCHE (1996), S. 54, ITU (1998), S. A-67.

Quersubventionierungen stellen eine Bedrohung für die Ansätze zur Förderung des Wettbewerbs dar, weil eine Verzerrung der Chancengleichheit dadurch zu Tage treten kann. Hinzukommende Access-Deficit-Contribution-Effekte bedeuten, daß Quersubventionierung an den Orten der nicht erzielbaren Kostendeckung[4] mit den Gewinnen aus den „profitablen" Regionen durchgeführt werden. Diese Verschleierung der Kostenstruktur führt dazu, daß (i) in Einheitspreisen sozial begründbare alternative Hilfemaßnahmen für Arme, wie ein Telefonanschluß-Zuschuß für sozial schwache Bevölkerungsgruppen, untergehen; daß (ii) technisch mögliche Alternativen wie etwa die funktechnische Versorgung von dünn besiedelten Gebie-

---

[1] Vgl. UMTS (1999), S. 21.

[2] LE COEUR (1997), S. 5.

[3] Vgl. RUGGIERO (1996).

[4] Als Grenzfall muß hier sicherlich der Ferienbungalow auf einer Insel angesehen werden, dessen Telefonerstanschluß zum gleichen Preis der innerstädtischen Anschlußoption verkauft wird, aber alleine schon durch das Verlegen von bis zu einigen hundert Meter Seekabelstrecke ein Vielfaches davon kostet.

ten vernachlässigt werden; und daß (iii) Ungleichheiten zwischen den einzelnen Kundengruppen entstehen.[1]

1.2 Die Zielsetzung

Zielsetzung ist es, in einer vergleichenden Analyse zwischen Großbritannien, USA und Deutschland die Entwicklungen der Internationalisierung, der Newcomer-Dynamik und der Mehrwertdienste im Telekommunikationsmarkt zu untersuchen und ausgewählte wirtschaftspolitischen Implikationen aufzuzeigen. Ca. 40 % aller multinationalen Unternehmen (MNC) haben ihren Hauptsitz in den USA. Unter Bezug auf Kriterien des Marktvolumens und der Einflußnahme auf internationale Geschäftsentscheidungen kommt daher dem nordamerikanischen TK-Markt eine besondere Bedeutung zu. Der Vergleich selbst wird in vier Schritten aufgebaut:[2] (i) Wahrnehmung der Fakten; (ii) strukturierte Beschreibung des Sachverhaltes; (iii) Klassifizierung der Erkenntnisse und (iv) Bildung von Hypothesen. Die Deregulierung und Liberalisierung treffen dabei mit technologischen Innovationen und globalen Entwicklungen in der Wirtschaft zusammen.

Internationalen Vergleiche erfordern eine sorgfältige Interpretation, denn die bloße Datenerhebung und Gegenüberstellung gibt noch keine klaren Hinweise auf die einzelnen Ursachen ungleicher Entwicklungen.[3] Die untersuchten Länder USA, Großbritannien und Deutschland unterscheiden sich zum Teil erheblich in den Kriterien Landesgröße, Bevölkerungsverteilung, Bruttosozialprodukt und Technikaffinität der TK-Kunden, siehe auch Tabelle 6.[4]

---

[1] Es gibt auch Fälle z. B. in Wohnanlagen, bei denen der Erstanschluß an das öffentliche Sprachnetz wirklich nur das Aktivieren einer ohnehin vorhandenen Anschlußdose bedeutet, aber unabhängig davon der volle Pauschalpreis zu bezahlen ist.

[2] Vgl. RITTER (1997), S. 4.

[3] Vgl. RITTER (1997), S. 183.

[4] Siehe: CAPITAL (1997).

Tabelle 6: Kennzahlen der ausgewählten Länder im Vergleich, 1991 - 1997

Land Kriterium	Deutschland	Großbritannien	USA
Fläche in Quadratkilometern	356.780	244.493	9.384.658
Bevölkerung 1991 in Mio.	78,04	55,64	252,54
Bevölkerungsdichte 1991[1]	218,73	227,57	26,91
Bevölkerung 1995 in Mio	81,87	58,53	263,12
Bevölkerungsdichte 1995	229,0	239,0	28,0
Bevölkerung 1997 in Mio	82,057	59,084	271,648
Bevölkerungsdichte 1997	230,0	244,0	29,0
Bruttoinlandsprodukt in Mrd. KKS 1994[2]	1.492,1	959,6	6.245,0
BIP je Einwohner in KKS 1994	18.326	16.442	23.928
Umsatzanteil IT- u. TK am BIP, 1997	4,6 %	6,3 %	7,0 %
Internetverhältnis[3] 1997	3,07	3,87	8,59
Drahtgebundenes Verhältnis[4] 1997	6,92	6,01	13,05

Quelle: HAMMOND (1991), S.8 ff.; ITU (1997a), S. A-7; EUROPÄISCHE KOMMISSION (1996b), S. 17; OECD (1997), S. 187, EUROPÄISCHE KOMMISSION (1997a), S. 32, LEMKEMEYER (1998), STATISTISCHES BUNDESAMT (1999), eigene Berechnungen.

Die absolute Bevölkerungszahl[5] und die Bevölkerungsdichte in den ausgewählten Ländern haben sich zwischen 1991 und 1995 verändert, die Reihenfolge der Kennzahlen untereinander ist unverändert geblieben. Die Bevölkerungsdichte in den beiden europäischen Staaten Deutschland[6] und Großbritannien ist etwa gleich groß und dabei knapp zehnmal höher als die der Vereinigten Staaten von Amerika.

Der amerikanische TK-Markt weist im Gegensatz zum europäischen Markt eine Reihe von weiteren Unterscheidungsmerkmalen[7] auf. Der eingeschlagene Weg der Regulierung, die sehr unterschiedliche Besiedlungsdichte des Landes und die Konzentration des Geschäftslebens auf Großstädte sind die wesentlichen Unterscheidungsmerkmale. In der Metropolitan Area von Los Angeles gibt es knapp 10 Mio. Telefonanschlüsse.[8] In den USA leben 2,9 % der Bevölkerung in der größten Stadt, in Deutschland sind es 4,2 %, in Großbritannien hingegen 12,5 %.[9] So versorgt in der Gegend von Fresno, Kalifornien, die Sierra Telephone Company, die sich seit ihrer Gründung durch Archibald C. Shaw in Jahre 1908 ununterbrochen im

---

[1] Bevölkerungsdichte in Einwohner pro Quadratkilometer.

[2] Bruttoinlandsprodukt zu geschätzten Marktpreisen in Mrd. KKS. 1 KKS entspricht in dieser Darstellung 2,225 DM bzw. 0,6942 UKL bzw. 1,08 US$. Die Maßeinheit Kaufkraftstandard entspricht einem für jedes Land identischen Volumen an Gütern und Dienstleistungen.

[3] Das Internetverhältnis ist definiert als Summe der Internethosts plus Internet Domains plus Webseiten geteilt durch das Bruttosozialprodukt.

[4] Das drahtgebundene Verhältnis ist definiert als Summe der Elektrizitätsleitungen plus Telefonleitungen plus Fernsehgeräte geteilt durch die Bevölkerung.

[5] Die Bevölkerung Deutschlands wächst mit einer jährlichen Rate von 1 %.

[6] In den Ballungszentren Deutschlands (Nürnberg, Leipzig, Hannover, München, Hamburg, Berlin, Stuttgart, Frankfurt, Düsseldorf, Essen) leben auf 16 % der gesamten Fläche etwa 45 % der gesamten Bevölkerung.

[7] Siehe auch empirische Konvergenzuntersuchungen zwischen USA und Europa von BARRO (1996), S. 471 ff.

[8] Vgl. GRUBE und RICHTER (1994), S. 119.

[9] Vgl. ITU (1997a), S. A-27. Stand 1995.

Privatbesitz befindet, etwa 18.000 Kunden.[1] Anders als in den USA wurde bei der Liberalisierung in Deutschland nicht der Weg der Zerschlagung eines landesweit tätigen Telekommunikationsunternehmens gewählt. Das geschah auf Grundlage der Überzeugung, daß der Markt selbst die Frage der angemessenen Unternehmensgröße und der richtigen Anbieterstruktur zu entscheiden hat.[2] Die führende Rolle der Vereinigten Staaten in der Computerindustrie, Luftfahrt und Rüstungsindustrie sowie die daraus resultierende starke Verbreitung technologieintensiver Softwareanwendungen stellen deutliche Unterschiede zum europäischen Wirtschaftsraum dar. Eine entscheidende Frage für deutsche Märkte liegt in der adäquaten Anwendung der Erfahrungen im angelsächsischen Wirtschaftsraum. Dem gegenüber steht das Problem der Übertragbarkeit wirtschaftspolitischer Vergleiche und das Problem politischer Widerstände beim Übernehmen erfolgreicher Konzepte aus dem angelsächsischen Raum.[3]

1.3 Die Vorgehensweise

Nach Popper ist es wesentlich für eine wissenschaftliche Untersuchung, die Bereitschaft zu entwickeln, die aufgesetzten Hypothesen einem Widerlegungsrisiko auszusetzen.[4] „The thesis ... must form a distinct contribution to the knowledge of the subject and show evidence of the discovery of new facts or the exercise of independent judgement."[5] Nach Schanz[6] gibt es drei Wege, auf denen die angewandte Realwissenschaft zu einem Theoriefundament gelangen kann: (i) Die empirisch-induktive Vorgehensweise; (ii) die intuitiv-deduktive Vorgehensweise; (iii) und die kritizistische Interpretation von Spekulationen. Im ersten Verfahren werden in einem Schritt A Regelmäßigkeiten beobachtet, in einem Schritt B werden Tatsachen auf basistheoretischen Überlegungen systematisiert, und in Schritt C werden Hypothesen zur Erklärung beobachtbarer Sachverhalte formuliert. Bei der Induktion wird gewissermaßen vom Einzelfall auf das Allgemeine geschlossen.[7] Die zweite Lösungmethodik (ii) geht in Schritt A von einer durch Vernunft gesteuerten intuitiven Sinneswahrnehmung komplexer Zusammenhänge aus und leitet dann in Schritt B durch Deduktion weitere Erkenntnisse ab. Die Deduktion im Rahmen einer kausalen Kette stellt den Übergang von mehreren Prämissen zu einem Schluß dar; es wird gewissermaßen vom Allgemeinen das Spezielle hergeleitet.[8] Die dritte Methode (iii) der kritizistischen Lösung strebt nach Verbesserung der Erkenntnisentwicklung durch methodische und kreative Kontrolle menschlicher Spekulation. Nach der Einleitung in

---

[1] Vgl. SIERRA TELEPHONE (1997), S. A15.

[2] Vgl. SCHEURLE (1998a), S. 7.

[3] Vgl. RITTER (1997), S. 216. Weitere Auswirkungen auf die TK-Unternehmen siehe Anlage.

[4] Siehe auch POPPER (1984).

[5] HOWARD und SHARP (1983), S. 10.

[6] Vgl. SCHANZ (1988), S. 40 f.

[7] Vgl. CHMIELEWICZ (1994), S. 300, dort wird die Vermischung von Fakten und Normen als Instrument der politischen Manipulation aufgeführt.

[8] Vgl. PETERSEN (1993), S. 23.

Kapitel 1, in dem die Problemstellung, die Zielsetzung der Arbeit und die Vorgehensweise beschrieben werden, wendet sich Kapitel 2 den technologischen und marktmäßigen Aspekten des Telekomsektors zu. Im dritten Kapitel geht es um die Internationalisierung der Telekommunikation. Schwerpunkt des vierten Kapitels ist die Ermittlung der Newcomer-Dynamik und der Mehrwertdienste in ausgewählten Telekommunikationsmärkten. Im fünften Kapitel werden wirtschaftspolitische Konsequenzen erörtert. In Kapitel 6 erfolgt eine Zusammenfassung und kritische Würdigung der Ergebnisse sowie ein konsolidierter Ausblick.

2 Der Telekomsektor: Technologische und marktmäßige Aspekte

2.1 Technologietrends und Besonderheiten

Der Anfang der Übermittlung von Nachrichten mit technischen Apparaturen geht bis in das 18. Jahrhundert zurück, seitdem haben sich die Zeitabschnitte zwischen den einzelnen Technologiezyklen kontinuierlich verkürzt. Die durch die Entwicklungen und Erkenntnisse in den Gebieten der Optoelektronik, Chiptechnologie und Softwareanwendungen entstandenen Möglichkeiten haben den Fortschritt in der Telekommunikation beschleunigt und befriedigen die sich differenzierenden Anwenderbedürfnisse immer gezielter. Das amerikanische Telekommunikationsunternehmen AT & T hat mit seinen Forschungsergebnissen zu diesen Innovationsschritten beigetragen.

Tabelle 7: Entwicklung der Telekommunikation

Jahr	Erfindung	Kommentar
1729	Visueller Telegraph	Die französischen Brüder Chappe übermitteln optische Zeichen über eine Distanz von 12 km
1838	Telegraph	Der Amerikaner S. Morse übermittelt decodierte Nachrichten mit seinem elektronischen Telegraphen
1896	Drahtloser Telegraph	Der Italiener G. Marconi übermittelt drahtlos Nachrichten über eine Distanz von 100 Metern
1926	Fernsehen	Der Brite J. Baid zeigt in London die ersten TV-Bilder
1947	Transistor	Die Amerikaner John Bardeen, Walter Brattain und William Shockley aus den Bell Laboratorien entwickeln den Punktkontakttransistor
1958	Modem	Die amerikanische Bell Company verbindet zwei Computer mittels Modem durch eine Telefonleitung
1983	Mobilfunk	Die amerikanische AT & T bietet den ersten Mobilfunkdienst an

Quelle: VEREINSBANK (1995), S. 3, KUTZBACH (1997), S. VI.

Die Technologietrends im Telekomsektor lassen sich in mehrere Hauptgruppen einteilen. Bild-Telefon, Internet, digitales Fernsehen und Video-on-Demand-Anwendungen führen dabei die Innovationscluster an. Das gesamte Spektrum der Telematikdienste läßt sich in folgende Produktgruppen gliedern: (i) Mobilfunk und Pagerdienste; (ii) Telefondienste; (iii) Mehrwertdienste; (iv) Personalcomputer; (v) Fernseh- und Videoapplikationen. In dieser Arbeit werden die Mobilfunkdienste aufgrund ihrer Innovationsdynamik, die Festnetztelefondienste aufgrund ihrer herausragenden Bedeutung für die TK-Märkte und die Mehrwertdienste aufgrund ihrer strategisch wichtigen zukünftigen Rolle eingehend betrachtet. Die in Europa relativ unbedeutenden Pagerdienste werden nur kurz als Substitutionsprodukt für Handies in den USA diskutiert. Die Ausbreitung von Personal Computern wird nur indikativ untersucht, da PCs die hard- und softwaremäßige Plattform für Mehrwertdienste wie z. B. Internet sind, aber ansonsten nicht dem Telekommunikationsmarkt zugerechnet werden. Fernseh- und

Videoapplikationen[1] gehören traditionell zu den Massenmedien wie Zeitungen und Rundfunk. Ihre Rolle beim Einsatz von Satelliten und die technisch interessante Verbindung von Telefondiensten und Kabelfernsehen führen zu einer stichpunktartigen Betrachtung dieser Entwicklungsumgebung. Während erst 35 Jahre nach Erfindung des Telefons und 25 Jahre nach Erfindung des Fernsehens jeweils eine Marktdurchdringung von 25 % erreicht wurde, ist dieser Marktanteil schon 13 Jahre nach Erfindung des digitalen Mobilfunkes und 8 Jahre nach Einführung des Internets erreicht worden. Die Verkürzung der Technologiezyklen kann auch veranschaulicht werden am Zeitraum der benötigt wurde, um 50 Mio. Teilnehmer zu erreichen. Während das Telefon zur Erreichung dieser Teilnehmerzahl 74 Jahre benötigte, konnte beim Internet dieser Wert nach 4 Jahren allerdings bei erhöhter Weltbevölkerung erreicht werden.

Abbildung 3: Zeitraum zur Erreichung von 50 Mio. Teilnehmern

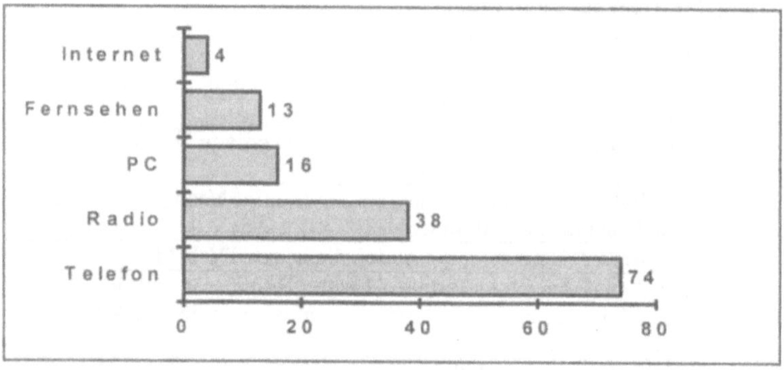

Quelle: ITU (1999).

2.2 Segmentierung des Marktes

Der Telekommunikationsmarkt kann unabhängig von der anzuwendenden Produktart unter dem Aspekt der Kundengruppendifferenzierung unterteilt werden in die Segmente: (i) Privatkundenmarkt; (ii) Geschäftskundenmarkt und (iii) Großkundenmarkt. Die Ökonomie der Marktsegmentierung[2] resultiert aus der Schaffung von Ertragsvorteilen aufgrund einer selektiven und differenzierten Bearbeitung von Teilmärkten. Auch wenn Privatkunden gewisse Produkte wie etwa Call-Center-Applikationen bei den TK-Carriern grundsätzlich nicht nachfragen, so ist ein signifikantes Differenzierungsmerkmal die Dimensionierung und Qualität der angefragten Dienstleistung. Privatkunden benötigen weniger Anschlußleitungen, geringere Portgeschwindigkeiten, weniger Bandbreite und stellen weniger hohe Anforderungen an die Ausfallsicherheit. Privatkunden können kurzfristiger auf Werbemaßnahmen und Preisver-

---

[1] In diesem Zusammenhang ist der gesamte Markt einschließlich Pay-TV, Free-TV, digitales Fernsehen und Video-on-Demand von Bedeutung.

[2] Vgl. SCHEUCH (1989), S. 285 und 299 sowie KOTLER (1991), S. 263 f.

änderungen reagieren, da die entsprechenden Entscheidungsprozesse kürzer sind. Unter diesen Segmentierungsprämissen erhalten die Privatkunden ein von den Großkunden abweichendes Produkt- und Preisgefüge, eine veränderte vertriebliche Betreuung und eine sektorspezifische Werbekonzeption. In der Telekommunikation verlagert sich die erforderliche Segmentierung von der Bereitstellung unterschiedlicher Produkte zu der individuellen Kommunikation mit den Zielgruppen. Bei dieser Segment-of-One-Strategie[1] erlaubt eine segmentorientierte Kundenbetreuung die Verwendung von modularen Produktvarianten. Dadurch soll die hohe Produktivität einer Großserienherstellung mit der Flexibilität einer Kleinserie kombiniert werden. Alternative Carrier (AC), die sich als Vollsortimenter positioniert haben, bedienen sowohl die Geschäftskunden als auch die Privatkundenmärkte und profitieren von den daraus abgeleiteten Synergien. Der Bekanntheitsgrad einer Marke unter Werbegesichtspunkten, die Aufwendungen für Sponsoring und Messen sowie zahlreiche technische Plattformen lassen sich in beiden Marktsegementen einbringen. Durch den Vorsprung des Ex-Monopolisten ist festzustellen, daß die Newcomer verstärkt mit Mobilfunkprodukten in den Privatkundenmarkt und mit Festnetzanbindungen nur in den Geschäftskundenmarkt eindringen. Bei dem Mobilfunk handelt es sich um ein wachsendes Segment, und bei den geschäftlichen Abnehmern großer Übertragungszeiten und -mengen sind die anzumietenden kostenpflichtigen Zugangsleitungen rentabel einsetzbar. Die nachfolgende Tabelle zeigt ein grundsätzliches Schema zur Definition und Abgrenzung von solchen strategischen Geschäftsfeldern.

Tabelle 8: Strategische Geschäftsfelder im TK-Markt

Kundengruppen	Produktgruppen	Kundenbedürfnisse	Absatzkanäle	Techologien
a) Privatkunden	Internet	**Kommunikation**	**Direktvertrieb**	Interconnection
	Datenübertragung	Mobilität	Carrier Shops	Fixed-Mobile Integration
b) **Geschäftskunden**	Mobilfunk	Sicherheit	Service Provider	**Seamless Services**
	Multimedia	Komfort	Telesales	Special Billing
c) Großkunden	Festnetztelefon	Transparenz	Absatzmittler	Globale Netze

Quelle: In Anlehnung an OELLER (1997), S. 13.

Aus den dargestellten Optionen in den einzelnen Spalten können für ein strategisches Geschäftsfeld spezifische Merkmale hervorgehoben werden. Die Kundengruppe der Geschäfts-

---

[1] Vgl. OETINGER (1995), S. 349 f.

kunden zeichnet der Bedarf nach Kommunikation und sicherer Datenübertragung aus, als Vertriebsform kommt der Direktvertrieb in Frage, und eine nahtlose (seamless) Dienstleistung von internationalen Netzen wird nachgefragt. Diese Kombination ist in der Tabelle durch den Fettdruck hervorgehoben.

2.2.1 Privatkundenmarkt

Der Privatkundenmarkt[1] ist von einer verstärkten Nutzung neuer Kommunikations- und Informationstechnologien gekennzeichnet. Dabei unterscheiden sich verschiedene Zielgruppen nach den Kriterien der Akzeptanz und Dynamik der Annahme neuer Produkte. Erkennbar wird das an den unterschiedlichen Penetrationsraten der Basistelefondienste im Vergleich zu innovativen neuen Produktgruppen wie Mobilfunk, Pagerdienste oder Internet. Bei den Online- und Mobilfunkdiensten orientiert sich der Privatkundenmarkt dabei an den Kaufkriterien: (i) einfache Bedienung; (ii) niedrige Grundgebühren; (iii) zahlreiche gebührenfreie Dienste.[2] Die einzelnen Produktgruppen haben zudem einen gegenseitigen Substitutionscharakter. PCs mit Modemkarte substituieren sich aus der Sicht der Konsumenten herkömmliche Faxgeräte. Anrufbeantworter (sogenannte Voicemailboxen) im Netz konkurrieren mit dem Komforttelefon mit eingebautem Anrufbeantworter. Wer von seinem PC aus Nachrichten versenden und empfangen kann, ist nicht mehr unmittelbar an einem separaten Faxgerät interessiert. Ein Mobiltelefon mit Voicebox kann den konventionellen Anrufbeantworter am Festanschluß ersetzen. Durch eine Rufumleitungsfunktion können die Anrufe vom Festnetz auf das Mobilnetz umgeleitet werden. Wenn die Mobilfunkanbieter ein Hauszonenkonzept[3] einführen, dann können Kunden ihr Handy für abgehende Gespräche, falls sie sich in der Nähe ihrer Wohnung aufhalten, zu den weitaus günstigeren Festnetztarifen nutzen. Vernachlässigt man den bestehenden Nachteil, daß für eingehende Gespräche der Anrufer nach den 1997 gültigen Tarifkonzepten immer die höheren Mobilfunkgebühren bezahlt und somit nicht vom Hauszonenkonzept profitiert, so ist dennoch wahrscheinlich, daß Handies auch als Ersatz für einen Festanschluß genutzt werden, weil der Nutzen einer einzigen Telefonnummer von den Verbrauchern hoch eingeschätzt wird. Außerdem haben ISDN-Anschlüsse durch ihre Mehrkanalfähigkeit (Telefax und Telefon zur gleichen Zeit) und Anrufbeantworter eine volumenerhöhende Wirkung bei der Blindverkehr in Wirkverkehr umgewandelt wird.[4] Die weitere Verbreitung der Telearbeit und die private Nutzung der TK-Dienstleistungen werden die Entwicklung des Privatkundenmarktes stark beeinflussen. Im ersten Anwendungsfall sind die Aufwendungen für die Telekommunikation als Betriebskosten zu betrachten. Themen der Geschäftskunden wie etwa Ausfallwahrscheinlichkeiten, Antwortzeiten und Dauer eines Ge-

---

[1] Dieser Markt wird auch als Business-to-Consumer-Market bezeichnet.

[2] Vgl. BAUERVERLAG (1997), S. 29.

[3] Dieses Leistungsmerkmal ist ein Element des Fixed-Mobile-Integration-Konzeptes (FMI-Feature), siehe auch das Produkt „Genion" der VIAG Interkom.

[4] Vgl. WESTLB (1998), S. 16.

spächaufbaus sind in diesem Fall von untergeordneter Bedeutung. Privatkunden sind aus zwei Gründen stärker an den Ex-Monopolisten gebunden: (i) Bedingt durch die im Vergleich zu den Anschlußkosten außerhalb der Ballungsgebiete geringen monatlichen Umsätze sind Privatkunden für Festnetzanschlüsse nur bedingt im Fokus der Newcomer mit eigenem Netz; (ii) das Konsumverhalten konzentriert sich zum Beispiel auch auf (De-Facto-Monopol-) Einrichtungen wie die 160.000 Münz- und Kartentelefone[1] der DTAG, für die kurzfristig kein Substitut verfügbar sein wird. Für solche Liegenschaften ist 1998 noch nicht einmal ein diskriminierungsfreier Zugang der Access-Nummern der Newcomer geplant. Eine Abhilfe zur Umgehung dieser Blockadehaltung der DTAG könnten hier nur Calling-Cards der Newcomer bieten, die aber für Einsätze ohne internationales Gebührenaufkommen noch zu wenig Preisvorteile bieten. Die Situation beim Betrieb von Telefonzellen, die in Ballungsräumen nach wie vor eine wichtige Rolle spielen, ist durch eine beherrschende Position des Ex-Monopolisten geprägt.

Betrachtet man nur das Segment des Mobilfunks, so haben die TK-Carrier eigene Customer Facing Units (CFU) für den Vertrieb ihrer Dienstleistung an Geschäftskunden, und sie wenden indirekte Vertriebskanäle für den Verkauf an Privatkunden an. Die schmalen Deckungsbeiträge erlauben es nicht, die Anschlußkosten durch den Einsatz von dezidierten Vertriebsmitarbeitern für den Privatkundenmarkt zu erhöhen. Um eine flächendeckende Anbieterstruktur anwenden zu können, kommen folgende Absatzmittler zum Einsatz: Fachhändler, TK-Installateure, Service Provider, Einkaufszentren, Kaufhäuser, Computergeschäfte, Do-it-Yourself-Märkte, Superstores und Online-Dienste. Da in allen diesen Kanälen auch die Konkurrenz vertreten ist, bedarf es gezielter Absatzmittlermaßnahmen zur erfolgreichen Plazierung der Produkte. Die direkten Vertriebskanäle wie Telesales und eigene Geschäfte sind notwendig, um die gewünschte Verkaufsstrategie bei gleichzeitiger Endkundenbindung durchsetzen zu können. Die sogenannten D2-Shops von Mannesmann oder die T-Punkt-Läden der DTAG können hier als Beispiel dienen. Dabei ist es das Ziel der Kundenpolitik, gezielt auf den Konsumenten ausgerichtete Strategien einzusetzen. Ein Element dieser Konzeption ist die gezielte Verwendung von Schlüsselinformationen.[2] 1997 waren die zwei Hauptkomponenten für ein solches Vorgehen die Abschlußpämie bei dem Verkauf eines Kartenvertrags und die Beteiligung der Verkaufsorgane an den Gewinnen aus den monatlichen nutzungsabhängigen Gebühren. Gelingt es also einem Mobilfunkanbieter durch eine hohe Sprachqualität, eine weitreichende Netzabdeckung und eine stabile Marktpositionierung, untermauert durch geeignete Werbemaßnahmen, eine Endkundenattraktivität aufzubauen und gleichzeitig die Absatzmittler durch wettbewerbsfähige Abschlußprämien und stabile Minutentarife zu motivieren, so kann der Anbieter seine Position auf dem TK-Markt behaup-

---

[1] Ende 1997 waren 160.800 öffentliche Telefonstellen in Gebrauch, 60 % als Kartentelefone und 40 % als Münztelefone. Vgl. DEUTSCHE TELEKOM AG (1998), S. 54.

[2] Vgl. KROEBER-RIEL (1996), S. 668.

ten und ausbauen. Ergänzt wird diese Entwicklung durch eine zunehmende Verarbeitung der Kenntnisse über den einzelnen Kunden. Durch entsprechende Auswertungen der Kundendatenbanken, durch Roamingkennzeichensortierung und durch Speicherung der Zugriffsmerkmale im Internetbereich wird ein individualisiertes Verkehrsprofil ermittelt. Zusätzliche Angebote im Bereich der Direktwerbung können dadurch exakt auf die Bedürfnisse des Konsumenten angepaßt werden.[1]

2.2.2 Geschäftskundenmarkt

Der Geschäftskundenmarkt[2] hat eine Marktgröße von 3 Mio. potentiellen Abnehmern in Deutschland, darunter sind etwa 150.000 Kunden (sogenannte Named Accounts), deren jährliche Ausgaben für Telekommunikation 40.000 DM überschreiten. Diese großen Geschäftskunden alleine stellen ein jährliches Marktvolumen von mehr als 6 Mrd. DM dar; das entspricht 12 % des Gesamtmarktes für Festnetztelefonie.[3] Knapp 9.000 Unternehmen in Deutschland mit über 200 und weniger als 1.000 Beschäftigten gehören zusammen mit dem Mittelstand zu diesem Marktsegment.[4] Geschäfts- oder Systemkunden sind Unternehmen, deren Erfolg in erheblichem Maße von der Effizienz und Qualität des Informationsaustausches und der Datenverarbeitung abhängt.[5] Die einzelnen, auch internationalen Firmenstandorte sind miteinander vernetzt, und kostensenkende Effekte werden durch Gesamtabnehmerrabatte erwartet. Der Markt ist gekennzeichnet durch eine Antizipation der Liberalisierungs- und Internationalisierungseffekte. Durch die Gesetzgebung und die dort verankerte Sonderbehandlung der Corporate Networks (CN)[6] konnten die Geschäftskunden schon vor dem 1. Januar 1998 von einer Quasi-Wettbewerbssituation profitieren. Der Begriff Corporate Network wird hier in der umfassenden Definition gemäß dem European Telecommunication Standardization Institute (ETSI) verwendet. Ein Corporate Network kann sich auf mehrere Länder erstrecken, besitzt ein oder mehrere Zugänge zu öffentlichen Netzen und umfaßt alle Anlagen und Netze für den Telefonverkehr, sofern sie nicht zur Nutzung der Allgemeinheit zur Verfügung stehen. Die Begriffe Corporate Network, Privates Netz und der in der Regulierungsthematik verwendete Begriff „Netz für geschlossene Benutzergruppen" fungieren hier als Synonyme.[7] Die mittelständischen Unternehmen (SME) haben die TK-Mindestumsätze U zu erreichen, die vor dem Interconnectionagreement mit der DTAG und dem völligen Wett-

---

[1] Vgl. WINGER und EDELMAN (1995), S. 386.

[2] Dieser Markt wird auch als Business-to-Business-Market bezeichnet.

[3] Diesem Marktanteil liegt ein Marktvolumen von 51 Mrd. DM im Jahr 1997 zugrunde, siehe Seite 1. Deutschland verfügt mit einem Marktvolumen von 37,1 Mrd. ECU, Stand 1996, über den größten Telekommunikationsmarkt in Europa. Das Marktvolumen in Frankreich beträgt 24,7 Mrd. ECU und in Großbritannien 23,7 Mrd. ECU. Siehe auch EUROPÄISCHE UNION (1998), S. 6.

[4] Vgl. VIAG INTERKOM (1998a), S. 3.

[5] Vgl. GERPOTT (1997), S. 47.

[6] Der CN-Markt wurde schon Mitte 1996 liberalisiert.

[7] Vgl. ZVEI (1997a), S. 133.

bewerb auf dem Infrastrukturmarkt erforderlich waren, um von einem alternativen Carrier an das Netz genommen zu werden. Der Newcomer im Netzbereich konnte hier einen Gesamtpreis P anbieten, falls P > [direkte Kosten K] + [erforderliche Deckungsbeiträge D] + [Mietleitungskosten M für die letzte Meile] war. Neu auf den Markt tretende mittelständische Unternehmen, die beispielsweise Internetdienste und Sprachdienstleistungen (Wiederverkäufer) angeboten haben, unterlagen den grundsätzlichen Schwierigkeiten von kleinen und mittleren Unternehmensgründern; ihre Reputation im Absatzmarkt ist gering.[1] Auch wenn der Wiederverkäufer seine erwarteten monatlichen Zahlungseingänge durch entsprechende Bankbürgschaften abgesichert hat, so bleibt das Restrisiko der Liquiditätssicherung zum Teil auch beim TK-Unternehmen, das die Dienste zur Verfügung stellt.

Der Geschäftskundenmarkt hat innovative Lösungen gefordert. Unter verschiedenen angebotenen Varianten wird die jeweils kostengünstigste selektiert. Der Least Cost Router als Zusatzgerät von herkömmlichen Nebenstellenanlagen ist ein Optimierungsinstrument, das automatisch und in Abhängigkeit von der gewählten Telefonnummer den optimalen Verbindungsweg aussucht. Je stärker die Tarifangebote der Call-Back-Anbieter und Dial-In-Anbieter in den Tarifbändern voneinander abweichen, desto größer sind die einzusparenden Opportunitätskosten und um so schneller wird der Break-Even-Punkt erreicht. Call-Back-Anbieter nutzen die vorhandenen Netze der nationalen PTTs, sie haben in der Regel keine Zusammenschaltungsvereinbarungen und sie nutzen durch automatisierte Rückrufanregeverfahren die Arbitrage im grenzüberschreitenden Sprachdienst. Würden die PTTs für Gespräche zwischen zwei Ländern gleiche Tarife unabhängig von der Richtung des Gesprächsaufbaus ansetzen, dann wäre die Arbitrage gleich Null und die Geschäftsgrundlage der Call-Back-Provider entfiele. Obwohl die DTAG eine UN-Resolution, die die Call-Back-Dienste verbietet, im Sommer 1996 erwirken konnte, hat das nicht bindende Communiqué bisher keine Wirkung erzielen können. Dial-In-Anbieter sind Newcomer im Carriergeschäft, die entweder über eigene Netze verfügen, oder die zumindest über wirksame Interconnection-Vereinbarungen mit der nationalen PTT verfügen. Tätigt ein Geschäftskunde einen Direct Dial, kommen die Gebühren des Newcomers zur Anwendungen, auch wenn das Gespräch im Netz einer PPT endet (On-Net-Off-Net-Call).

---

[1] Vgl. WELFENS (1996a), S. 11.

2.2.3 Großkundenmarkt

Der Großkundenmarkt[1] ist durch eine hohe Wettbewerbsintensität und eine relativ konstante Zahl von marktmächtigen, oft international ausgerichteten Kunden geprägt. Verschiedene unabhängige Schätzungen gehen von über 2.000 Klienten[2] mit insgesamt knapp 9 Mio. Beschäftigten in Deutschland aus, deren jährliche Telekommunikationsausgaben 800.000 DM überschreiten. Die Großkunden alleine stellen ein jährliches Marktvolumen von weit mehr als 1,6 Mrd. DM dar. Diese „Top Accounts" verfügen über ausreichend Erfahrung bei der Auswahl von Lieferanten und der effektiven Gestaltung von Ausschreibungen. Dieser Zielmarkt erwartet von den Newcomern im Carrierbereich absolute Termintreue, gleiche oder bessere Qualität der TK-Dienste im Vergleich zum dominanten Anbieter und signifikante Preisvorteile. Darüber hinaus ist der Akquisitionsaufwand bei den Großkunden höher, weil es in diesem Segment selten möglich ist, die betroffenen Vertriebsmitarbeiter auf Carrierseite gleichzeitig für mehrere Accounts bzw. Großkunden einzusetzen. Solche National Account Manager (NAM) oder Global Account Manager (GAM) fungieren auch als Gegenpol zu einer aufgrund von Allianzbildungen zunehmend stärker konzentrierten Käufermacht.[3] Durch die Outsourcingbestrebungen der Großkunden haben die TK-Carrier einen strategischen Vorteil gegenüber klassischen Wiederverkäufern. Der Vollsortimenter, im Gegensatz zum Wiederverkäufer, ist in der Lage, eine Ausschreibung vollständig abzudecken, ohne dabei auf Subunternehmer angewiesen zu sein. In den USA verfügt MCI über eine eigene Division für die Lieferung von Komplettlösungen, das MCI Systemhouse. Dieses Segment in USA steht in Konkurrenz zu Andersen Consulting und IBM. Andere Carrier wie WorldCom und GTE decken dieses Segment (noch) nicht ab. BT betreibt die Unternehmenssparte Syntegra und Syncordia, und die DTAG deckt den Markt für schlüsselfertige Kundenlösungen mit der DeTeSystem ab. Die wachsende Bedeutung des Systemgeschäftes hat bei der DeTeSystem zu einer Erhöhung der Mitarbeiterzahl von 1.449 Ende 1997 auf 1.649 Anfang 1999 geführt.[4] Die ganzheitliche Betreuung der Großkunden erfordert ein konzeptionelles Projektmanagement für die Pre- und Post-Sales-Phase.[5] Die Bedeutung des Großkundenmarktes ist in Hinsicht auf Werbung nicht zu unterschätzen. Werbebotschaften wie „VIAG Interkom hat Lufthansa unter Vertrag" oder „RTL telefoniert mit o.tel.o" haben eine Signalwirkung auf den Massenmarkt und erhöhen die Markenbekanntheit. Großkunden gelten aus Marketinggesichtspunkten als Schlüsselfunktionen bei der Besetzung von Märkten.

---

[1] Dieser Markt wird auch als Key-Account-Market bezeichnet.

[2] Vgl. VIAG INTERKOM (1998a), S. 3.

[3] Vgl. KOTLER (1991), S. 656.

[4] Vgl. DEUTSCHE TELEKOM AG (1999a), S. 43.

[5] Siehe auch PELZEL (1999).

2.3 Bedeutung der Wettbewerbsintensität auf Telekommärkten und volkswirtschaftliche Relevanz

Die Wettbewerbsprozesse auf Telekommärkten sind von den unterschiedlichen Entwicklungen der Liberalisierung der Telekommunikationsaktivitäten in den einzelnen Ländern geprägt. Von 1984 bis 1987 wurden europaweit die Grundlagen einer gemeinsamen Politik gelegt. Die Leitsätze und Eckpfeiler dieser Entwicklung waren: (i) Die Etablierung europäischer Standards; (ii) die internationale Koordinierung der ISDN- und GSM-Entwicklung; (iii) eine gewisse Abstimmung in den Forschungsbereichen; und (iv) der Aufbau eines gemeinsamen Netz- und Endgerätemarktes.[1] Das Grünbuch der Telekommunikation der EU von 1987 hat weitergehende Vereinheitlichungen und Regeln für die Gebiete der Endgerätehomogenisierung (Mutual Type Recognition, MTR), der Frage der Netzzugänge (Open Network Provision, ONP) und der Überwachung von Subventionen manifestiert. Ihren vorläufigen Abschluß fand diese Entwicklung im Jahre 1993, als der EU-Ministerrat dem Europäischen Parlament die Aufhebung des Sprachmonopols zum 1. Januar 1998 vorgeschlagen hat.[2] Dies kann in Zusammenhang mit dem sogenannten Europäischen Paradoxon[3] gesehen werden. Verglichen mit den Hauptkonkurrenten USA und Japan ist das wissenschaftliche Forschungsniveau in der EU bemerkenswert gut, die technologischen Leistungen dagegen sind im letzten Jahrzehnt in den Schlüsselfunktionen Elektronik und Informationstechnik zurückgegangen. Die Förderung der Innovation zur Erhöhung der Wettbewerbsfähigkeit ist ein zentraler Anreiz innerhalb der EU für die Umsetzung der Liberalisierungsbestrebungen.

Im Jahr 1996 wurde ein Wendepunkt in der Durchsetzung der TK-Wettbewerbsstrategie erreicht. Die wettbewerbserfahrenen Anbieter wie BT und Cable & Wireless in Großbritannien haben im Hinblick auf das Deregulierungsdatum 1. Januar 1998 die Allianzstrategien repositioniert. BT hat zum Beispiel das Joint-Venture mit VIAG in Deutschland aufgewertet und weitere Finanzmittel für den Aufbau eines deutschen E2-Mobilfunknetzes auf Basis der DCS-1800-Technologie bereitgestellt. Cable & Wireless hingegen hat sich aus der Allianz mit der VEBA zurückgezogen und die eigenen Aktivitäten in Asien verstärkt. Die amerikanischen Carrier hingegen haben vorsichtig reagiert, da die Liberalisierung der Ortsnetze in den USA für die Long-Distance-Carrier (IXC) mit erheblichen Investitionen verbunden ist. Hier waren Kapitalmittel in den Vereinigten Staaten gebunden und standen für europäische Joint-Ventures nicht zur Verfügung. Im Jahr 1996 haben die Long-Distance-Carrier 14,4 Mrd. US$ in ihre Vermittlungssysteme, in lokale Infrastrukturausbauten und in Mobilfunkkonzepte investiert.[4] Das entspricht einer Steigerung von knapp 40 % gegenüber dem Vorjahreswert von 10,3 Mrd. US$. Welche hohe Bedeutung die Konzeption der Marktöffnung auf die Wettbe-

---

[1] VEREINSBANK (1995), S. 11.

[2] Portugal, Spanien, Griechenland und Irland haben eine Verlängerung der Frist bis 2000 erhalten.

[3] Vgl. EUROPÄISCHE KOMMISSION (1995a), S. 14.

[4] Vgl. LAWYER (1998), S. 62.

werbsprozesse ausübt, zeigt die Entwicklung des Marktes nach der Liberalisierung der Telekommunikation in Chile. Im Zusammenhang mit der Aufhebung des Monopols der staatlichen Gesellschaft Entel Ende 1993 und der Etablierung von fünf Konkurrenten wurde gemäß den Regulierungsprinzipien von Milton Friedmann jeder Telefonanschlußinhaber automatisch vor die Wahl des Betreibers gestellt. Zwischen 1995 und 1998 ist der Marktanteil von Entel auf 42 % gesunken.[1] Bereits 1995 war der Preis eines Telefongespräches von Chile nach USA nur ein Viertel des Preises von Brasilien nach USA und nur ein Siebtel des Preises von Argentinien nach USA.[2] Daraus ersieht man die Relevanz des Wettbewerbs für die Endkunden.

Seit über 100 Jahren wird das Telefon als erstes volkswirtschaftlich bedeutendes Telekommunikationsinstrument in vielfältiger Weise in industriellen und privaten Anwendungsbereichen eingesetzt. Am 18. April 1850 wurde von Julius Reuter[3] gezeigt, daß Nachrichtenübermittlung eine Dienstleistung ist, bei der die Aktualität der Information von hoher kommerzieller Bedeutung ist. Die von Reuter an diesem Tag erstmals eingesetzten Brieftauben haben in zwei Stunden die Strecke von Aachen nach Brüssel zurückgelegt und damit eine nicht vorhandene Telegraphenleitung substituiert. Heute ist die britische Nachrichtenagentur Reuters ein transnationaler Konzern, der für die globale Informationsgesellschaft riesige Datenmengen mit hoher Aktualität übermittelt. Mit Telekommunikations-Diensten wurde im Jahre 1996 weltweit ein Umsatz von 800 Milliarden DM erwirtschaftet. Während in diesem Jahr nur knapp 18 %[4] dieses Umsatzes in Wettbewerbsmärkten verbucht wurden, deuten alle Anzeichen daraufhin, daß im Jahr 2000 weit über 90 % von dann 1.720 Mrd. DM Marktvolumen in liberalisierten Märkten realisiert werden.

In den Pioniertagen des Telefons wurden die durch die Sprachübertragung entstehenden Möglichkeiten sehr anschaulich beschrieben: „Durch das Telephon oder den Fernsprecher wird jetzt sogar der Klang der menschlichen Stimme oder der Ton von Instrumenten in die Ferne geleitet, so daß man sich zwischen zwei Stationen mündlich und musikalisch unterhalten kann."[5] Fast ebenso alt wie die ursprüngliche analoge Basistechnologie selbst wurde das Fernmeldeanlagengesetz (FAG) in Deutschland, das am 1. August 1996 nach zwei Postreformen im Jahre 1989 und 1994 weitestgehend durch das Telekommunikationsgesetz (TKG) vom 25. Juli 1996 abgelöst wurde.[6] Die Schaffung des TKG kann man als ordnungspolitisch folgende Postreform bezeichnen. Die Auflösung der bisherigen Monopole für die TK-Netze Mitte 1996 und den öffentlichen Sprachdienst zum 1. Januar 1998 ist damit nach den Vorgaben der EU auf Grundlage nationaler Gesetze geregelt und signalisiert die tiefgreifende

---

[1] Vgl. ENZWEILER (1998), S. 74.

[2] Vgl. OECD (1998a), S. 147.

[3] Vgl. EUROPÄISCHE KOMMISSION (1996b), S. 4.

[4] Siehe DRIES (1997).

[5] POLACK (1882), S. 95.

[6] PLAGEMANN (1996), S. 4.

Wandlung dieses Marktes. Technische Innovationen, mangelhafte Leistungserbringung durch ein Monopolunternehmen und neue europäische Rechtsgrundlagen waren die auslösenden Faktoren für die deutschen Postreformen. Im TKG selbst, das nicht mehr zwischen Sprach- und Datenkommunikation unterscheidet, wird der Begriff Telekommunikation als der technische Vorgang bezeichnet, bei dem Nachrichten durch Telekommunikationseinrichtungen ausgesendet, übermittelt oder empfangen werden.[1] „Seit der Liberalisierung des deutschen Telekommunikationsmarktes am 1. Januar 1998 hat der Kunde die Wahl zwischen verschiedenen Anbietern. Er wird sich aber nur dann zu einem Wechsel entschließen, wenn ihm daraus keine Nachteile erwachsen (zum Beispiel eine neue Telefonnummer) und ihm die Serviceleistungen einer anderen Telefongesellschaft zusätzlich einen spürbaren, erlebbaren Mehrwert verschaffen."[2]

In der Anfangszeit der Fernmeldetechnik war die Übermittlung von Daten in Form von Morsezeichen oder Sprachübermittlung wie bei Telefonaten insbesondere für staatliche Organisationen von großer Bedeutung. Eisenbahnunternehmen und militärische Organisationen waren in den „Gründerzeiten" der Telekommunikation die entscheidenden Hauptabnehmer und Bedarfsträger dieser Dienstleistung. Aus diesem Grund und wegen der herrschenden Meinung, daß es sich bei diesem Markt um ein sogenanntes natürliches Monopol[3] handelte, waren die gemeinsamen Betreiber der Post- und Telefondienste in aller Regel in Europa[4] staatliche Unternehmen. Bis zur Deregulierung hat sich dies auf die Kundenorientierung und die Preisgestaltung dieser Dienstleistung ausgewirkt; die behördliche Vorgehensweise und nicht etwa die privatwirtschaftliche Serviceorientierung stand im Vordergrund.

Die Subadditivität der Kosten, also Größen- und Verbundvorteile, die dazu führen, daß ein Anbieter kostengünstiger produzieren kann, als mehrere Wettbewerber, charakterisieren das natürliche Monopol.[5] Treten gleichzeitig hohe versunkene Kosten auf, so gibt es keinen ausreichenden Anreiz für potentielle Wettbewerber, in den Markt einzutreten. Die Frage, ob es sich beim Telekommunikationsdienst unter Berücksichtigung der aktuellen technischen Inno-

---

[1] TELEKOMMUNIKATIONSGESETZ (1996), § 3, Ziff. 16.

[2] SOMMERLATTE (1998).

[3] In diesem Zusammenhang ist der Begriff „Monopol" stellvertretend für die Situation, daß ein Anbieter für Telekommunikationsdienstleistungen den Markt beherrscht. Im Gegensatz dazu hat sich ein regionales Nachfragemonopol, auch regionales Monopson genannt, daraus nur in Teilmärkten, z. B. bei komplexen Ortsvermittlungsanlagen, entwickeln können.

[4] Die Ausnahme in Europa bildet das Land Schweden, in dem traditionell die Post und die Telekommunikationsaktivitäten von getrennten Unternehmen geleitet werden. Obwohl der Markt als offen galt, hat erst das neue TK-Gesetz im Juni 1993 den Wettbewerb richtig gefördert. Die Regulierungsbehörde PTS wurde 1992 für den TK-Bereich aus der Taufe gehoben.

[5] Das Phänomen der Subadditivität von Kostenfunktionen ist geeignet, die Unteilbarkeiten als mögliche Gründe für ein Marktversagen zu erfassen. Sinkende Durchschnittskosten und steigende Skalenerträge (Economies of Scale) stellen Teilaspekte dar. Unteilbarbeiten bewirken, daß nur eine begrenzte Anzahl von Anbietern im Markt überleben kann (Oligopol) bzw. daß im Extremfall nur ein Anbieter (natürliches Monopol) überleben kann. Im Mehr-Güter-Fall kommen Verbundvorteile (Economies of Scope) hinzu, die alleine aber kein natürliches Monopol begründen können. Näheres siehe FRITSCH, WEIN und EWERS (1999), S. 179 und S. 184 ff.

vationen immer noch um ein natürliches Monopol[1] handle, ist dabei von großem Interesse. Sie muß aber angesichts der inzwischen verfügbaren Technologie in den einzelnen Marktsegmenten getrennt untersucht werden. Zusätzlich wichtig ist es, die „Bestreitbarkeit", also die Aufnahmefreundlichkeit für Newcomer, des TK-Marktes zu analysieren. Das Vorhandensein wesentlicher versunkener Investitionen[2] ist ein typisches Merkmal für die mangelnde Bestreitbarkeit von Märkten. Solche Sunk Costs im Unterschied zu Incremental Costs sind nicht durch Managemententscheidungen beeinflußbar und demzufolge für die Entscheidung ex post (nach Abschluß der Investition) selbst irrelevant. „A cost that does not vary across decision alternatives is called a sunk cost, ..."[3] Die Sunk Costs des Incumbent Carriers (in Deutschland die Deutsche Telekom AG) werden nicht nur repräsentiert durch die Kabeltrassen und die dazugehörenden Übertragungstechnologien; ein nennenswertes Anlagevermögen von 5,5 Mrd. DM[4] stellen auch die über 5.200 Ortsvermittlungsstellen der DTAG dar. Zu berücksichtigen ist jedoch die Tatsache, daß die Ortsvermittlungsdichte der DTAG auf Grundlage der mechanischen Hebdrehwählertechnologie in den fünfziger Jahren entstanden ist. Moderne Anlagen nach dem Stand der digitalen Technik lassen bei unveränderter statischer und dynamischer Netzkapazität eine weitaus geringere Dichte zu.

Die Preisliberalisierung, die in kurzer Zeit zu einer Zunahme der verfügbaren Produkte führt, muß zur Schaffung von Wettbewerbsmärkten mit einer Deregulierung und Demonopolisierung gekoppelt werden.[5] Bevor der Telekommunikationsmarkt liberalisiert wurde, hat man das damalige Monopolunternehmen DBP schrittweise privatisiert. Privatisierung und Verstaatlichung stellen Bewegungen auf einer Skala dar, die aufzeigt, in welchem Umfang der Staat Einfluß auf die Produktivvermögen ausübt.[6] Die Privatisierung normalisiert den Wettbewerb, weil der private Anbieter von Versorgungsleistungen im Gegensatz zur öffentlichen Hand nicht über die dirigistischen Instrumente zur Benachteiligung der Konkurrenten verfügt. Das Privateigentum zählt genauso wie die Vertragsfreiheit und das Haftungsprinzip zu den

---

[1] Vgl. SCHNEIDER (1997) S. 195 f., dort wird als Beispiel für ein natürliches Monopol eine nationale Eisenbahnverbindung erwähnt (Bereich mit fallenden Durchschnittskosten), also eine Situation, die ein gewinnbringendes Angebot durch mehr als einen Anbieter nicht zuläßt. Die hohen Fixkosten für die Erstellung und den Unterhalt der Strecken stehen vernachlässigbar geringen Grenzkosten für die Beförderung eines Passagiers gegenüber. Die ebenfalls dort geäußerte Meinung, daß es sich auch beim Kabelfernsehen um ein natürliches Monopol handeln müßte, wird vom Verfasser nicht geteilt. Bei Netzmonopolen (Leitungen, Schiene und Straße) liegt aus Gründen der Raumknappheit und Vernunft die staatliche Wirtschaftstätigkeit nahe. Sowohl die Frage der Qualitätssicherung (Trinkwasser, Bahnverkehr) als auch die Optimierung der rationellen Streckenführung (Raumordnungsverfahren, Enteignungen) läßt sich durch gesetzliche Vorschriften und entsprechende Kontrollen lösen. Vgl. MOLITOR (1995), S. 85 f.

[2] Im englischen Sprachraum auch „sunk cost" genannt.

[3] HIRSCHEY und PAPPAS (1992), S. 317.

[4] Dieser Abschätzung liegt der derzeitige gesamte Neubeschaffungswert von z. B. Siemens Elektronischen Wählsystemen Digital (EWSD, vgl. SIEMENS (1997a), S. 4.), die seit 1981 eingesetzt werden, zugrunde.

[5] Vgl. WAGNER (1997), S. 272.

[6] Vgl. GROSSEKETTLER (1999), S. 554.

konstituierenden Grundlagen der freien Marktwirtschaft.[1] Eine Konzentration von Privateigentum an den Produktionsmitteln kann die Entstehung einer Monopolsituation fördern, deshalb ist das Privateigentum durch die Konkurrenz oder durch anderweitige Regeln zu kontrollieren. Grundsätzlich ist die Privatisierung keine zwingende Voraussetzung für die Schaffung von Wettbewerbssituationen. Staatliche Unternehmen können sich unter der Voraussetzung der Unterlassung von staatlichen Quersubventionen in Wettbewerbsmärkte einordnen.[2] Die Vertragsfreiheit, z. B. für Kaufverträge und Arbeitsverträge, ist eine unerläßliche Voraussetzung für die Entfaltung von Wettbewerb und Geschäftsverkehr. Wenn Kooperationsverträge eine Dimension erreichen, die möglicherweise die Marktfreiheit einschränken, dann sind diese Vereinbarungen kartellrechtlich zu überprüfen. Das Haftungsprinzip, bei dem der Träger ökonomischer Entscheidungen zur Verantwortung gezogen werden kann, soll die Sozialisierung gegebenenfalls auftretender Verluste verhindern.

2.4 Globale Internationalisierungsanreize

Herausragende globale Internationalisierungsanreize sind breite Zusammenschaltmöglichkeiten, die terrestrische Mobiltelefonie, die Satellitenkommunikation, das globale Internet und die verstärkte Integration der Dienste in Form von Multimedia. Die durch die nationalen Liberalisierungen geöffneten Netzknoten der ehemals monopolistischen TK-Unternehmen erlauben den Newcomern die Option, ohne flächendeckende eigene Netze die letzte Meile zu überbrücken, Kommunikationsdienstleistungen bereitzustellen und Endverbraucher anzuschalten. Die grenzüberschreitende Verbesserung der Erreichbarkeit von Personen durch eine persönliche Nummer unabhängig vom Aufenthaltsort hat die sprunghaft gestiegene Verbreitung von Mobiltelefonen unterstützt. Die industriellen und privaten Bedürfnisse nach einer globalen mobilen Telekommunikation nehmen zu. Ausgehend von den Universitäten und den dort manifestierten Anforderungen nach internationaler Informationsvernetzung im Forschungsbereich hat das Internet seinen Zugang zum kommerziellen Bereich gefunden. Die technische Innovation der Personal Computer und die damit einhergehende weitere Miniaturisierung der Komponenten hat die multimedialen Möglichkeiten vervielfacht. Vom Kurzfilm auf CD über audiovisuelle Effekte aus dem Netz bis hin zur Integration industrieller Leittechnik im PC hat die rasche Erhöhung der Rechnerleistung und Speichergrößen einen positiven Verbreitungseffekt dieser Technik ausgelöst. „...the typical 1996 North American auto-

---

[1] Vgl. MÖSCHEL (1998), S. 15. Nach Walter Eucken sind zur Verwirklichung der Wettbewerbsordnung nach dem ordoliberalen Leitbild zwei Gruppen von Prinzipien erforderlich. Die konstituierenden Prinzipien ermöglichen die Herstellung der Wettbewerbsordnung. Zu ihnen gehört ein funktionsfähiges Marktpreissystem, das Primat der Währungspolitik, der offene Zugang zu den Märkten, ein durch den Wettbewerb kontrolliertes Privateigentum an den Produktionsmitteln, die Vertragsfreiheit, das Haftungsprinzip und eine konstante Wirtschaftspolitik. Zu den regulierenden Prinzipien gehören die Verhinderung von Monopolen und Kartellen, die Korrektur der Mechanik der primären Einkommensverteilung aus sozialen Gründen, die Berücksichtigung sozialer Folgekosten und die Stützungsmaßnahmen bei anormalem Verhalten des Arbeitsangebotes. Vgl. PETERS (1993), S. 80 ff.

[2] Vgl. PETERS (1993), S. 84.

mobile has on board more computing power than was on board Apollo XIII in 1970. In 1970, this statement of current technological fact would have been unimaginable."[1]

Im Zuge der Globalisierung der Wirtschaft werden auch in der Telekommunikation verstärkt internationale Allianzen gebildet. „Real globalization began after 1990 when the Cold War was over and Eastern Europe and Russia as well as Eastern Asia and China entered the world economy. Also advancements in telecommunications, information technology and logistics have meanwhile made the world so much smaller ... U.S. and U.K. companies have been at the forefront of globalization."[2] Die nach der neoklassischen Wachstumstheorie[3] originären Wachstumsfaktoren, die regenerierbaren und nicht regenerierbaren natürlichen Ressourcen, die menschliche Arbeitskraft und die menschliche Kreativität, werden durch die Globalisierung beeinflußt. Die Ausdehnung von Beschaffungsmärkten und Bezugsquellen verändert die Kosten- und Verfügbarkeitssituation von Gütern und Rohstoffen der Produktions- und Dienstleistungsprozesse. In zahlreichen Märkten verkleinert die Globalisierung einerseits und die Regionalisierung andererseits die Lebensräume für Unternehmen, die nur national oder in wenigen Ländern aktiv sind. Konzepte wie der „Information-Highway" oder das „Global Village" verändern die traditionellen Wettbewerbsverhältnisse.

Die Leistungsindikatoren in der TK-Industrie in bezug auf Produktion, Produktivität und Beschäftigung weisen beträchtliche Unterschiede zwischen den Vereinigten Staaten von Amerika und Deutschland auf. Eine Mitte 1997 veröffentlichte Studie zeigt, daß in Deutschland im Vergleich zu den USA nur 40 % des Produktionsniveaus, 45 % der Arbeitsproduktivität und rund 90 % des Beschäftigungsgrades erreicht wurden.[4] Durch die moderne Telekommunikation verkleinern sich vorhandene Pufferzonen zwischen voneinander getrennten Märkten. Der vereinfachte elektronische Informationsaustausch mit Hilfe von Satellitenkommunikation läßt selbst große Entfernungen zwischen Kontinenten schrumpfen. In vielen Bereichen haben sich Weltmächte ergeben, in denen Anbieter aus sehr vielen Ländern - auch Schwellenländern - miteinander konkurrieren. Zugleich finden große dynamische Unternehmen neue Möglichkeiten, in vielen Regionen der Welt zugleich zu produzieren und dabei häufig auch eine grenzüberschreitende konzerninterne Arbeitsteilung zu entwickeln. In einigen stark internationalisierten Branchen gibt es starke Anreize für Zusammenschlüsse, aber auch für die Bildung von Allianzen.

---

[1] Vgl. OECD (1996a), S. 45.

[2] BERGER (1998), S. 29.

[3] Vgl. MAUSSNER und KLUMP (1996), S. 28 f.

[4] Vgl. FAHLE und STANNOSSEK (1997), S. 38.

Abbildung 4: Entwicklung der Allianzbildung

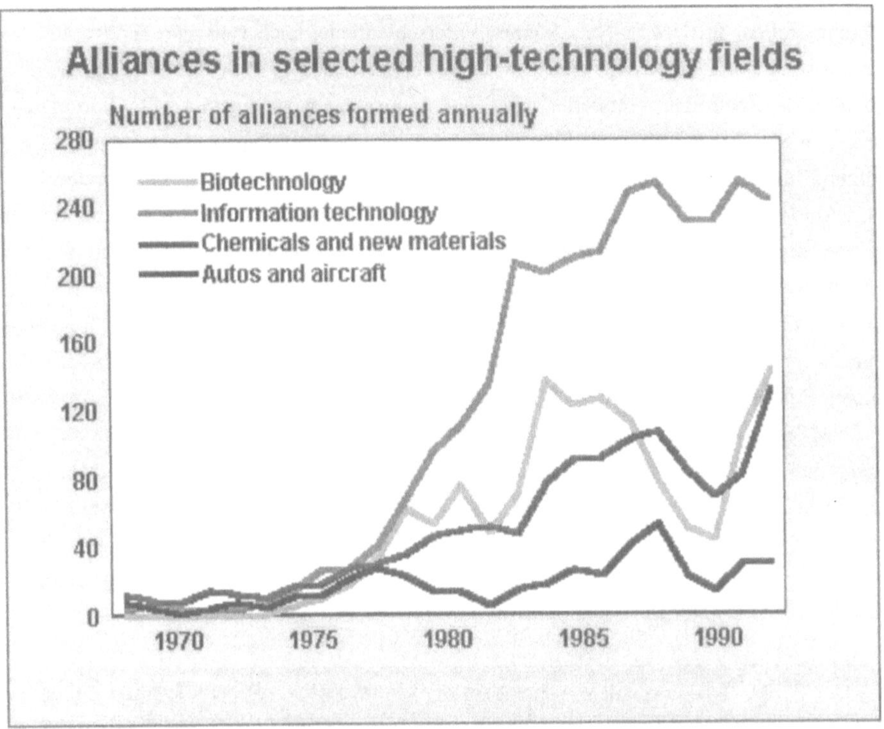

Quelle: LAY (1997), S. 5.

In der oben dargestellten Abbildung werden die Allianzen in den Branchen Biotechnologie, Informationsverarbeitung, chemische Industrie, Kraftfahrzeug- und Flugzeugbau miteinander verglichen. Nach einer ähnlichen Entwicklung in den betrachteten Sparten bis zum Jahr 1977 divergieren die Trendlinien in den Folgejahren signifikant. 1990 wurden 10 Allianzen im Transportbereich, 40 in der Biotechnologie, 60 in der chemischen Industrie und 250 in der Telekommunikationsbranche geschlossen. Im TK-Markt gab es in einem Jahr doppelt so viele Allianzbildungen wie in den anderen drei Industriebereichen zusammen. Durch die Anzahl der vorhandenen Fälle (Test-Cases) eignet sich der TK-Markt zur Überprüfung von theoretischen Allianzbildungsthesen.

Es gilt festzustellen, ob die Zunahme der Firmenzusammenschlüsse häufig zu einer Schwächung der Anbieterdynamik und in der unmittelbaren Folge zur Minderung des Wettbewerbs führt. Allianzen erhöhen die Finanzkraft, und die Investitionsstärke und fördern somit die gemeinsame Umsetzung vorlaufinvestitionsintensiver Standards. Neben dem bereits etablierten Mobilfunkstandard GSM und unterschiedlichen Satellitentechnologien soll künftig ein Universelles Mobiles Telekommunikationssystem (UMTS) allen Benutzern unabhängig von ihrem Vertragspartner eine ortsunabhängige Sprachkommunikation von hoher Qualität, den drahtlosen Internetzugriff und breitbandige Multimediadienste wie Video-on-Demand zur Verfügung stellen. Im UMTS-Netz können unterschiedliche, auch stationäre Endgeräte zu vergleichsweise geringen Kosten zum Einsatz kommen.[1] Ende 1996 schlossen sich über 50 europäische Netzbetreiber, Hersteller und TK-Organisationen zu einem UMTS-Forum zusammen. Im September 1997 bestätigte die GSM-Konferenz auf Zypern die technische Unterstützung für UMTS in Form einer kombinierten TDMA/CDMA-Lösung mit Bandbreiten von 128 kbit/s bis zu 2 Mbit/s. Im Vergleich zum ISDN-Übertragungsstandard (2 x 64 kbit/s) derzeitiger digitaler Mobilfunksysteme ist durch UMTS ein Quantensprung und eine wirkliche Konkurrenz zu Festnetzanbindungen auch für die Übertragung von Daten zu erwarten. Die Konzentration der Anbieter in herkömmlichen Produktionssparten wie Telefonapparatebau und Vermittlungsanlageninstallation steht einer beschleunigten Zunahme von neuen innovativen Produktgruppen wie UMTS gegenüber. Im Dezember 1997 ist die Sony Corporation der UMTS-Allianz beigetreten. Sony ist nach Alcatel, Bosch, Italtel, Motorola, Nortel und Siemens der siebte TK-Hersteller in diesem Konsortium.[2] Das UMTS-Forum schätzt das erforderliche Frequenzspektrum für den Betrieb eines 2 Mbit/s-Dienstes auf zweimal 20 MHz.[3]

---

[1] Vgl. GRAACK (1997), S. 61.

[2] Siehe auch o.V. (1997r).

[3] Vgl. BEIJER (1998), S. 83.

3 Die Internationalisierung der Telekommunikation

Die Internationalisierung der Telekommunikation ist eingebettet in eine Reihe von Globalisierungstendenzen, die viele Industrien erfaßt hat. Der laufende Prozeß der zunehmenden Konvergenz, die weltweite Liberalisierung der Telekommunikation und die Ausbreitung des Internets und anderer Online-Dienste führen zu einer Bildung neuer internationaler Marktstrukturen. Traditionell getrennte Technologien der Daten- und Sprachübertragung können auf der IP-Plattform des Internets gemeinsam realisiert werden. Herausragendes Beispiel dafür ist die Internet-Telefonie. In der Anwendungsebene und auf Seite der Systemhersteller wachsen unterschiedliche Kommunikations- und Computertechnologien zusammen. Deshalb hat Northern Telecom, ein Hersteller leitungsvermittelter TK-Systeme, im Dezember 1998 das Unternehmen Bay Networks, einen Hersteller paketvermittelter DV-Systeme, für 9 Mrd. US$ übernommen. 1996 wurden mehr als 15 % des Gesamtwertes weltweiter Fusionen und Übernahmen von Unternehmen in der Kommunikations- und Informationsindustrie getätigt.[1] Ausgehend von der Konzeption der europäischen Integration nach dem Zweiten Weltkrieg entwickelten sich auch in anderen Kontinenten Freihandelsgruppen und wirtschaftliche Zusammenschlüsse. Entsprechende Untersuchungen haben ergeben, daß wirtschaftlich gut entwickelte Länder deutliche Wachstumseffekte aus grenzüberschreitenden Integrationsbemühungen realisieren; kleinere Nationen profitieren aufgrund von Skaleneffekten überproportional.[2]

1987 hat die EU ein Programm zur Eliminierung der nichttarifären Handelshemmnisse[3] beschlossen. Das EU-Binnenmarktprogramm hat vier Schwerpunkte: (i) Abschaffung der Grenzkontrollen mit der Absicht, den Intra-EU-Handel zu fördern; (ii) Einführung eines europaweiten Ausschreibungswesens mit der Absicht, nationale Monopole zu beenden; (iii) Harmonisierung der technischen Standards mit der Absicht, den Wettbewerb zu intensivieren; (iv) Liberalisierung der Dienstleistungen - also auch Abschaffung der Telekom-Monopole zum 1. Januar 1998 mit der Absicht, Kostensenkungen zu realisieren und neue Investitionsmöglichkeiten zu schaffen; das Telekomliberalisierungsdatum wurde allerdings erst 1992 mit einer EU-Direktive vorgegeben.[4] Vor allem die Abschaffung der Monopolrechte der PTOs (siehe ii), die vereinfachten Prozeduren, TK-Geräte länderübergreifend zu vermarkten (siehe iii) und die neuen Möglichkeiten, in ehemals geschützte Märkte einzudringen (siehe iv), intensivieren die Internationalisierung der Telekommunikation. Ein weiterer Meilenstein für die

---

[1] Vgl. EUROPÄISCHE KOMMISSION (1998), S. 7.

[2] Vgl. WELFENS (1997), S. 283.

[3] Nichttarifäre Handelshemmnisse sind zum Beispiel nationale Produkt- und Sicherheitsstandards, spezifische technische Regularien und die auf nationale Unternehmen gerichteten öffentlichen Ausschreibungen.

[4] Vgl. WELFENS (1997), S. 293.

Beschleunigung der Integration in Europa wurde 1992 mit dem Maastrichter Vertrag erreicht. Die EU-Arbeitsgrundlagen beziehen sich seitdem auf drei Hauptpfeiler: (a) Europäische Gemeinschaft, die Zollunion und der Binnenmarkt einschließlich der Währungsunion; (b) die abgestimmte Außen- und Sicherheitspolitik und (c) die Zusammenarbeit in inneren Angelegenheiten.[1] Die Absicht der TK-Carrier sogenannte Seamless Services, also Dienstleistungen aus einer Hand, anzubieten und mit einer Rechnung zu adressieren, werden sich im Fall einer europäischen Währung auch rechnungstechnischer sehr viel einfacher abwickeln lassen.

3.1 Theorie der Internationalisierung im Telekommunikationsmarkt

Die Theorie der Internationalisierung im Telekommunikationsmarkt dient zur Untersuchung, ob durch Zusammenschlüsse und Zunahme der Unternehmensgröße die Marktanteile vergrößert werden können.[2] Art und Umfang einer Internationalisierung können mit ganz unterschiedlichen Entscheidungsgrundlagen festgelegt werden. Es gibt zum einen Unternehmen, die ihre Waren und Dienstleistungen regelmäßig auf einem ausländischen Markt verkaufen wollen, und zum anderen Konzerne, die weltweite Geschäftsfelder und Produktionseinrichtungen unterhalten und betreiben.

Die Globalisierung der Märkte ist jedoch keine Erscheinung, die alleine auf das 20. Jahrhundert beschränkt ist. Die Unternehmungen zahlreicher europäischer Staaten im Hinblick auf die Eroberung von Kolonien im 19. Jahrhundert in Amerika, Afrika und auch Asien hatten auch Grundzüge einer Globalisierung und Internationalisierung. Das erkennt man unter anderem an dem offensichtlichen Merkmal der unterschiedlichen Schwerpunkte der Produktions- und Verbrauchsstandorte in der damaligen kolonialen Wirtschaftsordnung. Während der Hochphase der Kolonialzeit wurde in den ehemaligen Kolonien ein überaus großer Rohstoffmarkt für Gold, Kautschuk und Baumwolle entwickelt, der so weit über den eigenen Bedarf hinausging, daß am Ende der überwiegende Anteil der Waren exportiert werden mußte. Die Verbrauchermärkte für Industrie- und Konsumgüterartikel hingegen befanden sich ausschließlich in Europa. „Das Thema Globalisierung ist zum modernen Schlagwort geworden, und es entsteht gelegentlich der Eindruck, als würde es sich dabei um ein völlig neues Phänomen unseres Jahrhunderts, ja der letzten Jahrzehnte handeln. Dies ist aber nicht so. Vielmehr ist die Geburtsstunde des wirklich weltweiten Handels in einer Zeit zu suchen, die rund 500 Jahre zurückliegt - in der Renaissance."[3]

---

[1] Vgl. WELFENS (1997), S. 298.

[2] Vgl. auch FUNKSCHAU (1997); dort wird die geplante Teilung von NTT in einzelne Gesellschaften unter dem Aspekt des internationalen gegenläufigen Trends der Zusammenschlüsse kritisch betrachtet, weil geteilte Unternehmen größere Summen für F & E aufteilen müssen.

[3] BÖTSCH (1998), S. 87.

Gegenwärtig ist der Trend in der Internationalisierung eher geprägt von der Bestrebung der multinationalen Unternehmen (MNC)[1], am Ort mit den geringsten Löhnen zu produzieren, am Markt mit der höchsten Verbraucherdichte zu verkaufen, am Standort mit der geringsten gesetzlichen Auflagenintensität zu forschen und in einem „Steuerparadies" bzw. Niedrigsteuerland wie Lichtenstein, Monaco oder Antigua die Gewinne auszuweisen. Für die Telekommunikation gilt zwar diese Regel nur abgeschwächt, da die variablen Produktionskosten für die Übertragung von Daten und Sprache verhältnismäßig gering sind und die Dienstleistung im Land selbst erbracht werden muß. Aber dafür fördert die Zunahme des sozialen und ökonomischen Pluralismus die Dezentralisierung und Internationalisierung der TK-Netze. Wichtig ist dabei die Tatsache, daß der Umfang der Globalisierung auf der Ebene der Geschäftsfelder und nicht auf der Ebene von Unternehmen definiert wird.[2] Ohne dabei die Doktrin einer zentralen Steuerung zu implizieren, werden bei global agierenden TK-Unternehmen einige Bereiche wie die Steuerung der weltweiten Netze zentral betreut und die Vertriebsaufgaben lokal aus der Region abgewickelt. Hinzu kommt die Internationalisierung der Geschäftstätigkeit der Kunden der PTTs. Die chemischen Industrien, Automobilkonzerne, Banken und Dienstleistungsunternehmen agieren häufig mit einer weltweiten Konzernstrategie und vereinheitlichten Einkaufsverfahren für Rohstoffe und Produktionsfaktoren. Multinationale Unternehmen verlieren deshalb das Interesse, Telekommunikationsdienste an jedem ihrer Standorte individuell einzukaufen; es besteht ein wirklicher Bedarf nach einem nahtlosem Bezug der Dienste aus einer Hand.[3] Solche aktuellen Anforderungen der Geschäftskunden wurden durch politische und technische Entwicklungen[4] gefördert: (i) Die Privatisierung der PTTs; (ii) die Verbreitung von Mehrwertdiensten neben den Universaldiensten; (iii) die Auflösung territorialer Monopole, besonders im Bereich des Endanschlusses, z. B. durch Funktechnologien.

3.2 Ausgewählte strategische Allianzen

Vielleicht ist der Begriff „strategische Allianz", der zuweilen auch für eine eher lose Kopplung von Unternehmen verwendet wird, zu schwach, um die Bildung der „TK-Supercarrier" zu beschreiben. Die führenden TK-Unternehmen der Industrienationen haben begonnen, in einer Art Wettlauf untereinander multinationale Telekommunikationsgiganten bzw. -allianzen zu schaffen. Die Eroberung neuer Marktfelder soll dabei den Rückgang der Marktanteile in den liberalisierten Märkten der ehemaligen Monopolisten kompensieren und gleichzeitig eine angemessene Reaktion auf die Globalisierung der Telekommunikationsaktivitäten der Großunternehmen darstellen.[5] Für die internationalen Carrier, die über Jahrzehnte als Monopoli-

---

[1] Multinationale Unternehmen.

[2] Vgl. WELGE (1997), S. 122.

[3] Auch one-stop-shopping for seamless services genannt.

[4] Vgl. WITTE (Hrsg., 1994), S. 2.

[5] Vgl. MONLOUIS (1998), S. 635 f.

sten in preisfestsetzenden internationalen Kooperationen zusammengearbeitet haben, ist die neue internationale Blockbildung auch eine Flucht vor einer rasch zunehmenden nationalen Konkurrenzsituation.[1] Zum Teil könnte das durchaus der Anfang eines umfassenden Shake-out-Prozesses sein, an dessen Ende nur zwei oder drei Unternehmen als Sieger hervorgehen, die dann eine so dominante Rolle und Reaktionsverbundenheit innerhalb eines engen Oligopols einnehmen, daß ein freier Wettbewerb beeinträchtigt wird. Ein weites Oligopol mit mäßiger Produktdifferenzierung hingegen, also eine Anbietersituation bei der die Reaktionsverbundenheit des Produzenten das kritische Maß noch nicht überschritten hat, kann zu einem Optimum der Innovationsneigung und der Innovationsmöglichkeiten führen, weil es im Unterschied zum Polypol nicht zu Effekten der eingeschränkten Durchsetzung des technologischen Fortschritts kommen kann. Die geringe Reaktionsverbundenheit im Polypol kann dazu führen, daß selbst sehr passive Unternehmen nicht in ihrer Existenz bedroht werden.[2]

Tabelle 9: Top-Telekommunikationsunternehmen, Umsatz in Mio. US$

Name des Unternehmens	Land	1993	1994	1995	1996	1997
NTT	Japan	60.100	68.852	84.045	71.143	82.060
AT & T	USA	39.900	43.425	51.374	52.184	56.358
DBP Telekom bzw. DTAG	Deutschland	35.700	37.713	46.151	40.584	39.398
France Télécom	Frankreich	22.400	23.288	29.613	28.891	25.352
BT	UK	20.500	21.263	22.785	24.493	26.110
GTE	USA	17.300	17.363	19.957	21.339	23.021
Telecom Italia	Italien	k. A.	18.047	18.503	19.192	18.067
Bell South	USA	15.900	16.845	17.886	19.040	20.573
MCI (ab 1997 mit WorldCom)	USA	11.921	13.338	15.265	18.494	26.392
Bell Atlantic (ab 1997 mit Nynex)	USA	12.500	13.791	13.430	13.081	31.297[3]

Quelle: CHALMERS (1995); S. 191, o.V. (1997); ROLAND BERGER & PARTNER (1997); OECD (1997), S.13; ELIXMANN (1996), S. 55, MCI (1998), ITU (1997b), S. A-20, eigene Recherche, alle Angaben beziehen sich auf Umsatz in Mio. US$. Siehe auch Tabellen zur Patentanmeldeentwicklung im Anhang.

Neben den internationalen Allianzen gibt es eine europaweite Welle nationaler Allianzen von Newcomern, deren Hauptziel die Etablierung einer Konkurrenzplattform gegenüber dem nationalen staatlichen Carrier ist. Oftmals ist die Erfolgsaussicht einer nationalen Verbindung

---

[1] Vgl. CANE (1997a).

[2] Vgl. BERG (1999), S. 315 und S. 321 und KANTZENBACH (1966).

[3] Der Gewinn von Bell Atlantic im Jahr 1997 lag bei 2,45 Mrd. US$. Siehe auch o.V. (1999).

aber von der Zugehörigkeit zu einem internationalen Player von entscheidender Bedeutung. Die Allianz- und Joint-Venture-Politik stellt außerdem sicher, daß über die daraus resultierenden beiderseitigen Beteiligungen in den Geschäftsführungsebenen der Newcomer und entsprechenden Beiräten in den Muttergesellschaften die operative Unternehmensführung bilateral transparent bleibt. Ausgehend von dieser Überlegung haben sich Unternehmen, die nicht oder nicht mehr über eine starke internationale Allianz verfügen, auf einen Teilbereich des Marktes zu konzentrieren. Die Verbindung von defensiven und offensiven Vorgehensweisen zur Sicherung der eigenen Position ist von Vorteil.[1] Anfang des Jahres 1997 waren in Deutschland drei Kategorien von Anbietern präsent: (i) Komplettanbieter wie DTAG, Arcor, o.tel.o und VIAG Interkom; (ii) Teilanbieter wie Thyssen Telecom[2] oder WorldCom und (iii) Regionalanbieter bzw. City Carrier wie Hansanet, M'net oder Colt.[3] Für alle Beteiligten einschließlich der DTAG gilt zusätzlich das Gebot, wirksame internationale Netzbetreiberallianzen zu etablieren. Ohne diese globale Verankerung ist es zumindest im Geschäftskundenmarkt fast unmöglich geworden, Großaufträge zu gewinnen. Überraschenderweise hat die Entwicklung des vebacom-Konzerns eine gegenläufige Wendung gemacht. Während 1996 noch eine 50 %-Beteiligung der VEBA AG an Cable & Wireless Europe und eine 45 %-Beteiligung von Cable & Wireless an vebacom dargestellt wurde, weisen die Veröffentlichung von o.tel.o Anfang 1997 nach dem Zusammenschluß mit RWE Telliance nur auf die Geschäftsbereiche Service und Netze hin; jeden Verweis auf den Ausstieg von C & W sucht man vergebens.[4] Bei dem britischen Unternehmen hat man weniger Schwierigkeiten, den Aktionären die Umstrukturierungen zu erläutern: „Detaching ourselves from the VEBA alliance in Germany and setting up CWC are just two examples of our renewed determination to build on our strengths."[5] Unerwartet für die Analysten, aber nicht ohne guten Grund, hat WorldCom diversifiziert und in diesem Zusammenhang den Citynetz-Betreiber MFS übernommen. Diese Übernahme ist Bestandteil einer Strategie, die dem bisherigen Nischenanbieter den Universaldienstzugang eröffnen soll. Das Unternehmen[6] plant einen europaweiten SDH-Ring mit mehreren 2,5 Gbit-Kanälen und den Aufbau eines Frame-Relay-Netzes mit Committed Information Rates (CIRs) von 16 kbit/s bis 1 Mbit/s.

---

[1] Vgl. LARSEN (1996), S. 13.

[2] Thyssen Telecom hat im Geschäftsjahr 1996/97 einen Umsatz von 109 Mio. DM erwirtschaftet, 314 Mitarbeiter beschäftigt und 342 Mio. DM investiert. Das Ergebnis der gewöhnlichen Geschäftstätigkeit war mit 60 Mio. DM positiv. Vgl. THYSSEN (1997), S. 67.

[3] Siehe auch SCHRADER-KELLER (1997). Colt Telecom hat in Deutschland 1996 einen Umsatz von 2 Mio. DM und 1997 von 23 Mio. DM erzielt. Das Unternehmen hat sich zum Ziel gesetzt, in ca. 25 europäischen Städten eigene Glasfasernetze für die Daten- und Sprachkommunikation von Geschäftskunden aufzubauen. Vgl. HIELLE (1998), S. 23.

[4] Siehe auch VEBACOM (1996) und O.TEL.O (1997).

[5] CABLE & WIRELESS (1997), S. 3.

[6] Vgl. WORLDCOM (1997).

3.2.1 WorldPartners/AT & T-Unisource

WorldPartners/AT & T-Unisource war bis 1998 der Markenname der weltweit operierenden Allianz unter der Führung von AT & T. Am 27.2.1875 gründete A. G. Bell mit der Hilfe von Sponsoren die Bell-Patentgemeinschaft, und später, am 9.7.1877, die Bell Telephone Company. 1876 wurden die ersten Worte: „Mr. Watson. Come here. I want you." von Alexander Graham Bell via Telefonverbindung übertragen. Danach kamen die Bell-Telefone auch nach Europa und läuteten dort den Siegeszug der Kommunikation mit elektrischen Verfahren ein. 1878 erfanden Hughes und Edison in Amerika und Lüdtge in Deutschland gleichzeitig das Kohlemikrofon, das die Übertragungsqualität verbesserte.[1] Später (1899) ist die American Telephone & Telegraph Company, kurz AT & T, als größtes US-Telekommunikationsunternehmen aus Bell hervorgegangen. 1949 hat das amerikanische Justizministerium das Unternehmen AT & T gezwungen, Western Electric (Equipment Producer) zu verkaufen. Die 1969 wirksame FCC-Deregulierung hat den Wettbewerb auf der Fernverkehrsebene ermöglicht, seit diesem Jahr ist MCI ein Konkurrent von AT & T. Nach dem Spin-off der sieben RBOCs 1984 hat der Vorstand von AT & T, Robert Allen, die Mitarbeiterzahl des Unternehmens abgebaut, um die Wettbewerbsfähigkeit zu stärken (siehe nachfolgende Tabelle). In den fünf Jahren nach 1992 ist der Marktanteil von AT & T im Long-Distance-Segment von 62 % auf 50 % gefallen.[2] Mit dem Kauf der Teradata und NCR im Jahr 1991 wurde der TK-Carrier gleichzeitig der siebtgrößte Computerhersteller weltweit.[3] Bei der Aufteilung 1995 von AT & T in drei Bereiche einschließlich Lucent wurde NCR wieder eigenständig. AT & T ist in die vier Bereiche Fernverkehr Geschäftskunden, Fernverkehr Privatkunden, drahtlose Dienste und lokale Dienste aufgeteilt.[4] AT & T hat 1994 den führenden Mobilfunkanbieter McCaw Cellular für 11,5 Mrd. US$ gekauft. Im Jahre 1996 wurde Lucent aus dem AT & T-Konzern ausgegliedert und nach den Akquisitionen von Hewlett Packard Fixed Wireless Broadband Unit, Prominet und Agile Networks als Full-Service-Integrator repositioniert.[5] 1998 wurde Teleport, die über eigene Local Loops in 66 nordamerikanischen Städten verfügen, für 11 Mrd. US$ von AT & T gekauft.[6]

---

[1] KUHN (1977), S. E40.

[2] Vgl. ELSTROM (1998), S. 44.

[3] Vgl. HOOVER (1997), S. 77.

[4] Vgl. CIT (1999), S. 257.

[5] Vgl. PENZIAS (1998), S. 60.

[6] Vgl. ELSTROM (1998), S. 44.

Tabelle 10: Entwicklung der Kennzahlen des AT & T-Konzerns

Jahr	'85	'86	'87	'88	'89	'90	'91	'92	'93	'94	'95	'96	'97	'98
Umsatz in Mrd. US$	63,16	61,98	60,73	62,07	61,60	63,23	63,09	64,90	67,16	75,09	79,61	52,18	51,57	53,22
Nettoer-träge in Mio. US$	1.856	434	2.374	-1.527	2.820	3.666	522	3.807	3.974	4.710	139	5.793	4.415	6.398
Mitar-beiter in Tausend	337,6	316,9	303	304,7	343	333,4	322,3	312,7	308,7	304,5	300	128,7	130,8	107,8

Quelle: MACHE (1993), S. 26, HOOVER, S. 77, AT & T (1996), S.23, AT & T (1996), AT & T (1997), S. 30, AT & T (1999), S. 52 f.

AT & T[1] ist ein wettbewerbserfahrenes Unternehmen im Telekommunikationssektor. Mit dem Joint-Venture AT & T WorldPartners[2], an dem auch die europäische Unisource beteiligt ist, besaß dieser amerikanische Konzern eine relativ konkurrenzfähige internationale Organisationsstruktur. Unisource ist ein Joint-Venture, das 1996 aus den Anteilseignern Telefónica de España (Spanien), PTT Telecom Niederlande (KPN), Swiss Telecom PTT (Schweiz) und Telia (Schweden) bestand[3]. In Europa hat sich daraus ein Joint-Venture AT & T-Unisource Services Co. (der frühere Name war Uniworld) gebildet, an dem AT & T mit 40 % und Unisource mit 20 % beteiligt sind. Das Unternehmen Unisource wurde 1992 von PTT Telecom (KPN) und Telia gegründet und hat im Jahr 1997 einen Umsatz von 2,8 Mrd. DM[4] erzielt. An der internationalen Allianz für Asien sind AT & T mit 40 % und Unisource mit 20 % beteiligt. Die restlichen Anteile halten KDD (24 %) und Singapore Telecom (15 %)[5], diese Beteiligungen sind in der nachfolgenden Grafik nicht dargestellt. Die vier am Eigenkapital von 100 Mio. US$ beteiligten Unternehmen AT & T, KDD, Unisource und Singapore Telecom entsenden Manager in ein Executive Team, welches die Organisation führt. Die Distributoren erhalten die entsprechenden Dienstleistungen gegen Gebühr und werden nicht exklusiv an WorldPartners gebunden.[6] Diese Distributoren können also auch auf die Angebote anderer Carrier eingehen.

---

[1] AT & T hatte 1995 rund 302.000 Mitarbeiter beschäftigt und 114,2 Mrd. DM Umsatz erwirtschaftet.

[2] Unisource (20 %), Singapore Telecom (16 %), KDD (24 %) und AT & T (40 %) agieren weltweit unter der Dachgesellschaft WorldPartners, das Hauptquartier befindet sich in Murray Hill, New Jersey, USA.

[3] Vgl. UNISOURCE (1997), S. 34.

[4] Ergebnis einer schriftlichen Anfrage in der Unternehmenszentrale in Hoofdorp bei Amsterdam.

[5] Vgl. ELIXMANN und HERMANN (1997), S. 50.

[6] Vgl. ELIXMANN und HERMANN (1997), S. 49.

Abbildung 5: Konzernstruktur World Partners, 1997

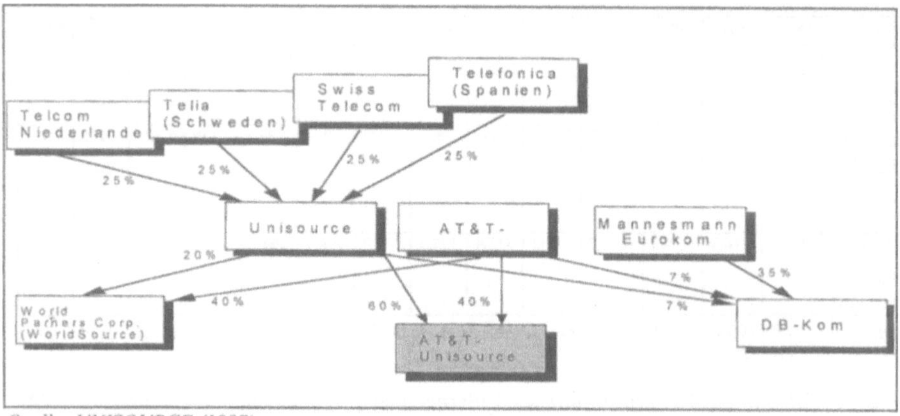

Quelle: UNISOURCE (1997).

Traditionell bestimmen Allianzen und deren eigene Dynamik den TK-Markt und dadurch die Weiterentwicklung der Joint-Ventures selbst. Die im März 1997 von Telefónica[1] geäußerte Absicht, mit Concert zusammenarbeiten zu wollen, wurde von den Analysten erwartet. Noch im Verlauf des Jahres 1998 hat Telefónica zur Allianz von MCI und WorldCom gewechselt.[2] Während der nicht erfolgreich abgeschlossenen Beitrittsverhandlungen von Telefónica in die Allianz von Concert im Sommer 1997 wurde über die Aufnahme der australischen Telstra in den Unisource-Verbund verhandelt. Es fanden im November 1997 auch Kooperationsgespräche mit der italienischen Telecom Italia statt. Telecom Italia wollte sich mit 30 % an der AT & T-Unisource beteiligen, wobei AT & T selbst seinen Anteil auf 30 % und Unisource den Anteil auf 40 % verringert hätte. Dieser Plan wurde nicht realisiert. Im März 1998 wurde die Absicht von Telefónica, WorldCom und MCI veröffentlicht, das spanische Telekommunikationsunternehmen in die Fusion von WorldCom und MCI, die ab November 1997 von den Kartellbehörden geprüft wurde, zu integrieren.[3] Anfang 1998 gab es außerdem Joint-Venture-Verhandlungen[4] zwischen Telia und Telenordia aus dem Concert-Verbund. Diese Vorbesprechungen können als innere Bindungsschwäche von Unisource gewertet werden. Die im gleichen Zeitraum verhandelte Fusion zwischen der norwegischen Telenor, die eine Beteiligung an VIAG Interkom besitzt, und der schwedischen Telia scheiterten zunächst an der Frage der gleichberechtigten Steuerung und Führung des Unternehmens nach der angedachten Verschmelzung sowie an der Tatsache der bevorstehenden Wahl in Schweden. Im Januar 1999 wurden die Verhandlungen wieder aufgenommen, nachdem die sozialdemokratische Partei in Schweden die Wahlen gewonnen hatte und der Vorstand der Telia einen Positi-

---

[1] Vgl. CANE (1997a).

[2] Vgl. METHA (1998), S. 1.

[3] Siehe auch MÜLLER (1998).

[4] Siehe auch GALLAGHER (1998).

on in der Mannesmann AG angeboten bekam. Telia hatte zu diesem Zeitpunkt 32.000 Angestellte und im Jahr 1997 einen Gewinn vor Steuern von 510 Mio. US$ ausgewiesen. Telenor hatte zu diesem Zeitpunkt 20.000 Angestellte und im Jahr 1997 einen Gewinn vor Steuern von 335 Mio. US$ ausgewiesen.[1] AT & T hat mit Unisource die Erfahrung gemacht, daß eine internationale Allianz mit unverbindlichen internen Konzeptionen und mehreren externen Partnern nur schwer steuerbar ist und nicht zu einer durchgängigen Netzwerkplattform führt.[2] Unisource wurde von den strategischen Erwägungen der Partner gehemmt. British Telecom und AT & T haben im Juli 1998 die Absicht kommuniziert, die globalen Aktivitäten mit einem jährlichem Umsatzwert von 10 Mrd. US$ gemeinsam zu betreiben. Der unmittelbare Austritt von AT & T aus der Unisource-Allianz bis zum Juli 2000 hat zur Auflösung der WorldPartners-Strategie zum Dezember 1999 geführt.[3] Im November 1998 planten deshalb die drei verbliebenen Unisource-Partner (PTT Telecom, Swisscom und Telia), ihre Beteiligungen auf insgesamt 40 bis 49 % zu reduzieren und dadurch die Möglichkeit zum Einstieg eines Finanzinvestors und einen späteren Börsengang der Unisource zu ermöglichen.

3.2.2 Concert / Global Venture

Concert[4] war seit 1994 die gemeinsame Vermarktungsorganisation von MCI und BT, die deshalb gegründet wurde, weil die amerikanischen Anti-Trust-Gesetze eine direkte und unmittelbare Zusammenarbeit der beiden Unternehmen MCI und BT ursprünglich nicht zugelassen hatten. Im August 1997 hatte Concert mehr als 1.000 Angestellte[5] weltweit, die 3.200 Kunden indirekt über die Vertriebspartner betreut hatten und einen Umsatz von 1,75 Mrd. US$ erwirtschaften konnten. Die Netzkapazität des Backbones ist von 343 Mbit/s im November 1994 auf 861 Mbit/s im November 1996 dann auf 1 Gbit/s im April 1997 und auf 200 Gbit/s im September 1998 angestiegen; zu diesem Zeitpunkt umfaßte das Netz 8.000 Knoten, 10.000 Frame Relay Ports und 4,6 Mio. Meilen Leitungen. Concert bildete eine strategische Allianz im Telekommunikationsmarkt zwischen Großbritannien und den USA. BT hielt mit einem Investment von 750 Mio. US$ einen 75,1 %-Anteil an Concert, MCI verfügte mit 250 Mio. US$ über den restlichen Anteil von 24,9 %. „BT sees Concert as the symbol of everything it wants to be: the world's first truly integrated global telco, offering an unmatched range of technologically advanced communication services to clients with similarly global business."[6] Die FCC hatte aber schon im Juni 1994 ein BT Investment bei MCI in Höhe von 4,3 Mrd. US$ genehmigt, BT konnte einen 20 %-Anteil an MCI erwerben. Das wirkte

---

[1] Siehe auch LATOUR (1999).

[2] Siehe auch o.V. (1998d).

[3] Vgl. CIT (1999), S. 256.

[4] Die Concert-Hauptverwaltungen befinden sich in London und Washington, D. C. Concert wurde am 15. Juni 1994 offiziell gegründet und im Juli 1994 von der EU und FCC genehmigt.

[5] Siehe auch CONCERT (1997a).

[6] ECONOMIST (1998a), S. 20.

sich in allen entscheidenden Geschäftshandlungen der beiden Telekommunikationsbetreiber beiderseits des Atlantiks aus. So gab es z. B. sogenannte Concert Workshops, in denen für globale Kunden und deren Anforderungen im Hinblick auf Seamless Services[1] eine aktive Vermittlerrolle von Concert ausgeübt wird, da es den Mitarbeitern von MCI und BT nicht gestattet war, in direkter Kooperation Vereinbarungen miteinander zu treffen. Das Joint-Venture Concert mit dem Hauptquartier in Reston, Virginia, verfügte über eine breite Palette von Produkten und Dienstleistungen und vertrieb diese in Amerika durch MCI und im Rest der Welt durch Distributoren.[2] Die Expansionsstrategie von MCI im südamerikanischen Markt und die Wachstumsstrategie von BT im asiatischen Raum hatten sehr gut harmoniert.

---

[1] Seamless Services bezeichnen die Anforderungen von internationalen Konzernen, nahtlose TK-Dienstleistungen quasi aus einer Hand beziehen zu wollen. Man bezeichnet das auch als OSS, One-Stop-Shopping. Vgl. auch die folgende Bemerkung „International businesses are demanding seamless webs of communications networks whereby information can flow in a free and secure manner." in EUROBIT (1996) S. 7.

[2] Vgl. CONCERT (1995), S. 1.

Tabelle 11: Die Meilensteine der Entwicklung von Concert

Zeitpunkt	Meilensteine
2. Juni 1993	MoU mit der Intention, von BT einen 20 % Anteil an MCI zu erwerben.
1. April 1994	Concert wird eine operationale BT-Tochtergesellschaft.
15. Juni 1994	Concert wird offiziell von BT und MCI gelauncht.
Juli 1994	EU und FCC genehmigen die BT/MCI-Allianz.
10. Juni 1996	BT und MCI kündigen ihr gemeinsames Internet-Backbone-Netz an.
3. November 1996	BT und MCI kündigen den beabsichtigten Merger an.
Juli 1997	Die neue Concert-Struktur ist formal vom amerikanischen Department of Justice genehmigt.
Oktober 1997	MCI erhielt ein 30 Mrd. US$ Übernahmeangebot von WorldCom und ein 28 Mrd. US$ Angebot von GTE.
November 1997	WorldCom erhält für 37 Mrd. US$ den Zuschlag für MCI, BT läßt sich den 20 % Anteil an MCI mit 7,5 Mrd. US$ vergüten.
Juni 1998	Schlußphase der Joint-Venture-Verhandlungen zwischen AT & T und BT über die weltweite Kooperation zwischen Concert und World Partners.
Juli 1998	Das „Global Venture" unter dem vorläufigen Namen Concert zwischen AT & T und BT wurde formal angekündigt.
August 1998	BT erwarb den 24,9 % Anteil an Concert von MCI für 1 Mrd. US $.
Mai 1999	Drei Kerngeschäftsbereiche des Global Venture (Global Voice and Data, Global Sales and Services, International Carrier Services) wurden definiert.

Quelle: CONCERT (1997), LORENZ (1998), MEHTA (1998), CONCERT (1998), AT & T - BT (1999), S. 21, eigene Untersuchungen.

Concert wird von insgesamt 42 Distributoren in insgesamt 52 Ländern exklusiv vertrieben:[1] Zum Beispiel von Telfort[2] in den Niederlanden in Kooperation mit der niederländischen Bahngesellschaft Nederlandse Spoorwegen (NS), Telenordia in Schweden in Kooperation mit TeleDenmark und Telenor (je ein Drittel der Anteile), BT Switzerland - ab April 1997 unter

---

[1] Vgl. CONCERT (1998), S. 2.

[2] Telfort nutzt seit 1998 die günstige geographische Lage der Niederlande am Ärmelkanal und betreibt ein Seekabel nach Großbritannien. Das Unternehmen hatte 1998 die Zahl der Mitarbeiter auf 1.000 erhöht. NS und BT halten 50 % der Anteile.

dem Namen NewTelco und ab dem September 1997 unter dem Namen Sunrise[1], VIAG Interkom[2] im Kooperation mit VIAG und Telenor in Deutschland, Albacom[3] in Zusammenarbeit
mit der Banca Nazionale del Lavoro (BNL) in Italien, unter dem Namen CEGETEL[4] in Zusammenarbeit mit Générale des Eaux in Frankreich, BT Belgium, BT Ireland und BT Tele-
comunicaciones in Spanien. Im April 1997 hat BT den Plan[5] veröffentlicht, die spanische
Telefónica de España in die globale Concert-Allianz einzubinden. Unter der Voraussetzung
der Genehmigung der Allianz durch die Regulierungsbehörden wird sich BT mit 2 Prozent an
Telefónica und das spanische Unternehmen mit einem Prozent an BT beteiligen. Dieses Vor-
haben konnte 1997 nicht verwirklicht werden. Hinzu kommen noch die Partner Avantel in
Mexiko, International Telecom Japan, PT Indosat in Indonesien, Singapore Telecom, Stentor
in Canada und VSNL in Indien. Die 1991 ins Leben gerufene BT-Tochtergesellschaft Syncordia mit dem Geschäftssitz in Atlanta hat die Erfahrungen mit dem Ausbau und Betrieb
eines globalen Daten- und Sprachnetzes in die Gründungsphase von Concert eingebracht.[6]

Am 3. November 1996 hatte BT angekündigt, den zweitgrößten amerikanischen Telefonkon-
zern MCI[7] für ca. 22 Mrd. US$ übernehmen zu wollen. Dabei mußten nicht nur rechtliche
Voraussetzungen in Europa berücksichtigt, sondern auch die amerikanischen Anti-Trust-
Gesetze eingehalten werden. Danach können ausländische Investoren nur dann mehr als
zwanzig Prozent eines US-Unternehmens übernehmen, wenn der eigene Heimatmarkt für den
Wettbewerb geöffnet ist.[8] Das damalige „Merger Agreement" zwischen BT und MCI vom
Dezember 1996 sah vor, daß spätestens bis zum Herbst 1997 ein globales gemeinsames Telekommunikationsunternehmen unter dem eingeführten Namen Concert geschaffen werden
sollte, das seine beiden Hauptquartiere in London und Washington haben sollte.[9] Aus dieser
engeren Verbindung sollten eine ganze Reihe von Synergien entstehen: (i) Kombinierte technologische und vertriebliche Stärke bei globalen Dienstleistungen; (ii) ein verstärkter inter-

---

[1] BT hält 21,6 % der Anteile von Sunrise und TeleDanmark hält 27,6 % der Anteile.

[2] Bei VIAG Interkom halten BT und VIAG jeweils 45 % der Anteile und Telenor verfügt über 10 % der Anteile.

[3] Albacom hatte 1997 einen Umsatz von 121 Mio. DM erzielt und zum Jahresende 600 Mitarbeiter beschäftigt.
Das Unternehmen verfügte Mitte 1998 über 100 X.25-Knoten und 47 FR-Knoten in Italien. Siehe auch PELZEL
(1998). BT/Concert verfügt über 23 % der Anteile von Albacom, BNL über 22 %, Mediaset über 19,5 % und
ENT über 35 %. Vgl. CIT (1999), S. 267.

[4] CEGETEL hatte 1998 mehr als 5.000 Beschäftigte und versorgte 3,7 Mio. Mobilfunkkunden. BT ist im Besitz
von 26 % der CEGETEL-Anteile, die Mannesmann AG verfügt über 15 %. Générale des Eaux hält einen direkten
9 %-Anteil an CEGETEL und einen 70 %-Anteil an Transtel, die über einen 50 %-Anteil an CEGETEL verfügt.
Die verbleibenden 30 % der Transtel-Anteile sind im Besitz der Southwest Bell. Siehe auch PELZEL (1998).
1999 hatte BT 26 % der Anteile, Vivendi 44 % der Anteile und Mannesmann 15 %.

[5] Vgl. GATERMANN (1997).

[6] Vgl. BLANK (1995), S. 192.

[7] MCI hat 1996 einen Umsatz von 18,7 Mrd. DM erzielt, dabei einen Gewinn von 1,2 Mrd. DM ausgewiesen,
52.000 Mitarbeiter beschäftigt und 21 Mio. Kunden versorgt. Nach dem Gründer des Unternehmens Bill McGo-
wan wird ein aggressives Marktverhalten des 1968 gegründeten Unternehmens, das auch vor gerichtlichen Auseinandersetzungen nicht zurückschreckt, „McGowan-Prinzip" genannt.

[8] Siehe: BUCKLEY (1997).

[9] Siehe: BT (1996a).

nationaler Fokus und dadurch ein besserer Service für internationale Kunden; (iii) eine effiziente Verbindung von lokalen Anbindungen und globalem Projektmanagement.[1] Im April 1997 waren aus der Sicht der EU zwei entscheidende Punkte die zentralen verbleibenden Auflagen für die Genehmigung der Übernahme. BT[2] mußte sich verpflichten, die marktbeherrschende Position im Audio- und Videokonferenzmarkt im UK aufzugeben und außerdem einen garantierten Zugang für die Wettbewerber zu den transatlantischen BT-Unterwasserkabeln gewähren. Im August 1997 ist die Umsetzung der 20,9 Mrd. US$ Fusion erstmals ins Stocken geraten, als MCI unerwartet angekündigt hat, daß Schwierigkeiten bei dem Einstieg in den regionalen Telefonmarkt zu Verlusten in Höhe von 800 Mio. US$ führen würden. BT hat auf Druck der eigenen Aktionäre hin dann das Kaufangebot auf 18 Mrd. US$ reduziert. Zum zweiten Mal kam die Übernahmekonzeption Anfang Oktober 1997 ins Wanken, als die amerikanische Firma WorldCom[3] der MCI ein Übernahmeangebot in Höhe von 30 Mrd. US$ machte.

Die deutliche Reaktion von BT nach dem Bekanntwerden der Schwierigkeiten von MCI in Konkurrenz zu den RBOCs hat die Möglichkeit der Gegenreaktion von WorldCom erst ermöglicht.[4] Dafür gibt es drei Hauptgründe: (i) Die Preisreduzierung um knapp 3 Mrd. US$ hat die Aktionäre von MCI enttäuscht; (ii) die Neuverhandlungen haben wertvolle Zeit gekostet, die WorldCom eine Lücke zum Nachfassen gab; (iii) die lokalen TK-Anschlüsse, über die WorldCom verfügt, eröffnen verwertbare Synergiefelder für MCI, auch in diesem Umfeld operative Schwierigkeiten zu überwinden. Verändert hat sich nach der Fusion WorldCom und MCI die Wettbewerbsposition von Sprint[5]. Das Unternehmen fällt auf den letzten Platz unter den Long Distance Operatoren (LDO) in USA zurück. Die Fusion zwischen MCI und WorldCom bringt die neu geschaffene Firma auf Platz vier hinter NTT, AT & T und der Deutschen Telekom in der Liste der umsatzstärksten TK-Carrier. Die mit 37 Mrd. US$ bewertete Übernahme war die bis zu diesem Zeitpunkt größte Übernahme, davor wurde der Rekord von der Bank of Tokyo gehalten, die die Mitsubishi Bank für 33,8 Mrd. US$ übernommen hatte. Die im Mai 1998 begonnene Übernahme der amerikanischen Telefongesellschaft Ameritech Corporation für 72 Mrd.US$ durch SBC Communications Inc. dokumentiert

---

[1] Vgl. BT (1997), S. 40.

[2] Vgl. CANE und TUCKER (1997).

[3] Der Jahresumsatz 1996 von WorldCom betrug 4,5 Mrd. US$; 470 Mio. US$ wurden außerhalb der USA erwirtschaftet. WorldCom hat am 31.12.1996 die Local-Access und Internetfirma MFS für mehr als 12,4 Mrd. US$ übernommen und damit auch die Kontrolle über die MFS-Tochter UUNet erhalten, die weltweit ca. 1.000 Internetzugangsknoten betreibt. WorldCom setzt auf die integrierte Bündelung von Sprach- und Datenkommunikation und hat im Sommer 1997 den Online-Dienst CompuServe und das Netzwerk von AOL gekauft. Außerdem plant das Unternehmen die erweiterte Penetration in den amerikanischen Local-Access-Markt und möchte in diesem Zusammenhang die Brooks Fiber Properties für 2,9 Mrd. US$ übernehmen. Brooks verfügt über ein Telekommunikationsnetz in 44 nordamerikanischen Städten.

[4] Siehe auch: LOWENSTEIN (1997).

[5] Das Unternehmen Sprint hat 1996 mehr als 6,7 Mio. Kunden in 19 Bundesstaaten versorgt. Vgl. SPRINT (1998), S. 2.

die Zunahme der Fusionswerte und übernimmt den Spitzenplatz vor MCI und WorldCom. Die SBC, die schon die Pacific Telesis für 16,5 Mrd. US$ aufgekauft hat, versorgt mit der neuen fusionierten Gesellschaft in 50 der wichtigsten US-Telekommärkte ca. 180 Mio. Menschen mit ihren Diensten. Im Juni 1998 hat MCI seinen Internet-Backbonedienst an Cable & Wireless für 625 Mio. US$ verkauft.[1] Da WorldCom und MCI zusammen einen Marktanteil im Internet-Backbonedienst von über 50 % gehabt hätten, sollte mit dem Verkauf eine Auflage der EU-Wettbewerbskommission erfüllt werden. Die Übernahme der Tele-Communications Inc. (TCI) durch AT & T stellt einen Übernahmewert von 38 Mrd. US$ dar.[2] TCI[3] verfügt über eine 40 % Beteiligung an At Home, einem kalifornischen Internetanbieter. At Home hat im ersten Quartal 1998 einen Umsatz von 5,8 Mio. US$ erzielt und dabei einen Verlust von 11,7 Mio. US$ hinnehmen müssen.[4] At Home bietet den Internetzugang auf Grundlage eines Kabelbreitbandanschlusses an. Im August 1998 hat BT den 24,9 % Anteil an Concert von MCI gekauft. Im Juli 1998 haben AT & T und BT eine gemeinsame globale Allianz angekündigt, die rechtliche und regulatorische Prüfung dieses Zusammenschlusses wird im Sommer 1999 abgeschlossen sein. Diese Allianz wird die Trans-Border-Aktivitäten und internationale Geschäfte sowie die multinationalen Accounts unter einem Dach mit dem Hauptgeschäftssitz an der Ostküste der USA bündeln.[5] Michael Armstrong, der Chairman and Chief Executive Officer der AT & T, nahm im Geschäftsbericht 1998 dazu wie folgt Stellung: „We'll finalize our joint venture with BT and launch global offers as we integrate the IBM network."[6]

3.2.3 Global One

Das von der EU zunächst befristet genehmigte Gemeinschaftsunternehmen der DTAG, France Télécom und Sprint mit dem Hauptquartier in Brüssel heißt seit Januar 1996 Global One.[7] Global One stellt eine Telekommunikationsallianz zwischen den Anbietern aus den Ländern Deutschland, Frankreich und USA dar. Die beiden deutschen und französischen Telekommunikationsunternehmen France Télécom und DTAG halten je 10 % der Aktien von Sprint, dem zu diesem Zeitpunkt drittgrößten US-Telekommunikationsanbieter, und beide besitzen ebenfalls 50 % des Gemeinschaftsunternehmens Atlas. Sprint wurde im Jahr 1899 von Cleyson L. Brown in Abilane, Kansas, gegründet und firmierte zunächst unter dem Namen Brown

---

[1] Vgl. CANE (1998a).

[2] Siehe auch GIERSBERG (1998).

[3] TCI wurde 1956 in Texas gegründet, verfügt über ein Kabelfernsehnetz mit 13 Mio. Kunden und hatte im Jahr 1995 einen Umsatz von 5,118 Mrd. US$ erzielt. Vgl. HOOVER (1997), S. 455.

[4] Siehe auch ZEPELIN (1998).

[5] Vgl. CONCERT (1998), S. 3.

[6] AT & T (1999), S. 5.

[7] Die Europäische Kommission hat im Juli 1999 die Auflagen für Global One aufgrund der liberalisierten Marktentwicklung aufgehoben. Global One kann dadurch alle Telekommunikationsleistungen in Europa anbieten. Siehe auch EUROPÄISCHE KOMMISSION (1999d).

Telephone Company. 1986 wurde eine Glasfaserstrecke von Küste zu Küste in Betrieb genommen und das Unternehmen in Sprint umbenannt[1]. Sprint und Atlas wiederum halten 50 % der Anteile von Global One; dieses Unternehmen ist an 1.200 Standorten in 70 Ländern tätig, beschäftigt 3.900 Mitarbeiter und betreut 30.000 Geschäftskunden.[2] 1996 hat Global One in der Division Europa und dem Rest der Welt einen Umsatz von mehr als 800 Mio. US$ erzielt und dabei einen Verlust von 370 Mio. US$ erwirtschaftet.[3] Die Umsatzprognose für 1997 belief sich auf 1 Mrd. US$ und im Jahr 2000 werden 5 Mrd. US$ angestrebt. 1997 wurden 1,1 Mrd. US$ Umsatz[4] und nach Steuern ein Verlust von 660 Mio. US$ ausgewiesen. Hauptverantwortlich für den gestiegenen Verlust sind die Kosten des internationalen Netzes in Höhe von 1,13 Mrd. US$.[5] 1998 belief sich der Umsatz auf 1,115 Mrd. US$, als Verlust nach Steuern wurden 809 Mio. US$ ausgewiesen.[6] Bis 1998 haben die Gesellschafter 900 Mio. US$ investiert und diese Investition im Jahr 1999 um weitere 500 Mio. US$ erhöht. Im Jahr 1999 ist der Umsatz auf 1,03 Mrd. US$ gesunken und es wurde ein Verlust von 723 Mio. US$ ausgewiesen, auf Basis unabhängiger Schätzungen wird der Wert des Unternehmens Global One mit 15 Mrd. US$ beziffert.[7]

Abbildung 6: Konzernstruktur Global One, 1997

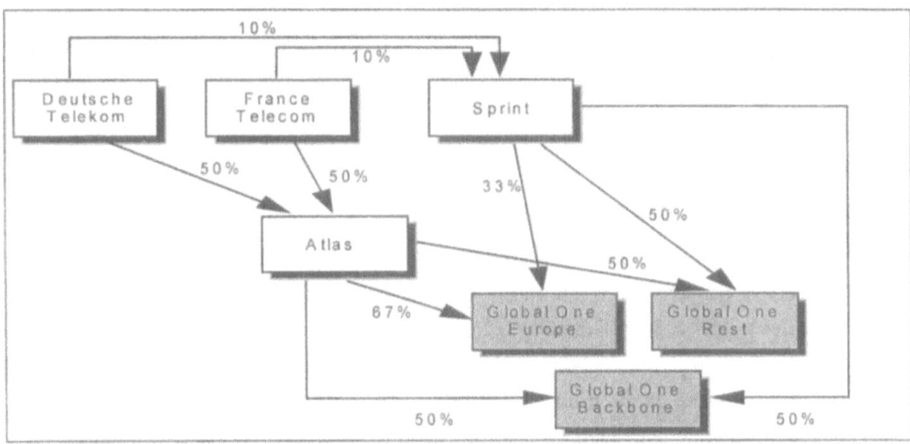

Stand Mai 1997 (Global One Rest steht hier für Rest of World)

---

[1] Vgl. SPRINT (1998), S. 1.

[2] Siehe auch ENZWEILER (1998).

[3] Vgl. DEUTSCHE TELEKOM AG (1997a), S. 22.

[4] Vgl. DEUTSCHE TELEKOM AG (1998), S. 56.

[5] Vgl. ENZWEILER (1998), S. 72 und CIT (1999), S. 305.

[6] Siehe auch ENZWEILER (1999).

[7] Siehe auch DALAN (2000).

Im Geschäftsjahr 1994 wurde von der France Télécom und der DTAG ein Joint-Venture unter dem Arbeitstitel „Atlas" gegründet, und im Dezember wurden die Notifizierungsunterlagen bei der EU eingereicht. Zu diesem Zeitpunkt gab es schon ein Memorandum of Understanding (MoU) mit Sprint, in dem eine Verschmelzung der internationalen Anteile von Atlas mit Sprint International dokumentiert wurde.[1] Im Oktober 1995 fand eine Einigung mit der EU über die Rahmenbedingungen für Atlas statt. Am 22. Juni 1995 wurden durch Vorstandsbeschluß der drei Gesellschaften das Unternehmen „Global One" aus der Taufe gehoben und im Dezember 1995 von der FCC sowie im Juli 1996 von der EU genehmigt.[2] Da die Gesellschafter von Global One in ihren Heimatmärkten einen sehr hohen Bekanntheitsgrad aufweisen und konsequenterweise dort unter eigenem Namen auftreten, ist der Begriff Global One bisher weniger häufig in den internationalen Angeboten aufgetaucht. In der Liberalisierungphase in Deutschland nach dem 1. Januar 1998 spielt Global One nur eine indirekte Rolle im Bereich der internationalen Projekte. Global One tritt unter eigenem Namen nicht direkt in Deutschland, den USA und Frankreich auf. Dort vertreten die Gesellschafter DTAG, France Télécom und Sprint das Joint-Venture. Ende 1999 drohte die Allianz Global One auseinanderzubrechen, da durch die Übernahme von Sprint durch MCI-WorldCom und die erfolglosen Fusionsgespräche zwischen der Deutschen Telekom und Telecom Italia die Beteiligungsgrundlagen der Gesellschafter nicht mehr gegeben waren. Deshalb erwarb France Télécom Anfang 2000 für 1,13 Mrd. US$ und eine Schuldenübernahme von 276 US$ die Anteile von Sprint und für 2,755 Mrd. US$ und eine Schuldenübernahme von 188,5 Mio. US$ die Anteile der DTAG.

3.3 Mehrheitsbeteiligungen und Direktinvestitionen

3.3.1 British Telecom-Beteiligungen in Europa

Nach einer Reihe von Maßnahmen, die darauf abzielten, über Kooperationen die Konkurrenzfähigkeit zu verbessern, geht gegenwärtig der Trend in die Richtung, sich die passenden Kooperationspartner aufzukaufen.[3] British Telecom (BT) betreibt unabhängig davon seit ca. 10 Jahren auf der ganzen Welt eigene Niederlassungen. Die Aufgabe von BT innerhalb der Concert-Allianz unterscheidet sich von denen der PTTs in WorldPartners und Global One, denn diese globalen Allianzen verfolgen eine davon abweichende Globalisierungsstrategie. BT möchte eine Vorrangstellung in Europa einnehmen, und man geht davon aus, daß der jeweils angestrebte zweite Platz in jedem Land in der Summe zu diesem Ziel führen wird. Damit konnte dem in Großbritannien in den achtziger Jahren zunehmenden Druck auf die Preise durch OFTEL ausgewichen werden. Die Preise, die Investitionen und damit die erzielbaren

---

[1] Siehe auch DEUTSCHE TELEKOM AG (1995).

[2] Siehe auch DEUTSCHE TELEKOM AG (1996b) und vgl. CIT (1999), S. 304.

[3] BERKE und FISCHER (1996) S. 78.

Return of Investments (ROI) in den ausländischen Tochterunternehmen unterliegen keiner Preisregulierung.

Das Engagement von BT in Europa ist mit seinen Mehrheitsbeteiligungen und Direktinvestitionen dabei der Vorreiter im BT-Konzern. Diese Landesgesellschaften wie BT Deutschland GmbH (seit April 1995 VIAG Interkom), BT France (seit 1997 Cegetel), BT Switzerland (seit Anfang 1997 Newtelco, seit Ende 1997 Sunrise), BT Spain (seit 1997 BT Tel), BT Netherlands (seit 1997 Telfort[1]) und Albacom haben mit wenigen Produktgruppen wie etwa Voice Hubbing oder Frame Relay[2] gezielt und erfolgreich Nischenmärkte bedient. Anfang 1998 waren unter der Führung von BT Europe in diesen Gesellschaften 12.000 Mitarbeiter beschäftigt. Zusammen mit den jeweiligen Landesgesellschaften verfügte man über 36.000 km Glasfaserstrecke und mehr als 5.000 Mobilfunkstationen.[3] In Deutschland, Frankreich, Italien, den Niederlanden, der Schweiz, in Irland und Schweden verfügt man über eine Lizenz für Festnetztelefonie; in Deutschland, Frankreich, der Niederlande und Spanien zusätzlich über eine Mobilfunklizenz. In allen Joint-Ventures wird neben der Konzentration auf Mobilfunk der Ausbau der nationalen Festnetze (Domestic Services) angestrebt. Besonders in Ländern wie Deutschland mit relativ hohen Gebühren für internationale Gespräche war die Verlagerung des Breakouts in das öffentliche Netz des Ziellandes zumindest für Kunden, die ein großes Sprachvolumen abnehmen, eine attraktive Alternative zu den PTTs. BT hat mit dem aus mehreren hundert Knoten bestehenden Frame-Relay-Netz sicherlich gute Chancen, internationale Datenverbindungsprojekte zu gewinnen. Die entscheidende Voraussetzung für diese Internationalisierung der Geschäftstätigkeiten war aber ohne jeden Zweifel die technische Aufrüstung des eigenen Netzes der BT in Großbritannien, das entsprechend verstärkt das zusätzliche Verkehrsvolumen aufnehmen und ausreichend schnell vermitteln konnte.

---

[1] BT/Concert hält einen 50 % -Anteil an Telfort. Vgl. CIT (1999), S. 267.

[2] Bei Voice Hubbing handelt es sich um ein Verfahren, bei dem eine internationale Mietleitung aus dem Herkunftsland in ein Land (UK) mit „preiswerteren" Telefontarifen geschaltet wird. Bei geschickter Dimensionierung der Standleitungskapazität reicht die Arbitrage der Gebühren für internationale Gespräche aus, um den Fixkostenanteil der DDV zu überkompensieren. Eine Erläuterung des Datenübertragungsverfahrens Frame Relay befindet sich im Anhang.

[3] Ergebnis einer direkten Befragung des BT-Top Managements u. a. von Herrn Pat Gallengher im Februar 1999. Der Umsatz von BT Europe betrug im Jahr 1998 ca. 8 Mrd. DM.

Tabelle 12: Technischer Ausbau des Netzes der BT in Großbritannien

Netzelemente	1984	1992	1993	1994	1995	1996	1997	1998
Glasfaserstrecken in km (000's)	13	2.045	2.337	2.577	2.782	3.043	3.302	3.591
Business Lines (000's)	k. A.	5.859	5.947	6.129	6.459	6.798	7.160	7.521
Residental Lines (000's)	k. A.	19.729	20.114	20.471	20.613	20.500	20.393	20.130
Digitale Haupt-vermitt-lungsstellen	2	49	52	60	68	69	69	69
Digitale Orts-vermittlungs-stellen	395	4.980	5.290	5.411	5.532	5.610	7.500	7.500
Digitalisierungs-grad in %	k. A.	54,6	64,0	74,9	82,7	87.7	92,6	100

Quelle: BT (1995), BT (1996b), S. 58 und ITU (1997a), S. A-19, BT (1998a), BT (1998c), eigene Be-rechnungen.

Telenordia zum Beispiel ist ein weiterer Newcomer unter der Dachorganisation von BT in Europa. Das schwedische Unternehmen, an dem BT, Telenor und TeleDenmark beteiligt sind, wurde 1995 gegründet. Das Joint-Venture BT und VIAG in Deutschland hat im Februar 1997 die Lizenz zum Betreiben des vierten Mobilfunksystems E2 erhalten. In der Begründung der Vergabe hat der Bundesminister für Post und Telekommunikation zudem eine Stellungnahme zur internationalen Position von BT geliefert: „BT gehört zu den Unternehmen in Europa und der Welt, die mit am längsten sowohl über Erfahrung bei analogen und digitalen Mobilfunknetzen verfügen als auch über Fachkunde in anderen Bereichen der Telekommunikation."[1] Anfang 1997 hat sich die norwegische Telenor[2] Mobil AS an der VIAG Interkom GmbH & Co in Deutschland beteiligt. Der dritte Partner soll mit seiner Kompetenz den Aufbau des vierten digitalen Mobilfunksystems in Deutschland beschleunigen. VIAG Interkom wird versuchen, den Zeitvorsprung der vier Konkurrenzsysteme[3] durch eine Reihe von Maßnahmen aufzuholen: (i) Schnellstmöglich ein Metropolitan Area Network[4] aufzubauen; (ii) Anwendung eines Fixed-Mobile-Integration-Konzeptes mit Home-Cell-Tariffing; (iii) National E-Roaming, etwa vergleichbar mit International Roaming bei D-Netzen[5]; (iv) sowie der verstärkte Einsatz von Dual-Mode-Endgeräten, die gleichermaßen im D- und E-Netz betrieben

---

[1] VWD (1997)

[2] Das norwegische TK-Unternehmen Telenor hat 1995 im Jahresdurchschnitt 18.500 Mitarbeiter beschäftigt und 4,5 Mrd. Umsatz erzielt; Telenor gehört damit zu den größten Unternehmen Norwegens.

[3] Gemeint sind die Mobilfunknetze C, D1, D2, E-Plus in Deutschland.

[4] Kurzbezeichnung MAN.

[5] Roaming bedeutet in diesem Zusammenhang, daß Kunden die Möglichkeit gegeben wird, mit den Endgeräten des inländischen Anbieters A im Netz des ausländischen Anbieters B zu telefonieren, wobei der Endkunde ausschließlich von A eine Rechnung erhält und Carrier B die Benutzung seines Netzes mit A verrechnet. Beim International Roaming in den 900 MHz-Netzen wird die zusätzliche Transportgebühr des Carriers im Aufenthaltsland an den Endkunden weitergegeben.

werden können. E-Plus[1] hat zur CeBIT 97 ein Endgerät vorgestellt, das sich in ausländische D-Netze einloggen kann und dadurch eine europäische Erreichbarkeit garantiert. Bereits zur CeBIT 1999 wurden sogenannte Triple-Band-Handies angeboten, die es dem Benutzer ermöglichen sich wahlweise in GSM- 900, DCS-1800 und 1900 MHz-Netze einzuloggen.

Eine große Zahl der Hersteller der mobilen Endgeräte wie Nokia, Motorola oder Siemens bieten eine weitere Variante der Multimodehandies an, die wahlweise im 900 MHz-GSM-Netz oder nach dem DECT-Standard betrieben werden können. Da beide Standards auf dem TDMA-Verfahren beruhen, ist die Kombination technisch möglich und ökonomisch sinnvoll. Neben den bekannten nationalen Leistungsmerkmalen der einheitlichen Telefonnummer, der kombinierten Betreuung durch einen Service Provider und die Fakturierung in einer Rechnung kommt ein weiteres Leistungsmerkmal hinzu: Der Teilnehmer kann abhängig von seinem Standort den günstigeren Festnetztarif über DECT[2] bei gleichzeitig hoher Sprachqualität und ausreichend freien Kanälen, oder den teureren GSM-Tarif, der eine nahezu uneingeschränkte Mobilität (auch CTM genannt) ermöglicht, verwenden. Ende 1997, und damit noch rechtzeitig für das Weihnachtsgeschäft, boten Motorola, Nokia und Ericsson Dual-Band-Handies an, die sich wahlweise in 900 MHz- oder 1800 MHz-GSM-Netze einloggen können. Wenn in der nächsten Entwicklungsstufe die Wireless-Local-Loop- und Satelliten-Frequenzen integriert werden, dann wird die Konvergenz der mobilen Endgeräte die bisherige Engpaßfunktion im Ortsnetz grundlegend verändern.

3.3.2 Expansion von Cable & Wireless

Das britische Unternehmen Cable & Wireless (C & W) verfolgt bei der Expansion der eigenen Geschäftstätigkeit eine Contrastrategie im Vergleich zu den internationalen Allianzen Unisource, Concert und Global One. Cable & Wireless plc. hat zwar 1997 einen alternativen Plan entwickelt, um der damals geplanten Concert-Allianz von BT und MCI entgegenwirken zu können. Die Verhandlungen mit France Télécom, mit dem Ziel mit deren Unterstützung Sprint übernehmen zu können, sind jedoch nicht abgeschlossen worden. Sprint hatte 1996 einen Umsatz von 14 Mrd. US$ erzielt, zusammen mit C & W hätte man über 90.000 Beschäftigte und über 25 Mrd. US$ Jahresumsatz verfügt.[3] Diese Absichten hatten 1999 eine Wiederbelebung durch die Kooperationsverhandlungen zwischen der DTAG und Cable & Wireless erfahren. Im August 1999 hat die DTAG das britische Mobilfunkunternehmen One-2-One für 6,7 Mrd. Pfund von Cable & Wireless und MediaOne gekauft.

---

[1] E-PLUS (1997).

[2] Vgl. CHANNING (1997), S. 74. Bereits 1997 gibt es 5 Mio. DECT-Nutzer weltweit, und die Prognose für das Jahr 2000 lautete auf mehr als 30 Mio. Anwender.

[3] Vgl. o.V. (1997i).

Abbildung 7: Beteiligungen von Cable & Wireless, 1997

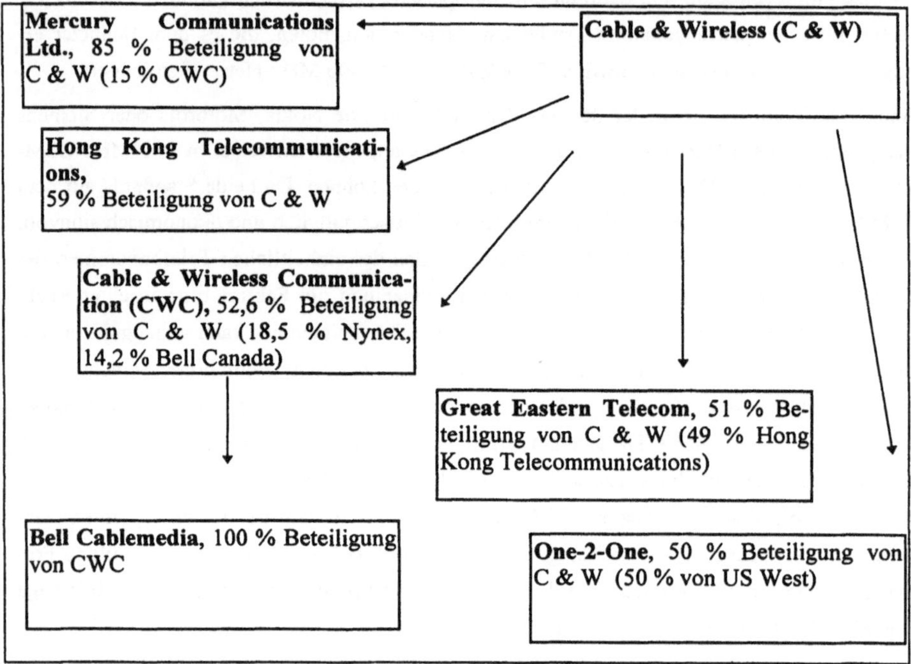

Quelle: Cable & Wireless (1997), S. 166 (Auszug).

Cable & Wireless selbst, 1872 unter dem Namen Eastern Telegraph Company gegründet, war von Anfang an ein international agierendes Unternehmen, dessen Gründer Sir John Pender[1] aus kaufmännischem Interesse heraus eine transatlantische Kabelverbindung sowie eine Verbindung London - Hong Kong umsetzte und damit sein erstes Ziel erreichte, den aktuellen Preis der Baumwolle in Virginia, USA, jederzeit verfügbar zu haben. Das Unternehmen gehört damit zu den ältesten international agierenden Telekommunikationsunternehmen. Der Name Cable & Wireless ist 1934 zum ersten Mal aufgetaucht.[2] Der Geschäftsauftrag der Cable & Wireless war später die Errichtung einer nachrichtentechnischen Verbindungstruktur der britischen Kolonien mit Großbritannien zur Verbesserung des Handels und zur Stabilisierung des britischen Einflusses. „With a strong history of constructing undersea cable, C & W today has operations in over 50 countries."[3] C & W verfügte 1997 über ein Zwölftel aller weltweit betriebenen Unterseekabel, das Unternehmen vergrößerte den Anteil der außerhalb

---

[1] Vgl. YOUNG (1994), S. 140.

[2] Vgl. CABLE & WIRELESS (1997), S. 10.

[3] CABLE & WIRELESS (1997a), S. 1.

Europas generierten Gewinne von 70 % im Jahr 1991 auf 86 % im Jahr 1996.[1] 1997 hatte C & W weltweit über 42.000 Angestellte auf der Gehaltsliste.[2] Der Umsatz stieg von 6,05 Mrd. £ Sterling im Jahr 1997 auf 7 Mrd. £ Sterling im Jahr 1998; im Jahr 1998 hatte C & W insgesamt 46.550 Angestellte.[3] Zu Beginn der Liberalisierung des Telekommunikationsmarktes in Großbritannien im Jahre 1981 gründeten Cable & Wireless, Barclay's Merchant Bank und British Petroleum das Telekommunikationsunternehmen Mercury Communications. Ab diesem Zeitpunkt war C & W ein Wettbewerber im britischen Inlandsmarkt. Später folgte der Markteintritt in das Mobilfunksegment durch Mercury One-2-One (kurz MOTO). Mitte der neunziger Jahre wurden in Europa lokale Niederlassungen, ähnlich dem Strickmuster von BT, gegründet. Zum Teil sind daraus auch strategische Partnerschaften entstanden. So bestand bis 1997 eine 45 %-Beteiligung von Cable & Wireless an vebacom im Wert von 2,21 Mrd. DM.[4]

Es galt Anfang der neunziger Jahre die Abhängigkeit von C & W von Hong Kong besonders auf der Ertragsseite zu verringern, weil durch die Rückgabe der Stadt an China ein Risiko in bezug auf die wirtschaftliche Entwicklung bestand. Hong Kong liegt an der Südküste Chinas und war seit 1842/43 britische Kronkolonie, die 1997 an China zurückgegeben wurde[5]. Die 6 Mio. Einwohner leben auf 1.045 Quadratkilometern, und bei einem Telekommunikationsmarktvolumen von 6,44 Mrd. US $ im Jahr 1996 lag der Marktanteil der Hong Kong Telecom (HKT[6]) bei über 65 %.[7] Der in Hong Kong erzielte Anteil am Gesamtumsatz von C & W ist von 60 % im Jahr 1996 auf 50 % im Jahr 1998 gesunken.[8] Ein Tochterunternehmen der HKT, die Hong Kong Telecom International Limited, hat bis 2006 die exklusiven Rechte der internationalen Festnetztelefonie. Die vier dortigen Mobilfunkanbieter, nahezu 100 Internet Service Provider und Telefongesellschaften für Ortsgespräche haben entsprechende Interconnectvereinbarungen.[9] Die Ertragsstärke der HKT ist auf die marktführende Positionierung und exklusive Lizensierung in den entscheidenden TK-Märkten einschließlich Internet zu-

---

[1] Vgl. PATERNA (1996), S. 260 und CABLE & WIRELESS (1997). C & W hat 1991 bei einem Umsatz von 2,6 Mrd. britische Pfund einen Gewinn von 0,5 Mrd. Pfund ausgewiesen, 1996 ist der Umsatz auf 5,517 Mrd. Pfund gestiegen, der Gewinn lag bei 1,311 Mrd. Pfund. Vgl. CABLE & WIRELESS (1997a), S. 2.

[2] Vgl. CABLE & WIRELESS (1997a), S. 2.

[3] Vgl. CIT (1999), S. 276.

[4] Vgl. VEBA (1997), S. 49.

[5] Vgl. KAHNT (Red., 1994), S. 430.

[6] An HKT ist auch China Telecom mit 13 % beteiligt. Ausländische Direktinvestitionen sind in Hong Kong grundsätzlich nicht limitiert. Vgl. YAN und PITT (1999), S. 249.

[7] Vgl. ITU (1998), S. A-92, der Berechnung liegt ein Umsatz der Hong Kong Telecom von 4,214 Mrd. US $ im Jahr 1996 zugrunde.

[8] Vgl. CABLE & WIRELESS (1998), S. 2.

[9] Lokale Telefondienste werden von dem HKT Tochterunternehmen Hong Kong Telephone, von Hutchison, New T & T und New World angeboten. HKT betreibt auch ein Mobilfunknetz (Konkurrenten sind Hutchison, Pacific Link und SmarTone), das Unternehmen hat aber ursprünglich keine der neu herausgegebenen PCS-Lizenzen (Lizenzen haben Pacific Link, Hutchison, Mandarin, New World, People's P-Plus) erhalten. Nach der Übernahme von Pacific Link durch HKT ist man auch in diesem Marktsegment vertreten. Vgl. LAM (1998), S. 714.

rückzuführen. Die Anteilseigner[1] der Cable & Wireless waren darauf bedacht, daß die ertragsstarken Märkte im asiatischen Raum der Triade ausreichende Investitionen zur Erschließung neuer innovativer Marktssegmente erhalten. Die HKT sollte sich durch Diversifizierung in den Markt der Ortgespräche, der Internetapplikationen und des Mobilfunkes auf die Phase nach dem Ende der Markteintrittsbarrieren für internationale Telefonie vorbereiten. Im Oktober 1996 haben Cable & Wireless, Nynex Corporation und Bell Canada angekündigt, die Unternehmen Mercury Communications, Nynex CableComm, Bell Cablemedia und Videotron in das neue Unternehmen Cable & Wireless Communications (CWC) zu überführen.[2] Bereits im April 1997 waren die finanziellen Transaktionen zur Gründung der CWC abgeschlossen. In diesem Jahr beliefen sich die Ausgaben von CWC zur Bekanntmachung des neuen Namens auf 50 Mio. £ Sterling.[3] „Though residential and business communications form the basis of CWC's activities, it is placing increasing emphasis on providing a portfolio of integrated services."[4] 1998 hatte CWC 1,4 Mio. Festanschlüsse in Betrieb und der Marktanteil an den gesamten Telefonieumsätzen in Großbritannien lag bei 11,7 %.[5]

Tabelle 13: Kennzahlen von Cable & Wireless

Region	Hong Kong	Rest Asien	Groß-britan-nien	Rest Europa	Karibik	Nord Amerika	Rest der Welt
Jahr - Kriterium							
1996 - Umsatz in £	2,422	0,106	1,698	0,050	0,548	0,477	0,273
1996 - Gewinn in £	0,920	0,011	0,183	- 0,035	0,179	0,041	0,012
1997 - Umsatz in £	2,665	0,118	1,718	0,059	0,603	0,621	0,327
1997 - Gewinn in £	1,007	0,010	0,317	- 0,038	0,194	0,041	0,007
1998 - Umsatz in £	2,745	k. A.	2,176	k. A.	0,793	0,697	k. A.
1998 - Gewinn in £	0,995	k. A.	0,250	k. A.	0,289	0,020	k. A.
1999 - Umsatz in £	2,519	0,635	2,622	k. A.	0,912	0,792	0,385
1999 - Gewinn in £	0,930	0,045	0,298	k. A.	0,325	0,024	k. A.

Quelle: CABLE & WIRELESS (1997), S. 39, CABLE & WIRELESS (1999), S. 4 f., Werte in Mrd. £ Sterling.

Am 29. Mai 1997 hat C & W einen 49 % -Anteil an der PTT in Panama für 652 Mio. US $ gekauft, 49 % der Anteile sind beim Staat verblieben und 2 % werden von den Angestellten gehalten. Es ist das erklärte Ziel von Cable & Wireless Panama, mindestens 600 Telefonzellen bis Ende 1999 in städtischen Gebieten zu installieren und die Teledensity bis zum Jahr

---

[1] Im Geschäftsjahr 1997 wurden 72,65 % der Anteile von 290 der insgesamt 160.239 Anteilseigner gehalten; 75,94 % der Aktien werden von Banken gehalten. Vgl. CABLE & WIRELESS (1997), S. 72.

[2] Vgl. CABLE & WIRELESS (1997a), S. 3.

[3] Vgl. CIT (1999), S. 275.

[4] CIT (1999), S. 275.

[5] Vgl. CIT (1999), S. 212.

2002 auf 25 % zu erhöhen.[1] Im August 1997 hat das Unternehmen Cable & Wireless seine Beteiligung an der australischen Optus Communications Ltd. auf 49 % erhöht.[2]

In Verbindung mit dem Ausstieg der C & W aus der Allianz mit VEBA in Deutschland und dem Verkauf der Beteiligung an der NetCom in Schweden wird die Contrastrategie erkennbar: (i) Fokussierung auf eine international homogene markengebundene Identität unter der Dachmarke „Cable & Wireless"[3]; (ii) konsequenter Ausstieg aus Beteiligungen, die eine richtungsweisende Einflußnahme nicht zulassen bzw. mittelfristige Ertragsschwächen aufweisen und (iii) Ausbau der Marktanteile im asiatisch-pazifischen Raum und in Großbritannien. Die Strategie der Vertiefung der Produktsparten in den für das Unternehmen relevanten Hauptmärkten in Asien, Europa, der Karibik und den USA unterscheidet sich von den Allianzbestrebungen der AT & T, der British Telecom und der Deutschen Telekom. Im Ansatz des eigentlichen Vertiefens der Produktsparten[4], also dem Verkauf von Mobilfunkdiensten an Festnetzkunden und umgekehrt sowie der Penetration mit Multimedia und Kabelfernsehen bei den Kunden, die bisher reine Datenübertragungen bezogen haben, gleicht die Cable & Wireless-Strategie den Plänen von WorldCom. In Großbritannien hat CWC Zugang zu 5,9 Mio. Haushalten und das Unternehmen verfügt über 47.600 km Zugangsleitungen im Local Loop.[5] Im Mai 1998 hat MCI sein Internet Backbone an Cable & Wireless für 625 Mio. US $ verkauft.[6] MCI ist damit dem Druck in bezug auf marktbeherrschende Stellungen im Internet im Zusammenhang mit dem Merger mit WorldCom ausgewichen, und C & W konnte sich damit auf einem innovativen Markt in USA etablieren.

3.3.3 Konzernstruktur der Deutschen Telekom AG

Die Geschichte der deutschen Telekommunikation und damit der Vorläuferorganisationen der DTAG begann 1832, als ein optischer Telegraph Koblenz mit Berlin verband. Im Jahre 1861 hat Philipp Reis, Lehrer in Friedrichsdorf/Taunus[7], das Prinzip der Sprachübertragung entdeckt. Allerdings hat seine Apparatur niemals wirklich funktioniert. „Johann Philipp Reis, 1834 bis 1874, konstruiert 1861 das erste Telefon, das erste elektromagnetische Telefon erfindet 1876 Alexander Bell..."[8] 1877 erreichte die Erfindung von Bell die damalige Reichshauptstadt Berlin, und 1890 gab es bereits 10.000 Postämter, die einen Telefondienst als Er-

---

[1] Vgl. ITU (1998), S. 71.

[2] Vgl. CABLE & WIRELESS (1998) S. 12 f.

[3] „One reason we are regarded as the industry's best kept secret is that 80 per cent of our revenues have come from business which did not carry the Cable & Wireless name." CABLE & WIRELESS (1997), S. 10. So ist zum Beispiel im Zeitraum von Mai 1994 bis Mai 1995 der Bekanntheitsgrad der Marke „Mercury" in Großbritannien vom Indexwert 7 auf den Indexwert 5,5 gefallen, BT hat im gleichen Zeitraum den Indexwert 7 gehalten. Vgl. DAY (1995), S. 2.

[4] Vgl. CABLE & WIRELESS (1997), S. 24.

[5] Vgl. CIT (1999), S. 276.

[6] Siehe auch CANE (1998a).

[7] Vgl. DEUTSCHE TELEKOM AG (1997b), S. 1.

[8] ELLEDGE (1976), S. 1186.

gänzung zum dort verfügbaren Telegraphendienst anboten. Erst 1882 ermöglichte die Reichspost den Zugang privater Teilnehmer zum staatlichen Netz. 1902 gab es durchschnittlich ein
Telefon für 128 Einwohner[1] in Deutschland, wobei sich die Verbreitung dieser neuen Technik im wesentlichen auf die Städte konzentrierte. Das erste handgeschriebene Telefonbuch in
Berlin hat im Volksmund den Titel „Verzeichnis der 94 Narren" erhalten.[2] Damals war eine
gewisse Ablehnung gegen neue technische Entwicklungen vorhanden, dies ist nicht nur ein
Phänomen unserer Zeit. Zwei Faktoren aus dieser Epoche sind bemerkenswert: (i) In der
Gründerzeit der Telekommunikation war die Entwicklung in Deutschland in bezug auf die
Teilnehmerdichte langsamer als in den USA und im Gegensatz zu den Vereinigten Staaten
von den Exekutivorganen des Deutschen Reiches koordiniert; (ii) dieser Zeitabschnitt war
nicht von einem Market-Pull-Verhalten geprägt. In Berlin wurde damals die Post bis zu vierzehnmal täglich zugestellt, die Geschäftswelt hatte anfangs keinen Bedarf an neuen Kommunikationsdiensten. So mußte vielmehr der erste Schritt mit einem Technology Push getan
werden.

Nach Ende des zweiten Weltkriegs hat die DBP die Aufgaben der Reichspost übernommen
und den TK-Sektor weiter ausgebaut. Zwischen 1970 und 1986 hat die DBP einen Zuwachs
der Teilnehmerdichte von 14,3 auf 43,8 Anschlüsse pro 100 Einwohner verzeichnen können.
Nicht immer war es das Ziel der DBP, die Teilnehmerdichte zu erhöhen, weil damit auch
hohe Vorlaufinvestitionen verbunden waren.[3] Im Zusammenhang mit diesem Wachstum
wurde die angewendete Technik ständig verbessert, und zum Teil wurde direkt auf spezielle
Verhaltensmuster der Kunden reagiert. Als beispielsweise die Ortsgespräche zu einem festen
Preis[4] ohne Zeitbegrenzung verkauft wurden, hat man festgestellt, daß Unternehmen aufgebaute Modemverbindungen einige Tage „anstehen" lassen. Um die dadurch verursachten
Blockierungen auszuschalten, wurde mit der nächsten technischen Gerätegeneration der
Zeittakt im Ortsbereich eingeführt. Die Teilnehmer mußten zwangsläufig ihr Verhalten ändern, um so den hohen laufenden Gebühren zu entgehen; das Ziel der DBP wurde erreicht.

Nach Umsatzerlösen ist die Deutsche Telekom AG, kurz DTAG, das größte Unternehmen für
Telekommunikationsleistungen in Europa und rangiert an dritter Stelle im weltweiten Vergleich. Dabei wurden mit mehr als 40 Millionen Telefonanschlüssen und anderen Diensten
1995 über 66 Mrd. DM umgesetzt.[5] Vor der Liberalisierung des Marktes war die DTAG der
einzige Anbieter, der alle TK-Produkte wie Breitbandkabel, Mobilfunk, Onlinedienste,
Sprach- und Datenkommunikation angeboten hat. 1997 wurde die höchste Rendite in der

---

[1] In USA gab es 1902 ein Telefon für jeweils 34 Einwohner, siehe auch NOAM (1992).

[2] Vgl. BÖTSCH (1997).

[3] Siehe auch WITTE (1998).

[4] 1969 kostete ein Ortsgespäch ohne Zeitlimit 0,18 DM vom Teilnehmeranschluß aus und 0,20 DM vom Münzfernsprecher aus, vgl. CHRISTOPH (1969), S. 144.

[5] Vgl. DEUTSCHE TELEKOM AG (1996) S. 52.

Sparte Festnetztelefondienste erzielt. Bei einem Umsatzanteil von 50,2 Mrd. DM konnten 10,5 Mrd. DM Gewinn ausgewiesen werden.[1] Im ersten Halbjahr 1999 ist der Umsatz auf 32,7 Mrd. DM gesunken und der Gewinn fiel um 4,5 % auf 1,86 Mrd. DM.[2] Die DTAG-Geschäftätigkeiten unterteilen sich in die Segmente Systemkunden, Geschäftskunden und Privatkunden. Die DTAG betreut 1,7 Millionen Geschäftskunden und beziffert die Umsatzanteile, die durch Servicedienstleistungen erbracht werden, auf 26,1 Mrd. DM.[3] Die Deutsche Telekom AG hat am 18. November 1996 den Gang an die Börse unternommen. Etwa 11 Mrd. ECU des Kapitals der DTAG sind auf den internationalen Börsenmärkten notiert. Der Anteil des deutschen Staates an dem Unternehmen ist auf 50,1 % gesunken[4]. Der zweite größere Emissionsschritt war für 1998 geplant. In einer breit angelegten Werbekampagne wurden 1996 viele potentielle Interessenten auf diese Aktien aufmerksam gemacht. Anfang 1997 waren bereits 2 Mio. Aktionäre[5] am Unternehmen DTAG beteiligt.[6] Die Kursentwicklung wurde bei der Hauptversammlung vor 10.000 Aktionären am 26. Juni 1997 von der Telekom selbst als sehr positiv bezeichnet. Im Geschäftsjahr 1996 wurde eine Dividende von 0,60 DM bezahlt, das Ziel für das Geschäftsjahr 1997 lag bei dem doppelten Wert von 1,20 DM. Diese Dividende pro Aktie wurde der Hauptversammlung am 27. Mai 1998[7] vorgeschlagen und dort so verabschiedet. Der Kurswert der DTAG-Aktie hat sich von 28,50 DM am 18.11.1996 auf 46,90 DM am 18.5.1998 erhöht, das entspricht einer Zunahme von 64,6 %; im gleichen Zeitraum hat sich der DAX um 93,2 % erhöht.[8] Gleichzeitig mit dieser Privatisierung der Aktionärsstruktur wurden zur Erhöhung der Shareholderattraktivität eine Reihe von Maßnahmen geplant: (i) Reduzierung der jährlichen Investitionssummen nach dem Abschluß des Aufbaus des ostdeutschen Netzes um 25 %; (ii) Verminderung der Abschreibungen um 1,5 Mrd. DM in 1997 nach Beendigung der beschleunigten AfA für analoge Vermittlungssysteme und (iii) der Abbau der Schulden von 98 Mrd. DM (Stand 1996) auf 65 Mrd. DM bis zum Jahr 2000. Von ursprünglich 125 Mrd. DM Finanzschulden am 1. Januar 1995 konnte eine Verminderung um 30 % auf 87,9 Mrd. DM zum 31.12.1997 umgesetzt werden.[9]

---

[1] Vgl. ENZWEILER (1998), S. 66.

[2] Siehe auch DEUTSCHE TELEKOM AG (1999c).

[3] Diese Zahlen gelten für 1995, vgl. DEUTSCHE TELEKOM AG (1996a), S. 32. Die Geschäftskunden unterhalten etwa 8 Millionen Telefonanschlüsse, wobei die 200 bis 300 „Named Accounts" von der Tochtergesellschaft DeTeSys bedient werden.

[4] Vgl. EITO (1997), S. 37.

[5] Es wurden 713 Mio. Aktien plaziert und damit ein Gesamterlös von 20 Mrd. DM erzielt, (Stand Juni 1997).

[6] Vgl. SOMMER (1997).

[7] Vgl. DEUTSCHE TELEKOM AG (1998), S. 31.

[8] Vgl. GERPOTT (1998a), S. 13.

[9] Vgl. DEUTSCHE TELEKOM AG (1998), S. 100.

Tabelle 14: Technische Kenndaten der DTAG-Netze

Jahr	1993	1994	1995	1996	1997	1998	1999
DTAG-Kennzahlen							
Telefonanschlüsse (analog/ digital) in Mio.	37,0	38,8	40,4	44,1	45,2	46,5	47,1
ISDN-Kanäle[1] in Tsd.	1.122,9	1.845,3	2.956,4	5.203,4	7.341,3	10.093,5	11.704,0
T-Online-Kunden in Tsd.	496,7	708,5	965,4	1.363,9	1.919	2.699	3.300
Kupferkabel (Fernlinien) in Tsd. km	1.367,6	1.399,9	1.410,8	1.446,1	1.455,7	1.452,3	k. A.
Glasfaserkabel (Fernlinien) in Tsd. km	68,4	81,1	110,7	112,6	129,5	149,2	165,0
Breitbandkabel (Fernlinien) in Tsd. km	372,2	287,4	402,0	k. A.	k. A.	k. A.	k. A.
Digitalisierungsgrad auf der Sprachvermittlungsebene	43 %	50 %	56,3 %	79 %	100 %	100 %	100 %

Quelle: DEUTSCHE TELEKOM AG (1996b), S. 7 ff., FVIT (1996), S. 31, DEUTSCHE TELEKOM AG (1997c), S. 3, DEUTSCHE TELEKOM AG (1998), S. U7, ENZWEILER (1999a), DEUTSCHE TELE-KOM AG (1999a), S. U7, DEUTSCHE TELEKOM AG (1999c), REGTP (1999e), eigene Recherchen.

Die Veränderung zu einem wirtschaftlich orientierten Unternehmen unter Berücksichtigung des großen technologischen Fortschritts geht nach dem Willen des DTAG-Top-Managements mit einem deutlichen, aber sozial verträglich strukturierten Personalabbau einher. Von den 220.000 Beschäftigten im Geschäftsjahr 1995 sollen 60.000 Mitarbeiter durch Vorruhestands-regelungen, Abfindungen und das Ausnützen von natürlichen Fluktuationseffekten bis zum Jahr 2000 abgebaut werden.[2] Schon im Jahr 1997 scheint es aber eine Reihe von Unregel-mäßigkeiten bei der Umsetzung dieses ehrgeizigen Programmes gegeben zu haben. So ermit-telte die Staatsanwaltschaft in 179 Fällen, in denen leitende Mitarbeiter der DTAG verdäch-tigt werden, ihre Mitarbeiter zur Vortäuschung von Krankheiten zum Zwecke der Frühpen-sionierung angestiftet zu haben.[3] Losgelöst von dieser Ermittlung ist der Abbau von einem Viertel der Belegschaft in einem Zeitraum von fünf Jahren ein enormes Aufgabenpaket, weil operativ mehr Angestellte und Beamte freigestellt werden müssen, um eine minimal erforder-liche Neueinstellungsquote umsetzen zu können. Für die Transformation der DTAG im Hinblick auf die veränderten Anforderungen in einem liberalisierten Markt ist die Einstellung neuer Mitarbeiter unverzichtbar. Im August 1999 hat sich der Mitarbeiterbestand auf 174.000 Personen verringert, das entspricht einem Personalabbau von 46.000 Personen seit 1995.[4] Obwohl die Deregulierung in der Telekommunikation zweifelsfrei zu einer Stimulierung der europäischen Wirtschaft führt[5], bleibt fraglich, ob der Abbau der Arbeitsplätze bei den Ex-

---

[1] Pro Basisanschluß stehen zwei ISDN-Kanäle, pro Primärmultiplexeranschluß (S2M) stehen 30 ISDN-Kanäle zur Verfügung.

[2] Vgl. DEUTSCHE TELEKOM AG (1996a), S. 14.

[3] Vgl. STEINHOFF (1997), S. 158.

[4] Siehe auch DEUTSCHE TELEKOM AG (1999c).

[5] Vgl. WELFENS, AUDRETSCH, ADDISION und GRUPP, S. 134 f.

Monopolisten durch Newcomer aufgefangen werden kann. Während British Telecom in Großbritannien im Zeitraum von 1990 bis 1995 die Zahl der Mitarbeiter um fast 90.000 reduzierte, hat Mercury die Zahl der Mitarbeiter nur um 5.000 erhöht.[1]

Tabelle 15: Entwicklung der Mitarbeiterzahl der DTAG im Jahresdurchschnitt

Jahr	1990	1991	1992	1993	1994	1995	1996	1997	1998	1999
Bestand in % in bezug auf 1991	92,57	100,0	100,87	102,18	100,87	96,07	90,83	86,02	78,38	75,98
Mitarbeiter in Tsd.	212	229	231	234	231	220	208	197	179,5	174

Quelle: DEUTSCHE TELEKOM AG (1995), DEUTSCHE TELEKOM AG (1996a), DEUTSCHE TELEKOM AG (1997a), DEUTSCHE TELEKOM AG (1998), ENZWEILER (1999a), DEUTSCHE TELEKOM AG (1999c), eigene Berechnungen.

Die DTAG unterhält zahlreiche Mehrheitsbeteiligungen[2], wie z. B. DeTeMobil GmbH (Mobilkommunikation, 100 %), Modacom AG (Mobilkommunikation, 61 %), DeTeSystem (Mehrwert- und Netzdienste, 100 %), TKS (Breitbandverteilerdienst, 100 %), Infonet GmbH Deutschland (Internationale Aktivitäten, 80 %), DeTeLine GmbH (Infrastruktur, 100 %) und DeTeMedien (Sonstige Aktivitäten, 100 %) und erfüllt damit die formalen Kriterien einer komplexen Konzernstruktur. DeTeSystem wurde am 1. Januar 1994 gegründet und betreut seitdem mit ganzheitlichen Konzepten mehr als 700 Systemkunden bzw. 200 Konzerne. Das Unternehmen erzielte 1996 einen Umsatz von 1,7 Mrd. DM und baute einen Mitarbeiterbestand von 1.100 Personen auf.[3] Ende des Jahres 1997 waren 1.449 Mitarbeiter bei diesem Tochterunternehmen der DTAG beschäftigt. Die DeTeCon als Tochterunternehmen der DTAG beschäftigte im Jahr 1997 weltweit ca. 850 Mitarbeiter. Sie wurde zu einem Zeitpunkt gegründet, als es der damaligen BDP nicht gestattet war, im Ausland aktiv bei Projekten und Beratungsaufträgen mitzuwirken.

Der Bekanntheitsgrad der DTAG ist nach wie vor unverändert hoch, und das Image litt trotz so mancher Pannen bei der Tarifumstellung zum 1.1.1997 nicht. Andererseits benötigte die DTAG Anfang 1996 noch für 80 % der neuen Telefonschlüsse 10 Arbeitstage zur Installation. Anfang 1997 verbesserte sich dieser Indikator für die Dienstleistungsorientierung; 95 % der Aufträge wurden in acht Tagen erledigt.[4] Die Strategie der DTAG für die optimale Vorbereitung auf die Marktliberalisierung lautet „Fokus Kunde". Man ist entschlossen, mit innovativen Produkten und attraktiven Preisen um jeden Kunden zu kämpfen und nur kontrolliert

---

[1] Vgl. WELFENS und GRAACK (1997), S. 236.

[2] Vgl. DEUTSCHE TELEKOM AG (1996a), S. 23.

[3] Vgl. DETESYSTEM (1997), S. 2 - 3.

[4] Vgl. DEUTSCHE TELEKOM AG (1997).

Marktanteile abzugeben. Eine detaillierte Kundenanalyse für Geschäftskunden liefert eine aussagekräftige Entscheidungsmatrix, in der Kunden in bezug auf ihre Bedeutung für die DTAG analysiert werden. Die Angebote für weniger attraktive Kunden enthalten dann nur die üblichen Rahmenbedingungen und Preisnachlässe. In diesen Fällen erhöht sich die Wahrscheinlichkeit, daß alternative Carrier diese Bids gewinnen und damit ihre Anschlußkapazität auffüllen.

Die A-Kunden[1] der Deutschen Telekom AG werden seit der Liberalisierung mit außerordentlichen Konditionen stärker an die DTAG gebunden. In einer Rede des Vertriebsvorstands der DTAG in Bonn am 17. Dezember 1997 tritt diese Kernaussage deutlich hervor. „...Wir wollen natürlich auch im Inland die Preise senken und die Tarifstruktur noch kundenorientierter gestalten. So werden künftig Verbindungen der bisherigen Fernzone zum Regio-200-Takt abgerechnet. Dieser neue Tarif heißt übrigens „German Call". ... Auch wenn Preise und Produkte integrale Bestandteile unserer Strategie sind - ohne eine überragende Qualität werden sich Ziele am Markt nicht realisieren lassen. ... Innerhalb von durchschnittlich 15,2 Stunden entstören wir jeden Anschluß in Deutschland. In den alten Bundesländern sogar innerhalb von 12,3 Stunden. Das ist Platz 1 in der Welt...."[2] Eine Arthur D. Little-Studie im Juli 1998 bestätigte die Kernaussage der DTAG, sie ist im Auswahlkriterium „Qualität" auf Platz eins vor o.tel.o und VIAG Interkom.[3]

Tabelle 16: Der Bekanntheitsgrad der TK-Unternehmen in Deutschland, 1996 - 1998

Unternehmen	Bekanntheitsgrad, Sept. 1996	Bekanntheitsgrad, Juli 1998
DTAG (T-Online)	97 %	99 %
CompuServe	k. A.	96 %
D2 Privat (MMO)	67 %	95 %
E-Plus	60 %	91 %
Arcor	Firmenname noch nicht im Markt	90 %
MobilCom	k. A.	85 %
DeTeMobil	52 %	k. A.
T-Mobilnet	30 %	k. A.
vebacom	14 %	k. A.
RWE Telliance	9 %	Name nicht mehr im Markt
VIAG Interkom	8 %	56 %
WorldCom	k. A.	35 %

Quelle: ONLINE/OFFLINE- Spiegel (1996), BUSINESS ONLINE (1998a), S. 9, ARTHUR D. LITTLE (1998), S. 18.

---

[1] Ein A-Kunde differenziert sich in einem internen Vergleich von B-Kunden durch einen höheren Umsatz und bessere Gewinnmöglichkeiten.

[2] BUCHAL (1997).

[3] Vgl. ARTHUR D. LITTLE (1998), S. 51.

Unmittelbar nach der Öffnung des Marktes für öffentliche Sprachvermittlung im Januar 1998 kam die Preispolitik der Deutschen Telekom AG unter einem ganz anderen Aspekt in das Zentrum des Verbraucherinteresses. Schon am 3. Januar 1998 wurden die Umstellungspreise der DTAG für die zu den Newcomern abwandernden Kunden veröffentlicht. Eine Bearbeitungsgebühr von 53,00 DM für die Beibehaltung der Telefonnummer bei vollständigem Wechsel zu einer alternativen Telefongesellschaft und 94,99 DM für die Inanspruchnahme einer auf Newcomer ausgelegten Preselection wurden publiziert; die Verwendung der Call-by-Call-Selection belegte die DTAG nicht mit einer Gebühr.[1] Obwohl die Regulierungsbehörde für Telekommunikation und Post (RegTP) am 16. Dezember 1997 der DTAG das Recht einräumte, kostenorientierte Umstellungsgebühren zu erheben, war Anfang Januar 1998 der Nachweis der Preisangemessenheit für die Forderung der DTAG noch nicht erbracht worden. Folglich lehnten die Konkurrenten die DTAG-Gebühren ab und legten bei der Regulierungsbehörde für Telekommunikation und Post einen formalen Widerspruch ein. Öffentlich wurde ein Schlagabtausch über die Kostenstruktur der Deutschen Telekom AG und ihre Zuordnung auf Dienste zwischen dem Präsidenten der Regulierungsbehörde für Telekommunikation und Post und dem Vorstand der DTAG ausgetragen. In einem modifizierten Entgeltantrag hat die Deutsche Telekom AG für den Fall der Preselection einen Preis von 49,00 DM bis zum 31.12.1998, von 35,00 DM bis zum 31.12.1999 und danach von 20,00 DM beantragt. Im Juni 1998 hat die Regulierungsbehörde dazu noch keine Entscheidung gefällt.[2] Die Informationsasymmetrien zwischen dem Incumbent Player und dem Regulierer sowie die daraus folgenden latenten Durchgriffsprobleme der Regulierungsbehörde sind exakt so eingetreten, wie sie in der entsprechenden Literatur prognostiziert worden waren.[3] Im März 1998 hat die Regulierungsbehörde für Telekommunikation und Post, entgegen der Forderung der DTAG, den monatlichen Mietpreis für den entbündelten Ortszugang von 28,80 DM auf 20,65 DM vorläufig bis zum 21. Juli 1998 festgesetzt[4]. Neben dem monatlichen Mietzins wurde eine einmalige Gebühr von 606 DM für die Neueinrichtung[5] bzw. von 265 DM für die Übernahme[6] von Teilnehmeranschlußleitungen definiert. Von der Regulierungsbehörde wurde im Juli 1998 bekanntgegeben, daß zu diesem Zeitpunkt schon drei Wettbewerber auf Grundlage dieses Preises eigene Verträge mit der DTAG geschlossen haben.[7] Im Januar 1999 waren ca.

---

[1] Vgl. o.V. (1998), S. 23.

[2] Vgl. SCHEURLE (1998a), S. 4.

[3] Vgl. WELFENS und GRAACK (1997), S. 81 f., GRAACK (1997), S. 105, WIED-NEBBELING (1997), S. 45 und GERPOTT (1997), S. 77.

[4] Siehe auch RIEDEL (1998).

[5] Die Forderung der DTAG lag 1998 bei 752,18 DM und 1999 bei 581,52 DM. Vgl. ZUNDL (1999), S. 29.

[6] Die Forderung der DTAG lag 1998 bei 633,03 DM und 1999 bei 438,62 DM. Vgl. ZUNDL (1999), S. 29.

[7] Vgl. SCHEURLE (1998a), S. 3.

100.000 Teilnehmeranschlußleitungen (ca. 0,25 % des DTAG-Bestandes[1]) auf die Newcomer umgeschaltet.[2]

Die Forderung der DTAG nach einem zusätzlichen Entgelt bei der Rufnummernmitnahme hat die Regulierungsbehörde für Telekommunikation und Post im April 1998 mit dem Verweis auf den § 20 Abs. 2 S. 3 TKV und dem dort manifestierten Teilnehmernutzungsrecht an der Rufnummer abgelehnt.[3] Den Antrag in bezug auf die Preselectiongebühr von 49 DM hat die DTAG in ihrem Schreiben vom 7. April 1998 an den Regulierer zurückgezogen. Die Prüfungsergebnisse des ursprünglichen Antrages haben zu drei vorläufigen Ergebnissen geführt:[4] (i) Die internationalen Preise für derartige Leistungen sind weitaus geringer, in den USA zum Beispiel zwischen 3 und 10 DM; (ii) die von der DTAG aufgezeigten Prozeßabläufe und die damit verbundenen Stundensätze waren für die Regulierungsbehörde für Telekommunikation und Post nicht plausibel; (iii) eine Berücksichtigung von anzustrebenden Effizienzsteigerungen hat nicht stattgefunden. Im gleichzeitig vorgelegten modifizierten Antrag möchte die DTAG eine Gebühr von 49 DM im Jahr 1998, von 35 DM im Jahr 1999 und 20 DM im Jahr 2000 erheben. Im Sommer 1999 erfolgte die Vergabe von Wireless Local Loop (WLL) Frequenzen für die Versorgung von Einzelteilnehmern im Umkreis von 3 bis 20 Kilometer von einem speziellen Richtfunkmast. Diese WLL-Technologien erlauben es den Newcomern, die Mietgebühr von 20,65 DM zu umgehen und den Endkunden mittels eigener Übertragungsmedien zu erreichen. Diese auf Sichtverbindung basierende Übertragungstechnologie wird unter dem Begriff Local Multipoint Distribution Systems (LMDS) bzw. Broadband Point-to-Multipoint Radio Transmission subsumiert.[5] Eine technische Alternative stellen Übertragungsrelais in Form von Flugzeugen oder Ballonen dar, die in 20 km Höhe stationiert sind. Diese Verfahren bezeichnet man als High Altitude Long Endurance (HALE) Platforms.[6]

Pilotprojekte von Teledesic oder Motorola setzen hingegen auf Low Earth Orbit (LEO) Satelliten. Eine Lösungsvariante mit 288 Satelliten erfordert allerdings eine Investition von bis zu 10 Mrd. US$. Im Dezember 1998 wurde die Gültigkeit für das monatliche Entgelt von 20,65 DM in bezug auf die Fremdnutzung der Teilnehmeranschlußleitung (TASL) bis auf den 30. April 1999 verlängert. Durch die bis zu diesem Zeitpunkt geringe Nutzung der TASL durch Newcomer ist der „Schaden" für die DTAG eher gering. Der am 21. September 1998 eingereichte Entgeltantrag der DTAG hat einen monatlichen Mietpreis pro Kupferdoppelader von 47,26 DM ausgewiesen. Der Antrag der DTAG für die entbündelte TASL im Januar 1999

---

[1] Zum gleichen Zeitpunkt (Anfang 1999) waren in Großbritannien 22 % der Ortsanschlüsse nicht mehr bei BT und in den USA 3,2 % nicht mehr bei den Bell Operating Companies. Vgl. GERPOTT (1999a), S. 6.

[2] Vgl. ZUNDL (1999), S. 28 f.

[3] Vgl. REGTP (1998), S. 1.

[4] Vgl. REGTP (1998), S. 1.

[5] Eine Übersicht der verschiedenen Teilnehmeranschlußverfahren findet sich im Anhang in der Tabelle „Alternative Netzzugänge".

[6] Vgl. POSPISCHIL (1998), S. 746.

sah einen Preis von 37,50 DM vor. Beide Werte liegen über der Grundgebühr von 24,60 DM (ohne MwSt. 21,39 DM) und den Referenzwerten[1] der Newcomer aus eigenen Netzen. Diese Rechtsunsicherheit behindert den Wettbewerb im Ortsnetz und eröffnet der DTAG gleichzeitig die Möglichkeit die verbindungsunabhängigen Grundpreise zu erhöhen. Am 8. Februar 1999 hat die RegTP den monatlichen Mietpreis für den entbündelten Ortszugang auf 25,40 DM festgelegt. Der Preis für eine Neueinrichtung mit (ohne) Montage wurde auf 337,17 DM (196,55 DM) und für die Übernahme eines bestehenden Anschlusses mit (ohne) Montage auf 241,31 DM (191,64 DM) festgelegt.[2]

3.3.4 Die Akquisitionsstrategie von WorldCom

WorldCom hat die Geschäftstätigkeit 1983 in Hattiesburg, Mississippi, USA, unter dem Namen Long Distance Discount Services (LDDS) aufgenommen. Der Gründer Bill Fields, unterstützt von einer Investorengruppe, hatte, angeregt durch die Aufteilung von AT & T, die Geschäftsidee des sogenannten Channel-Reselling aufgegriffen. Dabei werden Standleitungen zur Übertragung von Informationen angemietet und daraus einzelne Bandbreitensegmente getrennt weitervermietet. Zusätzlich hatte LDDS zwischen 1986 und 1989 für insgesamt 35 Mio. US$ Firmenaufkäufe im eigenen Konkurrenzumfeld getätigt. 1984 hatte das Unternehmen einen Umsatz in Höhe von 1 Mio. US$, allerdings verursachten stark steigende Leased-Line-Preise einen Verlust von 1,5 Mio. DM im Folgejahr.[3] Zu diesem Zeitpunkt übernahm der heutige Präsident, Bernard Ebbers, die Geschäftsleitung und implementierte erfolgreich eine strikte operative Kostenkontrolle. Dieses Sanierungskonzept zeigte sehr schnell seine Wirkung und erlaubte die Fortsetzung der ursprünglichen Akquisitionsstrategie. In den folgenden Jahren hat das Unternehmen Phone America of Carolina (1991), Mid-Americans Communication Corp. (1991), Advanced Telecommunications (1992)[4], Metromedia Telecommunications of New Jersey (1993), Resurgens Communications Group of Atlanta (1993), IDB Communications (1994) und WilTel of Tulsa (1995) gekauft.[5] 1995 erfolgte die Umfirmierung von LDDS auf den neuen Namen „WorldCom". WorldCom hat Ende 1996 die Firma MFS für 12,4 Mrd. US$ gekauft und damit nicht nur die Kontrolle über die MFS-Tochter UUNET erhalten, die weltweit ca. 1.000 Internetzugangsknoten betreibt, sondern auch strategisch wichtige Felder im Local-Access-Markt in den USA besetzt. WorldCom setzt weiterhin auf die Integration von Sprach- und Datenkommunikation und hat 1997 den

---

[1] Neben einer Untersuchung der WIK und eigenen Recherchen der RegTP liegen Referenzwerte aus den Ortsnetzen von HanseNet und ISIS vor. Unter den gleichen Rahmenbedingungen (verschiedene Teilnehmerdichten, keine Mitnutzung von Schächten anderer Versorgungsunternehmen, durchschnittliche Länge der TASL ca. 1 km, Kapitalverzinsung von 9,25 % und 20 Jahre Abschreibungszeitraum) erreicht man dort monatliche Werte von 12,64 DM bis 20,81 DM. Vgl. ZUNDL (1999) S. 30. Selbst bei längeren TASLs, längeren Nutzungsdauern und gleichzeitig niedrigeren Zinsen erscheinen 15 DM pro Monat als angemessener Wert.

[2] Siehe auch REGTP (1999a).

[3] Vgl. HOOVER (1997), S. 525.

[4] Das Unternehmen wurde nach diesem Merger der viertgrößte Long Distance Carrier.

[5] Siehe auch HOOVER (1997).

Online-Dienst CompuServe und das Netzwerk von AOL gekauft. Außerdem plant das Unternehmen, die Brooks Fiber Properties für 2,9 Mrd. US$ zu übernehmen. Brooks verfügt über ein Telekommunikationsnetz in 44 nordamerikanischen Städten. 1997 überraschte man die Öffentlichkeit mit der kurzfristig kommunizierten Nachricht des Mergers zwischen WorldCom und MCI.

Tabelle 17: Kennzahlen der (MCI)-WorldCom Inc.

Jahr Kriterium	1991	1992	1993	1994	1995	1996	1997	1998	Q2/99
Umsatz in Mio. US$	263	801	1.145	2.221	3.640	4.485	7.351	30.410	8.940
Nettoein- künfte in Mio. US$	18	-8	94	-150	234	- 2.213	383	k. A.	863
Angestellte	516	901	2.440	4.379	7.500	13.000[1]	k. A.	k. A.	k. A.

Quelle: HOOVER (1997), S. 525, VIAG INTERKOM (1997c), S. 1 f., WORLDCOM (1998), S. 2, WATERS (1999), GATEWAY (1999), S. 8,Umsatz 1999 bezieht sich nur auf Quartal 2.

Das Wachstum von WorldCom[2] ist von einer mehrdimensionalen Ausrichtung geprägt, die sich nicht nur um Kunden, sondern auch um Aktionäre und deren Bedürfnisse kümmert. Es werden Konkurrenzunternehmen aufgekauft, mit strategischen Partnern gezielt Fusionen durchgeführt, vertikale Integrationskonzepte umgesetzt und die dadurch globale Präsenz vergrößert. Das Unternehmen hat innerhalb weniger Jahre ein ganzes TK-Imperium aufgekauft und gilt als „Börsen-Liebling" der Wall Street. Dieser Trend wurde mit der Akquisition von MCI weiter verstärkt. Obwohl WorldCom nicht aktiv im internationalen Allianzbildungsprozeß beteiligt ist, stellt das Unternehmen eine wesentliche Konkurrenz zu diesen Allianzen dar. Dabei wiesen die Internetdienste das höchste Wachstum auf, der Umsatz in diesem Segment stieg von 1,3 Mrd. US$ im Jahr 1997 auf 2,3 Mrd. US$ im folgenden Jahr; das entspricht einem Zuwachs von 69 %. Der gemeinsame Umsatz von MCI-WorldCom im Jahr 1997 betrug 26,5 Mrd. US$ und er stieg im Jahr 1998 um 15 % auf 30,4 Mrd. US$.[3]

3.4 Vertikale Integration

3.4.1 Vertikale Integration in den USA

Die vertikale Integration in den USA beschäftigt sich mit der Frage der Zuordnung der Orts- und Ferngespräche auf unterschiedliche Carrier. Besonders durch die FCC-Entscheidung im Jahre 1996, nach der im Ortsbereich Wettbewerb möglich ist, dürfte die in der Vergangenheit übliche Quersubventionierung der kostenintensiven Ortsgespräche durch die lukrativen Fern-

---

[1] 13.000 Mitarbeiter im Jahr 1996 einschließlich MFS und UUNET; MFS verfügte in diesem Jahr über 4.125 Mitarbeiter und UUNET über 900 Mitarbeiter. Vgl. VIAG INTERKOM (1997c), S. 1.

[2] WorldCom Deutschland hat im Jahr 1997 einen Umsatz von 250 Mio. DM erzielt. Vgl. VIAG INTERKOM (1998a), S. 11.

[3] Vgl. GATEWAY (1999), S. 8.

gespräche erodieren. Unter vertikaler Integration versteht man aber auch die Bestrebung eines Netzbetreibers, vor- bzw. nachgelagerte Produktionsbereiche (Hardwareherstellung bzw. Mehrwertdienste) abzudecken. Traditionell gibt es in den USA eine deutliche Ausprägung beider Formen der vertikalen Integration. Insgesamt stehen folgende Motive hinter der Zunahme vertikaler Integrationen:[1] (i) Verringerung der Ungewißheit der Nachfrage; (ii) Verbesserung der Marktpositionierung und des Know-How-Zugangs wie bei Bertelsmann und AOL; (iii) bessere Beherrschung des Kundenzugangs wie bei dem Bündnis Disney und ABC; (iv) Verbesserung der Wertschöpfungserträge und (v) Optimierung der Verteidigungsposition gegen Angreifer aus verwandten Märkten wie bei der Fusion US West und Time Warner.

AT & T betreibt in mehr als zwanzig Fabriken, die zum Teil auch von Western Electric übernommen wurden, die Produktion von Vermittlungssystemen, Übertragungseinrichtungen, Modems und synchronen Terminals. Am Beispiel AT & T zeigt sich, daß eine Diversifizierung das Marktsegment der PCs abdecken kann. „...Zu diesem Zeitpunkt [1.1.97] hat der US-Telefonriese AT & T den 1991 in einer feindlichen Übernahme für rund 7,5 Mrd. $ akquirierten Computerkonzern verselbständigt und damit den Schlußstrich unter eine der größten Fehlleistungen der US-Nachrichtengeschichte gezogen."[2] Dabei war das Jahr 1995 von entscheidender Bedeutung. Am 20. September 1995 wurde AT & T in drei eigenständige Gesellschaften aufgeteilt: The new AT & T; Lucent[3] Technologies und NCR. „Three independent corporations will be able to go after the exploding opportunities of the industry faster than they could as parts of a much larger corporation."[4] Mit dieser Begründung gelang es dem Chairman der AT & T Robert E. Allen, die Aktionäre zu überzeugen, daß z. B. die Interstate- und Intrastate-Calls am besten in der „neuen" AT & T aufgehoben sind, und daß auf der anderen Seite die Bell Labs, Consumer Produkte und Microelektroniksysteme mit einer sehr hohen Effizienz von Lucent aufgenommen werden könnten. NCR[5] wurde auf das eigene Kerngeschäft, die Entwicklung, Fertigung und Wartung von Computern, Kassensystemen und Geldautomaten fokussiert.

Tabelle 18: Umsatz und Personalbestand des AT & T-Gesamtkonzerns

Unternehmenszweig	The New AT & T	Lucent Technologies	NCR Corporation
Umsatz 1995 in Mrd. US$	50,664	21,01	8,02
Beschäftigte 1995	127.000	131.000	38.000
Umsatz 1996 in Mrd. US$	52,184	22,10[6]	k. A.
Beschäftigte 1996	130.400	130.000	k. A.

Quelle: AT & T (1996), AT & T (1997), S. 30, HANDELSBLATT (1998b).

---

[1] Vgl. EUROPÄISCHE KOMMISSION (1998), S. 8.

[2] o.V. (1997f).

[3] „Lucent" steht nach der Interpretation von AT & T für Merkmale wie „marked by clarity" oder „glowing with light".

[4] AT & T (1996).

[5] Die Abkürzung NCR steht für National Cash Register.

[6] Der Umsatz gilt für neun Monate des Geschäftsjahres bis zum 30. September 1998.

Interessant ist nach der Aufteilung insbesonders, daß in der „neuen" Rumpf-AT & T weit über die Hälfte des Gesamtumsatzes erwirtschaftet wird, dort aber nur circa 42 % der Gesamtbelegschaft angestellt sind. Die Entscheidung von AT & T, die Service- und Equipment-Bereiche von den Carrierdiensten[1] zu trennen, verfolgt unmittelbar das Ziel, die Profitabilität und Rentabilität zu erhöhen.[2] The New AT & T erzielt, genau wie der Konkurrent Sprint, ca. 60 % des Umsatzes mit Privatkunden, bei dem Long-Distance-Carrier (LDC) MCI werden die größten Umsatzanteile (etwa 70 % in 1997) im Geschäftskundensegment generiert. Im zweiten Quartal 1999 erzielte AT & T Umsätze in Höhe von 15,8 Mrd. US$.[3]

3.4.2 Vertikale Integration in Europa

Die vertikale Integration in Europa hat, verglichen mit den USA, eine ganz andere Entwicklung genommen. BT hat 1986 als Kompensation für Marktanteilsverluste im Heimatmarkt insgesamt 51 % der kanadischen Mitel gekauft und dabei die Erfahrung gemacht, daß die Diversifikation in den Telekommunikations-Equipmentmarkt nur bedingt die erwarteten Synergien zur Folge hatte.[4] Diese Beteiligung von BT wurde 1992 mit Verlust wieder verkauft. Danach hat sich BT auf das eigene TK-Kerngeschäft konzentriert und an der daraus abgeleiteten Internationalisierungs- und Allianzstrategie für Telekommunikations-Kernkompetenzen gearbeitet. Sicherlich haben die dafür erforderlichen Kapitalsummen erneute Versuche von BT, vertikal zu diversifizieren, zurückstehen lassen. Selbst die Beteiligung an europäischen Telekommunikationsunternehmern und an sogenannten Newcomern hat im Vorstand des britischen Carriers zu heftigen Kontroversen geführt. Der Telekommunikations-Equipment-Markt wird üblicherweise in drei Kategorien[5] eingeteilt: (i) Vermittlungssysteme bzw. Switches für internationale, long-distance und lokale Gesprächsvermittlung; (ii) Übertragungseinrichtungen bzw. Transmission wie Koax-Kabel, Satelliten, Richtfunkanlagen und Lichtwellenleiterkabel; (iii) Kundensysteme bzw. Customer Premises (CPE) wie etwa Endgeräte, Mobiltelefone, Faxgeräte, LANs und Nebenstellenanlagen bzw. Private Branch Exchanges (PABX, PBX). Hinzu kommt der Markt der Daten- und Abbrechnungssysteme, das Billingsegment. Die steigende Zahl der TK-Unternehmen und die zunehmend differenzierteren Kundenbedürfnisse erhöhen die Nachfrage nach leistungsfähigeren Billingsystemen. Rechnungen weisen nicht mehr nur die monatlichen Preise für in Anspruch genommene TK-Dienste aus, die Rechnung ist zu einem Kundenbindungs- und Kommunikationsinstrument geworden. Einzelverbindungsnachweise, Preis- und Einsparungsgegenüberstellungen, strukturierte Darstellung der Rabatte und kostenstellenbezogene Aufschlüsselungen sind solche zusätzlichen Kundenanforderungen. Hinzu kommen durch die multilateralen Interconnection-

---

[1] Gemeint ist damit „The New AT & T".

[2] Vgl. WELFENS (1997a), S. 14.

[3] Siehe auch WATERS (1999).

[4] Vgl. GERPOTT (1997), S. 96 und PATERNA (1996), S. 286.

[5] Vgl. ITU (1997a), S. 23.

agreements die Anforderungen an die getrennte Ausweisung des Intercarriergeschäfts in den Einzelkostenaufstellungen. Zu den führenden Anbietern der Billingsysteme gehören die Unternehmen LHS Group, die amerikanische Firma Kenan, das britische Unternehmen Kingston und der französische Anbieter Sema Group.

In Deutschland hat sich die DTAG nie an dem Segment der Entwicklung und Produktion von TK-Anlagen aktiv beteiligt. Man differenziert in diesem Zusammenhang zwischen den Backbone-Systemen und den Endgeräten. Letztere werden fremdgefertigt und exklusiv unter dem Label „DTAG" vertrieben. Der Umsatz im Geschäftsfeld Endgeräte sank durch den zunehmenden Wettbewerb und den gleichzeitigen Preisverfall von 3,4 Mrd. DM im Jahr 1996 auf 3,2 Mrd. DM im Geschäftsjahr 1997.[1] In den eigenen Shops der DTAG, den T-Punkt-Läden[2], werden fremdgefertigte Endgeräte an Privatkunden verkauft. Bezogen auf die vertikale Integration der TK-Dienste hat die DTAG eine gänzlich vom amerikanischen Markt abweichende Entwicklung durchgemacht. Während in den Vereinigten Staaten die RBOCs und IXCs geschaffen wurden und damit die Trennung der Ferngespräche vom Ortsaufkommen dokumentierten, hat die Deutsche Telekom in den letzten Jahrzehnten vor der Deregulierung unangefochten das Monopol auf öffentliche Sprachvermittlung in der Nah- und Fernzone behalten. Schon die DBP hat sich, wie die meisten Behörden und staatlichen Unternehmen, auf den Einkauf und die Auswahl der entsprechenden Technologien konzentriert. Zu Zeiten des nationalen Nachfragemonopols bei der öffentlichen Vermittlungstechnik war das sicherlich keine ungünstige Position. Allerdings haben die Hauptlieferanten wie Siemens und Alcatel eng mit der DTAG kooperiert.

Nach Festlegung des Verkaufspreises und der ungefähren Leistungsmerkmale wurden hochgradig detaillierte Pflichtenhefte der DTAG von den Lieferanten entgegengenommen, und im Anschluß wurden die Leistungsmerkmale von den Entwicklungsabteilungen realisiert. Die Anbieter der TK-Anlagen mußten meist sehr großzügig bei der Erweiterung und Ergänzung der einzelnen „Features" sein und haben deshalb immer versucht, diese von der DTAG finanzierten Entwicklungsergebnisse und daraus resultierende Produkte weltweit zu vertreiben.

---

[1] Vgl. DEUTSCHE TELEKOM AG (1998), S. 53.

[2] Die Zahl dieser Direktvertriebsniederlassungen der DTAG wurde von 320 im Jahr 1993 auf 455 im Jahr 1997 gesteigert. Zum Teil ist dieser umsatzstärkste Absatzkanal auch mit den T-Mobil-Shops kombiniert oder in Kaufhäuser integriert (sog. Shop-in-Shop-Konzepte). Vgl. DEUTSCHE TELEKOM AG (1998), S. 62.

Tabelle 19: Marktanteile bei Vermittlungssystemen

Firma	Land	Switch-Familie	Marktanteil 1995	Globalisierungsgrad
Alcatel	Frankreich	1000	23 %	Weltweit mehr als 100 Mio. Line Units verkauft.
Siemens	Deutsch-land	EWSD	16 %	230 Kunden in 86 Ländern mehr als 100 Mio. Line Units installiert.
Lucent	USA	5ESS	14 %	In 49 Ländern installiert.
Ericsson	Schweden	AXE	12 %	In 100 Ländern 105 Mio. Line Units installiert.
Nortel	Canada	DMS	11 %	Nahezu 100 Mio. Digital Lines verkauft.

Quelle: ITU (1997a), S. 25.

Durch die Privatisierung und Liberalisierung hat sich die Situation für die TK-Hersteller grundlegend geändert. Anstelle der Belieferung einer PTT, die ihrerseits einen undifferenzierten Gesamtmarkt bediente, sehen sich die Hersteller von Telekommunikationsequipment einem oligopolistischen Markt von ehemals staatlichen und neuen privaten Carriern gegenüber. Die Newcomer selbst beliefern einen segmentierten Endkundenmarkt und befriedigen stärker differenzierte Bedürfnisse.[1] So erzielte der Unternehmensbereich „Öffentliche Netze" der Siemens AG[2], der in 135 Ländern vertreten ist, mit rund 33.000 Mitarbeitern im Geschäftsjahr 1995/1996[3] einen Umsatz von 11,8 Mrd. DM[4]. Das entspricht einem Wachstum von ca. 11 % im Vergleich zum Vorjahr. Von diesem Umsatz erwirtschaftete Siemens etwa zwei Drittel im Ausland. Das Unternehmen rechnet mit einem Anstieg des Umsatzes in Deutschland durch die vermehrte Nachfrage der Newcomer, selbst wenn die durchschnittlichen Abgabestückpreise durch wettbewerbsorientierte Einkaufsstrategien der privaten Anbieten fallen werden. Eines der herausragenden Produkte in der Schmalbandvermittlungstechnik der Fa. Siemens ist das „Elektronische Wählsystem Digital" oder kurz EWSD, eines der weltweit am

---

[1] Siehe auch JUNG (1998).

[2] „Am 1. Oktober 1847 ... gründete Werner Siemens zusammen mit Johann Georg Halske die Offene Handelsgesellschaft „Telegraphen Bau-Anstalt Siemens & Halske" in Berlin ... Kurz zuvor hatte er den Zeigertelegraphen erfunden, mit dessen Vermarktung die stürmische Entwicklung des Hauses Siemens begann ." PRIBILLA (1997), S. 1. „Werner [Siemens] himself designed and developed a fundamentally improved pointer telegraph. Siemens' design, which differed from the older Wheatstone telegraph (that operated much like a clock), incorporated a Wagner-Neefhammer to maintain an automatic electrically controlled synchronism between transmitter and receiver." SIEMENS (1997b), S. 1.

[3] Das Siemens-Geschäftsjahr endet am 30. September.

[4] Das Gesamtvolumen am Weltmarkt wird im gleichen Zeitraum mit 135 Mrd. DM beziffert.

meisten verkauften Vermittlungssysteme. Es wurde nach den Angaben von Siemens[1] im Jahr 1997 von über 300 Netzbetreibern in 92 Ländern verwendet. Bereits 1999 erzielte die Siemens AG mit der Produktlinie EWSD rund 60 % des Umsatzes mit Newcomern und nur die verbleibenden 40 % mit der Deutschen Telekom AG.

Tabelle 20: Anbieter im Markt für Equipment der öffentlichen Netze

Unternehmen	Herkunfts-land	Umsatz TK-Systeme 1994 in Mrd. DM	Umsatz TK-Systeme 1995 in Mrd. DM
Alcatel	Frankreich	15,8	19,4
Siemens mit den JVs Italtel, GPT, Siecor	Deutschland	15,1	11,8
Lucent, vormals AT & T	USA	15,1	10,9
Ericsson	Schweden	11,9	7,7
Nortel, ehemals Northern Tele-com	Kanada	10,0	8,0
NEC	Japan	7,7	7,6
Fujitsu	Japan	5,1	3,8
Motorola	USA	3,8	7,7
Nokia	Schweden	3,7	k. A.

Quelle: ITU (1994), SIEMENS (1997), S. 14.

Die französische Alcatel, die im Vergleich zu Motorola, Nokia und Ericsson weniger stark im Mobilfunksektor aktiv war, hat nach einem verlustreichen Jahr 1995 im darauffolgenden Jahr wieder mit Milliardengewinnen abgeschlossen. Der Gesamtkonzern, der in den Bereichen Kabel, Energie, Systeme, Batterien und Telekommunikation tätig ist, konnte 1996 einen Umsatz von 28 Mrd. DM[2] und einen Reingewinn von 800 Mio. DM verbuchen. Die hohen Penetrationsraten der GSM-Technologie in Skandinavien und die Bedeutung der TK-Unternehmen Nokia und Ericsson deuten auf die Korrelation zwischen Entwicklung, Produktion und Vermarktung von standardisierten Mobilfunktechnologien hin.[3]

3.5 Telekommunikationsmarkt in den USA

3.5.1 Stand der Internationalisierung

Die amerikanische Wirtschaft und der Stand der Internationalisierung der Telekommunikation ist von verschiedenen Faktoren geprägt und unterscheidet sich erheblich vom europäischen oder asiatischen Wirtschaftsraum. (i) Der Markt in den USA hat mit mehr als 200 Millionen Einwohnern ein breite Kundenbasis, die mit einer Sprache und einer Währung erreicht werden kann[4]; (ii) das Land hat, verglichen mit Mitteleuropa, eine riesige Ausdehnung, die gro-

---

[1] Siehe SIEMENS (1997).

[2] Vgl. o.V. (1997p).

[3] Vgl. FUNK (1998), S. 440.

[4] In den Vereinigten Staaten gilt folgendes Nummernschema (Stand 1997): Jeder Teilnehmer hat grundsätzlich eine siebenstellige Rufnummer, die von einer dreistelligen Vorwahl für die jeweilige Stadt (z. B. Seattle 206, Denver 303, El Paso 915) oder für einen ganzen Bundesstaat (z. B. Nevada 702, Virginia 804, New Mexico 505)

ßen Entfernungen der bedeutenden Wirtschaftsräume an der Ost- und Westküste dokumentieren sich in insgesamt sieben Zeitzonen[1]; (iii) aufgrund der Tatsache des multikulturellen Hintergrundes der Bevölkerung und der „Einwanderereinstellung" ist die Mobilität und Flexibilität der Bevölkerung sehr hoch[2]; (iv) einige Schlüsselindustrien haben seit Jahrzehnten eine unangefochtene Führungsposition am Weltmarkt[3], und (v) die USA stellen eine wichtige militärische Macht dar.

Oftmals ging es in den Regulierungsansätzen darum, so auf das marktbeherrschende Unternehmen einzuwirken, daß innerhalb einer kurzen Zeit die freien Kräfte des Wettbewerbs zum Tragen kommen konnten. Ein Beispiel dafür ist das Interstate Commerce Gesetz[4], das schon 1887 die Marktmacht der privaten Eisenbahnmonopole reduziert hat. Im nationalen Telekommunikationsmarkt hat die amerikanische Regulierungsbehörde FCC konsequent eine Wettbewerbsaktivierung durchgesetzt. Aus diesem Umstand heraus ist verständlich, daß in den Vereinigten Staaten überdurchschnittlich viele Ferngespräche und Veränderungen der Telefonanschlüsse geführt bzw. angefragt werden. Viele Auslandsgespräche im Privatkundenmarkt kommen dadurch zustande, weil die „Einwanderer" einen gewissen Kontakt zu ihrem Heimatland halten.

Im Geschäftskundenmarkt führt die beherrschende Rolle der USA als Ursprungsland von Direktinvestionen und als Mutterland von internationalen Unternehmen zu einem hohen Anteil von abgehenden Ferngesprächen. Call-back-Anbieter und Calling-Card-Dienste führen dazu, daß die abgehenden Auslandsgesprächsminuten die eingehenden übertreffen.[5] Nicht überraschend ist daher die Flexibilität, mit der amerikanische TK-Carrier in den expandierenden Markt der „pre-paid Phone Cards" einsteigen.[6] Was einst als ausgabenbegrenzte Telefonoption für einkommensschwache Bevölkerungsschichten begann, ist mittlerweile eine attraktive Variante für Geschäftskunden, die eine ex ante Ausgabenkontrolle suchen. Man erwartet einen Umsatzanstieg dieser Produktsparte in den USA von 12 Mio. US$ im Jahr 1992 auf ca. 1,9 Mrd. US$ im Jahr 1998. Traditionell spielt der Wettbewerb, aber auch eine breite öffentliche Abneigung gegen marktbeherrschende Unternehmen in USA eine starke Rolle; aus die-

---

ergänzt wird. Zur Unterscheidung der Intra- und Inter-LATA Gespräche verwendet man eine der Gesamtnummer vorangestellte 1, internationale Gespräche erfordern vor der eigentlichen Landeskennzahl (z. B. 49 für Deutschland) die dreistellige Ziffernkombination 011.

[1] Die sieben Zeitzonen der USA sind: Hawaii, Alaska, Pacific, Mountain, Central, Eastern, Atlantic.

[2] Noch vor der Modifizierung der internationalen Verrechnungspreise zum 1. Januar 1998 hat der Vorsitzende der FCC, Reed Hundt, kritisiert, daß die Bevölkeruung der USA in der Lage sein sollte, zu vernünftigen Preisen in die Heimatländer zu telefonieren. Im Gegensatz dazu kostete 1997 ein durchschnittliches Ferngespräch in USA 13 Cent, ein internationales Gespräch hingegen 88 Cent, die amerikanischen Fernnetzbetrieber gleichen jedes Jahr ein Telekommunikationsdezifit von über 800 Mio. US$ aus.

[3] Z. B. Boeing im Flugzeugbau oder Intel in der Chipindustrie.

[4] Vgl. BROWN und KLEIN (1997), S. 348.

[5] Vgl. ITU (1997), S. 2.

[6] Vgl. ROSENBUSH (1997).

sem Grund hat die Regulierungsinstanz für die Telekommunikation FCC die längste Historie im Vergleich zu anderen Regulierungsinstitutionen neuerer Prägung in Europa.

Die 1910 eingeführte staatliche Regulierung des Angebotsmonopols von AT & T wurde nach ersten Deregulierungsansätzen in den sechziger Jahren mit der Zerschlagung von AT & T und der Gründung der Baby Bells im Jahre 1982 und der Auflösung des Monopols im Ortsnetzbereich im Jahre 1996 beendet[1]. „The Commission shall prescribe, within one year after the date of enactment of the Telecommunications Act of 1996, regulations that require incumbent local exchange carriers ... to make available to any qualifying carrier such public switched network infrastructure, technology, information, and telecommunications facilities and functions as may be requested by such qualifying carrier for the purpose of enabling such qualifying carrier to provide telecommunications services, or to provide access to information services, in the service area in which such qualifying carrier has requested and obtained designation as an eligible telecommunications carrier ... ."[2] Die Umsetzung dieses Gesetzes hat zu ungeplanten Marktveränderungen geführt. Die Carrier Common Line Charge (CCLC) ist eine benutzungsabhängige Gebühr, welche die Fernnetzbetreiber (IXC, Inter-Exchange Carrier) an die Betreiber der Local Loops (LEC, Local Access Carrier) bezahlen. Da die CCLC verkehrsabhängig ist, die Kosten für den Einzelanschluß aber nicht, erfolgt eine Quersubventionierung der Wenigtelefonierer in ländlichen Gegenden durch die Vieltelefonierer in den Großstädten.[3] Daraus abgeleitet haben sich die Fernnetzbetreiber bei der Etablierung des Wettbewerbs auf die Endanschlüsse der Geschäftskunden in Ballungszentren konzentriert, bei denen die eigenen Investionen im Verhältnis zu den erwarteten Einnahmen gering sind. Hingegen würde eine kostenorientierte Verrechnung der Last-Mile-Transportation durch die LECs die Rentabilität von Infrastrukturinvestitionen auch in ländlichen Gebieten fördern. Die Struktur des US Senates, bei dem Bundesstaaten wie South Dakota mit 699.999 Einwohnern (Fläche 75.898 Square Miles) genauso viele Stimmen haben wie California mit 29.839.250 Einwohner (Fläche 155.973 Square Miles), erschwert die Abschaffung von Quersubventionierungen für ländliche Gebiete.[4] Seit der Inkraftsetzung des Telecommunication Act of 1996 im Februar 1996 wurden bis zum Dezember 1997 in den Vereinigten Staaten mehr als 470 Unternehmenszusammenschlüsse, an denen Telekommunikationsunternehmen beteiligt waren, gezählt.[5] Anstelle der beabsichtigten Intensivierung des Wettbewerbs im Ortsbereich hat sich die vertikale Integration deutlich intensiviert. Im Privatkundenmarkt endet die Verantwortung der RBOCs, die die Leitung zum Teilnehmer, den Hausanschlußkasten und die Einführung stellen, am offiziellen Übergabepunkt (auch NID, Network Interface Device ge-

---

[1] Vgl. BROWN und KLEIN (1997), S. 350.

[2] TELECOMMUNICATIONS ACT (1996), S. 9.

[3] Vgl. PRIEGER (1998), S. 59 f.

[4] Vgl. MCNALLY (1997), S. 13 und S. 89.

[5] Vgl. LAWYER (1998), S. 66.

nannt).[1] Der Endkunde ist auch im Reparaturfall für die Innenverkabelung, den Stecker und das Telefon bzw. die Faxmaschine selbst verantwortlich.

Der Mobilfunksektor in USA hat sich Ende der 90er Jahre im wesentlichen in drei Kriterien vom europäischen GSM-Markt unterschieden: (i) In den USA haben analoge Mobilfunknetze einen signifikanten Marktanteil; (ii) kein Carrier hat eine landesweite Flächendeckung vorzuweisen; (iii) besonders im Geschäftskundenumfeld dominieren Pagersysteme aufgrund der guten Erreichbarkeit und attraktiven Tarifsysteme. Anfang 1997 konstantierte die Yankee Group Inc., ein in Boston ansässiges Beratungsunternehmen, daß die Preise für ein vom Mobilfunkapparat geführtes Telefongespräch etwa 10 bis 15 mal höher sind als die Preise für ein von einem Festnetzanschluß begonnenes Telefonat. Ende 1998 haben rund 78 % der Mobiltelefonkunden ein analoges Netz benutzt. Üblicherweise werden in den USA Mobilfunkgeräte verwendet, die sowohl in analoge Netze als auch in digitale Netze roamen. Diese Faktoren führen in den USA dazu, daß das Marktwachstum im Mobilfunk unter dem europäischen Durchschnitt liegt. Der Anteil der Mobilgespräche ist 1998 nur um 4 % auf insgesamt 24 % gestiegen.[2] Mitte 1997 kündigte Sprint ein 100 % digitales und drahtloses PCS-Konzept auf der Frequenz von 1.900 MHz an. Das Mobilfunksystem wurde auch im Verlauf des gleichen Jahres von 59 auf 65 Großstadtgebiete[3], darunter Denver, New Orleans, Phoenix, Seattle, Indianapolis, Key West, Manhatten und San Diego, ausgedehnt. Anfang der 80er Jahre wurden im analogen Cellular-Mobilfunk in 306 städtischen und 428 ländlichen Bereichen regionale Lizenzen an maximal zwei Anbieter pro Region verlost. „The American cellular telephone industry is made up of hundreds of local duopolies, a rarity among markets."[4] Anfang der 90er Jahre hat die FCC weitere digitale PCS-Lizenzen von insgesamt 51 großen und 490 kleineren Segmenten vergeben.[5]

---

[1] Vgl. AMERITECH (1997), S. 6.

[2] Siehe auch KULS (1999).

[3] Vgl. SPRINT (1997), S. 1.

[4] FULLERTON (1998), S. 594.

[5] Siehe auch KULS (1999).

Tabelle 21: PCS Services in den USA

	McCaw/AT & T	PCS PrimeCo Partnership	Bell South Personal Communications	Sprint Tele-communications Venture
Verwendete Technologie	Tandem	offen	Northern Telecom PCS und AT & T cellular	offen
Einsatzgebiet	Nationaler An-bieter mit 21 PCS-Lizenzen und mehr als 100 Mobilfunkre-gionen	Nationaler An-bieter mit 11 PCS-Lizenzen (57 Mio. POPs in 19 Staaten) und 15 Mobil-funkregionen	SouthEast, sowie Charlotte, Knox-ville, 3 weiteren Lizenzen und 12 weiteren Mobilfun-kregionen	Nationaler Anbieter mit 29 PCS-Li-zenzen
Netzinbe-triebnahme	Ende 1995	Ende 1996	Einige Dienste wie ProLink sind ver-fügbar	Mitte 1996
Netzdienste	Seamless Roa-ming	k. A.	Voicemail, persön-liche Rufnummer, Intelligentes Rou-ting	offen

Quelle: LANGNER (1997), S. 23.

AT & T verfügte im Januar 1997 über 7 Mio. Mobilfunkkunden in 320 Städten der USA. Ungeachtet der Deregulierung des lokalen TK-Marktes in USA liegt für Fernnetzbetreiber im Mobilfunk die große Chance, gezielt Alternativen zur Local-Loop-Vorherrschaft der ILEC aufzubauen. 1996 hat AT & T alleine 16 Mrd. US$ an die RBOCs bezahlt. Wenn also ein Teil dieser Kosteneinsparungen bei Benutzung von Handies anstelle von Festnetzanschlüssen im Form von günstigeren Tarifen an die Verbraucher weitergegeben würden, könnte ein TK-Unternehmen wie AT & T gleichzeitig Umsatz und Gewinne erhöhen. Die Mobilfunkgebüh-ren fallen jährlich um 15 bis 20 Prozent, AT & T hat mit einem Flat-Rate-Angebot, der soge-nannten „Digital One Rate" von 90 US$ monatlich bei unbegrenzten Gesprächsminuten den Versuch unternommen, diesem sinkenden Umsatz pro Teilnehmer entgegenzuwirken und gleichzeitig die Marktanteile zu erhöhen. Ende 1998 lag der Marktanteil von AT & T im nordamerikanischen Mobilfunkmarkt bei 10 Prozent.[1] Der durchschnittliche Minutenpreis im Mobilfunk lag 1998 bei 35 Cent, der günstigste Anbieter lag bei 10 Cent.[2] Die Kunden müs-sen für abgehende und ankommende Gespräche bezahlen, darüberhinaus fallen beim Verlas-sen des Heimatbereiches nationale Roaminggebühren an. Wie stark die Nachfrage nach preiswerten und digitalen Mobilfunkdiensten ist, hat auch Sprint erfahren. Statt den geplanten 60.000 Neukunden im ersten Jahr des operativen Betriebs konnten 100.000 Kunden an das

---

[1] Siehe auch o.V. (1999).

[2] Siehe auch KULS (1999).

Netz gehen. Die US-Mobilfunkanbieter haben 1997 einen Umsatz von 27,5 Mrd. US$ aus-
gewiesen, dabei wurden rund 11 Prozent des Umsatzes durch Roaminggebühren erzielt.[1]

3.5.2 Die Rolle der FCC

Die Regulierung des Telekommunikationsmarktes erfolgt in den USA durch die Bundesbehörde FCC und durch bundesstaatliche Regeln. Aufgrund der Tatsache, daß amerikanische
Telefongesellschaften im internationalen Telefonverkehr weniger erwirtschaften als ausländische Telefongesellschaften, die sich in ihrem Heimatmarkt bisher die Monopolstellung bewahren konnten, verlangt die FCC[2] in der Rolle als amerikanische Telekommunikations-
Aufsichtsbehörde, daß sich die Gebühren an den Kostenstandards und nicht mehr an der
„proportionalen Preisregel" orientieren. Bei der proportionalen Preisregel setzten TK-Carrier
den Preis für grenzüberschreitende Outboundgespräche in ein Verhältnis zu beispielsweise
teuren inländischen Gesprächen. Die neue Regel hingegen verpflichtet die PTTs, mit allen
Gesellschaften die gleichen Transferpreise zu vereinbaren und das Gesprächsaufkommen
auch entsprechend anteilig zu verteilen.[3] „Nach einer Einspruchsperiode ... soll dann im
nächsten Jahr [1997] eine verbindliche neue Gebührenstruktur erstellt werden, die sich an den
tatsächlichen Kostenstandards statt der bisher willkürlichen Preisbestimmung orientiert."[4]
Für die amerikanische Außenhandelsbilanz ist die fiskalische Bewertung des grenzüberschreitenden Telefonverkehrs auch deshalb von wesentlicher Bedeutung, weil die Interconnectionzahlungen als Basis der sogenannten Accounting Rates für den teureren abgehenden Verkehr
die Importquote erhöhen und damit die Handelsbilanz verschlechtern. 1995 gab es in den
USA einen Überhang von 8.644 Mio. Minuten beim Outgoing Traffic[5]. Zwischen 1985 und
1994 hat der Überhang von internationalen Gesprächsminuten, die in den Vereinigten Staaten
verursacht wurden, im Vergleich zu dem Gesprächsaufkommen, das in den USA terminierte,
zu Settlement Payments in Höhe von 26 Mrd. US$ geführt.[6] Unter der Annahme, daß die
tatsächlichen Kosten nur 50 % der bezahlten Gebühren betragen, hatten die nordamerikanischen Konsumenten eine Subventionierung an andere Nationen von durchschnittlich 1,3 Mrd.
US$ jährlich durch ihre Telekommunikationspreise aufzubringen. Ähnliche Verhältnisse
zeichnen sich im Internetmarkt ab. Im November 1994 gab es 2,4 Mrd. mehr abgehende als
ankommende Datenpakete.[7] Die FCC deckt zwei Hauptbereiche des amerikanischen Tele-

---

[1] Siehe auch o. V. (1999).

[2] Die FCC, 1934 gegründet, hat zum Ziel, die Regulierung des Telekommunikationsmarktes in den USA durchzu-
führen und die Unternehmen, die monopolähnliche Marktpostionen innehaben, zu beaufsichtigen. „For the purpose of regulating interstate and foreign commerce in communication by wire and radio so as to make
available,...,there is hereby created a commission to be known as the „Federal Communications Commission,..."
(COMMUNICATIONS ACT of 1934).

[3] Vgl. o.V. (1996).

[4] o.V. (1996a).

[5] Vgl. ITU (1997b), S. 27.

[6] Vgl. THUSWALDNER, S. 696.

[7] Vgl. ITU (1997b), S. 27.

kommunikationsmarktes ab. Erstens reguliert sie das Marktgeschehen in den USA, und hier im besonderen die Beziehungen zwischen den IXCs und den RBOCs. Zweitens regelt die FCC die Sicherung des nordamerikanischen Marktes gegenüber ausländischen TK-Unternehmen. Mit diesem Ansatz soll verhindert werden, daß Investoren die Monopolgewinne der Heimatmärkte dazu verwenden können, sich im amerikanischen Umfeld zu Dumping-konditionen Marktanteile kaufen zu können. Im nationalen Long-Distance-Markt ist die Förderung des Wettbewerbs und der Abbau der monopolistischen Wohlfahrtsverluste nach den Worten des FCC-Chairmans William Kennard gelungen. „We now have the lowest long distance prices in history. Since the break-up of AT & T, the cost of long distance calling has fallen by 50 %."[1]

3.6 Telekommunikationsmarkt in Großbritannien

3.6.1 Stand der Internationalisierung

Um den heutigen Stand der Internationalisierung in Großbritannien analysieren zu können, ist ein kurzer Blick auf den Verlauf der Privatisierung erforderlich. BT hat am sogenannten Vesting Day, am 1.10.1981[2], das Sprachmonopol, das 1911 nach einer Verstaatlichung eines privaten Telekommunikationsunternehmens in Großbritannien dem General Post Office (GPO) erteilt wurde, von der BT-Vorläuferorganisation übernommen. Das GPO wurde ab 1980 in den Post- und Telekommunikationsdienst (Post and BT) aufgeteilt, nachdem sich das britische Wirtschaftsministerium am 12.8.1979 dazu entschlossen hatte. 1984 waren die Haupthandelspartner von Großbritannien bei den Importen Westdeutschland mit einem Anteil von 14,1 %, die Vereinigten Staaten von Amerika mit 11,9 %, und bei den Exporten die USA mit 14,6 % und Westdeutschland sowie Frankreich mit 10,5 %.[3] In der folgenden Zeit hat sich BT sehr intensiv auf den Zielmarkt eingestellt und z. B. auch die Umsatz/Mitarbeiterrelation (Arbeitsproduktivität) durch ein massives Mitarbeiterabbauprogramm erheblich erhöht. Waren es 1990 noch im Durchschnitt 112 Hauptanschlüsse pro Mitarbeiter von BT in Großbritannien, so stieg diese Kennzahl auf 206 „Mainline per employee" 1995.[4] Waren 1984 durchschnittlich weniger als 75 % der Telefonzellen einsatzbereit, so erhöhte sich die Zahl der funktionierenden Telefonzellen im Jahr 1994 auf über 95 %.[5] Während die DTAG seit 1991 die Mitarbeiterzahl nur um 22 % reduzierte, ist der Abbau bei BT mit 45 % wesentlich höher ausgefallen. Zwischen 1990 und 1995 stieg das Verhältnis der Hauptanschlüsse zu den Mitarbeitern der DTAG von 150 auf 190.

---

[1] KENNARD (1997), S. 1.

[2] Die britische Premierministerin Margaret Thatcher regierte vom Mai 1979 bis zum November 1990 in Großbritannien.

[3] Vgl. ALBERT (1987), S. 180.

[4] Vgl. ITU (1997a), S. A-55.

[5] Vgl. LINDNER und MEIER (1994), S. 169.

Tabelle 22: Entwicklung der Mitarbeiterzahl von BT

Jahr	1984	1990	1991	1992	1993	1994	1995	1996	1997	1998
Bestand in % in bezug auf 1991	107,9	109,3	100,0	92,77	75,23	68,75	60,59	57,60	56,19	54,95
Mitarbeiter in Tsd.	245.0	248.0	226.9	210.5	170.7	156.0	137.5	130.7	127.5	124.7

Quelle: BT (1995a) S. 12, BT (1996b) S. 58., BT (1997a) S. 15, BT (1998b), S. 23, KLODT (1995), S. 161.

1984 wurde Mercury mit logischer Konsequenz einer geplanten Duopolstrategie eine Lizenz für ein digitales Sprach- und Datennetzwerk für 25 Jahre erteilt. Nahezu ausnahmslos wurden für einen Zeitraum von 7 Jahren weitere Festnetzbetreiber von der Lizenzverteilung ausgeschlossen. Die einzige Ausnahme in der englischen Duopolstrategie zwischen 1984 und 1991 war Kingston Telecom.[1] Der regionale Anbieter in Kingston upon Hull ist traditionell selbständig. Im Dezember 1998 hat Kingston Communications (KC) eine Testbetriebsphase für ADSL/ATM in Kingston upon Hill für Geschäfts- und Privatkunden begonnen. Bestandteil der Multimediadienste sind interaktives Fernsehen und Video-on-Demand-Services.[2] Noch vor dem Jahresende 1996 wurde in Großbritannien der Markt für die internationale Telefondienste völlig geöffnet. Damit verloren BT und C & W ihr Duopol und die Verbraucher durften auf stark fallende Preise hoffen.[3]

Obwohl BT den erst ab 1991 einsetzenden Personalabbau mit der Moderisierung des Netzes begründete, steht dahinter eher der in der Duopolzeit fehlende Wettbewerbsdruck.[4] Selbst der Newcomer Mercury mußte am Ende der siebenjährigen Duopolzeit zu personellen Restrukturierungen greifen um aufgebaute Ineffizienzen zu beseitigen. „1996 marked the true end of the telecommunication duopoly in the UK, with resellers taking a rising share of PSTN calls ..., and Orange taking greater share of new mobile connections than Cellnet or Vodafone."[5] Zur Vergabe standen über 40 Lizenzen, wobei etwa die Hälfte an US-Firmen vergeben werden sollte. Es gibt eine Lizenzklasse, die zum Aufbau eines eigenen Telefonnetzes berechtigt, eine andere Lizenzklasse erlaubt nur den Zukauf der erforderlichen Bandbreiten. Im Novem-

---

[1] Vgl. KERSCHNER-ACEVAL (1997a), S. 48.

[2] Vgl. OFTEL (1999a), S. 6.

[3] Vgl. o.V. (1996c).

[4] Vgl. KLODT (1995), S. 160.

[5] PITTS (1997), S. 1.

ber 1998 hatte OFTEL insgesamt 39 Lizenzen für „Public Telephony", 179 Lizenzen für „International Simple Voice Resale" und 110 für „International Facility" vergeben.[1]

---

[1] Vgl. CIT (1999), S. 212.

Tabelle 23: Zeitlicher Überblick der TK-Marktentwicklung in Großbritannien

Jahr	Vorgänge im Umfeld der BT und deren Vorläufergesellschaften	Ereignisse mit Wirkung auf private Anbieter
bis 1969	Das General Post Office (GPO), eine staatliche Behörde, hatte das Monopol auf Telekommunikation und Postdienste.	TK-Netzbetrieb und Endgeräte kamen ausschließlich vom GPO.
1969	Im Post Office Act von 1969 wurde die GPO als Gesellschaft deklariert, der Chairman wurde aber von der Regierung bestimmt.	Der Postmaster General hatte nicht mehr die Leitung des GPO.
1981	GPO wurde in Post und British Telecom (BT) aufgeteilt, BT erhielt die Lizenz auf öffentliche Sprachvermittlung.	Private Endgeräte unabhängig von BT wurden zugelassen.
1982	Die Regulierungsbehörde OFTEL wurde gegründet (und nahm mit dem ersten Vorsitzenden Bryan Carsberg im August 1984 den Betrieb auf), und in einem White Paper wurde der Verkauf von 51 % der bis dahin vollständig im Staatsbesitz befindlichen BT-Anteile angekündigt.	Das Mercury-Konsortium erhielt die Lizenz für den Aufbau und Betrieb eines eigenen Netzwerkes.
1983	Im November wurde vom Minister für Informationstechnologie Kenneth Baker die auf 7 Jahre befristete Duopolstrategie im Fernverkehrsbereich festgesetzt.	Cellnet und Vodafone haben Mobilfunklizenzen erhalten. Die von Professor Stephen Littlechild vorgeschlagene RPI-X%-Regel wird akzeptiert. Für die nächsten 5 Jahre galt RPI-3%.
1984	BT wurde eine public limited company (plc).	3.012 Millionen BT-Aktien zum Preis von je 130 Pfund Sterling wurden verkauft.
1990	Die Vorwahl für London wurde am 6. Mai von 01 auf 071 und 081 geändert.	OFTEL ist gegen 4 Kabel-TV-Anbieter vorgegangen, die Verzögerungen in ihrem Netzausbau hatten.
1991	HM Treasury hat 1.350 Millionen BT-Aktien verkauft, der Anteil des britischen Staates an BT sinkt damit auf 25,8 %.	In dem Duopoly Review White Paper wurden weitere Fernnetzbetreiber empfohlen und das ADC-System sowie die Numerierungsportabilität festgelegt.
1993	Der der Preiskontrolle unterliegende Warenkorb für Datenfestverbindungen wurde in die Elemente „nationale analoge, nationale digitale und internationale" Verbindungen aufgeteilt.	Ausdehnung der Kabelfernsehlizenzen auf öffentliche Sprachvermittlung. Mercury One-2-One begann, einen PCN-Service anzubieten.
1996	Internationale Accounting Rates zwischen Großbri-	Nynex Cablecomms Ltd.

	tannien und den OECD-Ländern werden veröffentlicht.	erhält als erstes Unternehmen die Nummernportabilität.
1998	OFTEL hat die Unternehmen BT, Kingston, Cellnet und Vodafone in die Kategorie Significant Market Power (SMP) eingruppiert.	Don Cruickshank (OFTEL) bezieht Stellung gegen den Euroregulator[1].

Quelle: OFTEL (1998).

Der Gesamtumsatz im britischen TK-Markt ist 1996 um 8,6 % gewachsen, die Prognose für 1997 liegt aufgrund des Preisverfalls bei internationalen Gesprächen nur bei 7,1 %.[1] Durch die schon seit einiger Zeit globalisierten Unternehmensaktivitäten sowohl von BT als auch von Cable & Wireless dürften beide Unternehmen ausreichend auf diese Wettbewerbsverschärfung vorbereitet sein. Im Mobilfunksektor betreiben vier Unternehmen insgesamt zwei analoge und vier digitale Netze. Ein OFTEL-Beschluß gestattet es BT nicht, eine eigene Mobilfunklizenz zu besitzen, allerdings ist BT zu 60 % am Mobilnetzbetreiber Cellnet beteiligt. Im Sommer 1999 wurde der Markenname Cellnet in BT Cellnet umgewandelt und mit Unterstützung entsprechender Marketingmaßnahmen kommuniziert.

Im Jahre 2001 endet die Price-Cap-Regulierung nach dem Inflation-X-Verfahren in Großbritannien; im Geschäftsjahr 1996, das am 31. März des gleichen Jahres endete, waren noch 52 % des Umsatzes von der Price Cap Regulierung betroffen. Die „RPI minus 7,5 % Regel" wurde am 31. Juli 1997 von OFTEL erneut überprüft und ab dem 1. August 1997 auf den Wert „RPI minus 4,5 %" festgelegt.[2] BT muß die Preise im Geschäftsjahr 1997/1998 um den Faktor RPI -4,5 % senken, so wurden beispielsweise die Gespräche nach Japan im Januar 1998 zwischen 12 und 21 % günstiger und nationale sowie regionale Gesprächsgebühren am Wochenende um 10 % gesenkt.[3]

---

[1] Unter dem Begriff „Euroregulator" versteht man eine europäische Regulierungsbehörde, die unmittelbar in die Wettbewerbs- und Liberalisierungspolitik der einzelnen Volkswirtschaften eingreifen kann.

[1] Vgl. EUROPE'S TELCOMS (1997), S. 128.

[2] Vgl. BT (1997a), S. 13.

[3] Vgl. OFTEL (1998a), S. 15.

Tabelle 24: Digitale Mobilfunknetze in Großbritannien

Netzbetreiber	Cellnet[1]	Vodafone[2]	Hutchinson „Orange"	Mercury „One-2-One", kurz MOTO
Frequenztyp	900 MHz	900 MHz	1800 MHz	1800 MHz
Neukunden im Dez. 1995	58.000	60.000	51.000	31.300
Teilnehmer in Mio. 1995	2,053	2,201	0,786	0,378
Versorgungsgrad bezogen auf die Bevölkerung, 1995	96 %	96 %	75 %	40 %
Versorgungsgrad bezogen auf die Fläche, 1995	85 %	85 %	60 %	30 %
Versorgungsgrad bezogen auf die Bevölkerung, 1998	99 %	98 %	98 %	96 %
Teilnehmer in Mio. 1998	2,856	3,083	1,650	1,482
Teilnehmer in Mio. 1999	6,0	7,0	3,5	3,25
In Betrieb seit:	Juli 1994	Dezember 1991	April 1994	September 1993

Quelle: EITO (1997), S. 38, MCCARTNEY (1997), S. 1, VALLETI und CAVE (1998), S. 118, CIT (1999), S. 216, OFTEL (1999), S. 19.

3.6.2 Die Rolle von OFTEL

Die spezifische Rolle von OFTEL[3] hat den britischen TK-Markt entscheidend gestaltet. „It would be simplistic to believe that the privatization of BT alone would make it more efficient and responsive to its customers. ... Hence in absence of a competitive environment, a regulatory mechanism is essential to complement privatization."[4] Das Department of Trade and Industry (DTI) ist für die Telekommunikationspolitik und die Lizenzvergabe verantwortlich.[5] Die Umsetzung der Telekommunikationspolitik und die Kontrolle des Geschehens am Markt ist die Aufgabe von OFTEL. Obwohl der Telekommunikationsmarkt in Großbitannien schon

---

[1] Cellnet (Eigentümer BT 60 % und Securicor 40 %) betreibt auch noch ein analoges TACS-900 Netz, das im November 1998 857.000 Teilnehmer hatte. Vgl. CIT (1999), S. 216.

[2] Vodafone (Umsatz im Geschäftsjahr 1997/1998, das am 31. März endete, betrug ca. 7 Mrd. DM) betreibt auch noch ein analoges TACS-900 Netz, das im November 1998 530.000 Teilnehmer hatte. Vgl. CIT (1999), S. 216.

[3] OFTEL wurde bereits 1984 also einige Monate vor der Privatisierung von BT gegründet. Die Hauptaufgabe von OFTEL ist die Sicherung und Förderung des Wettbewerbs.

[4] NOAM (1992), S. 106.

[5] Vgl. CIT (1999), S. 212.

1984 dereguliert wurde, sind bis heute die Auseinandersetzungen mit dem Regulator OFTEL[1] an der Tagesordnung. „The change [to fair trading conditions] will give OFTEL greater leeway to prevent any telecom operator from abusing its dominance through predatory pricing, denigration of competitors, refusal to supply services ... - offences which are not specifically covered by current rules."[2] Die Einflußnahme dieser Organisation geht so weit, daß zum Beispiel von BT verlangt wird, bei eigenen Angeboten und denen von Subunternehmern die Unterschiede in den Gültigkeitszeiträumen der Preisbindung kalkulatorisch zu erfassen. Erfolgt zwischen OFTEL und den TK-Carriern keine Einigung, dann wird die Wettbewerbsbehörde Mergers and Monopolies Commission (MMC) unter der Leitung des Director General of Fair Trading hinzugezogen.

OFTEL wird von einem Generaldirektor der Telekommunikation,[3] der für einen Zeitraum von fünf Jahren benannt wird, geführt und beschäftigte 1998 etwa 160 Mitarbeiter. Damit ist OFTEL wesentlich „schlanker" als die FCC, bei der im gleichen Jahr 1.900 Angestellte auf der Gehaltsliste standen. Die britische Institution kann nur Vorschläge erarbeiten, die der Förderung des Wettbewerbs und der Kontrolle der Marktteilnehmer dienen und hat keine direkte Macht über die Telekommunikationstarife. Allerdings wird nach dem Prinzip der asymmetrischen Regulierung nur der Ex-Monopolist BT und nicht Mercury einer direkten Regulierungsmaßnahme unterzogen. Signifikant für den Verlauf der Deregulierung in Großbritannien war die Entscheidung in bezug auf die Preisfestsetzungsmethode. Es standen folgende Alternativen in engerer Auswahl[4]: (i) Die Vorgabe einer maximalen „Rate of Return on Capital and Investment", wobei Anteile der erwirtschafteten Gewinne wieder auszuschütten gewesen wären, (ii) die Vorgabe einer Fünfjahres-Umsatz-Wachstumsvorgabe, deren Übererfüllung zu einer geringeren Steuerquote und Untererfüllung zu einer höheren Steuerquote geführt hätte; (iii) als dritte Option eine partielle Preiskontrolle, wobei der Anstieg der Preise unter der Inflationsrate anzusiedeln gewesen wäre, und (iv) eine Price-Cap-Regulation, die sich an der Entwicklung des Einzelshandelspreisindex abzüglich der Inflationsbereinigung orientiert. Obwohl die Variante (iii) den Vorteil der einfachen Anwendbarkeit hatte, und die Methode (ii) nach Walter die monopolistische Beschränkung des Outputs kompensiert hätte, wurde die Alternative (iv), nach ihrem Konzeptvater auch Littlechild-Approach genannt, ausgewählt. Die Lösung (i) bringt die Schwierigkeiten der Faktorberechnung mit sich, und man unterzieht sich der Gefahr des Averch-Johnson-Effektes[5]. Die hier entstehenden Anreize,

---

[1] Office for Telecommunications.

[2] DENTON (1996).

[3] In Großbritannien mit DGT abgekürzt.

[4] Siehe NOAM (1992).

[5] Ein Effekt, der auftritt, wenn der vermehrte Kapitaleinsatz belohnt wird; man bezeichnet diesen Effekt als Gold-Plating.

kapitalintensiver als eigentlich erforderlich zu wirtschaften[1], wurden 1962 in einer Studie über die Energiewirtschaft von Averch und Johnson eingehend untersucht.

So hat sich die britische Regierung 1983 für die Preissteuerung mit einem Warenkorbmodell[2], basierend auf einer RPI[3] minus 3 Prozent Formel[4], unter Berücksichtigung der Produktivitätssteigerung und Inflation entschieden. BT wurde gezwungen, die Abgabepreise der Dienstleistungen im Warenkorb jährlich um den Faktor RPI minus X % zu senken[5]. Zum Warenkorb gehören bei den TK-Diensten in Großbritannien vor allem inländische und abgehende internationale Gespräche sowie Mietleitungen.[6] Für den Zeitraum von April 1994 bis zum April des Folgejahres ist der RPI in UK um 3,3 % gestiegen, BT mußte die Preise der Dienstleistungen im Warenkorb, der 54 % des Gesamtumsatzes entspricht, um mehr als 4 % senken.[7] BT hat diese Forderung in zwei Etappen erfüllt, wobei die erste Preissenkung nur 3,57 % betragen hat.[8] Die nachfolgende Tabelle zeigt den RPI jeweils im Dezember der Jahre 1984 bis 1996.

Tabelle 25: RPI in Großbritannien, 1984 - 1998

Dezember des Jahres	Retail Price Index (RPI) in Großbritannien
1984	4,6 %
1985	5,7 %
1986	3,7 %
1987	3,7 %
1988	6,8 %
1989	7,7 %
1990	9,3 %
1991	4,5 %
1992	2,6 %
1993	1,9 %
1994	2,9 %
1995	3,2 %
1996	2,2 %
1997	2,9 %
1998	3,6 %

Quelle: WISNIEWSKI (1997), S. 392, BT (1998c), S. 83, BT (1999), S. 19.

---

[1] Vgl. WELFENS (1995), S. 266 und FRITSCH, WEIN und EWERS (1999), S. 228.

[2] In Großbritannien „Tariff Basket" genannt, wobei der Begriff „Tariff" in diesem Zusammenhang auch die Beschreibung der detaillierten Leistungsmerkmale und nicht nur der Preise eines Dienstes umfaßt.

[3] RPI ist der Retail Price Index oder auch Einzelhandelspreisindex.

[4] Ab 1989 RPI -4,5 %, ab 1991 RPI -6,25 % und seit 1993 RPI -7,5%. 1997 wurde für die zunächst letzte regulierte Periode bis zum 30. September 2001 ein Wert von RPI -4,5 % für Festanschlüsse bei geringen und mittleren Abnahmemengen empfohlen. Bezogen auf alle Engpaßleistungen der BT wird der X-Faktor zwischen 6 und 12 % schwanken.

[5] Vgl. GRAACK (1997), S. 133 f.

[6] Vgl. BT (1996b), S. 11.

[7] BT (1995), S.11.

[8] Vgl. WELFENS und GRAACK (1996), S. 117.

BT muß sich gemäß den OFTEL-Auflagen für die Dienstleistungen, die der Price-Cap-Regulation unterliegen, an der RPI minus X Formel orientieren. Die nachfolgende Tabelle dokumentiert den Verlauf der Regulierung in Großbritannien im Zeitraum zwischen 1991 und 1995.

Tabelle 26: Statistik der Regulierung in Großbritannien

Jahr	1991[1]	1992	1993	1994	1995
Faktorbeschreibung					
Jährliche Zunahme des RPI zum Bezugsmonat Juni	5,84 %	3,88 %	1,22 %	2,62 %	3,52 %
Effektiver x-Faktor (x-Variable)	- 6,25 %	- 6,25 %	- 7,50 %	- 7,50 %	- 7,50 %
Erforderliche Preisanpassung[2] (P-Soll); Prozentpunkte	- 0,23 %	- 0,95 %[3]	-6,94 %	- 4,86 %	- 1,38 %
Durchgeführte Preisanpassung (P-Ist); Prozentpunkte	- 0,73 %	- 0,47 %	- 6,95 %	- 7,35 %	-0,02 %[4]

Quelle: BT (1996b), S. 59.

Die Möglichkeiten von BT, von dem rechnerisch ermittelten Wert der erforderlichen Preisanpassung „P-Soll" (als Differenz des RPI und x-Faktors) in begründeten Fällen abzuweichen oder zumindest die Anpassungen der einzelnen Jahre miteinander zu saldieren, verschlechtern per se die im Grundsatz durch die Price-Cap-Regulation beabsichtigte Verbraucherschutzfunktion nicht. Im ungünstigsten Fall entstehen den Kunden Zinsverluste in der Höhe von [Differenz (P-Ist minus P-Soll)] mal [Abnahmemenge y] mal [Jahre n], unter der Annahme P-Soll < P-Ist und dem rückwirkenden Ausgleich im Jahr (i + n). Netzteilnehmer finden die individuelle Preisanpassung ohnehin als nicht zwangsläufig lineare oder proportionale Einzelpreiskorrektur vor, da die P-Soll-Vorgabe für einen größeren Warenkorb gilt. Abweichend davon ist für den Carrier selbst und die Newcomer im Markt diese Variationsmöglichkeit von nicht zu unterschätzender Bedeutung. Der „Incumbent Player" kann im Jahr i seine Einnahmen höher ansetzen als der Regulierer das vorgibt. Investitionen im Jahr i können folglich mit einem höheren Anteil aus Eigenkapitalmitteln bestritten werden. Zum anderen kann sich die Position der Newcomer deutlich verschlechtern, wenn etwa der Business Case einer Produktpalette unter der Annahme, den Preis P-Soll des Ex-Monopolisten im Jahr m zu unterbieten, berechnet wurde. Im Geschäftsjahr 1997/98 entsprach das Äquivalent einer Vorgabe von RPI

---

[1] Das Geschäftsjahr jeweils beginnend am 1. August.

[2] Unter Berücksichtigung des Übertrags von Deltabeträgen des Vorjahres.

[3] Angepaßt anläßlich eines Defizits bei den Telefonauskunftsdiensten für die Jahre 1990 und 1991.

[4] Berücksichtigt ist der Nachlaß zum 21. Mai 1996, es war ein weiterer Nachlaß von 1,36 % vor dem 31. Juli 1996 geplant.

-4,5% einem Umsatzanteil von 44,3 Mio. britischen Pfund, tatsächlich hat BT Preissenkungen durchgeführt, die einer Umsatzreduktion von 45,0 Mio. britischen Pfund entsprechen.[1] „Under the formular [-4,5 %], the price cap applies to less than 20 per cent of BT's total revenues, in contrast to the previous formula minus 7,5 % which ran for the four years until the end of July 1997 and applied to about 50 per cent of revenues."[2]

Falls nun der dominante Carrier im Jahr m = i + n einen Ausgleich einer Preisanpassung durchführt und dadurch P-Ist im Jahr m kleiner ist als P-Soll im Jahre m, so muß der Newcomer den eigenen Preis ebenfalls nach unten korrigieren, und er verringert dadurch gezwungenermaßen seine kalkulierten Deckungsbeiträge. Die finanziellen Nachteile gleichen sich auch hier über mehrere Jahre (Zinsverluste vernachlässigt) wieder aus. Unternehmen bilanzieren aber jährlich, und Anteilseigner (Shareholder Value Approach) haben oftmals kurzfristige Renditeabsichten. Die Nachteile liegen auch deshalb überwiegend beim Newcomer, weil er einerseits in einen Reaktionsmodus gedrängt wird und andererseits verunsichert über den Verlauf der Preiskurven ist. Obwohl das Ziel der Price-Cap-Regulation darin besteht, eine Anreizfunktion für den betroffenen Carrier zum ökonomischen Mitteleinsatz auszuüben und gleichzeitig die Verbraucher zu schützen, muß kritisch beleuchtet werden, in welcher Form die Ex-Monopolisten die Form der Regulierung nutzen, um eine neue Markteintrittsbarriere für die Newcomer zu etablieren. Da die Zusammenschaltgebühren ein ausschlaggebendes Element für die Intensität des Wettbewerbs im netzbasierenden Telekommunikationsmarkt sind, plant OFTEL die Kontrollmechanismen für die TK-Netzwerke zu verändern.[3] „The proposed arrangements are likely to shift the basis for setting charges from fully allocated historic costs to long-run incremental costs and to replace annual determinations of each interconnect charge with a system based on RPI minus price caps."[4]

3.7 Telekommunikationsmarkt in Deutschland

3.7.1 Stand der Internationalisierung

Eine Bestandsaufnahme des Telekommunikationsmarktes in Deutschland zeigt den Stand der Internationalisierung sehr deutlich. Die gesamte Wirtschaft und Industrie in Deutschland hat, ausgelöst durch die Globalisierung der Märkte und die damit verbundene Veränderung der Wettbewerbssituation in den neunziger Jahren, eine tiefgreifende Phase der Veränderungen und Anpassungen hinter sich. Auch die TK-Unternehmen konkurrieren mit unterschiedlichsten Wettbewerbern rund um den Globus.[5] Dennoch verringert die weltweite Verteilung der Entwicklungs- und Produktionszentren die Rohstoff- und Wechselkursrisiken für internatio-

---

[1] Vgl. OFTEL (1998a), S. 15.

[2] BT (1998c), S. 9.

[3] Vgl. BT (1997a), S. 13.

[4] BT (1997a), S. 13.

[5] Siehe: DIGITAL EQUIPMENT (1993).

nal operierende Unternehmen. „The 1990s are characterized by true globalisation of industry in the sense that foreign investors face locational opportunities worldwide and therefore enjoy new advantages from mobility."[1] Im optimalen Fall heben sich die unterschiedlichen regionalen Konjunkturzyklen sogar gegenseitig auf, dadurch erzielen global agierende Unternehmen signifikante Wettbewerbsvorteile.

Für die DTAG hat die Globalisierungsstrategie einen ganz außergewöhnlichen Effekt. Einerseits ist Deutschland im Zeitraster der weltweiten Deregulierung ein Nachzügler[2], andererseits birgt das vergleichsweise große Marktvolumen, der hohe technologische Ausbaustand und die geographisch günstige Lage zur Erschließung der Märkte in Osteuropa attraktive Chancen und Potentiale für Newcomer im Telekommunikationsumfeld. Bereits 1994 hat der damalige Vorstandsvorsitzende der DTAG Helmut Ricke drei Gundpfeiler einer zukunftsweisenden Strategie aufgezeigt: (i) Sicherung des Kerngeschäftes im Heimatmarkt; (ii) Öffnung im Hinblick auf zukünftige Marktfelder; (iii) Internationalisierung der Geschäftstätigkeit.[3] Auf der anderen Seite belasten die DTAG historische Altlasten. Jahrzehntelang war man es gewöhnt, nach eigenem Belieben und ausschließlich ingenieurmäßigen Vorgaben neue Techniken einzuführen und dann erst im Nachgang deren Akzeptanz im Markt zu recherchieren. Wie viele andere Industriezweigen muß nun die DTAG ebenfalls konsequent auf die Bedürfnisse der Kunden reagieren[4] und jede neue Investition im Vorfeld auf die spätere Vermarktbarkeit untersuchen. Die nachfolgende Tabelle zeigt, wie rasch sich TK-Märkte verändern. Im Jahr 1996 wurden 1.918.300 ISDN-Basisanschlüsse und 45.600 ISDN-Primärmultiplexer-Anschlüsse gezählt.[5] Die Basisanschlüsse haben sich in einem Zeitraum von 3 Jahren verdreifacht, und die S2M-Anschlüsse (Primärmultiplexeranschlüsse) haben sich knapp verdoppelt.

---

[1] WELFENS, AUDRETSCH, ADDISON und GRUPP (1998), S. 34.

[2] Besonders im Vergleich mit dem UK und den USA.

[3] Vgl. RICKE, H. (1994), S. 38.

[4] Vgl. PELZEL (1995), S. 64.

[5] Vgl. DEUTSCHE TELEKOM AG (1997c), S. 2.

Tabelle 27: Teilnehmerzahlen der DTAG in Deutschland

Gegenstand des Nachweises	Einheit	1994	1998
Telefonverbindungen	Mrd. Min.	53,7	52,7
ISDN-Basisanschlüsse[1]	1000	509,2	3.996,9
ISDN-Primärmultiplexer-Anschlüsse[2]	1000	27,6	70,0
Datex-P-Anschlüsse	1000	92,6	85,7
Datex-M-Anschlüsse	Anzahl	97	76
Videokonferenzräume privat	Anzahl	482	709
Videokonferenzräume öffentlich	Anzahl	73	102

Quelle: STATISTISCHES JAHRBUCH 1996, S. 337, DEUTSCHE TELEKOM AG (1999).

3.7.2 Ordnungspolitische Rahmenbedingungen in Deutschland

Die Politik hat in verschiedenen sequentiellen Reformen die ordnungspolitischen Rahmenbedingungen für die Neugestaltung des Telekommunikationsmarktes geschaffen. Die umgesetzte Postreform I in Deutschland, die keine Verfassungsänderung erfordert hatte und von der Regierungsfraktion getragen wurde, (Gesetz zur Neustrukturierung des Post- und Fernmeldewesens und der Deutschen Bundespost, kurz DBP) stand unter dem Leitmotiv: Wettbewerb als Regel, Monopolstrukturen als begründete Ausnahme mit dem Ziel der verstärkten unternehmerischen Orientierung der betroffenen Bereiche[3]. Hoheitliche Aufgaben wurden vom Bundesministerium für Post und Telekommunikation, kurz BMPT, als Nachfolgeorganisation des Bundespostministeriums (BPM) mit Inkraftsetzung des Poststrukturgesetzes[4] zum 1.7.1989 übernommen und die unternehmerischen Schwerpunkte der DBP organisatorisch in die Unternehmensbereiche Deutsche Telekom, Postdienst und Postbank aufgeteilt. Der Mobilfunk- und Endgerätemarkt hat von der Postreform I deutlich profitiert, Übertragungswege und Sprachdienste blieben weiter unter dem Monopolregime. Zum Zeitpunkt der Postreform I stand der exakte Verlauf der weiteren Privatisierung des Telekommunikationsmarktes genausowenig fest wie der später festgelegte 31. Dezember 1997 als letzter Tag des Sprachmonopols der DTAG auf öffentliche Telefonie.[5] Der eigentliche Fortschritt der Postreform I lag in der Umkehrung der bisherigen Auffassung über die Anwendung hoheitlicher Aufgaben des Staates („Monopol als begründete Ausnahme") und in der Schaffung von einzelnen Segmenten sowie in deren differenzierter Regelung („Liberalisierung des Endgerätemarktes"). Das Telekommunikationsmonopol wurde in die Teilmonopole Sprachübertragung, Netzbereitstellung, Endgerätemarkt und Mehrwertdienste aufgeteilt. Die beiden zuletzt genannten Märkte

---

[1] Die DTAG hat für 1994 die Zahl von 460.500 Anschlüssen veröffentlicht; vgl. DEUTSCHE TELEKOM AG (1997c), S. 2.

[2] Die DTAG hat im Jahr 1994 die Zahl von 24.900 S2M-Anschlüssen veröffentlicht; vgl. DEUTSCHE TELEKOM AG (1997c), S. 2.

[3] Siehe auch SCHWARZ-SCHILLING (1998).

[4] Das PostStrukG war die Grundlage der Neustrukturierung des Post- und Fernmeldewesens mit dem Ziel, die Benutzerrechte zu liberalisieren, den Wettbewerb bei den TK-Diensten zu fördern und bei der DBP die Trennung von hoheitlichen und unternehmerischen Aufgaben herbeizuführen.

[5] Siehe PATERNA (1995), S. 179.

wurden für den Wettbewerb geöffnet.[1] Bis zum 1. Januar 1998 hatten die Newcomer nur zwei Alternativen, das nationale Monopol der DTAG auf öffentliche Sprachvermittlung legal zu umgehen: (i) Telefongespäche ins Ausland zu leiten und dort zu vermitteln oder (ii) Corporate Networks (CN) bzw. geschlossene Benutzergrupper zu bedienen. Gemäß § 5 und 6 der TelekommunikationsVerleihungsVerordnung befinden sich Unternehmen in einem Corporate Network und sind damit seit 1993 in der Lage, sich von einem privaten Carrier versorgen zu lassen, wenn sie gegenseitig eine schuldrechtliche Verpflichtung haben, wie das etwa bei Produzenten und ihren Lieferanten der Fall ist. Der Zweck des Corporate Networks selbst durfte dabei aber nicht die Vermittlung von Sprachinformationen sein, die reine Durchleitung von voradressiertem Verkehr galt nicht als CN-Dienst. Die Schaffung eines Business-to-Business-Marktes zur Verbindung von verschiedenen Standorten hat insgesamt eine Vorreiterrolle bei der Liberalisierung des Telekommunikationswesens eingenommen.

Die Postreform II im Sommer 1994, die von Anfang an von allen Fraktionen unterstützt wurde, hat durch die Änderung des Artikel 87f. GG mit Wirkung ab dem 1.1.1995 die drei Behörden der DBP in die Aktiengesellschaften Deutsche Telekom AG, Deutsche Post AG und Deutsche Postbank AG überführt. Dabei gibt es keine in der Verfassung verankerte Mehrheitsbeteiligung des Bundes an diesen Aktiengesellschaften. In diesem Artikel 87f, Absatz 1 GG wird festgelegt, daß der Bund im Bereich der Telekommunikation eine flächendeckende, angemessene und ausreichende Dienstleistung gewährleistet, und im Absatz 2 heißt es u. a. „Dienstleistungen im Sinne des Absatzes 1 werden als privatwirtschaftliche Tätigkeiten durch die aus dem Sondervermögen ... [DBP] hervorgegangenen Unternehmen und durch andere private Anbieter erbracht."[2] Das Bundeskabinett hat am 2. September 1996 die ersten drei Rechtsentwürfe auf Grundlage des TKG beschlossen. Es handelt sich (i) um die TK-Entgeltregulierungsverordnung, (ii) die Netzzugangsverordnung und die (iii) TK-Universaldienstverordnung. Für die Universaldienstverordnung wurde die Zustimmung von Bundesrat und Bundestag erst 1997 erteilt. In § 6 des TKG werden vier nicht miteinander verkettete Lizenzklassen genannt. Nach § 6 TKG muß derjenige über eine Lizenz verfügen, der Übertragungswege für öffentliche Telekommunikationsdienstleistungen betreibt, die die Grenze eines Grundstückes überschreiten oder der Sprachtelefondienst auf der Basis selbst betriebener Telekommunikationsnetze anbietet.[3]

- Lizenzklasse 1: Betrieb von Übertragungswegen für Mobilfunkdienstleistungen für die Öffentlichkeit durch den Lizenznehmer oder andere (Mobilfunklizenz).

- Lizenzklasse 2: Betrieb von Übertragungswegen für Satellitenfunkdienstleistungen für die Öffentlichkeit durch den Lizenznehmer oder andere (Satellitenfunklizenz).

---

[1] Vgl. MIHATSCH (1998), S. 72.
[2] DÜRIG (1994), S. 44.
[3] Siehe auch REGTP (1998).

- Lizenzklasse 3: Betrieb von Übertragungswegen für Telekommunikationsdienstleistungen für die Öffentlichkeit durch den Lizenznehmer oder andere, für deren Angebot nicht die Lizenzklassen 1 oder 2 bestimmt sind (Übertragungslizenz).

- Lizenzklasse 4: Erbringung von Sprachtelefondiensten auf der Basis selbstbetriebener TK-Netze für die Öffentlichkeit (Sprachlizenz). Die Lizenzklasse 3 ist nicht eingeschlossen.

Der Antragsteller für eine der Lizenzen muß mehrere Voraussetzungen erfüllen: (i) Nachweis der Fachkenntnis, (ii) ausreichende Leistungsfähigkeit, und dabei besonders die Ausstattung an Produktions- und Finanzmitteln und (iii) die hinreichende Zuverlässigkeit in bezug auf Lizenzbedingungserfüllung und den Datenschutz.[1] Die tatsächliche Wirkung des TKG hinsichtlich der Förderung des Wettbewerbs wird sich erst noch zeigen, da im Gesetz selbst keine Aussagen zu Preisen und technischen Bedingungen gemacht werden. Am 1. Januar 1998 endete das Monopol der DTAG auf die nationale Sprachvermittlung. Die Bundesregierung hatte durch ihren Postminister Bötsch ankündigen lassen, daß noch in 1996 die ersten Lizenzen für den Telefondienst vergeben werden. In dem seit Juli 1996 offenen Markt für Übertragungswege wurden sehr zügig 13 Lizenzen erteilt.[2] Anfang 1997 wurden für die Umsetzung von §16 TKG Gebühren gemäß dem Entwurf der Lizenz- und Frequenz-Gebührenverordnung (LFGebV) von 40 Mio. DM für eine bundesweit gültige Lizenz der Klasse 4 von der Bundesregierung veranschlagt. Diese relativ hohe Gebühr benachteiligt zum Beispiel City Carrier, sie liegt über dem Preis einer bundesweiten Rundfunklizenz (Preis ca. 1 Mio. DM), und sie steht im krassen Gegensatz zu den Basis-EU-Forderungen[3] in bezug auf Lizenzgebühren. Die am 23. Juni 1997 vom Kabinett verabschiedete Telekommunikations-Lizenzgebühren-Verordnung (TKLGebV) mit rückwirkender Gültigkeit zum 1. August 1996 hat die folgenden, einmalig zu entrichtenden, Preisrahmen der einzelnen Lizenzklassen festgelegt: Eine Lizenz der Klasse 1 für den Mobilfunkbereich kostet zwischen 15.000 DM und 5 Mio. DM, eine Lizenz der Klasse 2 für den Satellitenfunk kostet zwischen 15.000 DM und 30.000 DM, eine Lizenz der Klasse 3 für Telekommunikationsdienstleistungen kostet zwischen 2.000 DM und 10,6 Mio. DM[4], eine Lizenz der Klasse 4 für Sprachtelefonie kostet zwischen 2.000 DM und 3 Mio. DM.[5] Lizenzpflichtig sind aber nur: (i) Der Betrieb von Übertragungssystemen, falls die Leitungen die Eigentumsgrenzen überschreiten und zur Übermittlung von öffentli-

---

[1] Vgl. TELETALK (1997).

[2] o.V. (1996d).

[3] Nach den Richtlinen der EU sollen Gebühren und Auflagen objektiv gerechtfertigt, nicht diskriminierend, verhältnismäßig und transparent sein. In Deutschland wurde eine Multiplikation der Bevölkerungszahl mit 0,50 DM gleich 40 Mio. DM durchgeführt.

[4] Bei der Lizenzklasse 3 unterscheidet das TKLGebV zwischen Gebiets- und Linienlizenzen. Linienlizenzen sind für Punkt-zu-Punkt-Verbindungen erforderlich. Gebietslizenzen beschreiben das Gebiet in dem die lizenzpflichtige Tätigkeit ausgeübt wird. Zur Berechnung der Gebühr wird die Höchstgebühr der Lizenz der Klasse 3 mit Verhältnis der Zahl der Einwohner im Lizenzgebiet zu der Zahl der Einwohner in Deutschland multipliziert. Vgl. TKLGEBV (1998), S. 3.

[5] Vgl. TKLGEBV (1998), S. 5.

chen Telekommunikationsleistungen dienen; und (ii) die öffentliche Sprachvermittlung, sofern sie auf einem eigenen Netzwerk basiert.[1]

Die Lizenzen in Deutschland müssen beantragt werden, die Netzzugangskennzahlen wurden schon verlost, in den USA z. B. werden Funkfrequenzen sogar versteigert. Das gleiche Verfahren ist für die Vergabe der europäischen UMTS-Lizenzen geplant. Diese Verfahren sind eine wettbewerbsverbesserte Variante der früher üblichen staatlichen Zuteilung. „Frequencies were allocated by the state. ... On the whole, this was a system that benefited influence brokers, bureaucrates who could gain off-budget degrees of freedom, government which gained control over content, and incumbent firms that liked state-administered barriers to new entry."[2] Das TKG gilt als eines der am stärksten wettbewerbsorientierten Gesetze dieser Art. Die Entgeltregulierung erfolgt nach dem Price-Cap-Verfahren oder nach einem kostenorientierten Einzelgenehmigungsverfahren. Bei der Price-Cap-Regulierung werden Dienstleistungen in einem Warenkorb zusammengefaßt, dessen durchschnittliche Preisveränderungsrate einen bestimmten Wert nicht überschreiten darf. Am 1. April 1998 hat die DTAG erstmals ihre Preise nach dieser Formel um 4 % (2 % Inflationsrate minus 6 % Verbraucherpreisindex) gesenkt.[3]

Die Telekommunikationsdienste gehören aber nicht nur zu den am schnellsten wachsenden ökonomischen Aktivitäten in den OECD-Ländern, in dieser Industrie verändern sich die technischen Rahmenbedingungen gleichermaßen rasch.[4] Aus der ursprünglich im Mittelpunkt des Interesses stehenden Übertragung von Sprach-und Dateninformationen sind in der Zwischenzeit eine Vielzahl weiterer Dienste wie Internetapplikationen, Videokonferenzen und Multimediaanwendungen entstanden. Konsequenterweise werden neben der reinen Informationsübermittlung die gesetzlichen Regelungen für den Umgang mit dem Informationsinhalt tendenziell wichtiger. Die Medien- und Teledienste werden im Informations- und Kommunikationsdienstegesetz des Bundes und in dem Mediendienstestaatsvertrag der Länder geregelt.[5] Das TKG selbst regelt demzufolge die gesetzlichen Rahmenbedingungen für Veröffentlichungen auf Internetseiten nicht. Im Entwurf der Telekommunikations-Überwachungs-Verordnung (TKÜV) ist die Verpflichtung der Internet-Service-Provider (ISP) zur umfassenden Kontrolle des Datenverkehrs im Internet vorgesehen. Der Deutsche Bundestag hat am 13. Juli 1997 das Informations- und Kommunikationsdienste-Gesetz (IuKDG) verabschiedet. Am 4. Juli 1997 hat der Bundesrat zugestimmt. Das IuKDG ist am 1. August 1997 in Kraft getreten.[6]

---

[1] Vgl. OECD (1997a), S. 57.

[2] NOAM (1997), S. 462.

[3] Vgl. WESTLB (1998), S. 11.

[4] Vgl. WELFENS, AUDRETSCH, ADDISON und GRUPP (1998), S. 133.

[5] Vgl. WIESHEU (1997), S. 9.

[6] Vgl. IUKDG (1998), S. 1.

Die drei wesentlichen von insgesamt elf Artikeln des IuKDG beschäftigen sich mit den Telediensten, dem Datenschutz der Teledienste und der digitalen Signatur. „Teledienste sind Informations- und Kommunikationsdienste, deren Bestimmung in der autonomen Nutzung von Inhalten liegt."[1] Unter Telediensten versteht man elektronische Informations- und Kommunikationsdienste, die für eine individuelle Nutzung von kombinierbaren Daten wie Zeichen, Bildern oder Tönen bestimmt sind und denen eine Übermittlung durch Telekommunikationsdienste zugrunde liegt. Dazu gehören: (i) Angebote im Bereich der Individualkommunikation wie beispielsweise Telebanking; (ii) Angebote zur Information oder Kommunikation, zum Beispiel Verkehrs-, Wetter-, Umwelt- und Börsendaten; (iii) Angebote zur Nutzung des Internets; (iv) Angebote zur Nutzung von Telespielen und (v) Angebote von Waren und Dienstleistungen in elektronisch abrufbaren Datenbanken mit interaktivem Zugriff und unmittelbarer Online-Bestellmöglichkeit. Das Teledienstegesetz (TDG) gilt unabhängig davon, ob die Nutzung der Teledienste ganz oder teilweise unentgeltlich oder gegen Entgelt möglich ist. Das TDG gilt nicht für: (i) Telekommunikationsdienstleistungen und das geschäftsmäßige Erbringen von Telekommunikationsdiensten nach § 3 des Telekommunikationsgesetzes (TKG); (ii) Rundfunk im Sinne des Rundfunkstaatsvertrages und (iii) inhaltliche Angebote bei Verteilerdiensten und Abrufdiensten, soweit die redaktionelle Gestaltung zur Meinungsbildung für die Allgemeinheit im Vordergrund steht.[2]

---

[1] IUKDG (1998), S. 2.
[2] Siehe auch IUKDG (1998).

Tabelle 28: Zeitlicher Überblick der TK-Marktentwicklung in Deutschland

Jahr	Vorgänge im Umfeld der DTAG und deren Vorläufergesellschaften	Ereignisse mit Wirkung auf Teilnehmer und private Anbieter
1920		1 Mio. Telefonanschlüsse
1928	Im Fernmeldeanlagengesetz (FAG) wird das Fernmeldemonopol der Reichspost manifestiert.	
1980	Planungen für flächendeckende Breitbandverkabelung, 1983 begonnen.	21 Mio. Telefonanschlüsse
1989	Postreform I	
1990	Wiedervereinigung der beiden deutschen Postunternehmen.	31,9 Mio. Telefonanschlüsse
1991		Lizenzvergabe für Mobil- und Richtfunk
1992		Start D1 und D2 (Mobilfunk)
1993		EU-Ratsbeschluß, das Monopol auf Telefondienste zum 1.1.1998 aufzuheben.
1994	Postreform II	Start E-Plus (Mobilfunk)
1995	Umwandlung der Deutschen Bundespost Telekom in die Deutsche Telekom AG.	Erste Wettbewerber der DTAG wie vebacom, CNI, Thyssen Telecom und VIAG Interkom formieren sich.
1996	Börsengang der DTAG	Inkrafttreten des TKG, Reseller wie Conos AG und Televersa treten in den Markt ein.
1997		Lizenzvergabe E2 (Mobilfunk), Entwurf einer TKV, Konsolidierung unter den Newcomern wie o.tel.o, Arcor und VIAG Interkom.
1998	Ende des Monopols der DTAG auf öffentliche Sprachtelefonie.	Europaweite Liberalisierung, Schaffung einer Regulierungsbehörde (RegTP).
1999	Gründung einer eigenständigen Gesellschaft für das Kabelfernsehen	46,5 Mio. Telefonanschlüsse im Festnetz

Quelle: Eigene Untersuchungen.

Universaldienstverordnung

Besondere Bedeutung kommt der Universaldienstverordnung (UDV) zu. Das TKG sieht a priori keine Universaldienstverpflichtung vor, sondern basiert auf der Annahme, daß der Sprachtelefondienst auch nach der Privatisierung und Liberalisierung flächendeckend erbracht werden wird. Die Regulierungsbehörde soll nur bei sogenannten Versorgungslücken einschreiten.[1] Wenn aber eine solche Universaldienstleistung wie Sprachtelefonie für die

---

[1] Vgl. SCHEURLE (1996), S. 220. Die 4 Hauptaufgaben der RegTP sind: (i) Sicherstellung des fairen Wettbewerbs trotz der marktbeherrschenden Stellung des Ex-Monopolisten; (ii) Sicherstellung der Kooperation der

Öffentlichkeit nur unzureichend erbracht werden sollte, dann kann jeder Carrier mit einem Marktanteil von mehr als 4 % in der betroffenen Lizenzklasse[1] oder einer marktbeherrschenden Stellung im betroffenen Marktsegment zur Erbringung der Universaldienstleistung verpflichtet werden.[2] Maßgeblich für die Bewertung des Grades der Marktbeherrschung ist § 22 GWB.[3] Nach derzeitigem Verständnis hat ein Unternehmen dann marktbeherrschenden Einfluß, wenn es über 33 % Marktanteil[4] besitzt. Die Tatsache, daß nicht nur Unternehmen mit einem tatsächlich marktbeherrschenden Einfluß der Verpflichtung zur flächendeckenden Grundversorgung unterliegen, stellt für die Newcomer eine Markteintrittsbarriere dar. Der staatliche Wille, die Universal Service Obligations (USO) jederzeit durchsetzen zu können, hat maßgeblich den Widerstand gegen die Wettbewerbsorientierung und Liberalisierung gefördert.[5] Die Entwicklung der Technik allerdings stellt die ausschließliche TK-USO unter Umständen in Frage. Eine denkbare Forderung nach Gleichberechtigung aller Gesellschaftsschichten in bezug auf Internetzugänge geht über den Telefonbasisanschlußdienst hinaus und betrifft in gleichem Maße die „Content-Provider" und Hardwarehersteller für Computer und Modems.[6] „Digitization of the network means that there is no technical reason for limiting the definition of access to voice. The same digital line which provides voice telephony service can equally provide access to facsimile, voice mail, and the internet."[7] Derzeit ist die Frage nach der tatsächlich erforderlichen Grundversorgung nicht in allen Teilaspekten geklärt. Alternative Carrier in Deutschland konkurrieren gegebenenfalls gegen die Sunk-Cost-Vorteile der PTT von Stunde Null an.

§ 34 der Telekommunikations-Kundenschutz-Verordnung (TKV) unterstreicht die Rolle des Regulierers als Interessenvertreter der Konsumenten. Wenn marktbeherrschende Anbieter den Vertragsabschluß über die Lieferung von Sprachtelefondiensten im Zusammenhang mit Universaldienstleistungen ablehnen, so müssen sie dies der Regulierungsinstanz anzeigen. Die Regulierungsbehörde stellt dann im Rahmen der Regelung der Lieferung von Universaldienstleistungen sicher, daß die potentiellen Kunden die gewünschte Leistung erhalten.[8] Zusätzlich können die Erfahrungen mit einer Regulierungsinstanz in den USA und Großbritannien nur

---

Wettbewerber zur Wahrung der technischen Standards; (iii) Schaffung von ökonomischen und technischen Rahmenbedingungen zur Förderung des Fortschritts; (iv) Sicherstellung der flächendeckenden Telekommunikationsinfrastruktur zu angemessenen Preisen. Vgl. SCHEURLE (1998), S. 2.

[1] Vgl. TELEKOMMUNIKATIONSGESETZ (1996), §§ 20, 21.

[2] Vgl. TELEKOMMUNIKATIONSGESETZ (1996), § 18.

[3] Vgl. SCHEURLE (1996a), S. 24.

[4] „Es wird vermutet, daß ein Unternehmen marktbeherrschend im Sinne des Absatzes 1 ist, wenn es für eine bestimmte Art von Waren oder gewerblichen Leistungen einen Marktanteil von mindestens einem Drittel hat; die Vermutung gilt nicht, wenn das Unternehmen im letzten abgeschlossenen Geschäftsjahr Umsatzerlöse von weniger als 250 Millionen Deutscher Mark hatte." HEFERMEHL (1990), §22, Abs. 3 Satz 1 GWB, S. 158.

[5] Vgl. XAVIER (1997a), S. 124.

[6] Vgl. XAVIER (1997), S. 830 und 843.

[7] ITU (1997b), S. 84.

[8] Vgl. TKV (1997), § 34.

bedingt mit den Verhältnissen in Deutschland verglichen werden. Der Wettbewerb in den USA spielt sich zwischen den ILEC und den Fernnetzanbietern ab, wobei beide Parteien gleichermaßen in den bisher geschützten Markt des anderen eindringen wollen. Nach den Einschätzungen des Managements der Regulierungsbehörde war es vor dem Beginn der Marktliberalisierung nicht prognostizierbar, wann es einen vollkommenen Wettbewerb in der Telekommunikation in Deutschland geben wird. In Großbritannien konkurrieren die Kabelfernsehanbieter gegen den Incumbent Player BT. „Mercury hat es trotz staatlichen Schutzes innerhalb von 14 Jahren nicht geschafft, BT wirklich bedeutende Marktanteile abzugewinnen."[1] Betrachtet man die Werbung in Großbritannien im Herbst 1997, so kann dieses Marketinginstrumentarium nicht für die mangelnden Erfolge der BT-Konkurrenten verantwortlich gemacht werden. So hat First Telecom mit Einsparungen pro Minute im Vergleich zu den BT-Tarifen von bis zu 66 % bei Ferngesprächen in verschiedenen britischen Tageszeitungen geworben.

---

[1] SCHRADER (1996), S. 43.

4 Newcomer-Dynamik und Mehrwertdienste in ausgewählten Telekommunikationsmärkten

Die Newcomer-Dynamik und innovative Mehrwertdienste haben maßgeblichen Einfluß auf die Marktentwicklung der liberalisierten Telekommunikationsmärkte der ausgewählten Nationen. Die Newcomer und der Ex-Monopolist begeben sich dabei aus unterschiedlichen Positionen in den neuen Markt. Ein wichtiger Bestandteil der Einschätzung der Chancen der privaten Anbieter in der Telekommunikation sind die Beteiligungsverhältnisse der Investoren an den privaten TK-Unternehmen, die Geschäftsstrategien der neuen Herausforderer und die Präferenzen der Kunden. Die ersten netzbetreibenden Newcomer waren wie im Fall von Mannesmann Maschinenbauer oder wie im Fall von vebacom, DBkom, RWE Telliance und VIAG Interkom Unternehmen aus dem Energieversorgungs- (EVU) und Eisenbahnbereich[1]. Diesen Unternehmen war es seit Jahrzehnten erlaubt, entlang der Strom- und Schienentrassen eigene Telekommunikationsanlagen zu betreiben.

Die Bahnunternehmen hatten traditionell eine eigene Infrastruktur zur Übertragung von Daten- und Sprachinformationen. So sind die Telefondienste innerhalb dieser Konzerne, vergleichbar zu den EVUs, seit Jahrzehnten auf der Grundlage eines eigenen Rufnummerplanes strukturiert.[2] Zusätzlich gibt es entlang der Bahnlinien einfach zugängliche Kabeltrassen und zahlreiche direkte Zugänge zu Wirtschaftszentren und Unternehmen, die meist über einen eigenen Bahnanschluß verfügen. Aufgrund des defizitären und national begrenzten Transportgeschäftes ist die Motivation der europäischen Eisenbahngesellschaften, in den lukrativen Telekommunikationsmarkt einzusteigen, sehr hoch.[3] Da diese Unternehmen neben dem technischen Know-how über ausreichende Eigenkapitalmittel verfügten, waren sie die ersten netzbetreibenden Newcomer im deutschen Telekommunikationsmarkt. Die netzfreien Newcomer (Reseller wie TelDaFax und MobilCom) sind aus verschiedenen Branchen kommend, wie etwa dem Bereich Mobilfunk-Service-Provider, in den Sprachvermittlungsmarkt eingestiegen. Im ersten Jahr der Liberalisierung partizipierten sie überproportional mit Niedrigpreisangeboten von den Möglichkeiten des Call-by-Call-Marktes. Neue innovative Technologien, Kenntnisse über die Vertriebsstrategien und die Regulierungsvorschriften im Privat-

---

[1] Vgl. WESTLB (1999), S. 25. Bereits 1995 haben 14 europäische Bahngesellschaften in einer Kooperation mit Global TeleSystems Group (GTS) das paneuropäische Joint Venture Hermes Europe Retail gegründet. Vgl. FALCH (1996) S. 4. GTS verfügte im Juli 1999 in Europa über ein Weitverkehrsnetz von 15.300 km Länge an das 25 europäische Städte angeschlossen waren. GTS hat im Jahr 1998 einen Umsatz von 372 Mio US$ erzielt (Vorjahr 121 Mio. US$). Vgl. GTS (1999), S. 9 f. 1999 betrug der Umsatz 850 Mio. US$.

[2] Das Bahn-Selbstanschlußnetz der DB hat ca. 400.000 Teilnehmer und basiert auf dem Stern-Routing, d.h. die Anwahl kleinerer Orte erfolgt mit einem sequentiellen Wahlverfahren, dem die Vorwahl des nächsten größeren Fernamtes vorangestellt wird.

[3] Vgl. WELFENS und GRAACK (1997), S. 229.

und Geschäftskundenmarkt sowie von „Altlasten"[1] unabhängige Organisationsformen zählen zu den Vorteilen der Newcomer. Bei einem Teil der Newcomer kam es zu einem Transfer von Know-how von den Aktionären bzw. Eigentümern (Firmen bzw. Joint-Venture-Partnern). Telenor hat Experten mit Mobilfunkkenntnissen an die VIAG Interkom entliehen; und o.tel.o hat in der Gründungsphase vom internationalen Wissen von Cable & Wireless profitiert. Die Newcomer können eine (oder mehrere) der folgenden Markteintrittsstrategien[2] verfolgen: (i) Differenzierung durch Kostenführerschaft im Mobilfunk- und Internetbereich; (ii) Differenzierung durch Mehrwertdienste wie Fixed Mobile Integration; (iii) Differenzierung durch mehr als gleichwertige Substitution der Monopolleistung in Form eines Direktanschlusses beim Endkunden.

Auf der anderen Seite hat der „angegriffene" Ex-Monopolist eine Reihe von Instrumenten, um die Etablierung der Newcomer zu behindern oder zumindest zu verzögern. An der Nahtstelle Marketing und Technik ergeben sich für den Ex-Monopolisten in Deutschland, die Deutsche Telekom AG, insbesondere folgende Optionen: (i) Produktverbindungen von digitalem Telefonanschluß (ISDN) und Internetzugang (T-Online); (ii) zurückhaltende Verbreitung von ADSL-Technologien[3] bei a/b-Anschlüssen um damit die Multimediaattraktivität des BK-Kabelnetzes höher zu positionieren; (iii) Kombinationsrabatte von T-Mobil- und Festnetzanschlüssen für Geschäftskunden sowie (iv) Einführung von optimierten Splitpreistabellen. Solche Splitpreistabellen enthalten Preise auf Wettbewerbsniveau für Teilmärkte mit vorhandener Konkurrenz (Fernnetztelefonie, Mobilfunk, Calling Cards, Auskunftsdienste, Datenfernverbindungen) und monopolistische Preise für die de-facto nicht bestreitbaren Marktsegmente der Ortsgespräche, der Kabelanschlüsse und der Datenanbindungssysteme. Außerdem hat die DTAG mit der am Ende gescheiterten Fusion mit der Telecom Italia versucht, eine horizontale und internationale Kooperation zu schaffen. Solche Kooperationen haben das Ziel, das Einzugsgebiet zu erweitern und gleichzeitig Kosten bei der Bereitstellung neuer Produkte wie Mobilfunk, Internet oder E-Commerce zu sparen.[4] Solche globalen Unternehmen sind dann in der Lage Seamless Services für multinationale Konzerne anzubieten. Nach der Beurteilung der strategischen Möglichkeiten auf Seiten von Newcomern und den Ex-Monopolisten kann eine Entwicklung der Newcomer-Dynamik und der Einfluß der Mehrwertdienste in ausgewählten Telekommunikationsmärkten abgeleitet werden.

Der rasche Preisverfall im Deutschland im Jahr 1998, im ersten Jahr der Liberalisierung des Marktes, wurde durch Preisreduktionen der DTAG forciert und hat das theoretische Einsparpotential beim Carrierwechsel (Churn) verringert. Im ersten Jahr des Telekommunikations-

---

[1] Zu „Altlasten" gehören zu hohe Mitarbeiterzahlen, hierarchische Organisationsstrukturen, veraltete Technologien, Verbindlichkeiten aus früherer Geschäftstätigkeit, negative Verhaltenpräferenzen der Verbraucher und fehlende leistungsorientierte Bezahlung der Mitarbeiter.

[2] Siehe auch PORTER (1985).

[3] Eine detaillierte Beschreibung dieser Technologie befindet sich im Anhang.

[4] Vgl. GERPOTT (1999), S. 5.

wettbewerbs in Deutschland sind die Preise für inländische Fernverbindungen in der Hauptzeit um bis zu 70 % gesunken[1], während die Preise für Ferngespräche im Referenzzeitraum (Jahr eins nach der Marktöffnung) in Großbritannien nur um 31 % und in den USA um 20 % gefallen sind[2]. Während die britische Regulierungsbehörde OFTEL die erste Zusammenschaltungsvereinbarung zwischen BT und Mercury festlegen mußte[3], sind die entsprechenden Verhandlungen zwischen der DTAG und den Newcomern im Jahr 1998 in Deutschland nach Festlegung der Interconnectiontarife durch die RegTP ohne externen Schlichter abgeschlossen worden. Während die Marktanteile der Newcomer in Deutschland am Fernnetzmarkt Ende 1998 bei über 26 % lagen, konnte in Großbritannien im Referenzjahr 1986 nur ein Newcomeranteil von 2,2 % verzeichnet werden. Der schnelle Preisverfall verringert die Wechselbereitschaft der Kunden und den Unterbietungsspielraum der Newcomer, weil die Deutsche Telekom AG gemäß repräsentativen Marktumfragen von Boston Consulting und Arthur D. Little in den preisunabhängigen, anderen Kaufkriterien wie „Service" und „Zuverlässigkeit" vor den Wettbewerbern liegt.[4] Den Newcomern wird außer den Preisvorteilen lediglich die höhere Beratungskompetenz und mehr Flexibilität zugesprochen.

Außerdem ist grundsätzlich zu untersuchen, ob und wann die Doktrin der asymmetrischen Regulierung aufzugeben ist. Eine asymmetrische Regulierung[5], also eine unterschiedliche Behandlung von Newcomern und Marktführern, kann zu wettbewerbsverzerrenden Formen der Überregulierung führen. In der Anfangsphase der Marktöffnung ist die spezielle Regulierung für den Ex-Monopolisten eine Schutzmaßnahme für die Newcomer. Falls über den Bereich der monopolistischen Engpaßfunktionen hinaus der Ex-Monopolist zu extrem niedrigen Tarifen zur Interconnection mit den Newcomern gezwungen wird, kann das zu einer Subventionierung von Aufschalteprinzipien der Newcomer führen, die im freien Wettbewerb nicht überlebensfähig sind.[6] Der ursprünglichen Interconnectionpreistabelle der RegTP wurde der Vorwurf gemacht, einseitig die reinen Wiederverkäufer zu bevorzugen und damit technolgische Innovationen, die über Handelgeschäfte hinausgehen, zu verhindern.[7] Monopolistische

---

[1] Vgl. REGTP (1999), S. 8. Allerdings hat Großbritannien später aufgeholt, von 1994 bis 1997 sind die Ortsgespräche bei BT um 45%, die Ferngespräche um 56 % und die internationalen Gespräche um 80 % billiger geworden.

[2] Vgl. GERPOTT (1999a), S. 6.

[3] Vgl. KLODT (1995), S. 140.

[4] Vgl. BOSTON CONSULTING (1999) S. 5, ARTHUR D. LITTLE (1998), S. 14.

[5] Das Ziel der Regulierung der Telekommunikation ist u. a. „die Sicherstellung eines chancengleichen und funktionsfähigen Wettbewerbs" und die Überwachung der Einhaltung des Telekommunikationsgesetzes (TKG). Vgl. TELEKOMMUNIKATIONSGESETZ (1996), § 2, Abs. 1 und § 71.

[6] Vgl. KNIEPS (1999), S. 18 f.

[7] Die DTAG hat deshalb 1999 einen Antrag gestellt, den atypischen Verkehr der Carrier mit weniger als 7 POIs mit 44 %, mit weniger als 22 POIs mit 16 %, mit weniger als 37 POIs mit Werten zwischen 10 % und 16 % über dem jeweiligen Interconnectiontarif zu beaufschlagen. Vgl. GERPOTT (1999), S. 16. Atypische Verkehr entsteht bei Resellern, die nur mit wenigen bzw. im Grenzfall einem Point of Interconnect (POI) mit der DTAG verbunden sind. Alle Gespräche unabhängig von ihrer regionalen Terminierung müssen dann über diesen Switch. Bei der DTAG ist dadurch der Gassenbesetztanteil von 1,3 % in 1997 auf 2,8 % in 1998 angestiegen. Vgl. REGTP (1999b), S. 31. Im Amtsblatt 4/99 hat die RegTP veröffentlicht, daß das TKG keine Grundlage liefert, die Vor-

Engpäße nach der Flaschenhalstheorie[1] bestehen für Newcomer bei verschiedenen Inputfaktoren, die dem Ex-Monopolisten hingegen uneingeschränkt zur Verfügung stehen. Somit kann der Marktteilnehmer, welcher über die knappe Ressource verfügt, die anderen Anbieter gezielt benachteiligen. Solche strategischen Überlegenheitsfelder der PTTs sind: (i) Der physikalische Zugang zu den privaten Teilnehmern, auch Local Loop Access genannt, und daraus resultierend die Kostenführerschaft bei Universaldienstverpflichtungen; (ii) die faktische Verwaltungshoheit der Telefonnummern und damit die Chance, die kontinuierlich geforderte Nummernportabilität zu unterwandern oder zumindest zu verzögern und die eigene Rufnummernökonomie zu fördern; (iii) die Verfügung über vorhandene Interconnectionagreements mit anderen internationalen Carriern im Mobilfunkbereich und (iv) Verzögerungen bei der Bereitstellung von Zusammenschaltungs- und Übertragungskapazität. Die schon vor der Liberalisierung vorhandene Überlegenheit der Deutschen Telekom, bedingt durch den hohen Ausbaugrad des Kabelfernsehnetzes und die Marktführerschaft bei den Onlinediensten, erforderte eine gezielte asymmetrische Regulierung. Ohne eine solche ausgleichende Maßnahme kann der diskriminierungsfreie Zugang der Newcomer zum TK-Markt nicht gewährleistet werden.

In den USA werden die Ortsgespräche in einem Flat-Rate-Bundle zusammen mit der Grundgebühr und damit in Einzelfällen unter den Entstehungskosten verkauft. Als direkte Folge entstehen bei der Internetbenutzung in Nordamerika keine zeitabhängigen Einwahlgebühren. Bisher hatten die Ortsnetzbetreiber in einer Form der Quersubventionierung über die Interconnectiongebühren für die Gesprächsverursachung und -terminierung von den Fernnetzbetreibern ausreichende Umsätze erzielt. Die Gebühren für Ferngespräche lagen deutlich über den direkten Kosten[2]. Auch hier nutzt der Eigentümer einer Engpaßfunktion neue Technologien zur Behinderung der Wettbewerber, allerdings aufgrund der historisch gewachsenen vertikalen Trennung von Long Distance Carriern und Baby Bells mit anderen Konsequenzen. Die Baby Bell reduzieren durch die subventionierten Ortsgespräche die Eintrittschancen der Long Distance Carrier in den Ortsnetzmarkt. Im Kapitel Diskriminierungsanreize bei vertikaler Integration wird dieser Effekt speziell untersucht. Die allgmeinen Folgen der Quersubventionierung werden in den folgenden Kapiteln erläutert.

---

aussetzungen für ein Telekommunikationsnetz anhand der Anzahl von Points-of-Interconnect zu definieren. Vgl. REGTP (1999b), S. 1. Entstehen durch atypischen Verkehr Mehrkosten beim Ex-Monopolisten, so sind diese grundsätzlich (auch vor dem 1. Januar 2000) genehmigungsfähig. Vgl. REGTP (1999), S. 3.

[1] VOGELSANG (1996), S. 42.

[2] Vgl. POSPISCHIL (1998), S. 750 f.

4.1 Regulierungsrahmen, Marktversagen, post-monopolistisches Verhalten und Markteintrittsbarrieren aus theoretischer Sicht

4.1.1 Regulierungsrahmen in Telekommunikationsmärkten

Aus theoretischer Sicht sind Regulierungsrahmen immer dann notwendig, wenn in einem Wirtschaftssystem die Wettbewerbsprinzipien nicht ohne äußere Hilfe wirken können und die allgemeine Wettbewerbsgesetzgebung schwierig oder nur schwer zu handhaben ist; zudem ist eine Regulierung auch dann unumgänglich, wenn aus politischen Gründen besondere Versorgungsziele angestrebt werden oder ein Monopolmarkt mit daraus resultierenden ungleichen Startchancen den neu in den Markt eintretenden Anbietern geöffnet wird. Man unterscheidet dabei grundsätzlich zwischen kostenorientierten, renditebezogenen, Price-Cap- und verteilpolitischen bzw. subventionsorientierten Regulierungsansätzen.[1] Die Einschränkungskonzeption der Gewerbe- und Vertragsfreiheit der einzelnen Wirtschaftssubjekte in Märkten, die sich in einer postmonopolitischen Deregulierungsphase befinden, braucht deshalb erst einen zunehmenden und dann einen abnehmenden äußeren Regulierungseinfluß. Dieser Verlauf soll sicherstellen, daß das frühere staatliche Monopol in der Telekommunikation in eine effiziente Wettbewerbssituation transformiert werden kann. Unter dem Begriff Deregulierung oder auch Liberalisierung versteht man den Abbau staatlicher Regeln, welche die Handlungsfreiräume von Anbietern und Nachfragern in sektoralen Märkten ursprünglich eingeschränkt haben.[2] Dieser Abbau ist nicht mit einer völligen Abschaffung aller staatlichen Vorschriften (absolute Deregulierung) gleichzusetzen. Die hoheitliche Verwaltung knapper Güter wie Frequenzen, die kartellrechtlichen Bestimmungen zur Aufrechterhaltung der Wettbewerbsprinzipien und die asymmetrische Regulierung der unterschiedlich starken Wettbewerber bleiben eine vorübergehende übergeordnete Aufgabe einer neutralen Instanz.[3] „We must never forget that competition is the best regulator. Regulation is always second best.“[4] Allerdings fordern neue Technologien möglicherweise neue Regulierungseingriffe, wie etwa die Vergabe von Lizenzen bei der Errichtung neuer Mobilfunksysteme (UMTS).

Aufschlußreich ist die Erwartung der Nachfrager im Hinblick auf die Vorteile, die sich aus einer effektiven und effizienten Regulierungskonzeption auf einem liberalisierten Markt ergeben: (i) Verbesserung des Preis/Leistungsverhältnisses[5]; (ii) Erhöhung von Servicedienstleistungen; (iii) Beschleunigung der Innovationszyklen; (iv) Diversifizierung des Angebots; (v) vermehrte Anwendung von sogenannten Industriestandards.[6] Dem stehen die inhärenten

---

[1] Siehe auch FRITSCH; WEIN und EWERS (1999).

[2] Vgl. GERPOTT (1997), S. 50.

[3] Vgl. SCHNEIDER (1997a), S. 3.

[4] Vgl. CRUICKSHANK (1997), S. 5.

[5] In Holland sind die Preise für ein Einminutengespräch von Amsterdam nach USA von 2,9 US$ im Jahr 1990 auf 15 Cents im Jahr 1999 gesunken.

[6] Vgl. KERSCHER (1996), S. 35 f.

Schwierigkeiten eines solchen Regelwerks entgegen: (i) Störungen aus den politischen Lagern; (ii) unvollständige Informationen über das Marktgeschehen; (iii) Dynamik des Wettbewerbs, der in relativ kurzer Zeit die Marktanteile verschieben und damit die erforderlichen Begrenzungsansätze in kurzer Zeit verändern kann.[1] Die mangelhafte Informationstransparenz ist ein bilaterales Problem zwischen der Industrie und der Regulierungsbehörde. Kritisch ist die Tatsache, daß sowohl die Unkenntnis der Regulierungsbehörde über die tatsächlichen Vorgänge auf der Anbieterseite (z. B. direkte Kosten der Teilnehmerendanschlüsse oder Hintergründe für Preisanpassungen) als auch der fehlende Einblick der Industrie (z. B. Unsicherheiten bei Wiederverkäufern über die Stabilität der von der RegTP verabschiedeten Zusammenschaltungspreise) in die Vorgehensweise der Regulierungsbehörde den Wettbewerb behindern können.

Von einem wissenschaftlichen Arbeitskreis unter dem Vorsitz von Prof. Witte wurden die Leitlinien der deutschen Regulierungspolitik festgelegt:[2] (i) Die sektorspezifische Regulierungspolitik dient unmittelbar dem Verbraucher, sie ist keine Industriepolitik und sie muß die Etablierung eines nachhaltig funktionierenden Wettbewerbs sicherstellen; (ii) in bezug auf die Entgeltpolitik muß sich die Regulierungsbehörde mit dem Angebotsverhalten des Ex-Monopolisten und aller marktbeherrschenden Unternehmen auseinandersetzen, (iii) die Regulierungsbehörde muß unabhängig entscheiden können und Regeln wie die Universaldienstverpflichtung wettbewerbsneutral umsetzen können; (iv) die Regulierungsbehörde übernimmt hoheitliche Aufgaben wie die Nummernvergabe und die Frequenzvergabe; (v) die zentralen Prinzipien der Regulierungspolitik sind Angemessenheit und Transparenz, das Prinzip der Subsidarität und minimalistischen Regulierung ist zu wahren; (vi) die Regulierungsbehörde hat eine Veröffentlichungspflicht, und sie ist angehalten, aus den Erfahrungen zu lernen. Es ist eine Aufgabe der Regulierungsbehörde, die Marktöffnung so zu kontrollieren, daß ein ehemaliges staatliches Monopol durch eine effiziente Wettbewerbslandschaft ersetzt wird.

4.1.1.1 Regulierungsprinzipien für verbundene Teilmärkte

Der über den Zeitverlauf abnehmende Einfluß der Regulierungsinstanz und eine Konzentration auf monopolistische Engpäße setzt voraus, daß Länder, mit denen wesentliche Handelsbeziehungen bestehen und eine dementsprechende TK-Kommunikation betrieben wird, längerfristig im gleichen Umfang liberalisiert werden. Ansonsten besteht die Gefahr, daß die fehlende nationale Regulierungsinstanz die möglichen internationalen Quersubventionierungen nicht verhindern kann. Bei diesem Vorgehensmuster versuchen Unternehmen, die Monopolgewinne in ihren Heimatmärkten für das Preisdumping im Rahmen von Direktinvestitionen in ausländischen Wettbewerbsmärkten zu nutzen, um dort die Konkurrenten zu schwächen. Solche Wohlfahrtsverluste können gleichermaßen bei Quersubventionen in regionalen

---

[1] Vgl. VOGELSANG (1996b), S. 77.

[2] Vgl. REGTP (1998b), S. 1.

Märkten entstehen. In der Einleitung zu Kapitel 4 wurde bereits die Subventionierung der variablen Ortsnetzgespräche durch die Baby Bells erläutert. Neben der Bestimmung der Preishöhe haben die TK-Carrier die Möglichkeit, die Preisgestaltung an benutzungsabhängigen und benutzungsunabhängigen Parametern zu fixieren. Benutzungsunabhängige Einheitsgrundgebühren für unterschiedliche Teilmärkte führen, unabhängig von der Marktform, zu Quersubventionierungen und Wohlfahrtsverlusten. Die nachfolgende Grafik zeigt, welche Auswirkungen diese Preisgestaltung auf die Wohlfahrtsverluste haben kann.

Abbildung 8: Quersubventionen durch Einheitspreise

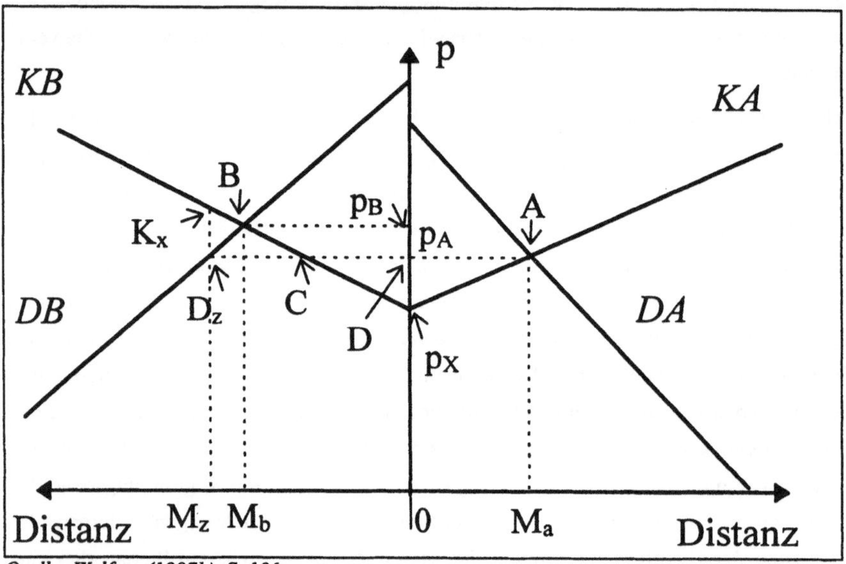

Quelle: Welfens (1997b), S. 101.

In den beiden hier betrachteten Regionalmärkten A und B in der Abbildung oben steigen die Grenzkosten KA und KB für einen Telefonanschluß mit steigender Entfernung (Distanz) von einem Ursprung 0, der in diesem Fall eine Ortsvermittlungsstelle bzw. einen Zugangsknoten repräsentiert. Die Nachfrage D ist im Ballungsgebiet (dargestellt durch den Ursprung 0 in der Abbildung) am größten, und sie nimmt mit steigender Entfernung und ebenso abnehmender Besiedlungsdichte ab. Unter der Annahme, daß DA ungleich DB und gleichzeitig DB > DA ist, würde sich im Teilmarkt A der Gleichgewichtspreis p_A und im Teilmarkt B der Gleichgewichtspreis p_B einstellen, wobei p_B > p_A wäre. Im Markt A wird bis zu einer Distanz M_a ein Telefonanschluß installiert, im Markt B bis zu einer Distanz M_b. Durch eine künstlich festgelegte uniforme Grundgebühr von p_A im Teilmarkt B steigt jedoch dort die Zahl der Kunden, die noch einen Anschluß erhalten, von der Distanz M_b (Senkrechte durch den Schnittpunkt DB mit KB) auf M_z (Senkrechte durch den Punkt D_z, der den Schnittpunkt der Waagerechten durch A mit DB repräsentiert). Im Markt B entstehen Verluste, deren Höhe durch das Dreieck

K_x-D_z-C dargestellt wird; wobei der Wohlfahrtsverlust dem Dreieck K_x-D_z-B entspricht. Diese Verluste müssen durch Gewinne aus dem Markt A, die dem Dreieck p_A-p_X-A entsprechen, gedeckt werden. Die Quersubventionierung, die durch die Preisgleichschaltung erforderlich wird, behindert die freie Bildung einer Gleichgewichtssituation zwischen Angebot und Nachfrage. Zwar gibt es Argumentationen für uniforme Einheitsgrundgebühren, die darauf beruhen, daß ein Telefonanschluß in allen regionalen Teilmärkten ein allgemein zugängliches Gut bleiben soll. Dem gegenüber steht aber die unvorteilhafte Steuerung über die Einheitsgrundgebühren; soziale Härtefälle können auch mittels direkter Bezuschußung der Endkunden ausgeglichen werden.[1] Grundsätzlich sollte verhindert werden, daß Eingriffe des Regulierers die einzelnen Absatzfunktionen in ihrer Gleichgewichtsfindung stören. Die theoretische Erläuterung zeigt, daß Quersubventionierungen die Gleichgewichtsfunktion stören können und dadurch zusätzliche Wohlfahrtsverluste und Wettbewerbsverzerrungen entstehen.

4.1.1.2 Regulierung und Standardisierung

Während die Vorteile einer durch die Regulierung oft erreichten Standardisierung[2] bei der Normierung von technischen Leistungsmerkmalen zur Zusammenschaltung, wie etwa der Signalisierung von Telefongesprächen, noch überwiegen, so sind die Nachteile einer rein staatlichen Regulierung, besonders bei der Bürokratielösung[3] im Vergleich zur „Komiteelösung", erheblich. Bei der Bürokratieregelung wird über Antragsverfahren über den Einsatz von neuen Technologien entschieden. Bei Komiteeverfahren entscheidet ein entsprechendes Gremium mit Vertretern der Industrie. Die aus der Monopolzeit kommenden Einheitstechniken des Fernmeldewesens blockieren bei der rasanten Entwicklung der Computer- und TK-Industrie in der Regel Innovationen. Im Fall des elektronischen Datenaustausches (EDI[4]) ist es von Vorteil, wenn anstelle von individuellen Schnittstellenvereinbarungen eine standardisierte und möglichst auch genormte Datentransferprozedur zum Einsatz kommt.[5] Ansonsten besteht die Gefahr, daß der steigende Bedarf der branchen- und länderübergreifenden Kommunikation aufgrund von überproportionalem Abstimmungsaufwand an den proprietären Interfaces nicht befriedigt werden kann. Die Effizienz von interorganisatorischen Informationssystemen (IOS) und deren Interoperabilität ist ein wesentliches Kriterium für den Umsetzungserfolg von technologischen Varianten.[6] Je geringer (höher) die Investitionen zur Zusammenschaltung von Rechnersystemen sind, desto schneller (langsamer) werden Vorteile durch Kostenführerschaft bei den EDI-Anwendungen erzielt. In technologieorientierten

---

[1] Vgl. GRAACK (1997), S. 139.

[2] Vgl. KERSCHER (1996), S. 37.

[3] Vgl. THUM (1995), S. 150 f.

[4] Unter Electronic Data Interchange (EDI) versteht man die unternehmensübergreifende Kommunikation zwischen Computern, bei der ökonomische und technische Datensätze in einem standardisierten strukturierten Format zum Zweck der unterbrechungslosen Weiterverarbeitung ausgetauscht werden. Vgl. NEUBURGER (1995), S. 182.

[5] Vgl. MÜLLER-BERG (1995), S. 27.

[6] Siehe auch KLEIN (1993).

Netzwerkindustrien haben Produktstandardisierungen, Schnittstellenkonventionen und technisch begründete Kundenbindungseffekte (sogenannte Lock-In-Effekte) eine herausragende Rolle. Verbraucher erreichen erst positive Netznutzungseffekte, wenn eine Mehrheit von anderen Konsumenten den gleichen oder zumindest einen kompatiblen Standard einsetzen. Videobandabspielsysteme, CD-Leseformate, PC-Betriebssysteme, Telefaxstandards und Mobiltelefone sind Beispiels für solche Standards. Der Verbraucher profitiert nicht nur von Economies-of-Scale-Effekten und niedrigen Preisen, er findet ebenso eine flächendeckende Versorgung und eine hohe Bandbreite von Produktvarianten unterschiedlicher Hersteller vor.

Kommunikationssysteme beruhen auf dem Prinzip, daß der Empfänger der Nachricht aufgrund der einheitlichen Regeln an der Schnittstelle in der Lage ist, die Information fehlerfrei zu entschlüsseln. Auch nach internationalen Einschätzungen kommt es auf eine angepaßte Entwicklung der Regulierungsinstanz an, deren oberste Aufgabe die schnelle Verteilung entsprechender Lizenzen und das zeitgerechte Fällen von Entscheidungen ist.[1] „The EU is underspecialized in innovation compared to the US and Japan."[2] Dem gegenüber steht die Erfolgsgeschichte der frühen Standardisierung von GSM als europäischer Mobilfunkdienst. Die Telekommunikations-Equipmenthersteller (TEM) konnten von Anfang an für einen europäischen Gesamtmarkt entwickeln und produzieren. Dadurch wurden Economies of Scale-Effekte rasch erzielt und als Preissenkungen rasch an die Verbraucher weitergegeben. Noch 1997 war eines der zentralen Verkaufsargumente der D-Netze (900 MHz) in Deutschland im Vergleich zu den E-Netzen (1800 MHz) die Möglichkeit des International Roaming. Die technische Grundlage für eine solche länderübergreifende Funktionalität ist in diesem Fall die internationale GSM-Vereinbarung. Die Benutzung nationaler Mobilfunksysteme im Ausland (Roaming) wurde durch den europäischen Standard GSM erst möglich. Aus dieser Perspektive ist die Standardisierung des digitalen Mobilfunkmarktes in Europa ein Beispiel für wohlfahrtsstiftende staatliche EU-Regelungen.

4.1.1.3 Regulierung und technologische Entwicklung

Zu berücksichtigen ist auch die Frage, inwieweit die Telekommunikation als natürliches Monopol zu betrachten ist, und welche Richtlinien für die Regulierung und Deregulierung daraus abzuleiten sind. Die technischen Entwicklungen, wie die Digitalisierung sowohl in der Übertragungs- als auch in der Vermittlungstechnik, haben die betreffenden Einschätzungen beeinflußt. Wenn Wettbewerbsbehörden zu stark und ungerechtfertigt in den Wettbewerbsprozeß eingreifen, anstelle die Markteintrittsbarrieren abzubauen, dann spricht man von einem Fehler erster Ordnung.[3] Fehler zweiter Ordnung bezeichnen folgerichtig die Unterlassung eines eigentlich erforderlichen Eingriffs. Nach der Theorie der angreifbaren (contesta-

---

[1] Vgl. WELLENIUS (1996), S. 80.

[2] WELFENS, AUDRETSCH, ADDISON und GRUPP (1998), S. 180.

[3] Vgl. KNIEPS (1997), S. 41.

ble) Märkte begründen Größenvorteile noch keine Marktmacht, nicht existenter Wettbewerb kann in diesem Fall unmittelbar durch potentielle Wettbewerber ersetzt werden.[1] Unter bestimmten Annahmen, wie der beschränkungsfreie Marktzutritt und -austritt, ist es also von untergeordneter Bedeutung, wieviele Anbieter sich tatsächlich auf dem Markt befinden. Der jederzeit mögliche Wettbewerb erzwingt ein Verhalten, das dem bei vollständiger Konkurrenz entspricht.[2] Märkte sind angreifbar, wenn: (i) Ein freier Markteintritt möglich ist, bei dem zahlreiche Wettbewerber Zugang zur erforderlichen Technologie haben; (ii) ein freier Marktaustritt umsetzbar ist, bei dem die Differenz zwischen Anschaffungswerten und Wiederverkaufserlösen nicht signifikant ist und als Konsequenz keine versunkenen Kosten (Sunk Cost[3]) existieren; (iii) die Herausforderer ihre Preise so kalkulieren können, daß sie unter denen des marktbeherrschenden Unternehmens liegen.[4]

Im Idealzustand der normativen Theorie des funktionsfähigen Wettbewerbs in der Telekommunikation am Ende der Marktliberalisierung kann auf eine sektorspezifische Regulierungsbehörde oder eine vergleichbare Instanz verzichtet werden. Die ex ante Regulierungsfunktionen der separaten RegTP kann dann in eine ex post Kontrolle durch das Kartellamt[5] überführt werden. Allerdings können die Kartellbehörden heutigen Zuschnitts nur die ökonomischen Regulierungsaufgaben[6] der RegTP übernehmen. Für die Regelung der Wegerechte, der Numerierungsfragen, der Frequenzzuteilung, der störungsfreien Nutzung von knappen Gütern wie Frequenzen und der Wahrung des Fernmeldegeheimnisses fehlt den Kartellbehörden die technische Kompetenz.[7] Innerhalb der positiven Theorie sind die Erfahrungen mit Regulierungseinrichtungen in Deutschland, im Vergleich zu Großbritannien oder den USA, anders gelagert. „Our guests should know that, in contrast to Anglo-Saxon tradition, we [Germans] ourselves have no long-standing experience of regulating. We are used to regulating state interventions in as detailed a manner as possible through legislation."[8] In Deutschland hat die Regulierung keine langjährige Tradition und diese Aufgabe des Staates muß sich in dem Bewußtsein der Marktteilnehmer verankern.[9] Offensichtlich startet in Deutschland die Öffnung des TK-Marktes nicht nur wesentlich später als in USA oder Großbritannien, sondern die Unterschiede in den Rechtssystemen spiegeln sich auch in den wirtschaftspolitischen Ansät-

---

[1] Vgl. KNIEPS (1997), S. 56.

[2] Siehe auch BAUMOL, PANZAR und WILLIG (1983). Man spricht auch von der diziplinarischen Wirkung des potentiellen Wettbewerbs.

[3] Eine ausführliche Erläuterung dieses Begriffs erfolgt im nächsten Kapitel.

[4] Vgl. KNIEPS (1997), S. 56.

[5] In Deutschland gibt es nach dem Gesetz drei Kartellbehördenebenen: Landeskartellbehörden, das Bundeskartellamt und das Bundeswirtschaftsministerium.

[6] Hierzu zählen die Entgeltüberwachung, die Netzzugangsregelung, die Universaldienstverpflichtung und die Herstellung eines funktionsfähigen Wettbewerbs.

[7] Siehe auch SCHEURLE (1999).

[8] WITTE (Hrsg., 1996), S. 8.

[9] Siehe auch WITTE (1999).

zen an der Nahtstelle zwischen Legislative und Jurisdiktion der Marktregulierung wider. Zum Teil muß die Übertragbarkeit der britischen Erfahrungen während der Liberalisierung des TK-Marktes kritisch beleuchtet werden. Der langsamere Verlauf der Preisreduktionen in Großbritannien haben die Ertragskraft der Segmentumsätze von BT über einen nennenswerten Zeitraum geschützt.

4.1.2 Marktversagen aufgrund von Subadditivität und Irreversibilität

Ein Marktversagen ist gekennzeichnet durch eine erhebliche Konzentration auf der Anbieterseite und kann durch das Vorhandensein von Unteilbarkeiten der Produktionsfaktoren begründet sein.[1] Versagt ein Marktmechanismus, dann wird dem Modell der vollständigen Konkurrenz, einer atomistischen Marktstruktur und geringer Marktanteile der Anbieter nicht entsprochen. Das Phänomen der Subadditivität von Kostenfunktionen ist geeignet, die Unteilbarkeiten als einen möglichen Grund für ein Marktversagen zu erfassen. Beim Modell der vollständigen Konkurrenz geht man von beliebig teilbaren Produktionsfaktoren aus. Sinkende Durchschnittskosten und steigende Skalenerträge (Economies of Scale) hingegen stellen Teilaspekte der Subadditivität dar. Steigende Skalenerträge bezeichnen die zunehmende Erhöhung des Outputs bei einer proportionalen Erhöhung des Inputs. Sinkende Durchschnittskosten erweitern diesen Definitionsbereich, da sie auch nicht-proportionale Faktorveränderungen einschließen. Zusammenfassend kann die Subadditivität als Oberbegriff wie folgt visualisiert werden.

Abbildung 9: Darstellung der Subadditivität

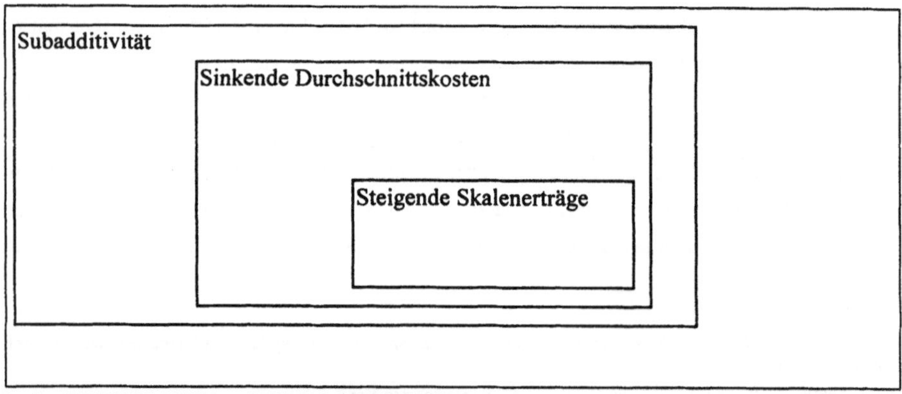

Quelle: FRITSCH, WEIN und EWERS (1999), S. 187.

Unteilbarbeiten bewirken, daß nur eine begrenzte Anzahl von Anbietern im Markt überleben kann (Oligopol) bzw. daß im Extremfall nur ein Anbieter (natürliches Monopol) überleben kann. Ein Beispiel für ein natürliches Monopol kann eine nationale Eisenbahnverbindung sein, also eine Situation, die ein gewinnbringendes Angebot durch mehr als einen Anbieter

---

[1] Vgl. FRITSCH, WEIN und EWERS (1999), S. 178 f.

nicht zuläßt. Die hohen Fixkosten für die Erstellung und den Unterhalt der Bahnstrecken stehen vernachlässigbar geringen Grenzkosten für die Beförderung eines Passagiers gegenüber. Im Mehr-Güter-Fall kommen Verbundvorteile (Economies of Scope) hinzu, die alleine aber kein natürliches Monopol begründen können.[1] Allerdings müssen für den Nachweis eines natürlichen Monopols im Mehrgüterfall sowohl die Größen- als auch die Verbundvorteile untersucht werden.[2] Verbundvorteile z. B. entstehen bei der gemeinsamen Nutzung von Forschungsabteilungen für unterschiedliche Produktlinien, bei der querfunktionalen Nutzung von Restproduktionskapazitäten und bei gekoppelten Folgeproduktionen.

Zusätzlich wird die „Bestreitbarkeit", also die Aufnahmefreundlichkeit für Newcomer, des TK-Marktes analysiert. Das Vorhandensein wesentlicher versunkener Investitionen[3] ist ein typisches Merkmal für die mangelnde Bestreitbarkeit von Märkten. Diese Märkte sind aufgrund entsprechender Sunk Cost dann nur in Teilbereichen angreifbar (contestable). Märkte sind unabhängig von der Marktform (diese Aussage gilt also auch für Monopolmärkte) normalerweise bestreitbar[4], wenn: (i) Hit-and-Run-Profite möglich sind; (ii) die Konkurrenten langsamer reagieren als die Nachfrager und (iii) keine irreversiblen Kosten (Sunk Cost) vorhanden sind. Sunk Cost sind Kosten, die für die unmittelbaren unternehmerischen Entscheidungen nicht von Relevanz sind, diese Kosten entstehen beim Markteintritt und lassen sich beim Marktaustritt nicht amortisieren. Sie stellen eine Markteintrittsbarriere durch die Irreversibilität der Investitionen für mögliche Konkurrenten und eine Marktaustrittsbarriere für den Produzenten dar. In Ausnahmefällen kann ein Markt trotz irreversibler Kosten angreifbar sein, wenn durch ex ante Vereinbarungen der Newcomer mit Nachfragern die Rentabilität gewährleistet wird. Feste Abnahmeverträge, die vor dem Markteintritt geschlossen werden oder feste Übernahmeverträge, die dem neu eintretenden Produzenten im Fall des Marktaustrittes eine Ablösung seines Produktionsvermögens garantieren, können eine contestable Marketsituation schaffen auch wenn wesentliche Sunk Cost vorhanden sind. Hit-and-Run-Profite sind möglich, wenn bei monopolistischer Preissetzung des Incumbent Carrier ein Newcomer sofort als Konkurrent auftreten und durch eine knappe Preisunterbietung die gesamte Nachfrage auf sich konzentrieren kann und den Markt ohne Marktaustrittskosten wieder verlassen kann.[5] Die nachfolgende Tabelle zeigt den Zusammenhang zwischen Subadditivität und Irreversibilität in einem theoretischen Modell ohne äußere Regulierungseinflüsse auf. In Märkten mit hoher Subadditivität aber geringer Irreversibilität genügt unter Umständen die potentielle Konkurrenz, um die Monopol-(Cournot)-Preisbildung zu verhindern.

---

[1] Vgl. FRITSCH, WEIN und EWERS (1999), S. 179 und S. 184 ff.

[2] Vgl. KLODT (1995), S. 35 f.

[3] Im englischen Sprachraum auch „sunk cost" genannt.

[4] Vgl. KLODT (1995), S. 38 f.

[5] Vgl. KLODT (1995), S. 39.

Tabelle 29: Kombinationen von Subadditivität und Irreversibilität

	Geringe Irreversibilität	Hohe Irreversibilität
Geringe Subadditivität	Normaler Wettbewerb möglich	Wettbewerb mit einer Tendenz zur Inflexibilität
Hohe Subadditivität	Natürliches Monopol, durch potentiellen Wettbewerb bedroht	Natürliches Monopol, vor Konkurrenz geschützt

Quelle: FRITSCH, WEIN und EWERS (1999), S. 210.

Das ausgewählte nachfolgende Beispiel aus der Praxis verdeutlicht den Umfang von versunkenen Kosten. Die Sunk Costs des Incumbent Carriers (in Deutschland die Deutsche Telekom AG) werden nicht nur repräsentiert durch die Kabeltrassen und die dazu gehörenden Übertragungstechnologien; ein nennenswertes Anlagevermögen von 5,5 Mrd. DM[1] stellen auch die über 5.200 Ortsvermittlungsstellen der DTAG dar. Die Ortsvermittlungsdichte der DTAG ist auf Grundlage der mechanischen Hebdrehwählertechnologie in den fünfziger Jahren entstanden. Moderne Anlagen nach dem Stand der digitalen Technik lassen bei unveränderter statischer und dynamischer Netzkapazität eine weitaus geringere Dichte zu. Da die DTAG für alle Newcomer, die untereinander über keinerlei Zusammenschaltungsvereinbarungen verfügen, die konsolidierende Zusammenschaltungsebene liefert, gilt die DTAG-Netztopologie als nicht zu substituierender Schlüsselfaktor. Die DTAG-Netztopologie stellt nicht nur ein großes Anlagevermögen, sondern auch einen monopolistischen Engpaß dar. So verfügten die Newcomer MobilCom, Drillisch und TelDaFax Ende 1998 nur über 3.100 Ports zur Fernvermittlungsebene der DTAG. Da jeder Port über 30 Sprachkanäle verfügt und 2 Kanäle für die bidirektionele Kommunikation benötigt werden, erlauben 3.100 Ports maximal eine gleichzeitige Abwicklung von 46.500 Gesprächen.[2] Die drei Unternehmen müssen sich bis zum Dezember 1999 gedulden, bevor die Portkapazität am Netzübergang zur DTAG auf 6.500 Ports erhöht sein wird. Das theoretisch mögliche Marktpotential der Newcomer für Call-by-Call-Gespräche in Deutschland konnte im Jahr 1998 durch die verzögerten Nachlieferungen der DTAG bei der Vergrößerung der Portkapazität nicht ausgeschöpft werden. Diese Beispiele belegen die fehlende Bestreitbarkeit von Teilmärkten bei dem Vorhandensein von versunkenen Kosten; allerdings gibt es längerfristig im Zug des technischen Fortschritts verbesserte Möglichkeiten, eigene Netze (preiswert) zu errichten, bzw. verbesserte Möglichkeiten für Newcomer lokalen Zugang zum Telefonkunden zu errichten.

---

[1] Dieser Abschätzung liegt der derzeitige gesamte Neubeschaffungswert von z. B. Siemens Elektronischen Wählsystemen Digital (EWSD, vgl. SIEMENS (1997a), S. 4.), die seit 1981 eingesetzt werden, zugrunde.

[2] Vgl. WESTLB (1998), S. 13.

4.1.3 Merkmale des Angebotsmonopols - Marktversagen durch Externalitäten

Grundsätzlich können verschiedene Faktoren ein (Angebots-)Monopol[1] verursachen bzw. begründen: (i) Ein Unternehmen kann alleiniger Eigentümer eines nicht zu substituierenden Inputs sein; (ii) ein Unternehmen kann über die Patente verfügen, die zur Herstellung des Outputs unerläßlich sind; (iii) ein Unternehmen kann aufgrund einer staatlichen Rechtsordnung in eine Monopolstellung kommen, weil die Legislativ-Organe in einem Teilmarkt glauben, daß der Wettbewerb dort nicht funktionsfähig ist; (iv) ein einziges Unternehmen kann die nachgefragte Menge aufgrund von stetig mit der produzierten Menge fallenden Stückkosten günstiger herstellen als mehrere Unternehmen. Man bezeichnet den Zustand, bei dem ein Gut am kostengünstigsten von einem Unternehmen produziert werden kann, als natürliches Monopol; und man spricht in diesem Zusammenhang von der Subadditivität der Kosten.[2] Die Frage, ob es sich beim Telekommunikationsdienst unter Berücksichtigung der aktuellen technischen Innovationen in einem bestimmten Zeitabschnitt um ein natürliches Monopol[3] handelt, ist in den einzelnen Marktsegmenten und Wertschöpfungsketten getrennt zu untersuchen.

Im europäischen Telekommunikationsmarkt waren es hauptsächlich staatliche Rechtsordnungen, die die Monopolsituation in der Telekommunikation über Jahrzehnte gestützt haben. Diese Gesetze waren in der Überzeugung entstanden, daß ein (staatlicher) Anbieter die nachrichtentechnische Leitungsnetze am kostengünstigsten für die gesamte Bevölkerung bereitstellen kann. Zusätzlich gab es politische Gründe, das Fernmeldewesen als hoheitliche Aufgabe zu definieren. Dazu zählten verteidigungspolitische Aspekte, ökonomische Bestrebungen (Telekommunikation als staatliche Einnahmequelle) und Überwachungsabsichten des Staates. Weiterhin wurde ein Marktversagen auch mit positiven technologischen Externalitäten begründet. Theoretisch unterscheidet man zwischen Netzwerk- und Nutzungsexternalitäten. Netzwerkexternalitäten beschreiben die Zunahme des Nutzens für den einzelnen Kommunikationspartner bei der Hinzunahme neuer Teilnehmer. Der Grenznutzen eines Netzwerkanschlusses steigt mit zunehmender Anzahl der Teilnehmer. Die Erhöhung der produzierten Menge (im Fall der Netzwerkindustrien entspricht das einer Erhöhung der Teilnehmeranschlüsse) führt indirekt zu einer Rechtsdrehung der Nachfragekurve und damit zu einem beschleunigten Marktwachstum. Nach abgeschlossener Aufbauphase eines Netzes treten keine oder nur geringere Netzwerkexternalitäten mehr auf. Hier ist jedoch zu berücksichtigen, daß neue Technologien immer wieder zu neuen Aufbauphasen von Netzen führen. Nutzungsexternalitäten werden teilweise auf privater Ebene internalisiert; wechselweise Anrufe könnten sicherstellen, daß die einseitige Gebührenbelastung bei Telefonaten gleichmäßig verteilt

---

[1] Vgl. DEMMLER (1996), S. 359.
[2] Vgl. WIED-NEBBELING (1997), S. 39 f.
[3] Vgl. SCHNEIDER (1997), S. 195 und MOLITOR (1995), S. 85 f.

wird.[1] Das gilt für Call-Back-Dienste, Mobilfunkdienste, Call-Center-Applikationen, Free-phone-Nummern und Interneteinwahlprozeduren nur mehr eingeschränkt.

Bei den Netzwerkexternalitäten unterscheidet man weiterhin zwischen direkten Netzwerkex-ternalitäten, die auf dem Reziprokeffekt beruhen, und zwischen indirekten Netzwerkexternali-täten, die auf der Existenz von Größenvorteilen beruhen.[2] Der Reziprokeffekt tritt in Vermitt-lungsnetzen, wie dem Mobilfunknetz, auf. Der positive Nutzen für die bereits Angeschlosse-nen entsteht durch die zusätzliche Vermittlungsmöglichkeit an jeden neuen Teilnehmer. Die Größenvorteile hingegen spielen bei Verteilnetzen, wie dem Kabel-TV-Netz oder dem Inter-net eine Rolle. Jeder neue Abonnent ist zwar für die bisherigen Teilnehmer nicht erreichbar, er kann aber dazu beitragen, daß die anteiligen Gemeinkosten aller Teilnehmer sinken (Dichte- und Agglomeratsvorteile[3]), und dadurch wird ein positiver Nutzen gestiftet. Der Anreiz entsprechende Programme und Inhalte anzubieten, nimmt mit steigenden Teilnehmer-zahlen bis zu einem kritischen Expansionspunkt zu. Unabhängig von der Fragestellung nach der Einflußnahme des Staates durch eine anbieterseitige Monopolstellung haben öffentliche Unternehmen gegenüber privatwirtschaftlich geführten Unternehmungen eine Reihe von wirt-schaftlichen Nachteilen: (i) Öffentliche Unternehmen unterliegen nicht dem konstanten Druck der Gewinnerwirtschaftung, ihre Existenz hängt nicht von der Finanzierung durch freie Kapitalmärkte ab; (ii) im Gegensatz zur aktuellen Marketinglehrmeinung[4] sind öffentliche Unternehmen stark produktions-, aber kaum nachfrageorientiert; (iii) politische Interessen gehen im Zweifel den ökonomischen Interessen voraus, (iv) die Anziehungskraft für Füh-rungskräfte und Spezialisten, in ein öffentliches Unternehmen einzutreten, ist durch die star-ren Besoldungssysteme und fehlenden Gewinnbeteiligungsmodelle eher gering.[5] In den fol-genden Unterkapiteln wird die theoretische Wirksamkeit eines Angebotmonopols und die Effizienz von Monopolen dargestellt.

4.1.3.1 Theoretische Wirksamkeit eines Monopols

Der nach dem amerikanischen Ökonomen Abba P. Lerner benannte Lerner-Index zur Mes-sung der Marktmacht (Wirksamkeit) eines Monopolisten bzw. gewinnmaximierenden Allein-anbieters ist gleich dem Kehrwert der Preiselastizität der Nachfrage.[6] Je unelastischer die Nachfrage ist, je schwerer also dem Konsumenten die Substitution der Monopolversorgung fällt, desto größer ist die Marktmacht des Monopolisten nach dem Lerner-Index. Der Lerner-sche Monopolgrad zeigt auch die prozentuale Differenz zwischen dem Monopolpreis und den

---

[1] Vgl. FRITSCH, WEIN und EWERS (1999), S. 244. Durch die unterschiedliche Tarifgestaltung in Fest- und Mobilfunknetzen ist eine gleichmäßige Gebührenverteilung nur innerhalb von homogenen Netzen gegeben.

[2] Vgl. KLODT (1995), S. 40.

[3] Vgl. WELFENS und GRAACK (1997), S. 215.

[4] Vgl. „Primat des Absatzes" in SCHEUCH (1989), S.4 und „The selling and marketing Concepts contrasted" in KOTLER (1991), S. 17.

[5] Vgl. GRAACK (1997), S. 325.

[6] Vgl. DEMMLER (1996), S. 365.

Grenzkosten bezogen auf den Monopolpreis an.[1] Nachfrager, die auf eine Preiserhöhung des Monopolisten mit einer geringen Mengenreduzierung reagieren, räumen dem alleinigen Anbieter eine größere Marktmacht ein als solche, die ihre Nachfrage erheblich einschränken (können).[2] Gemäß dem Gesetz vom abnehmenden Grenznutzen[3] nimmt unter bestimmten Umständen die Intensität der Bedürfnisse mit steigender Nachfragemenge ab, bis ein Sättigungspunkt erreicht ist. Die Anwendung dieses Grundsatzes kann unter der Voraussetzung einer segmentierten Marktbetrachtung erfolgen. Hier wird die Notwendigkeit der klaren Marktabgrenzung deutlich. Gemäß der Theorie der Substitutionslücken[4] stehen alle Produkte in Konkurrenz miteinander um die Kaufkraft der Konsumenten. Allerdings weisen die Produktgruppen untereinander verschieden große Substitutionslücken auf, ungeachtet der sogenannten Spill-over-Effekte von einem Teilmarkt zum nächsten. Es gibt in den Produkteigenschaften, ihrer Eignung und ihrer räumlichen und zeitlichen Verfügbarkeit mehr oder weniger signifikante Unterschiede, die bei der Definition von relevanten Märkten von Bedeutung sind.

Unter der hypothetischen Annahme einer Monopolsituation ergeben sich im Telekommunikationsmarkt folgende Anwendungsfälle. In Teilmärkten mit hochentwickelten Netzwerkexternalitäten ist der Lerner-Index höher als in stark wachsenden Märkten. Würde also der Anbieter die Grundgebühr stark erhöhen, so ist im Festnetzbereich nicht mit vermehrten Kündigungen zu rechnen. Die Teilnehmer wollen (müssen) erreichbar bleiben, da alle anderen Wirtschaftssubjekte ebenfalls angeschlossen sind. Unter Umständen würden bei der variablen Gebühr durch verändertes Telefonverhalten Einsparungen umgesetzt werden, um die monatlichen Gesamtkosten konstant zu halten. Im wachsenden Mobilfunkmarkt könnte eine solche Maßnahme zum Marktaustritt von Abnehmern führen und insgesamt die Quote der Neuverträge stark reduzieren. Hier könnten die Konsumenten nach der Theorie der Substitutionslücken auf andere Dienste wie Pager, Bündelfunk oder Festnetztelefonie (Telefonzellen) ausweichen.

4.1.3.2 Ineffizienz des Monopols

„Der Vergleich der Marktergebnisse bei einem staatlichen Monopol mit denen bei Wettbewerb läßt tendenziell folgenden Schluß zu: Monopolistische Märkte zeichnen sich durch eine niedrigere Penetrationsrate, niedrigere Arbeitsproduktivität und ein höheres Preisniveau

---

[1] Vgl. WIED-NEBBELING (1997), S. 25.

[2] Das Verhältnis zwischen Preisänderung und dadurch verursachter Änderung der Absatzmenge bezeichnet man als Preiselastizität der Nachfrage, auch Absatzelastizität genannt. Der Elastizitätskoeffizient repräsentiert das Verhältnis zwischen relativer Mengenänderung in Prozent und relativer Preisänderung in Prozent. Ist die relative Mengenänderung größer als die relative Preisänderung, dann ist der Elastizitätskoeffizient größer 1 und man spricht von einer elastischen Nachfrage. Im umgekehrten Fall ist der Elastizitätskoeffizient kleiner 1 und man spricht von einer unelastischen Nachfrage. Unter der Voraussetzung eines Elastizitätskoeffizienten größer 1, also einer elastischen Nachfrage, ist das Monopol um so wirksamer, je geringer die Elastizität eines Gutes ist, weil bei geringerer Elastizität die durchsetzbare Preiserhöhung bei einer Minderung der Produktionsmenge größer ist. Vgl. WÖHE (1986), S. 560 ff.

[3] Nach Hermann Heinrich Gossen (1810 - 1858) auch 1. Gossensches Gesetz genannt.

[4] Vgl. WIED-NEBBELING (1997), S. 10.

aus."[1] Die betriebsinternen Allokationen von Ressourcen im Monopolfall sind nicht optimal (sogenannte X-Ineffizienzen). Diese Thesen gelten unter dem Aspekt der statischen Untersuchung von Märkten. Bezogen auf die dynamische Entwicklung[2] von Wohlfahrtseffekten kann es innovationsfördernd sein, daß mit der Einführung einer neuen Erfindung der Investor über Patentrechte eine begrenzte Zeit in einer Monopolstellung sogenannte Pioniergewinne erzielen kann. Sie sind erforderlich, damit die Vorlaufkosten der Forschungs- und Entwicklungsaufwendungen verdient werden können. Über Lizenzfertigungen und Me-Too-Produkte entsteht dann beim Innovationswettbewerb im Zeitverlauf eine Oligopolsituation und später ein funktionsfähiger Wettbewerb. Im Gleichgewicht der vollständigen Konkurrenz werden nur der Unternehmerlohn und die kalkulatorische Eigenkapitalverzinsung realisiert, somit können Reserven bzw. Margen zur Abdeckung Schumpeterscher Risikoprämien für aufwendige Forschungs- und Entwicklungstätigkeiten nicht aufgebaut werden.[3]

Staatlich begründete Monopole unterliegen aber anderen Gesetzmäßigkeiten als temporäre, dynamische (Teil-) Monopole, die sich auf Patentrechte stützen. „Wenn .. Monopolmacht in der kapitalintensiveren Produktionseinrichtung entsteht, wird dort die Produktion im Vergleich zum Wettbewerbsgleichgewicht geringer."[4] Für den Monopolisten ist, im Gegensatz zu Anbietern bei vollständiger Konkurrenz, der Marktpreis nicht vorgegeben[5]. Es ist, ganz im Gegenteil, für ihn lohnender mit innovativen Produkten bei entsprechend kleinerem Absatz ein Gewinnmaximum bei höherem Preis zu erreichen. Für viele Nachfrager hat das aber zwei entscheidende Nachteile: (i) Sie werden durch den hohen Monopolpreis von der Bedürfnisbefriedigung ausgeschlossen (ii) und sie sehen sich einem Anbieter gegenübergestellt, der nicht zu den geringsten Durchschnittskosten produziert. In dieser Konstellation wirken auch entsprechende Preisgenehmigungsansätze nicht. Der Monopolist kann im Fall einer beabsichtigten Preiserhöhung mit seinen steigenden Kostenfaktoren argumentieren, wobei die Kostenentwicklung wegen den vorhandenen Informationsasymmetrien von außen her nicht zu verifizieren ist. Aus volkswirtschaftlicher Sicht ist ein Monopol ineffizient und führt zu Verlusten, die in folgende Teilfaktoren[6] aufzuschlüsseln sind: (i) Wohlfahrtsverluste durch die Angebotsbeschränkung, weil der Monopolist eine Ausbringungsmenge realisiert, bei der die Grenzkosten gleich dem Grenzerlös sind und er damit eine kleinere Menge ausbringt, verglichen mit der, nach dem Paradigma „Grenzkosten gleich Preis", das in einer Konkurrenzsituation gilt; der Monopolist produziert nicht mit den geringsten Durchschnittskosten und damit nicht im Betriebsoptimum; (ii) Rent-Seeking-Verluste, die entstehen, weil die Wahrung des

---

[1] GRAACK (1997), S. 334.

[2] Vgl. WIED-NEBBELING (1997), S. 14 und S. 36 sowie FRITSCH, WEIN und EWERS (1999), S. 70 und S. 198.

[3] Vgl. BERG (1999), S. 304.

[4] NEUMANN (1995) S. 219.

[5] Ein solcher Anbieter in einem atomistischen Markt kann nur die Angebotsmenge und nicht den Preis variieren.

[6] Vgl. DEMMLER (1996), S. 366 f.

Status-Quo ggf. die Bezahlung von Lobbyisten erforderlich macht, um Monopolrenten zu schützen; (iii) Verluste durch X-Ineffizienzen[1], die durch den mangelnden Leistungsdruck unter den Beschäftigten des Monopolisten bzw. bei dessen Ressourceneinsatz entstehen und (iv) der Verlust an internationaler Wettbewerbsfähigkeit durch Innovationsrückstände.

4.1.4 Elemente des post-monopolistischen Verhaltens

Um zu verstehen, wie die Inhaber eines Monopols reagieren, wenn die Märkte Zug um Zug auch anderen Marktteilnehmern bzw. Anbietern offenstehen, müssen die Elemente des post-monopolistischen Verhaltens betrachtet werden. Der Ex-Monopolist wird versuchen, im Rahmen der neuen Umgebungsbedingungen eine nahezu unveränderte Marktposition zu bewahren. Es wird untersucht, in welchen strategischen Positionen der maximale Wirkungsgrad an Konkurrenzdruckminderung für den Verteidiger einer marktbeherrschenden Position zu erzielen ist. Diese Absicht ist nachvollziehbar, aber nicht zum Vorteil der neuen Marktteilnehmer auf Anbieterseite, die auf einen Markt mit möglichst wirksamer Konkurrenz spekuliert haben. Deshalb wird in diesem Zusammenhang auch die Gefahr für Investitionsentscheidungen der Newcomer deutlich; Privatisierung und Liberalisierung garantieren ex ante noch keine wirkliche Wettbewerbssituation und Rechtssicherheit. Es ist unerläßlich, daß nach jedem Maßnahmenpaket der Legislative ex post kontrolliert wird, in welcher Form die erwartete Marktöffnung tatsächlich stattgefunden hat. Grundsätzlich ist der Vorgang der Privatisierung, also des Rückzugs des Staates aus den ehemals öffentlichen Unternehmen, von der Liberalisierung bzw. Deregulierung, also der Öffnung des Marktes für weitere Anbieter, zu unterscheiden. Im folgenden wird bei der Untersuchung der Elemente des postmonopolistischen Verhaltens zwischen der Marktsituation bei der (i) Bereitstellung eines TK-Netzes; (ii) bei der Nutzung eines TK-Netzes und (iii) bei der Versorgung mit TK-Diensten differenziert. Die nachfolgende Tabelle erläutert den Zusammenhang zwischen Bereitstellung und Nutzung eines Netzes bzw. Versorgung mit Diensten im Unterschied zum Bau und Betrieb eines Netzes. Im Schienenverkehr[2] läßt sich auch in der aktuellen Technologie der Bau eines Gleiskörpers (meist natürliches Monopol) vom Betrieb der Transporteinrichtungen wie Wagen und Lokomotiven (Oligopol möglich) unterscheiden. Da die gegenwärtigen Zusammenschaltungsmöglichkeiten und die Nutzung innovativer Dienste eine derartige Unterteilung für den Bereich der Telekommunikation als problematisch erscheinen lassen, erlaubt eine dreigeteilte Betrachtungsweise (siehe Übersicht) die Anwendung von theoretischen Überlegung in bezug

---

[1] Der Begriff wurde von dem Amerikaner Harvey Leibenstein bereits 1966 geprägt.

[2] Obwohl im Schienenverkehr ebenfalls verschiedene Systeme wie Gleichstrom-U-Bahnen auf eigenem Gleiskörper, Schmalspurstraßenbahnen und Hochgeschwindigkeitsschnellzüge zum Einsatz kommen, ist die Basisinnovation geringer als im Telekommunikationsmarkt. So konnte beispielsweise die Transportkapazität im Schienenverkehr durch elektronische Hilfsmittel nur marginal verändert werden. Trotz eines geringeren Zugabstandes innerhalb der Blocksicherungsabschnitte, kann in einer Zeiteinheit nur ein Zug den Gleiskörper benutzen. Im Unterschied dazu erlaubt die Digitalisierung in der Telekommunikation die gleichzeitige Übermittlung von zahlreichen Gesprächen gleichzeitig auf einer Leitung, die im konventionellen Analogbetrieb nur ein Gespräch übermitteln konnte. Neue Technologien wie ATM oder FMI erlauben die gleichzeitige Übertragung von Sprach- und Dateninformationen auf einem physikalischen Medium.

auf Marktformen in ausreichendem Maße. Im Telekommunikationsmarkt gibt es neben der Divergenz der Netzstrukturen[1] aktuelle technologische Entwicklungen, die die konventionelle Trennung in infrastrukturelle Bau- und operationelle Betriebsaspekte kaum mehr zulassen.

Tabelle 30: Bereitstellungs-, Nutzungs- und Versorgungsdifferenzierung

	Bau eines Netzes	Weder Bau noch Betrieb zuordenbar	Betrieb eines Netzes
Bereitstellung eines TK-Netzes	Backbonekapazität, Mietleitungen (DAL, SFV, DDV), Richtfunkstrecken	Fernnetzportzugänge, Interconnection, Satellitenverbindungen	Telefonortsnetz, BK-Kabelanschlußnetz, Mobilfunknetzinfra-struktur
Nutzung eines TK-Netzes	Alternativen im Local Loop	Pre-Selection, Fernnetzübertragung	ISDN/POTS-Dienste, Mobilfunkservicedienste
Versorgung mit TK-Diensten	Internet-Housingfunktionen, ADSL	Auskunftsdienste, Fax-Polling, Web-Page-Serving, Calling Cards, Call-by-Call-(Selection)	Internetzugänge, Service Provisioning

4.1.4.1 Marktsituation bei der Bereitstellung eines TK-Netzes

Für den Fall der Bereitstellung eines TK-Netzes im Backbone- oder Ortsnetzbereich (Local Loop) und Breitbandkabelbereich treten aufgrund der strengen Subadditivität theoretisch monoton sinkende Durchschnitts- und Grenzkosten auf.[2] Diese Aussage gilt auch für den Festnetzbereich der Sprachtelefonie, falls der Endteilnehmer nicht mittels Interconnection sondern über eigene Ortsnetzinfrastruktur angeschlossen wird. Es handelt sich dabei außerdem um einen Wirtschaftsbereich mit hohen Irreversibilitäten. Entsprechend dem Cournot-Theorem[3] maximiert der Produzent bei der Bereitstellung eines TK-Netzes seinen Gewinn bei der Ausbringungsmenge q_M und erzielt dabei den Preis p_M. Volkswirtschaftlich pareto-optimal[4] (siehe nachfolgende Abbildung), und durch regulierende Einflüsse erreichbar ist der Schnittpunkt X der Grenzkosten- und Nachfragekurve. Aber bei der Menge q_X entsteht ein Stückverlust in Höhe der Strecke XY (Defizitproblem des natürlichen Monopols mit monoton

---

[1] Sprachvermittlungsnetze, Mobilfunknetze, Internet, Datennetze und Satellitennetzverbindungen.

[2] Vgl. WELFENS (1997b), S. 114.

[3] Dieser Schnittpunkt ist nach dem französischen Mathematiker, Philosophen und Nationalökonomen Antoine Augustin Cournot (1801 - 1877) benannt, der die Preisbildung beim absoluten Monopol als erster Wissenschaftler exakt behandelt hat.

[4] Benannt nach Vilfredo Pareto, Ökonom, 1843 - 1923.

sinkenden Durchschnittskosten), so daß der Staat als monopolistischer Eigentümer eine entsprechende Subventionierung leisten müßte. Die Subventionierung zum Ausgleich des Defizits bringt aber auch Probleme: Es können bei garantierter Verlustübernahme durch den Staat Anreize beim Management wirksam werden, mögliche Kostensenkungen nicht voll zu realisieren. Deshalb sollte der Staat sich als Regulierer bzw. Eigentümer auf eine Durchschnittskostenpreisbildung gemäß Punkt Z einstellen. Die ist relativ zur Optimallösung X ineffizient und stellt außerdem einen Anreiz für das Management dar, die Kosten nach oben zu treiben. Diese Second-Best-Lösung müßte in einem völlig angreifbaren Markt nicht durch Regulierungsmaßnahmen sichergestellt werden. Hier genügte eine potentielle Konkurrenz, um ein allokativ befriedigendes (second-best) Ergebnis zu erzielen. Alternativ kann die Absatzmenge q_x erreicht werden, wenn die Form einer nutzerkoindizierten (first best) Finanzierung gewählt wird. Hier dient ein zweistufiges Preismodell mit einer benutzungsunabhängigen Grundgebühr zur Abdeckung der Fixkosten, bzw. des Stückverlustes XY.

Abbildung 10: Monopolsituation bei fallendem Durchschnittskostenverlauf

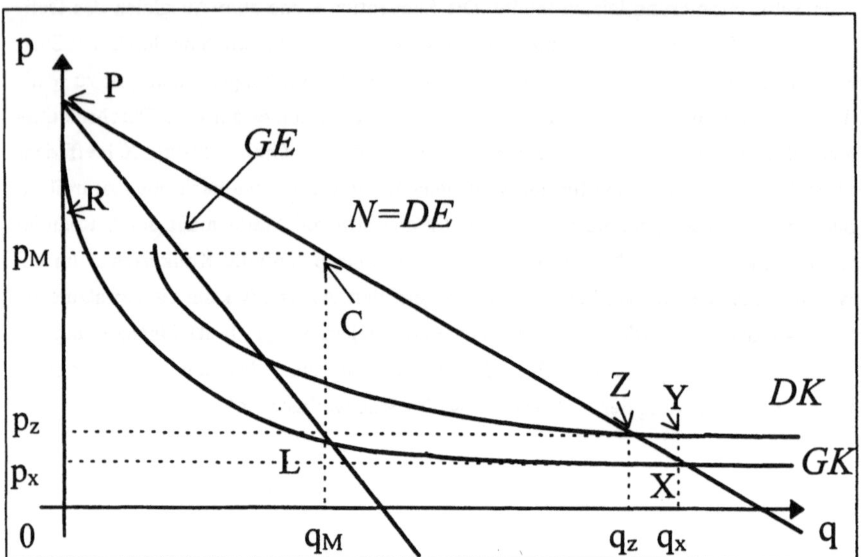

Bei der Second-Best-Lösung (q_z statt q_x) entsteht ein Wohlfahrtsverlust W, der der Fläche p_z-Z-X-P_x entspricht. Das Gut wird nicht zum pareto-optimalen Preis[1], der den Grenzkosten entspricht, angeboten; deshalb entgeht den Verbrauchern die mögliche Konsumentenrente W.[2]

In der Realität handelt es sich im Fall von Local-Loop- und Kabelfernsehmärkten um zutrittsresistente Märkte. Daraus folgt, daß die in den untersuchten Ländern angewandte Methode der sektoralen Regulierung der Telekommunikation grundsätzlich erforderlich war, um ein Second-Best-Optimum zu erreichen. Theoretisch hätte dabei die Regulierung zur Erreichung

---

[1] Pareto-optimal ist ein Zustand dann, wenn durch Umverteilung von Faktoren und Gütern ein Wirtschaftssubjekt nicht besser gestellt werden kann, ohne daß es einem anderen Wirtschaftssubjekt schlechter geht. Vgl. WIED-NEBBELING (1997), S. 21.

[2] Vgl. WIED-NEBBELING (1997), S. 58. Die Konsumentenrente ergibt sich aus der Differenz zwischen dem tatsächlichen Preis, den der Konsument bezahlt, und dem Preis, den er bereit gewesen wäre zu bezahlen. Die Produzentenrente ist definiert als Differenz zwischen dem Erlös und den variablen Kosten. Ein Teil der Anbieter könnte also zu einem geringeren Preis verkaufen, als der Preis der tatsächlich am Markt erzielt wird (Vgl. FRITSCH, WEIN und EWERS (1999), S. 53). Die Summe aus Konsumenten- und Produzentenrente bezeichnet man als sozialen Überschuß, ein Maß für die Steigerung der Wohlfahrt bei der Bereitstellung eines Gutes (Siehe auch FRITSCH, WEIN und EWERS (1999)). Im Fall der First-Best-Lösung entspricht die Konsumentenrente dem Dreieck X-P-p_x. Die negative Produzentenrente entsprechend der Fläche R-X-p_x ergibt sich aus der Differenz des Erlöses p_x-X-q_x-0 und anfallenden Kosten R-X-q_x-0. Die Addition der positiven Konsumentenrente X-P-p_x und der negativen Produzentenrente R-X-p_x ergibt einen sozialen Überschuß entsprechend der Fläche P-X-R. Der Monopolist wandelt einen Teil der Konsumentenrente in Produzentenrente (es handelt sich hier nicht um Wohlfahrtsverluste, sondern um eine Art der Einkommensumverteilung) um, und gleichzeitig wird ein Teil der Konsumentenrente vernichtet. Die Konsumentenrente bei der Cournot-Preissetzung entspricht der Fläche P-C-p_M. Die Summe aus der unwiederbringlich verlorenen Konsumentenrente p_M-C-X-Pp_x und der ebenfalls entgangenen Produzentenrente durch die im Vergleich zur Wettbewerbssituation verringerten produzierten Menge bezeichnet man als Wohlfahrtsverluste (hier C-X-L) oder Dead-Weight-Loss.[2] Der soziale Überschuß beträgt nur mehr P-C-L-R.

der Angebotsmenge p_Z führen müssen. In Deutschland ist das nicht eingetreten. Im Unterschied zu Großbritannien behielt der horizontal integrierte Ex-Monopolist das Recht, gleichzeitig die Sprachvermittlungs- Transport- und Kabelfernsehsysteme zu betreiben.[1] Stagnierende Wachstumszahlen bei der Verbreitung des Kabelfernsehens in Deutschland im Unterschied zur Expansion dieser Technologien in Großbritannien zeigen die Folgen dieser Entscheidung. Am 30. Juni 1996 verfügten 16,2 Millionen Haushalte oder ungefähr 43 % aller deutschen Haushalte über einen Kabelanschluß der Deutschen Telekom. Anschlußfähig waren am 30. Juni 1996 etwa 24,6 Millionen Haushalte oder 66 % aller deutschen Haushalte.[2] Die Zahl der angeschlossenen Haushalte ist im Jahr 1998 nur auf 17,5 Mio gestiegen. 1994 hatten die Kabel-TV-Anbieter in Großbritannien 680.000 Kunden, die Zahl konnte auf 1,6 Mio. Kunden Ende 1996 und auf 1,8 Mio. Kunden Anfang 1999 erhöht werden.[3] Da in Großbritannien über die neu aufgebauten Netze der Kabel-TV-Anbieter zwar noch keine reinen Multimediaapplikationen gefahren werden können, aber Telefongespräche auf gleichem Übertragungsmedium möglich sind, zeigt dieses britische Marktsegment im Unterschied zu deutschen Kabel-TV-Märkten Merkmale des TK-(Consumer)Marktes. Die empirischen Erkenntnissen belegen die theoretische Überlegungen. Im Ortsnetzbereich in Deutschland ist das de-facto Monopol der DTAG auch durch die bisher fehlenden Local-Loop-Alternativen und die Blockierung des Kabelfernsehzuganges für Newcomer unverändert existent. Ob der geplante Teilverkauf im Jahr 2000 hier wirklich Wettbewerbsimpulse bringen wird, bleibt abzuwarten.

Neue innovative Produkte führen zu einer Parallelverschiebung der Nachfragekurve, weil die Konsumenten bereit sind (vorübergehend), einen höheren Preis für ein Gut zu bezahlen. Unter der Annahme unveränderter Kostenverläufe im bisher untersuchten Bereich ergibt sich die Notwendigkeit den Verlauf der Kosten bei steigenden Abnahmemengen zu untersuchen. Da Größenvorteile endlich sind, weil produktionstechnische Ressourcen ihre Auslastungsgrenzen erreichen und die innerbetrieblichen Transaktionskosten ab einer gewissen Organisationsgröße überproportional ansteigen, steigen die Grenz- und Durchschnittskosten wieder an.

---

[1] Obwohl es in Großbritannien auch nicht zur Trennung zwischen einem infrastrukturanbietenden Teil und einem diensteanbietenden Teil des Ex-Monopolisten BT kam, besteht ein Verbot für BT sich am Kabelfernsehen zu beteiligen und direkt einen Mobilfunkdienst anzubieten.

[2] Vgl. DEUTSCHE TELEKOM AG (1996b), S. 67.

[3] Siehe auch BT (1996) und ANGA (1999).

Abbildung 11: Monopolsituation bei wiederansteigendem Durchschnittskostenverlauf

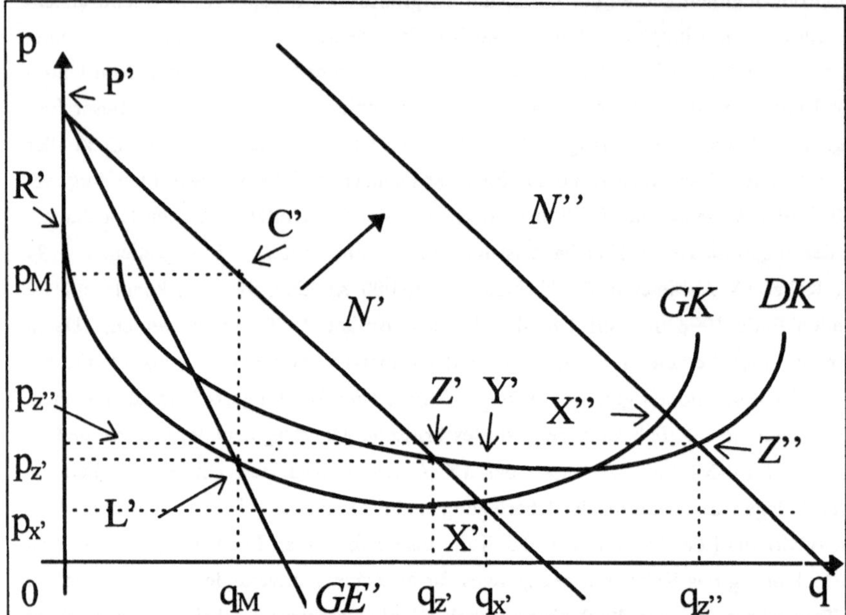

Auch bei der durch die Innovationsentwicklung veränderten Situation maximiert der Produzent seinen Gewinn bei der ursprünglichen Nachfrage N' bei der Ausbringungsmenge q_M und erzielt dabei den Preis p_M. Volkswirtschaftlich pareto-optimal[1] ist der Schnittpunkt X'. Bei der Nachfragekurve N'' ergibt sich am Schnittpunkt Z' der Durchschnittskosten- und Nachfragekurve die Menge $q_{Z''}$ bei einem Preis von $p_{Z''}$; dabei gilt $q_{Z''} > q_{Z'}$ und $p_{Z''} > p_{Z'}$. Der pareto-optimale Schnittpunkt X'' führt nicht mehr zu einem Defizit. Damit ist ohne Quersubventionierung eine First-Best-Lösung erreichbar. Bei der höheren Nachfrage N'' und dem angenommenen veränderten Kostenverlauf ist das natürliche Monopol obsolet.[2]

Die Einführung des digitalen Mobilfunknetzes in den neunziger Jahren und City-Mietleitungen waren Beispiele für die nachfragebedingte Überschreitung der Grenze des natürlichen Monopols. Nach Einführung der digitalen Mobilfunknetze wurden in Großbritannien und Deutschland jeweils vier unabhängige digitale Netze aufgebaut und betrieben. Die Markteinführung neuer Mehrwertdienste und die Newcomer-Dynamik können dazu führen, daß die Durchschnittskosten für TK-Dienste nicht mehr über den ganzen Verlauf der Nachfragekurve abnehmen. Geänderte Produktionsverfahren, bei denen schon bei geringeren Stückzahlen die minimalen Stückkosten erreicht werden und sinkende Fixkostendegressionseffekte in der Ablauforganisation sind mögliche Ursachen für diesen Effekt.

---

[1] Benannt nach Vilfredo Pareto, Ökonom, 1843 - 1923.

[2] Vgl. FRITSCH, WEIN und EWERS (1999), S. 182 f.

Zusammenfassend kann festgestellt werden, daß bei der Bereitstellung von Telekommunikationsnetzen bereits in Bereichen mit überdurchschnittlichem technischen Fortschritt, neuen Produktionsverfahren, schlanken Organisationsformen und bei Outputdimensionen oberhalb der Größenvorteilsgrenze die Grundlagen für ein natürliches Monopol nicht mehr gegeben sind. Der Bereich der Fernnetzportzugänge und der Richtfunkstrecken hat nach der Auflösung des Monopols eine scheinbar stabile Gleichgewichtslage eingenommen. Eine Regulierung zur Erreichung eines pareto-optimalen Zustandes ist erforderlich.

4.1.4.2　Marktsituation bei der Nutzung eines TK-Netzes

Die Marktzugangsschwierigkeiten, Lizenzbedingungen, die erforderliche mindestoptimale Betriebsgröße und die notwendigen festen Vorinvestitionen beim Markteintritt führen im Nutzungsbereich des Telekommunikationsnetzes dazu, daß der Auflösung des Monopols eine oligopolistische Marktstruktur folgt. Da sich die Teilmärkte im Telekommunikationsbereich mit hohen Fixkosten und Unteilbarkeiten, so zum Beispiel der Nahverkehrsbereich in den USA, die außerstädtischen Gebiete in Großbritannien und die öffentliche Sprachvermittlung in der Fernebene in Deutschland nicht kurzfristig in Richtung der vollkommenen Konkurrenz verändern können, wird sich auch dort ein Oligopolverhältnis einstellen. Bei diesem stehen wenige Produzenten vielen Abnehmern gegenüber. In diesem Zusammenhang ist es unerläßlich, die Definition eines Markt- und Nutzungssegmentes exakt festzulegen. Die Spürbarkeit der Aktionen eines Anbieter bei seinen Konkurrenten kann dabei als Entscheidungsindikator für die Differenzierung zwischen dem Polypol und dem Oligopol herangezogen werden.[1] Inwieweit beim Oligopol ein effizienter Wettbewerb entstehen kann, hängt davon ab, in welcher Form die Anbieter agieren; die Palette der möglichen Verhaltensmuster reichen von kartellartigen Absprachen bis zum ruinösen Preiskampf. Die Oligopoltheorie wird als geeignet erachtet, die wechselseitigen Abhängigkeiten beim nicht kooperativen und kooperativen Verhalten zu untersuchen.

Nicht kooperatives Verhalten der Anbieter

Der klassische mikroökonomische Ansatz ging von der Annahme aus, daß Produzenten den Marktpreis annehmen und passiv als Mengenanpasser reagieren. Innerhalb der Industrieökonomik jedoch wird dieses Modell erweitert. Beim oligopolistischen Wettbewerb entsteht ein strategisch antizipierendes Verhalten aufgrund der Reaktionsverbundenheit der Wettbewerber.[2] Jedes Handeln eines Wettbewerbers wird von seinem Konkurrenten unmittelbar wahrgenommen und führt zu einer entsprechenden Reaktion. Diese Interdependenzen sind beim Sonderfall des Oligopols mit nur zwei Produzenten, dem Duopol (auch Dyopol genannt) am größten. Bei dieser Marktform führt bei einem Absatzpotential die Absatzmengenerweiterung

---

[1] Vgl. WIED-NEBBELING (1997), S. 9 f.
[2] Vgl. FRITSCH, WEIN und EWERS (1999), S. 200.

eines Anbieter zur Absatzmengenreduzierung des zweiten Anbieters. Für das Oligopol und damit auch für den Sonderfall des Duopols auf dem vollkommenen Markt, der aus Vereinfachungsgründen hier unterstellt wird, existieren zwei grundlegende Lösungen. Die Cournot-Lösung[1] basiert auf der Annahme, daß jeder (ein) Anbieter davon ausgeht, daß die (der) andere(n) Anbieter auf die eigene Veränderung der angebotenen Menge nicht reagiert, man spricht hier auch von einer autonomen Mengenstrategie. Im Sonderfall des Duopols ist nach dem Cournotmodell derjenige besser gestellt, der zuerst am Zug ist (First Mover Advantage). Die Bertrand-Lösung hingegen basiert auf der Annahme, daß der Preis ein Aktionsparameter ist. Das bedeutet, daß jeder (ein) Anbieter davon ausgeht, daß die (der) andere(n) Anbieter auf die eigene Veränderung des Preises nicht reagiert, also der Konkurrenzpreis konstant sei. Bei diesem Modell ist der nicht beginnende Anbieter besser gestellt, weil er auf den ihm schon bekannten Preis der Konkurrenten reagieren kann (Second Mover Advantage). Die beobachteten Verhaltensmuster der Newcomer bei der Nutzung von TK-Netzen und die fortschreitende Verkürzung für Zeitfenster in denen Preisdifferenzierungen möglich sind, lassen die Anwendung des dynamischen Cournotmodells als am geeignesten erscheinen.

Abbildung 12: Marktsituation bei der Nutzung von TK-Netzen

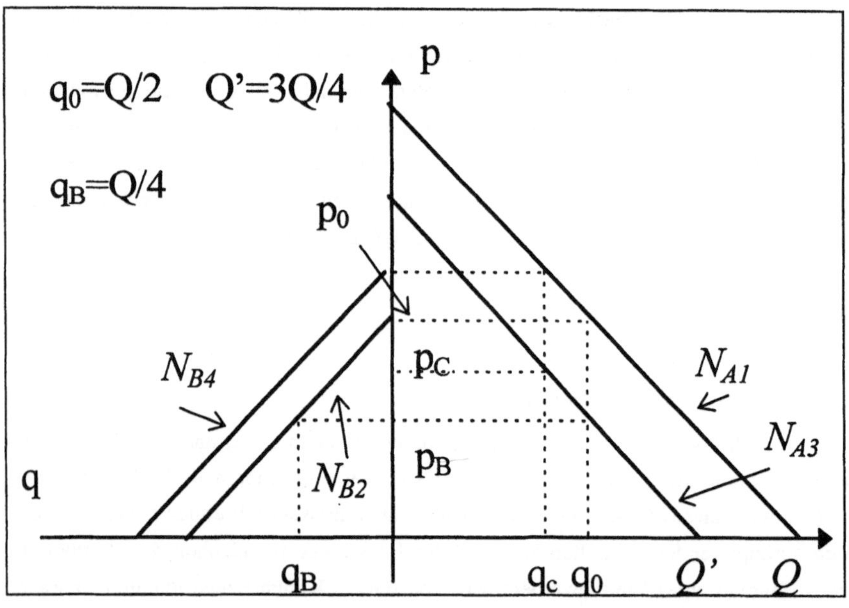

In der Periode 1 ist der Anbieter A alleine auf dem Markt, er strebt nach kurzfristiger Gewinnmaximierung (Grenzkosten gleich Null); er bietet die Menge q_0 zum Preis p_0 an. In der Periode 2 kommt der Anbieter B auf den Markt, der ebenfalls einen vergleichbaren Dienst anbietet (z. B. Mobilfunk). B verbleibt die Hälfte der Nachfrage bzw. die Sättigungsmenge

---

[1] Vgl. WIED-NEBBELING (1997), S. 142 ff.

als Differenz von Q und q_0. Gemäß der Ausgangsdefinition[1] kalkuliert B mögliche Reaktionen von A nicht ein. Bei der sich ergebenden Nachfragekurve N_{B2} wird deutlich, daß B die Menge q_B zum Preis von p_B produzieren wird, dabei gilt $q_B = Q/4$. Insgesamt werden ¾ der Sättigungsmenge produziert. Der Preis hierfür ist p_B und für ihn gilt $p_B = p_0/2$. A befriedigt nun die Nachfrage N_{A3}, deren Sättigungsmenge Q' ist. Für Q' gilt Q' = 3/4 Q. Der Anbieter A wird nun die Menge q_C zum Preis von p_C verkaufen, dabei gilt $p_C > p_B$. Das vergrößert die Nachfrage für B auf N_{B4}.

Auch die Betrachtung von spieltheoretischen Aspekten erlaubt es, die gegenseitigen Abhängigkeiten der unternehmerischen Entscheidungen zu analysieren.[2] Erstmals haben der Mathematiker John von Neumann und der Ökonom Oscar Morgenstern in ihrem Buch „Theory of Games and Economic Behaviour" im Jahr 1944 solche Spieltheorien untersucht. Beim klassischen Gefangenendilemma[3] geht man davon aus, daß sich eine dominante Strategie ergibt. Bei dieser Strategie beabsichtigt der Spieler einen Nutzen zu erzielen und das unabhängig von der strategischen Entscheidung des Gegners. Welche Wohlfahrtsnachteile dadurch entstehen, zeigt das nachfolgende spieltheoretische Beispiel von den beiden Produzenten in einem Duopol.

Tabelle 31: Spieltheoretische Matrix beim Duopol

	B mit hohem Preis	B mit Tiefpreis
A mit hohem Preis	10 , 10	1 , 100
A mit Tiefpreis	100 , 1	5 , 5

Beide Anbieter haben die Möglichkeit einen hohen oder geringen Preis für ihr Gut anzusetzen. Bei der Überlegung der Preisfestsetzung zieht Anbieter A (wie auch Anbieter B) die wahrscheinliche Entscheidung des Konkurrenten B (A) ins Kalkül. Wenn A und B mit einem hohen Preis verkaufen, erwirtschaften sie beide trotz der „kleinen" Absatzmenge jeweils einen Gewinn von 10 Einheiten. Wenn aber nur A mit dem hohen Preis in den Markt eintritt (Skimming-Strategy) und sich B für den Tiefpreis entscheidet (Penetration-Strategy), dann verringert sich der Gewinn von A auf 1 Einheit, der Gewinn von B steigt auf 100 Einheiten an. Beide Anbieter werden sich für eine Tiefpreisstategie entscheiden und beide Produzenten erhalten dann einen Gewinn von 5 Einheiten. Die dominante Strategie der Festsetzung eines

---

[1] Vgl. WIED-NEBBELING (1997), S. 148 f.

[2] Vgl. ANDRETSCH (1997), S. 185 f.

[3] Beim Gefangenendilemma wird zwei getrennt inhaftierten, mutmaßlichen Verbrechern das Angebot gemacht, daß derjenige der als erster aussagt als Kronzeuge freikommt und der andere eine langjährige Haftstrafe erhält; gestehen beide, erhalten sie beide eine hohe Strafdauer. Gestehen beide nicht, kann aus Mangel an Beweisen keine Verurteilung erfolgen. Obwohl beim letzten Fall für beide Verdächtige der geringste „Schaden" entsteht, ist es wahrscheinlich, daß beide gestehen. In diesem Fall liegt eine sogenannte dominante Strategie vor.

Tiefpreises ist für den jeweiligen Produzenten eine Lösung, bei der sein Gewinn minimal auf 5 Einheiten absinken kann. Beide Anbieter (Spieler) befinden sich außerdem im sogenannten Nash-Gleichgewicht. Ein Nash-Gleichgewicht liegt vor, wenn bei unveränderten Geschäftsstrategien kein Anbieter höhere Gewinne erzielen kann, indem er seine eigene Strategie ändert. Ein Nash-Gleichgewicht liegt auch bei einer nicht vorhandenen dominanten Strategie vor, da es sich um ein Paar von Strategieoptionen handelt kann, bei denen der eine Spieler jeweils die optimale Reaktion auf die Entscheidung des anderen Spielers ableitet. In Falle einer Absprache, also der Aufgabe des nicht kooperativen Verhaltens, könnten sich aber beide Anbieter besser stellen. Setzen sie beide gleichzeitig auf Hochpreisstrategien, so erhöht sich der Gewinn beider Unternehmen auf jeweils 10 Einheiten.

Kooperatives Verhalten der Anbieter

Diese Verhaltensmuster unter anbietenden Marktteilnehmern kann nur beim Oligopol auftreten, weil beim Monopol per se ein Absprachepartner fehlt (Ausnahme natürliches Monopol mit potentieller Konkurrenz) und bei der vollständigen Konkurrenz aufgrund der Zahl der Anbieter eine marktwirksame Absprache nicht zu realisieren ist. Die Intensität der Kooperation zeigt dabei folgende Abstufungen. (i) Kooperation durch Signalisierung; (ii) Kooperation durch Empfehlungen; (iii) Kooperation durch Verhaltensmustervorgaben; (iv) Kooperation durch Anerkennung des Preisführers und (v) Kooperation durch vertragliche Bindung (Kartelle).[1] Die Preisführerschaft kann dabei explizit, also organisiert, oder implizit, also unorganisiert, vollzogen werden. Explizite Preisführerschaft entsteht im Fall eines Kartells. Neben der impliziten Form der Preisführerschaft durch den kostengünstigsten Anbieter, kann die barometrische Preisführerschaft in einer impliziten und expliziten Form auftreten. Der barometrische Preisführer ist in diesem Fall nicht zwangsläufig der größte oder kostengünstigste Anbieter. Er ist der Anbieter, dem die Konkurrenz das höchste Vertrauen in bezug auf Preissetzungkompetenz zubilligt. Der Aufbau der Mobilfunknetze D1 und D2 ab 1992 kann über den Zeitraum von 5 Jahren als praktisches Beispiel eines Duopols mit nicht organisierter Preisführerschaft im deutschen TK-Markt herangezogen werden. Seit 1997 konkurrieren die D-Netze (GSM 900 MHz) gegen die E-Netze (1800 MHz) in Form eines nicht kooperativen Oligopols. Auch wenn Konsolidierungsdruck bzw. Fusionen im Mobilfunkmarkt nicht ausgeschlossen sind, dürfte der erwartete Markteintritt von Satelliten-Telefonanbietern die Wettbewerbsintensität hochhalten.

4.1.4.3 Marktsituation bei der Versorgung mit TK-Diensten

Bei der Versorgung mit TK-Diensten spielen Eigentums- und Verfügungsrechte in bezug auf die TK-Netze keine Rolle. Alle Arten von TK-Unternehmen ausschließlich der reinen TK-

---

[1] Vgl. WIED-NEBBELING (1997), S. 230 f.

Installateure sind aktive Marktteilnehmer im Versorgungsmarkt. Die Anbieter lassen sich in folgende Kategorien einteilen: (i) TK-Carrier mit einer Lizenz, die TK-Dienste wie VPNs, Internetdienste oder Bündeldienste im Datenbereich anbieten; (ii) Nischenanbieter auch im nicht lizenzpflichtigen Bereich, die sich auf Spezialdienste wie Fax-Polling, Internethosting oder Auskunftsdienste spezialisieren und (iii) Service Provider und Wiederverkäufer wie Talkline oder die Conus AG. Betrachtet man den TK-Versorgungssmarkt ausschließlich aus der Sicht der vergebenen Lizenzen[1] so ergibt sich folgendes Bild. „Aber wenn wir [RegTP] den Markt weiterhin so offen halten ..., sehe ich keine oligopolartigen Strukturen."[2] Das gilt auch unter Berücksichtigung möglicher Fusionen und Kooperationen: „Natürlich wird es Kooperationen geben, aber die Unternehmen werden zum großen Teil als selbständige Lizenzinhaber am Markt weiterhin präsent sein. Ich glaube nicht, daß innerhalb kurzer Zeit ein Oligopol entsteht und eine Handvoll von Anbietern den Markt unter sich aufteilt. Dazu gibt es zu viele Nischen und zu viele Möglichkeiten, mit anwendungsnahen Diensten wie im Bereich E-Commerce Geld zu verdienen."[3] Unabhängig von einer engeren oder weiteren Definition des Marktes zeigen sich polypolistische Marktmerkmale bzw. solche eines weiten Oligopols. Nach Kantzenbach ist ein weites Oligopol mit mäßiger Produktdifferenzierung und mäßigem Konzentrationsgrad als besonders wettbewerbsintensiv anzusehen.[4]

TK-Dienste finden auf wettbewerbsintensiven Märkten mit relativ vielen Anbietern ihre Abnehmer. Ein vollkommener Markt ist durch folgende Merkmale gekennzeichnet: (i) Der Handel erfolgt mit homogenen Gütern; (ii) die Geschäftsbeziehungen sind präferenzfrei; (iii) es existieren keine räumlichen Differenzierungen wie Transportkostenunterschiede; (iv) es existieren keine zeitlichen Differenzierungen wie Lieferfristenunterscheidungen und (v) es besteht vollkommene Markttransparenz bei den Marktteilnehmern. Da es sich bei der Versorgung mit TK-Diensten um ein Marktsegment handelt, in dem eine Telekommunikationslizenz nicht zwingend erforderlich ist, konnte im Markt der Internet Housing Systeme, des Service Provisioning, der Auskunftsdienste und des Mobilfunk Service Providing keine durchgehende Oligopolsituation nachgewiesen werden. Im Unterschied zur theoretischen Herleitung ist der Preis kein festes Datum. Daher muß geprüft werden, in welchen Kriterien der reale Markt von dem Paradigma des vollkommenen Marktes abweicht: (i) Es besteht keine Homogenität der Produkte, da die Dienstleistungen unterschiedlich vertikal integriert sind (Product Bundles); (ii) Präferenzfreiheit besteht nur im Privatkundenmarkt, weil die Geschäftskunden auch nach Lage der Kompensationsgeschäfte[5] entscheiden; (iii) es existieren Tranportkostenunterschie-

---

[1] Im Sommer 1999 verfügten in Deutschland rund 200 Unternehmen über eine Lizenz der Klasse 3 für Übertragungswege und/oder eine Lizenz der Klasse 4 für Sprachtelefonie, weitere 60 Unternehmen haben eine Lizenz beantragt. Vgl. GERPOTT (1999), S. 7 und SCHEURLE (1999).

[2] SCHEURLE (1999).

[3] GERPOTT (1999), S. 7.

[4] Siehe auch KANTZENBACH (1966).

[5] Da die DTAG eine großer Abnehmer der SAP-Software ist, wird Druck auf die SAP-Geschäftsleitung ausgeübt, die SAP-Kommunikationdienste nicht an Newcomer, sondern an die DTAG zu vergeben.

de z. B. im Internet-Access-Bereich, (iv) die Lieferfristen divergieren in der Regel nicht und (v) Konsumenten haben wesentliche Defizite bei der Erlangung der Markttransparenz. Obwohl die Telekommunikationsinstrumente teilweise die Markttransparenz erhöhen, sind dennoch teilweise bei der Versorgung mit TK-Diensten nicht immer alle Homogenitätsbedingungen (i - iv) erfüllt. Der daraus resultierende unvollkommene Markt erlaubt dem Anbieter mit dem Instrument des preispolitischen Spielraums zu operieren.

4.1.5 Kundenbindungsmaßnahmen des dominanten Anbieters als Markteintrittsbarriere

Der dominante Anbieter ist aus dem Gesichtspunkt des Shareholder Value bestrebt, durch Kundenbindungsmaßnahmen eine Markteintrittsbarriere für die Newcomer zu schaffen. Die Kundenbindungsmaßnahmen der DTAG konzentrieren sich vor allem auf drei Eckpfeiler: (i) Die beschleunigte Umwandlung des Unternehmens vom bürokratischen Staatsapparat zur modernen Aktiengesellschaft, u. a. durch gezielten Personalabbau und die nachhaltige Vermarktung aktueller Trends, wie etwa Internet im Produktzweig T-Online; (ii) die Ausnutzung der Schwächen der Herausforderer, besonders die instabilen Allianzumbildungen, wie der Ausstieg von C & W bei vebacom oder der Austieg der RWE aus Telekommunikationsaktivitäten; (iii) und die nachhaltige Verzögerung von Leistungsbereitstellungen für den Wettbewerb.[1] Es ergeben sich für den Ex-Monopolisten in Deutschland, die Deutsche Telekom AG, insbesondere folgende zu verwirklichende Optionen: (i) Koppelprodukte von digitalem Telefonanschluß und Internetzugang; (ii) unzureichende Verbreitung von ADSL-Technologien bei a/b-Anschlüssen; (iii) Kombinationsrabatte von Mobil- und Festanschlüssen sowie (iv) Einführung von Splitpreistabellen. Splitpreistabellen enthalten Preise auf Wettbewerbsniveau für Teilmärkte mit vorhandener Konkurrenz und monopolistische Preise für nicht bestreitbare Marktsegmente. Die Kundenbindungsmaßnahmen lassen sich dabei grundsätzlich in folgende Kategorienen einteilen: (i) Kundenbindungsmaßnahmen bei der Bereitstellung eines TK-Netzes; (ii) Kundenbindungsmaßnahmen bei der Nutzung eines TK-Netzes und (iii) Kundenbindungsmaßnahmen bei der Versorgung mit TK-Diensten.

4.1.5.1 Kundenbindungsmaßnahmen bei der Bereitstellung eines TK-Netzes

Im derzeitigen Netzkonzept ist die DTAG nicht nur stärkster Konkurrent, sondern auch wesentlicher Lieferant der Digitalen Datenverbindungen (DDV) und der Standard-Festverbindungen (SFV) für die netzbetreibenden Newcomer. Der Ex-Monopolist vermietet außerdem die dauernd durchgeschalteten Verbindungen[2] SFV bzw. DDV zu monatlichen benutzungsunabhängigen Festpreisen an Großunternehmen, die damit ihre dezentralen Rechenzentren verbinden. Newcomer wie Equant[3] oder die VIAG Interkom haben sich darauf spe-

---

[1] Siehe auch BAUER (1997).

[2] Der englische Begriff lautet DAL (Direct Access Line).

[3] Equant, als Betreiber eines Frame-Relay- und ATM-Netzes, wurde 1991 durch Auslagerung aus der 1949 gegründeten Sita (Société International de Télécommunication Aéronautique) etabliert, das Unternehmen erzielte

zialisiert, mit bandbreitengemanagten Frame Relay oder ATM-Netzen die Kundenstandorte zu verbinden und dabei statistische Multiplexverfahren zur Optimierung der Ressourcenausnutzung einzusetzen. Die Zugangsleitungen zu den Netzen der Newcomer werden in der Regel vom Ex-Monopolisten oder von City-Carriern angemietet. Die Endkunden erhalten einen festen monatlichen Gesamtmietpreis in Rechnung gestellt. Ein wettbewerbspolitisches Problem entsteht, wenn der Inhaber eines monopolistischen Engpasses gleichzeitig mit vor- oder nachgelagerten Märkten vertikal integriert ist.[1] Der eigentliche komplementäre Markt kann durch die Verknappung des erforderlichen Vorproduktes in der Entfaltung des Wettbewerbs behindert werden. Die Deutsche Telekom AG hat 1998 die Preise für Long-Distance-Leased-Lines gesenkt und die Preise für kurze Verbindungsstrecken erhöht.[2] Das führte zu einer Intensivierung des Wettbewerbs im Marktsegment der gemanagten Bandbreitenprodukte und zu einer Behinderung des Wettbewerbs für die sogenannten Zugangsnetze. Die DTAG konnte das Geschäftskundenpotential stärker an das eigene Unternehmen binden, weil die Newcomer in eine Preis-Kostenschere gerieten und den Umfang der Aufschaltung von Neukunden an Datennetze verringern mußten. Zur Wahrung der Konkurrenzfähigkeit waren sie gezwungen, die Verkaufspreise für End-to-End-Verbindungen zu reduzieren, um mit den günstigeren reinen Mietleitungskonzeptionen der DTAG mithalten zu können. Gleichzeitig erhöhten sich die Kosten der Newcomer durch die teureren Zubringerleitungen.

Eine weitere Kundenbindungsmaßnahme steht dem Ex-Monopolisten in dem Bereich der öffentlichen Sprachvermittlung und der dazu gehörenden Point of Interconnect-Zugänge zur Verfügung. Für ausschließliche Wiederverkäufer sind keine regulierten Preise festgesetzt, hier werden in Vertragsverhandlungen die Preise individuell mit der DTAG festgelegt. In einer entsprechenden Verhandlung mit der First Telecom im Mai 1998 hat die DTAG die Anforderungen an die erforderliche Zahl der Points of Interconnect (POI) kurzfristig von 8 auf 23 Übergabepunkte[3] erhöht und dadurch die Markteintrittsbarrieren vergrößert. Die DTAG verfolgt mit diesem Vorgehensmodell zwei Ziele: (i) Die Differenzierung zwischen Reseller (Wiederverkäufer ohne eigenes Netz bzw. mit weniger als 23 POIs) und Carrier eröffnet die Möglichkeit, diese Weiderverkäufer mit einem Zusammenschaltungspreis über dem vom Regulierer vorgeschriebenen Niveau zu versorgen und (ii) die Verteilung des Verkehrs auf die 23 Hauptvermittlungsknoten der DTAG verhindert Engpässe in den darunter liegen-

---

weltweit im ersten Halbjahr 1998 einen Umsatz von 319 Mio. US$ und beschäftigte in Deutschland 340 Mitarbeiter. Vgl. LUX (1998), S. 23.

[1] Vgl. ENGEL und KNIEPS (1998), S. 14.

[2] Eine DDV mit der Bandbreite von 64 kbit/s hat bei einer Distanz von 10 km vor dem 1. Mai 1999 monatlich 709 DM gekostet, nach dem 1. Mai 1999 wurde der Preis um 3,5 % auf 732 DM erhöht. Zum gleichen Zeitpunkt wurde der Preis für eine 1,92 Mbit/s DDV (1,92 Mbit/s ist die Nettoübertragungsrate einer 2,048 Mbit/s Leitung) einer Distanz von 100 km von 10.109 DM auf 6.180 DM gesenkt. Siehe auch DEUTSCHE TELEKOM AG (1999b). Bei dem alternativen Carrier VIAG Interkom kostete 1999 eine 1,92 Mbit/s Standleitung von München nach Frankfurt/Main 4.000 DM/Monat, eine 155 Mbit/s Standleitung der gleichen Distanz ca. 57.000 DM.

[3] Vgl. BERKE (1998), S. 60.

den Netzebenen. Die DTAG hat 1999 bei der RegTP einen Antrag gestellt, den atypischen Verkehr der Newcomer mit weniger als 7 POIs mit 44 %, der Newcomer mit weniger als 22 POIs mit 16 % und der Newcomer mit weniger als 37 POIs mit Werten zwischen 10 % und 16 % über dem jeweiligen Interconnectiontarif zu beaufschlagen.[1] Atypischer Verkehr entsteht bei Wiederverkäufern, die nur mit wenigen bzw. im Grenzfall mit nur einem Point of Interconnect (POI) mit der DTAG verbunden sind. Alle Gespräche des Newcomers unabhängig von Ihrer regionalen Terminierung müssen dann über diese Vermittlungsstelle geführt werden. Die Unsicherheit über die Entscheidung der RegTP bindet Geschäftskunden an die DTAG, weil eine Umsetzung des Vorschlages der DTAG die Geschäftsgrundlage einiger Wiederverkäufer in Frage stellt. Wenn ein Reseller nur über einen POI zur DTAG verfügt, dann können Interconnectgebühren von bis zu 14,83 Pfennigen (2 * 5,15 Pfennige * 1,44) entstehen, diese Kosten liegen bereits über dem Marktpreis. Unternehmen scheuen sich daher diesen Newcomer ihren Sprachverkehr zu übergeben, weil sie mittelfristig Unsicherheiten bei der Leistungserbringung der Newcomer befürchten. Hier besteht die Gefahr, daß durch aggressive Preispolitik und ruinöse Preiskonkurrenz des Ex-Monopolisten die Fixkosten der Newcomer nicht mehr gedeckt werden. Neben der Marktmacht des dominanten Anbieters und dem Teilversagen der Regulierungspolitik gibt es einen weiteren Grund für das Auftreten von ruinösem Preiskampf. Durch selbstbeschleunigende „Spiraleffekte" sichert sich der preissenkende Anbieter kurzfristig mehr Marktanteile. Der steigende Output führt als unmittelbare Folge zur Durchschnittskostensenkung und automatisch vergrößert sich der Preissenkungsspielraum des Preisführers. Beim sogenannten Grenzfall beschleunigt sich die Spirale solange bis nur mehr ein Anbieter im Markt verbleibt.

4.1.5.2 Kundenbindungsmaßnahmen bei der Nutzung eines TK-Netzes

Die DTAG verfügt über ein sehr modernes Sprachkommunikationsnetz und gleichzeitig über eines der größten Kabelfernsehnetze[2] der Welt. In der Frage der bei der EU in Prüfung befindlichen Verkaufsauflage für das Kabel-TV-Netz, der Nummernportabilität und der Vermietung von digitalen Standleitungen erkennt man die Taktik der DTAG, den Zeitfaktor für sich zu nutzen. Ein wesentlicher Vorteil des dominanten Anbieters ist außerdem die Kenntnis der statistischen Daten seiner Kunden. Im Grenzfall des Monopolisten mit einem relativen Marktanteil von 100 %, entspricht die Gesamtmenge der Informationen der Kundenbasis gleichzeitig dem Marktvolumen. Die nahezu vollständige Marktinformation erlaubt eine optimierte Marketingstrategie besonders beim Ausbau der Netznutzungsübergänge. Bei der Nutzung des TK-Netzes der DTAG unterscheidet man zwischen der Call-by-Call- und Pre-Selection. Beim Call-by-Call-Verfahren erfolgt die Entscheidung für den Carrier bei jedem Gespräch durch Hinzufügung einer entsprechenden Vorwahl (Prefix). Unter Preselection

---

[1] Vgl. GERPOTT (1999), S. 16.

[2] Seit 1999 sind die BK-Kabelnetze in ein Tochterunternehmen der DTAG ausgegliedert.

versteht man die automatische (voreingestellte) Auswahl eines Anbieters für alle Gespräche, bei denen eine Ortsnetzkennzahl verwendet wird. Da der marktbeherrschende Verbindungsnetzbetrieber (VNB), die Deutsche Telekom AG, die grundsätzliche Preselectionvoreinstellung für alle Haushalte darstellt, ist ein Call-by-Call-Verfahren grundsätzlich unabhängig vom fest eingestellten VNB möglich. Die DTAG konnte die Tatsache nutzen, daß jeder Endteilnehmer, der sich nicht selbst aktiv um eine Pre-Selection kümmert, bei dem Ex-Monopolisten verbleibt. Eine vollständige Übernahme von Endkunden auch für Ortsgespräche durch den Newcomer erfordert die Inspruchnahme des entbündelten Ortszuganges oder die Aufschaltung einer Direct Access Line (DAL). Hierbei mietet der Newcomer von der DTAG die letzte Meile und wird damit zum Anschlußnetzbetreiber (ANB). In diesem Fall entstehen für den Newcomer nur die Interconnectiongebühren für Gesprächsterminierungen im Ortsnetz der DTAG. Im Dezember 1998 wurde die Gültigkeit für das monatliche Entgelt von 20,65 DM in bezug auf die Fremdnutzung der Teilnehmeranschlußleitung (TASL) bis auf den 30. April 1999 verlängert. Durch die bis zu diesem Zeitpunkt geringe Nutzung der TASL durch Newcomer ist der „Schaden" für die DTAG eher gering. Der am 21. September 1998 eingereichte Entgeltantrag der DTAG hat einen monatlichen Mietpreis pro Kupferader von 47,26 DM ausgewiesen. Im Januar 1999 waren ca. 100.000 Teilnehmeranschlüsse (ca. 0,25 % des DTAG-Bestandes) auf die Newcomer umgeschaltet.[1] Im Februar 1999 hat die RegTP den monatlichen Mietpreis für den entbündelten Ortszugang auf 25,40 DM festgelegt. Der Preis für eine Neueinrichtung mit Montage wurde auf 337,17 DM und für die Übernahme eines bestehenden Anschlusses mit Montage auf 241,31 DM festgelegt.[2] Der Wert liegt über der Grundgebühr von 24,60 DM und den Referenzwerten[3] der Newcomer. Diese Preisfestsetzung behindert den Wettbewerb im Ortsnetz und eröffnet der DTAG gleichzeitig die Möglichkeit die verbindungsunabhängigen Grundpreise zu erhöhen, ohne dadurch die Kundenbindung zu verringern.

4.1.5.3 Kundenbindungsmaßnahmen bei der Versorgung mit TK-Diensten

Bei vielen PTTs ist der Telefondienst ein Träger von etwa zwei Drittel des Umsatzes[4]. Die derzeitigen Marktentwicklungen in Online- und Mobilfunkdiensten können die Marktanteile in der Sprachkommunikation stark beeinflussen. Der internetbedingte Anstieg der Datenkommunikationsmengen, der Preisverfall bei der Festnetzkommunikation und die Verlage-

---

[1] Vgl. ZUNDL (1999), S. 28 f.

[2] Siehe auch REGTP (1999a).

[3] Neben einer Untersuchung der WIK und eigenen Recherchen der RegTP liegen Referenzwerte aus den Ortsnetzen von HanseNet und ISIS vor. Unter den gleichen Rahmenbedingungen (verschiedene Teilnehmerdichten, keine Mitnutzung von Schächten anderer Versorgungsunternehmen, durchschnittliche Länge der TASL ca. 1 km, Kapitalverzinsung von 9,25 % und 20 Jahre Abschreibungszeitraum) erreicht man dort monatliche Werte von 12,64 DM bis 20,81 DM. Vgl. ZUNDL (1999) S. 30. Selbst bei längeren TASLs, längeren Nutzungsdauern und gleichzeitig niedrigeren Zinsen erscheinen 15 DM pro Monat als angemessener Wert.

[4] Die Basissprachübertragung (Telephony) hat laut K. Day bei BT einen Umsatzanteil von 66 % und 1998 bei der DTAG einen Umsatzanteil von 57 %. Vgl. DEUTSCHE TELEKOM AG (1999a), S. 15.

rung von Gesprächen in die Mobilfunknetze können zu einem negativen Wachstum der übertragenen Festnetzvolumen in der Sprachkommunikation führen.[1] Deshalb verteidigen Ex-Monopolisten die lukrativen Sprachtelefondienste durch Kombination der neuen Internetdienste und darauf abgestimmten Kundenbindungsmaßnahmen. Die DTAG hat im Internetmarkt eine führende Marktposition in einem Wettbewerbsumfeld gegen AOL und CompuServe erreicht. Wesentlich waren für das Erreichen dieser Position die nutzbaren Synergieeffekte aus der Monopolsituation im Festnetzbereich: (i) Quersubventionierung der Preise für T-Online aus dem Telefongeschäftsfeld; (ii) Verknüpfung der T-Online-Abrechnungen und Telefonrechnungen der DTAG in einen Vorgang; (iii) schnelle Erreichung der Flächendeckung für Einwahlknoten auf Grundlage des vorhandenen DTAG-Schmalbandnetzes und damit Adressierung eines breiten Publikums, das sich jeweils zu günstigen Ortsnetztarifen einwählen kann. Jeder der 12 Mio. PC-Besitzer in Deutschland[2] kommt unabhängig vom Grad der Netzdigitalisierung und der ISDN-Penetration als T-Online-Kunde in Betracht. Obwohl 30 % der deutschen Haushalte einen PC besitzen, hatten 1997 nur ein Drittel der PCs ein Modem und 8 % eine ISDN-Karte[3], über die Hälfte der Computer war also in einem nicht vernetzungsfähigen Zustand. Mit der 1998 eingeführten Tarifoption „Tarif10Plus" hat die DTAG die Grundlage der Mengenrabattsystematik auch für den Privatkunden geschaffen. Nach der zehnten Minute wird bei analogen Telefonanschlüsse ein Preisnachlaß von 10 %, bei ISDN-Anschlüssen von 30 % gewährt.[4] Dies ist ein praktisches Beispiel für die asymmetrische Förderung der DTAG von eigenen Diensten (ISDN) zur Bindung und gezielten Entwicklung neuer Kundensegmente (Internetnutzer). Die Newcomer haben auf die Kombinationsstrategie zwischen Internet und Sprachtelefonie reagiert und pauschale Angebote mit einer einheitlichen Preisstellung für die Einwahlprozeduren auf den Markt gebracht. Meist wird dafür die Methode der Call-by-Call-Selection verwendet. Über die Vorwahl des Betreibers einer Lizenzklasse 4 oder eine Freephonenummer erreicht der Endkunde die Internetzugänge des Newcomers.

4.1.6 Diskriminierungsanreize bei vertikaler Integration

Die Aufhebungstendenzen von gesetzlichen Sperrzonen entlang der vertikalen Integration wirft beispielhaft für die USA die interessante Frage nach dem tatsächlichen Diskriminierungsinteresse der Incumbent Local Access Carrier (ILEC) und den daraus resultierenden Folgen auf. In der folgenden Abbildung werden die Determinanten beschrieben, die das Diskriminierungsverhalten der RBOCs gegenüber den Fernnetzbetreibern bestimmen.

---

[1] Vgl. WESTLB (1998), S. 16.

[2] Laut einer Schätzung der ITU für das Jahr 1995 gab es zu diesem Zeitpunkt 13,5 Mio. PCs in Deutschland. Vgl. ITU (1997a), S. A-71.

[3] Siehe auch HERMANN und MAHLER (1997).

[4] Vgl. DEUTSCHE TELEKOM AG (1998), S. 39.

Abbildung 13: Diskriminierungsanreize im US-Telekommunikationsmarkt

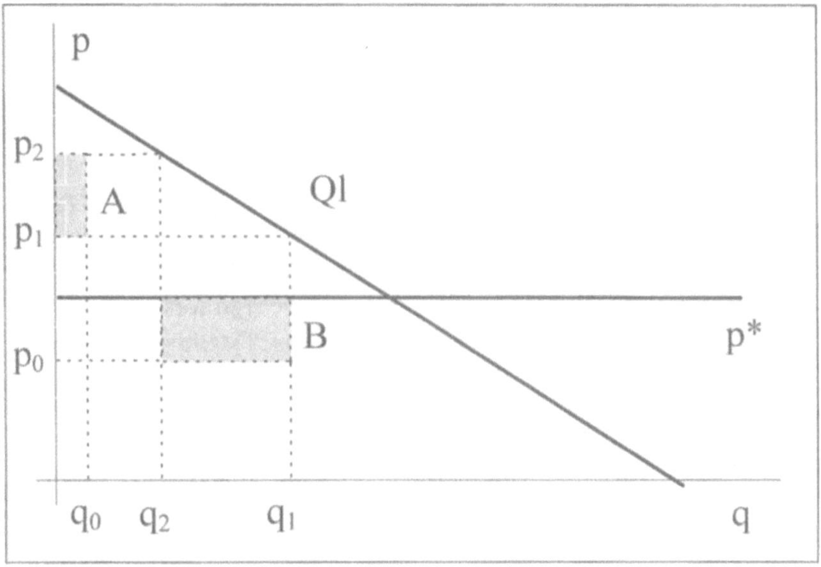

Quelle: WEISMANN und ZHANG (1997), S. 312 f.

Unter der Annahme, daß die Interconnectionpreise durch den Regulierer auf den Wert p^* festgesetzt wurden, die Nachfrage für Ferngespräche durch die Gerade Q_1 repräsentiert wird, die internen Kosten der RBOCs die Höhe von p_0 erreichen, der Anteil der RBOCs an den Long Distance Calls gleich q_0 ist und die Ferngespräche zu einem Preis von p_1 abgesetzt werden können, läßt sich der Diskriminierungsanreiz der Incumbent Player wie folgt ableiten. Wenn die RBOCs die Inter Exchange Carrier (IXC) diskriminieren, indem sie den Zugang in die Ortsnetze behindern, steigen die Kosten der Fernnetzbetreiber und damit zwangsläufig auch deren Preise. Steigt aber der Preis von p_1 auf p_2, so sinkt gleichzeitig die Nachfrage von q_1 auf q_2. Durch die zurückgegangene Nachfrage verliert der Incumbent Local Exchange Carrier (ILEC) einen Deckungsbeitrag in der Größe von B und gewinnt gleichzeitig eine zusätzliche Marge A aufgrund der gestiegenen Preise. In dem gewählten Beispiel ist B > A, und somit bestehen keine Anreize zur Diskriminierung. Aus der Abbildung ist erkennbar, daß die Anreize für den Ortsnetzanbieter zur Diskriminierung von seinem Marktanteil q_0 am Fernnetzmarkt und seinem Deckungsbeitrag im Zugangsbereich abhängig sind. Je größer (geringer) die Spanne zwischen p^* und p_0 ist und je kleiner (größer) q_0, umso weniger (mehr) hat eine RBOC finanzielle Vorteile von der Diskriminierung eines IXC. Da ein Interesse der RBOC zu vermuten ist, den Anteil an den Fernverkehrsgesprächen zu erhöhen, ist die Empfehlung für die Regulierung an dieser Stelle, den Interconnectionpreis bei Auflösung einer vertikalen Trennung nicht zu verringern und damit die Entstehung von Diskriminierungsanreizen zu verhindern.

In USA wurde die seit dem Devestiture von AT & T im Jahre 1984 manifestierte strikte Trennung zwischen dem Ortszugangsbereich und der Fernverkehrsübermittlung mit dem Telecommunications Act 1996 aufgehoben. Seitdem ist es den Interexchange Carriern (IXC) Sprint, AT & T, MCI-WorldCom gestattet, die Kundenendanschlüsse bereitzustellen und den Ortsverkehr zu vermitteln. „As the RBOC's struggle to diversify in the aftermath of deregulation, they face an uphill battle to match the technology excellence of their more nimble competitors - the Big Three -, which have been honing their development skills for years in the competitive long-distance market."[1] Im Umkehrschluß haben die Regional Bell Operating Companies (RBOC), die ihr Intra-Local-Access-Transport-Area-Monopol (Intra-LATA-Monopol) 1996 verloren haben, die Möglichkeit, sich am Fernverkehrsmarkt zu beteiligen. Sowohl die IXCs als auch die RBOCs hatten in ihren angestammten Märkten einen gemeinsamen Marktanteil von mehr als 90 %.

4.1.7 Mehrwertdienste als Ansatzpunkt für Telekom-Newcomer

Mehrwertdienste dienen als Ansatzpunkte für Telekom-Newcomer bei der Positionierung gegenüber etablierten, marktbeherrschenden TK-Anbietern. Mehrwertdienste mit einer Bandbreiten-Orientierung setzen die Unteilbarkeiten von Telekommunikationsdiensten in ein neues Licht. Diese Technologien überwinden die Grenzen bisher getrennter Netze (z. B. Telefonortsnetz, Mobilfunknetze, Datennetze, Breitbandkabelnetze und Satellitennetze) und verringern die Subadditivität der einzelnen Netze. „Gemini, a transatlantic undersea cable completed by Cable and Wireless of the UK and WorldCom of the US this year [1998], has more capacity than all existing transatlantic cables combined."[2] Diese Backboneübertragungsstrecken konnten in den letzten Jahren die nutzbaren Bandbreiten verzehnfachen, und Veränderungen im Spektrum der Lichtimpulsgeber steigerten die Übertragungsgeschwindigkeiten auf den dreißigfachen Wert. Dadurch vermindern sich beim Einsatz dieser Technologien die Investitions- und Betreiberkosten pro Datenmenge. Die Höhe der auf eine Leistungserbringung bezogenen versunkenen Kosten nimmt stetig ab. Mit der Internationalisierung und Liberalisierung des TK-Marktes wird das Geschäftsfeld des Outsourcings zunehmend bedeutender. Da in nationalen und monopolistischen Strukturen keine Wahlmöglichkeit vorhanden war, haben sich zwangsläufig viele Unternehmen für eine WAN-Konzeption in Eigenregie entschieden. Outsourcing ist deshalb ein gut kalkulierbares Risiko geworden, weil der Anbieterwechsel (Churn) in einem Wettbewerbsumfeld leichter möglich ist.[3] Bei Outsourcingprojekten besteht die Kombinationsmöglichkeit zwischen Telekommunikations- und Informationsdienstleistungen. Newcomer können hier durch Etablierung und Nutzung entsprechender

---

[1] KOCH (1997), S. 63.

[2] CANE (1998b).

[3] Siehe auch ECHENSPERGER (1996).

Partnerschaften eine schlüsselfertige Gesamtleistung[1] liefern und sich so von der telekommunikationstechnischen Marktdominanz des Ex-Monopolisten lösen.

4.2 Newcomer: Akteure und ihre Technologiedynamik

4.2.1 Digitalisierung der Festnetze

Die Digitalisierung der Festnetze hat die Nutzungsmöglichkeiten im Vergleich zu herkömmlichen analogen Fernmeldenetzen um ein Vielfaches erhöht. Das ursprüngliche Kennzeichen der mechanischen Vermittlungstechnik war die eindeutige Zuordnung von Teilnehmer-Anschlüssen zu Rufnummern. Die DBP hatte in Deutschland ein hierarchisches Netzkonzept aufgebaut, das aus acht Zentralvermittlungsämter bestand, an die jeweils acht Hauptvermittlungsämter angeschlossen waren. An die Hauptvermittlungsämter waren die Knotenämter und Endämter angebunden. Digitale Konzepte erlauben neben dem Hauptvorteil des schnelleren Verbindungsaufbaus die flächendeckende Einführung neuer Dienste wie ISDN oder IN[2] auf Grundlage des bestehenden Fernmeldenetzes. Integrated Services Digital Network (ISDN) ist ein universelles volldigitalisiertes Telekommunkationsnetz mit zwei 64 kbit/s-Nutzkanälen (B-Kanäle) und einem 16 kbit/s Nutzkanal (D-Kanal) zur Übertragung von Sprach-, Daten- Text- und Bildinformationen.[3] Im Netz unterscheidet man zwischen digitalen Vermittlungssystemen wie z. B. EWSD und digitalen Local-Loops, wie z. B. ISDN. Die digitale Vermittlungstechnik hat die in der Entwicklungsgeschichte der Technik[4] wohl einzigartige Chance mit sich gebracht, bei gleichzeitiger Kostenreduktion die Übertragungskapazitäten auf der bestehenden Infrastruktur zu vervielfachen. Es wurde möglich, ohne Qualitätsverluste und mit sehr hoher Geschwindigkeit große Mengen von Daten, Bildern oder Sprachinformationen zu übertragen. Ein bis dahin knappes Gut hat sehr kurzfristig seine Flaschenhalsfunktion verloren. Die permanente Verbesserung des Preis-Leistungs-Verhältnisses der Chiptechnologie verbessert dabei kontinuierlich und überproportional die ökonomische Anwendbarkeit dieser Leistungsmerkmale. Solche Technologievorsprünge können Newcomern trotz ihres geringeren Verkehrsvolumens im Vergleich zu Ex-Monopolisten einen Stückkostenvorteil verschaffen. Die wesentlichen Absichten bei der Einführung von ISDN-Diensten sind also (i) die Einführung einer Ende-zu-Ende-Digitalisierung, (ii) die Ermöglichung einer höheren Übertragungsrate[5] und (iii) die Integration verschiedener Dienstarten auf Basis eines Subscriber Management Systems (SMS) in einem Transportnetz.[6] Im Ortsnetz München der DTAG wurde

---

[1] Beispiele für solche Projekte finden sich im Anhang.

[2] IN selbst ist einer der Grundlagen für Personal Communication Networks (PCN), weil nur eine intelligente Vermittlungsstelle erkennen kann, wo sich ein mobiler Benutzer befindet und wie er entsprechend versorgt bzw. vermittelt werden kann.

[3] Vgl. HANSEN (1987), S. 598 f.

[4] Siehe auch SCHWARZ-SCHILLING (1998).

[5] Analoge Sprachnetze haben eine Übertragungsgeschwindigkeit von 9.600 Bd, wobei die B-Kanäle von ISDN 2 x 64 Kbit pro Sekunde ermöglichen.

[6] Siehe auch NOAM (1992).

die am 15. Oktober 1986 begonnene Digitalisierung im Januar 1997 mit der Außerbetriebsetzung des letzten mechanischen Wählers abgeschlossen.[1] Ab diesem Zeitpunkt sind die Leistungsmerkmale Mehrfrequenztonwahlverfahren, Anrufweiterschaltung, Sperren, Makeln, Anklopfen, Dreierkonferenz, Anrufbeantworter im Netz und Einzelverbindungsübersicht flächendeckend im Stadtgebiet verfügbar. In den einzelnen Ländern außerhalb der EU unterscheiden sich die Netzinfrastrukturen und deren Ausbaugrad zum Teil erheblich. Allerdings hat der unkontrollierte Technologiewechsel zwangsläufig bei der DTAG ebenfalls zu einer Art „Technologie-Zoo" geführt.

Diese moderne technologische Plattform eröffnet aber weitere Optionen. Umfragen haben ergeben, daß für über 80 % der geschäftlichen Nutzer von Telefondienstleistungen ein Churn (Wechsel des Betreibers) nur in Frage kommt, wenn sich dabei die Telefonnummer selbst nicht ändert.[2] Das TKG hat dafür die Grundlage in der Rufnummernportabilitätklausel geschaffen; die Rufnummer der Zukunft wird ein persönliches Merkmal des Teilnehmers sein und verliert somit die heutige Funktion der räumlichen Zuordnung des Anschlusses selbst. Bei abgehenden Gesprächen kann der Kunde ohnehin über die sogenannte „Pre-Selection" den Verbindungsnetzbetreiber unabhängig vom Anschlußnetzbetreiber (ANB) auswählen und die jeweils günstigsten Tarife in Anspruch nehmen[3].

Die Tarifstruktur selbst ist ein maßgebliches Kriterium für den Kundennutzen. Auf der einen Seite bietet die DTAG eine gebührenimpulsorientierte[4] Preisstruktur an, bei der pro Impuls eine Preiseinheit anfällt und je nach Entfernung[5], Uhrzeit und Tag die Zeitabstände zwischen den Impulsen variieren. Durch die veränderten technischen Rahmenbedingungen und die Wettbewerbsorientierung in der Preisstellung ist diese traditionell in Deutschland verbreitete Abrechnungsmethode zum Problem geworden. Der Gebührenimpuls (Advice of Charge bzw. AoC) wird in den Points of Interconnect (POI) zwischen den Newcomern und der DTAG nicht übergeben. Die Planungen sahen vor, einen variablen neuen Gebührenimpuls, der auf die POI-Verhältnisse abgestimmt ist, bis Ende 1998 zu implementieren. Auch die ab 1. März 1998 von der DTAG eingeführten mengenrabattierten Preise wie der „Tarif10Plus" werden nicht mehr durch den AoC repräsentiert. Die Vergünstigung der Gespräche ab der zehnten Minute werden durch eine Gutschrift auf der Rechnung und nicht durch eine Verlängerung der Impulstakte ausgewiesen. Ab der elften Gesprächsminute weisen Auswertungen in der Nebenstellenanlage zu hohe Gesprächskosten aus. Auf der anderen Seite haben sich manche

---

[1] Vgl. o.V. (1997 n).

[2] Vgl. PESCH (1997).

[3] Man bezeichnet dieses Verfahren als „Rosinenpicken" bzw. „Cherry-Picking".

[4] Der Gebührenimpuls, ein mit einer Frequenz von 16 kHz übertragenes Signal, wird auch Advice of Charge (AoC) genannt.

[5] Die Zuordnung in die Entfernungstarifgruppe (z. B. Region 50 oder Region 200) wird durch die gewählte Ortskennzahl vorgenommen. In der Neustrukturierung der Tarife am 1. März 1998 wurde unter anderem der Fern- und R200-Tarif zum „German Call" zusammengefaßt. Das ändert an der Grundsatzberechnungsmethode nichts.

Newcomer für eine sekundengenaue Abrechnung entschieden, wobei ebenfalls abhängig von der Uhrzeit und dem Zielort ein unterschiedlich hoher Sekundenpreis zur Anwendung kommt. Dieses Verfahren hat den Vorteil, daß exakt die Zeitdauer der Verbindung in Rechnung gestellt wird. Empirische Rechenverfahren auf Basis durchschnittlicher Verkehrsprofile haben unter der Voraussetzung gleicher Minutenpreise einen Kostenvorteil beim Verbraucher in Höhe von 20 % bei der sekundengenauen Abrechnung im Vergleich zur taktorientierten Abrechnung ergeben.[1] Die DTAG hat es außerdem verstanden, durch die Anwendung des City-tarifes auf die Nahzone einen wesentlichen Wettbewerbsvorteil zu erzielen. Dabei werden Gespräche in die angrenzenden Vorwahlkreise, obwohl sie mit einer Null beginnen, zum innerstädtischen Tarif abgerechnet. Die Wettbewerber haben teilweise Schwierigkeiten, dieses Tarifschema nachzubilden, weil die Vorwahlkennung alleine nicht ausreicht, um die Differenzierung kenntlich zu machen.

Tabelle 32: Netzinfrastruktur im internationalen Vergleich

Land	Anzahl der Hauptanschlüsse je 1000 EW (1994)	Mobile Anschlüsse je 1000 EW (1994)	Faxgeräte je 1000 EW (1994)	Grad der Netzdigitalisierung (1993) in %
Belgien	450	13	16	56
Deutschland	480	31	18	43
Großbritannien	490	65	23	74
USA	600	93	54	66
Frankreich	550	14	17	86
Griechenland	480	16	1	21
Japan	480	35	48	72

Quelle: FVIT (1996) S. 31.

Die einzelnen Dienste innerhalb des Netzes werden mit Netzzugangskennzahlen voneinander unterschieden. Für die digitalen Mobilfunkdienste in Deutschland gibt es eine Gruppe von Vorwahlen, die mit 017x[2] beginnen. Geschlossene Benutzergruppen[3] wie Reservierungssysteme für Luftfahrtgesellschaften oder der On-Net zu On-Net-Verkehr innerhalb der Standorte eines Konzerns werden ab Januar 1997 mit der Netzzugangskennzahl 018x zu erreichen sein. Diese Nutzergruppen haben dann die Möglichkeit, alle Teilnehmeranschlüsse nach dem Verfahren der geschlossenen Numerierung mit einer einheitlichen „Gasse" unabhängig von ihrer geographischen Position identifizieren zu können. Die Digitalisierung des Festnetzes

---

[1] Siehe auch KASTNER (1998).

[2] Weitere Ausführungen hierzu finden sich in Anhang A-1.

[3] GBG oder CN sind diejenigen Teile einer Gruppe, die untereinander dauerhafte gemeinsame Geschäftsinteressen verbinden und deren innere Kommunikation aus dem dieser Beziehung zugrundeliegenden gemeinsamen Interesse resultiert (vgl. TKG (1996)).

ermöglichte es überhaupt erst, daß derartige Differenzierungen Zug um Zug eingeführt werden können. Der Unterscheidungscode für Carrier untereinander wird die Vorwahl 010xy sein. Im Juni 1998 waren bereits neunzig Verbindungskennzahlen vergeben und damit die Vergabemöglichkeiten auf Basis fünfstelliger Kombinationen ausgeschöpft. Die RegTP hat deshalb ab dem 2. Juni 1998 mit der Vergabe sechsstelliger Netzkennzahlen begonnen. Die Grundlage dafür wurde 1995 in dem Abschlußbericht des Expertengremiums für Numerierungsfragen bei Bundesministerium für Post und Telekommunikation gelegt. Man hat das in folgender Empfehlung subsumiert: „Da zur Zeit die Zahl der zukünftigen Wettbewerber nicht abzusehen ist, wird vorgeschlagen, Kennzahlen für 100 Wettbewerber vorzuhalten und gleichzeitig sicherzustellen, daß bei Bedarf weitere Kennzahlen geschaffen werden können."[1]

Vermittlungskapazität im Digitalnetz

Neben der Anzahl der Anschlüsse oder Ports stellt die Vermittlungskapazität eines digitalen Netzes eine wichtige Kennzahl dar. Man unterscheidet die statische Belastung von der dynamischen Belastung.[2] Die statische Belastung wird von der Verkehrsmenge bestimmt, wobei die Belegungsdauer einer leitungsvermittelten Verbindung von entscheidender Bedeutung ist und in der dimensionslosen Größe Erlang gemessen wird. Ein blockierungsfreies TK-System, bei dem gleichzeitig alle Teilnehmer telefonieren können, entspricht dann einem Erlang. Die Verkehrsgröße Erlang zur theoretischen Berechnung des Zufallsverkehrs beschreibt die Menge von geschalteten Verbindungen während einer Hauptverkehrsstunde. Ein einzelnes Drei-Minuten-Gespräch erzeugt auf der Verbindungsebene den Verkehrswert von 0,05 Erlang. Dieser repräsentiert die Wahrscheinlichkeit, mit der bei einem konstanten Angebotsdruck[3], unabhängig von der Anzahl bereits belegter Leitungen, ein Verbindungsaufbauversuch erfolglos bleibt. Die dynamische Belastung orientiert sich an der Leistungsfähigkeit der Verbindungsteuerung, also dem Aufbau und der Auslösung von Wählverbindungen. Dieser Kennwert wird als Busy Hour Call Attempts (BHCA) bezeichnet und erfaßt die Anzahl von Verbindungen, welche maximal in einer Stunde geschaltet werden können. TK-Systeme der modernsten Generation haben BHCA-Werte von bis zu 40.000 Vermittlungen pro Hauptverkehrsstunde. Sollten darüber hinaus abgehende Vermittlungswünsche anfallen, so reagiert die Anlage mit Besetztfällen und längeren Gesprächsaufbauzeiten.

---

[1] REGTP (1998a), S. 29.

[2] Vgl. NOLDEN (1997), S. 2f.

[3] Der konstante Angebotsdruck wird durch die Relation unendlich vieler Nachrichtenquellen gegenüber einer endlichen Zahl von Verbindungsleitungen erreicht.

4.2.2 Mobiltelefonsysteme

Der Mobilfunk, also die Möglichkeit, unabhängig von Festnetzanschlüssen telefonieren zu können, wird in Europa und auf der ganzen Welt immer populärer. „Mobilfunk ist die allgemeine Bezeichnung für die drahtlose Kommunikation mittels elektromagnetischer Wellen."[1] 1996 ist die Zahl der weltweiten Mobiltelefone von 87 Mio. auf 130 Mio. angestiegen, im Jahr 2000 werden 350 Mio. Menschen[2] mobil telefonieren und optimistische Schätzungen gehen von 850 Mio. Kunden[3] im Jahr 2003 aus. Auch in den nächsten Jahren prognostiziert man sprunghafte Anstiege, weil in weniger entwickelten Regionen die Verbreitung des Festnetzes noch sehr gering ist und durch den Ausbau der Mobilfunknetze substituiert werden kann. Grundsätzlich unterscheidet man bei der Mobiltelekommunikation: (i) Pagerdienste; (ii) schnurlose Telefone; (iii) zellulare oder mobile Telefone und (iv) mobile Datenkommunikation.[4] Da die Einwegkommunikation der Pagerdienste wie Eurosignal, trotz der Weiterentwicklungen wie z. B. Textmeldungen zu übertragen, eine Abnahme der Teilnehmer zu verbuchen hat, wird sie in der nachfolgenden Analyse nicht gesondert berücksichtigt.

Die mobile Datenkommunikation, die im Bereich des Vertriebs eine immer größere Rolle spielt, wird in dieser Darstellung zusammen mit GSM betrachtet. Für den Außendienst ist die Datenschnittstelle des GSM-Handies in Verbindung mit einem Notebook die aktuelle Methode, sich in die Serverapplikationen des Unternehmens einzuwählen, E-Mails zu lesen und auf das Intranet zuzugreifen.[5] Spezielle Remote-Access-Lösungen und Security-Applikationen stellen dabei die Datensicherheit bei den Einwahlverfahren sicher. Der Modemhersteller Dr. Neuhaus in Hamburg bietet eine preisgünstige Handybox an. Dieses System wird an die Nebenstellenanlage (PABX) eines Unternehmens angeschaltet, die PABX scheidet dann alle entsprechenden Anrufe an Mobilfunknummern an die Handybox aus. Dort werden die Gespräche über die Standardschnittstelle auf ein reguläres Mobiltelefon übertragen und via Funkübertragung zum Zielteilnehmer übermittelt. Der Vorteil liegt bei der Ausnutzung der etwa um 50 % günstigeren Gebühren der Kommunikation von Mobilsystem zu Mobilsystem im Vergleich zu Festnetzanrufen in das Mobilsystem.

Auch in Schwellenländern hilft die auf Funkzellen beruhende Konzeption bei den Programmen, die Verbreitung der Teilnehmerdichte voranzutreiben. Das gilt besonders für Länder, in denen die Verwendung von Kupferleitungen und der entsprechenden Kabel schon alleine deshalb schwierig sein kann, weil Kupferkabel gelegentlich als leicht entfernbare Rohstoffträger angesehen werden. Diese Entwicklung führt zu einer Behinderung der Ausweitung der Festnetze in den Entwicklungsländern und ist ein Anreiz für die nationalen TK-Unternehmen,

---

[1] BIALA (1996), S. 18.

[2] Siehe auch LUDSTECK (1998).

[3] Vgl. ERICSSON (1998), S. 13.

[4] Vgl. PRIBILLA, REICHWALD, GOECKE (1996), S. 112.

[5] Siehe HEERKLOTZ und ERNST (1997).

Glasfaserleitungen zu verlegen oder gleich auf Mobilfunkkonzepte umzusteigen. Die Zahl der europäischen Mobilfunkteilnehmer hat sich von 3,4 Mio. im Jahr 1990 im Zeitraum von nur sechs Jahren auf über 30 Mio. verzehnfacht. In den Vereinigten Staaten ist die Zahl der Mobilfunkteilnehmer (Cellular Subscribers) von 5,28 Mio. im Jahr 1990 auf 33,79 Mio. im Jahr 1995[1] gestiegen. Im betrachteten Zeitraum war die Marktentwicklung in Deutschland weit über dem europäischen Durchschnitt, während die Wachstumsraten von Großbritannien und den USA unter diesem durchschnittlichen Zuwachs lagen. Ende 1998 gab es 13,5 Mio. Mobilfunkteilnehmer in Deutschland, die Wachstumsrate lag in 1998 bei 65,2 %.[2]

Die Penetrationsrate mit Mobilfunkdienstleistungen unterscheidet sich in den in der nachfolgenden Tabelle aufgeführten Ländern deutlich. Die Abweichungen haben dabei ganz unterschiedliche Hintergründe. Erstens wurde in den einzelnen Ländern zu unterschiedlichen Zeitpunkten ein entsprechendes digitales Netz aufgebaut, und nur auf Grundlage einer hohen Basisteilnehmerdichte sind dann entsprechende Zuwachsraten möglich. Zweites ist der Stand der Umsetzung der von der EU geforderten Deregulierung und Liberalisierung unterschiedlich, so daß die Zeitspanne des freien Wettbewerbs unterschiedlich lang ist. Drittens haben Länder mit einer geringeren Besiedelungsdichte höhere Anreize, ein Mobilfunknetz aufzubauen. In Schweden fungiert der Mobilfunk auf den abgelegenen Landstraßen als Notfallkommunikationsmittel bei Autopannen. Schweden hat auch im Festnetzbereich eine führende Rolle in Europa; schon 1975 waren über 90 % der schwedischen Haushalte mit einem Telefonanschluß ausgestattet.[3] Auf der anderen Seite ist der Aufwand zum Aufbau eines Mobilfunknetzes in kleineren Ländern (Luxemburg, Belgien, Niederlande) geringer, da mit weniger Basisstation eine landesweite Flächendeckung erreichbar ist.

---

[1] Vgl. ITU (1997a), S. A-35.

[2] Vgl. REGTP (1999), S. 10.

[3] Vgl. ITU (1998), S. 64, Deutschland hat die 90 % Schwelle in bezug auf Haushalte mit Festnetzanschluß im Jahr 1995 überschritten. Großbritannien hat diesen Wert im Jahr 1994, Finnland im Jahr 1987 und die USA im Jahr 1970 erstmals erreicht.

Tabelle 33: Mobilfunk-Penetrationsraten 1995 bis 1998 im Vergleich

Land	Anteil der digitalen Netze 1995	Penetrations-rate 1995	Penetrations-rate 1996	Penetrations-rate 1997	Penetrations-rate 1998
Deutschland	82,3 %	4,6 %	6,0 %	10 %	18 %
UK	30,9 %	9,8 %	10,2 %	15 %	21 %
USA	k. A.	12,8 %	13,0 %	21 %	k. A.
Schweden	51,1 %	22,9 %	24,0 %	30 %	50 %
Dänemark	62,8 %	15,7 %	16,0 %	30 %	37 %
Japan	52,1 %	8,2 %	8,5 %	22 %	k. A.
Italien	12,1 %	6,7 %	8,0 %	19 %	33 %
Frankreich	72,5 %	2,4 %	3,0 %	10 %	19 %

Quelle: ITU (1997a), S. A-25; VIAG NEWS (1996), S. 2; LÜTGE (1998), S. 26; UMTS (1999), S. 30, Penetrationsrate als Verhältnis der Mobilfunkteilnehmer pro 100 Einwohner.

Der Digitalisierungsgrad der Funknetze in Deutschland mit 82,3 % ist wesentlich höher als der Anteil digitaler Netze in Großbritannien mit 30,9 %. Der in Deutschland erst später einsetzende Handy-Boom hat dazu geführt, daß die in den neunziger Jahren aufgebauten digitalen Netze (D1 und D2) zu einem überwiegenden Anteil die Neukunden angeschlossen hatten. In der Entwicklung der Penetrationsrate konnte Deutschland mit der Entwicklung in Europa nicht Schritt halten.[1] Hier spielen zum Teil auch kulturelle Akzeptanzfaktoren eine Rolle.

4.2.2.1 Analoge Systeme

1958 wurde das analoge A-Netz im Frequenzbereich 150 MHz mit maximal 10.500 Teilnehmern und 1972 das ebenfalls analoge B-Netz im Frequenzbereich 150 MHz mit maximal 27.000 Teilnehmern von der damaligen Deutschen Bundespost als ausschließlich nationales Mobilfunknetz in Betrieb genommen.[2] Diese erste Generation der analogen Autotelefone beanspruchte aufgrund der verwendeten Bauelemente und der jeweiligen Hochfrequenz-Technik einen großen Platzbedarf. Das A-Netz erreichte eine Netzabdeckung von 80 Prozent und wurde per Hand vermittelt. Beim B-Netz mußte man den ungefähren Aufenthaltsort des Zielteilnehmers kennen, um eine Gebietskennzahl der entsprechenden Funkzelle mitwählen zu können. Ab 1986 wurden keine neuen Teilnehmer mehr auf das B-Netz geschaltet, und dieser Dienst wurde 1994 vollständig eingestellt. Erst die ab 1985 zum Einsatz gekommene C-Netz-Generation hat das Segment der Mobiltelefonie richtig erschlossen. Diese Systeme waren aufgrund der Miniaturisierung der elektronischen Bauelemente erstmals außerhalb des Automobils transportabel.

---

[1] Deutschland hatte im Februar 1995 den 8. Rang bei der Penetrationsrate der Top 15 EU-Länder und ist im Dezember 1998 auf den 15. Rang zurückgefallen. Deutschland wurde dabei von Belgien, Frankreich, Griechenland, Irland, Portugal und Spanien überholt. Vgl. UMTS (1999), S. 31.

[2] Vgl. MICHEL (1998), S. 22 und KLODT (1995), S. 18.

4.2.2.1.1 Das analoge C-Netz der DTAG

Das analoge C-Netz der DTAG verwendet einen analogen Übertragungsmechanismus in einem Frequenzbereich von 450 MHz[1] und eine digitale Signalisierung; damit war mit dem C-Netz eine zellulare Netzstruktur und optimale Frequenzausnutzung möglich.[2] Zu Beginn der C-Netz-Entwicklung im Jahr 1981 konnte noch ohne weiteres auf eine internationale Portabilität (Roaming) und eine Massenmarktorientierung verzichtet werden. Die ursprünglich projektierte Kapazität des 1985 in Betrieb gegangenen Netzes lag bei 100.000 Teilnehmern, sie wurde im Laufe der Zeit auf 850.000 Teilnehmer[3] erhöht. Zum 30. Juni 1996 gab es noch 619.000 Teilnehmer[4] im analogen C-Netz, auch C-Tel bzw. T-C-Tel genannt, der DTAG. Das sind weniger Teilnehmer als 1992, jedoch mehr als doppelt so viele Kunden als 1990. Durch eine Flächendeckung von über 98 % erreicht das C-Tel nahezu 100 % der Bevölkerung[5], zusammen mit maßgeschneiderten Tarifmodellen und einer hohen Übertragungsqualität bindet dieses Funknetz weiterhin Geschäftskunden im Bereich der Autotelefone. Das dokumentiert sich an der Gesamtdauer abgehender Gespräche pro Monat und Teilnehmer. Von 1993 bis 1997 zeigen die gesamten Gesprächsminuten pro Monat im D1-Netz einen Rückgang von 83 Minuten auf 74 Minuten (das entspricht 11 %) und im C-Tel einen Rückgang von 104 auf 92 Minuten (das entspricht 12 %).[6] Dieser rückläufige Trend hat sich 1998 fortgesetzt, im C-Netz lagen die durchschnittlichen abgehenden Telefonminuten pro Monat und Kunde bei 79 Minuten und im D-Netz der Deutschen Telekom bei 71 Minuten.[7] Auf unterschiedlichem Ausgangsniveau wirkt sich in beiden Netzen gleichermaßen die Erschließung neuer, weniger lang telefonierender, Kundensegmente aus. Die nachfolgende Tabelle zeigt die Entwicklung des C- und D1-Netzes in den vergangenen Jahren. Falls nicht anders angegeben, ist jeweils der 31. Dezember der Bezugszeitpunkt; die Teilnehmerangaben verstehen sich in Millionen. 1999 hat die Deutsche Telekom AG angekündigt, den C-Tel-Dienst Ende des Jahres 2000 einzustellen und die Kunden in das digitale D1-Netz zu migrieren.

---

[1] Das Funknetz beruht auf dem C-450-Standard. Weitere technische Informationen siehe Anhang.

[2] Vgl. BOHLÄNDER (1996), Teil 9, Kap. 5, S. 1 ff.

[3] Vgl. MICHEL (1998), S. 22.

[4] Das 1986 in operativen Betrieb gegangene C-Netz erreichte als Spitzenwert 810.000 Anschlüsse im Oktober 1993.

[5] Dieser Wert wurde im Jahr 1997 von keinem anderen Funknetz übertroffen. Vgl. DEUTSCHE TELEKOM AG (1998), S. 48. Das digitale D1-Netz der DTAG hat im Jahr 1997 eine Flächendeckung von 90 % des Bundesgebiets erreicht, das entspricht einem Abdeckungsgrad von 98 % der Bevölkerung in Deutschland.

[6] Vgl. DEUTSCHE TELEKOM AG (1998), S. 46.

[7] Vgl. DEUTSCHE TELEKOM AG (1999a), S. 50.

Tabelle 34: Teilnehmerzahlen im D1- und C-Netz der DTAG

Jahr	1990	1991	1992	1993	1994	1995	1996	1997	1998	1999
Dienst										
Alle Netze	k. A.	k. A.	0,972	1,775	2,490	3,750	5,512	8,170	13,2	21,3
Jährl. Zu- wachs in %	k. A.	k. A.	k. A.	82,60	40,30	50,60	47,00	48,20	65,20	61,36
D1-Netz	-	-	0,069	0,224	0,686	1,153	2,156	3,276	5,474	7,70
C-Tel	0,274	0,533	0,772	0,798	0,755	0,687	0,532	0,476	0,366	0,30

Quelle: DEUTSCHE TELEKOM AG (1996), S. 35, DEUTSCHE TELEKOM AG (1996a), S. 36, DEUTSCHE TELEKOM AG (1997a), S. 34, DEUTSCHE TELEKOM AG (1998), S. 46, DEUTSCHE TELEKOM AG (1999a), S. 48, SCHMELZER (1998), LÜTGE (1998), S. 26, TEST (1998), S. 29, REGTP (1999), S. 10, HANDELSBLATT (1999), eigene Anfragen bei den Betreibern, Prognose für 1999 auf Basis einer Darstellung im Handelsblatt, Angaben in Millionen, „alle Netze" steht für die Gesamtteilnehmerzahl der analogen und digitalen Mobilfunknetze.

4.2.2.1.2 Analoge CT1-Standards für schnurlose Telefone

Schnurlose Telefone, die im englischen Sprachraum auch Cordless Telephone (CT) genannt werden, sind zwischen den Mobilfunknetzen und klassischen Festverbindungen einzugruppieren. Bereits Mitte der achtziger Jahre gab es aus den Produktionstätten in USA und Asien schnurlose Telefone nach dem analogen Standard CT0 und CT1 im deutschen Handel. Die Apparate waren größtenteils nicht FTZ-zugelassen, durch fremde Handsets manipulierbar und außerdem in der Regel nicht abhörsicher; nichtsdestotrotz haben sich diese günstigeren Baumuster überraschend schnell verbreitet, wohl auch deshalb, weil die damalige offizielle Konkurrenzserie „Sinus x" der DBP ca. 60 DM Mietgebühr pro Monat kostete oder zum Preis von über 1.000 DM zu erwerben war. Es gibt Prognosen, die den CTs unabhängig vom verwendeten Standard einen Marktanteil von 50 % im Jahre 2000 vorhersagen.[1] Die Verbraucher schätzen die bequeme Mobilität der schnurlosen Telefone im Gegensatz zu den klassischen Handsets mit leitungsgeführtem Hörer. 1983 wurde von CEPT der CT1-Standard verabschiedet, der 40 Kanäle auf dem 900 MHz Band besitzt, auf die mittels FDMA zugegriffen wird.[2] Ergänzend wurde 1989 der CT1+ Standard entwicklt, der (i) die bisherigen Interferenzen mit GSM durch eine Frequenzbandverschiebung löste, (ii) mehr Kapazitäten durch eine Kanalzahlverdoppelung bot und (iii) zusätzlich einen Organisationskanal enthielt. Bei CT1+ gibt es mehr als eine Million verschiedener Codes zur Identifizierung der Legitimation des Handsets. Das ist ein nicht zu unterschätzender Faktor, denn der unberechtigte Zugriff auf eine fremde Basisstation kann zu empfindlichen Kostenbelastungen durch „fremde" Telefongespräche führen. Die Manipulation durch fremde Handsets sollten Geräte nach dem heutigen

---

[1] Siehe LIPINSKY (1995).

[2] Vgl. ZIMMERS (1996), Teil 9, Kapitel 11.2, S. 1.

Stand der Technik sicher ausschließen. Die Abhörsicherheit der Luftschnittstelle ist bei dem CT1+ Standard nicht gewährleistet.

Grundsätzlich hat man bei diesen schnurlosen Systemen eine Basis- und eine Mobilstation. Die Basisstation ist an das Festnetz angeschlossen und über die Luftschnittstelle[1] mit der Mobilstation, auch Handset genannt, verbunden. Man unterscheidet Ein-Zellen-Systeme von mehrzelligen Anlagen, die hauptsächlich im Geschäftskundenbereich eingesetzt werden. Zur räumlichen Abdeckung eines umfangreichen Geländes wird beim Mehr-Zellen-System mehr als eine Basisstation aufgebaut. Befindet sich ein Benutzer mit seinem Handset am Rande einer Funkzelle, so erfolgt ein Handover zur nächsten Basisstation, wobei die Intelligenz dieses Handoververfahrens bei der Basisstation liegt. Bei analogen schnurlosen Telefonen ist es notwendig, die Basisstation und das Handset vom gleichen Hersteller zu beziehen, da die Protokolle der Luftschnittstelle nicht einheitlich festgelegt und standardisiert sind.

4.2.2.2 Digitale Systeme

Die aus der Computertechnologie übernommene Digitalisierung hat die Grundlagen für die umfangreiche Verbreitung des Mobilfunks geschaffen. Der Begriff „digital" wurde von dem englischen Begriff „digit" abgeleitet. Digit steht für Ziffer bzw. Zahl und mit diesem Begriff ist die numerische Darstellung einer Größe gemeint.[2] Bei digitalen Systemen werden analoge, kontinuierliche Größen durch eine Ziffernfolge dargestellt. Die Miniaturisierung der Endgeräte, die dadurch entstehenden Kostenvorteile für die Telekommunikationshersteller (TEM), ein vergrößertes Nummernreservoir und weitgehende Abhörsicherheit haben als entscheidende Leistungsmerkmale die digitalen Funktechnologien ausgezeichnet. Vor allem wurde die intensivere Ausbeutung der knappen Ressource „Funkfrequenz" überhaupt erst ermöglicht. Die Digitaltechnik und die resultierende technische Möglichkeit der kostengünstigen Vervielfachung der Übertragungskapazität vorhandener Funkfrequenzen, aber auch vorhandener Übertragungsleitungen und -kabel, haben die Telekommunikationslandschaft nachhaltig modifiziert und die bis dahin geltende Auffassung von der „Berechtigung des natürlichen Monopols der Telekommunikation" erodiert. Die Miniaturisierung und Digitalisierung war die Grundlage für eine innovative Weiterentwicklung der Telekommunikationstechnik. Mit der in Deutschland seit 1996 weiterentwickelten Digital Inter Relay Communication (DIRC) wird die Architektur der zentralen Vermittlungsstellen im Mobilfunk substituiert. Bei dieser Technologie fungiert jedes Endgerät als autonome Vermittlungsstation.[3] Die Gespräche werden über andere Endgeräte, die an der Zweiwegekommunikation nicht aktiv beteiligt sind, weitervermittelt. Dafür wurden neue Lösungen für die Positionsbestimmung der Geräte, die Opti-

---

[1] Bei CT1+ wird die Reichweite an dieser Schnittstelle mit bis zu 1.000 Meter angegeben.

[2] Siehe auch LEONHARDT (1982).

[3] Vgl. TICHY (1998), S. 3.

mierung des Durchschalteweges und die Rechenalgorhythmen zur Aufrechterhaltung der Übertragungsqualität und Laufzeitkompensation entwickelt.

4.2.2.2.1 Der europäische GSM-Standard für Mobilfunk

Mit dem paneuropäischen GSM-Standard für Mobilfunk ist für die Teilnehmer ein Element des Universal-Personal-Telephone-Number-Konzeptes Wirklichkeit geworden. Ungeachtet der vorhandenen Zersplitterung des europäischen Mobilfunkmarkts bietet GSM mit einer Frequenz von 900 MHz (Schmalband-TDMA) seinen Nutzern seit 1993 grenzüberschreitendes Roaming und seit 1994 auch Datenübertragungsmöglichkeiten. Teilnehmer sind in zahlreichen europäischen Ländern unter ihrer persönlichen Telefonnummer unabhängig von ihrem Aufenthaltsort erreichbar. Seit 1999 erlaubt die High Speed Circuit Switch Data Technologie (HSCSD) durch Nettoübertragungsratenerhöhung und logische Kanalkombination eine Anhebung der Durchsatzrate von 9,6 kbit/s auf 57,6 kbit/s.[1] Zusätzlich ist die GSM Phase 2 + in Planung, bei der die Datenübertragungsrate auf 64 kbit/s erhöht und eine globale Roamingfunktionalität zwischen den 900, 1.800 und 1.900 MHz-Frequenzbändern geplant ist. Die Konferenz der europäischen Postverwaltungen hat im Jahre 1982 ein technisches Komitee unter dem Namen Groupe Spécial Mobile (GSM) gegründet, dessen Aufgabe die Entwicklung eines digitalen Mobilfunkstandards war. Erst später wurde der Begriff Global System for Mobile Communication (GSM) geprägt. Durch die Konzeption einer von Anfang an offenen Norm nach den Empfehlungen des Europäischen Instituts für Telekommunikationsnormen (ETSI) ist ein starker Wettbewerb in den Netzen selbst, aber auch in den TK-Anlagen entstanden. 1984 entschlossen sich Deutschland und Frankreich, die eigenen analogen Funknetze zugunsten von GSM nicht mehr weiterzuentwickeln. Zwei Jahre später schlossen sich Italien und Großbritannien an.

1987 veranlaßte die Europäische Kommision eine Empfehlung des Europäischen Ministerrates zur europaweiten Einführung von GSM, insgesamt 13 Netzbetreiber schlossen sich dieser Empfehlung an. Bei diesem Konzept erhält jeder Kunde eine personalisierte Chipkarte, das sogenannte Subscriber Identification Module (SIM). Nach Eingabe der Geheimzahl, dem vierstelligen PIN-Code, ist dann jedes GSM-Endgerät zusammen mit der SIM-Karte verwendbar. Die technische Konzeption des GSM-Standards basiert auf einer mehrstufigen Architektur des Mobilfunknetzes. Eine lokale Funkzelle wird durch eine BTS (Base Transceiver Station) abgedeckt. Diese Sende- und Empfangsstation bedient die Luftschnittstelle zu den mobilen Endgeräten und ist über eine Richtfunkstrecke oder Festverbindungen mit den übergeordneten BSCs (Base Station Controller) verbunden. Die BSCs sammeln den ankommenden Verkehr von mehreren BTS und leiten ihn über eine Richtfunkstrecke oder über eine digitale Mietleitung an ein MSC (Mobile Switching Center) weiter.[2] Die dort vermittelten

---

[1] Vgl. GIROD (1999), S. 5.

[2] Eine Übersicht der verschiedenen Teilnehmeranschlußverfahren findet sich im Anhang in der Tabelle „Alternative Netzzugänge".

Gespräche werden in das Festnetz eingespeist. Das Verfahren arbeitet gleichermaßen für abgehenden und ankommenden Telefonverkehr. Eine Kommunikation von Mobilfunkgerät zu Mobilfunkgerät läuft immer dann über die Backbonestrecken des Festnetzes, wenn sich die beiden Teilnehmer in unterschiedlichen Funkzellen aufhalten. Wechselt ein mobiler Teilnehmer die Funkzelle, so wird ihm in der neuen Funkzelle innerhalb von wenigen Millisekunden ein freier Kanal von 200 kHz Bandbreite zugewiesen. Die Basisstationen im D-Netz haben eine Sendeleistung von 5 bis 50 Watt, die Endgeräte verfügen über eine Sendeleistung von 2 bis 8 Watt.

Der GSM-Standard, auf 900 MHz in Phase 1, wurde im Jahre 1992, dem ersten Betriebsjahr der D1- und D2-Mobilfunknetze in Deutschland, freigegeben. Das mit dem D2-Aufbau beauftragte Mannesmann-Konsortium hatte anfänglich eine Reihe von Schwierigkeiten zu überwinden. Im März 1992 haben die DTAG und Mannesmann um die ersten 100.000 Kunden für ihre GSM-900-Netze gekämpft.[1] Als die Verhandlungen über die Höhe der Durchleitungsgebühr mit der Deutschen Bundespost Telekom wegen zu hohen Werten ins Stocken gerieten, konnte nur durch eine Intervention des damaligen Postministers eine akzeptable Regelung erzielt werden. Die von ihm durchgesetzte Halbierung des Preises für Interconnect und Mietleitungen sowie die Erteilung der Erlaubnis an Mannesmann, eigene Richtfunkstrecken zu betreiben, haben den Marktverdrängungsansatz des Monopolisten unterbunden.[2] Das GSM-System hat eine Reihe von Vorteilen: (i) Der Standard wird auch außerhalb Europas eingesetzt[3]; (ii) die Netze verfügen über eine Teilnehmerkapazität von über 10 Mio. Anschlüssen in Deutschland; (iii) die von Anfang an vorhandene Wettbewerbssituation beim Aufbau der GSM-Netze hat zu insgesamt erschwinglichen Preisen sowohl für die Endgeräte als auch für die Netzbenutzung geführt; (iv) der GSM-Standard verfügt über alle Leistungsmerkmale eines modernen Mobilfunknetzes wie flächendeckende Handoververfahren, grenzüberschreitende Erreichbarkeit, Integration von Datendiensten, PIN-Kartentechnologie, hohe Sprachqualität und Roaming.

Das Roaming-Prinzip sichert die Erreichbarkeit unter der persönlichen Telefonnummer im (europäischen) Ausland, allerdings mit der Einschränkung der Weiterleitungsgebührenübernahme durch die Angerufenen. 1995 waren 100 GSM-Netze weltweit in Betrieb[4], 1996 waren es schon 153 GSM-Netze in 91 Ländern mit 21 Millionen Teilnehmern. Es wird erwartet, daß bis zum Jahr 2000 etwa 200 Mio. Menschen mit dem GSM-Standard mobil telefonieren. Wie in der Abbildung 30: Langfristige Entwicklung des Mobilfunkmarkts in Deutschland dargestellt, entfielen dann 10 % des Marktes (20 Mio. Teilnehmer) im Jahr 2000 auf Deutschland.

---

[1] Siehe auch SPEIDEL (1997).

[2] Vgl. WELFENS und GRAACK (1996), S. 69 f., und siehe auch SCHWARZ-SCHILLING (1998).

[3] In den Vereinigten Staaten gibt es folgende GSM-Netzbetreiber: Pacific Bell Mobile Services, Bellsouth Mobility Inc., Aerial Communications Inc., Omnipoint Corp., Western Wireless Corp., Powertel Inc., Microcell Telecommunications Inc. Alle Angaben Stand Februar 1998.

[4] Vgl. GRAACK (1997), S. 48.

Damit würden sich die Umsätze im Mobilfunksegment in Deutschland von 12,4 Mrd. DM im Jahr 1997 auf 25,9 Mrd. DM im Jahr 2000 mehr als verdoppeln.[1] Die D1- und D2-Netze in Deutschland waren nach dem Stand der Technik des Jahres 1997 auf jeweils 3 bis 4 Mio. Teilnehmer ausgelegt.[2] Durch Verwendung des Half-Rate-Verfahrens kann die Anzahl der Teilnehmer pro D-Netz auf 8 Millionen angehoben werden.[3] Die Verdoppelung der Komprimierungsrate erlaubt es beim Half-Rate-Verfahren, in einer Funkzelle 14 anstelle von 7 Gesprächen zu übertragen. Die Endgeräte müssen eine Half-Rate-Tauglichkeit aufweisen, und zur realen Teilung eines Kanals benötigen zwei Teilnehmer dieses Leistungsmerkmal im Endgerät. Das private D2-Netz von Mannesmann verfügte 1997 über 7.000 Basisstationen mit 11.500 Zellen[4] und 23 POIs in die Weitverkehrsknoten der DTAG. Die Zahl der Basisstationen hat sich bis zum Oktober 1998 auf 7.500 erhöht.[5] 1992 ist man in den Planungen bei MMO von etwa 3.000 aufzubauenden Zellen ausgegangen. Mittlerweile werden in Ballungsgebieten die bisherigen Makrozellen[6] durch Mikrozellen[7] und Picozellen[8] abgelöst. Die Verkleinerung der Funkzellen führt zu einer Erhöhung der Verkehrskapazität und zu einer Erhöhung der technischen Anforderungen an das Cell-Handover. D1 und D2 nutzen jeweils 60 Frequenzen für die Übertragung von Telefongesprächen, durch die Zeitschlitztechnik können auf jedem Frequenzkanal bis zu acht Gespräche gleichzeitig geführt werden. Kleine Funkzellen erlauben es, die Wiederverwertung von Frequenzen zu steigern und in räumlich nicht aneinandergrenzenden Gebieten, die zu verschiedenen Zellen gehören, unterschiedliche Teilnehmerverbindungen auf den gleichen Frequenzbereichen abzuwickeln. Allerdings erfordert diese Steigerung der Nutzungsdichte eine schnelle und effiziente Handoverprozedur, da dieser Vorgang mit der Anzahl der Zellen und der gleichzeitigen Telefongespräche zunimmt.

Eine Variante zur Verbesserung des Handovers ist die Klassifizierung der Teilnehmer nach ihrer Bewegungsgeschwindigkeit. In einer Art Sandwich-Technik überwölben die Makrozellen die darunterliegenden Micro- und Picozellen. Teilnehmer, die sich schneller fortbewegen, zum Beispiel durch die Benutzung eines Automobils, werden einer Makrozelle zugewiesen. Langsam oder gar nicht in Bewegung befindliche Teilnehmer erhalten eine Funkverbindung zu einer Microzelle. Ungeachtet des Erkennungsproblems führt dieses Vorgehen zu einer Kapazitätserhöhung ohne überproportionale Zuwachsraten beim Handover. Kunden profitieren durch eine geringe Anzahl von erfolglosen Wählverbindungen und eine geringe Anzahl von Gesprächsabbrüchen. Eine Untersuchung der Preiselastizität in dem Zeitraum von 1992

---

[1] Vgl. WESTLB (1998), S. 5.

[2] Vgl. MISERRE (1997), S. 92.

[3] Vgl. MICHEL (1998), S. 23.

[4] Vgl. FETH (1998), S. 31.

[5] Das D1-Netz hatte im Oktober 1998 ca. 8.500 Basisstationen in Betrieb.

[6] Die Makrozellen verfügen über einen Durchmesser von 500 Meter bis 2 Kilometer.

[7] Die Mikrozellen verfügen über einen Durchmesser von 50 bis 200 Meter.

[8] Die Picozellen verfügen über einen Durchmesser von 10 bis 30 Meter.

bis 1996 hat aufgezeigt, daß sich die beiden D-Netzbetreiber DeTeMobil und Mannesmann Mobilfunk (MMO) keinen Preiskampf geliefert haben.[1] Es hat eine starke Konkurrenz im Hinblick auf die Einführungstermine des digitalen Mobilfunks stattgefunden, dieser Wettbewerb um die Qualität des Dienstes setzte sich in dem Wettlauf um die Flächendeckung fort.[2] In anderen Feldern wie etwa Preisgestaltung und Marktforschung gab es aber in der Duopolzeit offensichtlich latente Absprachen zwischen den beiden Betreibern. Nach der Etablierung der sogenannten Service Provider[3], die benötigt wurden, um eine schnelle Flächendeckung des Händlernetzes zu erreichen, begann eine deutliche Reduzierung der Preise besonders bei den Endgeräten. Die Service Provider haben die subventionierte Endgerätestrategie in den Mobilfunkmarkt eingeführt. Um den Verkauf von Kartenverträgen zu intensivieren, wird beim Abschluß eines Jahresvertrages ein digitales Endgerät ohne Aufpreis abgegeben. Bevor der Verdrängungswettbewerb unter den netzunabhängigen Service Providern eingesetzt hat, lag deren Marktanteil im deutschen Mobilfunksegement bei 33 % (Jahr 1997), das entsprach 2,76 Mio. Teilnehmern.[4]

Mit der Markteinführung der Dienste der am 5. April 1993 gegründeten E-Plus Mobilfunk GmbH wurde die 1800 MHz-Variante von GSM erstmals in Deutschland der Öffentlichkeit zugänglich gemacht. Diese mit DCS-1800 bezeichnete Mobilfunkvariante operiert auf einer höheren Frequenz, dadurch lassen sich kleine Sendeleistungen realisieren und leichtere Endgeräte fertigen. Auf der anderen Seite erfordert die geringere Reichweite von höherfrequenten Wellen eine größere Anzahl an Sendestationen, das System erlaubt es, eine größere Zahl an Nutzern zuzuschalten. Die 1995 im technischen Nachfolgesystem von GSM-900 über die Erwartungen angewachsenen Kundenzahlen im DCS-1800-Umfeld[5] zeigen auf, daß die existierenden GSM-900-Funkzellen in den Ballungsgebieten noch vor der Jahrtausendwende ihre Kapazitätsgrenze erreichen werden.[6] Diese Tatsache hat das Interesse der Investoren am Aufbau weiterer Netzkapazität verstärkt. Im April 1997 waren 4.500 der insgesamt 6.500 Sende- und Empfangsstationen des E-Plus Netzes in Betrieb.[7] Das Unternehmen konnte die Netzabdeckung in bezug auf die Bevölkerung von 30 %[8] am Jahresende 1994 auf 75 %[9] am

---

[1] Vgl. STOETZER und TEWES (1996), S. 310.

[2] Siehe auch HEYWOOD (1997).

[3] 1998 waren folgende Service Provider im Markt etabliert: Alphatel, BTS, Cellway, Debitel, D-Plus, Drillisch, Hutchinson, MobilCom, Motorola Telco, Talkline, Unicom und Victor Vox.

[4] Vgl. WESTLB (1998), S. 23.

[5] 1997 hatte E-Plus, das seit 1993 über eine DCS 1800-Lizenz verfügt, etwa 1 Mio. Kunden zu verzeichnen und eine Netzabdeckung bei der Bevölkerung von 98 % erreicht. Anfang 1999 hat sich die Zahl der Kunden auf 2 Mio. erhöht. VIAG Interkom hat im Oktober 1998 mit 3.000 Basisstationen eine Bevölkerungsabdeckung von 45 % erreicht; die Zahl der Basisstationen ist im Juli 1999 (Mai 2000) auf 4.960 (7.400) angewachsen, 90 % Bevölkerungsabdeckung sollen im Dezember 2000 erreicht werden.

[6] Vgl. BAUSEWEIN (1997), S. 22.

[7] Vgl. E-PLUS (1997a), S. 2.

[8] Vgl. E-PLUS (1997b), S. 145.

[9] Vgl. E-PLUS (1997b), S. 141.

Jahresende 1995, auf 90 % im Dezember 1996[1] und auf 98 % Ende 1997 erweitern. Fristgerecht hat E-Plus die Lizenzauflage der flächendeckenden Versorgung der Bevölkerung erfüllt. Der Jahresumsatz von E-Plus hat sich von 1 Mrd. DM im Jahr 1997 auf 1,8 Mrd. DM im Jahr 1998 erhöht.

Am 15. Mai 1997 hat die VIAG Interkom eine zweite deutsche DCS-1800-Lizenz erhalten. Die Basisstationen im E-Netz haben eine Sendeleistung von 2 bis 12 Watt, die Endgeräte verfügen über eine Sendeleistung von 1 Watt. Das Unternehmen baute 1998 einen Metropolitan Service im E2-Netz[2] auf, der in dieser ersten Stufe 45 % der Bevölkerung in Deutschland abdeckte. Dabei hatte VIAG Interkom über ein Abkommen mit Swisscom ein nationales Roaming mit D-Netzen in Deutschland mit der entsprechenden Ausnutzung der Flächendeckung vorhandener Funknetze erreicht. Kunden konnten diesen „Überbrückungsmechanismus" nur in Anspruch nehmen, wenn sie über Dual-Band-Handies, die sich in D- und E-Netze einloggen können, verfügten. Damit versucht VIAG Interkom die fehlende kritische Masse beim Netzaufbau zu kompensieren. Später wurde dieses Verfahren durch ein sogenanntes „national Roaming" mit T-Mobil (D1) ersetzt. Jeder mögliche Kunde würde ansonsten erst abwarten, ob sich das neue Netz durchsetzt und auf primär ausreichende Netzwerkexternalitäten warten.[3] Für eine eigenständige flächendeckende Versorgung werden ca. 10.000 E2-Basisstationen installiert sein müssen.[4] Ende 1999 hat VIAG Interkom 6.200 eigene Basisstationen aufgebaut und damit rund 70 % der Bevölkerung erreicht.[5] Nach dem Stand der Technik 1997 können in Deutschland mit den E-Netzen ungefähr 10 Mio. Teilnehmer bedient werden. Das verschafft der DCS-1800-Technologie die erforderliche Marktdifferenzierung, die jedes später am Markt eintretende TK-Produkt benötigt. Die nachfolgende Tabelle zeigt, daß diese Entwicklungen eine gewisse Anlaufverzögerung haben. Im Zeitraum von einem Monat[6] ist es dem privaten Anbieter D2 gelungen, über 150.000 Neukunden zu gewinnen, während E-Plus nur 60.000 Neukunden gewann.

---

[1] Siehe E-PLUS (1998).

[2] Die E2-Lizenz hat eine Laufzeit bis zum 31. Dezember 2016.

[3] Vgl. ENGEL und KNIEPS (1998), S. 64.

[4] Vgl. ARDELT, M. (1997), S. 4 ff. Im Oktober 1998 hatte das E-Plus-Netz 6.500 Basisstationen und das E2-Netz 3.000 Basisstationen in Betrieb.

[5] Vgl. VIAG INTERKOM (1999), S. 21.

[6] Stand Juli 1998, pro Monat hat D1 etwa 130.000 Neukunden unter Vertrag genommen. Siehe auch E-PLUS (1998a). Im Dezember 1998 hat E-Plus ca. 260.000 Neukunden gewonnen.

Tabelle 35: Vergleich der Entwicklung deutscher (privater) D- und E-Netze

Zeitpunkt/Dienst	D2 privat (GSM 900)	E-Plus (DCS 1800)	E2 (DCS 1800)
1. Dezember 1992	100.000	k. A.	k. A.
1. Dezember 1993	500.000	k. A.[1]	k. A.
1. Juli 1994	700.000	5.000	k. A.
1. Dezember 1994	842.000	30.000	k. A.
1. Juli 1995	1.060.000	75.000	k. A.
1. Dezember 1995	1.450.000	200.000	k. A.
1. Dezember 1996	2.300.000	500.000	k. A.
1. Dezember 1997	3.500.000	1.000.000	k. A.
1. Juni 1998	4.600.000	1.400.000	k. A.
1. September 1998	5.100.000	1.600.000	k. A.[2]
1. Dezember 1998	5.600.000	1.800.000	25.000
1. Dezember 1999	8.500.000	4.000.000	800.000

Quelle: SCHWAB (1996), S. 403, D2PRIVAT (1998), S. 1, E-PLUS (1997b), S. 153, E-PLUS (1998), SCHMELZER (1998), LÜTGE (1998), S. 26, HUBER (1998), S. 197, TEST (1998), S. 29, HANDELS-BLATT (1999), eigene Anfragen bei den Betreibern, Prognose für 1999 auf Basis einer Darstellung im Handelsblatt.

Das GSM-Derivat DCS-1900 konkurriert in den USA mit dem CDMA-basierenden IS-95[3] und dem TDMA-basierenden IS-54 Standard[4]. Diese digitalen Systeme der zweiten Generation werden in den Vereinigten Staaten Personal Communications Systems (PCS) genannt. Das bei GSM-900 in Europa eingesetzte Hybridverfahren wendet eine Kombination von FDMA und TDMA an. Es besteht ein direkter Zusammenhang zwischen dem mobilen GSM-900-Telefonstandard und etablierten UKW-Funksystemen. So wurde der Funkbetrieb im Verkehrskreis des öffentlichen Nachrichtenaustausches für den Schiffahrtsbetrieb auf dem Rhein mit Wirkung vom 1. Januar 1995 eingestellt[5], und ersatzweise wird der Gebrauch von GSM-Telefonen empfohlen.[6] Diese indikative Entscheidung zeigt deutlich, daß der Betrieb eines speziellen Funkkonzeptes für diesen Anwendungsfall trotz der inhärenten Vorteile der Kanalverfügbarkeit[7] ingesamt so stark an Attraktivität verloren hat, daß in Summe die Migration auf einen internationalen mobilen Wählverbindungsstandard für alle Beteiligten mehr Vorteile bringt, zum Beispiel die bessere Flächenabdeckung oder die preiswerten Endgeräte. Zusätzlich bieten GSM-Geräte die Möglichkeit des Sendens und Empfangens von Short Messa-

---

[1] „Am 4. Mai 1993 wurde vom Bundesministerium für Post und Telekommunikation der E-Plus Mobilfunk GmbH die Lizenz zum Errichten und Betreiben eines digitalen zellularen Mobilfunknetzes im Gebiet der Bundesrepublik Deutschland erteilt." E-PLUS (1997b), S. 145.

[2] Das E2-Netz wurde am 1. Oktober 1998 in acht Ballungszentren in Betrieb genommen.

[3] CDMA-Netzbetreiber in den Vereinigten Staaten sind (Stand 1998): Sprint PCS, Primeco Personal Communications, GTE Mobilnet, Bell Atlantic Nynex Mobile, Airtouch Communications Inc., Nextwave Telecom Inc. Weitere Informationen zu CDMA siehe Anhang.

[4] TDMA-Netzbetreiber in den Vereinigten Staaten sind (Stand 1998): AT & T Wireless Services, SBC Communications Inc., Bellsouth Corp.

[5] Mit Hilfe dieses UKW-Funkverfahrens wurden Anmeldungen bei Schleusen und Hafenmeistereien durchgeführt.

[6] Siehe: HOMMER (1995).

[7] Bei diesem Funkverfahren ist immer ein Sprechkanal vorreserviert und muß nicht wie beim Telefon durch eine Wählaktion aufgebaut werden. Damit gibt es im Normalfall keine „besetzten" Leitungen und somit keine erfolglosen Versuche, eine Verbindung aufzubauen.

ges (SMS), die Zahl der gesendeten SMS pro Kunde ist von 9 Stück im Jahr 1996 auf durchschnittlich 66 Meldungen im Jahr 1998 gestiegen.[1] Ende 1998 stieg die Zahl monatlich übertragener Kurznachrichten im D2-Netz auf 50 Millionen an.[2] Die SMS-Applikationen sind auch im Ausland interessant, da sie nicht den zusätzlichen Roaminggebühren unterliegen und dadurch Mitteilungen aus dem Ausland zum Inlandspreis versendet werden können. Wachstumsimplulse werden auch durch neue Dienste erzeugt; der Mail-to-Speech-Service transformiert geschriebene E-Mails auf eine Voicebox, von der die Information jederzeit abgerufen werden kann.

Die Lufthansa AG hat 1997 das Integrated Ground Cockpit Communication (IGCC) Projekt vergeben. Die für die Fluglinie maßgeschneiderte Lösung basiert auf regulären GSM-Mobilfunkgeräten, welche die bisherigen Bündelfunkgeräte ablösen. Eine projektspezifisch erstellte Modifikation des angekoppelten virtuellen privaten Netzes (VPN) erlaubt es den Piloten, sofort nach der Landung, also noch auf dem Taxiway, mit dem Bodenpersonal und dem Rampagent Kontakt aufzunehmen. Dadurch können Beladepläne und Tankvolumina frühzeitig festgelegt und die Standzeiten der Flugzeuge am Boden verringert werden. Gleichzeitig wird diese Produktivitätserhöhung aber nicht durch eine Kostenerhöhung kompensiert, weil die handelsüblichen Mobilfunktelefone weitaus geringere Unterhaltskosten als Betriebsfunkanlagen aufweisen. Allerdings werden Bündelfunksysteme auch für Telemetrieanwendungen[3] eingesetzt, und sie profitieren bei solchen Applikationen vom grundsätzlichen Vorteil aller Funksysteme, der nicht erforderlichen Verbindungsaufbauzeit. Für die Mobilfunkanbieter stehen drei Strategien zur Vergrößerung des Umsatzes zur Verfügung: (i) Marktgrößenwachstum durch Verlängerung der Airtime und Zunahme der Teilnehmer; (ii) Marktanteilswachstum durch wirksame Leistungsvorsprünge und Produktdifferenzierungen und (iii) Reduktion der Kündigungs- bzw. Churnrate. Die Entwicklung des digitalen Mobilfunkes in Deutschland ist von richtungsweisender Bedeutung für die Einschätzung der zukünftigen Marktwachstumsfaktoren für Mehrwertdienste.

4.2.2.2.2 Ein Standard für schnurlose CT2-Telefone

Mitte der achtziger Jahre wurde in Großbritannien der CT2-Standard für schnurlose Telefone entwickelt, der technisch auf dem CT1-Prinzip beruht und ebenso das FDMA-Verfahren für den Kanalzugriff nutzt. Der große Unterschied liegt in der von CT2 verwendeten digitalen Übermittlung der Sprache. CT2 ist vom ETSI als vorläufiger Standard anerkannt und beruht zum Nutzen der Konsumenten auch auf dem CAI-Prinzip: Die Common Air Interface-Vereinbarung erlaubt es, Mobilstation und Basisstationen von verschiedenen Herstellern

---

[1] Vgl. ZUBER (1998), S. 18.

[2] Siehe auch FREY (1999).

[3] Einige städtische öffentliche Transportunternehmen statten ihre Omnibusse mit Bündelfunkanlagen aus, die es den Fahrern der Busse gestatten, die Lichtzeichenanlagen fernzusteuern und so individuelle grüne Wellen zu schalten.

miteinander zu kombinieren. Die Reichweite von CT2 wird mit 50 Metern in Gebäuden und 300 Metern im freien Gelände angegeben, wobei der digitale Standard im Unterschied zum analogen Prinzip eine konstante Sprachqualität bis zum Erreichen der Reichweitengrenze zuläßt. Das ist ein signifikantes Unterscheidungsmerkmal zu analogen Systemen, bei denen die Übertragungsqualität mit der Entfernung von der Basissation abnimmt. Technisch sind digitale Anlagen leichter „einzumessen", die daraus resultierenden Kosteneinsparungen erhöhen die Skalenvorteile solcher Netze und Systeme. Die britischen Endgerätehersteller haben vor der erfolgreichen Markteinführung von DECT ausschließlich auf CT2 gesetzt.

Der schwedische TK-Hersteller Ericsson hat im Alleingang den CT3-Standard entwickelt, dem allerdings die internationale Anerkennung versagt geblieben ist. Immerhin gibt es gemeinsame Merkmale mit dem DECT-Standard wie etwa die Duplexbetriebsart.[1] Es ist abzusehen, daß die mittelfristige Marktbedeutung von CT3 hinter der von DECT zurückbleiben wird.

4.2.2.2.3 Ein Standard für schnurlose DECT-Telefone

CEPT hat 1985 den DECT-Standard für schnurlose Telefone entworfen, um damit den kontinuierlich gestiegenen Bedürfnissen des Marktes Rechnung tragen zu können. Der DECT-Standard verwendet das TDMA-Verfahren für den Kanalzugriff und operiert in Deutschland auf einer Frequenz von 1.880 MHz bis 1.900 MHz. Bei diesem Verfahren werden Funkkanäle in Zeitschlitze unterteilt. Bei diesem Zeitmultiplexprinzip ist die Anzahl der gleichzeitig übertragenen Gespräche höher als bei traditionellen analogen Verfahren. RWE Telliance hatte in Gelsenkirchen, T-Mobil in Berlin und Thyssen Telecom in Duisburg jeweils einen Feldversuch für DECT-Anwendungen gestartet, bei dem die technische Lösung des Handover von einer Funkzelle zur nächsten und die Teilnehmerdatenverwaltung erprobt wurden. Das Unternehmen AT & T in den Vereinigten Staaten versucht ebenfalls, die Dominanz der Regionalanbeiter im Ortsnetz mit drahtlosen Technologien zu umgehen.[2] Bis dato sind DECT-Geräte nur im Umfeld von jeweils einem Basisanschluß als reine schnurlose Handsets zum Einsatz gekommen. Die Verwendung der DECT-Technologie eröffnet eine Reihe von finanziellen Vorteilen im Vergleich zu Festnetztelefonen. Der jeweilige Gesprächsteilnehmer ist unmittelbar erreichbar, dadurch reduzieren sich die normalerweise anfallenden Rückrufkosten; die Gespräche von Handset zu Handset auf dem Firmengelände sind kostenfrei, die üblicherweise erforderliche Benutzung von Handies entfällt. Außerdem entfallen die Kosten für die Verwaltung und Administration der Nebenstellenanlagen insbesondere bei internen Umzügen.[3] Eine während der Konzeptphase der Standardisierung in Erwägung gezogene Notruffunktion ist technisch möglich, sie wurde aufgrund von Widerständen in der Industrie nicht

---

[1] Vgl. ZIMMERS (1996), Teil 9, Kapitel 11.2, S. 8.

[2] Vgl. ELSTROM (1998), S. 44.

[3] Vgl. BERWING (1996), S. 15.

implementiert. Bei einer solchen Notruffunktion schaltet ein DECT-Handset nach dem Betätigen der Notruftaste automatisch zur nächsten erreichbaren Basisstation und übermittelt von dort die Meldung an die entsprechenden Institutionen.

Der nächste Schritt der Entwicklung wird in Richtung Personal Communications Network (PCN) gehen; ein Feldversuch der DTAG in Berlin bietet den Beteiligten schon ein Multimodehandy[1]. Es erkennt selbständig, ob es sich in Reichweite einer DECT-Basisstation befindet und nutzt diese zum Festanschlußtarif; ansonsten schaltet das Gerät auf GSM um, wobei dann der teurere Mobilfunktarif zur Anwendung kommt. Der Kunde hat aber unabhängig davon nur eine Telefonnummer[2] und eine monatliche Gesamtrechnung. BT erprobt solche Systeme in Colchester und variiert dabei verschiedene technische und tarifliche Optionen.[3]

4.2.2.2.4 Die Konzeption der Fixed Mobile Integration

Die Konzeption der Fixed Mobile Integration (FMI) bzw. der Fixed Mobile Convergence (FMC) geht von einer Integration der verschiedenen Telekommunikationsdiensteplattformen wie Festnetz, Mobilfunk, Breitbandkabel und Internet aus.[4] Unter Konvergenz versteht man die Fähigkeit, auf verschiedenen Netzplattformen ähnliche Arten von Telekommunikationsdiensten zu übermitteln.[5] Der Begriff leitet sich von dem lateinischen Wort „convergere" ab, dieser Begriff steht für „sich hinneigen", und er soll in der TK-Branche für eine Annäherung der verschiedenen Dienste stehen. Dabei hat der technische Fortschritt in drei Schlüsselbereichen eine Angleichung möglich gemacht[6]: (i) Die Konvergenz von Mobilfunk und Festnetzvermittlungen; (ii) die Konvergenz von leitungsgebundenen und drahtlosen Übertragungsmedien und (iii) die Konvergenz von Telekommunkations- und Medien- sowie Unterhaltungsdiensten. Neben der Konvergenz der Endgeräte wie Telefon, Fernseher und Personal Computer entwickelt sich eine zunehmende Konvergenz der Netze und Plattformen. Als konvergierende Märkte werden die ehemals separaten Bereiche der Telekommunikation, der Informationstechnologie und der Broadcast-Medien bezeichnet.[7] Fixed Mobile Integration steht für das Zusammenwachsen der Festnetz- und Mobilfunkmärkte. „The growing demand for mobile phones, personal numbers and calling card services highlight this trend."[8] FMI adressiert dabei folgende Leistungsmerkmale: (i) Vergabe nur einer einzigen Telefonnummer für mobile und feste Anschlüsse (universal number); (ii) Erstellung einer einzigen, gegebenen-

---

[1] Im Unterschied zu den Dualbandhandies, die erstmals auf der CeBIT 97 vorgestellt wurden und in den 900 MHz- und den 1800 MHz-Netzen gleichermaßen eingesetzt werden können.

[2] Das ist jedoch nur ein Vorteil gegenüber D1 und D2, denn das E-Plus-Netz bietet schon von Anfang an die Möglichkeit, die Festnetzrufnummer mit der entsprechenden Vorwahl zu verwenden.

[3] Vgl. MCCARTNEY (1997a), S. 1.

[4] Vgl. GROSS (1998), S. 12.

[5] Vgl. EUROPÄISCHE KOMMISSION (1998), S. 1.

[6] Vgl. TEWES (1998), S. 1 f.

[7] Vgl. OFTEL (1998a), S. 9.

[8] OFTEL (1998a), S. 17.

falls elektronischen Rechnung pro Kunde und Monat; (iii) nahtlose Verwendung unterschiedlicher Endgeräte und Dienste; (iv) Bereitstellung des Kundendienstes, der Störungsannahme und des Call Centers durch ein einziges Unternehmen. Man unterscheidet außerdem zwischen virtuellem, funktionalem und echtem FMI. Durch Benutzung einer Rufumleitung und einer manuellen Zusammenfassung der Einzelrechnungen kann im herkömmlichen Mobil- und Festnetz eine virtuelle Integration erzielt werden.

Das Personal-Communication-Service-(PCS)-Produkt der DTAG bietet in der Kombination von ISDN-Anschlüssen und Dual-Band-Handies eine solche virtuelle FMI ab Mitte 1999 an. Die Umschaltung vom Festnetz ins Mobilfunknetz erfolgt allerdings nicht unterbrechungsfrei. Zusätzliche Leistungsmerkmale sind die Homezone[1] und die Vergabe einheitlicher Rufnummern; man bezeichnet diese Konzepte als funktionales FMI. Sind die Übertragungsnetze und Vermittlungsrechner vollständig integriert, gleichzeitig für Festnetz und Funktechnologien ausgelegt und mit personalisierten Teilnehmerprofilen ausgestattet, dann handelt es sich um eine „echte" Fixed Mobile Integration. FMI liefert die Unabhängigkeit von einzelnen Hardwareherstellern oder Diensteanbietern. Ende der neunziger Jahre verfügten die durchschnittlichen Telekommunikationskunden über eine größere Anzahl an Endgeräten. Personal Computer, Mobiltelefone, Faxgeräte, Pager, analoge und digitale Festnetztelefonendgeräte werden zu unterschiedlichen Aufgaben herangezogen. Folglich sind die in den Netzen verfügbaren Dienste wie Mailboxen, Anrufbeantworter, Ansagedienste, Homepages, E-Mails und Rufnummern nicht miteinander integriert. Die Rechnungsstellung, selbst wenn unterschiedliche Dienste bei einem Carrier bezogen werden, ist voneinander unabhängig. Es besteht in der Regel keine Möglichkeit, kumulierte volumensabhängige Nachlässe zu erhalten. Die durch FMI-Konzepte ermöglichte Integration der Vertriebsaktivitäten, der Produktmarketingaktionen, der IT-Architektur, der Kundenbetreuung, der Rechnungsstellung und der Netzwerkstrukturen führen zu neuen Leistungsmerkmalen für die Kunden und zu Kosteneinsparungen für die Carrier. Die mögliche technische Konvergenz kann Auswirkungen auf die Organisation haben.

Die alternativen Anbieter in Deutschland setzen teilweise auf FMI. Das hat zum Beispiel die VIAG und BT bewogen, sich um die E2-Lizenz, die vierte Mobilfunklizenz in Deutschland, zu bewerben. Die E2-Lizenz wurde am 4. Februar 1997 an dieses Konsortium vergeben.[2] VI (VIAG Interkom) plant im Rahmen dieses Konzepts, den privaten Kunden ein nahtloses Home-Cell-Tariffing zu liefern, bei dem die Unterschiede zwischen Mobil- und Festnetz-

---

[1] Homezone ist im Sommer 1999 von der VIAG Interkom unter dem Markennamen „Genion" auf den Markt gebracht worden. Der Kunde verwendet dabei nur ein E2-Mobilfunktelefon, das innerhalb einer definierten räumlichen Homezone, bei angehenden Telefonaten auf ein, dem Festnetz angeglichenes Tarifschema, umschaltet. Gleichzeitig behält der Teilnehmer eine Festnetznummer (aber keinen Festnetzbasisanschluß) und er ist, sofern er sich in der Homezone aufhält, mit seiner Festnetznummer für ankommende Gespräche erreichbar. Außerhalb der Homezone funktioniert das Gerät exakt wie ein herkömmliches Mobilfunktelefon. Das Konzept soll eine vollwertige Alternative zum Festanschluß darstellen.

[2] Siehe auch BRENKE (1996), KERSCHNER-ACEVAL (1997), VWD (1997).

kommunikation verschwinden sollen. Dieses FMI-Konzept wurde im Sommer 1999 unter dem Produktnamen „Genion" in den Markt eingeführt. Dabei ist die Gesprächsgebühr für ein Mobiltelefonat von der sogenannten Home-Zone aus günstiger als ein Verbindungsaufbau in einer anderen fremden Funkzelle. Allerdings liegen die Home-Zone-Tarife der funktionalen FMI der VIAG Interkom etwas über den regulären Festnetztarifen. Dennoch verschwindet der Unterschied zwischen einem Mobiltelefon und einem schnurlosen Festnetztelefon. In dieser Situation kann der Mobilfunkanschluß zu einer vollständigen Substitution des Festnetzanschlusses herangezogen werden. FMC stellt das Leitmotiv für die Integration der Telekommunikationsdienste auch innerhalb des Carriers dar. In zahlreichen Ländern ging die Liberalisierung der Mobilfunkmärkte der Deregulierung der Festnetzmärkte voran. Zur klaren Trennung der Monopolmärkte von den offenen Märkten wurde eine strikte Trennung der Kostenrechnung der mobilen und festen Sprachnetze vorgeschrieben. Zusätzlich sind für die beiden Dienste aus regulatorischer Sicht unterschiedliche Lizenzen erforderlich. Das hat dazu geführt, daß die TK-Carrier unterschiedliche organisatorische Einheiten für die verschiedenen Geschäftsbereiche geschaffen haben.

4.2.2.2.5 Der UMTS-Standard für universale mobile Dienste

Die weitere Entwicklung von neuen Standards der dritten Generation für integrierte mobile Dienste auf dem Weg zu Universal Mobile Telecommunication Systems, kurz UMTS, ist von der Forderung der Verbraucher geprägt, ohne Übergänge und unter Verwendung verschiedener Geräte unterschiedliche mobile Dienste nutzen zu wollen. Wichtigstes Kennzeichen dieses Leistungsmerkmals ist der graduelle Übergang von der herkömmlichen Mobiltarifierung auf die etablierte Festnetztarifierung in einer für den Benutzer transparenten Form und gesteuert über einen sogenannten Entfernungsparameter, der die Entfernung von der eigenen Basisstation mißt und davon abhängig den Zeitpunkt des Handovers auf die Mobilfunkbasisstation festlegt. UMTS gilt, wie die folgende Abbildung zeigt, als neuer Markt und nicht als Erweiterung der GSM-Märkte. UMTS soll multimediale mobile Dienste ermöglichen.[1] Aber auch die übergreifende Verwendung von Mobilfunksystemen aus den unterschiedlichen regionalen (USA - Japan - Europa) Gebieten[2] ist ein Bestandteil des UMTS. Mehr als 50 europäische Netzbetreiber und global agierende TK-Hersteller arbeiten seit Dezember 1996 an dem neuen UMTS-Standard[3], der folgende Merkmale abdeckt: (i) Breitbandige Kapazitäten; (ii) Bandbreite auf Abruf; (iii) höchste Sprachqualität; (iv) globale Verfügbarkeit durch Verwendung terrestrischer und satellitengestützter Übertragungsverfahren; (v) einheitliche Sy-

---

[1] Gelingt die Integration von Internetapplikationen und Multimedia bei UMTS nicht, so muß die Betrachtung als eigener neuer Markt in Frage gestellt werden. Die GSM-Technologie wurde 1990 in Abgrenzung zu analogen Mobilfunkstandards ebenfalls als neuer Markt definiert. Tatsächlich wurde GSM aber eine nachfolgende Technologie mit Substitutionscharakter.

[2] Ende 1998 waren 135,6 Mio. GSM-Systeme, 38,8 Mio. japanische PDC-Systeme und 23,7 Mio. digitale nordamerikanische Mobilfunksysteme verkauft. Vgl. UMTS (1999), S. 10.

[3] Siehe FUNKSCHAU (1997a).

stemplattform zwischen dem öffentlichen Netz und den Virtuellen Privaten Netzen (VPN) und (vi) leistungsfähigere Datenübertragungskonzepte.

Abbildung 14: Marktentwicklung der TK-Netze

<table>
<tr><td>POTS</td><td>Telefax, X.25</td><td>**Festnetz**</td><td>ISDN</td><td>Internet</td></tr>
<tr><td>GSM</td><td>Nur Basis-
dienste</td><td>**Mobilnetz**</td><td>UMTS</td><td>UMTS</td></tr>
<tr><td>**Sprache**</td><td>**Daten**</td><td></td><td>**Sprache**</td><td>**Daten**</td></tr>
<tr><td colspan="3" align="center"><u>Gegenwart</u></td><td colspan="2" align="center"><u>Zukunft</u></td></tr>
</table>

Quelle: Eigene Analysen.

Mit dieser dritten Generation von Mobilfunkkonzeptionen kann nicht nur das erwartete Wachstum der Teilnehmerzahlen (die Firma Siemens rechnet mit 260 Mio. Anschlüssen im Jahr 2010[1]), sondern auch die Erweiterung der Dienste bewältigt werden. Rund ein Drittel der Teilnehmer im Jahr 2010 wird nicht nur telefonieren, sondern zusätzlich multimediale mobile Dienste nutzen und damit bis zur Hälfte des errechneten Verkehrsvolumen verursachen. Zu diesen multimedialen Diensten gehören: (i) Mobile Internetzugriffe; (ii) Übertragung von E-Mails und Dokumenten; (iii) Videoübertragungen und Bildtelefondienste; (iv) und Telematikdienste, Prozeßautomatisierung sowie die Fernsteuerung von Haushaltsgeräten und PCs[2]. Dafür wird UMTS eine breitbandigere Datenübertragung bis 2 Mbit/s ermöglichen und die derzeitigen ISDN-Leistungsmerkmale (64 kbit/s pro Kanal) und GSM-Features (Nutzdatenrate 9,6 kbit/s) übertreffen. Außerdem ist eine Integration der unterschiedlichen technologischen Netze beabsichtigt. UMTS-Handies sollen weltweit Festnetze, terrestrische Funknetze und die Satellitenkommunikation miteinander verbinden. Wie in der nachfolgenden Abbildung dargestellt, wird es eine Integration der Systeme auf drei unterschiedlichen Ebenen geben. Im Endgerätebereich können Dual-Mode-Geräte eine Verbindung zu den GSM- und UMTS-Netzen aufnehmen. Die Basisstationen der unterschiedlichen Mobilfunksysteme sind in einem Core-Backbone miteinander verbunden. Die Übertragung der Informationen erfolgt dann in das Telefonfestnetz oder in die Internet-Netzwerke. Zwischen den Telefon- und Internet-Netzwerken sichern Gateways die bidirektionale Übertragung von Informationen.

---

[1] Siehe auch SCHRADER-KELLER (1998).

[2] Man faßt diese Anwendungen ebenso unter dem Begriff Fernwirktechnik zusammen.

Abbildung 15: Netzarchitektur der dritten Mobilfunkgeneration

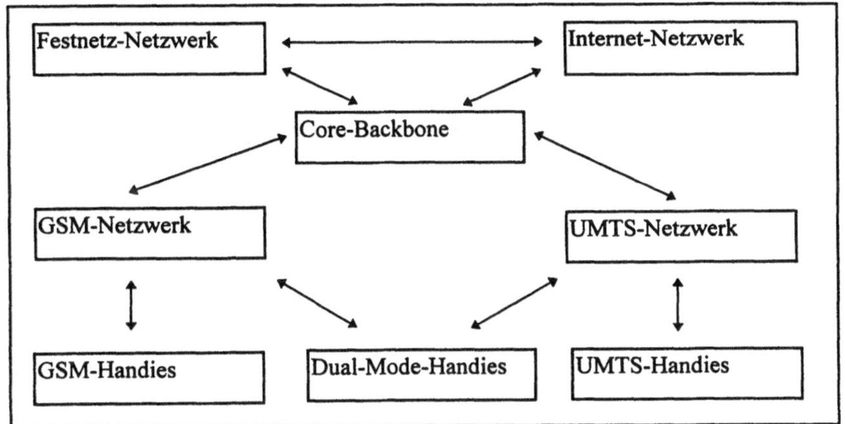

Quelle: Befragung des Nokia- und Ericsson-Managements auf der CeBIT 1998 in Hannover.

4.2.3 Multimediale Applikationen

Multimediale Applikationen und entsprechende Dienste sind in den letzten Jahren zum Schlagwort für die neue Dimension des Telekommunikationsspektrums geworden. Der Begriff Multimedia[1] steht für die digitale Integration von Daten, Texten und Grafiken in Form von audiovisuellen Applikationen, die von einem Gerät aus mit einer einheitlichen Bedieneroberfläche gleichzeitig nutzbar sind. Die bisher unabhängigen Computertechnologien, die Telekommunikationsnetzwerke und die Inhalte der Medien wachsen zusammen. Die Übertragung unterschiedlicher Medienarten wie Bilder, Sprache oder Musik erfordern wesentlich breitbandigere Informationskanäle und eine Verbindung der Digitalisierungs- sowie Kompressionsverfahren. Die derzeit übliche schmalbandige singuläre Übertragung der einzelnen Dienstarten kann nur als Ausgangsbasis für Multimediaanwendungen herangezogen werden. Diese Tatsache hat in der Vergangenheit die Verbreitung von multimedialen Applikationen behindert, weil hohe Bandbreiten eine begrenzte Verfügbarkeit haben und im oberen Preissegment angesiedelt sind.[2] Bei der interaktiven CD für den PC oder bei den Videokonferenzeinrichtungen ist die gleichzeitige Übertragung von Sprache, Bildern und Daten erforderlich; der Multimediadienstenutzer braucht aber vor allem Kommunikationspartner mit einer ebenso leistungsfähigen Infrastuktur. „Die erweiterten Handlungschancen durch Vernetzung, Integration und Interaktivität beschleunigen die Globalisierung der Wirtschaft. Weniger als bisher sind örtliche und zeitliche Bindungen Voraussetzungen der wirtschaftlichen Tätigkeit. Aus mehreren Gründen wird mit Multimedia der seit Jahren merkliche wirtschaftliche Struk-

---

[1] Vgl. VOGT (1996), S. 391.

[2] Andreas von Bechtolsheim, Mitbegründer der Computerfirma SUN, geht in den USA von Investitionskosten in Höhe von 1 Mrd. US$ aus, um einen Coast-to-Coast-Network-Service aufzubauen.

turwandel und die damit einhergehende Denationalisierung der Wirtschaftspolitik beschleunigt."[1] Unabhängig von den heute noch nicht einschätzbaren Effekten einer Internationalisierung entstehen zusätzliche Wertschöpfungspotentiale. Multimedia ermöglicht eine Modularisierung und Mehrfachverwendung von Arbeitsergebnissen, auch an unterschiedlichen Orten. In den Bereichen der Wissenserschließung, der Wissensverarbeitung und der Wissensverwertung ist Multimedia eine hohe Bedeutung zuzumessen.

Die elektronische digitale Speicherung vernetzter Informationen ermöglicht, daß sich Mitarbeiter von zu Hause[2] oder jedem anderen Ort aus mit einer ausreichenden Telekommunikationsinfrastruktur[3] in den Unternehmensrechner einloggen können. Dieser Rechner verarbeitet aber nicht nur die reinen „Nutzdaten", sondern er stellt auch die Informationsplattform zwischen Lieferanten einerseits und Kunden andererseits dar. Diese Applikationen reichen bis in den EDI-Bereich hinein. Wartungstechniker eines Automobilunternehmens können sich nicht nur an dezentralen Standorten in den einzelnen Reparaturschritten schulen lassen, sie haben auch die Möglichkeit, in einem interaktiven Dialog an einem visuellen Modell direkt Fragen zu stellen und auf diesem Weg Ersatzteile zu identifizieren und zu bestellen.

Multimedia-Anwendungen ermöglichen sogenannte virtuelle Arbeitsumgebungen,[4] in denen der tatsächliche Standort der Beteiligten nur mehr eine untergeordnete Rolle spielt. Es existieren Testanwendungen, bei denen der Arzt an einem spezialisierten Institut in laufende Operationen an Patienten, die sich an einem ganz anderen Ort aufhalten, beratend über Multimedia eingreifen kann. Für den Markt der professionellen Softwareentwicklung hat diese Technologie schon die ersten signifikanten Strukturänderungen hervorgebracht. So ist es zum Beispiel ohne weiteres möglich, das Software-Engineering von Lösungen und die Codierung von Programmen in Länder mit ausreichendem Ausbildungsniveau, aber niedrigeren Gehältern[5] (z. B. Indien oder Ungarn) und längeren Arbeitszeiten zu verlagern, ohne daß durch die große Entfernung des Auftraggebers vom Realisierer wesentliche Nachteile entstehen. In den Softwareprojekten, deren Produktionsstätten über den Globus verteilt sind, wird jede Nacht über Datenfernverbindungen der aktuelle Stand der Spezifikationen an die Programmierer und in der Gegenrichtung das jeweils fertiggestellte Softwaremodul zum Testen an die Kunden übermittelt. Multimediatechnologien unterstützen die Weiterentwicklung der heutigen Call Center zu sogenannten Smart Contact Centern. Dort werden nicht nur die Anrufe oder Telefaxe von Kunden entgegengenommen und bearbeitet, sondern interaktiv nutzbare

---

[1] LEMKE (1995), S. 13.

[2] Eine solchen „Heimarbeitsplatz" bezeichnet man als SOHO, small office bzw. home office. Eine Reihe von Produkten konzentriert sich schon heute ausschließlich auf diesen potentiellen Kundenkreis der SOHO-Betreiber, z. B. die Hochgeschwindigkeitsmodems.

[3] Denkbar sind in diesem Fall mobile Einsatzorte, an denen via Mobiltelefon eine Einwahl erfolgt, ebenso effektiv ist aber die Nutzung eines Festnetzes beim Kunden selbst in Büros, auch im Ausland oder in Hotelzimmern.

[4] Vgl. auch MATERNAGMAN (1996), S. 12.

[5] Im Vergleich zu Europa bzw. dem beauftragenden Land.

Webseiten erlauben der anfragenden Partei, eigenständig in Datenbanken zu suchen und Hilfedialoge zu starten.[1] Subsumiert man diese technologischen Entwicklungen, dann eröffnet sich der Migrationsweg von dem telefonorientierten Call-Center zu einem interaktiven Multimedia-Center. Der Dialog mit Kunden und Lieferanten wird unter Ausnutzung von unterschiedlichsten Diensteplattformen durchgeführt. Die Medien Telefax, Web-Pages, E-Mail, Telefon, Videokonferenzen und Ferndiagnosesysteme kommen parallel zum Einsatz.

4.2.3.1 Erwartete Entwicklung der Multimediadienste

Die Multimediadienste zusammen mit den Mobilfunkdiensten weisen das höchste relative Wachstumspotential im Telekommunikationsmarkt auf. Die Newcomer streben keine verkleinerte Geschäftsfeld- und Organisationsstruktur der ehemaligen TK-Monopolunternehmen an. Die neuen Märkte bieten deshalb ein potentielles Wachstumsfeld für TK-Unternehmen im Aufbau, die Multimediamärkte bieten unbesetzte Marktsegmente und sie erlauben die Implementierung effizienter Ablauforganisationen.

Abbildung 16: Die Entwicklung der TK-Dienste in Deutschland

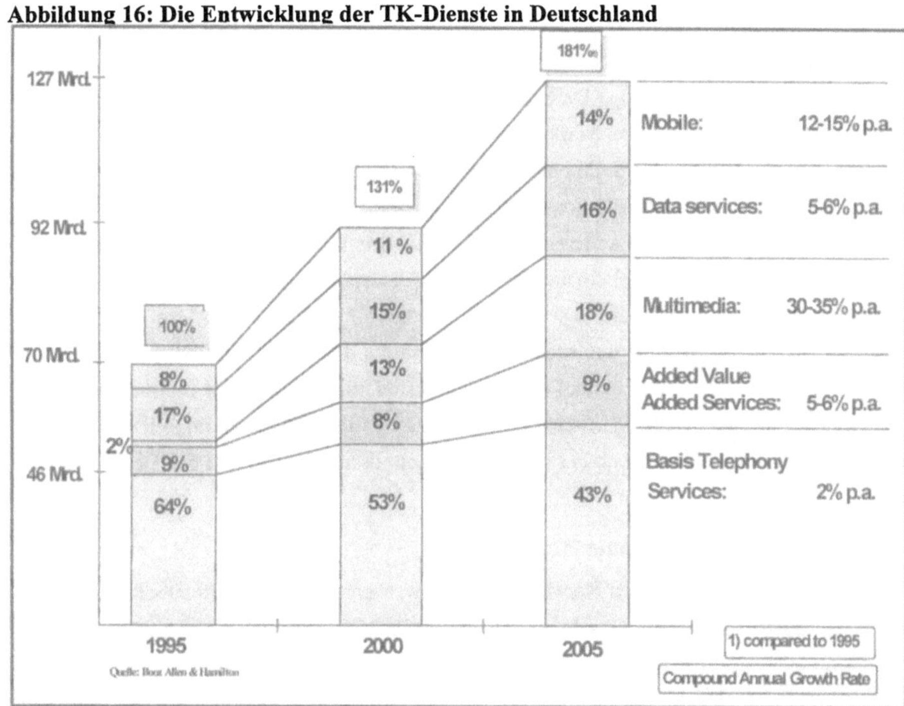

Quelle: Booz, Allen & Hamilton (1995).

Die oben abgebildete Grafik illustriert die erwartete Vergrößerung des Marktvolumens von 72 Mrd. DM im Jahr 1995 und 90 Mrd. DM im Jahr 1997 der gesamten Telekommunikati-

---

[1] Vgl. HENN (1997), S. 27.

onsdienste in Deutschland auf über 120 Mrd. DM im Jahr 2005. Die Booz, Allen & Hamilton-Studie kam dabei zu dem Ergebnis, daß die relativen Marktanteile der Basistelefondienste von 64 % auf 43 % und die der Datendienste von 17 % auf 16 % zurückgehen. Im gleichen Zeitraum wird sich der Anteil der Multimediadienste am Gesamtmarkt versechsfachen und der Marktanteil des Mobilfunks auf 14 % nahezu verdoppeln. Der Mobilfunk-Markt expandiert durch die Intensivierung des Wettbewerbs ab dem Jahr 1998 in verstärktem Maße.[1] Fallende Preise pro Gesprächsminute, im Gegensatz zu den bis dahin geltenden Prohibitivpreisen von bis zu 2 DM pro Minute, eröffnen auch die Substitution der Festnetzanschlüsse als Marktsegment. In diesem Fall dürfen die Verbindungspreise für Mobilfunksysteme nur ca. 10 % bis 15 % über den Preisen des Festanschlusses liegen.[2] Der erwartete jährliche Zuwachs im Zeitraum 1997 bis 2007 liegt im Geschäftskundenmarkt bei 3 %, der damit langsamer wächst als der TK-Gesamtmarkt, und bei 6,6 % im Privatkundenmarkt.[3] Eine Infrateststudie geht von einem jährlichen Wachstum des Internetmarktes von 20 % aus.[4] Auf Datacom bezogene Markteinschätzungen erwarten ein Marktvolumen von mehr als 150 Mrd. DM im Jahr 2005, bei dem dann 67 Mrd. DM auf Telefonbasisdienste, 66 Mrd. auf Mehrwertdienste (einschließlich Datendienste und Multimedia) und 22 Mrd. DM auf Mobilfunkdienste entfallen.[5] Die Marktforschungsgruppe Datapro, ein Tochterunternehmen der Gartner Group, geht schon im Jahr 2002 von einem Marktvolumen von 153 Mrd. DM aus[6], bei dem die TK-Dienste 130 Mrd. DM erzielen sollen und der Anteil des TK-Ausrüstungsmarktes auf 23 Mrd. DM ansteigt. Der Telekommunikationsmarkt in Deutschland ist, von seiner absoluten Größe her gesehen, im Vergleich zu anderen Märkten im Mittelfeld positioniert. Mit Beratungen wurden 1996 rund 285,5 Mrd. DM, bei Banken und Versicherungen 193,8 Mrd. DM, in der chemischen Industrie 215,7 Mrd. DM, in der Automobilbranche 283,3 Mrd. DM und im Großhandel 1.161,8 Mrd. DM umgesetzt. Kleiner als der TK-Markt sind beispielsweise mit 40,9 Mrd. DM die Werbebranche und das Verlagswesen mit 54,3 Mrd. DM. Nach den Kennzahlen des erwarteten realen Wachstums bis 2001 steht die Telekommunikation mit insgesamt 39,1 % an dritter Stelle nach der Nachrichtentechnik mit 51,3 % und der Datenverarbeitung mit 43,3 %.

4.2.3.2 Datenübertragungsverfahren

Zur Verbindung von Lokal Area Networks (LANs) werden zahlreiche Datenübertragungsverfahren eingesetzt. Im unteren Geschwindigkeitsbereich bis 64 kbit/s ist der paketvermittelte

---

[1] 1998 hat das E-Plus-Netz eine den D-Netzen gleichwertige Flächendeckung erreicht und dabei eine bessere Sprachqualität erzielt. VIAG Interkom hat mit dem preiserodierenden Markteintritt des E2-Netzes zusätzlich den Wettbewerb verstärkt. Vgl. BAUER (1998), S. 21.

[2] Siehe auch BAUER (1998).

[3] Vgl. MAGIERA (1998), S. 4.

[4] Vgl. VIAG INTERKOM (1998a), S. 5.

[5] Vgl. GERPOTT (1997), S. 15.

[6] Vgl. MÜLLER-VEERSE (1997), S. 84.

Dienst X.25 einer der am meisten verbreiteten Standards. Die typischen Anwendungen für Vernetzung mittels Packet Services sind Fernwartungsanlagen, Verkehrsleitsysteme, Geldautomaten, Point-of-Sales-Konzeptionen, Online-Dienste und Reservierungssysteme. Als Anschlußvariante kann zum Beispiel der D-Kanal[1] eines Euro-ISDN[2]-Netzes eingesetzt werden. In den letzten Jahren hat sich Frame Relay (FR) immer mehr durchgesetzt, vor allem Forderungen nach höheren Übertragungsraten können mit Frame Relay[3] einfacher erfüllt werden.

Abbildung 17: Datenkommunikationsverfahren

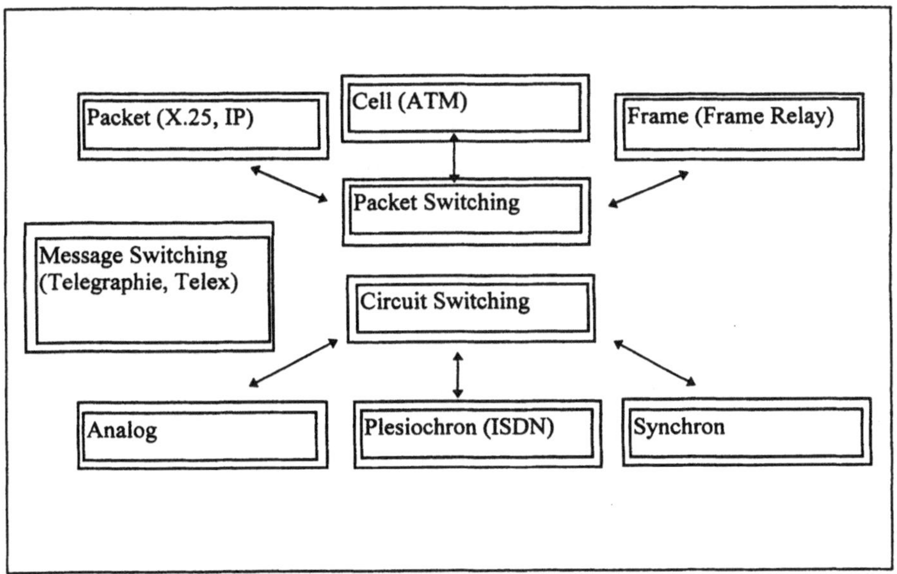

Quelle: MCDYSAN und SPOHN (1995), S. 556.

Im Jahr 1998 wird der Frame-Relay-Markt in Deutschland auf 480 Mio. DM Marktvolumen geschätzt. Der rasche Zuwachs des relativen Marktanteiles von FR ist in der Tatsache begründet, daß die Deutsche Telekom AG mit Datex-P[4], dem eigenen, auf X.25 basierenden Paketvermittlungsdienst, ein wirkliches Konkurrenzprodukt zu den privaten X.25-Diensten im Portfolio hat. Im Gegensatz dazu wurden die DTAG-Konkurrenzprodukte zu Frame Relay, Datex-M, eher stiefmütterlich behandelt und bisher von der DTAG nicht explizit vermarktet,

---

[1] In diesem Fall auch X.31-Service genannt.

[2] Euro-ISDN als europäischer Betriebsstandard wurde 1994 eingeführt und ist ein digitales computergestütztes Übertragungsnetz für Texte, Daten, Sprache und Bilder mit einer Übertragungsgeschwindigkeit von 64 kbit/s (das herkömmliche analoge Telefonnetz verfügt über eine Übertragungsgeschwindigkeit von 4,8 kbit/s). 1995 haben sich 26 Netzbetreiber in 20 Ländern an der Vereinheitlichung von Euro-ISDN beteiligt. Vgl. EUROPÄISCHE KOMMISSION (1996b), S. 6.

[3] Weitere Erläuterungen zu Frame Relay siehe Anhang.

[4] Datex-P wird als paketvermittelter X.25-Dienst seit 1980 von der DTAG vertrieben.

weil diese Produktsparte in direkter Konkurrenz zu den hochpreisig positionierten eigenen Standleitungskonzeptionen[1] steht. Bei diesem internationalen Mietleitungskonzept (IML) werden Standorte mit digitalen Mietleitungen verbunden. Die rund um die Uhr garantierte Verfügbarkeit auf der einen Seite läßt aber keine Spitzenlasttransporte zu und führt zu hohen Fixkosten. Trotzdem werden Leased Lines nach wie vor zur Übertragung von Daten zwischen Rechenzentren eingesetzt. Die neuen infrastrukturellen Möglichkeiten wie Asynchroner Transfer Modus[2] (ATM) oder Virtuelle Private Netze (VPN) fördern die Entschlußbereitschaft von Unternehmen, ihr gesamtes Corporate Network mit enthaltenen Sprach-, Daten- und Mehrwertdiensten an einen externen Netzbetreiber zu übergeben.

4.2.4 Internet als innovativer Mehrwertdienst

Internet ist ein Mehrwertdienst, welcher mit Abstand die größte Zunahme an absoluten und relativen Marktanteilen in den vergangenen acht Jahren zu verzeichnen hatte.[3] Während bei dem Sprachtelefondienst ein Zeitraum von 74 Jahren verging, bis 50 Mio. Teilnehmer erreicht wurden, hat das Internet diese Zahl an Nutzern in 4 Jahren erreicht.[4] Der Begriff Internet repräsentiert in diesem Zusammenhang untereinander vernetzte LANs, eine Gemeinschaft von Nutzern und eine Sammlung von Ressourcen, die über das Netz erreicht werden können.[5] Im Unterschied zu herkömmlichen Broadcastmedien wie Radio und Fernsehen und den dort üblichen Preisen für Werbeminuten kann im Internet ein von der Finanzkraft nahezu unabhängiger Zutritt in das weltwirtschaftliche System vollzogen werden. Die (werblichen) Informationen und deren Bereitstellung im Internet unterliegen dabei drei Hauptkräften[6]: (i) Mit steigender Beteiligungsrate steigen auch die Netzwerkexternalitäten und damit der Verbrauchernutzen; (ii) die Sunk Cost bei der Erstellung von Webseiten sind bei einer hypothetischen Aufgabe der Geschäftstätigkeit nicht entsprechend zu liquidieren; (iii) die multiple Verbreitung von Internetinformationen verursacht ausschließlich inkrementale Kosten, die gegen Null gehen. Die für Internet typische offene WAN-Anbindung an weltumspannende vermaschte Netze wird sowohl durch das breite Angebot kompatibler Netz- und Softwarekomponenten als auch durch die permanente wettbewerbsorientierte Weiterentwicklung gekennzeichnet. Mit dem eingesetzten Datenübertragungsverfahren TCP/IP[7] können Benutzer dieser Dienste durch Eingabe entsprechender Adressen auf eine Vielzahl miteinander vernetzter Rechner und Server zugreifen und von dort eine breite Palette von Informationen beziehen. Textseiten, Bilder, Animationen und neuerdings sogar Radio- und Fernsehsendungen können

---

[1] Im englischen Sprachraum werden die digitalen Datenfestverbindungen auch Leased Lines genannt.

[2] Weitere Informationen zu ATM siehe Anhang.

[3] Vgl. WELFENS und PELZEL (1997), S. 118.

[4] Vgl. ITU (1999), S. 2.

[5] Vgl. HOFFMANN (1996), S. 105.

[6] Siehe auch SHAPIRO und VARIAN (1998).

[7] TCP/IP basiert auf einer ARPA-Entwicklung im Auftrag des US-Verteidigungsministeriums und ist heute ein de facto Industriestandard für die Kommunikation in und zwischen LAN-Systemen.

via Internet abgerufen werden. Virtual Reality Applications, Videoconferencing, 3D-Browser und Teleworking gelten als neue und innovative Anwendungen im Netz. Das nordamerikanische Unternehmen Level 3 investiert insgesamt 10 Mrd. US$ bis zum Jahr 2002, um in Nordamerika und Europa IP-Glasfaserleitungen und Leerrohre für spätere Expansionen zu verlegen. Im Jahr 1999 verfügte das Unternehmen über 25.600 km Kabelstrecke in USA und 3.200 km in Europa. Level 3 rechnet mit einen Preisrückgang von über 50 % im Bandbreitenmarkt und einer entsprechend steigenden Nachfrage. Das klassische Dilemma „Zentralisierung versus Dezentralisierung" im Zusammenhang mit der Kommunikationsstruktur zwischen dem Vertrieb und der Produktion in Unternehmen kann beispielsweise durch den Mehrwertdienst Internet in einer effizienten Art und Weise gelöst werden. „High-bandwidth communication networks allow headquarters to have the same information that field offices have and to see the data that field offices see - and vice versa - in real time."[1] Im Außenverhältnis führt die Zunahme der Komplexität in der gesamten Wertschöpfung zur Verstärkung der Zwischenhandelsstufen. Dadurch wird die Bindung des Endkunden an den Produzenten verringert und dessen Möglichkeiten bei der Steuerung der Absatzkanäle eingeschränkt. Das Internet ermöglicht außerdem den Wegfall einer Zwischenhandelsstufe. Im Fall des virtuellen Buchhändlers amazon.com mit über 3 Millionen Buchtiteln im Angebot können die Verlage ohne Einschaltung von Absatzmittlern direkt an Endkunden verkaufen. Zusätzlich könnten die Verhaltensmuster der Abnehmer nach statistischen Methoden ausgewertet werden und zielgruppenspezifische Werbemaßnahmen entsprechend optimiert werden. Für Verbraucher und für Anbieter eröffnen sich im Internet neue Möglichkeiten der Veränderung der Geschäftsbeziehungen.

4.2.4.1 Verteilung der Hostsysteme

Im November 1995 waren von den 6,6 Mio. Hostrechnern weltweit ungefähr 2 Mio. Hosts in Europa und davon ca. 410.000 in Deutschland installiert.[2] Im Jahr 1996 befanden sich in den USA 10,88 Mio. und in Europa 3,52 Mio. Hostcomputer[3] im Netz. Im Januar 1997 waren es 15,5 Mio. Internet-Hostrechner[4] innerhalb der OECD. Die Zahl der Hostsysteme hat sich in 15 Monaten mehr als verdoppelt. Jeden Monat kommen alleine in den USA 20.000 Firmen[5] mit ihrer Home-Page neu ins Internet. Im Februar 1998 ist die Zahl der Internet-Host-Systeme auf 29 Mio. Stück angewachsen, die Prognosen der Nielsen Media Research[6] gehen von 90 Mio. Hostrechnern im Jahr 2000 aus. Das würde eine Verdreizehnfachung des Bestands innerhalb von 5 Jahren bedeuten. ITU hat zum Teil davon abweichende Erhebungen veröffent-

---

[1] HAMMER und CHAMPY (1993), S, 94.

[2] Vgl. HOFFMANN (1996), S. 105.

[3] Vgl. BT (1998), S. 15 f.

[4] Vgl. OECD (1997), S. 17 und ITU (1997a), S. 69.

[5] Vgl. WIGAND (1997), S. 2.

[6] Vgl. BT (1998), S. 22 f.

licht. Die Schwierigkeiten liegen sowohl in der Abschätzung und Zählung der Hostsysteme als auch in der einheitlichen Festlegung von Stichtagen. Durch die hohen Wachstumsraten ist besonders der zweite Punkt von Bedeutung. Bei der Einschätzung der Marktentwicklung des Internets besteht, unabhängig von diesen Diskrepanzen, kein Zweifel an dem grundsätzlichen Aufwärtstrend. Zusätzlich zu der Penetrationsrate von Hostsystemen und der Entwicklung der Internetnutzer, die auch von den nationalen Tarifmodellen abhängt, gibt es eine nahezu unabhängige Entwicklung des World Wide Web (WWW). Dieser Verkehr macht insgesamt 52 % des Gesamtvolumens aus.[1] Besonders Länder mit einer ausgeprägten Struktur von Small and Medium Enterprises (SME) haben einen überproportionalen Zuwachs im WWW. Während in Deutschland der Anteil vom WWW am gesamten Internetverkehr im Jahr 1997 bei 57 % lag und das E-Mail-Aufkommen mit 15 % beteiligt war, entfielen in Großbritannien 55 % für E-Mail-Traffic und nur 27 % auf das WWW.[2] Die jeweils restlichen Anteile entfielen auf andere Protokolle wie File Transport Protocol (FTP).

Tabelle 36: Verteilung der Internethosts

Rangfolge nach der Gesamtzahl der Nutzer des Internets, 1995	Land	Hostsysteme 1995	Hostsysteme per 1 Mio. Einwohner 1995	Hostsysteme 1996	Hostsysteme per 10.000 Einwohner 1996
1	USA	6.054.959	23.012,25	10.112.888	379,39
2	Japan	269.327	2.150,95	734.406	58,40
3	Großbritannien	439.732	7.512,55	719.333	123,72
4	Kanada	372.891	12.595,07	603.325	201,35
5	Deutschland	474.375	5.794,32	691.864	84,46
6	Australien	309.562	17.146,45	514.760	281,11
7	Niederlande	171.765	11.110,28	270.511	174,33
8	Schweden	144.844	16.405,48	237.832	268,95
9	Finnland	215.704	42.228,66	314.141	613,08
10	Frankreich	151.173	2.603,69	236.874	40,58
11	Norwegen	84.294	19.289,24	150.130	341,75
12	Spanien	39.919	1.018,11	113.227	28,83
13	Brasilien	20.113	124,46	77.148	4,89
14	Italien	73.364	1.279,61	147.873	25,76
15	Schweiz	80.134	11.382,67	132.925	187,22

Quelle: ITU (1997a), S. A-70 f., ITU (1998), S. A-79 f.

---

[1] Vgl. EUROPÄISCHE KOMMISSION (1997a), S. 1.
[2] Vgl. EUROPÄISCHE KOMMISSION (1997a), S. 12.

Unter den Top 15 Ländern[1] haben die Vereinigten Staaten einen deutlichen Vorsprung. In den USA gibt es mehr Hostsysteme als insgesamt in den anderen 14 Ländern der dargestellten Tabelle. Mit 6.054.959 von weltweit 9.474.065 Systemen im Jahr 1995 wurden 63,9 % dieser Rechnersysteme in den USA betrieben. Die Vereinigten Staaten von Amerika sind in den Bereichen der Personal Computer mit Modems, der Voicemailanwendungen und der Webseitenpenetration weltweit führend.[2] Asien dagegen hat einen Nachholbedarf. 412.508 Internethosts zählte die ITU im Jahr 1995, davon befanden sich 269.327 (65,3 %) in Japan. In Afrika waren es nur 49.627 Hostsysteme und davon 48.277 (97,3 %) in Südafrika.[3] Im Bereich „Oceania" gab es 363.290 Hosts, davon 309.563 (85,2 %) in Australien. Nach den ITU-Erhebungen war im Jahr 1995 die Penetration der Internethosts von einem angelsächsischen Schwerpunkt gekennzeichnet. Im englischen Sprachraum (USA, Großbritannien, Australien und Südafrika) konzentrierten sich 6.852.530 Hostsysteme, das sind 72,3 % des weltweiten Bestands. Die heutige Nutzung des Internets ist durch das Surfen im Netz gekennzeichnet. Geht man davon aus, daß im Mittel pro Minute sechs Internetseiten aufgerufen werden und eine Seite ein Datenvolumen von einigen Kilobit besitzt, so ergibt sich eine typische Datenrate von 5 kbit/s.[4] Im Kernnetz ergeben die derzeitigen Nutzerzahlen und eine angenommene tägliche Nutzungsdauer von 20 Minuten eine Spitzenlast von 7 Gbit/s. Diese maximale Last wird sich im Jahr 2002 auf 500 Gbit/s erhöhen. Dazu führen die wachsenden Teilnehmerzahlen, in den Vereinigten Staaten und Kanada alleine 70 Mio. im Jahr 2002, die zunehmende Nutzungsdauer und die ansteigenden mittleren Bitraten pro Transaktion. Eine Determinante für die Einflußnahme auf die mögliche Penetration des Internetmarktes ist deshalb das nationale Preisniveau für digitale Mietleitungen, die im Access- und Backbonebereich als Transportplattform erforderlich sind.

In den Vereinigten Staaten hat 1996 eine 300 km Mietleitung mit einer Bandbreite von 2 Mbit/s im Monat 4.100 ECU gekostet.[5] Im europäischen Durchschnitt kostete die Mietleitung 6.500 ECU im Monat. Obwohl in Großbritannien seit 1984 ein TK-Wettbewerb möglich ist, befinden sich die britischen Mietleitungspreise nicht unter dem europäischen Durchschnitt. Da die digitalen Verbindungen die unerläßlichen Transportwege für Internethosts darstellen, ist der Transportkostenvorteil der USA ein Hauptgrund für den amerikanischen Vorsprung gegenüber Großbritannien und Deutschland. Noch höher ist die Preisdifferenz zwischen Ländern mit einem Noch-Monopol und denen mit einem liberalisierten Markt. Während bei der einzigen argentinischen Telecom, Telintar, die Internet Service Provider (ISP) für eine 1,5

---

[1] Diese Darstellung „Top 15" bezieht sich auf die Anzahl der Internetnutzer im Jahr 1997. Vgl. INTERNET INDUSTRY ALMANAC (1998).

[2] Vgl. SPECTRUM (1997), S. 19. In Deutschland lag die Penetrationsrate von HH mit PCs im Jahr 1996 bei ca. 28 %, nur 6 % hatten eine Online-Ausstattung. Vgl. REGTP (1999), S. 12.

[3] Vgl. ITU (1997a), S. A-70 f.

[4] Siehe auch HEIDEMANN (1998).

[5] Vgl. INTUG (1998), S. 31.

Mbit/s-Leitung 180.000 US$ bezahlen, ist in den USA die gleiche Kapazität für 3.800 US$ zu beziehen.[1] Der in Europa zunehmende Wettbewerb im Bandbreitengeschäft führt zu einer Hebelwirkung bei der Verbreitung des Internets. In Großbritannien ist die Zahl der Hostsysteme pro 10.000 Einwohner im Jahr 1996 von 123,72 auf 150,0 im Jahr 1997 gestiegen; im gleichen Zeitraum ist die Zahl dieser Systeme pro 10.000 Einwohner in Deutschland von 84,46 auf 107,0 gewachsen.[2]

4.2.4.2 Globale Entwicklung des Internetkonzepts

Das National Science Foundation Network (NSFNET) in den Vereinigten Staaten bildet mit einer Übertragungsrate von 45 Mbit/s (T3-Link der US-Netzhierarchie) das Backbone des Internet.[3] Die im Internet am häufigsten eingesetzten Übertragungsraten sind 56 kbit/s und auch 1 Mbit/s (T1-Link). Die Globalität[4] des Internets spiegelt sich in vier Dimensionen wider: (i) Räumliche Globalität, die durch den direkten weltweiten Zugang ermöglicht wird; (ii) technische Globalität, in der unterschiedliche Computersysteme miteinander vernetzt werden können; (iii) mediale Globalität, da mit der Internettechnologie multimediale Inhalte übertragen werden können und (iv) an Teilnehmergruppen orientierte Globalität, in der heterogene Teilnehmer gleichermaßen auf das Internet zugreifen können. Bis heute gibt es keinen international einheitlichen Standard, um die Qualität des Internetdienstes zu messen. Zur Definition solcher Standards, mit denen die Leistungsfähigkeit des Backbone-Netzes, der lokalen Zugangsnetze und der Internet Access Provider (IAP) gemessen und verglichen werden kann, hat die Organisation Commercial Internet Exchange (CIX)[5] 1996 eine entsprechende Arbeitsgruppe ins Leben gerufen. Zu den Service-Level-Parametern werden Kriterien wie verzögerungsfreie Übertragung der Datenpakete, korrekte Erreichung der beabsichtigten Zieladresse sowie Sicherheit und Fehlertoleranz der Übertragungverfahren herangezogen. Welche Unterschiede zu traditionellen Telekommunikationsdiensten bestehen, zeigte sich 1996 bei einer Untersuchung der amerikanischen Regional Bell Operating Company (RBOC) Bell South. Es wurde empirisch festgestellt, daß im Gegensatz zu einem Ortsgespräch mit einer durchschnittlichen Dauer von 4 bis 5 Minuten die aufgebauten Einwahlverbindungen zu einem Internet Service Provider (ISP) im arithmetischen Mittel 17,7 Minuten bestehen bleiben.[6] Besonders in den Local Access and Transport Areas (LATAs), in denen für Ortsgespräche außer der Grundgebühr keine variablen Minutenpreise erhoben werden, steigt also die Netzbelastung, ohne daß für den TK-Carrier daraus eine Umsatzsteigerung resultiert. Gleichzeitig entfallen beim Internetbetrieb die Interconnectiongebühren des Fernnetzbetreibers an

---

[1] Vgl. ITU (1997b), S. 11.

[2] Vgl. ITU (1998), A-79 und EUROPÄISCHE KOMMISSION (1997a), S. 10.

[3] Vgl. MILLIN (1997), S. 2.

[4] Vgl. NEUBURGER (1995), S. 18.5.

[5] Die CIX ist ein industrieller Verband der IAPs.

[6] Vgl. OECD (1997), S. 144.

die RBOC. Das stellt neue Anforderungen an das Netzausbaukonzept der Telekommunikationsunternehmen, die normalerweise primär von der Umsatzentwicklung abgeleitet die Netze ausbauen.

Das Internet-Konzept ist bereits Ende der sechziger Jahre in den USA als Ergebnis eines ARPA[1]-Projekts zur Förderung der militärischen Nutzung der Computernetzwerke entstanden. ARPA wurde 1957 gegründet, um nach dem sogenannten Sputnik-Schock die technische Überlegenheit der Sowjetunion wieder einzuholen. In den sechziger Jahren dominierten Großrechner an die sternförmig Terminals angeschlossen waren. Die Großrechner kommunizierten mit firmeneigenen Protokollen und konnten dadurch nicht miteinander verbunden werden. Mit ARPAnet wurden 1969 vier Computer miteinander vernetzt, 1984 waren es bereits 1.000 Rechner. Unter Verwendung des offenen, herstellerunabhängigen Protokolls TCP/IP sollte ein dezentrales Informationsnetz geschaffen werden, das durch seine „chaotische" Architektur eine Stabilität erreicht, bei der der Ausfall eines einzelnen Computers die Funktion des Netzes nicht oder nur unwesentlich beeinflussen kann.[2] Internationale Festlegungen wie die Definition der Common Gateway Interfaces (CGI) haben das Zusammenwirken der Schnittstellen zwischen dem Internetdatenformat HTML[3] und den Serveranwendungen bestimmt. Diese für die International Telecommunication Union (ITU) schwer zu überblickende Struktur des Internets hat sich in den letzten Jahren nicht verändert. „The Internet is, for most purposes, unregulated though many common practices and procedures have implications for trade, notably the RFCs [request for comments] which describe the domainnaming system. Proposals for reforms have been advanced by the Internet International Ad Hoc Committee (IAHC)."[4] Das IAHC wurde im Oktober 1996[5] nach einer Initiative der Internet Society gegründet. Der eigentliche Aufschwung des Netzes begann 1992 nach einer Phase der Konsolidierung im Umfeld der Universitäten.

Nach der Konsolidierung entwickelte sich eine Internationalisierung des Internets in den achtziger Jahren, getragen von dem Hypertextsystem WWW und den Anfängen des Browsers Mosaic.[6] Das zuletzt genannte Programm wurde von Marc Andreeson während seiner Studienzeit an der University of Illinois geschrieben. Die jeweiligen Hypertextverfahren erlauben dem Benutzer, in einer nicht sequentiellen Art und Weise, auf weiterführende Informationen zuzugreifen. Die Browser gestatten eine effektive Suche nach Schlüsselbegriffen, ohne daß die exakte Internetadresse von Anfang an bekannt sein muß. Der erste unter dem Aspekt der Marktverbreitung bedeutende Browser wurde ab 1993 für die Benutzer kostenfrei von der

---

[1] ARPA steht für Advanced Research Projects Agency des US-Verteidigungsministeriums.

[2] Vgl. BEALE (1997), S. 49.

[3] HTML steht für Hypertext Markup Language.

[4] ITU (1997a), S. 90.

[5] Vgl. ITU (1997b), S. 59.

[6] Vgl. HOFFMANN (1996), S. 110.

Firma Mosaic Communications zur Verfügung gestellt. Das Unternehmen wurde 1994 in Netscape Communications umbenannt. Marc Andreeson, der Entwickler des Mosaic-Programms, baute zusammen mit Jim Clark, einem Mitbegründer der Firma Silicon Graphics, die Firma Netscape schrittweise auf. Die beiden neuen Technologien der Hypertextmethoden und der benutzerfreundlichen Suchmaschinen haben das ehemalige Expertensystem Internet zu einem Werkzeug für die breite Öffentlichkeit gemacht.

Tabelle 37: Verteilung der Internetnutzer, 1997

Rangfolge nach der Gesamtzahl der Nutzer	Land	Internetnutzer in Mio.	Bevölkerung in Mio.	Anteil der Internetnutzer an der Bevölkerung in Prozent	Relativer Anteil an den weltweitern Nutzern in Prozent
1	USA	54,68	263,12	20,78	54,70
2	Japan	7,97	125,21	6,36	7,97
3	Großbrit.	5,83	58,53	9,96	5,83
4	Kanada	4,33	29,61	14,62	4,33
5	Deutschland	4,06	81,87	4,96	4,07
6	Australien	3,35	18,05	18,56	3,35
7	Niederlande	1,39	15,46	8,99	1,39
8	Schweden	1,31	8,83	15,63	1,31
9	Finnland	1,25	5,11	24,46	1,25
10	Frankreich	1,18	58,06	2,03	1,18
11	Norwegen	1,01	4,37	23,11	1,01
12	Spanien	0,92	39,21	2,34	0,92
13	Brasilien	0,86	161,60	0,53	0,86
14	Italien	0,84	57,33	1,46	0,84
15	Schweiz	0,77	7,04	10,93	0,77

Quelle: ITU (1997a),S. A-6f., INTERNET INDUSTRY ALMANAC (1998), eigene Berechnungen; die Bevölkerungsanzahl entspricht dem Stand von 1995.

In den Vereinigten Staaten nutzten 1997 ca. 21 % der Bevölkerung das Internet. In Großbritannien waren es knapp 10 %, und in Deutschland lag der Anteil bei unter 5 %. In Deutschland ist die Zahl der Internetnutzer von 4 Mio. im Jahr 1997 auf 7 Mio. im Jahr 1998 gestiegen[1], das entspricht einem Wachstum von 75 %. Eine Forresterstudie weist für das Jahr 2001 in Europa 53,2 Mio. Internetnutzer aus, im europäischen Durchschnitt entspricht das 13 % der gesamten Bevölkerung im Gegensatz zu einer hochgerechneten Penetrationsrate von 34 %[2] in

---

[1] Vgl. ZUBER (1998), S. 156 und REGTP (1999), S. 11.

[2] Das entspricht einer Zahl von 98 Mio. Internetnutzern in den USA.

den Vereinigten Staaten.[1] Die amerikanische Regierung, die im eigenen Land über die Hälfte aller Internetnutzer weltweit hat, propagiert den „Information-Highway" als nächste Ausbaustufe des Internets. Die Vorteile der derzeitigen Netzarchitektur sollen dabei unangetastet bleiben. Ohne besondere Vorkenntnisse oder Zugriffsrechte und mit einer fensterorientierten Menüführung[2] ist es möglich, unterschiedlichste Informationen jederzeit aus dem Netz abzurufen. So hat die Zunahme der Popularität des Internets die Nachfrage nach Telefonzweitanschlüssen[3] in den Industrieländern steigen lassen. In den Vereinigten Staaten profitieren die Anwender von dem benutzungsunabhängigen Grundgebührensystem im Ortsbereich. Die USA haben deswegen auch die globale Führung bei der Entwicklung der Internetdienste übernommen.[4] Großbritannien dagegen profitiert bei der Internetentwicklung von der eigenen Orientierung zur Dienstleistungsgesellschaft. Dabei versuchen die TK-Carrier die Internetdienste im Vertriebsprozeß mit den herkömmlichen Sprachprodukten zu kombinieren. BT wurde im November 1998 von OFTEL ermahnt[5], die Verwendung von Kundeninformationen aus dem Telefondienstebereich für gezielte Marketingprogramme von Internetdienstleistungen zu unterlassen. BT hat, entgegen den Bedingungen der Fair Trading Condition, Informationen, die aufgrund der Marktbeherrschung in dem Bereich Network Access anderen Wettbewerbern nicht zur Verfügung stehen, für segmentspezifische Werbemaßnahmen und Mailings genutzt. In Deutschland übt die förderalistische Struktur der einzelnen Bundesländern einen wachstumsfördernden Anreiz aus. Die Regierungen der Bundesländer stehen in der Unterstützung der Onlinedienste und Bürgernetze im gegenseitigen Wettbewerb. Zusätzlich verfügen die Netzbetreiber in Deutschland über vorhandene Infrastrukturelemente zur Übertragung von Internetdaten. Solche Anreize und Voraussetzungen fehlen in Großbritannien. Dafür ist die bremsende Wirkung einer deutschen Technikfolgenabwägung in Großbritannien wesentlich schwächer ausgeprägt.

In den Vereinigten Staaten wurde erst Mitte der neunziger Jahre ein Konzept zum Datenschutz im Internet vom Kongress verabschiedet. Eine sogenannte „Sealing-Procedure" erlaubt es dem Benutzer, die geprüften Webpages von solchen Seiten zu unterscheiden, die keine per se Datenschutzorientierung garantieren. Es bleibt bei dieser Vorgehensweise dem Kunden überlassen, sich dennoch in den nicht gesicherten Bereich zu begeben. In Deutschland übt die von der Tarifreform 1996 entwickelte Umverteilung[6] der Gebührenstruktur einen bremsenden

---

[1] Vgl. FORRESTER (1998), S. 6.

[2] Diese Art der Benutzerschnittstelle orientiert sich an dem X-Windows-Standard der UNIX-Welt sowie an der grafischen Benutzeroberfläche von Apple und den MS-Windows-Betriebssystemen. Allen Varianten gemeinsam ist die einfache objektorientierte Bedienung der Softwareapplikationen mittels einer Maus oder vergleichbarer Positionierungsmechanismen.

[3] Vgl. ITU (1997a), S. 27.

[4] Vgl. DOEBLIN (1998), S. 31.

[5] Vgl. OFTEL (1998b), S. 12.

[6] Bei der DTAG-Tarifreform 1996 wurden die Ferngespräche billiger und die Ortsgespräche um bis zu 100 % teurer, neuere Tarifmodifikationen wie City Plus verringern diese Belastung nur minimal.

Effekt auf die Internetverbreitung aus. Bei internsiver Internetnutzung sind die Telekommunikationsgebühren bis zu zehnmal höher als in den USA. Bemerkenswert ist, daß Finnland in der EU bzw. OECD eine führende Rolle bei der Nutzung des Internets hat.

Tabelle 38: Vergleich der Top 15 Länder

Rangfolge nach der Gesamtzahl der Nutzer	Land	Reihenfolge nach dem Anteil der Internetnutzer an der Bevölkerung	Reihenfolge nach der Anzahl der Hostsysteme	Reihenfolge nach der Anzahl der Hostsysteme per 1 Mio. Einwohner
1	USA	3	1	2
2	Japan	10	6	12
3	Großbritannien	8	3	9
4	Kanada	6	4	6
5	Deutschland	11	2	10
6	Australien	4	5	4
7	Niederlande	9	8	8
8	Schweden	5	10	5
9	Finnland	1	7	1
10	Frankreich	13	8	11
11	Norwegen	2	11	3
12	Spanien	12	14	14
13	Brasilien	15	15	15
14	Italien	14	13	13
15	Schweiz	7	12	7

Quelle: Eigene Berechnungen auf Basis ITU (1997a).

Das rasche Wachstum des Internets hat zu Kollisionen um die Rechte im Domain Name System (DNS) geführt. Obwohl man ursprünglich davon ausgegangen ist, daß die Domain Names nicht den Trademark-Regulations unterliegen, ist in der Zwischenzeit gerichtlich das Gegenteil festgestellt worden.[1] Schwierig ist nur die Umsetzung eines solchen Urteils, denn es gibt keinen einzelnen Verantwortlichen für das gesamte Internet. So wurden schon Überlegungen angestellt, die Namen (wie z. B. http://www.bmw.de) durch Platzhalter oder Nummern (vergleichbar den Telefonnummern) zu ersetzen. Dagegen spricht die Benutzerfreundlichkeit und die daraus abgeleitete hohe Akzeptanz der heutigen Lösung. Die Domain Names geben zwar keinen eindeutigen Hinweis auf die Lokation des Servers, aber sie regeln die Zuständigkeiten und Verantwortungen für ein System.[2] In Deutschland vergibt die DENIC[3] die Nutzungsrechte für Domains mit dem Hinweis, daß daran kein Eigentum erworben werden

---

[1] Vgl. MAHER (1997), S. 3 f.
[2] Vgl. KROL (1993), S. 29.
[3] Vgl. DENIC (1999), S. 12.

kann und der Antragsteller die Verpflichtung besitzt, die Prüfung in bezug auf Marken- und Urheberrechte selbst zu tragen hat. „The final report of the Internet International Ad Hoc Committee (IAHC), published on February 3, 1997, provides for expedited on-line mediation and administrative challenge procedures for disputes arising from the assignment of second level domains in the new generic top level domains."[1] Top-Level Domains (TLD) sind die zwei bis fünf Zeichen langen Abkürzungen am Ende einer Internet-adresse.[2] Derzeit gibt es zwei unterschiedliche Gruppen von TLDs. Die globalen TLDs beziehen sich auf verschiedene Organisationsstrukturen. Eine offene Verwendung besteht für die globalen Abkürzungen .com für commercial und .org für organizational. Die globalen TLDs .gov für governmental, .mil für military und .edu für educational wurden unter der Obhut des amerikanischen Network Information Centers (NIC) vergeben. Nationale TLDs geben einen Hinweis auf das Ursprungsland. Die Abkürzung .de steht für Deutschland, .uk identifiziert das Land Großbritannien. 1986 wurden erstmals nationale TLDs verwendet.[3]

Die Dezentralisierung der Basiskonzeption des Internets hat verschiedene Vorteile. Ein wesentlicher Faktor ist die unkomplizierte Möglichkeit, auf nahezu jedem Rechner eine eigene Webpage anlegen zu können. Die Seitenbeschreibungssprache Hyper Text Markup Language (HTML) und darauf aufgesetzte objektorientierte grafische Editoren ermöglichen die zeitsparende Erstellung von Webpages, also die benutzerfreundliche Gestaltung der Oberflächen der Internetseiten und der dazugehörigen Verbindungen, auch Hotlinks genannt, zwischen den einzelnen Webseiten. Bei Netzapplikationen wird die Programmsprache Java zur Generierung von sogenannten „Applets", also kleinen Applikationen, eingesetzt. Ursprünglich von Sun Microsystems im Jahr 1995 als Softwaresprache für die Programmierung von Verbraucherelektronik (braune und weiße Ware) entwickelt, erlaubt die hocheffiziente Java-Sprache eine nahezu hardwareunabhängige Softwareentwicklung.

Die Java Virtual Machine ist der Maschinencodeübersetzer, welcher in den Internetbrowsern integriert ist und die Erzeugung eines ablauffähigen Codes ermöglicht. Der dadurch entstehende Produktionsvorteil führt unmittelbar zu einer starken Dezentralisierung der „Entstehungsorte" von neuen Internetinformationen. Jeder Besitzer einer Servermaschine kann in Eigenproduktion unterschiedlichste Informationsgruppen visualisieren. Seit 1998 kann man auf die Verwendung von Java verzichten, auch wenn Funktionen erforderlich sind, die über HTML-Leistungsmerkmale hinausgehen. Mit Javascript[4] können als Objekte implementierte Java-Module, sogenannte Java-Beans, unter Verwendung von Beanconnects angesprochen werden. Java-Applets werden deshalb nur noch zum Herunterladen von Daten ein-

---

[1] Vgl. MAHER (1997), S. 16.

[2] Vgl. MUELLER (1998), S. 89 f.

[3] Vgl. MUELLER (1998), S. 93.

[4] Javascript ist eine Interpretersprache, die im Gegensatz zu HTML über Sprachkonstrukte wie If-Statements und Schleifen verfügt und dennoch benutzerfreundlicher als Java ist. Vgl. NIEMANN, S. 30.

gesetzt. Die programmtechnische Handhabung der Internettechnologien wurde demzufolge weiter vereinfacht. Dabei unterliegen die Informationsanbieter in Deutschland nicht dem Telekommunikationsgesetz (TKG), sondern dem Teledienstegesetz und sind dadurch nicht lizenzpflichtig. Allerdings ist ein Internet-Provider für die eigenen und fremden Inhalte verantwortlich, zum Beispiel in bezug auf kennzeichnungspflichtige Werbeeinträge. Offensichtlich hat es Apple in diesem Marktsegment geschafft, mit der einfach zu bedienenden Oberfläche zu überzeugen, denn über ein Drittel der Servermaschinen für Internetpages waren im Jahr 1996 mit dem Apple Logo ausgestattet.[1] Die Zunahme der Datenübertragung im IP-Netzwerk führt zu einer steigenden Nachfrage nach Sicherheitsmechanismen im Internet. Unter dem Überbegriff „virtuelles privates Netz" (VPN) werden die (i) Tunnelingverfahren, (ii) die Encryptionverfahren, (iii) die Zugangschlüsselsysteme und (iv) die Firewalltechnologien zusammengefaßt. „Ein virtuelles privates Netz ist ein Verfahren, in einem öffentlichen Netz wie dem Internet ein privates Netz zu simulieren."[2] Die Tunnelingverfahren bauen eine direkte geschützte Verbindung im Internet vom Sender der Datenströme zum Empfänger auf. Die Encryptionverfahren bieten mehrstufige Verschlüsselungscodes, die ein Mitschneiden der Nachrichteninhalte durch Unbefugte verhindern. Zugangsschlüssel als Softwarevariante (Paßwörter) oder Hardwarevariante (Magnetkarten) dienen zur eindeutigen Erkennung von Berechtigungen. Die Firewallsysteme schützen sensitive Daten in der Hostumgebung gegen unbefugten Zugriff. Der kombinierte Einsatz dieser Verfahren bietet einen zuverlässigen Schutz der Daten im Internet.

4.2.4.3 Segmentierung des Internetmarkts

Der Internetgesamtmarkt hat sich schwerpunktmäßig in folgende Segmente aufgeteilt: (i) Internet-Browser- bzw. Internet-Search-Engine-Anbieter und Internet-Content-Provider; (ii) Internet-Access-Provider (IAP); (iii) Internet-Service-Provider (ISP); Online-Service-Provider (iv) und Transport-Provider. Die Unternehmen Microsoft, Netscape und weitere Unternehmen bieten Browser an. Ein IAP vermittelt ausschließlich den Zugang zum Internet. Diese lokalen Anbieter wie Ditec, Media Company, Globe und Regiokom sind auf die Backbone- und Peeringabkommen mit den großen Carriern angewiesen.[3] Die Internet-Service-Provider unterscheiden sich in der Unternehmensgröße, der Flächendeckung und im Equipmentausstattungsgrad. Zu diesem Marktsegment gehören UUNet, Xlink, mediaways, Interactive Networx, Business Online und Vossnet. Ein ISP liefert zusätzlich noch eine Reihe von Dienstleistungen einschließlich Webpage-Hosting. Online Service Provider wie AOL, Primus Online, T-Online oder CompuServe betreiben im Unterschied zu den IAP ein eigenes Netz und stellen eigene Informationsdienste und den Internetzugang zur Verfügung. Das seit 1982 im Markt etablierte Unternehmen CompuServe hat ein aus vierzig Mainframes bestehendes Cluster in Ohio und

---

[1] Vgl. APPLE COMPUTER GmbH (1996), S. 13.

[2] SCOTT, WOLFE and ERWIN (1999), S. 2.

[3] Vgl. HAIMERL und GASPARD (1998), S. 153.

versorgt von dort aus die weltweiten Zugangsknoten.[1] America Online Inc. (AOL) wurde 1985 gegründet[2]. Wie aus der nachfolgenden Tabelle ersichtlich wird, sind AOL und CompuServe mit zusammen 70 % relativem Marktanteil bis 1997 die Marktführer gewesen. Ab 1997 haben neue Anbieter wie Microsoft Network die höheren jährlichen Zuwachsraten zu verzeichnen gehabt. Die Transport-Provider, die durchgeschaltete oder gemanagte Bandbreiten vermieten, sind aufgrund der erforderlichen Infrastruktur in der Regel TK-Carrier wie DTAG, AT & T, BT und City Carrier sowie spezialisierte Unternehmen wie Colt.

Tabelle 39: Abonnentenzahlen im Internet in den USA, 1990 -1997

ISP	1990	1991	1992	1993	1994	1995	1996	1997
AOL	0,11	0,16	0,2	0,53	1,5	3,0	4,3	8,6
CompuServe	0,74	0,9	1,13	1,6	2,45	3,2	3,9	5,4
Prodigy	0,44	0,75	1,0	1,05	1,2	1,6	1,5	1,0
Delphi	0,07	0,075	0,08	0,085	0,1	0,14	0,16	k. A.
Apple eWorld	k. A.	k. A.	k. A.	k. A.	0,065	0,09	0,12	k. A.
GEnie	0,07	0,085	0,1	0,1	0,075	0,075	0,096	k. A.
Microsoft Net	k. A.	k. A.	k. A.	k. A.	k. A.	k. A.	1,0	2,3
Insgesamt	1,6	2,2	2,7	3,75	6,3	8,6	12,2	20,0

Quelle: INTERNET WORLD (1997), S. 24; ZIMMER (1996), S. 120; die Abonnentenzahlen von 1990 bis 1997 jeweils in Mio., die Gesamtzahl in der letzten Zeile im gleichen Zeitraum einschließlich sonstiger Anbieter.

Der wenig erfolgreiche, ursprüngliche Btx-Dienst der DTAG in Deutschland erreichteein Zahl von 50.000 Kunden. Die Umbennung in „DATEX-J" (J für Jedermann) im Jahre 1992 und in „T-Online" im Jahr 1995 brachte den Durchbruch. 1997 wurden 1,4 Mio Benutzer[3] registriert, und im Jahr zuvor 120 Mio. DM Umsatz verbucht; T-Online wurde der größte Internet-Anbieter außerhalb der USA.[4] Über 220 Einwahlknoten - auch Points of Presence (POP) - genannt, mit einer Portkapazität von bis zu 1.400 gleichzeitig arbeitenden Benutzern, stellen die Verbindungen zu Info-Pages, zum Internet, zu Telebanking und zu weiteren Anwendungen wie Teleshopping her. Ende 1997 hatte T-Online 1,9 Mio. Kunden und war damit der mitgliederstärkste Onlinedienst Deutschlands.[5] Im November 1998 konnte T-Online 2,5 Mio. Kunden verzeichnen.[6] Die DTAG hat diese Marktposition in einem Wettbewerbsumfeld gegen AOL und CompuServe aufgrund eines schlagkräftigen Marketingkonzeptes erreicht. Wesentlich waren auch die Synergieeffekte aus der Monopolsituation heraus: (i) Mögliche Quersubventionierung der Preise für T-Online aus dem Telefongeschäftsfeld; (ii) Verknüp-

---

[1] Vgl. MILLIN (1997), S. 1.

[2] Siehe auch POSTINETT (1998).

[3] Der Benutzer hatte eine Grundgebühr von 8 DM pro Monat zu entrichten, die genutzte Minute kostete werktags von 8 bis 18 Uhr 0,06 DM und in der übrigen Zeit 0,02 DM, für die Internet-Nutzung wurden zusätzlich 0,05 DM pro Minute berechnet.

[4] Vgl. SCHWEIKLE (1997), S. 21 ff.

[5] Vgl. DEUTSCHE TELEKOM AG (1998), S. 49.

[6] Vgl. BLOTTNITZ (1998), S.1.

fung der T-Online-Abrechnungen und Telefonrechnungen der DTAG in einen Vorgang; (iii) schnelle Erreichung der Flächendeckung für Einwahlknoten auf Grundlage des vorhandenen DTAG-Schmalbandnetzes und damit Adressierung eines breiten Publikums, das sich zu günstigen Ortsnetztarifen einwählen kann. Schon Anfang 1997 war das Marktpotential verhältnismäßig groß. Jeder der 12 Mio. PC-Besitzer in Deutschland[1] kommt unabhängig vom Grad der Netzdigitalisierung und der ISDN-Penetration als T-Online-Kunde in Betracht.

Bei allen PTTs ist der Telefondienst ein wesentlicher Umsatzträger[2], die derzeitigen Marktanteile in Onlinediensten werden die Marktanteile in der Sprachkommunikation stark beeinflussen. Diese Diversifizierung unter dem Schutz des Monopols war aus zweierlei Hinsicht profitabel: (i) Die Anzahl der Kunden, die Internet auch zum Telefonieren benutzen, wird nach der Einschätzung von BT in Großbritannien von 37.000 im Jahr 1996 auf 3,1 Mio. in den nächsten fünf Jahren steigen.[3]; (ii) die beherrschende Marktposition von T-Online[4] schafft einen strategischen Vorteil in den anschließenden Joint-Venture-Verhandlungen. So ist es der DTAG im März 1997 in letzter Minute gelungen, die zusammen mit Bertelsmann geführten Verhandlungen mit America Online (AOL) abzubrechen und stattdessen nahtlos mit Microsoft weiterzuverhandeln.[5] Ob die Schwierigkeiten von AOL am amerikanischen Markt in bezug auf die dort anhängigen Klagen wegen mangelhafter Gatewayperformance die Gründe für diesen Richtungswechsel waren, bleibt Spekulation. Fest steht, daß die DTAG aufgrund ihres Marktanteils im Homebankingsegment, und nicht etwa AOL oder CompuServe, die Entwicklung des Marktes in Deutschland dominierte. Welche untergeordnete Rolle die Technik dabei spielt, zeigt die Tatsache, daß T-Online derzeit Netscape als Browser einsetzt und Microsoft Network (MSN) dafür eine eigene und nicht kompatible Lösung verwendet. Für den Fall der kommerziellen Einigung zwischen DTAG und Microsoft müßten die unterschiedlichen Techniken von T-Online und MSN kurzfristig migriert werden. Unabhängig von der Situation von AOL in den Vereinigten Staaten stand die Übernahme von CompuServe[6] durch AOL und Bertelsmann im April 1997 zur Debatte. Nach mehrmonatigen Verhandlun-

---

[1] Laut einer Schätzung der ITU für das Jahr 1995 gab es zu diesem Zeitpunkt 13,5 Mio. PCs in Deutschland. Vgl. ITU (1997a), S. A-71.

[2] Die Basissprachübertragung (Telephony) hat laut K. Day bei BT einen Umsatzanteil von 66 %.

[3] Vgl. DAY (1997), S. 9.

[4] Im Mai 1997 hatte T-Online über 1, 58 Mio. Kunden, CompuServe verfügte über 310.000 Kunden und AOL über ebenfalls 310.000 Kunden. Siehe CONNECT (1997). Damit hatten 10 % der PC-Nutzer Zugang zu T-Online und jeweils 2 % Zugang zu AOL und CompuServe. Siehe HERMANN und MAHLER (1997). Im Februar 1998 hatte T-Online 1,9 Mio. Mitglieder, CompuServe und AOL verfügten zusammen über 790.000 Teilnehmer, wobei 490.000 Kunden die AOL-Dienste nutzten. Vgl. BUSINESS ONLINE (1998), S. 9. Im November 1998 waren es 2,5 Mio. Kunden bei T-Online, aber nur mehr 700.000 Kunden bei AOL. Vgl. BLOTTNITZ (1998), S. 1. Ende 1999 werden die Entwicklungen wie folgt eingeschätzt: 3,25 Mio. Kunden bei T-Online, 850.000 Kunden bei AOL und 325.000 bei CompuServe. Vgl. REGTP (1999), S. 11. Anfang 1999 (Stichtag CeBIT 1999) hatte T-Online 2,8 Mio. Abonnenten, AOL verfügte über einen Kundenstamm von 800.000 Teilnehmer und CompuServe hatte 250.000 Abonnenten.

[5] Vgl. HOMEYER und PETERS (1997), S. 58 f. und HEILMANN (1997), S. 5.

[6] CompuServe hatte im Zeitraum von November 1996 bis Januar 1997 einen Verlust von 14,2 Mio. US$ erlitten, die liquiden Mittel von AOL beliefen sich Ende 1996 auf 130 Mio. US$.

gen, bei denen auch WorldCom zusammen mit der Internettochter UUNET Technologies beteiligt war, hat am 8. September 1997 ein Konsortium, bestehend aus AOL und Bertelsmann, in einem „friendly Takeover" CompuServe übernommen. Der Branchenführer AOL mit 8 Mio. Kunden weltweit, in Deutschland alleine 300.000 Abonnenten, verhandelte dabei mit der Muttergesellschaft H & R Block von CompuServe. CompuServe verfügte über eine Kundenzahl von 5,3 Mio. weltweit, und in Deutschland waren es 1997 ca. 200.000 Teilnehmer.[1] Bis zum September 1997 stieg die Zahl der gesamten (weltweiten) Abonnenten von CompuServe nur um 100.000 Teilnehmer auf 5,4 Mio, in Deutschland hatte man Anfang 1999 nur 250.000 Abonnenten zu verzeichnen. Die Unsicherheiten in bezug auf die Zukunft des Unternehmens haben zu einer vorübergehenden Marktzurückhaltung geführt. Bereits vor der Genehmigung durch die Kartellbehörden war eine weitere Variante der Vereinbarung öffentlich publiziert worden; WorldCom wird nicht nur der zukünftige Betreiber des technischen Netzes der CompuServe sein, sondern auch die ANS Communications von AOL übernehmen. Die ANS, ursprünglich ein Gemeinschaftsunternehmen zwischen IBM, der amerikanischen MCI und Merit ist der Eigentümer des AOL-Hochgeschwindigkeitsnetzes. AOL hatte 1996 den entscheidenden Durchbruch erreicht, als die festen, benutzungsunabhängigen Monatsgebühren für die Privatkunden eingeführt wurden.[2]

Zu den reinen Content-Providern gehören beispielsweise Murdoch, Walt Disney, Sony und Time Warner. Die Content-Provider konzentrieren sich auf die Produktion und Distribution von Internetinhalten. Das Internetmarktvolumen der Privat- und Geschäftskunden in Deutschland soll gemäß einer Roland Berger-Studie von 2,132 Mrd. DM im Jahr 1998 auf 3,532 Mrd. DM im Jahr 2001 wachsen.[3] Im Jahr 1998 wird der Residential-Market im Umfeld des Internets 1,269 Mrd. DM erwirtschaften. Eine Forrester-Internetstudie geht im Jahr 2001 von einem Internetmarktvolumen von 64,4 Mrd. US$ in Europa und von 206,8 Mrd. US$ in den Vereinigten Staaten aus.[4]

4.2.4.4 Internet-Telefondienste

Der Internet-Telefondienst, auch Voice-over-IP genannt, entwickelte sich in den letzten Jahren zunehmend zu einem von mehreren Bevölkerungsschichten eingesetzten Instrument. Während 1995 nur 500.000 Nutzer weltweit zu verzeichnen waren, ist die Zahl der an der Internet-Telefonie Beteiligten auf 3 Mio. im Jahr 1997 gestiegen.[5] Die Prognosen gehen von 16 Mio. Teilnehmern im Jahr 1999 aus. Das Berliner Telekommunikationsunternehmen Poptel bietet seit dem Sommer 1998 Telefongespräche von Deutschland in die USA für 0,29 DM

---

[1] Vgl. o.V. (1997j).

[2] Siehe auch POSTINETT (1998).

[3] Vgl. LIPPERT (1998), S. 4.

[4] Vgl. FORRESTER (1998), S. 9.

[5] Vgl. GEICKE (1998), S. 7 und GERPOTT (1998a), S. 15.

pro Minute zuzüglich der Kosten für die Einwahl in das Berliner Ortsnetz an.[1] Abhängig von der Tageszeit bietet Poptel mit 0,32 DM bis 0,37 DM pro Minute internationale Gespräche an, die bei der DTAG 0,85 DM pro Minute kosten. Noch vor einigen Jahren war diese Art der Sprachübertragung ausschließlich den Computerfachleuten vorbehalten und technisch nur bedingt zufriedenstellend. Die Qualitätseinbußen bei den Internet-Telefondiensten sind systembedingt und dadurch immanent; die Ursachen resultieren aus der Latenz der IP-Übertragungskonzeption. Teilweise wurden in der Frühphase dieser Entwicklung die Videokonferenzen von PC zu PC aufgebaut und stellten damit eine Variante der Computer Telephony Integration (CTI) dar. Die immer mehr in den Vordergrund rückende Variante des Telefonierens via Internet ist ebenfalls den Multimediadiensten zuzurechnen und wird die derzeit entfernungsabhängigen Tarifstrukturen der TK-Carrier in Bedrängnis bringen. „Internet telephony bypasses the international accounting rate system."[2] Da die Preisdifferenzen zwischen dem PSTN und dem Internet-Telefondienst historisch, unternehmensstrategisch und institutionell begründet sind, ist mittelfristig eine Abnahme der Preisunterschiede zu erwarten.[3] Im Backbone profitieren beide Übertragungstechnologien von der Abnahme der Kosten der erforderlichen Bandbreiten der derzeitigen Preisdifferenz der Dienste liegen keine entsprechenden Kostendifferenzen zugrunde. Das britische Marktforschungsunternehmen Frost & Sullivan schätzt das weltweite Internet-Telefondienste-Marktvolumen im Jahr 2000 auf 2 Mrd. US$.[4] Im Unterschied zu den herkömmlichen Strukturen, bei denen eine Punkt-zu-Punkt-Verbindung zwischen Anrufer und Empfänger aufgebaut wird, kann bei den Internet-Telefondiensten auf Multipunktverkehrsströme zurückgegriffen werden.

Die Internettelefondienste werden in vier Gruppen[5] eingeteilt: (i) PC-to-PC-Verfahren; (ii) PC-to-Phone-Verfahren; (iii) PC-to-Service-Provider-Verfahren und (iv) Phone-to-Phone-Verfahren. Bei dem PC-to-PC-Verfahren verfügen beide Gesprächsteilnehmer über einen PC, der mit Modem/ISDN-Karte, Mikrofon und Lautsprecher ausgestattet ist. Eine entsprechende Applikationssoftware ermöglicht die Sprachkommunikation von PC zu PC. Die variablen Kosten für die Anwendung setzen sich zusammen aus den jeweiligen Einwahlgebühren und den monatlichen Gebühren für den Internet-Service-Provider (ISP). Bei dem PC-to-Phone-Verfahren verwendet ein Teilnehmer ein herkömmliches Telefon anstelle des PCs. Bei diesem Verfahren treten die lokalen Einwahlgebühren und die Kosten für die Gesprächsterminierung beim Zielteilnehmer auf. Bei dem PC-to-Service-Provider-Verfahren können entsprechend ausgestattete Internetnutzer während der Bearbeitung von Web-Pages mit dem Service-

---

[1] Vgl. FLEISCHNER (1998), S. 130.

[2] ITU (1997b), S. 31.

[3] Siehe auch PETERS (1997).

[4] Siehe auch HANDELSBLATT (1998c).

[5] Vgl. KÖHLER und GREBE (1998), S. 61 und ITU (1997b), S. 33. Weitere Informationen siehe Anhang.

Provider in bidirektionalen Sprachkontakt treten. Dieses Verfahren ist in besonderem Maße für Telemarketinganwendungen geeignet.

Beim Phone-to-Phone-Verfahren kommunizieren zwei Teilnehmer mit Hilfe eines normalen Telefons mit Tonwahlverfahren. Bei dieser Variante fallen die Gebühren für den ISP und zusätzlich die Kosten für die Callorigination und Calltermination an. Dieses Verfahren erfordert ein Telephony-Internet-Gateway, dessen Routingtabelle über entsprechende Ziffernfolgen des A-Teilnehmers gesteuert wird. Die Wahlberechtigung kann dabei über einen PIN-Code abgefragt werden. Bei diesem Verfahren liegt die erforderliche „Intelligenz" ausschließlich im Transport- und Vermittlungssystem.

Einer Einschätzung der AT & T[1] und Dataquest im Jahre 1994 zufolge soll das weltweite Marktvolumen für Multimedia-Produkte und Dienstleistungen im Jahr 1996 auf 12,5 Mrd. US$ und im Jahr 2000 auf 95,8 Mrd. US$ anwachsen. Nach einer Studie der Forrester Research auf weltweiter Basis für das Jahr 2002 werden dann täglich mehr als 5 Mrd. E-Mails[2] übermittelt. Ein auf die Internet-Telefondienste spezialisiertes Unternehmen, die Qwest Communications Corporation in Denver, hat vor dem Weihnachtsgeschäft 1997 einen Minutenpreis von 0,075 US$ unabhängig von der Tageszeit für Long-Distance-Calls publiziert.[3] Im Vergleich dazu lag der Normalpreis für local Calls bei 0,09 US$ pro Minute[4]. Qwest hat 2 Mrd. US$ in ein supranationales Glasfasernetz[5] investiert und verwendet die Internet-Technologie zur Übertragung der Sprachinformationen. Das Unternehmen besitzt deshalb einen klaren Kostenvorteil und erwirtschaftet trotz der 50 %-igen Marktpreisunterschreitung noch Deckungsbeiträge in der bei AT & T und anderen Carriern üblichen Höhe von 17 % bis etwa 20 %[6]. Die Kosteneinsparungen von Qwest sind auf 3 Hauptursachen zurückzuführen: (i) Die Übertragungstechnologie erlaubt es, die Netzkapazitäten während der Sprechpausen im Gegensatz zur herkömmlichen Telefontechnik für andere Teilnehmer zur Verfügung zu stellen, und damit wird die Bandbreite äußerst effizient genutzt; (ii) Qwest betreibt im Gegensatz zu den Internetpionieren ein eigenes Netzmanagement[7] und kann Sprachverzerrungen und Übertragungsverzögerungen gezielt verhindern; (iii) im Unterschied zu den klassischen US-Long-Distance-Carriern muß Qwest keine Interconnectiongebühren für die Call-Termination an die RBOCs abführen. Trotzdem hat Qwest 1999 in den Baby Bell Markt di-

---

[1] Vgl. MAYO (1994), S. 131.

[2] Siehe auch MINES (1998).

[3] Vgl. BRULL und ELSTROM (1997), S. 35. Zum gleichen Zeitpunkt war der Durchschnittspreis herkömmlicher Anbieter für ein Ferngespräch 0,13 US$.

[4] Vgl. ITU (1998), A-39.

[5] Siehe auch BRULL und ELSTROM (1997).

[6] BRULL und ELSTROM (1997), S. 35.

[7] Qwest hatte Ende 1997 ein eigenes Netz von 9.500 Meilen und Ende 1998 ein Netz von 17.500 Meilen Gesamtlänge betrieben. Vgl. POSPISCHIL (1998), S. 748.

versifiziert und im Juli 1999 für 35 Mrd. US$ die regionale Telefongesellschaft US West[1] übernommen. Der konsolidierte Umsatz für das Jahr 1999 wird auf 18,5 Mrd. US$ geschätzt.[2]

Die amerikanische Telefongesellschaft Global Link wird, aufbauend auf ein geplantes Investitionsvolumen von 100 Mio. US$, während des Jahres 1997 in Deutschland ca. 66 Vermittlungsknoten, die als Einwahlpunkte für die Gesprächsübermittlung via Internet dienen, aufbauen.[3] Das Einsparpotential für die Kunden wird von Global Link mit bis zu 80 % gegenüber den DTAG-Tarifen angegeben. Auch wenn die Experten bei der DTAG und den alternativen Carrier in der Einschätzung übereinstimmen, daß die verfügbaren Bandbreiten des wachsenden Internets nicht ausreichen werden, um Sprachübertragungen im größeren Umfang zu unterstützen, so ist dennoch der Flat-Rate-Effect unübersehbar. Im Unterschied zu den heute weltweit eingeführten Tarifsystemen[4] für Telefongespräche, bei denen die verschiedenen Entfernungszonen zu stark abweichenden Ramsey-Preisen verkauft werden, bietet die Abwicklung von Telefongesprächen via Internet eine ganz andere Preisstruktur. Vergleichbar mit dem Telefon-Hauptanschluß bezahlt der Internetkunde eine monatliche nutzungsunabhängige Grundgebühr an den ISP. Für die Benutzung der PC-to-PC-Verbindung entstehen die Kosten für die Einwahl und die rein mengenabhängigen Gebühren während der Übertragungszeit. Da der Zielort keine Rolle spielt, ist der Preisvorteil gegenüber den herkömmlichen Telefongebühren bei Auslandsgesprächen besonders groß. In den USA spielt die regulatorische Besonderheit eine signifikante Rolle bei der Positionierung der Internetgebühren. Die Ortsgespräche werden in einem Flat-Rate-Bundle zusammen mit der Grundgebühr und damit unter den Entstehungskosten verkauft. Als direkte Folge entstehen bei der Internetbenutzung in Nordamerika keine zeitabhängigen Einwahlgebühren. Bisher hatten die Ortsnetzbetreiber in einer Form der Quersubventionierung über die Interconnectiongebühren für die Gesprächsverursachung und -terminierung von den Fernnetzbetreibern ausreichende Umsätze erzielt. Die Gebühren für Ferngespräche lagen deutlich über den Kosten[5]. Wird der Ortnetzzugang aber für Internetdienste genutzt, entfällt die Interconnectiongebühr für den Ortsnetzbetreiber, da dieser über keine entsprechenden Abkommen mit den ISP verfügt.

---

[1] US West Communications hatte 1996 einen Umsatz von 12,425 Mrd. US$ erzielt. Vgl. ITU (1998), S. A-92. US West wurde 1983 als eines der 7 regionalen Baby Bells nach der Aufteilung von AT & T gegründet, das Unternehmen verfügt über 25 Millionen Kunden in 14 US-Bundesstaaten. Vgl. HOOVER (1997), S. 497. Das Unternehmen beschäftigt 61.000 Mitarbeiter und hatte 1999 insgesamt 12 Mrd. US$ Schulden. Vgl. HALUSA (1999), S. 19.

[2] Vgl. HALUSA (1999), S. 19.

[3] Vgl. WEISHAUPT (1997).

[4] Die DTAG unterschied die Gebühren für nationale Gespräche nach dem City-, Region 50-, Region 200- und Fern-Tarif, bei Auslandsgesprächen wurde zwischen den Preisgruppen Europa 1, Europa 2, Welt 1, Welt 2, Welt 3 und Welt 4 differenziert. (Stand 1997).

[5] Vgl. POSPISCHIL (1998), S. 750 f.

Der amerikanische Internetcarrier PSInet wird im ersten Schritt den Internettelefondienst zwischen europäischen und nordamerikanischen Großstädten anbieten.[1] Traditionell sind die Preise der PTOs hier am höchsten und die möglichen Einsparungen durch Flate-Rate-Angebote für die Benutzer am größten. PSInet kalkuliert eine Verminderung der eigenen Kosten um 30 % im Gegensatz zu denen der TK-Carrier durch den Wegfall von benutzungsabhängigen Billingsystemen und Einsparungen von 20 % durch den Entfall von regulatorischen Auflagen. Insgesamt kalkuliert PSInet mit einer realisierbaren Kostenreduktion von über 90 %. Die Business Cases der ISPs beruhen auf der Annahme, daß außer den einmaligen Anlageninvestitionen für die einzelnen Gespräche nur minimale inkrementale Kosten entstehen. Eine Studie des Massachusetts Institute of Technology (MIT) zeigt, daß selbst die moderate Zunahme der Internet-Telefonie in den Vereinigten Staaten die Umsätze der Internet Service Provider (ISP) nur geringfügig, die Kosten jedoch überproportional ansteigen lassen.[2] Der größte einzelne Kostenfaktor sind die Transportkosten."It was shown that with a moderate use of Internet telephony the increase in total ISP costs is nearly double the increase in revenue. Hence, ISPs, many of which are currently operating at unprofitable levels, would loose even more money if they fail to adopt new business models and change price policies to recover additional costs."[3] Entgegen der derzeitigen Preissituation, in der die ISPs benutzungsunabhängige Grundgebühren erheben, stabilisiert eine benutzungsabhängige und gesamtbelastungsbezogene Preispolitik die Geschäftspolitik der Internet-Telefonie. Als direkte Folge würden sich die Verbindungspreise in der Hauptverkehrszeit und in den Nebenzeiten unterscheiden. Die Erkenntnisse des MIT decken sich mit den Untersuchungsergebnissen der Europäischen Kommission. Sie hat festgestellt, daß globale Internetanbieter (mit Ausnahme des Backbone-Operators UUNet) in diesem Segment nicht profitabel sind.[4] Der Anteil des Umsatzes aus dem Internetgeschäft belief sich auf ca. 6 % des Gesamtumsatzes, er wird aber von den entsprechenden Kosten übertroffen. Neben der Zunahme der Qualitätsparameter des Netzes gibt es ein Grundsatzdilemma der Organisation zu lösen. Die Privatkunden benötigen niedrigere Tarife für die Nutzung des (Standard)-Internets, und die Geschäftskunden fordern variable, kurzfristig verfügbare Bandbreiten auf Basis einer Preisdifferenzierung.

4.2.4.5 Intranet und Extranet

Unter dem Begriff Intranet versteht man konventionelle LAN-Systeme, deren externe Anbindung an die Außenwelt über Firewallsysteme entkoppelt ist.[5] Dieses Interface verzichtet gänzlich auf proprietäre Protokolle, es wendet ausschließlich TCP/IP an. Ein „Firewallkonzept" schirmt bestimmten Teilnehmern vorbehaltene Netze von äußeren unbe-

---

[1] Siehe auch SCHRADER (1998).

[2] Vgl. MCKNIGHT und LEIDA (1998), S. 561.

[3] MCKNIGHT und LEIDA (1998), S. 568.

[4] Vgl. EUROPÄISCHE KOMMISSION (1997a), S. 48.

[5] Vgl. HAMPE (1997), S. 46.

rechtigten Zugriffen ab. Dadurch sind vertrauliche interne Prozeduren, Ablaufbeschreibungen, Organigramme und Qualitätsrichtlinien auf einer Intranetplattform darstellbar. Die Einkaufsabteilung, der Wareneingang, die Montage und der Versand eines Unternehmens können mit einer Intranetkommunikation auf die bedruckten Transportpapiere und Arbeitsanweisungen verzichten und somit mit Hilfe von Intranets die firmeneigenen Workflows automatisieren. Datennetze mit kontrollierten externen Anschlußpunkten wie ISDN-Einwahl gelten ebenfalls als Intranet. Wenn firmeninterne Netze mit Kundennetzen verbunden werden, verwendet man dafür den Begriff Extranet. „This [Extranet] is an intranet (internal, secure, full of sensitive data) connected to trusted customers and suppliers."[1] Das Unternehmen Netscape hat die Produkte Communicator und die E-Commerce-Software unter dem Markennamen „Commerce Xpert" seit dem März 1997 ganz auf Extranetanwendungen ausgelegt.[2] So verkauft General Motors (GM) seine Fahrzeuge auch über die Extranetweb-Page „GM Buypower". Die Interessenten können ein bestimmtes Modell auswählen und gleichzeitig den Ort der Fahrzeugübernahme festlegen. Das Programm baut dann automatisch eine Verbindung zum Intranet des dort zuständigen GM-Händlers auf, und der Kunde erhält zum Abschluß eine Wegbeschreibung. Die Bedeutung der Intranetanwendungen nimmt kontinuierlich zu. Innerbetriebliche Ablaufoptimierungen und Workflowapplikationen lassen sich effektiv auf solchen Netzen abbilden. Die im Zusammenhang mit internationalen Qualitätssicherungsmaßnahmen[3] zunehmenden innerbetrieblichen Anstrengungen, ein Total Quality Management System (TQM) einzuführen, werden durch die technischen Möglichkeiten der Intranets beeinflußt und gefördert. Anstelle unhandlicher und schwer zu aktualisierender Handbücher können im Intranet unternehmensweit die Prozeßrichtlinien, Formblätter und Handlungsanweisungen zugänglich gemacht werden. Die Administration von Reisekostenabrechnungen und die Abwicklung von Angebots- und Bestellvorgängen seien hier exemplarisch erwähnt. Intranets werden von Angestellten und Partnerfirmen benutzt und unterstützen die Homogenisierung der bisher weitestgehend proprietären Client-Server-Architekturen bzw. Mainframeanwendungen. Durch Intranetanwendungen können die herkömmlichen Zugriffsprobleme auf Daten, die auf lokalen gemeinsamen Laufwerken gespeichert sind, ausgeschaltet werden.

4.2.4.6 Electronic Commerce

Unter Electronic Commerce (EC, auch E-Commerce) versteht man jede Art von ökonomischen, auch grenzüberschreitenden Aktivitäten, die unter Zuhilfenahme von elektronischen Verbindungen getätigt werden.[4] „Electronic Commerce over the Internet is a new way of conducting business. Though only three years old, it has the potential to radically alter eco-

---

[1] BT (1998), S. 14.

[2] Vgl. NIEMANN (1997), S. 29.

[3] Vgl. WILSON (1996), S. 3.

[4] Vgl. WIGAND (1997), S. 2. Siehe auch OLSON (1994).

nomic activities and the social environment."[1] Zu Electronic Commerce gehören jene geschäftlichen Transaktionen, die mittels Telekommunikation elektronisch durchgeführt werden.[2] Mit E-Commerce-Anwendungen sind im deutschsprachigen Raum Europas 1997 ca. 4,3 Mrd. DM Gesamtumsatz erzielt worden.[3] In den Vereinigten Staaten ist die Zahl der Kunden, die regelmäßig über das Internet einkaufen, im Jahr 1996 von 2,5 Mio. auf 10 Mio. gestiegen.[4] Dabei wurden nach voneinander abweichenden Einschätzungen führender Analysten im Online-Business im Jahr 1996 zwischen 900 Mio. und 3 Mrd. US$ erwirtschaftet.[5] 1997 wurden bereits 26 Mrd. US$ umgesetzt.[6] Im Jahr 2000 sollen im Internet insgesamt Transaktionen im Wert bis zu 200 Mrd. US$ abgewickelt werden.[7] Die ITU geht davon aus, daß die Verbreitung von virtuellen Marktplätzen einen Entwicklungsschub für die E-Commerce-Anwendungen auslösen wird. Das in Cambridge, USA, ansässige Beratungsunternehmen Forrester Research Inc. prognostiziert für das Jahr 2002 ein jährliches Internet-Handelsvolumen von 327 Mrd. US$.[8] 1996 wurden schon 267 Mio. US$ in den USA für die Werbung im Internet, dem sogenannten Internet-Advertising, aufgewendet. Das Marktvolumen der Fernsehwerbung in den USA betrug im gleichen Jahr 33 Mrd. US$.[9]

Das Electronic-Commerce-Verfahren hat die Schaffung von Kunden- und Lieferantenvorteilen zum Ziel. Die Schwerpunkte[10] der hier entstehenden Vorteile für die Kunden sind: Erhöhung der Effizienz, Vergrößerung der Produktpalette, intensivierte Konkurrenz und niedrigere Preise. Die Verbesserungen für Hersteller und Lieferanten implizieren: Erweiterte Absatzmärkte, Wegfall von Zwischenhandelsketten, Abbau von Lagerbeständen und Beschleunigung des Zahlungsverkehrs. Durch EC können beispielsweise Airlines direkt und ohne die Zwischenhandelsstufe mit den Endkunden kommunizieren. Dadurch entfallen die Kosten für die Reisebüros und die Bindung zwischen Endkunden und Airlines wird intensiviert.

---

[1] OECD (1999), S. 9.

[2] Vgl. PEUCKERT (1999), S. 2.

[3] Vgl. SCHEURLE (1998), S. 2.

[4] Siehe auch PICOT (1998).

[5] Vgl. ITU (1997a), S. 69.

[6] Vgl. OECD (1999), S. 13.

[7] Vgl. SCHECKENBACH (1997), S. 2.

[8] Vgl. GREEN (1998), S. 16.

[9] Vgl. ECONOMIST (1998). S. 3.

[10] Vgl. OECD (1998), S. 27 f.

Abbildung 18: Marktentwicklung für Internetdienste

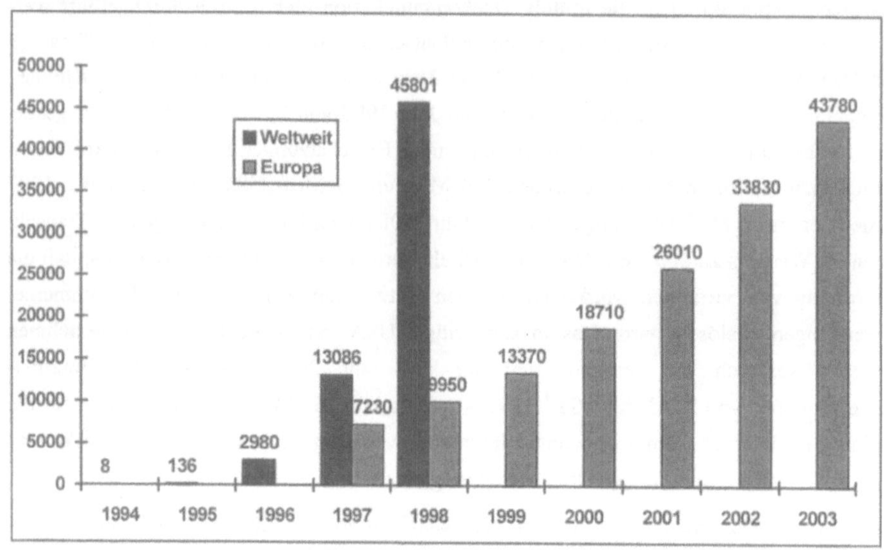

Quelle: *ITU (1997a), S. 70, BUSINESS ONLINE (1998b), S. 8; Angaben in Mio. US$.*

Der Gesamtmarkt wird in folgende Segmente[1] aufgeteilt: (i) Business-to-Business, wie Online-Bestellsysteme oder Simultaneous Engineering in der Automobilindustrie; (ii) Business-to-Consumer, wie Teleshopping und multimediale Informationsaufbereitung; (iii) Government-to-Citizen, wie öffentliche Ausschreibungen und steuerliche Formulartransaktionen; (iv) Education, wie Telelearning und Fernuniversitäten; (v) Gesundheitswesen, wie Krankenhausabrechnungsysteme (vi) und unternehmensinterne Kommunikation wie Bestandsdatenverwaltung.

„Electronic Commerce denotes the seamless application of information and communication technology from its point of origin to its endpoint along the entire value chain of business processes conducted electronically and designed to enable the accomplishment of a business goal."[2] Dabei greift Electronic Commerce auf die vorhandenen Werkzeuge wie Fernsehen, Telefon, Videotext, E-Mail und Electronic Data Interchange (EDI, Maschine-zu-Maschine-Transaktionen) zurück. Die Banken, der Zwischenhandel und die Endkunden interessieren sich für die größtmögliche Sicherheit der Zahlungsabwicklung im Zusammenhang mit EC. Die Konvertierung von Informationen[3] an der Nahtstelle von internen und externen Kom-

---

[1] Vgl. SCHECKENBACH (1997), S. 8 f.

[2] WIGAND (1997), S. 5.

[3] Die Konvertierung von internen Nachrichten in das EDI-Zielformat wird als Construction und die umgekehrte Konvertierung als Translation bezeichnet.

munikationssystemen hat bei EDI-Applikationen eine zentrale Schlüsselfunktion. Man unterscheidet die Konvertierungsarten: (i) Syntaktische Konvertierung; (ii) semantische Konvertierung; (iii) sequentielle Konvertierung und (iv) Code-Konvertierung. Bei der syntaktischen Konvertierung (i) werden die Dateninhalte syntaxkonform und strukturiert in das standardisierte EDI-Format umgesetzt. Im Gegensatz dazu wird bei der semantischen Konvertierung (ii) die richtige Dimensionierung der Datenfelder und eine inhaltliche Anpassung vorgenommen. Mit Hilfe der freien Sortierbarkeitskriterien kann bei der sequentiellen Konvertierung (iii) die Sequenz der Datenfelder verändert werden. Bei der Code-Konvertierung (iv) können unterschiedliche Nummernkreise zum Beispiel für Fertigungsstücklisten eindeutig umgewandelt werden. Mit Electronic Commerce kann man im Handelsprozess auf herkömmliche papierorientierte Verfahren (z. B. Rechnungslegung, Auftragsbestätigung) verzichten und dadurch Kosten sparen. Verschlüsselungsverfahren und digitale Signaturen liefern die Grundlage für ein Portfolio an rechtswirksamen Geschäftsvorfällen wie elektronische Behördengänge und Kaufvertragsabwicklungen.

Die Förderung der Bargeld- und Beleglosigkeit des Zahlungsverkehrs wurde von den Kreditinstituten und entsprechenden Verbänden schon vor der Verbreitung des Internets und zugehöriger Datenübertragungstechnologien im Privatkundenmarkt konsequent verfolgt. Die Zahlungsart - bar oder bargeldlos - wird vom Zahlungspflichtigen bestimmt. Eurocheques, Kreditkarten, Daueraufträge, Lastschriften und Überweisungen sind verbreitete Formen der bargeldlosen Zahlungsarten. Bei beiden Zahlungsformen - beleglos oder beleggebunden - versteht man unter Beleglosigkeit nicht den Verzicht auf die Belegfunktion, sondern das Merkmal der nicht papiergebundenen Erfüllung der Beleg- oder Dokumentationsfunktion.[1] Durch die Vereinfachung des Prozesses werden Rationalisierungspotentiale und Erhöhungen der Durchlaufgeschwindigkeits möglich. So können unter Verwendung der Definitionen des elektronischen Datenaustausches für Verwaltung, Wirtschaft und Transport, kurz EDIFACT, die bisher papiergebundenen Unterlagen wie z. B. Bestellungen, Auftragsbestätigungen und Rechnungen zwischen den Geschäftspartnern als rechnerlesbarer Datensatz direkt ausgetauscht werden. Die Verbreitungsgeschwindigkeit von Internettechnologien beschleunigt die Einführung von beleglosen Transaktionen deutlich, weil dadurch Möglichkeiten gegeben werden, nicht nur im Business-to-Business-Market, sondern im Privatkundensegment zu expandieren. Beim Interactive Banking kaufen Kunden Bankdienstleistungen mittels interaktiver Online- und Internetsysteme, ohne dabei mit einem Bankmitarbeiter in direkten Kontakt zu treten.[2] Beleglos können Wertpapierhandel, Berichtsführung über Buchungsvorgänge und der Zahlungsverkehr abgewickelt werden. „Over 45,000 firms in the United States alone exchange data electronically ..., and more than 60 % of all U.S. firms utilize some form of

---

[1] Vgl. THOMAS (1992), S. 6 f.
[2] Vgl. KERSCHER (1996), S. 91.

EDI...“[1] Im Unterschied zum klassischen EDI[2] sind im Fall von Electronic Commerce auch Transaktionen möglich, bei denen sich Anbieter und Nachfrager nicht in einer etablierten langfristigen Geschäftsbeziehung befinden.[3]

Während EDI-Applikationen auf den Business-to-Business-Market beschränkt sind, kann mit Electronic Commerce zusätzlich der Business-To-Consumer-Market bedient werden. Bilaterale Geschäftsrisiken wie Forderungsausfall und Qualitätsmängel der gelieferten Ware haben hier einen anderen Stellenwert. Im Unterschied zu Electronic Mail werden bei Electronic Commerce nicht nur Nachrichten ausgetauscht, sondern Geschäfte getätigt. Die wirtschaftliche Bedeutung von EC ist geprägt von der 3C-Integration; darunter versteht man die technologische Annäherung von Computern, Communication Systems und Consumer Electronics. Die herkömmlichen Verfahren im Marketing und der Verkaufsförderung sind durch die technischen Möglichkeiten des Internets revolutionär verändert worden.[4] Grundsätzlich baut E-Commerce auf den folgenden technologischen Plattformen auf: (i) Internet und Online Services, wobei die Endanwender eine Benutzungsgebühr an die lokale PTO und eine oft feste Grundgebühr an den ISP bezahlen; (ii) Broadcast Networks; unter diese Sparte fallen Free-TV, Pay-TV und Home Order Television[5] (iii) und Call-Center-Applikationen in Verbindung mit gebührenfreien Zugangsnummern.

Point-of-Sales-Lösungen (POS) im Zusammenhang mit E-Commerce haben eine direkte Kopplung mit der zunehmenden Verbreitung der Girokonto- und Kreditkarten. Im Jahr 1998 wurden in über 15 Millionen Webseiten Kreditkarten als elektronisches Zahlungsmittel vorgeschlagen.[6] 1996 waren 442 Mio. VISA-Cards und 300 Mio. Mastercards[7] sowie Karten weiterer Anbieter wie American Express oder Diners Club[8] im Umlauf. Anfang 1999 waren in Deutschland 15,2 Mio. Kreditkarten in Umlauf, davon entfielen 8,3 Mio. Karten auf den Marktführer Eurocard, 5,3 Mio. Karten auf Visa, 1,2 Mio. Karten auf American Express und 0,3 Mio. Karten auf Diners Club.[9] Für die Abwicklung der Zahlungstransaktion, bei der der

---

[1] WIGAND (1997), S. 2.

[2] Eine klassische EDI-Anwendung in der TK-Branche ist das ELFE-Produkt der DTAG. Die elektronische Fernmelderechnung (ELFE) wird nicht als Ausdruck auf Papier versendet, sondern via Datenübertragung im EDI-FACT-Format in die Mailbox des Kunden übermittelt.

[3] Vgl. HILL (1997), S. 37.

[4] Vgl. HAMILL und GREGORY (1997), S. 16.

[5] Bei diesem Konzept strahlt ein Kanal rund um die Uhr Werbesequenzen aus, bei denen gebührenfreie Rufnummern eingeblendet werden. Die Konsumenten treten dann über dieses Medium mit dem Absatzmittler in Kontakt. Aufgrund der hohen Zahl von Fernsehgeräten ist dieser Markt vergleichsweise groß; der Wert der in diesem Absatzkanal verkauften Waren lag 1995 in den USA bei 3 Mrd. US$. Vgl. ITU (1997a), S. 74.

[6] Vgl. HECKMAN (1998), S. 55.

[7] Vgl. KERSCHER (1996), S. 159.

[8] Diners Club war in den fünfziger Jahren die erste Kreditkarte in den USA, deren Ursprung auf eine Vereinigung zwischen Gästen und Gastwirten (Club) zur bargeldlosen Bezahlungen von Restaurantrechnungen (Diner) zurückgeht.

[9] Telefonische Anfrage bei Euro-Kartensysteme im Februar 1999.

Konsument seine Kreditkartennummer und das Datum der Gültigkeit angibt, entwickelten VISA und Mastercard gemeinsam in Absprache mit Netscape, Microsoft und IBM die Secure Electronic Transactions Specification (SET) für die sichere verschlüsselte Übermittlung der Daten. Dabei kommt die Verschlüsselungstechnologie der Firma RSA Data Security zur Anwendung. Nachdem die Inhalte der Programmschnittstellen[1] veröffentlicht wurden, hat sich das Hewlett-Packard Tochterunternehmen Verifone Inc. bereit erklärt, in Zukunft gemeinsam mit IBM an einem sicheren Verschlüsselungsverfahren zu arbeiten. Solche Verfahren sind deshalb von entscheidender Bedeutung, weil sich das Internet über die reine Informationsbereitstellung hinaus zu einem Handelsplatz entwickelt, auf dem Angebote durch Annahme und Zahlung abgewickelt werden. Sicherheit steht in diesem Zusammenhang für die Verläßlichkeit der Übereinstimmung der Daten an der Sende- und Empfangsstelle. Sicherheitsaspekte sind außerdem Datenverlustmechanismen, Identifikationsverfahren und Authentizitätsprinzipien.[2]

Wird kein zwangsläufig physischer Gegenstand wie zum Beispiel eine Softwareapplikation, eine immaterielle Multimediaapplikation oder eine Benutzungslizenz bestellt, dann kann die Lieferung der Ware ohne die Benutzung herkömmlicher Zustelldienste wie Deutsche Post AG oder UPS über die Internettransportmechanismen erfolgen. Der Verkauf von Musik- und Videoapplikationen via Internet ermöglicht den Verzicht auf kapitalintensive Zwischen- und Verteillager. Neben der Unterscheidung in bezug auf die Beschaffenheit eines Gutes[3] wird die kundenorientierte Differenzierung der qualitativen Leistungsmerkmale angewendet. Bei „inspection Goods" kann unmittelbar festgestellt werden, welche Qualität die Ware besitzt. Im Fall von „experience goods" ist eine Erfahrungsbildung über einen bestimmten Zeitraum erforderlich und bei „reputational goods" kann gegebenenfalls überhaupt keine Bewertung der Qualität realisiert werden. Erfolgt das Angebot, die Annahme, die Bestellung und die Lieferung von Waren online, so sind sichere Datenübertragungsverfahren die wichtigste Schutzmaßnahme gegen Mißbrauch.

Auf der anderen Seite wurden schon Ende der achtziger Jahre unterschiedliche elektronische POS, sogenannte EPOS, eingesetzt. „Likewise in retailing, the advent of electronic point of sales (EPOS) is posing challenges for MIS [Management Information Systems]."[4] Diese Technologie wird von den Euro-Cheque-Karten (ec-Card) der europäischen Banken, die über einen PIN[5]-Code verfügen, angewendet. Der Benutzer kann mit der ec-Card: (i) Bargeldab-

---

[1] Es handelt sich dabei um den SET-Developer's Reference Guide, vgl. COMPUTERWOCHE (97), S. 29.

[2] Vgl. TENZER (1999), S. 1.

[3] Man unterscheidet zwischen „tangible goods" und „digitised goods". Vgl. OECD (1998), S. 104.

[4] EARL (1989), S. 16.

[5] PIN steht für Personal Identification Number und wird auch als Geheimzahl bezeichnet. Der vierstellige PIN-Code wird zur Prüfung der Benutzungsberechtigung herangezogen und ist auf allen EC-Cards verfügbar. Auf Kreditkarten kann zum Zwecke der Bargeldabhebung ebenfalls ein PIN-Code freigeschaltet werden, er ist allerdings für die Normalanwendung der Kreditkarte nicht zwingend erforderlich.

hebungen bei unterschiedlichen Instituten an nahezu allen europäischen Geldautomaten durchführen; (ii) an entsprechenden Automaten kostenlos und rund um die Uhr Kontostände abfragen und Buchungsvorgänge tätigen; (iii) unter Verwendung von Euroschecks bei Akzeptanzstellen bargeldlos bezahlen; (iv) in mit EPOS ausgestatteten Geschäften unter Verwendung der Geheimzahl (PIN) bargeldlos bezahlen[1]; (v) bei Geschäftstätigkeiten mit der ec-Card und durch Unterschrift auf einem Lastschriftbeleg bezahlen und (vi) am Geldautomaten in elektronischer Form Bargeld auf die EC-Card herunterladen (Geld-Karte), und bei „Geld-Karten-Akzeptanzstellen" mit der Karte bezahlen. Grundsätzlich geht es um die elektronische Abrechnung von Karten bei Handelsunternehmen, beispielsweise im Kaufhaus. Der eigentliche physische Verkaufsvorgang blieb unverändert, jedoch wandelte sich die Art der Bezahlung zum bargeldlosen System. Aus dieser Perspektive kann man EPOS als einen der Wegbereiter des Electronic-Commerce-Konzepts ansehen.

4.2.5 Breitbandnetze der Kabel-TV-Anbieter

Die Breitbandnetze der Kabel-TV-Anbieter für die Anforderungen von morgen basieren hauptsächlich auf Hochgeschwindigkeitsverbindungen mit Übertragungsraten von mehr als 2 Mbit/s. Im Herbst 1996 hatten die Kabel-TV-Anbieter in Großbritannien mehr als 1,6 Millionen Kunden.[2] Da in Großbritannien über die neu aufgebauten Netze der Kabel-TV-Anbieter zwar noch keine reinen Multimediaapplikationen gefahren werden können, aber Telefongespräche auf dem gleichen Übertragungsmedium möglich sind, zeigt dieses britische Marktsegment im Unterschied zu deutschen Kabel-TV-Märkten vergleichbare Merkmale des TK-Markts. Ein Beispiel dafür ist die Dynamik der Allianzbildungen. Mitte 1997 haben sich Mercury, Bell Cablemedia, Videotron und Nynex Cabletron zusammengeschlossen, im gleichen Zeitraum entstanden bei dem britischen Anbieter Telewest konkrete Pläne für eine Allianz mit der amerikanischen NTL-Gesellschaft. Die Penetration der Märkte mit Kabelfernsehanschlüssen in Europa weicht aus unterschiedlichen Gründen sehr stark voneinander ab. Die angegebene Verhältniszahl in der nachfolgenden Tabelle 40: Penetration durch Kabelfernsehen in Europa stellt die an Kabelfernsehen angeschlossenen Haushalte der gesamten Zahl der Haushalte und der bereits anschließbaren Haushalte gegenüber.

---

[1] Dieses Verfahren wird als Electronic Cash Verfahren bezeichnet.
[2] BT (1996).

Tabelle 40: Penetration durch Kabelfernsehen in Europa

Land	1994 HH an-schließbar[1]	1994 HH ange-schlossen[2]	1999 HH an-schließbar	1999 HH ange-schlossen
Portugal	1,6 %	0,3 %	1,8 Mio.	1,1 Mio.
Großbritannien	12,8 %	2,8 %	8,0 Mio.	1,8 Mio.
Frankreich	25,8 %	6,0 %	6,6 Mio.	1,5 Mio.
Deutschland	64,6 %	40,5 %	26,3 Mio.	21,3 Mio.
Luxemburg	99,5 %	81,4 %	0,135 Mio.	0,130 Mio.
Niederlande	90,3 %	86,4 %	6,1 Mio.	5,7 Mio.
Belgien	97,4 %	95,5 %	3,8 Mio.	3,8 Mio.

Quelle: Europäische Kommission (1995), S. 17, zitiert bei WELFENS und PELZEL (1996), S. 126, ANGA (1999).

Ein Grund für die unterschiedliche Penetration ist die divergierende Positionierung der marktbeherrschenden Telekommunikationsanbieter wie DTAG oder BT und ihrer Konkurrenten in dem Bereich Kabelfernsehen. Die Deutsche Bundespost hat Anfang der achtziger Jahre intensiv an der Verbreitung des Kabelfernsehens mitgewirkt, um im Interesse der damaligen Regierung eine technologische Plattform (Technology-Push[3]) für die nicht-öffentlichen Fernsehanbieter zu schaffen.[4] Die knappen terrestrischen Übertragungsfrequenzen konnten so in einer Zeit vor der umfassenden Digitalisierung und dem Durchbruch der Satellitentechnik in das Kabel verlagert und somit das Angebot vervielfacht werden. Die Verbreitung des Kabelfernsehens begann 1982, nach der Zulassung von 10 % privaten Anbietern hat die Verbreitung ab 1986 stark zugenommen, und nach 1990 wurde eine rasche Penetration in den neuen Bundesländern vorangetrieben. Die DTAG kontrolliert dabei die BK-Netzebenen 1 bis 3, ab der Netzebene 4[5] ist ein breites Spektrum an Unternehmen mit der Verteilung der Fernsehprogramme befaßt. Zu Ihnen gehört unter anderem TeleColumbus und Bosch sowie zahlreiche Handwerksbetriebe. Etwa zwei Drittel der Endkundenzugänge auf der Netzebene 4 werden von privaten Netzbetreibern zur Verfügung gestellt.[6] Diese Struktur wurde in den achtziger Jahren vom damaligen Bundespostministerium eingeführt, um die Antennenbauer in das Kabelkonzept zu integrieren.

In Großbritannien ist es BT nicht gestattet, Beteiligungen am Kabelfernsehnetz zu unterhalten. Umgekehrt bieten aber die britischen Kabelfernsehbetreiber ihren Kunden die Telefonanschlüsse über ihre Leitungen an, dadurch erhöht sich konsequenterweise die Attraktivität des Kabel-TV-Netzes in seiner Funktion als duales Transportnetz. Die geringe Verbreitung des Netzes auf der britischen Insel führt außerdem dazu, daß das wesentliche Wachstum des

---

[1] „Haushalte anschließbar" heißt im englischen Original „Households passed".

[2] „Haushalte angeschlossen" heißt im englischen Original „Subscribers".

[3] Siehe auch PICOT (1998).

[4] Siehe auch WITTE (1998) und SCHWARZ-SCHILLING (1998).

[5] Siehe auch Tabelle mit Erklärung der einzelnen Netzebenen im Anhang.

[6] Vgl. REGTP (1999c), S. 20.

Marktes durch Neuakquisitionen erschlossen werden kann. Nynex Cabletron, schon vor dem Merger mit C & W die zweitgrößte Kabelfernsehgesellschaft in Großbritannien, stellt ihren potentiellen Kunden eine Senkung der Telefongebühren um 25% in Aussicht. Etwa 60.000 Neukunden nehmen jeden Monat diese Angebote an, wobei jedoch ein gewisser Prozentsatz aufgrund der zum Teil nicht ausreichenden Übertragungsqualität der Sprachkanäle der Kabel-TV-Anbieter nach kurzer Zeit für die Telefondienstleistung zu einem reinen TK-Carrier zurückkehrt. „Recent news [1998] published by the Independent Television Commission shows cable TV has reached more than two and a half million homes."[1]

Tabelle 41: Kundenzahlen des Breitbandnetzes in Großbritannien, 1997

Kriterium	HH anschließbar	Kabel-TV-Teilnehmer	Telefon - Großkunden	Telefon - Geschäftskunden	Telefon - Privatkunden
CWC	4.100	780	1,2	130	1.600
Telewest	3.132	700	0	127	954
Comcast	680	178	0	8	246
NTL	887	341	0	3	161
Diamond Cable	456	90	0	30	177
General Cable	852	159	0	538	214

Quelle: CIT (1999), S. 222, alle Angaben in Tausend, insgesamt 24,6 Mio. HH in Großbritannien im Jahr 1997, EITO (1999), S. 408.

In Deutschland und Frankreich wird das Kabel-TV-Netz vom dominierenden TK-(Ex)-Monopolisten betrieben. Unter den europäischen Flächenstaaten (Frankreich, Großbritannien, Deutschland) ist der Verbreitungsgrad in Deutschland mit Abstand am größten. Weil aber die DTAG mit (i) dem Telefonnetz, (ii) den digitalen Mietleitungen und (iii) dem Breitband-TV-Netz eine übermächtige Stellung im Netz hat, gibt es seit Anfang 1997 Überlegungen im Bundeswirtschaftsministerium, das Kabel-TV-Netz zu veräußern. Die DTAG ist der größte Anbieter für Kabelfernsehen in Deutschland mit 16,2 Millionen angeschlossenen Haushalten[2] und stark steigender Tendenz, darunter sind über 10 Mio. Kunden, deren Endanschluß einschließlich der Rechnungsstellung von privaten Anbietern (indirekter Absatzkanal der DTAG) durchgeführt wird. Im Anhang werden in einer entsprechenden Abbildung die einzelnen Netzebenen in Deutschland dargestellt. Unter diesen Unternehmen, die das Telekomsignal nutzen, befindet sich auch o.tel.o, die als wichtiger Konkurrent der DTAG im Festnetzgeschäft und Nummer zwei im Kabelfernsehen im Januar 1997 über ihre Tochtergesellschaft

---

[1] Vgl. OFTEL (1998c), S. 9.

[2] „Am 30. Juni 1996 verfügten 16,2 Millionen Haushalte oder ungefähr 43 % aller deutschen Haushalte über einen Kabelanschluß der Deutschen Telekom. Anschlußfähig waren am 30. Juni 1996 24,6 Millionen Haushalte oder ungefähr 66 % aller deutschen Haushalte." DEUTSCHE TELEKOM AG (1996b), S. 67. Diese Zahlen beziehen sich auf die sogenannten Netzebenen eins bis drei, also bis zur Verteilstruktur in einem Straßenzug. Die privaten Endverteiler verfügen beispielsweise über die Netzebene vier, also die Verbindung von einem Hauptverteiler bis zum Anschluß in den Räumen des Kunden.

TeleColumbus die Geschäfte der Urbana Systemtechnik AG & Co[1] übernommen und damit den Marktanteil auf 10 % bzw. 1,9 Millionen angeschlossene Haushalte (HH) erhöht hat. O.tel.o wollte diesem Kundenkreis zusätzliche Dienste wie Pay-TV anbieten, und sobald das regulatorisch möglich ist, auch die Möglichkeit, über den Rückkanal des TV-Breitbandanschlusses mittels eines speziellen Kabelmodems zu telefonieren. Ungeachtet dieser technisch strategischen Grundsatzentscheidung erwirtschaftete der Kabel-TV-Bereich von o.tel.o im Jahr 1996 mit 300 Mio. DM einen zu geringen Umsatz, um damit die im Konzern geforderte Mindestrendite von 8 % bis zum Jahr 2000 zu erreichen. Ein Verkauf dieses Unternehmenszweiges wurde bereits im Oktober 1997 in Erwägung gezogen. Neben weiteren Netzbetreibern, die zum Teil über eigene Kopfstellen die Zwischenhändler beliefern, gibt es 500 bis 800 mittelgroße Betreiber von Kabelfernsehdiensten, die im Durchschnitt 20.000 HH versorgen.[2] ANGA, der Verband der Kabel-TV-Betreiber, nennt im Zusammenhang mit der Aufrüstung des Netzes auf weitere Dienste eine erforderliche Gesamtinvestitionssumme von 5 Mrd. DM bis zum Jahr 2000. Die DTAG hat mit dem Kabelnetz, dessen Buchwert bei 9 Mrd. DM liegt, im Jahr 1997 einen Umsatz von 3,1 Mrd. DM erzielt und in diesem Geschäftsbereich einen Verlust von 1,1 Mrd. DM ausgewiesen.[3] Zusammen erwirtschafteten die Kabelnetzbetreiber im Jahr 1998 einen Umsatz von 4,5 Mrd. DM.[4] Die nachfolgende Tabelle zeigt, daß seit 1993 der Versorgungsgrad (das Verhältnis anschließbarer HH zur Gesamtzahl) seit 1995 mit verminderter Geschwindigkeit wächst. Das ist ein Indikator für die weiterhin betriebene Ausbaupolitik des Kabelprojektes durch die DTAG.

---

[1] Urbana galt mit 55.000 Abonnenten und 80 Millionen DM Umsatz als drittgrößter Anbieter in diesem Markt, vergleiche auch o.V. (1997b).

[2] Vgl. LABONTE (1998), S. 330.

[3] Vgl. o.V. (1998b).

[4] Vgl. REGTP (1999c), S. 20.

Tabelle 42: Kabelpenetration in den Bundesländern, 1998

Bundesland	Von je 100 anschließbaren HH sind angeschlossen
Mecklenburg-Vorpommern	75
Brandenburg	71
Berlin	71
Baden-Württemberg	70
Saarland	69
Bayern	68
Hamberg	68
Sachsen	68
Rheinland-Pfalz	67
Nordrhein-Westfalen	65
Thüringen	64
Bremen	64
Niedersachsen	63
Schleswig-Holstein	63
Sachsen-Anhalt	58

Quelle: SCHMITZ (1998).

Das Anschlußverhältnis (die Relation von angeschlossenen HH zur Gesamtzahl) stagniert seit 1995. Das weist darauf hin, daß es eine Sättigung der Kabelanschlußbereitschaft gibt. Neben der Nutzung der vorhandenen Breitbandkabelnetze durch innovative Kabelmodems gibt es auch die Option, durch entsprechende Verfahren die Telekommunikationsendverbindungen multimediafähig zu machen.

Tabelle 43: Kundenzahlen des Breitbandnetzes in Deutschland

Jahr	1993	1994	1995	1996	1997	1998	1999	2000
HH (in Mio.) angeschlossen	13,5	14,6	15,8	16,7	17,3	17,7	17,9	18,5
HH anschließbar	21,5	23,2	24,2	24,6	25,0	25,5	26,3	26,5
HH insgesamt	36,5	36,9	37,1	37,4	38,0	38,3	39,0	39,5
Anschlußverhält-nis	37 %	40 %	43 %	44 %	46 %	46 %	46 %	47 %
Versorgungsgrad	59 %	63 %	65 %	66 %	66 %	69 %	67 %	67 %

Quelle: DEUTSCHE TELEKOM AG (1996), S. 67, BLICK DURCH DIE WIRTSCHAFT (1997a), DEUTSCHE TELEKOM AG (1998), S. 49, DEUTSCHE TELEKOM AG (1999a), S. 54, MÜLLER-RÖMER (1998), S. 203, ANGA (1999), REGTP (1999c), S. 19, eigene Analysen, ab 1999 wurden Schätzungen verwendet, alle Angaben der HH in Mio.[1]

Da 8,3 Mio. Haushalte über einen Anschluß verfügen, diesen aber nicht nutzen und nicht bezahlen, sind hohe Vorinvestitionen der DTAG nicht umsatzwirksam. Waren es in den achtziger Jahren überwiegend Antennensysteme, die dem Kabel-TV-Empfang Konkurrenz

---

[1] Im Jahr 1996 wurden weltweit 1.466 Mio. Haushalte registriert (vgl. ITU (1998), S. 38); die 37,4 Mio. Haushalte in Deutschland repräsentieren einen zahlenmäßigen Anteil am Weltmarkt von 2,55 %.

gemacht haben, so sind es in den neunziger Jahren besonders die Satellitenschüsseln, die mit fallenden Preisen und steigenden Angebotsmengen in verschiedenen Absatzkanälen die Konsumenten anziehen. Deutlich wird das an den prozentualen Wachstumsraten in einem Dreijahreszeitraum. Während von 1990 bis 1993 die Anzahl der angeschlossenen Haushalte um 67 % angestiegen ist, betrug die Steigerungsrate von 1994 bis 1997 nur noch 19 %.[1] Hochrechnungen gehen davon aus, daß im Zeitraum von 2000 bis 2005 die Zahl der Haushalte mit terrestrischem Empfang von 4,8 Mio. auf 3,2 Mio. sinken wird. Im gleichen Zeitraum wird die Anzahl der Satellitennutzer von 13,4 Mio. auf 15,7 Mio. ansteigen.[2] Ein nicht zu unterschätzender Faktor an der verschlechterten Positionierung des erdgebundenen Übertragungssytems „Kabel" liegt in der Entwicklung der Preis-Leistungs-Relation. Während sich die Übertragungskapazität des analogen koaxialen Kabels in den letzten Jahren nur marginal verändert hat, wurden die Preise überproportional erhöht.

Tabelle 44: Entwicklung des Kabel-TV-Preises in Deutschland

Zeitpunkt einer Preisanpassung	Mai 1987	Dez. 1988	Mai 1992	Okt. 1997
Preisentwicklung				
Preis für eine monatliche Regelleistung für 1 - 10 Wohneinheiten	9,00 DM	12,90 DM	15,90 DM	19,50 DM
Preiserhöhung in %	k. A.	43,3	23,3	22,6

Quelle: Eigene Berechnungen, basierend auf DTAG-Rechnungen.

Die Erhöhung um über 20 % im Oktober 1997 ist auf heftige Kritik bei den Verbänden wie ANGA und des Deutschen Verbandes für Post und Telekommunikation gestoßen. Der DTAG wurde in diesem Zusammenhang der Mißbrauch der Monopolstellung im Backbone des Kabelnetzes[3] vorgeworfen und der Ruf nach einer Preisaufsicht wurde laut. Die DTAG begegnete diesem Vorwurf mit dem Verweis auf gestiegene Betreiberkosten und kündigte gleichzeitig die Absicht an, die Breitbandverteilernetze mittelfristig in eine unabhängige Gesellschaft umzuwandeln.[4] Die duale Konstellation der DTAG, die sowohl als dominanter Ortsnetzbetreiber als auch als Kabel-TV-Anbieter auftritt, unterschied die Situation in Deutschland von der in Großbritannien und in den USA. In Großbritannien ist die Zahl der Kabelanschlüsse, die Fernsehprogramme und Telefondienste bereitstellen, von 70.000 im Jahr 1995 auf 350.000 im Jahr 1998 gestiegen.[5] Für die Newcomer reduzierten sich die Local-Loop-Alternativen in Deutschland auf Funktechnologien und den Einsatz von eigener, neu zu verlegender Kabelinfrastruktur. Ob die ordnungspolitische Kraft der RegTP ausreicht, die notwendige Aufspaltung der Breitband- und Schmalbandnetze durchzusetzen, ist nicht vorher-

---

[1] 1990 waren 8,1 Mio. HH angeschlossen, 1993 waren es 13,5 Mio HH. 1994 waren 14,6 Mio. HH angeschlossen, 1997 waren es 17,3 Mio. HH. Vgl. DEUTSCHE TELEKOM AG (1998), S. U7.

[2] Vgl. MÜLLER-RÖMER (1998), S. 203.

[3] Die DTAG verfügte 1995 über ein analoges Breitbandnetz von 402.000 km.

[4] Im Januar 1999 hat die DTAG-Tochter Deutsche Kabel GmbH zur Planung, dem Betrieb und der Vermarktung der Breitbandnetze ihre Geschäftstätigkeit aufgenommen.

[5] Vgl. OFTEL (1998a), S. 7.

sehbar.[1] Die Chance, die Fernseh- und Telefonnetze im Zuge der Privatisierung zu trennen, ist von der Bundesregierung nicht wahrgenommen worden. Die RegTP hat im April 1998 die Erhöhung der Kabelfernsehgebühren bei Einzelnutzerverträgen[2] von 22,50 DM auf 25,90 DM zunächst nicht genehmigt. Aus Sicht der Regulierungsbehörde würde eine Erhöhung um 1,10 DM zulässig sein, nicht aber die von der DTAG angesetzte Erhöhung um 3,40 DM.[3] Im Mai 1998 wurde entschieden, daß die Deutsche Telekom unter der Voraussetzung, die geplanten internen Kostensenkungen von 3,5 % auf 7 % zu vergrößern, die Preiserhöhung vom November 1997 nicht zurücknehmen muß. 1999 wurde das Anlagevermögen des Breitbandkabelgeschäftes der DTAG der Tochtergesellschaft Kabel Deutschland GmbH übertragen. Die am 1. Februar 1999 von der DTAG gegründete MediaServices GmbH fungiert als Service-, Dienstleistungs- und Programmanbieter für Kabelnetzbetreiber.[4] Damit soll die Attraktivität des BK-Netzes erhöht und die Profitabilität erreicht werden. 1998 erzielte dieses Konzernsegment einen Außenumsatz von 3,5 Mrd. DM (Vorjahr 3,1 Mrd. DM) und wies einen Verlust von 600 Mio. DM (Vorjahr 1,3 Mrd. DM) aus.[5]

In den europäischen Ländern ist die Anzahl der Fernsehgeräte pro Haushalt unterschiedlich, hinzu kommt eine voneinander abweichende Präferenz für terrestische Antennenempfangsanlagen.[6] Diese beiden Faktoren beeinflussen die Entwicklung des Kabelfernsehens sehr stark. Im Jahr 1997 haben 10 Mio. Haushalte in der Bundesrepublik ihr Fernsehprogramm mit privaten Satellitenempfangseinrichtungen erhalten.[7]

4.2.6 Satellitensysteme

Satellitensysteme und deren Empfänger sind heute nicht mehr den Forschungsinstituten oder Raumfahrtzentren vorbehalten. Automobilniederlassungen und andere Filialisten nutzen die Very-Small-Aperture-Terminals, um sich schnell, kostengünstig und effizient in die Zentralrechner ihrer Konzernmütter einzuloggen. Solche satellitengestützten Kommmunikationssysteme zeichnen sich dadurch aus, daß bei den einzelnen Anwendern nur verhältnismäßig kleine Antennen installiert werden müssen.[8] An vielen abgelegenen Orten und vor allem außerhalb der Ballungsgebiete ist die Satellitenschüssel die preiswerteste Methode, unabhängig von Verkabelungen eine Vielzahl von Fernsehkanälen zu empfangen. Bezogen auf den ge-

---

[1] Siehe auch WELFENS (1998).

[2] Für Teilnehmer, die vor dem 1. Juli 1991 angeschlossen wurden, sind die monatlichen Gebühren von 15,90 DM auf 19,50 DM angehoben worden.

[3] Vgl. o.V. (1998b).

[4] Vgl. DEUTSCHE TELEKOM (1999a), S. 54 f.

[5] Vgl. DEUTSCHE TELEKOM (1999a), S. 16 f. und WESTLB (1998), S. 68.

[6] Die Möglichkeit, auf die Wahl der Empfangsanlagen Einfluß nehmen zu können, hängt auch von der Wohnsituation ab. In Ländern mit einer hohen Quote an Eigenheimbesitzern ist die unabhängige Wahl der TV-Empfangssysteme leichter als in urbanen Gebieten. In einem Hochhaus wird das Anschlußverfahren typischerweise einmal für alle Wohnungen festgelegt und Abweichungen davon sind in aller Regel nicht gestattet.

[7] Vgl. DECKEN (1997), S. 1 f. Weitere Informationen zu Pay-TV siehe Anhang.

[8] Vgl. SCHULTE (1996), Teil 3, Kapitel 2-V, S. 4.

samten Globus sind keine absolut flächendeckenden terrestrischen Netze verfügbar. So waren 1998 erst sieben Prozent der Erdoberfläche von terrestrischen Mobilfunknetzen abgedeckt.[1]

Das ist eine überraschende Entwicklung, nachdem der Datenübertragung durch den Weltraum in den achtziger Jahren keine große Zukunft mehr vorausgesagt wurde. Damals glaubte man an eine umfassende Substitution durch die aufkommenden Unterwasserglasfaserkabel hoher Bandbreite. Tasächlich aber haben die stark wachsenden Bandbreitenanforderungen des Marktes und die gesunkenen Kosten für Satellitenverbindungen eine Dualität der beiden Übertragungskonzeptionen hervorgebracht, wenngleich auch die Kabelverbindungen derzeit noch vorne liegen und die Diversifikation der Satellitenanwendungen anregen. 1995 wurden über die öffentlichen Netzwerke weltweit nahezu 60 Milliarden Minuten telefoniert, Faxe übermittelt oder Daten gesendet.[2] Die E-Mail-Kommunikation und andere Datenübertragungsmechanismen werden bei transatlantischen Kabelverbindungen immer höhere Anteile erreichen, weil sie im Unterschied zum Telefongespräch nicht in Echtzeit abgewickelt werden müssen. Dadurch vermindert sich der bei weiten Entfernungen über zahlreiche Längengrade hinweg entstehende Nachteil der Ortszeitunterschiede, der Realzeitverbindungen teilweise einschränkt. Zusätzlich erlauben verschiedene Kompressionsverfahren eine Verringerung der erforderlichen Bandbreite pro Gespräch, während im multimedialen Bereich die Bandbreitenanforderungen stetig zunehmen.

Der starke Wettbewerb bei transatlantischen Kabelverbindungen führt bei manchem Anbieter zu rückläufigen Auftragseingängen, so im Jahr 1996 bei der Alcatel in Höhe von minus 11,8 %.[3] Neben den bisher hauptsächlich verlegten transatlantischen Kabelverbindungen[4] sollen derzeit zwei Fibre-Optic-Link-Around-the-Globe-Projekte bis 1998 abgeschlossen werden. Eine Glasfaserverbindung führt von Großbritannien über das Mittelmeer durch den Suezkanal und vorbei an Indien nach Japan und erreicht dabei eine Gesamtlänge von 28.000 km, die zweite Seekabelanlage wird sich über insgesamt 38.000 km erstrecken, da sie neben der Hauptstrecke von der Nordsee in den asiatischen Raum noch einen Abzweig nach Australien enthält.[5] Die Unterwasser-LWL-Kabel des FLAG-Projektes sind 22 mm dick und ermöglichen 120.000 Telefonate zur gleichen Zeit[6], die Kapazität der Verbindung Großbritannien und Japan ist auf 600.000 gleichzeitige Telefongespräche ausgelegt.[7]

---

[1] Vgl. SPEHR (1998), S. 6.

[2] Vgl. BT/MCI (1996) S. 2.

[3] Vgl. o.V. (1997p).

[4] 1850 wurde das erste Seekabel von Dover nach Calais erfolgreich in Betrieb genommen, 1857 hat die Verlegung eines Tiefseekabels zwischen Sardinien und Nordafrika mit Wassertiefen von zum Teil über 5.000 Meter stattgefunden, 1874 hat das Spezialschiff „Faraday" das erste Transatlantikseekabel zwischen Irland und den USA verlegt. 1956 konnte ein reguläres transatlantisches Telefonkabel 36 Gespräche gleichzeitig übertragen. Ende 1995 waren 251.334 km Unterwasserkabel auf LWL-Basis im operativen Betrieb.

[5] Vgl. NÜRNBERGER (1997), S. 12.

[6] Vgl. DENGLER (1997).

[7] Vgl. MERCURY (1996).

In der Zukunft werden transkontinentale Verbindungen jedoch nicht nur Telefongespräche übertragen oder Computerdaten übermitteln, sondern verstärkt auch die weltweiten Internetzugriffe und die E-Mails transportieren. Dabei sind die Steigerungsraten der Übertragungskapazität in der Unterwasserkabeltechnologie sehr hoch. „Gemini, a transatlantic undersea cable completed by Cable and Wireless of the UK and WorldCom of the US this year [1998], has more capacity than all existing transatlantic cables combined."[1] Diese „Network-Backbones" konnten in den letzten fünf Jahren die verfügbaren Bandbreiten verzehnfachen und Veränderungen im Spektrum der Lichtimpulsgeber konnten die Übertragungsgeschwindigkeiten bis auf den dreißigfachen Wert steigern. Dadurch vermindern sich beim Einsatz innovativer Technologien die Investitions- und Betreiberkosten pro Datenmenge. Die sogenannten „Cable Cost per Voice Path" sind von 75.000 US$ im Jahr 1975 auf 2.000 US$ im Jahr 1997 gefallen.[2] Newcomer profitieren von diesem Effekt und können gegenüber etablierten Konkurrenten billiger am Markt anbieten. Grundsätzlich hat die Anzahl der Satellitenverbindungen z. B. auf der Transpazifikroute die Anzahl der Kabelverbindungen seit 1996 übertroffen, siehe auch folgende Abbildung.

Abbildung 19: Transpazifische Telefonleitungen in Tausend

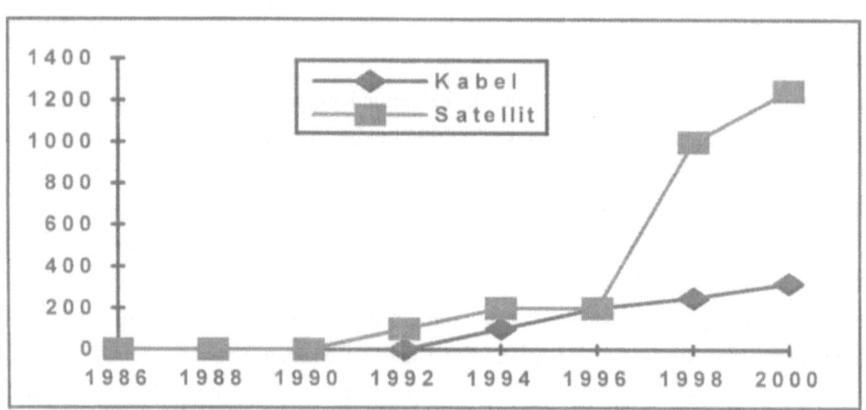

Quelle: CAPITAL (1997a), von 1998 an Prognose.

Neben den geostationären Satelliten (GEO) wie z. B. Kopernikus[3], Astra[4], Eutelsat[5] und INTELSAT[6], die ausschließlich stationäre Anwendungen wie Fernseh- und Fernsprechüber-

---

[1] CANE (1998b).

[2] Vgl. OECD (1999), S. 58.

[3] Seit 1995 übermittelt Kopernikus keine Fernsehsignale mehr.

[4] Dieses System wird vom luxemburgischen Unternehmen Société Européenne de Satellite (SES) betrieben.

[5] Eutelsat steht für European Telecommunications Satellite Organisation, das Unternehmen mit Haupsitz in Paris wurde 1977 gegründet und arbeitet auf einer vertraglichen Grundlage, der sich bisher 46 Länder (Stand Mai 1998) angeschlossen haben. Zu diesem Zeitpunkt waren BT mit 21,7 %, France Télécom mit 15,3 %, Telecom Italia mit 10,7 % und die DTAG mit 9,3 % die größten Einzelaktionäre. Eutelsat strahlt mit 11 Satelliten mehr als 300 Fernsehprogramme aus; in Deutschland konnten im Mai 1998 etwa 21 Mio. HH die Eutelsat-Signale empfangen. Vgl. o.V. (1998c), S. 21.

tragungen unterstützen und die sich in einer Höhe von 36.000 km in Äquatornähe befinden und dort auf einen klar definierten Abstrahlbereich[1] einjustiert sind, gibt es zwischenzeitlich auch mehrere „umlaufende" Satellitensysteme. Die Low-Earth-Orbit-(LEO)-Satelliten[2] umkreisen die Erde in einer Höhe zwischen 400 und 1.000 nautischen Meilen, die Signallaufzeiten sind kürzer, und damit sind sie erheblich besser für Echtzeit- und Dialoganwendungen geeignet. Das Unternehmen Iridium[3] investierte 5 Mrd. US$[4] und hatte Ende 1997 bereits 41 der insgesamt 66 Satelliten für ein weltumspannendes Mobilfunknetz positioniert.[5] Im Mai 1998 waren alle Satelliten im All, in nur einem Jahr sind bei 15 Raketenstarts über 70 Systeme in den Weltraum transportiert worden.[6] Diese Erdtrabanten umkreisen in 100 Minuten und 28 Sekunden in 6 Umlaufbahnen die Erde in einer Flughöhe von 421,5 nautischen Meilen bzw. 780 km.[7] Iridium hatte im Juni 1999 nur knapp 15.000 Kunden, daher stand für das erste Quartal 1999 dem Umsatz von 1,45 Mio. US$ ein Verlust von 505 Mio. US$ gegenüber.[8] Anfangs fielen pro Gesprächsminute Gebühren zwischen zwei und sechs US$ an, diese Minutenpreise wurden Mitte 1999 auf eine Bandbreite von 1,89 US$ bis 3,99 US$ gesenkt. Die Uplink-Downlink-Verbindung zum Satelliten erfordert Sichtkontakt. Das System kann daher nicht in geschlossenen Gebäuden verwendet werden.

Das Konsortium Globalstar, ein Partnerunternehmen von Loral Space Communication, Qualcomm, Alcatel, Hyundai und France Télécom, wird 48 Satelliten in einer Umlaufbahn 1.410 Kilometer über der Erdoberfläche positionieren. Im Unterschied zu Iridium werden weniger Satelliten benötigt, um die Erdoberfläche abzudecken. Das Investitionsvolumen beläuft sich auf 2,6 Mrd. US$.[9] Die Endgeräte müssen aber über eine höher Sendeleistung verfügen. Globalstar wird ab 1999 Sprach- und Datenübertragung, Paging, Telefaxdienste und

---

[6] INTELSAT wurde 1965 als Nonprofit-Organisation für die Entwicklung und den Betrieb von Fernmeldesatelliten gegründet und hat das Hauptquartier in Washington, D. C., vgl. HANSEN (1987), S. 633.

[1] Diese Ausleuchtungszone auf der Erdoberfläche wird auch „Footprint" genannt. Ein globaler Strahl versorgt den ganzen Bereich auf der Erdoberfläche, der vom Satelliten aus sichtbar ist. Ein hemisphärer Strahl leuchtet nur die Hälfte der sichtbaren Erdoberfläche aus und ein Bündelstrahl beschränkt sich auf ein definiertes Gebiet. Wenn sich der Empfänger auf der Erdoberfläche vom Zentrum dieses Footprints entfernt, dann muß der Durchmesser der Satellitenempfangsschüssel (Dish) entsprechend vergrößert werden, um eine ausreichende Empfangsqualität zu erzielen. Das Ausleuchtegebiet ist dort begrenzt, wo die Empfangsintensität auf die Hälfte des Wertes aus dem Strahlungszentrum gesunken ist.

[2] Vgl. BIALA (1996), S. 8.

[3] Motorola ist an Iridium mit 21 % beteiligt. Der drittgrößte Investor nach Motorola und der Nippon Iridium Corporation ist mit 8,8 % RWE und VEBA. Insgesamt wird Iridium von 90 Einzelinvestoren unterstützt. Vgl. HOHENSEE (1998), S. 114. Da man ursprünglich von 77 Satelliten ausgegangen ist, benannte man das Projekt nach dem 77. Element des Periodensystems Iridium. Weitere Informationen siehe Anhang.

[4] Vgl. ZGODZINSKI (1997), S. 20.

[5] Siehe auch IRIDIUM (1998a).

[6] Vgl. IRIDIUM (1998a), S. 14.

[7] Siehe auch IRIDIUM (1998).

[8] Siehe auch o. V. (1999a).

[9] Vgl. HOHENSEE (1998), S. 118.

GPS-Ortsbestimmungen anbieten. Das Unternehmen wird mit Service Providern, die terrestrische Funknetze betreiben, zusammenarbeiten.

Außerdem planen ICO, ein Tochterunternehmen von Inmarsat und dem amerikanischen Rüstungskonzern TRW, und Odyssey ähnliche Konzepte. Für Satellitenkommunikationssysteme wird ein weltweiter Umsatz von 8.5 Milliarden US$ im Jahre 2002 prognostiziert. Die amerikanische Firma Teledisk will 288 LEOs betreiben und so eine Internet-in-the-sky[1]-Applikation verwirklichen. Die bidirektionale Anwendung soll vor allem in Gebieten, deren geringere Bevölkerungsdichte eine xDSL-Technologie ausschließt, breitbandige Sprach-, Internet- und Videokonferenzdaten übertragen. Selbst wenn diese Technologie eine komplexe Raketentechnik erfordert[2], so ist sie doch eine ernstzunehmende Alternative zu den erdgebundenen Mobilfunkkonzepten. Diese Erdtrabanten umkreisen ebenfalls in einer Höhe von 780 km die Erde, wobei sie für ihre kreisförmigen Umlaufbahn über die Polkappen etwa 100 Minuten benötigen. Die Aufgabe dieser Systeme, deren Systemsoftware auch auf Datenweiterleitung unter den Satelliten selbst ausgelegt ist, besteht in der Übermittlung von Gesprächen der darauf ausgerichteten Mobiltelefone.[3]

Tabelle 45: Astraempfänger in Europa, 1997

Land	Empfänger in Mio.
Dänemark	1.331
Frankreich	1.593
Österreich	1.833
Ungarn	1.874
Schweden	2.374
Schweiz	2.484
Polen	3.013
Belgien	3.733
UK	4.458
Niederlande	6.022
Deutschland	23.460

Quelle: BRITAIN IN FIGURES (1997), S. 199.

In Deutschland sind knapp fünfmal soviele Satellitenempfänger installiert wie in Großbritannien. Aus diesem Gesichtspunkt ist es nachvollziehbar, warum in Deutschland die britische Koppelungsstrategie von Telefondienstleistungen als Zusatzdienst eines Kabelfernsehanschlusses bis dato keinen Erfolg hatte. Der hohe Sättigungsgrad von kabelgebundenen und satellitengestützten Fernsehempfangssystemen führt zu einer vergleichsweise geringeren Bereitschaft der Konsumenten, einen derartigen Kombi-Anschluß bei einem Newcomer zu be-

---

[1] Vgl. ZGODZINSKI (1997), S. 20.
[2] Siehe auch CANE (1997).
[3] LOSSAU (1997).

stellen. Die meisten der derzeit in Betrieb befindlichen Satellitenschlüsseln sind für den Fernseh- und Videotextempfang ausgelegt.

4.2.7 Energieversorgungsunternehmen

Die Energieversorgungsunternehmen (EVU) erzeugen, verteilen und verkaufen elektrische Energie an private und industrielle Abnehmer. Die Geschäftstätigkeit ist dabei (i) von einem hohen Kapitaleinsatz für die erforderliche Infrastruktur an Kraftwerken und Übertragungseinrichtungen, (ii) von einem dominanten variablen Kostenfaktor für die Primärenergiebeschaffung und (iii) von einem relativ geringen Personalaufwand, bezogen auf den Umsatz, geprägt. Die Energie wird dabei an den geographisch günstigen Orten[1] erzeugt und mit möglichst geringen Verlusten, das heißt also, mit einer möglichst hohen Spannung, vom Ort der Erzeugung zu den Ballungsgebieten, also den Verbrauchsschwerpunkten, transportiert.[2] Die Verbundunternehmen in Deutschland wie RWE AG, VEW AG oder Bayernwerk AG arbeiten eng zusammen und haben sich auf die Erzeugung elektrischer Energie in Großkraftwerken und deren Verteilung auf der Hoch- und Höchstspannungsebene[3] spezialisiert. Da die eigentliche Energieabgabe an den oder die Verbraucher in den Strategien der Verbunderzeuger nur eine untergeordnete Rolle spielt, übernehmen häufig kleinere, regionale EVUs die Weiterverteilung der elektrischen Energie auf den darunter liegenden Spannungsebenen[4]; die Stadtwerke beliefern dann Geschäftsabnehmer und private Endkunden direkt. Zum Teil sind Verbundunternehmen wie RWE AG an den Stadtwerken und an den unteren Spannungsebenen beteiligt.

Nach dem heutigen Kenntnisstand der Wissenschaft ist die direkte Speicherung elektrischer Energie kaum möglich. Da die Speicherung in anderen Energieformen wie Batterien oder in Form von potentieller Energie in einem Pumpspeicherkraftwerk starken Begrenzungen unterliegt, wird in der Regel die elektrische Energie exakt zum Bedarfszeitpunkt erzeugt.[5] Das hat dazu geführt, daß die Betriebssicherheit der Anlagen zum einen und die Möglichkeiten der Bedarfsvorhersage zum anderen einen sehr hohen Stellenwert in den Verbundunternehmen innehatte.[6] Die Kommunikationseinrichtungen und Fernsteueranlagen haben in der Energiewirtschaft deshalb immer das Primärziel der hohen Verfügbarkeit der Energieerzeugungssy-

---

[1] Der geographisch günstige Ort liegt häufig an Küsten oder Wasserläufen. Die thermischen und nuklearen Kraftwerke benötigen große Mengen an Kühlwasser und befinden sich deshalb i. d. R. an größeren Flüssen. Laufwasserkraftwerke werten die kinetische Energie von solchen Flüssen aus, Pumpspeicherkraftwerke nutzen den Höhenunterschied zweier Wasserreservoirs und Gezeitenkraftwerke können nur in Küstengebieten mit einem hohen Tidenhub betrieben werden.

[2] Bei gleicher Leistung verringert sich bei höherer Spannung die Stromstärke, und mit ihr nehmen auch die sogenannten Leitungsverluste ab.

[3] Drehstrom einer Nennspannung von 220 kV und 380 kV. 1997 wurden in Deutschland 37,9 Mrd. kWh importiert und 40,2 Mrd. kWh exportiert. Siehe auch verschiedende VDEW-Berichte.

[4] Mit einer Nennspannung von z. B. 110 kV oder 30 kV und darunter.

[5] Vgl. KALIDE (1974) S. 17.

[6] Vgl. RUMPEL und SUN (1989) S. 555.

steme und Verteilanlagen und somit die Versorgungssicherheit im allgemeinen unterstützt. Die verschiedenen Kraftwerksarten verfügen über ein spezifisches Regelverhalten, und sie unterscheiden sich in den Anlage-, Betriebs- und Brennstoffkosten. Aus diesem Grund wird den einzelnen Kraftwerksarten ein spezifischer Lastbereich zugewiesen. Nur langsam in der Leistungsabgabe zu regelnde Kernkraftwerke werden wie auch die Wasserkraftwerke im Grundlastbereich eingesetzt. Dampfkraftwerke, die mit Gas oder Steinkohle betrieben werden, zählen zu den Mittellastkraftwerken. Die schnell anzufahrenden Gasturbinenkraftwerke, die wegen ihres schlechteren Wirkungsgrades höhere Brennstoffkosten haben, sind wie auch die Pumpspeicherkraftwerke für den Spitzenlastbereich vorgesehen.[1]

Tabelle 46: Anteil der Energieträger an der Stromerzeugung

Land	Geothermische Energie	Wasserkraft	Kernenergie	Herkömmliche Wärmeenergie	Insgesamt
USA	3.898	181.562	255.155	1.778.119	2.318.734
Großbritannien	0	5.435	33.335	241.392	280.162
Westdeutschland	0	18.218	39.789	292.476	350.483

Quelle: GRATHWOHL (1983), S. 258. Alle Angaben in GWh.

„Das Bestreben, Kraftwerke und Übertragungseinrichtungen wirtschaftlich zu nutzen, hat zum Verbundbetrieb geführt, ... Der Verbundbetrieb erhöht die Betriebssicherheit, so daß die Reservehaltung jedes ... Kraftwerkes beschränkt werden kann."[2] Die 1951 gegründete europäische Dachorganisation UCPTE koordiniert 379.200 MW[3] installierte Kraftwerksleistung in 15 westeuropäischen Ländern; seit 1990 wird trotz der noch unterschiedlichen Qualität der Stabilität der Netzfrequenz eine Kopplung an das Netz in Osteuropa Zug um Zug durch Gleichstromkupplungen realisiert.[4] Erst nach Fertigstellung von vier 380 kV- Leitungen zwischen Westdeutschland und der VEAG am Ende des Jahres 1993 waren die West- und Osthälfte Deutschlands im sicheren Parallelbetrieb verbunden.[5] Da die EVUs bisher nahezu ausnahmlos Anlagen und Systemtechnik aus der Industrie bezogen haben, aber die Wartung und Instandhaltung mit eigenem Personal durchführten, gibt es ein wirkliches Know-how im Umfeld der Nachrichten- und Telekommunikationstechnik in diesen Unternehmen.

Auf der anderen Seite steht den EVUs ebenso wie den Monopolunternehmen im TK-Umfeld ein einschneidender Wandel bevor. Im Zuge der Liberalisierung des Strommarktes gibt es mit Wirksamkeit des neuen Energiewirtschaftsgesetzes eine Aufhebung der Gebietsmonopole und

---

[1] Vgl. PINSKE (1981), S. 17 ff.

[2] FLOSDORFF und HILGARTH (1979) S. 286.

[3] Vgl. UCPTE (1993), S. 23; die Kraftswerksleistung entspricht dem Stand Dezember 1993.

[4] Vgl. PALINKAS (1997), S. 395 ff.

[5] Vgl. UCPTE (1993), S. 21.

damit Wettbewerb z. B. auf Basis von Durchleitungskonzepten für elektrische Energie. Themen wie (i) Veränderung zum integrierten Dienstleistungsunternehmen, (ii) Chancen bei der gezielten Diversifizierung im Telekommunikationsbereich, und (iii) stufenweise Kostensenkungsmaßnahmen werden in weitaus stärkerem Umfang auf der Tagesordnung der EVUs stehen. Mit der Vorgabe, eine langfristige Sicherung der Energieversorgung zu bezahlbaren Preisen zu erreichen, arbeitet das Bundeswirtschaftsministerium in Deutschland an der Ausbalancierung der EU-Bestrebungen, den Energiemarkt für Elektrizität 1999 zu liberalisieren. Mit einer Novelle des Energiewirtschaftsrechts, vergleichbar mit der Liberalisierung der Telekommunikation, verschwand auch dieses Monopol.[1] Dabei geht es um Fragen, die durchaus mit denen des TK-Marktes vergleichbar sind. Im Mittelpunkt stehen Fragestellungen des effektiven Wettbewerbs beim Endkunden, der Definition von Durchleitungsregeln und die Regelung des Netzzugangs von Dritten.[2] Allerdings ist die Vorstellung vom freien Kunden, der nach eigenem Belieben den Anbieter wechselt, noch weitgehend Theorie. Dem Strommarkt fehlten 1998 sowohl eine ex ante Regulierungsinstitution zur Festsetzung marktgerechter Durchleitungspreise als auch eine gewachsene Struktur entsprechender Großhändler. In allen untersuchten Ländern ist der Einstieg der Energieversorgungsunternehmen in den Telekommunikationsmarkt zumindest in Teilmärkten schon vollzogen. Das liegt vor allem an folgenden Ursachen:[3] (i) Mit einer jährlichen Umsatzwachstumsprognose von 5 % ist der Anstieg des Marktvolumens doppelt so hoch wie in der Energiewirtschaft; (ii) EVUs und ihre Mutterkonzerne verfügen über ausreichende Finanzmittel, um in den kapitalintensiven TK-Markt einsteigen zu können; (iii) die Energieversorger verfügen über eigene Wegerechte; (iv) traditionell haben die EVUs eine eigene TK-Infrastruktur und (v) der eigentliche Energiemarkt wird zunehmend unattraktiver, da ökologische Entwicklungen und Spartendenzen das Marktvolumen nur bedingt vergrößern. Nach der Neudefinition des Betreiberkonzepts für Atomkraftwerke im Herbst 1999 sehen sich die Energieversorgungsunternehmen neuen Herausforderungen gegenübergestellt.

4.2.7.1 Historische Rolle der Nachrichtentechnik in den EVUs

Neben der Bedeutung für die Wahrung der Betriebssicherheit der Primärsysteme eines Energieerzeugers hat die historische Rolle der Nachrichtentechnik in den EVUs durch zusätzliche Faktoren im Laufe der Jahre eine Aufwertung erfahren. Durch die (i) technologische Weiterentwicklung der verwendeten Rechnersysteme entstand ein steigender Bedarf an Kommunikationseinrichtungen und eine zunehmende Bedeutung der erreichten Verfügbarkeit, die (ii) Anforderungen an die Beschäftigten in bezug auf Erreichbarkeit bei Störungsfällen haben den

---

[1] Siehe PETER (1997).

[2] Vgl. o.V. (1997h).

[3] Vgl. KING (1997).

frühen Einsatz von Bündelfunksystemen und Telekommunikations-Anlagen[1] gefördert, und (iii) die generell hohe Bereitschaft der Unternehmen, in sicherheitsrelevante technische Lösungen[2] zu investieren, haben die Beschaffung geeigneter nachrichtentechnischer Einrichtungen vorangetrieben. Insgesamt sind die TK-Systeme und die Lichtwellenleiterstrecken im Erdseilluftkabel der Hochspannungsleitungen der EVUs tendenziell für den Fernverkehr, also für die Kommunikation zwischen Kraftwerk, Umspannwerk und Lastverteiler, ausgelegt. Der Vorteil einer bestehenden Kundenbasis aus dem Stromgeschäft besteht hingegen nur für Unternehmer, die auch in den unteren Spannungsebenen tätig sind, und damit in erster Linie für die Stadtwerke.

Tabelle 47: Glasfasernetze in Deutschland

Anbieter	Netzlänge, 1996	Netzlänge, 1999
Deutsche Telekom AG	112.000 km	165.000 km
VIAG/Bayernwerk	4.000 km	12.000 km
VEBA	2.000 km	5.000 km
RWE	4.500 km	6.000 km
VEW, VEAG	1.000 km	3.000 km
Deutsche Bahn AG bzw. Mannesmann	3.200 km	7.000 km
Sonstige	k. A.	37.000 km
Insgesamt	> 126.000 km	> 235.000 km

Quelle: ZVEI (1996),DEUTSCHE TELEKOM AG (1999), MANNESMANN (1999), REGTP (1999e), eigene Untersuchungen.

„Acht Energieversorgungsunternehmen aus dem Rhein-Main-Gebiet wollen den deregulierten TK-Markt ab 1998 nutzen, um Leitungswege für Kommunikationsdienstleistungen anzubieten. ... Die Unternehmen sind: Energieversorgung Offenbach, Gas-Union (Höchst), Hessische Elektrizitäts AG (Darmstadt), Kraftwerke Mainz-Wiesbaden, Maingas AG sowie die Stadtwerke von Frankfurt am Main, Mainz und Wiesbaden.[3] Die Swiss Telecom PTT plant,

---

[1] So hat beispielsweise die Bayernwerk AG seit 1928 das Recht, Telekommunikationseinrichtungen für eigene Zwecke zu betreiben. Grundsätzlich verbessert wurden die allgemeinen Grundsätze zur Vergabe von Lizenzen zum Errichten und Betreiben von Bündelfunklizenzen mit der Postreform I. Seitdem können private Unternehmen diesen Trunked Radio Service in den Lizenzklassen A, B, C und D beantragen. Vgl. LANGE (1997), S. 2.

[2] So haben die zentralen Lastverteiler der EVUs schon frühzeitig begonnen, satellitengestützte Wetterprognoseeinrichtungen zu nutzen, um aus den daraus erkenntlichen Informationen entsprechende Wahrscheinlichkeiten von Störungen auf den Hochspannungsleitungen wie etwa Blitzeinschläge ableiten zu können.

[3] ROCHLITZ (1996).

zusammen mit ihrer TK-Tochter CNS, der EVS und dem Badenwerk ein Telekommunikationsnetzwerk für Universaldienstleistungen aufzubauen.[1] Die beiden Energieversorger steuern dabei ihr 2.000 km langes Glasfasernetz bei. Mit einer geplanten Gesamtinvestition von 300 Mio. DM wird der Break Even bereits im Jahre 2002 angestrebt.

Im Februar 1997 haben sich regionale EVUs[2] in Ostdeutschland in dem Unternehmen Regio-Tel zusammengeschlossen, um ihre Telekommunikationsaktivitäten zu bündeln. RegioTel wird in die Aufrüstung der Sprach- und Datenkommunikationssysteme bis zum Jahr 2000 ungefähr 60 Mio. DM investieren.[3] Ergänzend werden die Aktivitäten der EVUs in der Telekommunikation durch die Veränderung der Eigentumsverhältnisse bei den Energieerzeugern selbst beeinflußt. So will sich das Land Berlin im Mai 1997 von den 50,8 % Anteilen an der Bewag trennen und damit eine Summe von ca. 3 Mrd. DM[4] erlösen. VEBA und VIAG, die schon einen 10 % -Anteil an dem Berliner Stromerzeuger halten, haben zusammen mit dem nordamerikanischen EVU Southern Company eine Allianz[5] gebildet, welche ein entsprechendes Kaufangebot im April 1997 abgegeben hat. Die Energieversorger verfügen aufgrund ihrer Monopolsituation im Stromerzeugungsbereich über ausreichende finanzielle Mittel, um mit dem Investitionsvorsprung der Deutschen Telekom mithalten zu können. Man nennt solche gegengewichtigen Marktmächte „Countervailing Power". Mittelfristig ist es allerdings die Aufgabe der Regulierungsbehörde, eine Quersubvention aus dem sektorfremden Monopol zu verhindern und damit wettbewerbsverzerrende Situationen zu unterbinden.[6]

Neben der Kompetenz in nachrichtentechnischen Belangen, dem hohen Investitionsvermögen, den bestehenden Lieferbeziehungen zu relevanten Großunternehmen wie z. B. Siemens und dem Infrastrukturvorteil der vorhandenen nachrichtentechnischen Verbindungen parallel zu den elektrischen Versorgungsleitungen haben die EVUs ein weiteres Alleinstellungsmerkmal. Sie sind Eigentümer der Niederspannungszugänge zu den Endverbrauchern; diese Infrastruktur wird derzeit unter dem Überbegriff „Powerline" bzw. Power-Line-Technologie (PLT) als direktes Trägermedium für die Nachrichtenübermittlung getestet. Schon 1997 kann in den Energieverteilungskabeln mit ausreichender Störsicherheit und über die Distanz von einigen hundert Metern ein Datenstrom (Datastream) von einigen Mbit/s übermittelt werden. Durch die vorhandene Flächendeckung des Niederspannungsverteilungsnetzes auf dem Weg zum Verbraucher und innerhalb von Gebäuden ist die Nachrichtenübermittlung über das elektrische Versorgungsnetz nicht nur für Rundsteuersignale und Telemetrieanwendungen, sondern

---

[1] Vgl. BLICK DURCH DIE WIRTSCHAFT (1997a).

[2] Beteiligt sind: Esag Energieversorgung Sachsen Ost AG, Essag Energieversorgung Spree/Schwarze Elster AG, Evsag Energieversorgung Südsachsen AG, Meag Mitteldeutsche Energieversorgung, Wesag Westsächsische Energie AG.

[3] Vgl. SCHKEUDITZ (1997).

[4] Vgl. o.V. (1997q).

[5] Die Veba-Tochter PreussenElektra AG vertritt Veba in dieser Alllianz.

[6] Vgl. GRAACK (1997), S. 87 f.

ebenso für Telefongespräche interessant. Diesen Chancen stehen momentan vier einschränkende Bedingungen gegenüber: (i) Die Dämpfungseigenschaften der Kabel variieren gemäß der Tageslastkurve; (ii) die Netzarchitektur ist ausschließlich auf die Verteilung elektrischer Energie ausgelegt, (iii) die dreiphasigen (Drehstrom-) Leitungen haben eine hohe Abstrahlung höherfrequenter Impulse und besitzen eine schlechte Abschirmung für solche Signale; (iv) im Netz gibt es nadelförmige und trapezartige Spannungsspitzen, die durch Netzteile, induktive sowie kapazitive Verbraucher und Schaltvorgänge verursacht werden. Diese Einschränkungen begrenzen die zulässigen Übertragungsfrequenzen und reduzieren die Übertragungsreichweiten. Deshalb wird an der Entwicklung von digitalen Schmalbandverfahren gearbeitet. Diese Spread-Spectrum-Technik verteilt die Nutzinformation auf verschiedene Datenpakete und verfügt über aktive Fehlerkorrekturmaßnahmen. Dem Vorteil von PLT, der vorhandenen Netztopologie, steht der Nachteil einer noch ungeklärten elektromagnetischen Verträglichkeit (EMV) gegenüber.

4.2.7.2 Alternative Hochgeschwindigkeitsnetze für deregulierte Märkte

Neben dem intensiven Wettbewerb im Carrier- und Dienstemarkt gibt es einen Infrastrukturmarkt mit zunehmenden Wettbewerbsmerkmalen. Die Liberalisierung in Norwegen hat gezeigt, daß ein ausschließlicher Wettbewerb auf der Ebene der Dienste wie öffentliche Sprachvermittlung oder Datenübertragung zu erheblichen Vorteilen für den einzigen Anbieter der Infrastrukturdienste führt. Das ist in der Regel der Ex-Monopolist, der auf diesem Wege weiterhin Quersubventionierungen tätigen und durch seine Bearbeitungsgeschwindigkeit den Gesamtmarkt wesentlich beeinflussen kann. Mit dem D2-Mobilfunknetz von Mannesmann wurden erstmals in Deutschland Richtfunkstrecken genutzt, um die digitalen Mietleitungen der DTAG substituieren zu können. Obwohl der Gedanke einer deutschen Netz AG, also eines Zusammenschlusses der alternativen Infrastrukturanbieter im EVU-Umfeld, bisher nicht realisiert werden konnte, ist beispielsweise die Bayernwerk Netkom GmbH schon in 1997 mit den anderen Anbietern von Dark Fiber in Deutschland zu intensiven Gesprächen zur Definition von bilateralen Lieferabkommen zusammengetreten. Es ist die Strategie dieses Unternehmens, die vorhandene TK-Landschaft der Bayernwerk AG mit vergleichsweise geringen Zusatzinvestitionen für den Carriermarkt in Deutschland auszurüsten. Obwohl die EVUs langjährige Erfahrung im Umgang mit einen Kundenstamm haben und zu geringen Grenzkosten nachrichtentechnische Verbindungen entlang der Hochspannungstrassen einrichten können, sind die Managementstrukturen dieser Unternehmen auf die Verwaltung regionaler Gebietsmonopole ausgerichtet und dadurch nur bedingt in der Lage, auf wettbewerbsintensiven Märkten richtig zu reagieren.[1]

---

[1] Vgl. WELFENS und GRAACK (1997), S. 228.

4.2.8 Betreibergesellschaften für Bahnnetze

DBkom GmbH in Deutschland als ausgegliederte Telekommunikationsorganisation der Deutschen Bahn AG kooperierte sehr eng mit CNI und Mannesmann und firmiert seit Januar 1997 in einem gemeinsamen Unternehmen unter dem Namen Arcor. Hauptgesellschafter der Mannesmann Arcor sind mit 74,9 % das Mannesmann-Konsortium und mit 25,1 % die Deutsche Bahn AG. Am Mannesmann-Konsortium sind die Deutsche Bank AG, Unisource, AT & T und Air Touch beteiligt. Die Unternehmensgruppe hat im Jahr 1997 einen Umsatz von 1,2 Mrd. DM erzielt.[1] Im gleichen Jahr wurden 500 Mio. DM investiert, die Gesamtinvestitionen bis 2001 belaufen sich auf 4 Mrd. DM, der Break Even wird im Jahr 2001 angestrebt.[2] Wie vertraglich vereinbart, hat das Mannesmann-Konsortium den 25,1 % Anteil der Deutschen Bahn AG zum 1. Juli 1999 erworben.

Die Betreibergesellschft für Bahnnetze bietet alternative Hochgeschwindigkeitsnetze für deregulierte Märkte. Das wird auch in den Niederlanden an dem gemeinsamen TK-Unternehmen Telfort von BT und der holländischen Bahn deutlich. Telfort besitzt entlang der Bahntrassen eigene nachrichtentechnische Zugänge in alle niederländischen Industrieparks.

Im Unterschied zu den Hochspannungstrassen der Energieerzeuger, welche die Kraftwerksstandorte an den Flüssen mit den großstadtnahen Umspannwerken verbinden, in denen auf darunterliegende Spannungsebenen transformiert wird, verlaufen die Gleise der Eisenbahn[3] wie ein Spinnennetz durch ganz Deutschland und durchqueren und verbinden die Ballungszentren. Wenn man die Mittelspannungsebenen berücksichtigt, findet man ein dem Gleiskörper in Größe und Verteilungsdichte ebenbürtiges Netz[4] der EVUs vor. Allerdings befinden sich diese elektrischen Verteilungsnetze häufig im Eigentum der Stadtwerke, die im „City-Carrier-Business" ein eigenständiges Vermarktungskonzept betreiben. So sieht man sich einer Vielzahl von Unternehmen gegenüber. Arcor dagegen verfügt über das gesamte nachrichtentechnische Netzwerk der Bahn AG.

Das TK-Netz der Eisenbahnen ist, hinsichtlich der Kapazität und Flexibilität, nicht für externe Anwendungen konzipiert worden.[5] An dieser Stelle hat Arcor die gleichen Schwierigkeiten wie RWE bzw. o.tel.o, da die Erweiterung eines eigenen Corporate Networks auf externe Kunden immer mit dem Nachteil der fehlenden Flexibilität einhergeht. Unternehmen wie VIAG Interkom, Colt und WorldCom haben durch ihr Netzwerkkonzept, das in Deutschland

---

[1] Vgl. VIAG INTERKOM (1998a), S. 11.

[2] Vgl. ARCOR (1999), S. 2.

[3] Die DB hat 1994 ein Gleisnetz von 44.332 km operativ genutzt; das deutsche Autobahnnetz umfaßt nur ca. 11.000 km.

[4] RWE verfügte 1996 über 10.400 Streckenkilometer (zum Vergleich: die Grenzen Deutschlands haben eine Gesamtlänge von 3.736 km) in der 220 kV- und 380 kV-Ebene,. Davon zu unterscheiden sind Angaben über die sogenannten „Systemkilometer". Dieser Begriff wird für die gesamte Länge aller installierten Leitungen verwendet und erlaubt eigentlich keine Aussage über die Flächendeckungsmöglichkeiten, sondern eher über die Kapazitäten.

[5] Vgl. FALCH (1996), S. 13

nach dem Motto „Aufbau statt Umbau" flächendeckend aufgebaut wird, Vorteile, weil die Knoten bedarfsgerecht plaziert werden können und nicht zwangsläufig an die eigenen Unternehmensstandorte gebunden sind. Eine Bedrohung für die Geschäftsgrundlage der Arcor kommt aber von der Bahn AG selbst. Das im Februar 1997 angekündigte Privatisierungsprogramm der Bahnstrecken soll ein Viertel der Trassen mit einer Gesamtlänge von über 10.000 km erfassen. Man erhofft sich durch den Verkauf dieser bei der Bahn AG unrentablen Strecken an private Gesellschaften einen Belebungseffekt, der die Stillegung dieser Verbindungen abwenden soll. Fraglich bleibt nur, inwieweit die neuen Betreiber der Eisenbahnlinien die notwendigen Kostenoptimierungsmaßnahmen auch auf die nachrichtentechnische Infrastruktur ausdehnen. Die derzeitigen Kostenvorteile von Arcor würden abnehmen, wenn für die Infrastruktursysteme Marktpreise verlangt würden. Offensichtlich hat die Nutzung der ausgelagerten Nachrichtenverbindungen entlang der Bahntrassen in Großbritannien eine geringere Bedeutung als in Deutschland. Eine mögliche Begründung liefert die nachfolgende Tabelle. Sie zeigt, daß eine einschneidende Reduzierung des Streckennetzes in Großbritannien schon 1970 abgeschlossen war. Veraltete technische Lösungen und eine zurückgehende Verbreitungsdichte mindern die alternative Nutzungsattraktivität der nachrichtentechnischen Systeme der britischen Bahn.

Tabelle 48: Bahnnetz in Großbritannien

Jahr	1900	1928	1950	1960	1970	1980	1990	1995
Streckenlänge in km	29.800	32.600	31.300	29.600	19.000	18.100	16.600	16.600

Quelle: BRITAIN IN FIGURES (1997), S. 104.

4.2.9 City Carrier und Reseller

Die City Carrier wie Colt (Frankfurt/Berlin/München/Stuttgart), MFS/WorldCom (Frankfurt), Netcologne[1] (Köln), BerlinNet (Berlin), HanseNet (Hamburg), CNE (Corporate Network Essen), ISIS[2] (Düsseldorf), Nef-Com (Nürnberg/Erlangen) oder M'net (München) setzen auf ihre vorhandene bzw. im Aufbau befindliche innerstädtische Infrastruktur und das attraktive Kundenpotential in den Großstädten. Auf Grundlage der nachrichtentechnischen Infrastruktur der städtischen Verkehrsbetriebe, Energieversorgungsunternehmen und Sparkassen wird unter Einbeziehung der kommunalen Local Area Networks und Nebenstellenanlagen ein lokal begrenztes Corporate Network mit branchenorientierten Sonderlösungen installiert. Da zahl-

---

[1] Im Dezember 1997 waren an dem Unternehmen Netcologne Gesellschaft für Telekommunikation GmbH die Gas- und Elektrizitätswerke der Stadt Köln mit 65 %, die SK Kapitalbeteiligungsgesellschft mit 25 % und die Stadtsparkasse Köln mit 10 % beteiligt.

[2] Die ISIS Multimedia GmbH mit Sitz in Düsseldorf wurde im September 1994 durch die Westdeutsche Landesbank und die Stadtwerke Düsseldorf gegründet. 1999 waren die Stadtwerke Düsseldorf mit 35 %, die Duisburger V + V Gesellschaft mit 10 %, die Stadtwerke Neuss mit 5 % und die WestLB mit 50 % beteiligt. Vgl. SCHÄFERS (1999), S. 4.

reiche Unternehmen für die Weitverkehrsverbindungen schon einen alternativen Carrier haben, stießen die Stadtnetzanbieter in die Anfang 1998 noch nicht besetzte Marktlücke einer lokalen Alternative zur DTAG. Sie erreichten so eine hohe Flächendeckung im innerstädtischen Bereich und konkurrierten zwar mit den unterschiedlichen Wireless-Local-Loop-Konzepten, aber die City Carrier hatten im Gegensatz zu Funktechnologien als großen Vorteil keine Bandbreitenbeschränkungen. Es ist zu erwarten, daß in den Ballungsräumen neben den flächendeckenden Carriern und derzeitigen City-Anbietern noch weitere Unternehmen auftreten werden. Das kann sicherlich dazu führen, daß in Zukunft nicht nur die Hebesätze der Gewerbesteuer oder die Mietpreise pro Quadratmeter der einzelnen Büroflächen in den Großstädten, sondern auch die Telefonpreise dieser Geschäftszentren voneinander abweichen werden. Nachrichtentechnische Infrastrukturkosten und die Bandbreite der TK-Dienstleistungen werden in der vergleichenden Standortanalyse eine steigende Bedeutung erlangen.

Es wurde beispielsweise im Februar 1997 eine regionale Lizenzklasse drei an die M'net Telekommunikations GmbH für den Netzbetrieb in München vergeben.[1] Der Entwurf des zukünftigen LFGebV sieht in Zi. 2.1 sogenannte Gebietslizenzen vor: „Gebietslizenzen sind Lizenzen, in denen das Gebiet, in dem die lizenzpflichtige Tätigkeit ausgeübt wird, aufgrund des Antrages als geographisch fest umrissene Fläche beschrieben ist. Gebiete, ..., können sein ... Städte oder Gemeinden...[2] Aus einer Veröffentlichung der HanseNet Telekommunikations GmbH geht hervor, daß im Frühjahr 1997 bereits über ein Dutzend Telekommunikationsanbieter im Wirtschaftsraum Hamburg[3] miteinander konkurrierten. Colt realisierte 1997 den Aufbau eines 50 km langen Glasfasernetzes in München[4] und veranschlagte dafür eine Investitionssumme von 100 Mio. DM. Für das Unternehmen Colt war der Standort München nach Frankfurt am Main das zweite Standbein, die nächsten Zieletappen in Deutschland sind die Städte Hamburg, Stuttgart und Berlin. Das Stadtnetz in Düsseldorf ist im Herbst 1998 in Betrieb gegangen. Colt betreibt außerdem Stadtnetze in europäischen Metropolen wie London, Paris, Zürich und Amsterdam; ein Aufbau von Netzen in den osteuropäischen Metropolen ist geplant.[5] Das Unternehmen Colt mit 441 Netzkilometern und 10 Points of Interconnect[6] antizipiert dabei den Trend, einzelne Stadtnetze zu internationalen Netzen zu verbinden.

---

[1] BLICK DURCH DIE WIRTSCHAFT (1997).

[2] BMPT (1997).

[3] Vgl. MÄVER (1997), als Unternehmen wurden erwähnt: DTAG, WorldCom, Arcor, E-Plus, D2, CONOS AG, vebacom, IBM, Info AG, RWE Telliance, VIAG INTERKOM, Plusnet und SITA.

[4] o.V. (1997k).

[5] Vgl. HIELLE (1998), S. 23. Colt (City of London Telecommunications) war 1998 mit eigenen Glasfaserstrecken in 12 europäischen Metropolen vertreten und will diese Penetration auf 24 Städte im Jahr 2000 erhöhen. 1998 erzielte Colt einen Umsatz von 81,7 Mio. Pfund und einen Gewinn von 15,2 Mio. Pfund. Vgl. WESTLB (1998), S. 8.

[6] Die Werte gelten für das Jahr 1998, im Jahr 1999 wird die Zahl der Zusammenschaltungspunkte mit der DTAG auf 23 erhöht werden. Vgl. TELECOM HANDEL (1998a), S. 20.

Das Unternehmen steigerte in Deutschland den Umsatz von 23 Mio. DM auf 167 Mio. DM im Jahr 1998 und strebt im Jahr 1999 insgesamt 526 Mio. DM Umsatz an.[1]

Tabelle 49: Marktpotential der gewerblichen TK-Kunden in Hamburg

Diensteart	Marktpotential
Datendienste	9 %
Textdienste	1 %
Kabelfernsehen	0 %
Endgeräte/Service	10 %
Telefon/ISDN (City)	18 %
Telefon/ISDN (Fernzone)	62 %

Quelle: MÄVER (1997).

Auf der anderen Seite wird den Betreibern der Stadtnetze[2] auf kommunaler Basis vorgeworfen, sie würden sich ausschließlich auf ein Herauspicken von Rosinen konzentrieren, bei dem der von den Kunden erhoffte Preisrutsch nach unten ausbleiben könnte.[3] Dagegen spricht die Kostenstruktur von TK-Angeboten im Jahr vor dem 1. Januar 1998. Der hohe Fixkostenanteil, verursacht durch die Anmietung von Leitungen, um die letzte Meile zu überbrücken, blockiert die alternativen Carrier derart, daß beispielsweise Kunden mit einem jährlichen TK-Aufkommen von unter 160.000 DM nicht angebunden werden können. Während nun Kunden mit einem TK-Budget von weniger als 5.000 DM pro Jahr durch Reseller bedient werden, können sich City Carrier in Ergänzung zu den national tätigen Anbietern auf das Klientel mit einem Zieljahresumsatz von mehr als 5.000 DM und weniger als 160.000 DM konzentrieren und bieten dadurch ein erweitertes Angebot, das die Erwartungen der Kunden nach besseren Preis-Leistungs-Verhältnissen und einem höheren Servicegrad erfüllt.

Reseller sind Wiederverkäufer von Telekommunikationsdiensten, ohne daß die Reseller dabei über eine eigene Infrastruktur verfügen oder den Aufbau einer Infrastruktur in den Mittelpunkt der Geschäftstätigkeit stellen. Die 1991 gegründete MobilCom hat als sogenannter Service Provider für die D-Netze (später auch E-Plus) ab Mitte 1992 die Geschäftstätigkeit aufgenommen. Dabei konnte die Zahl der Kunden von 14.000 im Jahr 1992 auf 70.000 im Jahr 1994 dann auf 350.000 im Jahr 1998 und auf 882.000 Anfang 1999 gesteigert werden.[4] Der Gewinn vor Steuern wurde von 28,9 Mio. DM im Jahr 1997 auf 200 Mio. DM im Jahr 1998 gesteigert.[5] Das börsennotierte Unternehmen ist zu 60 % im Besitz des Gründers Gerhard Schmid und 40 % der Aktien sind breit gestreut.[6] Nach der Liberalisierung der Festnetz-

---

[1] Vgl. WESTLB (1999), S. 81.

[2] Diese Anbieter werden im allgemeinen unter dem Überbegriff Citycom zusammengefaßt, sie haben sich auf die Vermarktung und den Ausbau der Nachrichtennetze der Stadtwerke im Citybereich spezialisiert.

[3] Siehe auch POLLACK (1996).

[4] Vgl. MOBILCOM (1998), S. 1.

[5] Siehe auch BAUER (1999).

[6] Vgl. WESTLB (1998), S. 106.

telefonie am 1. Januar 1998 hat sich MobilCom mit dem eigenen Tochterunternehmen City-LINE als Anbieter von Call-by-Call-TK-Diensten einen festen Marktanteil gesichert. Mit dem einheitlichen bundesweiten Minutenpreis von 0,19 DM hat sich das Unternehmen vom Wettbewerberverhalten mit komplizierten Preistabellen distanziert. Die innovative Aktion zu Weihnachten 1998, am 24. und 31. Dezember zwischen 19:00 und 24:00 kostenfrei Ferngespräche anzubieten, hat zu einer Rüge durch die Kommission für unlauteren Wettbewerb geführt.

Im März 1998 hat MobilCom den Service Provider Martin Dawes Telecommunications (Deutschland) GmbH übernommen.[1] Die Erhöhung von 22 (Wert 1998) auf 30 Points of Interconnect im Jahr 1999 zeigt das Bestreben des Unternehmens, auch technologisch den Anschluß an die Netzbetreiber wie VIAG Interkom, o.tel.o und Mannesmann Arcor zu erreichen. Trotzdem steht MobilCom einer noch aggressiveren Konkurrenz der reinen Wiederverkäufer gegenüber, diese Firmen wollten 1999 gebührenfreie Telefonvermittlung anbieten, die sich über Werbeeinblendungen während des Gespräches finanziert. Teleflash wird am 29. Januar 1999 kostenlose Inlandstelefonate anbieten, die nach den ersten 3 Gesprächsminuten regelmäßig von Werbespots unterbrochen werden. Teleflash wollte eine einmalige Freischaltungsgebühr von 88 DM erheben. Aus wettbewerbsrechtlichen Gründen mußte Teleflash im Jahr 1999 die Geschäftstätigkeit einstellen.

Tabelle 50: Kennzahlen der MobilCom AG

Jahr	1992	1993	1994	1995	1996	1997	1998	1998[2]
Kennzahl								
Umsatz im Mio. DM	14	127	189	244	309	376	520	1.500
Mitarbeiter	35	84	122	151	222	318	450	900

Quelle: MOBILCOM (1998), S. 3 f., BAUER (1999).

Der Verband der kommunalen Unternehmen vereinigt über 65 Stadtwerke unter seiner Führung und hat sich die Vermarktung der vorhandenen nachrichtentechnischen Verbindungssysteme zum Ziel gesetzt. Das Nachfrageverhalten der industriellen Kunden ist von einem ausgeprägten Risikobewußtsein beeinflußt. Für den Erfolg der lokalen Anbieter von Telekommunikationsdienstleistungen ist es deshalb sehr entscheidend, sogenannte Leaduser oder Referenzkunden zu gewinnen.[3] Sie tragen dazu bei, das Vertrauen in den regionalen TK-Anbieter zu stärken und die weitere Marktpenetration voranzutreiben. In der nächsten Ausbaustufe können dann die City-Carrier den vermarkteten und informationstechnisch ausge-

---

[1] Martin Dawes Telecommunications (Deutschland) GmbH hat als (ehemals) drittgrößter netzunabhängiger Service Provider in Deutschland unter dem Markennahmen „Cellway" im Jahr 1997 einen Umsatz von 629 Mio. DM erzielt und 335.000 Mobilfunkkunden bedient. Vgl. MOBILCOM (1998), S. 3.

[2] Werte für 1998 einschließlich Cellway.

[3] Vgl. PELZEL (1991), S. 26.

bauten TK-Dienst auch für eigene Anwendungen wie Telemetrie, kommunale Informationssysteme, Verkehrslenkung oder Objektschutz nutzen.[1] 1999 hat MobilCom ca. 96 % der TelePassport-Anteile für 20 Mio. DM übernommen. TelePassport soll ebenso wie die zuvor akquirierten Unternehmen Cellway und Topnet als eigenständiges Unternehmen agieren. Der MobilCom-Konzern hat damit seinen Mitarbeiterbestand auf 2.400 Personen erhöht.

4.3 Innovation und Eigenkapitalbasis

4.3.1 Innovationskräfte zur Entwicklung von Märkten

Innovationskräfte üben einen Einfluß bei der Entwicklung von Märkten aus. Durch den Rückgang der Know-How-Differenzierungen zwischen einzelnen Volkswirtschaften und die sinkenden Kosten für Tranportleistungen sowie den verbesserten Informationsaustausch sind die Abgrenzungsmerkmale unter den internationalen Wettbewerbern weniger geworden.[2] Die freie Konkurrenz wirkt sich diziplinierend auf die Unternehmensführung aus und fördert die Wahrnehmung von Innovationschancen.[3] Aus den Innovationen haben sich traditionell Märkte entwickelt; man bezeichnet diesen Vorgang auch mit der Wortschöpfung „Technology Push"; Entwicklungen im Markt rufen ihrerseits Innovationen hervor, dafür steht der Begriff „Market Pull".[4] Internet und Mehrwertanwendungen wie Electronic Commerce stellen technologische Lösungen dar, die nach ihrer Markteinführung zu einem „Trittbrettfahrerverhalten" animierten. Nach dem Technology Push, der von den ursprünglich für andere Zwecke entwickelten Lösungen ausgegangen ist, haben sich neue Märkte wie etwa Teleselling, Telebilling und Telemarketing eröffnet, die während der Startphase der TK-Dienste nicht vorstellbar gewesen wären. Der universitäre und berufliche Ausbildungsmarkt hat als Konsequenz der technologischen Innovation neue Berufsbilder hervorgebracht, und zunehmend werden Stellenanzeigen und Bewerbungen über Internet und E-Mail abgewickelt. Die Bertelsmann AG hat 1997 in einem exemplarischen Feldversuch ein Portfolio an „Stellenanzeigen" im Netz und auf dem klassischen Weg der Annonce in den überregionalen Tageszeitungen plaziert. Sowohl die quantitativen als auch die qualitativen Ansprüche der Bertelsmann AG wurden bei der Internetanzeige besser erfüllt, dort hat man mehr und interessantere Kandidaten/innen gefunden.[5] Diese Ergebnisse sind sicherlich nicht auf alle Bereiche übertragbar, und die angesprochene Zielgruppe und deren typische Technologieaffinität bestimmen ohne Frage das Ergebnis eines solches Experimentes, dennoch kann man die dort gewonnenen Erkenntnisse als Frühindikatoren werten.

---

[1] Siehe auch MATHAUER (1996).

[2] Vgl. OECD (1996a), S. 13 und S. 65.

[3] Vgl. MOLITOR (1995), S. 85.

[4] Siehe auch PICOT (1998).

[5] Siehe auch MIDDELHOFF (1998).

Die stetige Zunahme der inner- und außerbetrieblichen Arbeitsteilung mit der beabsichtigten Wirkung der Steigerung der Produktivität und des Wohlstandes führt zu einer dramatischen Erhöhung des Kommunikations- und Abstimmungsbedarfs, der folglich zu einer wichtigen Komponente in der Wertschöpfung geworden ist. Telekommunikationsanwendungen wie Telex, Telefax, Fernwirken, Telematik und E-Mail sind in diesem Zusammenhang anschauliche Beispiele für nachfrageorientierte Technologien oder sogenannte „Market Push Cases". Die Forderungen der Anwender nach Reduzierung der Kosten für die Durchführung der Kommunikation im Zusammenhang mit dem Leistungsaustausch und das Bestreben, durch schnellere aktuelle Informationen die Geschäftsrisiken zu verringern, haben zur Weiterentwicklung von TK-Applikationen geführt.

Im Grenzfall kann durch Zuhilfenahme der elektronischen Medien ein ganzes Produktions- und Distributionsverfahren modifiziert werden. Anstelle der herkömmlichen Herstellung von Grundmustern und anschließender Lagerbevorratung kann durch den elektronischen Datenaustausch der Verkauf einer Ware erfolgen, bevor sie hergestellt sein muß. Der Hochgeschwindigkeitsaustausch von Daten und Werten kompensiert die normalerweise anfallenden Totzeiten, und parallel dazu werden die Preis- und Absatzrisiken vermindert. Der Produzent kann die fallenden Durchschnittskosten einer entfallenden Lagerhaltung in Form von Preissenkungen an die Konsumenten weitergeben und damit die Marktentwicklung stimulieren.

Innovationskräfte verstärken sich durch latente und manifeste Synergien die bei der gemeinsamen Erschließung verschiedener Märkte entstehen. Die Telekommunikation, die Informationstechnik, die Medien, das Entertainment und die Sicherheitsstandards werden unter dem Begriff TIMES[1] zusammengefaßt. Im Fall von latenten Synergien unterstützt im Verborgenen ein technischer Sicherheitsstandard der Datenverschlüsselung im Telekommunikations- und Informationsinstrument „Internet" eine Entertainmentanwendung wie beispielweise den Tele-Verkauf von Theater- und Musicalkarten. Beim manifesten Zusammenwirken sind für alle Marktteilnehmer offensichtliche Impulse und Innovationsanreize registrierbar. Die Einführung des Breitbandkabelnetzes der DBP als informationstechnisches System in den achtziger Jahren hat für jedermann erkennbar die Entfaltung der (privaten) Broadcast-TV-Medien in Deutschland gefördert, weil die auch durch militärische Nutzung begrenzten terrestrischen Funkfrequenzen ihre Engpaßfunktion verloren hatten.[2] Eine neue Technologievariante in Form der Breitbandverkabelung hat den ursprünglichen politischen Auftrag der Vergrößerung der Medienvielfalt erfüllt.

---

[1] Die Abkürzung TIMES entsteht aus den jeweiligen Anfangsbuchstaben der relevanten Märkte Telekommunikation, Informationtechnik, Medien, Entertainment und Sicherheit. Siehe auch HULTZSCH (1998).

[2] Siehe auch WITTE (1998).

4.3.2 Eigenkapitalbasis als ein Grundpfeiler der Innovation

Die Eigenkapitalbasis bildet einen Grundpfeiler der Innovationen, weil sie dem TK-Investor bzw. dem Carrier selbst die Möglichkeit der eigenständigen Positionierung einräumt. Eine hohe Eigenkapitalquote bedeutet, daß das Unternehmen für Innovationen und risikobehaftete Investitionen eine gute Finanzierungsbasis (Risikokapital) hat. Der Betrieb von Telekommunikationsnetzen erfordert eine hohe Kapitalintensität.[1] So bietet beispielsweise der Unternehmensbereich öffentliche Netze (ÖN) der Siemens AG im asiatischen Raum, im Gegensatz zu Deutschland, in der Regel selbst ein Kombinationspaket an, in dem zusammen mit der gelieferten Vermittlungstechnik auch die Finanzierung der Anlage für die Newcomer durchgeführt wird.[2]

Hohe Eigenkapitalquoten erlauben eine von Fremdbestimmung teilweise unabhängige Entscheidungsfindung für die Entwicklung innovativer Geschäftsfelder. Aufgrund des Phänomens der asymmetrischen Information ist Fremdkapital nicht unbegrenzt verfügbar. In einer Art adversen Selektion werden Unternehmen mit einer sehr knappen Eigenkapitalausstattung von den Geldgebern nur bei entsprechend höheren Zinsen unterstützt.[3] Höhere Zinsen zwingen die Unternehmen aber zu risikoreicheren (im Erfolgsfall auch ertragreicheren) Geschäftätigkeiten; die Wahrscheinlichkeit der reibungslosen Tilgung verringert sich. Für die vergleichsweise hohe Dynamik im Telekommunikationsmarkt kurz vor der Aufhebung des Sprachmonopols der DTAG ist es für die Anteilseigner der Newcomer, sofern sie in eigene Infrastruktur investieren, wichtig, über eine ausreichend hohe Eigenkapitalquote zu verfügen.[4] Das gilt vor dem Hintergrund der internationalen Fusionierungen, bei denen nicht nur andere Unternehmen auf Basis entsprechender Finanzierungskonzepte gekauft werden, sondern vornehmlich Aktien ausgetauscht werden.

---

[1] Vgl. WIK (1998), S. 14 f.

[2] Siehe auch JUNG (1998).

[3] Vgl. HOMBURG (1996), S. 66.

[4] Siehe GERPOTT (1997).

Tabelle 51: Eigenkapitalquoten von Thyssen, RWE, VEBA und VIAG im Vergleich

Kennzahlen der Unternehmen	1993	1994	1995	1996	1997	1998
VEBA AG Umsatz in Mio. DM	66.349,3	71.043,6	72.372	74.541	82.719	83.684
VEBA AG Eigenkapital in Mio. DM	16.553,8	17.500	20.953	23.041	25.320	26.342
VEBA AG Eigenkapitalquote[1]	30 %	29 %	31 %	32 %	31 %	31 %
VIAG AG Umsatz in Mio. DM	23.734	28.957	41.932	42.452	49.545	49.121
VIAG AG Eigenkapital in Mio. DM	4.841	8.541	9.365	11.720	12.516	12.636
VIAG AG Eigenkapitalquote	22 %	22 %	22 %	24 %	21 %	22 %
RWE AG Umsatz in Mio. DM[2]	53.094	55.750	63.585	65.436	72.136	72.715
RWE AG Eigenkapital in Mio. DM	14.167	14.010	16.159	16.779	17.737	19.149
RWE AG Eigenkapitalquote	24 %	22 %	22 %	22 %	22 %	22 %
Thyssen AG Umsatz in Mio. DM[3]	33.502	34.949	39.123	38.444	41.437	12.413
Thyssen AG Eigenkapital in Mio. DM	3.955	4.055	5.405	5.850	8.603	3.611
Thyssen AG Eigenkapitalquote	17 %	18 %	22 %	23 %	28 %	29 %

Quelle: VEBA (1995) S. 78 - 79, VEBA (1997) S. 54 - 55, VEBA (1998), VEBA (1999), S. 69, VIAG (1995), S. 93, VIAG (1996a), S. 70, VIAG (1997), S. 78, VIAG (1998), S. 1, VIAG (1998b), S. 94, VIAG (1999),S. 82, THYSSEN (1994) S. 54 f., THYSSEN (1995) S. 62 f., THYSSEN (1996), S. 79, THYSSEN (1997), S. 95, THYSSEN (1998), THYSSEN (1999), S. 80, RWE (1996) S. 1, RWE (1997), RWE (1998), RWE (1999), S. 1, eigene Berechnungen, die Eigenkapitalquoten sind in Prozent der Bilanzsumme angegeben.

Aus der oben dargestellten Übersicht wird deutlich, daß die Newcomer wie VIAG zusammen mit BT keine finanztechnische Schwierigkeiten haben, in das Joint-Venture VIAG Interkom insgesamt 8,5 Mrd. DM im Zeitraum von 4 Jahren zu investieren. Neben dem Umsatz und der Eigenkapitalquote haben die Parameter Jahresüberschuß und Cash Flow eine indikative Bedeutung für die Leistungsfähigkeit von Konzernen. Im Jahr 1997 lag der Jahresüberschuß (Werte in Klammern repräsentieren den Cash Flow) der RWE bei 2,2 Mrd. DM (9,0 Mrd.

---

[1] Eigenkapital in Prozent der Bilanzsumme ist gleich Eigenkapitalquote.

[2] Das RWE-Geschäftsjahr endet jeweils am 30. Juni, die Angaben des Geschäftsjahres vom 1. Juli 1995 bis 30. Juni 1996 werden gemäß steuerrechtlicher Praxis in der Jahresspalte 1996 aufgeführt.

[3] Das Thyssen Geschäftsjahr endet jeweils am 30. September, die Angaben z. B. des Geschäftsjahres vom 1. Okt. 1993 bis zum 30. Sept. 1994 werden in der Tabelle in der Spalte des Jahres 1994 aufgeführt. Ab 1998 werden nur die Werte für die Thyssen Stahl AG , der Führungsgesellschft der Thyssen Information Services GmbH, geführt.

DM), der VEBA bei 2,5 Mrd. DM, von Thyssen bei 2,18 Mrd. DM (4,245 Mrd. DM) und der Jahresüberschuß der VIAG bei 1,1 Mrd. DM (4,5 Mrd. DM).[1] Diese Eckwerte zeigen in gleichem Maße wie die oben dargestellte Tabelle die Proportionen der Kennzahlen untereinander. Auf der einen Seite finden sich die Konzerne wie VEBA und RWE mit mehr als 60 Mrd. DM Umsatz, mehr als 20 % Eigenkapitalquote und einem entsprechenden Jahresüberschuß von mehr als 2 Mrd. DM.[2] Auf der anderen Seite liegen die Konglomerate wie VIAG und Thyssen, die weniger als 45 Mrd. DM Umsatz verbuchen konnten, ebenfalls eine Eigenkapitalquote von 20 % vorweisen und einen Jahresüberschuß, im Fall von VIAG, von mehr als 1 Mrd. DM[3] erzielten. Während die VIAG seit 1995 die Aktivitäten und die Investitionen in die Telekommunikation intensiviert hat, verkaufte Thyssen Ende September 1997 seinen 30,1-%-Anteil an E-Plus.[4]

4.4 Die Expansion von Mehrwertdiensten: Spezialisierung und vertikale Integration

4.4.1 Die Expansion von Mehrwertdiensten durch Spezialisierung

Die Internet-Anbieter und Call-back-Provider zeigen bereits den neuen Trend zur Expansion von Mehrwertdiensten durch Spezialisierung und Globalisierung. Die Internetfarm von MCI in Arlington, Washington D.C., wurde in weniger als 2 Jahren aufgebaut und hat Ende 1997 mit 200 Mitarbeitern und einem fachlichen Schwerpunkt auf Webpagehosting einen Umsatz von 200 Mio. US$[5] erzielt. Die hohe Geschwindigkeit, in der sich neue Technologien am Markt etablieren, und die zunehmende Erwartungshaltung der nachfragenden Marktteilnehmer, mehr als nur einen reinen Basisdienst beziehen zu wollen, bestimmt das Bild der Vermarktung der Mehrwertdienste. So hat T-Online z. B. bereits 1997 mit 220 Einwahlknoten zum Ortstarif eine Flächendeckung von 98 % der Bevölkerung erreicht, die zum Preis von 10 DM pro Stunde während der Tageszeit und 6 DM nachts im Programm wählen konnte. Der Preis für die Einwahlverbindung wurde aufgrund des Wettbewerberverhaltens der Newcomer im Jahr 1999 auf 0,05 DM bzw. im Profitarif auf 0,03 DM pro Minute gesenkt.

---

[1] Vgl. THYSSEN (1997), S. 125.

[2] Im Vergleich dazu hat die Mannesmann AG einschließlich Mobilfunk D2 im Jahr 1997 einen Umsatz von 4,206 Mrd. DM erzielt, einen Jahresüberschuß von 947 Mio. DM erwirtschaftet und Investitionen von 1,932 Mrd. DM getätigt.

[3] Von diesem Jahresüberschuß kamen 1997 etwa 78 % aus der Energiesparte.

[4] Vgl. THYSSEN (1997), S. 16.

[5] Ergebnis einer Befragung des MCI Topmanagements im Herbst 1997, u. a. Vice President Anthony Russo.

Abbildung 20: Entwicklung der Internetanschlüsse in Deutschland

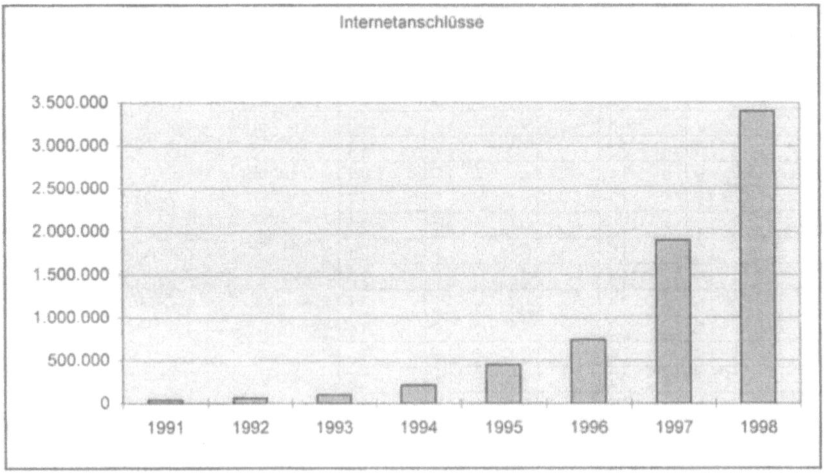

Quelle: Eigene Untersuchungen

Die frühe, von Btx kommende Spezialisierung der DTAG auf diesen Mehrwertdienst zeigt auch deshalb schon erste Erfolge, weil 30 % der deutschen Haushalte einen PC besitzen und damit als potentielle Internet-Surfer[1] in Frage kommen. Allerdings hatten 1997 nur ein Drittel der PCs ein Modem und 8 % eine ISDN-Karte[2], über die Hälfte der Computer war in einem nicht vernetzungsfähigen Zustand. Aus der folgenden Tabelle geht hervor, daß die Vereinigten Staaten die höchste PC-Penetrationsrate im Vergleich der untersuchten Länder vorweisen können. Der Fachverband ZVEI schätzt für 1997 einen Verbreitungsgrad von 24 PCs pro 100 Einwohner für Deutschland und 48 PCs je 100 Einwohner in den Vereinigten Staaten.

---

[1] Der Begriff „Surfing the Internet" wurde von Jean Armour Polly in einem Artikel des Wilson Library Bulletin im Juni 1992 erstmals verwendet, siehe auch HOFFMANN (1996), S. 111.

[2] Siehe auch HERMANN und MAHLER (1997).

Tabelle 52: Penetration mit Personal Computern im Vergleich

(PCs/100 EW)	1993	1994[1]	1995*	1996*	1997
Griechenland	2	3	4	5	6
Portugal	5	6	7	7	7
Italien	7	8	9	10	11
Spanien	7	8	9	9	10
Frankreich	10	12	14	17	18
Österreich	9	11	14	17	20
Belgien	11	13	16	16	17
Deutschland	12	15	19	20	23
UK	13	16	20	21	24
Niederlande	15	18	22	27	30
Schweden	16	21	26	32	35
Dänemark	17	22	27	34	34
Norwegen	19	24	30	34	35
Schweiz	22	27	33	34	36
USA	30	35	42	48	52

Quelle: ZVEI (1996), EITO (1999), S. 49.

Als Folge dieser Aufwertung der TK-Eigenschaften eines Systems und im direkten Zusammenhang mit den schon in der Computerbranche bekannten schlüsselfertigen Gesamtlösungskonzepten[2] wird auch die Abwicklung von TK-Projekten zunehmend komplexer. Was sich in der Vergangenheit als rein formaler Bestellvorgang bei einem Staatsunternehmen dargestellt hat, wird nun Zug um Zug ein informationstechnisches Großprojekt. Anstelle der normierten Schnittstelle „Amtsleitung", die höchstens nach der angestrebten „Busy Hour Call Attempt Rate"[3] in der physikalischen Leitungsanzahl variiert wurde, und einem begrenzten, aber auch absolut kompatiblen Nebenstellen- und Endgerätesortiment, findet der industrielle Anwender heute ein unüberschaubares Angebot an Carriern und Anlagenanbietern vor. So ist man zwischenzeitlich gezwungen, neue Systeme in einer formalen Abnahme auf die Funktionstüchtigkeit zu testen[4] und darüber hinaus den Grad der Wartungsintensität vertraglich zu fixieren. Diese sogenannten Service Level Agreements (SLA) haben oftmals eine ganz unterschiedliche Zielsetzung. „SLAs bieten die große Chance, detaillierte Dienstleistungen bereits in der Vertragsphase transparent und meßbar zu gestalten, das kommt den Vertragsparteien gleichermaßen zugute."[5] Während Carrier unter der SLA-Anforderung grundsätzlich eine verklausulierte Pönale-Regelung sehen, ist aus Kundensicht vor allem der Anreiz zur möglichst hohen Optimierung der Netzsicherheit von Bedeutung.

---

[1] Basis: EITO 1995, USMSC, CIA (* zum Teil hochgerechnet).

[2] Diese Art der Lieferanten-Kundenbeziehung wird auch Turn-Key Project Approach genannt.

[3] Mit dieser Einheit für die Transportkapazität eines Telefonnetzes wird festgelegt, für welchen Prozentsatz der begonnenen Wählverbindungen eine Besetztmeldung akzeptiert wird, die nicht auf den belegten Endteilnehmeranschluß zurückzuführen ist.

[4] Diese Abnahmen erreichen durchaus eine gewisse Komplexität, da sie in einem vorher vereinbarten Rahmen stattfinden müssen und in vielen Fällen ein Nachprüfen aller denkbaren Funktionen nicht möglich ist. Insofern hat die Gestaltung einer Abnahme auch direkte juristische Konsequenzen, beispielsweise bei der Rüge von Mängeln, vgl. auch BÖMER (1988), S. 135.

[5] PELZEL (1997), S. 17.

4.4.2 Die Expansion von Mehrwertdiensten durch vertikale Integration

Bei dem Prozeß der vertikalen Integration zur Expansion von Mehrwertdiensten unterscheidet man zwischen der Vor- und Rückwärtsintegration. Ob nun TK-Carrier versuchen, ihre Zulieferer z. B. von Multiplexer-Equipment zu integrieren, oder ob es um die Thematik des Einflusses auf die nachgelagerten Handelswege geht, es sind folgende Ziele, die dadurch erreicht werden sollen: (i) Verminderung des Wettbewerbdrucks; (ii) Verbreiterung des eigenen „Brandname"; (iii) Verminderung der Außenbeziehungen und Transaktionskosten, z. B. in Einkaufsabteilungen; (iv) Erhöhung des „Economy of Scope and Scale Effects".[1] Bei Mehrwertdiensten kann man durch vertikale Integration und gezielte Beeinflussung der Hersteller von TK-Equipment die eigene Marktmacht maßgeblich verändern. Im Umkehrschluß sind die Incumbent TOs durch die vertikalen Integrationspläne anderer Marktteilnehmer gezwungen, die eigenen Strategien zur Verteidigung der Marktanteile entsprechend anzupassen. So befindet sich AT & T im Wettbewerb[2] mit den RBOCs und den bekannten Fernnetzanbietern wie Sprint und MCI und zusätzlich mit dem TEMs, wie Northern Telecom, und den Computerfirmen.

Unter Skalenvorteilen bzw. Economy of Scale versteht man einen Effekt, bei dem langfristig die Durchschnittskosten mit der produzierten Menge fallen. Fertigungstechnische Ursachen, Spezialisierung der Arbeitskräfte, Mengenrabatte bei der Beschaffung von Rohmaterialien und Kapital bilden die Voraussetzungen für diesen Effekt, der aber keineswegs nur auf das produzierende Gewerbe beschränkt ist. Ohnmacht des Managements in diversifizierten Firmen und zu hohe Gemeinkosten können dazu führen, daß beim Überschreiten einer bestimmten Ausbringungsmenge die Durchschnittskosten konstant bleiben oder sogar steigen. Man spricht dann von nachteiligen Skaleneffekten oder auch Diseconomies of Scale. Die Verbundvorteile bzw. Economy-of-Scope-Effekte hingegen zeigen an, in welchem Umfang die gemeinsame Produktion von mehreren Gütern gegenüber der Einprodukt-Erzeugung Kostenvorteile erzeugt.[3] Die Luftfahrtindustrie und der Automobilbau sind bekannte Beispiele für Economy-of-Scope-Effekte. Das Baukastensystem der Airbus Industries erlaubt es, gleiche Cockpit- und Triebwerksmodule in den unterschiedlichsten Flugzeugtypen einzusetzen, bei BMW werden Antriebseinheiten mit exakt den gleichen Konstruktionseigenschaften in mehreren Karosseriemodellreihen eingesetzt. Verbundvorteile liegen ebenso vor, wenn ein Anbieter (Monopolist) die Nachfrage nach mehreren Gütern kostengünstiger befriedigen kann als zwei Anbieter.[4] Economies-of-Scale und Scope-Effekte werden sowohl bei Monopolthesen als auch bei Analysen von vertikalen Integrationsparametern herangezogen.

---

[1] Vgl. SINCLAIR (1996), S. 5.

[2] Vgl. KOTLER (1991), S. 377.

[3] Vgl. HIRSCHEY und PAPPAS (1992), S. 324 ff.

[4] Vgl. GRAACK (1997), S. 27.

Vertikale Integration kann aus dem operativen Geschäft der TK-Festnetzaktivitäten entstehen. Wenn ein Newcomer im Rahmen eines Outsourcing-Projekts ein CN[1] übernimmt, kann das bei der entsprechenden Topologie so in das Netz integriert werden, daß es an andere, neue, Kunden weitervermittelt werden kann. Die Zunahme der Anbieter in liberalisierten Märkten und die unterschiedlich starke vertikale Integration der TK-Carrier führt unweigerlich zu Asymmetrien in der Eigentumsstruktur von Übertragungsnetzen. Demzufolge muß auch die Zusammenschaltung der Netze[2] (Interconnection) in einigen Fällen reguliert bzw. kontrolliert werden. Nach dem Scheitern der bilateralen Verhandlungen zwischen Arcor und der DTAG am 4. Juli 1997 hat Minister Bötsch am 12. September 1997 die Interconnectiontarife zwischen Arcor und DTAG, und nach dem Diskriminierungsverbot auch für andere Newcomer, in der Cityzone auf 0,0197 DM im Zeitraum zwischen 9.00 und 21.00 sowie auf 0,0124 DM im Zeitraum (Off-peak) zwischen 21.00 und 9.00 festgelegt. Der Durchschnittswert über alle Tarifzonen (City, Region 50, Region 200 und Fernzone) liegt bei 0,027 DM.[3] Die auf zwei Jahre befristete Festsetzung des BMPT liegt über dem von Arcor geforderten Wert und unter dem von der DTAG kommunizierten kostendeckenden Mindestpreis von knapp 0,05 DM. Der Durchschnittspreis wurde von einem unabhängigen Beratungsunternehmen[4] in einer internationalen Vergleichsuntersuchung[5] ermittelt. Nach Bekanntwerden dieser Entscheidung gab es im wesentlichen drei unterschiedliche Standpunkte dazu: (i) Die DTAG sprach von Enteignung und nicht nachvollziehbarer Bevorteilung der Newcomer und hat deshalb sofort gerichtliche Schritte eingeleitet; (ii) eine Reihe von Wettbewerbern hatte offensichtlich in den Geschäftsplänen und Produktkalkulationen einen höheren Wert angenommen und war mit diesem Ergebnis zufrieden; (iii) einige Wettbewerber und das Bundeskartellamt fanden den berechneten Wert zu hoch und in unrichtiger Art und Weise von fiskalischen und politischen Kräften beeinflußt. Streng wettbewerbsrechtlich hätte demzufolge der Wert, ermittelt aus den Vergleichsländern USA, Großbritannien und Frankreich bei im Durchschnitt 0,0186 DM liegen müssen. Im April 1998 wurde in einer Erklärung der RegTP festgestellt, daß die amtlichen Zusammenschaltungstarife nur von Telekommunikationsunternehmen mit eigenem Netz in Anspruch genommen werden können.

Für sogenannte Reseller bzw. ausschließliche Wiederverkäufer sind keine regulierten Preise festgesetzt, hier werden in bilateralen Vertragsverhandlungen die Preise individuell mit der DTAG verhandelt. In einer entsprechenden Verhandlung mit der First Telecom im Mai 1998

---

[1] Das TK-Netz der Notrufsäulen entlang der Autobahnen (BAB) könnte beispielsweise ein solches Netz sein.

[2] Vgl. NOAM (1996), S. 102.

[3] Vgl. BÖTSCH (1997a), S. 1.

[4] Price and Waterhouse.

[5] Es wurden die Länder USA, Großbritannien, Frankreich, Finnland, Schweden, Niederlande, Spanien, Dänemark, Australien und Japan untersucht. In Großbritannien werden 0,0182 DM pro Minute, in Frankreich 0,0241 DM pro Minute und in den USA 0,0167 DM pro Minute bezahlt. Der Durchschnitt der Vergleichsländer lag bei 0,0349 DM pro Minute. Dieser Gesamtdurchschnitt wurde mit dem Durchschnitt der drei niedrigsten Werte (= 0,0186 DM) addiert und daraus der Mittelwert gebildet. Vgl. BÖTSCH (1997a), S. 2.

hat die DTAG die Anforderungen an die erforderliche Zahl der Points of Interconnect (POI) kurzfristig von 8 auf 23 Übergabepunkte[1] erhöht und dadurch die Markteintrittsbarrieren vergrößert. Bei der DTAG setzt man trotzdem auf eine gerichtliche Bestätigung der Entscheidung, da die Entgeltverordnung ausdrücklich die Möglichkeit eingeräumt, daß bei einem Ländervergleich eine stärkere Wertung bereits liberalisierter Länder zulässig ist.[2] Die DTAG verfolgt mit diesem Vorgehensmodell zwei Ziele: (i) Die Differenzierung zwischen Reseller (Wiederverkäufer ohne eigenes Netz bzw. mit weniger als 23 POIs) und Carrier eröffnet die Möglichkeit, diese Resell-Newcomer mit einem Interconnectpreis über dem vom Regulierer vorgeschriebenen Niveau zu versorgen und (ii) die Verteilung des Verkehrs auf die 23 Hauptvermittlungsknoten der DTAG verhindert Engpässe in den darunter liegenden Netzebenen. Die nachfolgenden Interconnectiongebühren beinhalten keine Access Deficit Charge (ADC) und berücksichtigen keine Universal Service Obligation (USO). Im Falle eines Kundendirektanschlusses (DAL) an das Netz des Newcomers entstehen zusätzliche Kosten für die Anschlußleitung. Im Unterschied zu Ländern wie Österreich gibt es in Deutschland keine Call Setup Charge, bei der schon der eigentliche Gesprächsaufbau (Klingelzeichen) zu einer Interconnectiongebühr[3] führt.

Die Tatsache, daß diese Gebührenstruktur nur über zwei Zeitzonen verfügt, erschwerte die Vergleichbarkeit mit der Endkundenpreisgestaltung der DTAG. Die Aufnahme von Kunden des alternativen Carriers in einem gemeinsamen Telefonbuch ist bei dieser Regelung grundsätzlich offen und preislich nicht berücksichtigt. Ende 1998 wurde von der RegTp eine Differenzierung in vier Klassen angekündigt[4]: Interconnectiontarif (IC) vom Herbst 1997 in unveränderter Form für Teilnehmernetzbetreiber; (ii) einen beaufschlagten Tarif IC+ für Verbindungsnetzbetreiber; (iii) einen IC++ Tarif für sogenannte switched-based Reseller und einen (iv) IC+++ Tarif für reine (switchless) Reseller. Anfang 1999 hat die DTAG alle bestehenden Netzzusammenschaltungsvereinbarungen gekündigt und höhere Preisangebote an die Newcomer verteilt. Das Vorgehen war mit der Regulierungsbehörde nicht abgestimmt und es verfolgte den Zweck, die Kostensteigerung aufgrund atypischer Verkehrsströme der Newcomer aufzufangen.

---

[1] Vgl. BERKE (1998), S. 60.

[2] Vgl. NEU (1997), S. 1.

[3] Die Forderung der DTAG lag hier bei 0,01 DM pro Minute. Als Begründung wurde die Belastung der Netze auch im Fall einer nicht zustande kommenden Verbindung aufgeführt.

[4] Vgl. BÖRNSEN (1998), S. 20 f.

Tabelle 53: Interconnectionpreise in Deutschland, 1997 - 1999

Angaben pro Minute ohne MwSt und in Pfennigen	Peak-Zeit (9:00 - 21:00)	Off-Peak-Zeit (21:00 - 9:00)
Ortszone (City)	1,97	1,24
Region 50	3,36	2,02
Region 200	4,25	2,35
Fernzone	5,15	3,16

Quelle: Eigene Anfrage beim BMPT, Gültigkeit bis 31.12.1999.

Ergänzend zur oben dargestellten Einzelpreisübersicht muß angefügt werden, daß für ein Gespräch, das bei einem Carrier A aufgebaut[1] wird und nach dem Transport im Netz des Carriers B[2] wieder im Netz von A terminiert wird, die Interconnectiongebühren für A (unabhängig von der Tatsache, ob B die Kundenrechnung[3] stellt) in doppelter Höhe, jeweils für die Call Origination und Call Termination, anfallen. A steht dabei zunächst als wahlfreie Variable für die DTAG, aber auch für Newcomer. Da die Deutsche Telekom AG über die dominanten Ortsnetze verfügt und die Newcomer eine feste Gebühr für jeden Ort der Zusammenschaltung (ODZ) bezahlen müssen, kann im Extremfall ein Mehrfaches der eigentlichen ausgewiesenen Interconnectiongrundgebühr pro Minute anfallen. Das Wissenschaftliche Institut für Kommunikationsforschung (WIK) hat im Frühjahr 1998 eine Untersuchung zur Kostenermittlung für den Bereich der Ortsnetze durchgeführt.[4] Mit den dort gewonnenen Erkenntnissen können die Kostennachweise der Carrier einem generellen und nicht betreiberspezifischen Referenznetz gegenübergestellt werden.[5] Verfügt also ein Newcomer, der als pre-selected Long-Distance-Carrier auftritt, nur über eine geringe Flächendeckung[6] bei den ODZs, so kann für Call Termination und Call Origination die Interconnection Fee von zweimal 0,0515 DM, also 0,103 DM, anfallen. Hinzu kommen noch bis zu 0,05 DM[7] pro Minute für die Benutzung des POI[8], und im Falle der gesamten Rechnungslegung durch den Teil-

---

[1] Call Origination beim Anschlußnetzbetreiber (ANB).

[2] Long-Distance-Transportation durch den Verbindungsnetzbetreiber (VNB).

[3] Die Frage, ob der Kunde eine Rechnung des ANB oder des VNB oder mehrere einzelne Rechnungen erhält, beeinflußt die Ansprüche des Carriers auf Interconnectiongebühren nicht. Dafür ist einzig und allein die tatsächliche Wegeführung ausschlaggebend. Allerdings ist im Fall von sogenannten kombinierten Rechnungslegungen erforderlich, daß das fakturierende Unternehmen von den „Sublieferanten" einen Call Detail Record (CDR) erhält.

[4] Siehe auch RIEDEL (1998a).

[5] Vgl. WIK (1998), S. 85.

[6] In diesem Fall kann die Distanz zwischen der Kundenlokation, dem Point of Interconnect (POI), der Zielteilnehmerlokation und dem nächsten POI jeweils größer als 200 km sein.

[7] Dieser Wert gilt als Durchschnitt und hängt von dem kalkulierten Volumen des alternativen Carriers ab, das über den POI bzw. ODZ geführt werden soll.

[8] Im Jahr 1998 waren pro S2M-Kanal, das entspricht 30 Sprachkanälen, am POI monatlich 35.000 DM an die DTAG abzuführen.

nehmernetzbetreiber (TNB) noch 0,014 DM pro Rechnungszeile. In diesem ungünstigsten Fall (Worst-Case) hat der Newcomer eine Nettogebühr von 0,153 DM pro Gesprächsminute an die DTAG zu bezahlen, ein Wert, der sich deutlich von 0,027 DM unterscheidet.

Die „Interconnection Regulation" deckt auch die Zulieferung des marktbeherrschenden Unternehmens an seine Wettbewerber ab. Preistypen für die Interconnectionvereinbarung sind:[1] (i) Tarife für laufende Netzbenutzung, z. B. gemessen nach Anzahl der Gesprächsminuten; (ii) Ausgleichsabgaben für asymmetrische Universaldienstverpflichtungen (1997 wollte, entgegen der Stellungnahme des Regulierers, die DTAG diesen Punkt in der Hauptverhandlung des Interconnection-Agreements mitregeln); (iii) Preise für die Points of Interconnect; (iv) Preise für Zusatzleistungen wie Störungsbehebung, Kundendienst, Auskunftsverfahren; (v) Tarife für Infrastrukturüberlassung und Co-Lokation von TK-Equipment. Besonders sensibel ist dabei neben der Preisgestaltung die Liefertermintreue der Anbieter. Die DTAG hat [2] 1999 einen Antrag gestellt, den atypischen Verkehr der Carrier mit weniger als 7 POIs mit 44 %, mit weniger als 22 POIs mit 16 %, mit weniger als 37 POIs mit Werten zwischen 10 % (City Hauptzeit) und 16 % (City Nebenzeit) über dem jeweiligen Interconnectiontarif zu beaufschlagen.

In Deutschland sind die Newcomer nicht nur durch die im Vergleich zu Großbritannien und USA hohen Preise der digitalen Mietleitungen der DTAG, sondern zusätzlich durch die ungenauen Lieferzeiten benachteiligt. Im Frühjahr 1997 lag die Lieferzeit einer 155 Mbit/s digitalen Standleitung (DDV) zwischen 18 Tagen und 18 Monaten. Das zeigt, wie unkalkulierbar teilweise die Betriebskosten für Newcomer waren, denn die DTAG stellt die erste Rechnung unmittelbar nach der Installation der Mietleitung. Auf der anderen Seite entsteht durch die fehlende Absicht vieler Newcomer, eine eigene Infrastruktur aufzubauen, eine schwierige Postion für die DTAG und die Wettbewerber. Man begegnet sich gleichermaßen in einem Wettbewerbs- und Lieferanten-Kundenverhältnis. Das führt zu Interessenskonflikten und Wettbewerbsverzerrungen, die nach der Privatisierung des ehemaligen Monopolisten von dem inzwischen professionellen Management der DTAG ausgenutzt werden könnten.

---

[1] Vgl. GERPOTT (1997a), S. 6.

[2] Vgl. GERPOTT (1999), S. 16.

Tabelle 54: Jährliche Leased-Line-Preise, 1996

Land (Anbieter, Normalfall ist PTT)	Preis einer Leased Line (100 km, 2 Mbit/s) in ECU im Jahr 1996
Italien	215.000
Belgien	90.000
Niederlande	60.000
Irland	60.000
Schweiz	45.000
Frankreich	45.000
Deutschland	42.000
Dänemark	37.000
Großbritannien (MCL)	37.000
Schweden	10.000

Quelle: EITO (1997a), S. 168.

Die Tabellen zeigen, daß Deutschland zwar weder 1996 noch 1997 einen Spitzenplatz ein-
nimmt, aber dennoch in den betrachteten Jahren und den angegebenen Entfernungen deutlich
über dem Preisniveau von Großbritannien und den USA liegt. Wie aus der Übersicht für 1997
ersichtlich ist, bekommt man für den Preis einer digitalen Mietleitung mit der Übertragungskapazität von 2 Mbit/s und einer Länge von 300 km in Großbritannien schon zwei solcher
Verbindungen und in den Vereinigten Staaten fast drei Leitungen.

Tabelle 55: Monatliche Leased-Line-Preise, 1997

Land	Preis einer Leased Line (300 km, 2 Mbit/s) in £ Sterling
Italien	8.664
Niederlande	3.240
Schweiz	4.848
Frankreich	5.561
Schweden	1.916
Deutschland	4.155
Großbritannien	3.254
USA	1.594

*Quelle: INTUG (1997), S. 24; in den USA werden die Entfernungen in Meilen angegeben, und die
entsprechende Übertragungsgeschwindigkeit beträgt 1,5 Mbit/s.*

1999 wurde zwar der monatliche Mietpreis einer 1,92-Mbit/s-Mietleitung (Distanz 100 Km)
in Deutschland von 10.109 DM auf 6.180 DM gesenkt, aber gleichzeitig der Preis einer 64-
kbit/s-DDV (Distanz 10 km) von 709 DM auf 732 DM erhöht.[1]

---

[1] Siehe auch DEUTSCHE TELEKOM (1999b).

4.5 Internationale Allianzen und Direktinvestitionen

4.5.1 Theorie der Allianzbildung

Die Allianzbildung in Verbindung mit der Globalisierung der Märkte indiziert eine entscheidende Zunahme der internationalen Arbeitsteilung. Der Anstieg der technologischen Abhängigkeiten, das Zusammenwachsen der Weltmärkte, die Fortschritte in der Logistik und der Kommunikationsstruktur sowie die Zunahme der Wettbewerbsintensität zählen zu den Determinanten für die steigende Zahl von internationalen Kooperationen und strategischen Allianzen.[1] Die Gründe für die Internationalisierung der Telekommunikation liegen in den sinkenden Marktanteilen in den Inlandsmärkten, der Nachfrage der Großunternehmen nach Onestop-shopping und den neuen Investitionsmöglichkeiten nach der Privatisierung im Ausland.[2] Aus theoretischer Sicht versteht man unter einer Allianz eine Kooperationsform, bei der eigenständige Unternehmen die Basis der internen Ressourcen vergrößern und damit auf die komplexen externen Anforderungen reagieren.[3] Kooperationsformen können sowohl auf der Anbieterseite als auch auf der Nachfragerseite gebildet werden. Franchisingsysteme, Konsortien, Arbeitsgemeinschaften und Kartelle sind Beispiele für eine Anbieterkooperation, Einkaufs- und Konsumgenossenschaften dagegen gelten als Nachfragekooperation.[4] Da die finanziellen und physikalischen Assets der Unternehmen in unterschiedlichen Ausprägungen auftreten, variieren die Kooperationsformen entsprechend. Ein anderes Asset eines Unternehmens kann das Ergebnis einer gezielten Forschungs- und Entwicklungsanstrengung sein. Ein firmenspezifisches Asset ist einer der Hauptgründe für den Aufbau multinationaler Unternehmen, weil es die profitable vertikale oder horizontale Integration in einem Firmenverbund erlaubt und die Befähigung zum Eintritt in neue Märkte steigert.[5]

Die Alternativen einer Kooperation sind der Kauf bzw. Verkauf von Leistungen über den anonymen Markt gegen Zahlung eines Preises, und die hierarchische Lösung, also die Eigenerstellung im Unternehmen.[6] Die Schaffung einer Unternehmensverbindung durch Konzentration[7], also durch Fusionen und Konzernbildung, wirkt sich bei der Erzeugung des Outputs vergleichbar der hierarchischen Lösung aus. Wenn große Faktorpreisunterschiede zwischen den einzelnen Ländern bestehen, kann unter Rentabilitätsaspekten eine Verlagerung der Produktion ins Ausland erfolgen. Die grenzüberschreitende Form der Allianz soll dabei neben der Option, Zollschranken zu umgehen, eine Reihe von Vorteilen[8] für beide Partner generie-

---

[1] Vgl. SELL (1998), S. 88.

[2] Vgl. WELFENS (1999), S. 42 f.

[3] Vgl. JOHNSON und SCHOLES (1993), S. 235 f.

[4] Vgl. SCHEUCH (1989), S. 28 f. und WÖHE (1986), S. 321.

[5] Vgl. WALZ (1997), S. 63 und BERG (1999), S. 327.

[6] Vgl. SELL (1994), S. 7.

[7] Vgl. WÖHE (1986), S. 321.

[8] Vgl. LAY (1997), S. 52.

ren: (i) Angemessene Risikoverteilung; (ii) Verbreiterung der Infrastrukturbasis; (iii) Erhöhung der lokalen Marktkenntnisse; (iv) Verbesserung der politischen Beziehungen in bezug auf die Regulierungsinstanzen; (v) Verständnisgenerierung für die lokalen sprachlichen und kulturellen Gegebenheiten; (vi) bilaterale Einflußnahme in der Geschäftsführungsebene der Kooperationen. Unternehmenszusammenschlüsse und Allianzen schließen bis dato rechtlich und wirtschaftlich eigenständige Unternehmen zu größeren Wirtschaftseinheiten zusammen, ohne daß dabei zwangsläufig die Autonomie verloren geht.[1] Die technischen Möglichkeiten erfüllen heute problemlos Kundenwünsche wie etwa das One-Stop-Shopping[2] und vergrößern damit für Unternehmen die Zahl der Konkurrenten, die sich um die Abwicklung der TK-Dienste bewerben. Digitale Netze erlauben die Erstellung einer einzigen Rechnung an einem Ort, unabhängig von der Verteilung der in Anspruch genommenen Dienstleistungen. Zusätzlich steigen die Investitionssummen für die Erschließung neuer Märkte wegen der zunehmenden Komplexität der Anwendungen.[3] Der Begriff Allianz ist in diesem Zusammenhang ein Indikator für eine Kooperation von zwei oder mehreren Partnern, die dieses Geschäftsziel in gleichem Umfang alleine und unabhängig voneinander verfolgen könnten.[4] Ist eine solche Verbindung längerfristig angelegt und für den Unternehmenserfolg von großer Bedeutung, dann spricht man von einer strategischen Allianz.[5] Strategische Allianzen mit dem Ziel der Stärkung der Wettbewerbsposition können zwischen zwei oder mehreren rechtlich selbständigen Unternehmen, die auf dem gleichen Markt konkurrieren (horizontale Allianzen) oder die auf unterschiedlichen Märkten konkurrieren (diagonale Allianzen), gebildet werden. Unternehmen, die sich nicht im Wettbewerb, sondern in Form einer Lieferbeziehung begegnen (vertikale Kooperationen), werden als strategische Kooperation und nicht als Allianz bezeichnet.[6]

Zahlreiche Deregulierungskonzepte werden auf EU-Ebene beschlossen und stimulieren daher einen gezielten wirtschaftspolitischen Lobbyismus. Durch den Wettbewerbsdruck sind TK-Unternehmen gezwungen: (i) Internationale technische Anforderungen zu realisieren; (ii) Investitionspotentiale zu vergrößern und (iii) die internationale Regulierungspolitik zu beeinflussen. Auf der anderen Seite belasten die Allianzverhandlungen und die internen Aufwendungen in den Unternehmen nach den Allianzbildungen die Verfolgung der eigentlichen Unternehmensziele. In diesem Zusammenhang werden Alternativen zu Firmenzusammenschlüssen, Kooperationsverträgen und Allianzen untersucht. Mit der Akquisition von Unternehmen

---

[1] Vgl. WÖHE (1986), S. 313.

[2] Unter One-Stop-Shopping (OSS) werden die Bestrebungen von Kunden zusammengefaßt, die darauf abzielen, aus einer Hand die unterschiedlichen weltweiten TK-Dienstleistungen von einem Carrier zu beziehen.

[3] Die DTAG hat die Digitalisierung des Kabel-TV-Netzes im Frühjahr 1997 abgeschlossen. Eine Investitionssumme von 1 Mrd. DM war erforderlich, um das analoge Programmangebot von 35 Kanälen auf 150 digitale Kanäle aufzurüsten.

[4] Vgl. SELL (1994), S. 79.

[5] Vgl. SELL (1994), S. 24.

[6] Vgl. SELL (1994), S. 79.

kann fehlende eigene Kompetenz erworben werden. Wird eine gemeinsame langfristige Kooperationsform durch eine Kapitalbeteiligung im Rahmen der Gründung einer Tochtergesellschaft abgesichert, dann wird diese Tochergesellschaft als Joint-Venture bezeichnet.[1] Branchenfremde Partner agieren aus dem Hintergrund und positionieren das gebildete Joint-Venture im Mittelpunkt der operativen Geschäftätigkeit.[2]

Eine mögliche Alternative zu Kooperationen ist im TK-Umfeld die reine Zusammenschaltung der Netze auf Basis von Interconnection Agreements[3]. Dies ist ein Konzept, das die Newcomer 1994 im Rahmen der Deutschen-Netz-AG-Konzeption geplant hatten. Die Deutsche Netz AG sollte unter einem Dach die gesammelten Netzaktivitäten der Newcomer bündeln und verwalten. Die Übernahme von Geschäftsrisiken und die Zuteilung der aktiven Einflußnahme auf die operativen Strukturen konnten innerhalb des gegebenen Zeitrahmens nicht einvernehmlich gelöst werden. Die Spannungen zwischen den Energieversorgungsunternehmen, welche aus dem Geschäftsfeld der Energieerzeugung und Energieverteilung kommen, haben die Einigungsprozesse erschwert. Dieses Unternehmen hätte alle alternativen Netzinfrastrukturen in Deutschland gebündelt und kosteneffizient konzentriert. Die Zusammenschaltung der Transportplattformen der Carrier ist technisch möglich, ohne daß damit eine gemeinsame Struktur der veredelten Dienste entstehen müßte. Eine solche Konzeption wäre ökonomisch tragfähig, weil der eigenständige Marktauftritt der Carrier und die gezielte Differenzierung in den Produktpaletten erhalten bliebe.

4.5.2 Theorie der Direktinvestitionen

Theorien für Direktinvestionen versuchen, die Gründe für internationale Investitionsentscheidungen in einer Volkswirtschaft darzulegen.[4] Aus der Sicht der Gastländer stellen ausländische Direktinvestitionen (ADI) einen Zufluß an Know-How und Kapital dar.[5] In den letzten 25 Jahren sind die ausländischen Direktinvestitionen von 14 Mrd. US$ auf 350 Mrd. US$ gestiegen.[6] Diese Direktinvestitionen intensivieren den europäischen und globalen Standortwettbewerb.[7] Die ADI-Bestände in den neunziger Jahren werden auf über 2.000 Mrd. US$ geschätzt.[8] Unter Direktinvestitionen versteht man eine Form der Auslandsinvestition, bei der Wirtschaftssubjekte (Unternehmen) Kapital in ein anderes Land exportieren, um dort Niederlassungen oder selbständige Tochterunternehmen zu errichten, bzw. sich an anderen Unternehmen zu beteiligen.[9] ADI fungiert als primäres Element der internationalen Wirtschafts-

---

[1] Vgl. SELL (1994), S. 13.

[2] Vgl. LAY (1997), S. 96.

[3] Siehe auch: PETRIK (1997).

[4] Vgl. LÜCKE (1991), S. 192 f.

[5] Vgl. SELL (1994), S. 14.

[6] Vgl. OECD (1998b), S. 21.

[7] Vgl. WELFENS und GRAACK (1997), S. 224 f.

[8] Vgl. DEUTSCHER BUNDESTAG (1999), S. 31.

[9] Vgl. GABLER (1992), S. 806.

verflechtungen. Ursprungs- und Zielländer von ADI sind überwiegend Länder der Triade. Bei dieser Übertragung von inländischem Kapital ins Ausland kann es sich auch um eine Beteiligung an Unternehmen handeln, solange die Beteiligung (z. B. mindestens ein 10-%-Anteil) einen entscheidenden Einfluß auf die Politik des Unternehmens gewährleistet. Direktinvestitionen wachsen seit Beginn der achtziger Jahre stärker als der Welthandel.[1] Der Welthandel selbst wächst dabei stärker als die Weltwirtschaft, die realen Weltexporte haben sich von 1.042 Mrd. US$ im Jahr 1968 auf 2.001 Mrd. US$ im Jahr 1980 und auf 3.082 Mrd. US$ im Jahr 1990 erhöht.[2] Ein Viertel des Welthandels mit Industriegütern wird innerhalb von multinationalen Unternehmen abgewickelt, diese produzieren über 20 Prozent des Weltsozialproduktes.[3] Der Handel innerhalb von Unternehmen erlaubt den internationalen Transfer von spezifischen Informationen, die Direktinvestition führt zu einer Vergrößerung der Marktmacht und zur einer Überwindung von Handelsbarrieren. Im Dienstleistungssektor ist der Marktzutritt im Gegensatz zum Handelsgeschäft mit einer Präsenz des Anbieters verbunden. Im Gegensatz zu einer Lizenzvergabe, bei der nur die Befugnis, das Recht eines anderen zu nutzen, erteilt wird, erlauben Direktinvestition, also der Erwerb oder Aufbau ausländischer Töchter, die kontinuierliche Einflußnahme auf die lokale Geschäftspolitik. Im Gegensatz zur Direktinvestition wird bei der Portfolioinvestition oder indirekten Investition inländisches Kapital ins Ausland übertragen, ohne daß dabei Eigentumsrechte erworben werden.[4] Es kann sich dabei nicht nur um Immobilienfonds, sondern auch um Unternehmensbeteiligungen handeln, solange durch sie kein wesentlicher Einfluß auf die Unternehmenspolitik gegeben ist. Am Anfang einer Investition steht die Entscheidung, ein bestimmtes Investitionsprojekt zu realisieren, der Zweck dieser Entscheidung ist die unternehmerische Absicht, das Produktionspotential des Unternehmens zu erhöhen oder wenigstens langfristig zu sichern.[5] Jede Investition sollte auf der Grundlage einer sorgfältigen Planung entstanden sein und geht deshalb von bestimmten Rahmenbedingungen aus. Da sowohl die Determinanten der Rahmenbedingungen selbst, als auch die erhobenen zusätzlichen Daten fehlerhaft sein können oder unerwartete Ereignisse in der Zukunft einen maßgeblichen Einfluß auf die Rentabilität der Investitionen haben können, werden vielfach sogenannte Sicherheitsaufschläge angewendet. Die Dimensionierung dieser Aufschläge hat einen Einfluß auf die kalkulatorische Rentabilität der Investition. Fraglich ist allerdings, ob massive Veränderungen der errechneten Kennzahlen hin zur „sicheren" Seite noch eine hinreichende Entscheidungsunterstützung gewährleisten.[6] Grundsätzlich haben die Investitionsentscheidungen für die Unternehmen strategische Bedeu-

---

[1] Siehe o.V. (1997m).

[2] Vgl. HAGEN (1997), S. 236 f.

[3] Vgl. HAGEN (1997), S. 248.

[4] Vgl. GABLER (1992b), S. 2611.

[5] Vgl. EILENBERGER (1994), S. 127 f.

[6] Vgl. auch ALTROGGE (1996) S. 384 f.

tung,[1] weil: (i) Eine langfristig kapitalbindende Wirkung entsteht; (ii) die Entscheidungen die knappen Ressourcen belegen und damit andere Möglichkeiten blockieren; (iii) in der Regel ein nicht unerheblicher zeitlicher Abstand zwischen der Investitionsentscheidung und der Realisierung liegt. Branchen mit einer hohen Investitionsrate wie in der Telekommunikation sind unter dem Aspekt (iii) mit besonderer Aufmerksamkeit zu beobachten, da ein ungünstiges Verhältnis zwischen der Realisierungszeit und der gleichzeitig stattfindenden Innovation existiert.

Im Rahmen der eklektischen Theorie von Dunning wird zwischen (i) firmenspezifischen, (ii) standortrelevanten und (iii) internalisierten Wettbewerbsvorteilen unterschieden.[2] Ein transatlantisch operierendes Unternehmen[3], das sich trotz Sprachbarrieren, kultureller Unterschiede, ungewohnter nationaler Rechtssituationen und großer Entfernungen der einzelnen Standorte gegen die lokale Konkurrenz durchsetzen will, muß über außerordentliche Wettbewerbsvorteile verfügen. Zu den firmenspezifischen Vorzügen gehören: (i) Nicht notwendigerweise multinational ausgerichtete Wettbewerbsvorteile wie Monopolrechte, Patente, Markenrechte oder Human Capital; (ii) Vorteile, die auf Marktetablierungseffekte zurückzuführen sind, wie eingespielte Kunden- und Lieferantenbeziehungen, ausreichende Produktionskapazitäten oder allgemeine Skalenvorteile und (iii) Wettbewerbsvorteile, die durch internationale Geschäftstätigkeiten hervorgerufen werden. Zum letztgenannten Vorzug (iii) gehören Know-How in bezug auf multinationale Besonderheiten, attraktive Finanzierungskonzepte auf internationalen Kapitalmärkten und Erfahrung mit internationalen Risikominimierungsverfahren. Weitere Aspekte führen dazu, daß nicht nur in ein anderes Land exportiert, sondern dort auch produziert wird.[4] Zu den standortrelevanten Wettbewerbsvorteilen gehören: (i) Umgehungsstrategien für Einfuhrzölle und Quotenbeschränkungen; (ii) geringere inländische Auflagen für Produktion und Vermarktung; (iii) lokale niedrige Inputkosten für Mitarbeiter, Material und Abgaben und (iv) Kosteneinsparungen durch Subventionsbezug, Nutzung von Steuervorteilen oder Transportaufwandsminimierung. Darüberhinaus kann der ausländische Produktionsstandort werblich genutzt werden; die japanischen Automobilhersteller wenden dieses Verfahren häufig an. Falls die Verlagerung der Produktion ins Ausland nicht in Form einer Lizenzvergabe durchgeführt werden kann, weil die Weitergabe an Dritte zu teuer ist, dann sollte eine Tochtergesellschaft gegründet werden. Zu den hierbei auftretenden internalisierten Wettbewerbsvorteilen gehören: (i) Effizientere vertikale Integration und direkte Kontrolle der Vertriebskanäle, (ii) Möglichkeit der Quersubventionierung und kurzfristigen Preiskämpfe; (iii) Einsparung von Lizenzbegleitkosten und (iv) Verhinderung der Offenlegung von Verfah-

---

[1] Vgl. BUSSE (1993), S. 503.

[2] Bei Dunning werden diese Wettbewerbsvorteile: (i) Ownership Specific Advantages; (ii) Location Advantages und (iii) Internalization Advantages genannt. Im Fall von (i) spricht Caves auch von intangible Assets. Vgl. DUNNING (1991) und PATERNA (1996), S. 41 und S. 251 f.

[3] Solche Unternehmen werden auch multinational Corporations (MNC) genannt.

[4] Vgl. SELL (1994), S. 109 f.

rensprinzipien. Die Lizenzvergabe selbst hat die Vorteile des geringeren durchschnittlichen Finanzbedarfes und eines schnelleren Marktzutrittes.

Die Transaktionskostenanalyse liefert Entscheidungsgrundlagen für die Wahl der Organisationsform bei der Direktinvestition. Der Transaktionskostenansatz[1] wurde von Coase basierend auf Vorläuferstudien 1937 erstmals dargestellt und von Williamson weiterentwickelt. Bei diesem Ansatz wird die optimale Leistungs- und Fertigungstiefe eines Unternehmens untersucht. Es geht um die Lösung der Frage „Make or Buy". Nach Coase entscheidet sich ein Unternehmen immer in den Fällen für eine interne Lösung, also die Schaffung einer eigenen Organisationseinheit, in denen die zusätzlich entstehenden Organisationskosten die kalkulierten Marketingkosten übersteigen.[2] Die Organisationskosten sind die internen Kosten für die Planung und Produktion, sowie vermehrte anteilige Gemeinkosten. Die Marketingkosten sind die in den Preisen einkalkulierten Vertriebskosten des Lieferanten und die Beschaffungsnebenkosten des Auftraggebers. Williamson hat formuliert, daß die optimale Organisationsstruktur eines Unternehmens beim Minimum der Transaktionskosten erreicht wird. Die Transaktionskosten lassen sich in folgende Hauptsparten[3] einteilen: (i) Anbahnungskosten bei der Analyse des Lieferantenmarktes; (ii) Vereinbarungskosten für die Aushandlung und Formulierung der Verträge; (iii) Projektkosten für die Kontrolle der Termine, Zusagen und Qualitätskriterien; (iv) Eskalationskosten für die Behandlung veränderter Rahmenbedingungen und die Schlichtung von Konflikten sowie (v) Positionierungskosten für die Bindung an ggf. neue strategische Partner. Neben dieser quantitativen Analyse der Transaktionskosten sind aber die Rahmenbedingungen einer solchen monetären Bewertung zu untersuchen. Bei Ansoff findet man den Hinweis auf die verschiedenen Einflußfaktoren von strategischen Entscheidungen. „One major source of difficulty comes from the fact that in most organizations the pre-strategy decision-making processes are heavily political in nature."[4] Johnson illustriert das am Beispiel der Vertriebsorganisation. „For example, many manufacturers still choose to forgo the use of agents because they feel that direct involvement, gained from having their own salesforce, is of advantage of gaining a full understanding of the market."[5] Der Transaktionskostenansatz ist nur dann richtig anwendbar, wenn folgende Rahmenbedingungen gegeben sind: (i) Unterstützung durch die Organisationsform; (ii) ausreichende kostenbewertete Bedeutung der Kooperationsentscheidung und (iii) ausreichendes Differenzierungspotential bei der Kooperationsentscheidung.[6] (i) Die Organisationsform muß eine auf die unterschiedlichen Leistungserbringungen abgestimmte arbeitsteilige Grundstruktur auf-

---

[1] Siehe auch COASE (1937) und WILLIAMSON (1985).

[2] Siehe auch COASE (1937) und SELL (1994).

[3] Vgl. SELL (1994), S. 41 f.

[4] ANSOFF und MCDONNELL (1990), S. 47.

[5] JOHNSON und SCHOLES (1993), S. 232.

[6] Vgl. SELL (1994), S. 39 f.

weisen. Diese Grundstruktur muß eine Eigenerstellung, den Zukauf vom Markt und die Ko-operation mit anderen Unternehmen zulassen. Sind Lösungen über den anonymen Markt nicht darstellbar, liegt ein Marktversagen vor. In diesem Fall sind die rechtlichen Umgebungsbe-dingungen zu prüfen. Erst danach kann eine „Make-or-Cooperate-Decision" gefällt werden. (ii) Die Höhe der entstehenden Kosten bei der Auswahl der drei Varianten (Eigenerstellung, den Zukauf vom Markt und die Kooperation mit anderen Unternehmen) muß einen bestim-men Mindesteinfluß auf die Gesamtkostendarstellung haben. Ansonsten ist diese Entschei-dung für die Maximierung des Unternehmensgewinnes nicht wesentlich. (iii) Die zur Aus-wahl stehenden Varianten (Eigenerstellung, den Zukauf vom Markt und die Kooperation mit anderen Unternehmen) müssen sich in der Art und im Umfang der Kosten unterscheiden.

In der Theorie unterscheiden sich Direktinvestitionen von einem Joint-Venture (JV) nur in der Hinsicht, daß sich ausländische Investoren in Falle des JVs an einem Unternehmen län-gerfristig beteiligen und zusätzlich eine vertragliche Regelung der Gewinn- und Risikovertei-lung vereinbaren.[1] Durch die direkte Beteiligung auf der Entscheidungsebene verringern sich allerdings die unkalkulierbaren Risiken von Beteiligungen auf im wesentlichen zwei Fakto-ren: (i) Unvorhersehbare externe Einflüsse durch Konkurrenten oder nationale Regulierungs-entscheidungen, (ii) unerwartete Leistungsmängel im eingesetzten Management. So spricht Sell[2] immer dann von Direktinvestitionen, wenn der Sitz eines Joint-Ventures im Ausland liegt oder das Joint-Venture mit ausländischen Partnern gegründet wurde. Bis Anfang der neunziger Jahre gab es nur wenige Regeln für den internationalen Handel mit information-stechnischen Dienstleistungen. Die internationalen Sprachkommunikationsdienste waren von nationalen Monopolgesellschaften dominiert, und diese vereinbarten bilaterale und weit über den Istkosten angesiedelte „Accounting Rates" für die Verrechnung von gegenseitigen Forde-rungen.[3] Das erstmals 1947 ins Leben gerufene General Agreement on Trade and Tariffs (GATT) galt vornehmlich für den Warenhandel. Als die USA im Dezember 1991 einen Vor-schlag über die Liberalisierung des Long-Distance-Marktes vorlegten, wurde daraus die For-derung für die Öffnung der weltweiten TK-Märkte, zumindest bei den Mehrwertdiensten, abgeleitet.[4] Die letzte Zollrunde[5] wurde im April 1994 in Marrakesch mit der Unterzeich-nung einer Schlußakte abgeschlossen. Da in den dort verabschiedeten GATS[6]-Regeln für ausländische Direktinvestitionen zwar Transparenzvorgaben, Übergangsfristen und Schutz-klauseln festgelegt wurden, aber viele Punkte einen unverbindlichen Charakter hatten und große Freiräume für individuelle vertragliche Vereinbarungen ließen, wurden die Verhand-

---

[1] Vgl. GABLER (1992a), S. 1749.

[2] Vgl. SELL (1994), S. 13.

[3] Vgl. FREDEBEUL-KREIN und FREYTAG (1997), S. 478.

[4] Vgl. FREDEBEUL-KREIN und FREYTAG (1997), S. 483.

[5] Die achte Runde seit Gründung, sie wird auch Uruguay-Runde genannt.

[6] GATS seht hier für General Agreement on Trade in Services.

lungen über die Liberalisierung der internationalen Basiskommunikationsdienste in dem WTO-Forum „Negotiating Group on Basic Telecommunications" (NGBT) bis zum Februar 1997 fortgeführt.[1] In diesem Ausschuß wurden drei Bereiche untersucht:[2] (i) Beschränkungen im Marktzugang; (i) Beschränkungen im „national Treatment" (Gleichbehandlung von Inländern und ausländischen Investoren); (iii) Beschränkungen der Vereinbarungen in bezug auf Regulierungsumstände. Nach Vorlage der Ausschußergebnisse haben die 69 Mitgliedsländern am 15. Februar 1997 ein Abkommen unterzeichnet, das die Liberalisierung der nationalen Basisdienste vorgibt, die Möglichkeiten der Direktinvestition einräumt und den Wettbewerb als Grundkonzept festschreibt.[3] Das Abkommen regelt im Grundsatz die zukünftige Vorgehensweise für 90 % (in Umsatzanteilen) des Gesamtmarktes und übertrifft in der Wirkung innerhalb der Universaldienste das GATS. Es wird erwartet, daß die WTO Agreements on Basic Telecommunication in den nächsten Jahren die Gebühren der internationalen Telefongespräche um 80 % reduzieren.[4]

4.5.3 Anwendung auf europäische und transatlantische Telekommunikationsbeziehungen

Die starken nationalen Besonderheiten in Europa machen die Direktinvestitionen und die Anwendungen auf transatlantische Telekommunikationsbeziehungen zu einem schwer einzuschätzenden Unterfangen. Dem Vorteil der absolut direkten Einflußnahme bei Gründung einer Niederlassung im Ausland stehen eine Reihe von Unwägbarkeiten gegenüber, so daß immer mehr ein Trend in Richtung Joint-Venture abzusehen ist. Sir Ian Vallence in seiner Funktion als Vorstandsvorsitzender von BT hat schon im Jahr 1994 die Allianz zwischen MCI und BT als die entscheidende Brücke zwischen Europa und den USA bezeichnet.[5] Die Verbesserung der Servicemöglichkeiten für die großen Kunden ist das vorrangige Ziel dieser Bestrebungen. Wie schwierig die Umsetzung dieser strategischen Ziele ist, zeigte sich am Beispiel der Fusionsabsicht zwischen BT und MCI; das geplante Vorgehen konnte nicht umgesetzt werden. Seitdem kooperiert MCI mit WorldCom, BT war 1998 nach einer anfänglichen Suche auf den Partner AT & T in den Vereinigten Staaten gestoßen. „In the United States, the public authorities have a strong desire to maintain American technological preeminence, in particular on national economic security grounds, and are making technology the driving force behind a revival in American economic growth and competitiveness."[6]

Die progressiven Telekommunikationsunternehmen in liberalisierten Märkten sind durch die Zunahme des äußeren Drucks gezwungen, die sinkenden Renditeerwartungen im Inland durch

---

[1] Siehe auch FREDEBEUL-KREIN und FREYTAG (1998).

[2] Vgl. FREDEBEUL-KREIN und FREYTAG (1997), S. 482.

[3] Siehe auch FREDEBEUL-KREIN und FREYTAG (1998).

[4] Vgl. OECD (1998a), S. 146.

[5] Vgl. VALLANCE (1994), S. 18.

[6] EUROPÄISCHE KOMMISSION (1999c), Kapital A.5, S. 2.

lukrativere Expansionsfelder im Ausland zu kompensieren. Für die Vereinigten Staaten von Amerika geht es dabei zusätzlich um drei Schwerpunkte: (i) Öffnung der europäischen Märkte zur Umsetzung von Synergien der expandierenden nordamerikanischen Baby Bells; (ii) Vergrößerung des Absatzmarkts für innovative Produkte wie Internetapplikationen und E-Commerce-Transaktionen durch Erhöhung der entsprechenden Penetrationsraten und (iii) Abbau der überhöhten Telekommunikationspreise der europäischen Carrier und damit Verringerung des negativen Saldos in der Leistungsbilanz von 4 Mrd. US$.[1] Die in der Wahrnehmung der Kunden zunehmende Transparenz der Telekommunikationsprodukte führt zusammen mit der insgesamt steigenden Mobilität zu einem vergleichenden Verhalten der Konsumenten. Die Preise und Nutzungsmöglichkeiten von Internet und Mobilfunkgeräten können leicht und länderübergreifend verglichen werden. Die Europäische Union hat dieses Nachfrageverhalten erkannt und das europäische Binnenmarktprogramm entsprechend genutzt. Besonders bei der Genehmigung von internationalen Allianzen und Fusionen könnte die Europäische Kommission als Bedingung für solche Zulassungen die gleichzeitige Öffnung des Telekommunkationsmarktes verlangen. Bei den WTO-Verhandlungen im Jahre 1995/96 hat die EU gemeinsam mit den USA ein Angebot zur Marktliberalisierung der asiatischen Ländern vorgelegt.[2]

Der Telekommunikationsmarkt ist nicht der einzige Bereich, in dem die Vereinigten Staaten eine Vorreiterrolle bei der Privatisierung und Liberalisierung spielen. Erst im April 1997 wurde in Europa die Cabotage freigegeben, die es jeder Luftfahrtgesellschaft erlaubt, in einem anderen Land auf Inlandsflügen unbegrenzt Passagiere befördern zu dürfen.[3] Allerdings glaubt die Lufthansa AG - der bisherige Hauptanbieter in Deutschland - nicht, daß Billiganbieter auf den innerdeutschen Strecken günstiger anbieten können, ohne die Rentabilitätszone zu verlassen. Vor dieser Liberalisierung des Luftverkehrs hat sich der Staat quasi in Eigenregie bei der Festsetzung des Preisniveaus und der Absatzmengen reguliert. Offensichtlich zeigt hier das Beispiel Deutsche British Airways, daß zumindest in der Vergangenheit eine massive Quersubventionierung[4] der Muttergesellschaft BA unerläßlich war. Liegt im Luftverkehr nach der Liberalisierung die Zukunft wirklich in der vermehrten Bildung von Allianzen und einer latenten Zunahme von Oligopolverhältnissen und nicht in der ausschließlichen Zunahme des Wettbewerbs zugunsten der Verbraucher? Obwohl die Beantwortung dieser Frage nicht Gegenstand der vorliegenden Arbeit ist, zeigen sich dennooch Parallelen zwischen den Globalisierungsstrategien der „incumbent Players" in der Luftfahrt- und in der Telekommunikationsindustrie. So ist es auch ein Ziel der EU die Beherrschung der modernsten Technologien

---

[1] Vgl. WELFENS und GRAACK (1997), S. 210 f. und CHALMERS (1995), S. 24 f.

[2] Vgl. WELFENS und GRAACK (1997), S. 233.

[3] Vgl. MAIER-MANNHART (1997).

[4] Die Deutsche BA hat 1996, im vierten Geschäftsjahr seit Gründung, Verluste erwirtschaftet und BA hat eine Bankbürgschaft von 340 Mio. DM übernommen, siehe auch MAIER-MANNHART (1997).

für die Nutzung der Luftfahrt weiter voranzutreiben. Dazu gehört auch die Untersuchung der technologischen und wirtschaftlichen Machbarkeit von Flugzeugen der nächsten Generation, einschließlich der entsprechenden Subsysteme und hierfür erforderlicher Schlüsseltechnologien.[1]

BT-Internationalisierung als Reaktion auf Inlandswettbewerb

Staatliche Preisaufsicht und heftiger Wettbewerb in der Telekommunikation sind in Großbritannien die unmittelbare Folge der Liberalisierung und Privatisierung, deshalb sucht BT nach Kompensationsmöglichkeiten durch Rationalisierung im Heimatmarkt und verstärkte Auslandsinvestitionen zum Zwecke des späteren Ertragsausgleiches.[2] Vor allem die zurückgehenden Deckungsbeiträge und Gewinne in den heimischen Kernproduktlinien zwingen den Ex-Monopolisten nach der Marktöffnung dazu, sich auch im Ausland neue zusätzliche Betätigungsfelder zu suchen. Angesichts dieser Erkenntnis und des Liberalisierungsmeilensteins am 1.1.1998 ist mit einer Investionswelle der mitteleuropäischen PTTs in Osteuropa zu rechnen.[3] Zudem werden sich die absoluten Überhänge aus den Accounting Rates reduzieren. Die gegenseitigen Kompensationszahlungen für internationale Gespräche, bei denen der A-Teilnehmer (Call Origination) in einem anderen Land als der B-Teilnehmer (Call-Termination) ist, haben bisher auf Basis monopolistisch überhöhter Preise zu asymmetrischen Zahlungsströmen geführt. In den USA hat sich das Verhältnis zwischen abgehenden und ankommenden Gesprächsminuten von dem Faktor 1,84:1 im Jahr 1990 auf 2,23:1 im Jahr 1995 und dann auf 2,29:1 im Jahr 1996 vergrößert.[4] Volkswirtschaften mit einem höheren Bruttosozialprodukt generieren mehr abgehenden als kommenden Verkehr (Outbound Carryover).[5] Außerdem profitiert der TK-Carrier in einem Land mit hohen TK-Preisen und einem Inbound-Carryover zweimal. Zum ersten Mal bei der erhaltenen Ausgleichzahlung für den Überhang in der Gesprächsterminierung und zum zweiten Mal bei den Einnahmen der Collection Rate, der lokalen Endkundengebühren. 1996 kostete die Gesprächsminute von den USA nach Deutschland 0,76 US$ und in umgekehrter Richtung 1,37 US$, das entspricht einem Mehrpreis von 80 %.[6] Die weniger entwickelten Länder haben mit den eingenommenen abrechnungsmäßigen Settlement Rates die nationale Telekommunikationsinfrastruktur und Nahgespräche subventioniert. Die Settlement Rates werden als Produkt der Multiplikation von halber Accounting Rate und Nettoverkehrsflußüberhang berechnet. Die Accouting Rate gilt

---

[1] Vgl. EUROPÄISCHE UNION (1998a), S. 56.

[2] Vgl. o.V. (1995), S. 22.

[3] Vgl. WELFENS (1996), S. 25.

[4] Vgl. TYLER und BEDNARCZYK (1998), S. 803.

[5] Siehe auch CANE (1998).

[6] Vgl. OECD (1997), S. 121 f. Die Werte gelten für die Hauptverkehrszeit (peak rate). Unter Einbeziehung der maximalen Nachlässe (cheapest discount rate) kostete die Gesprächsminute von den USA nach Deutschland 0,76 US$ und in umgekehrter Richtung 0,81 US$.

normalerweise als Richtwert für die Gespräche in beiden Richtungen.[1] Allerdings sind die Verteilmechanismen nicht auf die Frage der Bedürftigkeit, sondern auf die jeweils bilateral vereinbarten Gebührensätze und das tatsächliche Verkehrsaufkommen ausgerichtet. So hat der Saharagürtel in Afrika im Jahr 1995 insgesamt 125 Mio. US$ erhalten, Mexiko im gleichen Jahr hingegen 876 Mio. US$.[2] Die größten Outbound-Carryovers hatten im Jahr 1994 die USA mit 4,3 Mrd. US$ und Deutschland mit 800 Mio. US$, gefolgt von Großbritannien mit 158 Mio. US$.[3]

4.6 Preisentwicklung, Marktexpansionsdynamik und Marktanteile in den USA

4.6.1 Die Entwicklung des Preisniveaus in den USA

Die Entwicklung des Preisniveaus in den USA unterscheidet sich von der Entwicklung des Preisniveaus in Europa. „Citizens Telecom provides complete calling services, both local and long distance, within a service area, also called LATA"[4]. Nach der Entflechtung von AT & T sind im Inter-LATA-Bereich die Preise pro Jahr um 8,2 % gesunken.[5] Das ist vor allem auf die entsprechend den FCC-Vorgaben gesunkenen Interconnection Charges zurückzuführen. Der amerikanische TK-Markt ist mit einem jährlichen Umsatz von 180 Mrd. US$ der größte TK-Teilmarkt der Erde. Der Umsatzanteil der Telefondienstleistungen lag 1994 bei über 150 Mrd. US$, und die Umsätze des Kabelfernsehens überstiegen im gleichen Jahr 28 Mrd. US$[6]. Die Höhe der Telefonrechnung in den Vereinigten Staaten ist direkt durch die Wahl des Carriers und nicht nur über das Gesprächsverhalten beeinflußbar. Der Anschluß eines neuen Telefons wird in der Regel in einem Zeitraum von weniger als 2 Tagen abgewickelt, und auch die Gebührenstruktur für die Nah- und Ortszone ist sehr transparent. In Kalifornien bezahlt der Endkunde eine pauschale Grundgebühr von 20 US$, mit der beliebig viele Ortsgespräche abgegolten sind. Die Installation wird nach Aufwand abgerechnet, die Gebühr für den Netzanschluß betrug 1997 in Oakland zum Beispiel 34,75 US$. Die Preisdifferenzierung beginnt bei den Ferngesprächen.[7]

---

[1] Vgl. TYLER und BEDNARCZYK (1998), S. 800.

[2] Siehe auch CANE (1998).

[3] Vgl. TYLER und BEDNARCZYK (1998), S. 802.

[4] CITIZENS TELECOM (1996), S. 7.

[5] Vgl. KERSCHNER-ACEVAL (1997b), 36.

[6] Vgl. ECONOMIC REPORT OF THE PRESIDENT (1996).

[7] Siehe auch o.V. (1997o).

Tabelle 56: Telefongebühren in San Francisco, 1997

Tarifoption	Leistungsmerkmale	Preis (Grundgebühr) pro Monat
„Flat Rate"	Unbegrenzte Zahl von Ortgesprächen von beliebiger Dauer	11,25 US$
„Measured Rate Service"	Zeit- und entfernungsabhängige Tarife[1]	6,00 US$
„Universal Lifeline Telephone Service I"	„Flate Rate" für HH mit einem jährlichen Einkommen von weniger als 16.500 US$	5,62 US$
„Universal Lifeline Telephone Service II"	„Measured Rate Service" für HH mit einem jährlichen Einkommen von weniger als 16.500 US$	3,00 US$

Quelle: PACIFIC BELL (1997), S. A6.

Neben den drei großen Anbietern Sprint, AT & T und MCI sind über 100 Long Distance Carrier im TK-Markt. Ergänzend zu den Flatrate-Angeboten, z. B. von Dime-Line mit 10 Cent pro Minute[2], existieren eine Vielzahl von Preisvarianten, die sich in der Taktgenerierung oder in der Nummernbewertung unterscheiden. Bei den True-World- und Family & Friends-Tarifen ist eine Grundgebühr zu entrichten, damit man von günstigeren variablen Gesprächskosten profitieren kann. Die Situation der aggressiven Marketingpolitik einerseits und der totalen Unübersichtlichkeit der Angebotsstrukturen andererseits führt zu einem sehr heterogenen Verhalten in der Informationsverarbeitung der Verbraucher. Nur der gut informierte und interessierte Kunde findet das günstigste Angebot heraus und profitiert dann von der problemlosen Umschaltung auf den neu gewählten Carrier. Es ist zu erwarten, daß der seit 1997 zulässige Wettbewerb zwischen den Regional Bell Operating Companies (RBOC) und den Trunc Call Carriern diese Intransparenz noch verstärken wird. Trotzdem nützt der hohe Wettbewerbsdruck und der damit verbundene Preisregulierungsmechanismus allen Konsumenten, auch jenen, die sich nicht konstant über die Preise informieren. In 1997/98 ist die Angebotssituation in USA im Vergleich zu Deutschland allerdings wesentlich konsumentenorientierter. Während in Deutschland nur Kunden mit einer monatlichen Telefonrechnung von mehr als 5.000 DM die Möglichkeit haben, vom Dial & Benefit-Programm der DTAG Gebrauch zu machen und dabei bis zu 30 % Preisnachlässe zu erhalten, bietet MCI allen Kunden für sämtliche sonntäglichen Gespräche eine Rate von 5 Cents pro Minute an.[3] Diese nicht an Absatzmengen gekoppelten Nachlaßverfahren können nur bedingt auf Deutschland abgebildet werden. Dial & Benefit der DTAG hat zu einem Rebilling-Effekt geführt, bei dem

---

[1] Zum Beispiel Montag bis Freitag von 08:00 bis 17:00 Uhr kostet die erste Minute 0,0333 US$, und jede weitere Minute 0,015 US$; nach 17:00 Uhr gibt es einen Preisnachlaß von 30 %, und nach 23:00 Uhr und an Wochenenden einen Rabatt von 60 %.

[2] Das vergleichbare Angebot von AT & T lag Anfang 1997 bei 15 Cent pro Minute.

[3] Siehe auch MCI (1997c).

Wiederverkäufer ohne eigenes Netz die Gesprächsaufkommen zahlreicher kleinerer Kunden bündeln und dann einen Teil der Großabnehmerrabatte an ihre Kunden weiterreichen. Mit der 1998 eingeführten Tarifoption „Tarif10Plus" in Verbindung mit der Einführung von City Call, Regio Call, German Call und Global Call hat die DTAG die Grundlage der Mengenrabattsystematik auch für den Privatkunden geschaffen. Nach der zehnten Minute wird bei analogen Telefonanschlüsse ein Preisnachlaß von 10 %, bei ISDN-Anschlüssen von 30 % gewährt.[1] Für 1999 sind von verschiedenen deutschen Anbietern Preissenkungen im Festnetz und im Mobilfunk angekündigt worden.

4.6.2 Die Marktanteile und die Dynamik der Expansion in den USA

Die Marktanteile und die Dynamik der Expansion in den USA sind ganz besonders an die Entwicklung des Telefonriesen AT & T gebunden. Zum 1.1.1984 wurde AT & T in einem „Divestiture"[2] genannten Vorgang als Folge eines Anti-Trust-Verfahrens der US-Regierung entflochten. Es entstanden neben der AT & T für Long Lines oder Inter-LATA weitere 7 Holdinggesellschaften, auch als RBOCs oder Baby Bells bezeichnet, mit insgesamt 23 Unternehmen für die Intra-LATA-Dienste[3]. Diese RBOCs wie Ameritech, Bell Atlantic, Bell South, NYNEX, Southwestern Bell oder US West betreiben gemäß Consent Degree 82 die Ortsvermittlungsstellen in den LATAs, unterhalten CPEs und sind auch daran interessiert, die Non-Voice-Dienste zu betreiben, was für X.25 und Videotext-Dienst seit 1984 vom FCC auch in Einzelfällen genehmigt wurde. Im Fernnetzbereich haben die Konkurrenten dem Marktführer AT & T zunehmend Kunden abgenommen und ihren Marktanteil vergrößert. MCI konnte den relativen Marktanteil vervierfachen, Sprint verdreifachen und WorldCom ist 1996 über die 5-%-Marke gestiegen. AT & T hingegen hat in einem Zeitraum von 12 Jahren über 40 % Marktanteil verloren und hatte 1996 einen Marktanteil von weniger als 50 %.

Tabelle 57: Wettbewerb im Fernnetz in den USA

Marktanteile in %	AT & T	MCI	WorldCom	Sprint	Sonstige
1984	90,1	4,5	k. A.	2,7	2,7
1990	65,0	14,2	0,4	9,6	10,8
1996	47,9	20,0	5,4	9,7	17,0
1999	43,3	26,4	0[4]	10,6	19,7

Quelle: LEITERMANN (1998), WATERS (1999),GERPOTT (1999a), BERKE (1999). Die relativen Anteile wurden im Verhältnis des erzielten Umsatzes ausgewiesen.

Die Baby Bells durften sich ursprünglich am Inter-LATA-Verkehr und an der Produktion von TK-Equipment nicht beteiligen. Diese Thematik wird in den USA durchaus öffentlich erklärt, so steht zum Beipiel in einem 1997 GTE-Telefonbuch: „Your long-distance calls are handled

---

[1] Vgl. DEUTSCHE TELEKOM AG (1998), S. 39.

[2] MACHE (1993) S. 115, S. 46.

[3] Kurzbezeichnung BOC.

[4] Im Jahr 1999 erscheint das Unternehmen MCI-WorldCom mit einem gemeinsamen Marktanteil unter der Rubrik MCI.

by GTE or by the long-distance provider of your choice. In addition to area codes, states are divided into areas called Local Access Transport Area (LATAs). The LATA boundaries determine which company handles your short- (calls to points within your LATA) and long-distance (calls to points outside your LATA) calling services. GTE provides complete calling services (including local and long-distance service) to points within your LATA. Calling services to points outside your LATA are provided by long-distance companies."[1] Die nachfolgende Tabelle zeigt, daß im Jahr 1995 vier der insgesamt sieben RBOCs einen höheren Jahresumsatz als MCI bzw. Sprint erzielt haben. MCI hat 1996 einen Jahresumsatz von 17,9 Mrd. US$[2] erzielt (davon 16,4 Mrd. US$ im Fernnetzbereich) und damit einen Marktanteil von 20 % (Marktgröße 1996 für Ferngespräche war 82,03 Mrd. US$[3]) im Fernnetzbereich erreicht.

Tabelle 58: Umsatzentwicklung der TK-Unternehmen in den USA

Lokale Telefongesellschaften	Umsätze 1995 (Mio. US$)	Veränderung zu 1994	Nettoerträge 1995 (Mio. US$)
Ameritech	13.428	6.8 %	2.010
Bell Atlantic	13.430	-2.6 %	1.860
Bell South	17.886	6.2 %	-1.230
NYNEX	13.407	0.8 %	-1.850
Pacific Telesis	9.042	-2.1 %	-2.310
SBC Communications	12.670	7.6 %	-0.930
US West Communications	11.746	3.4 %	1.200

Die vier großen US-Fernnetzbetreiber	Weltweite Umsätze 1995 (Mio. US$)	Veränderung zu 1994	Ferngesprächsumsätze 1995 (Mio. US$)	Veränderung zu 1994	Nettoerträge 1995 (Mio. US$)
AT & T	51.374	6 %	44.300	8 %	140
MCI	15.265	14 %	15.300	14 %	550
Sprint	12.765	7 %	7.300	7 %	400
WorldCom	3.640	64 %	3.600	64 %	270

Service	1996	2000
Kabel TV	25 Mrd. US$	40 Mrd. US$
Ferngespräche	75 Mrd. US$	100 Mrd. US$
Ortsgespräche	95 Mrd. US$	120 Mrd. US$

Quelle: o.V. (1996b), S.13; OECD (1997), S. 13.

Im Vergleich zu den durchweg einstelligen und zum Teil sogar negativen Zuwachsraten bei den RBOCs konnten MCI und WorldCom 1995 im Vergleich zu 1994 zweistellige Umsatzzuwachsraten verbuchen, und da auch Sprint und AT & T Umsatzsteigerungen von 7 % bzw.

---

[1] GTE (1997), S. 34.

[2] Vgl. MCI (1997a), S. 13.

[3] Vgl. GERPOTT (1999a), S. 7 f.

6 % berichteten, zeigt das die Vergrößerung des Marktvolumens insgesamt sehr deutlich. Der Marktanteil von AT & T im Fernverkehrsgeschäft ist von 90 %[1] im Jahr 1984 auf 63 % im Jahr 1995 gefallen. In diesem Jahr konnte WorldCom mit weniger als einem Zehntel des AT & T-Umsatzes den nahezu doppelten absoluten Nettoertrag verbuchen. 1996 wurde geschätzt, daß der Kabelfernsehbereich um 60 %, die Fernverkehrsumsätze um 33 % und die Ortsgesprächsumsätze um 26 % bis zum Jahr 2000 zunehmen werden.

Das herkömmliche Verfahren der Regulierung der Tarife in USA war das Rate-of-Return-Verfahren[2], bei dem dem Carrier eine maximale Rentabilität des Dienstebereiches vorgegeben wird. In jährlichen Rate-Cases werden abhängig von der Kosten- und Umsatzentwicklung die neuen Zielwerte festgelegt. Das Verfahren wird heute für ILEC angewendet, das Unternehmen AT & T hatte bis 1989 z. B. eine Rate-of-Return Vorgabe von 12,2 %. Bei der Wahlmöglichkeit optional auf Price-Cap-Regulation umzustellen, sind viele Carrier auf Bundesebene, wie auch AT & T, auf dieses Verfahren übergegangen. Die Preisgestaltung durch ein Price-Cap-Verfahren[3] hat Vorteile für die Marktentwicklung, weil es direkt auf die entscheidende Zielgröße, die Preise, einwirkt, mit überschaubarem Verwaltungsaufwand zu überwachen ist und den regulierten Unternehmen Anreize zur Kosteneinsparung gibt. Exakt am letzten Vorteil wird auch eine Kritik an dem Rentabilitätsverfahren verankert. Bei diesem Prinzip besteht ein Anreiz, zuviel Kapital einzusetzen, weil das bei diesem Regulierungsprinzip[4] den absoluten Gewinn steigert. Außerdem ist die Überwachung des Rentabilitätsverfahrens sehr aufwendig, weil die gesamte betriebliche Kostenrechnung kontinuierlich durchleuchtet werden muß. Preismoratorien, bei denen das Inflationsrisiko ausschließlich beim regulierten Unternehmen liegt, gelten als Spezialfall der Price-Cap-Regulierung. Sie haben den Nachteil, daß bei Beendigung des Moratoriums ein sprunghafter Preisanstieg[5] wahrscheinlich ist. Es gibt eine weitere Variante der Regulierung, bei der die Verbraucher am Gewinn des Unternehmens beteiligt werden und Gewinnüberschüsse in Form von Preissenkungen[6] wieder ausgeschüttet werden. Es besteht allerdings der Nachteil, daß die in der Regel als Aktiengesellschaften organisierten PTTs auch Dividenverpflichtungen gegenüber ihren Aktionären haben, die oftmals den Ausschüttungsprinzipien entgegenstehen. AT & T hat im Februar 1997 in Kalifornien erstmals nach über einem Jahrzehnt der Abwesenheit aus diesem Marktsegment wieder Ortsgespräche angeboten. Trotz des Unternehmensziels, einen Marktanteil von 30 % zu erreichen, hat man sich dazu entschlossen, keine eigene Infrastruktur aufzubauen. Laut FCC muß der lokale Anbieter in Kalifornien AT & T mit einem Preis-

---

[1] Vgl. WIESENFARTH (1998), S. 10.

[2] Vgl. WEINKOPF (1994), S. 26 f.

[3] Siehe auch VOGELSANG (1996a), NORWORTHY und TSAI (1996), MITCHELL und VOGELSANG (1991).

[4] Vgl. VOGELSANG (1997a), S. 128.

[5] Vgl. VOGELSANG (1997a), S. 132.

[6] Etwa vergleichbar mit den Ausschüttungen im Versicherungsgeschäft.

nachlaß von 17 % gegenüber der veröffentlichten Preisliste beliefern; das liegt unter der Vorgabe für Texas und New York von 21,6 %.[1]

In der Praxis läuft die Zusammenschaltung der Netze aber weitaus schleppender, als die FCC das ursprünglich vorgesehen hatte. So beschwerte sich Sprint im Februar 1997 über Pacific Bell bei der California Public Utilities Commission. Die Vorwürfe betrafen besonders das Lieferverhalten von Pacific Bell; im Zeitraum zwischen dem 16. Dezember 1996 und dem 6. Februar 1997 hat das Baby-Bell-Unternehmen bei 88 % der Bestellungen von Sprint den zugesagten Liefertermin nicht eingehalten.[2] Auf globaler Ebene ist Sprint Corp. in einem ganz anderen Zusammenhang in das Zentrum der Aufmerksamkeit gerückt. Cable & Wireless plc. hat 1997 einen Plan entwickelt, um der Concert-Allianz von BT und MCI etwas entgegenhalten zu können. C & W verhandelte mit France Télécom, um mit deren Unterstützung Sprint übernehmen zu können. Sprint erwirtschaftete 1996 einen Umsatz von 14 Mrd. US$ und versorgte 16 Mio. Privat- und Geschäftskunden. C & W und Sprint würden zusammen über 90.000 Beschäftigte und über 25 Mrd. US$ Jahresumsatz verfügen.[3] Im Juli 1997 hat Bell Atlantic mit MCI einen Vertrag unterzeichnet, der MCI den Zugang zum lokalen TK-Markt in Washington, D.C., ermöglicht. Dieses Zugeständnis muß aber im Zusammenhang mit dem gleichzeitig beabsichtigten Merger von Bell Atlantic und NYNEX gesehen werden. Parallel zu dem Versuch der LDC, in den lokalen Markt einzudringen, geht es in umgekehrter Richtung für die RBOCs um die Eroberung des Fernverkehrsbereichs. Zur Erreichung dieses Ziels ist es aber aus regulatorischer Sicht unerläßlich, daß die RBOCs im Gegenzug ihre lokalen Netze öffnen. „For Bell South, the road to open local telephone competition should be clear. Yesterday in rejecting Ameritech's long distance application in Michigan, the FCC reiterated that legal requirements of the Telecommunications Acts must be met before Bell South and the rest of the RBOCs may provide in-region long distance."[4] Die Analysen im Jahr 1997 gehen davon aus, daß die Baby Bells im Jahr 2001 einen Marktanteil von 15 % bei den Inter-LATA-Calls erreicht haben werden.[5] Während AT & T 1997 einen LOI mit Bell South über die Interconnection von Inter-LATA-Calls gezeichnet hat und Sprint Verträge mit Bell Atlantic, NYNEX, Pacific Telesis und SBC Communications unterzeichnet hat, setzt MCI ausschließlich auf vertikale Integration. Ein Verkauf von Fernverkehrskapazitäten an die Baby Bells ist bei MCI nicht geplant.

Dabei hat sich im Frühjahr 1998 die Anzahl der RBOCs von ursprünglich sieben auf vier[6] verringert. So hat die Firma SBC die Pacific Telesis Group und Ameritech übernommen,

---

[1] Vgl. WATERS (1997).

[2] Vgl. DYKES (1997).

[3] Vgl. o.V. (1997i).

[4] MCI (1997b), S. 1.

[5] Vgl. LAWYER (1997), S. 30.

[6] Es handelt sich dabei um SBC, US West, Bell South und Bell Atlantic.

später hat Bell Atlantic die NYNEX aufgekauft. Diese horizontale Konzentration war eine Reaktion auf die schleppende Umsetzung des Telecommunication Act von 1996. „Because the Bell companies cannot expand into the long distance market, they are looking for investments and new markets elsewhere."[1] Ursprüngliches Ziel dieses Gesetzes war es, die Gebietsmonopole der RBOCs aufzulösen, den Wettbewerb zu intensivieren und einen diagonal kombinierten Wettbewerb zwischen dem Markt der Endanschlüsse und der Fernverkehrsvermittlung zu schaffen. Die stattfindenden Konzentrationen der RBOCs führen zu einer Rückbesinnung auf die Konzeption der vertikalen Auftrennung. Bei diesem Modell würden die TK-Unternehmen in Netzbetreiber und Dienstleister aufgeteilt. Im Juli 1998 haben AT & T und BT eine neue globale Allianz angekündigt; die rechtliche und regulatorische Prüfung dieses Zusammenschlusses wird im Sommer 1999 abgeschlossen sein. Diese Allianz soll die Trans-Border-Aktivitäten und internationale Geschäfte sowie die multinationalen Accounts unter einem Dach mit dem Hauptgeschäftssitz an der Ostküste der USA bündeln.[2] Concert, ehemals ein Gemeinschaftsunternehmen von MCI und BT, wird eine entscheidende Rolle bei der Umsetzung dieser gemeinsamen Allianz haben. Im Januar 1999 hat Bell Atlantic angekündigt, das Mobilfunkunternehmen AirTouch für 45 Mrd. US$ im Rahmen eines Aktientausches übernehmen zu wollen. AirTouch hat 7,8 Mio Mobilfunkkunden[3] in den USA und 11 Mio. Kunden im Ausland. Das Unternehmen hatte 1997 einen Umsatz von 3,5 Mrd. US$ verbucht, einen Gewinn von 0,448 Mrd. US$ erzielt und 8.800 Mitarbeiter beschäftigt.[4]

4.6.3 Eigenkapitalquoten

Die nordamerikanischen TK-Unternehmen im Nahverkehrsbereich (RBOC-Business) haben im Jahr 1995 hohe Eigenkapitalquoten erzielt.[5] Eine unmittelbare Folge war bei den großen Unternehmen die daraus resultierende Übernahmebereitschaft für kleinere Telekommunikationsunternehmen, verbunden mit überdurchschnittlich hohen Fusionsanreizen. So wurde im August 1997 (und deshalb in der folgenden Aufstellung aus dem Jahr 1995 noch nicht berücksichtigt) die NYNEX Coporation von Bell Atlantic für 25,6 Mrd. US$ übernommen.

---

[1] TELECOMMUNICATIONS (1998), S. 13.

[2] Vgl. CONCERT (1998), S. 3.

[3] Bell Atlantic verfügt über 5,7 Mio. Mobilfunkkunden, gemeinsam ergäbe sich ein Marktanteil von 13 Prozent und damit die Marktführerschaft gegenüber AT & T, die als derzeit größter Anbieter, einen Marktanteil von 10 Prozent hat. Siehe auch o.V. (1999).

[4] Vgl. CIT (1999), S. 244 f. und siehe auch o.V. (1999).

[5] Siehe auch HOOVER (1997).

Tabelle 59: Eigenkapitalquote amerikanischer RBOC-Carrier, 1997

Carrier	Eigenkapitalquote
Ameritech	32,0 %
Bell Atlantic	27,7 %
Bell South	37,1 %
NYNEX	23,2 %
Pacific Telesis	13,8 %
SBC (Southwestern Bell)	28,4 %
US West Communications	21,0 %

Quelle: GERPOTT (1997), S. 160.

Mit Ausnahme von Pacific Telesis haben die RBOCs sehr hohe Eigenkapitalquoten erreicht und dadurch ausreichend Potential, eigene Übernahmestrategien zu verfolgen. Welche Bedeutung diese Liquidität der Unternehmen für die Bildung von Allianz- und Akquisitionsstrategien hat, zeigen die MCI-Übernahmeverhandlungen im Herbst 1997 anschaulich. Nachdem zur Überraschung von BT WorldCom ein Übernahmeangebot von 30 Mrd. US$ für MCI unterbreitet hat, bot eine Woche später der amerikanische Nah- und Weitverkehrscarrier GTE 28 Mrd. US$ für MCI in ausschließlich liquiden Mitteln. Obwohl GTE später als BT und WorldCom ein Angebot unterbreitete und das WorldCom-Angebot eine höhere Summe auswies, ist das GTE-Angebot von den MCI-Aktionären und den Finanzmärkten sehr positiv aufgenommen worden. GTE konnte einen entscheidenden Vorteil gegenüber WorldCom durch die bessere eigene Finanzausstattung vorweisen. Nachdem WorldCom das Übernahmeangebot allerdings um rund 20 % auf 37 Mrd. US$ erhöht hatte, war die Fusion zwischen den beiden TK-Carriern im November 1997 besiegelt.

GTE wurde 1918 in Wisconsin, USA, unter dem Namen Richland Center Telephone von Sigurd Odegard und John O'Connell gegründet. Später wurde das Unternehmen in Associated Telephone Utilities und nach einer Restrukturierung 1935 in General Telephone umbenannt. Als 1958 die Elektronikfirma Sylvana übernommen wurde, ist der Name GTE, der für General Telephone Electric steht, entstanden. Der Erwerb von Contel im Jahre 1991 brachte GTE in den Besitz von 17,7 Mio. Telefonanschlüssen. GTE baute in den USA ein Datenübertragungsnetzwerk mit einer Gesamtlänge von 15.000 englischen Meilen auf. Das Unternehmen verfügt über 500.000 Mobilfunkkunden.[1] GTE mit dem Stammsitz in Stamford, Connecticut, hatte im Jahr 1997 114.000 Mitarbeiter beschäftigt.[2] Ende Juli 1998 haben GTE und Bell Atlantic einen „Merger of Equals" durch einen beabsichtigten Aktientausch von 53 Mrd. US$ bekanntgegeben.[3] Um das zu ermöglichen, hat GTE die eigenen Aktien niedriger bewertet als

---

[1] Siehe auch GTE (1998).

[2] Vgl. HALUSA (1998), S. 13.

[3] Siehe auch HANDELSBLATT (1998).

die zuletzt an der Börse notierten Kurse. Durch die Fusion entstand ein Telekommunikationskonzern mit einem Marktwert von 125 Mrd. DM.[1]

Tabelle 60: GTE-Geschäftsentwicklung

Jahr	1993	1994	1995	1996	1997
Umsatz in Mrd. US$	17,3	19,9	19,9	21,3	23,2
Mitarbeiter	117.446	111.000	106.000	k. A.	114.000
Nettoerträge in Mrd. US$	0,9	2,4	-2,1	2,81	2,09

Quelle: HANDELSBLATT (1998), HOOVER (1997), S. 238, Firmenangaben und eigene Berechnungen, Angabe des Nettoertrages für 1997 nur für die ersten 9 Monate.

Die amerikanischen Kunden haben aufgrund des nicht an einzelne Ortsbereiche gebundenen Vorwahlsystems weniger Probleme mit dem Wechsel der Telefonnummer. „Due to population increase and the demand for telecommunication services, new area codes are being introduced to satisfy the need for telefone numbers."[2] Die Frage der Rufnummernportabilität ist von untergeordneter Bedeutung. Übernahmeverhandlungen und Allianzen haben dadurch starken Einfluß auf die Option, durch Zusammenlegung bessere Netz- und Produktabdeckungen zu erzielen; starker Widerspruch bei den privaten Kunden ist grundsätzlich nicht zu erwarten.

4.7 Preisentwicklung, Marktexpansionsdynamik und Marktanteile in Großbritannien

4.7.1 Die Entwicklung des Preisniveaus in Großbritannien

Laut BT sind die durchschnittlichen Telefongebühren als Indikator des Preisniveaus in Großbritannien seit der Privatisierung im Jahre 1984 real um 53 % gefallen.[3] OFTEL hat 1995 anläßlich einer internationalen Konferenz seit 1984 eine Gesamtpreisreduktion aller Telekommunikationsdienstleistungen in Großbritannien von im Durchschnitt 40 % veröffentlicht, in diesem Zusammenhang wurde die Intensivierung des Wettbewerbs als der zentrale Mechanismus für diesen Effekt aufgeführt.[4] Auch in Großbritannien haben die Geschäftskunden überproportional von den Preisvorteilen profitiert, die exponierte Stellung von London in bezug auf die Konzentration der Bevölkerung und Geschäftstätigkeit[5] hat zu einem massiven Wettbewerb in diesem Großraum geführt. Aus der Sicht der Newcomer war die Konzentration auf die britische Hauptstadt eine klare und richtige Economy-of-Scale-Entscheidung. BT hat in London selbst nur einen Marktanteil von 60 %, in der City of London sogar von weniger als 35 %. Der umsatzbezogene Anteil von BT am britischen TK-Markt ist in der Periode 1995/1996 von 67 % auf 65 % im Geschäftsjahr 1996/1997 gefallen, dennoch sind ca. 87 %

---

[1] Vgl. HALUSA (1998), S. 13.

[2] GTE (1997), S. 20.

[3] Vgl. o.V. (1997d).

[4] Vgl. WALKER (1996), S. 37.

[5] In London werden 19 % des BSP von Großbritannien erwirtschaftet, außerdem ist London die einzige britische Stadt mit einer Einwohnerzahl von mehr als 1 Mio. Einwohner.

aller Haushalte Kunden bei BT.[1] 1997 verfügte British Telecom über einen Marktanteil von 53 % bei den nationalen Ferngesprächen und über einen Marktanteil von 77 % bei den internationalen Ferngesprächen.[2] Die Preise unterliegen einem intensiven Wettbewerb, allerdings mit dem Nachteil der unterproportionalen Vertretung privater Festnetzanbieter in dünner besiedelten Gebieten. Im ersten Quartal 1998 war der Marktanteil von British Telelcom bei „Local Calls" 84 %, bei „National Calls" 64,8 % und bei „International Calls" 39,5 %.[3]

Tabelle 61: Marktanteile nach Umsätzen pro Dienst in Großbritannien, 1997

Dienstart/Provider	BT	Mercury	Andere
Orts- und Ferngespräche	88,8 %	8,6 %	2,6 %
Mehrwertdienste und Systemgeschäft	88,8 %	9,3 %	1,9 %

Quelle: KERSCHNER-ACEVAL (1997a).

In Großbritannien hat nach Ansicht von OFTEL der Wettbewerb für Telefondienstleistungen der Privatkunden, der durch die Liberalisierung möglich wurde, schon solche Ausmaße angenommen, daß man heute davon ausgeht, im Jahre 2001 keine Preiskontrollen für BT mehr durchführen zu müssen. Obwohl die zahlreichen Anbieter mit oft schwer vergleichbaren Tarifmodellen konkurrieren, bedeutet das eine massive Preissenkung für die Konsumenten. Ein Fünfminutengespräch am Abend eines Wochentages nach USA kostet bei BT zwischen 1,41 und 1,06 Pfund je nach Rabattstaffel, und bei Mercury gar nur 98 Pence.[4] Aus Deutschland kostete 1996 hingegen ein Dreiminutengespräch in die Tarifzone „Welt 1", also die USA, mehr, und zwar im Spartarif zwischen 14 und 3 Uhr 3,96 DM.[5] Skyphone, ein Konsortium bestehend aus BT, Norwegian Telecom und Singapore Telecom, ermöglicht das Telefonieren in Flugzeugen während des Fluges. Die Gebühren von 9,95 US$ pro angefangener Minute werden auf eine reguläre Kreditkarte belastet.

4.7.2 Die Marktanteile und die Dynamik der Expansion in Großbritannien

Die Marktanteile und die Dynamik der Expansion in Großbritannien ist von der anfänglich konsequenten Duopolstrategie der britischen Regierung geprägt. Schon zu Beginn der Liberalisierung des Telekommunikationsmarktes in Großbritannien im Jahre 1981 gründeten Cable & Wireless, Barclay's Merchant Bank und British Petroleum das private Telekommunikationsunternehmen Mercury Communications, das zwischenzeitlich im alleinigen Besitz von C & W ist. Zwischen Februar und August 1982 erhielt Mercury vom Secretary of State mehrere TK-Lizenzen, und im April 1984 mit einer Laufzeit von 25 Jahren das Recht, öffentliche Telefongespräche zu vermitteln und eigene Übertragungswege anzubieten.[6] Von 1984

---

[1] Vgl. OFTEL (1998), S. 3.

[2] Vgl. WESTLB (1998), S. 57.

[3] Vgl. CIT (1999), S. 212.

[4] KRATZ (1996).

[5] Vgl. DTAG-Preisinformation (1996) S. 26.

[6] Vgl. KERSCHNER-ACEVAL (1997a).

an hat MCL in einer Duopolsituation gegen BT um Marktanteile gekämpft. Seit 1991 gibt es gemäß einem entsprechenden Regierungsbeschluß in Großbritannien noch weitere Konkurrenten im Festnetzbereich für BT und Mercury. Vom ITU-Standpunkt sind die drei Hauptfaktoren für die Telekommunikationsentwicklung: (i) Wettbewerb; (ii) Regulierung und (iii) private Unternehmen. Über die vorliegenden Erkenntnisse hinaus, daß TK-Teilmärkte, die den Wettbewerbsgesetzen unterliegen, einen stärkeren Zuwachs an Teilnehmern haben, zeigen die Entwicklungen in Großbritannien nach 1991 die Grenzen der Duopolstrategie auf. Die jährliche Zunahme von Kunden im Festnetz- und Mobilfunksegment hat sich in Großbritannien von etwa einer halben Million im Jahr 1991 auf knapp drei Millionen im Jahr 1994 vergrößert.[1] Das Duopol hatte bei der schrittweise durchgeführten Liberalisierung durchaus seine Berechtigung.

Trotz der Price-Cap-Regulation für BT, die den Ex-Monopolisten zu einer deutlichen Erhöhung der Pro-Kopf-Produktivität durch Personalabbau gezwungen hat, konnte BT in den sieben Jahren der Duopolkonstruktion eine hervorragende Marktposition behaupten. Das dokumentierten 1992 ein 90-%-iger Marktanteil im Geschäftskundensegment und 99 % im Privatkundenbereich.[2] Erst im Verlauf der neunziger Jahre hat sich die Situation des Vollsortimenters BT verändert. Zahlreiche Wettbewerber wie Energis Communications, British Rail Telecom, MFS, Colt, CWC, AT & T, First Telecom, Swiftcom and Atlantic greifen BT mit unterschiedlichen Strategien an. „The main area in which BT has lost significant market share is international telephony."[3] Dabei wird gemäß der Gartner Group in den fünf Jahren nach 1997 im Vergleich zu den fünf Jahren vorher besonders die Kombination aus neuen Technologien und veränderten regulatorischen Rahmenbedingungen wirksam, die Newcomer und Angreifer des Ex-Monopolisten unterstützen.[4] Dabei behindert das Einstiegsverbot für BT in den Kabel-TV-Breitbandmarkt die Schaffung von integrierten multimedialen Diensten, die von den Wettbewerbern angeboten werden.

4.7.3 Eigenkapitalquoten

Die Eigenkapitalquoten in Großbritannien mit über 50 % sind höher als vergleichbare Werte in Deutschland oder USA. In den Vereinigten Staaten hat der schärfere Wettbewerb zwangsläufig zu einer größeren Fremdkapitalaufnahme geführt, und in Deutschland lasten die Übernahmeschulden und Pensionsrückstellungen auf der DTAG. BT hat im Geschäftsjahr 97/98, das am 31. März 1998 endete, einen Umsatz von 15,64 Mrd. britischen Pfund (Vorjahr 14,94 Mrd.) und einen Gewinn vor Steuern von 3,22 Mrd. britischen Pfund (Vorjahr 3,2 Mrd.) aus-

---

[1] Vgl. TARJANNE (1996a), S. 156.

[2] Vgl. KERSCHNER-ACEVAL (1997a), S. 49.

[3] CIT (1999), S. 212.

[4] Vgl. MCNEE (1997), S. 20.

gewiesen.[1] Im Geschäftsjahr (FY) 1996/1997 hat sich C & W von der Kooperation mit VE-BA zurückgezogen[2] und hält weiterhin 85 % der Anteile von Mercury.[3]

Tabelle 62: Eigenkapitalquote der britischen Carrier

Carrier	Eigenkapitalquote 1995	Eigenkapitalquote 1996
BT	53,7 %	74,0 %
C & W	65,0 %	71,9 %
Mercury	52, 4 %	54,6 %

Quelle: BT (1997a), S. 41, GERPOTT (1997), S. 160, CABLE & WIRELESS (1997), S. 33, CABLE & WIRELESS (1998), S. 1, MERCURY (1996), MERCURY (1996a), S. 9, das Geschäftsjahr von BT endet jeweils am 30. Juni, das FY von Mercury und C & W am 31. März.

Die hohen Eigenkapitalquoten erlauben es den britischen Carriern, eine von Fremdkapital unabhängige Innenfinanzierung für die Auslandsbeteiligungen bereitzustellen. Dabei ergänzen sich die Maßnahmen in den Aufkäufen von anderen Unternehmen und die Optimierung vom eigenen Portfoliomanagement. Ein Beispiel hierfür ist die 1997 aus dem Zusammenschluß von C & W in Großbritannien mit den drei britischen Kabelfernsehanbietern Nynex Cablecom, Bell Cablemedia und Videotron hervorgegangene Cable & Wireless Communications (CWC). „Cable & Wireless Communications is preparing to buy back $2.8 bn of junk bonds in the US before selling up to $2.8 bn of investment grade bonds in a move which could save it $65 m a year in interest cost."[4]

4.8 Preisentwicklung, Marktexpansionsdynamik und Marktanteile in Deutschland

4.8.1 Die Entwicklung des Preisniveaus in Deutschland

Die Entwicklung des Preisniveaus in Deutschland ist unmittelbar mit der Entwicklung des Wettbewerbs und der letzten Tarifreform der DTAG gekoppelt. Der Telekommunikationsmarkt in Deutschland hat ein für das Jahr 2000 geschätztes Volumen von 100 Mrd. DM. Die Tarifreform der DTAG zum 1.1.1996 hat nur zu einem geringen Teil die versprochenen Entlastungen für die Verbraucher hervorgebracht. Der Referenzbetrag von 2,76 DM stand nach dem alten Tarif bis zum Dezember 1995 einem Gegenwert von 12 Einheiten zu 0,23 DM gegenüber. Nach dem 1. Januar 1996 wurden 23 Einheiten zu 0,12 DM für den gleichen Betrag umgesetzt. Nach der Darstellung des Vorstandsvorsitzenden der DTAG Herrn Ron Sommer wurden die langen Ortsgespräche durch die Ferngespräche, die Auslandsgespräche und die kurzen Ortsgespräche subventioniert. Konsequenterweise war deshalb das Ziel der Tarifreform 1996 die Anhebung der Preise der in der Vergangenheit subventionierten Gespräche und die Absenkung der Preise z. B. für Auslandstelefonie auf ein internationales

---

[1] Siehe auch NAIK (1998).

[2] Vgl. CABLE & WIRELESS (1997), S. 3.

[3] Vgl. CABLE & WIRELESS (1997), S. 65.

[4] DAVIES (1998), S.10.

Wettbewerbsniveau.[1] Es stellt sich die Frage, ob die Kostenvorteile neuer Technologien besonders bei Basistelefondienstleistungen (POTS) nicht zur Umschichtung, sondern zu einer realen Preissenkung hätten führen müssen. Mit der Tarifreform zum 1. Januar 1998 wurde der rechnerische Minutenpreis des German Call (Distanz mehr als 50 km) vom 0,60 DM in der Zeitzone von 9 bis 18 Uhr auf 0,24 DM für ISDN-Leitungen und auf 0,36 DM für analoge Leitungen reduziert. Beim Regio Call (Distanz im Umkreis von 50 km) wurde der Minutenpreis von 0,36 DM in der Zeit von 9 bis 12 Uhr, auf 0,24 DM in der Zeit von 18 bis 21 Uhr reduziert.[2] Ab der 11. Minute sinkt der Preis beim German Call werktags zwischen 9 und 18 Uhr auf 0,168 DM bei ISDN-Nutzung und auf 0,324 DM beim analogen Anschluß. Damit hat die Deutsche Telekom aktiv und früher als geplant auf den Wettbewerb reagiert, eine Tarifvereinfachung mit zwei Entfernungs- und drei Zeitzonen realisiert und eine Förderung des ISDN-Absatzes, verbunden mit einer entsprechenden Preisdifferenzierung, geplant.

Abbildung 21: Preisvergleich unterschiedlicher Sprachkonzepte

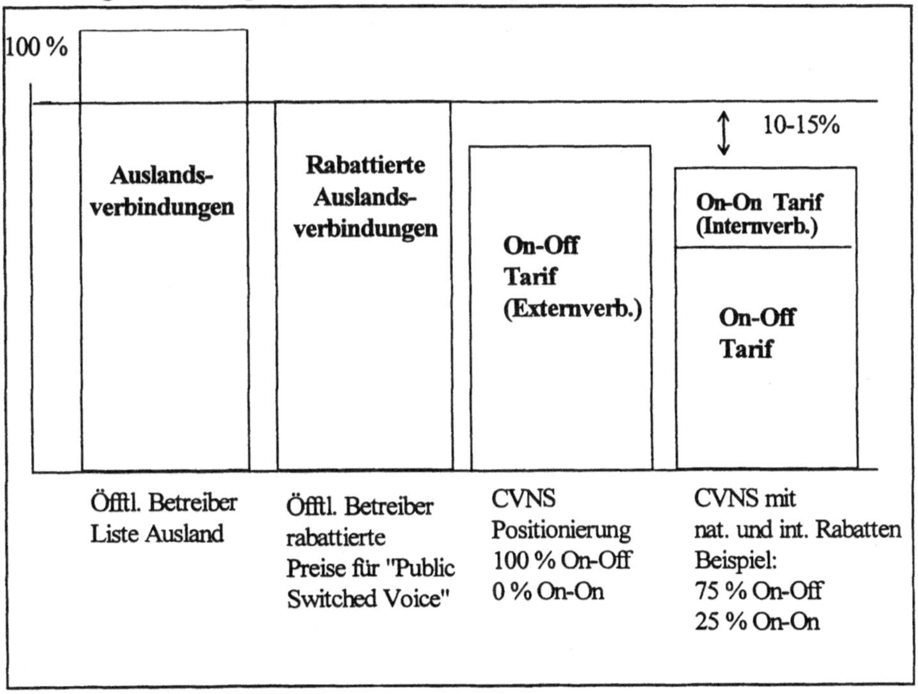

Quelle: VIAG INTERKOM (1997b).

Die Grafik zeigt das Preisniveau von Auslandsverbindungen im öffentlich vermittelten Netz der DTAG. Mit einem virtuellen privaten Netz (VPN), wie in diesem Beispiel mit dem Pro-

---

[1] Vgl. SOMMER (1996).
[2] Eigene schriftliche Anfrage bei der DTAG im Herbst 1998 und diverse Publikationen.

dukt Concert Virtual Network Services (CVNS) der VIAG Interkom, lassen sich selbst im Vergleich zu den Großkundenrabatten noch weitere Einsparungen erzielen. Diese sind umso höher (geringer), je höher (geringer) der Anteil der Gespräche zwischen unmittelbar am virtuellen, angeschalteten Teilnehmer (sogenannter On-Net-Traffic) ist. Der Gesamtmarkt für VPNs wird im Jahr 2000 auf 2 Mrd. US$ geschätzt. Im Vergleich dazu war das jährliche Marktvolumen in Deutschland im Jahr 1997 mit ca. 180 Mio. DM und in Großbritannien mit 500 Mio. DM geringer. Im Jahr 2000 soll das Volumen in Deutschland und in Großbritannien auf jeweils 900 Mio. DM steigen.[1] 1997 hat die DTAG 31,5 Mrd. DM Umsatz durch in Rechnung gestellte Verbindungsentgelte erzielt, dabei wurden 12 Mrd. DM Umsatz mit Geschäftskunden erzielt.[2] Die sich öffnenden Märkte bieten demnach das größte Wachstumspotential für virtuelle Netze. Im Geschäftskundenbereich gibt es seit der Öffnung des Marktes für sogenannte „Geschlossene-Benutzer-Gruppen" einen deutlichen Wettbewerb und einen daraus resultierenden Preiskampf. Im Jahr 1996 gab es in Deutschland über 300 genehmigte „Geschlossene Benutzergruppen". Handel, Dienstleistungsgewerbe und Gebietskörperschaften waren mit 218 Genehmigungen die Hauptbetreiber der Corporate Networks (CN). Wenn ungewöhnliche Verträge abgeschlossen werden, so wie es der Fall bei der Übernahme des Auslandsgesprächsaufkommens des Deutschen Bundestages durch WorldCom oder beim Anschluß der Kirchen an o.tel.o war, findet das ausreichend Aufmerksamkeit in der Presse und in der Öffentlichkeit.

4.8.2 Die Marktanteile und die Dynamik der Expansion in Deutschland

Die Marktanteile und die Dynamik der Expansion in Deutschland waren ursprünglich determiniert durch die Deutsche Telekom AG, die 1997 noch der Anbieter Nummer eins für Telekommunikationsdienstleistungen war. Aber die privaten Anbieter haben sich vor dem Januar 1998 formiert und auch schon mehrfach umgruppiert. Die Mannesmann AG hat sich ursprünglich als Konsortialführer mit 49,8 % für die Deutsche Bank, AT & T und Unisource an dem TK-Carrier Arcor[3] beteiligt. Die Deutsche Bahn AG hielt 50,2 % der Anteile. Arcor operierte zunächst mit der Mitarbeiter- und Kundenbasis der ehemaligen Communication Network International (CNI) und der ehemaligen DBkom. Arcor verfügte über ein vielschichtiges Angebot von Sprach- und Datenprodukten und beabsichtigte, in den Privatkundenmarkt einzusteigen. Bis zur Marktliberalisierung hat sich das Unternehmen vor allem mit der Geschäftskundenakquisition auseinandergesetzt. Der größte Kunde von Arcor war in der Gründungsphase die mit dem Unternehmen verbundene Deutsche Bahn AG. Das im Juli 1998 angekündigte Joint-Venture zwischen BT und AT & T führte dazu, daß sich AT & T aus der

---

[1] Eigene mündliche Befragung von TK-Carriern und Beratungsunternehmen.

[2] Vgl. DEUTSCHE TELEKOM AG (1998), S. 36.

[3] Arcor beschäftigte eigenen Angaben zufolge im April 1997 ca. 7.000 Mitarbeiter und ist demzufolge, gemessen an der Mitarbeiteranzahl, der zweitgrößte Carrier in Deutschland. 1996 wurden 900 Mio. DM Umsatz erwirtschaftet, für das Folgejahr sind mehr als 1 Mrd. DM die Zielvorgabe. 1997 wurden 1,2 Mrd. DM Umsatz erwirtschaftet. Vgl. ARCOR (1999), S. 2.

Beteiligung von Arcor zurückziehen wird. Am Arcor-Konsortium ist das Unternehmen Mannesmann mit 55,5 %, die Deutsche Bank mit 10 %, AT & T und Unisource mit jeweils 15 % und Air Touch mit 4,5 % beteiligt.[1] Das Arcor-Konsortium hielt 74,9 % an Arcor, die verbleibenden 25,1 % wurden bis zum 1. Juli 1999 von der Deutschen Bahn AG gehalten.

Auf der anderen Seite agiert o.tel.o über eine Kooperation von VEBA und RWE und steht der VIAG, die mit BT und Telenor kooperiert, gegenüber. Thyssen Telekom, deren Versuche, im Juli 1996 bei der DBkom zum Zuge zu kommen, gescheitert sind, ist bei der Suche nach einem internationalen Partner nur vermeintlich bei der nordamerikanischen Gesellschaft Bell South fündig geworden. Der RBOC Bell South unterhielt schon 1994 eine TK-Beteiligung für Mobilfunkdienste in 14 Ländern und investierte im gleichen Jahr 1 Mrd. US\$[2] in Lateinamerika, Europa und Asien. Nachdem im September 1997 die Thyssen AG ihre E-Plus-Anteile an VEBA und RWE verkauft hatte, wurde im Mai 1998 als nächster Schritt einer Rückzugsstrategie aus der Telekommunikation die Plusnet für 315 Mio. DM an die Venture-Capital-Firma Esprit verkauft. Der im Dezember 1996 veröffentlichte Geschäftsbericht der Thyssen AG vertrat zu diesem Zeitpunkt noch folgende Position: „In der Sparte Telekommunikation erweiterte der Bereich Corporate Network durch den Erwerb der Plusnet AG in der Schweiz das Dienstleistungsangebot auf das Ausland. Planmäßig verlief die Entwicklung bei E-Plus einer 30,1-%-Beteiligung der Thyssen Telecom.“[3] In einem Zeitraum von weniger als zwei Jahren hat sich die Telekommunikationsstrategie der Thyssen AG grundlegend verändert.

In Statistiken Ende 1983 im Zusammenhang mit geplanten Verringerungen der Beteiligung der Bundesrepublik Deutschland an Unternehmen wurde die VEBA mit einem Anteil des Bundes von 30 % des Nennkapitals von 1.685 Millionen DM und die VIAG mit einem Anteil des Bundes von 87 % des Nennkapitals von 570 Millionen DM aufgeführt.[4] 1983 hatte der Bund seine Beteiligung an der VEBA von 43,75 % auf 30 % reduziert. 1986 wurden im Rahmen der Börseneinführung der VIAG privaten Investoren 40 % des Grundkapitals angeboten.[5] Im November 1987 beschloß das Bundeskabinett, die VIAG im Laufe des Jahres 1988 vollständig zu privatisieren. Die Geschäftsfelder der VEBA hatten noch 1990 einen auf den Energiesektor ausgerichteten Schwerpunkt. „VEBA hat bei der Verteilung von Strom, Öl und Gas in der Bundesrepublik jeweils gleich große Marktanteile und wir verdienen in allen Bereichen.“[6] Die Großkonzerne VEBA und VIAG profitieren bei dem Einstieg in den liberalisierten TK-Markt von den gewonnenen Erfahrungen während der eigenen Privatisierungs-

---

[1] Siehe auch HANDELSBLATT (1998a).

[2] Vgl. COE (1994), S. 121.

[3] THYSSEN (1996), S. 64.

[4] Vgl. SCHMALEN (1990), S. 78.

[5] Vgl. VIAG (1998a), S. 25.

[6] BENNIGSEN-FOERDER (1990), S. 429.

phasen. Die Steuerung der Geschäftsentwicklung im TK-Sektor kann auf Basis dieser Erfahrungen gezielt Marktentwicklungen antizipieren.

Abbildung 22: Allianzen in Deutschland, 1996[1]

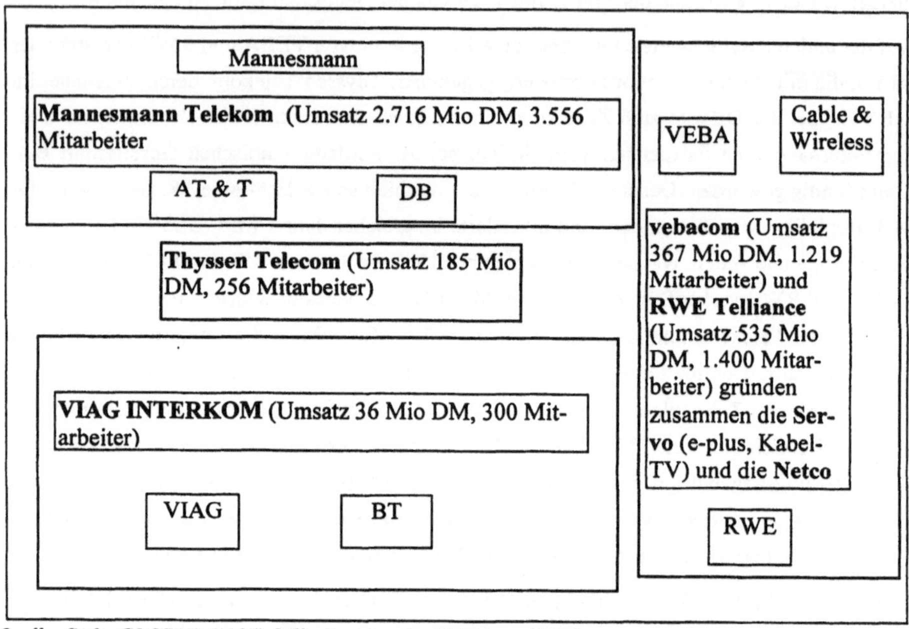

Quelle: Siehe GLOBUS (1996) [Alle Angaben für 1995 bzw. 1996].

Der Mobilfunkmarkt in Deutschland hat in den vergangenen Jahren nicht nur zum Vorteil der Endverbraucher viele positive Merkmale eines deregulierten Marktes gezeigt. Ein Beispiel dafür sind neben den rapide gefallenen Durchschnittspreisen die Strukturen der Eigentumsverhältnisse der Gesellschaften, die sich am Mobilfunkmarkt beteiligen. RWE hat den Service Provider ohne eigenes Netz, die Talkline GmbH[2], mit Ende des Geschäftsjahres 1996/97 verkauft und von der Thyssen Telecom einen 30-%-Anteil an der E-Plus Mobilfunk GmbH übernommen.[3] Die ursprünglichen Anteilseigner der E-Plus waren mit je 30,125 % vebacom und Thyssen Telecom, Bell South mit 22,507 % und mit 17,243 % die britische Vodafone. Für RWE macht der Einstieg bei E-Plus Sinn, allerdings erforderten die Lizenzbedingungen der DCS-1800-Mobilfunklizenz einen Ausstieg der RWE aus dem Service-Providing-

---

[1] Die Bildung von Allianzen in diesem Umfeld hat eine so hohe Dynamik, daß auch sorgfältig aufgestellte Beteiligungsübersichten oftmals nur eine sehr kurze Gültigkeit haben. Vgl. WELFENS und GRAACK (1996) S. 184.

[2] Das Unternehmen Talkline ist in Elmshorn ansässig und hat mit 500 Mio. DM Jahresumsatz (bei 750.000 Kunden in 1998) den dritten Platz als Service Provider im Mobilfunkmarkt in Deutschland hinter der Debis Tochtergesellschaft Debitel (Ende 1998 ca. 1,8 Mio. Kunden) und der E-Plus Service GmbH (Ende 1998 ca. 1,35 Mio. Kunden) erreicht. Im Jahr 1998 waren in Deutschland insgesamt 5,77 Mio. (im Vorjahr 3,65 Mio.) Mobilfunkkunden bei einem Service Provider unter Vertrag.

[3] Vgl. RWE (1997), S. 103.

Business.[1] Im März 1997 wurde angesichts der geplanten Übernahme des Thyssen-Gesamtkonzerns durch Krupp die Veräußerung der Thyssen Telecom AG, der Plusnet und der E-Plus-Anteile in einem ganz anderen Zusammenhang diskutiert. Im August 1997 hat schließlich Thyssen Telecom den 30,125-%-Anteil an E-Plus für 2,259 Mrd. DM[2] an o.tel.o Communications GmbH & Co verkauft. O.tel.o als Rechtsnachfolger der vebacom hat dadurch den Anteil an E-Plus auf 60,25 % erhöht. O.tel.o hat im Jahr 1996 einen Umsatz von 400 Mio. DM und 1997 von 600 Mio. DM erzielt.[3] Das im Februar 1997 aus der RWE Telliance und der vebacom hervorgegangene Unternehmen o.tel.o beschäftigte Ende 1997 ca. 3.100 Mitarbeiter. Die VEBA AG hielt 40 % an o.tel.o, RWE 37,5 % der Anteile, und die verbleibenden 22,5 % waren für einen weiteren Investor reserviert. Bis zu dessen Eintritt in das Unternehmen wurden diese Anteile von dem Treuhänder Lehman Brothers gehalten. Zum Jahresende 1997 konnte o.tel.o mit dem deutschen Fernsehsender RTL den 750. Großkunden an das eigene Sprachnetz anschalten. „Durch eine moderne Technik [Least Cost Routing], die stets den aktuell preisgünstigsten Übertragungsweg für das Telefongespräch in den Netzen sucht, spart RTL Telefonkosten."[4] Da die Eigentümer von o.tel.o für das Geschäftsjahr 1998 einen Verlust von 2,5 Mrd. DM, der 300 Mio. DM über dem Business Case lag, ausgleichen mußten, sollte o.tel.o im Geschäftsjahr 1999 den Personalbestand auf 2.500 reduzieren.[5] Mit Wirkung vom 1. April 1999 übernahm Mannesmann Arcor für 2,25 Mrd. DM die Festnetzgeschäfte der o.tel.o von VEBA und RWE.[6] Die Mehrheitsbeteiligung von 60,25 % am Mobilfunkbetreiber E-Plus und TeleColumbus[7] wurden nicht mitverkauft. Allerdings hat man dann TeleColumbus im Mai 1999 für 1,5 Mrd. DM an die Deutsche Bank verkauft.

Angesichts anstehender personeller Veränderungen im Thyssen-Vorstand hat die Thyssen Telecom die Veräußerung der Plusnet im Frühjahr 1998 durchgeführt. Die Übernahme des amerikanischen Mobilfunkkonzerns Air Touch durch den britischen Mobilfunkkonzern Vodafone im Januar 1999 hat Auswirkungen auf die Eigentümerstruktur von E-Plus. Air Touch ist mit 35 % am deutschen Marktführer im Mobilfunk, dem Unternehmen Mannesmann Mobilfunk D2, beteiligt und Air Touch betrachtet diese strategische Partnerschaft als festen Bestandteil der Konzernaktivität. Für den 17,243 %igen Anteil von Vodafone an E-Plus hat Bell

---

[1] Siehe auch: o.V. (1997a), o.V. (1997c) und o.V. (1997h).

[2] Der Ermittlung des Verkaufspreises (Marktwertes) liegt eine Unternehmenswertschätzung von E-Plus in Höhe von 12 Mrd. DM abzüglich Finanzschulden von 4,5 Mrd. DM zugrunde. Anfang 1999 wurde der Marktwert auf 10 Mrd. DM geschätzt.

[3] Vgl. VIAG INTERKOM (1998a), S. 11.

[4] O.TEL.O (1997a), S. 1.

[5] Siehe auch LUBER (1999); der Verlust '98 bestand aus einem Verlust von 1,1 Mrd. DM aus dem operativen Geschäft von o.tel.o, 450 Mio. DM Verlust aus der Beteiligung bei E-Plus und 560 Mio. DM aus einem Verlust aus sonstigen Beteiligungen wie Miniruf und Iridium. Im Geschäftsjahr 1999 sollte der Umsatz von 500 Mio. DM auf 1,1 Mrd. DM steigen, der Verlust wird sich dann auf 1,1 Mrd. DM belaufen.

[6] Siehe auch O.TEL.O (1999).

[7] TeleColumbus hat 1998 einen Umsatz von 330 Mio. DM erzielt. Das Unternehmen beschäftigte 470 Mitarbeiter und versorgte 1,7 Mio. Kunden, das entspricht einem Umsatz von 194 DM pro Kunde.

South, mit einem eigenen Anteil von 22,507 % an E-Plus, ein Vorkaufsrecht. Das stärkere Kaufinteresse liegt sicher bei o.tel.o, die über die Finanzkraft der RWE und der VEBA in der Lage ist, gleichzeitig zum Marktwert von ca. 4 Mrd. DM[1] die Anteile von Bell South und Vodafone zu übernehmen. Eine solche Übernahme vermindert zwar die Entscheidungskomplexität bei der Festlegung der E-Plus-Strategie, aber sie führt auch zu einer nationalen Isolation des Unternehmens. In einem zunehmend grenzüberschreitenden Mobilfunkgeschäft muß ein Unternehmen ab dem Jahr 2000 in der Lage sein, seinen Kunden internationale Mobilität ohne Roaming-Gebühren zu bieten. Der neue Mobilfunkanbieter Vodafone Air Touch versorgt 23 Mio. Kunden in insgesamt 23 Ländern. Der neue Konzern beschäftigt 19.000 Mitarbeiter, verfügt über einen Jahresumsatz von 7,7 Mrd. US$ und erwirtschaftet einen Gewinn vor Steuern von 1,8 Mrd. US$.[2] Vodafone hat Air Touch für 97 $ je Aktie, also insgesamt 51 Mrd. US$ übernommen und damit Bell Atlantic überboten, deren letztes Angebot bei 45 Mrd. US$ lag.

---

[1] Siehe auch WINTERMANN (1999).
[2] Siehe auch HANDELSBLATT (1999a).

Abbildung 23: Ausgewählte internationale Allianzen im Februar 1997

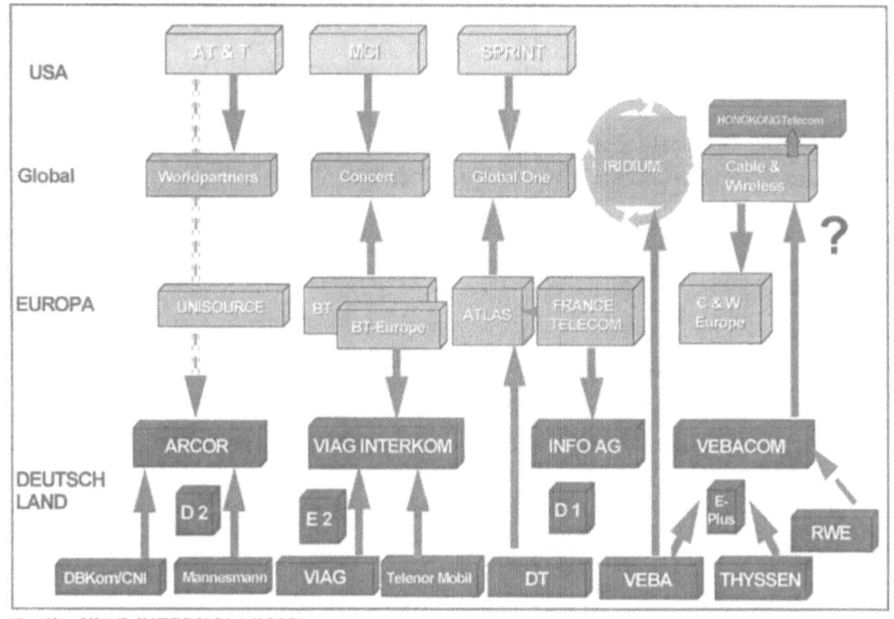

Quelle: VIAG INTERKOM (1997).

So vorteilhaft die Mobilkommunikation als Grundlage für Kundengewinnung und Universaldienstabdeckung für die Newcomer sein mag, die operative Integration stellt sich nicht immer einfach dar. Im April 1997 stand noch kein Konzept zwischen dem Festnetzanbieter Arcor und dem Funknetzanbieter D2 privat für die vertrieblich gemeinsame Betreuung der Privatkunden.[1] Zum gleichen Zeitpunkt gab es bei o.tel.o überhaupt noch kein Konzept für die Integration der E-Plus-Dienste und die Festnetzaktivitäten, man konnte sich in der Vergangenheit nicht über die Forderung der RWE, die Thyssen Anteile von E-Plus übernehmen zu wollen, einigen. Sicherlich hat VIAG Interkom hier einen Vorteil, durch das FMI-Konzept die Mobil- und Festnetzkommunikation für Privatkunden von Anfang an aus einer Hand vermarkten zu können. Dem steht allerdings auch ein gravierender Nachteil gegenüber; da die Lizenz erst im Februar 1997 erteilt wurde, befindet sich der Aufbau des Netzes in der Anfangsphase. Damit ist ein Verdrängungskampf um das Marktpotential gegen die 1997 bereits etablierten Mobilfunkanbieter unvermeidbar.

---

[1] Vgl. WEISHAUPT (1997).

Abbildung 24: Wettbewerbssituation im September 1997 in Deutschland

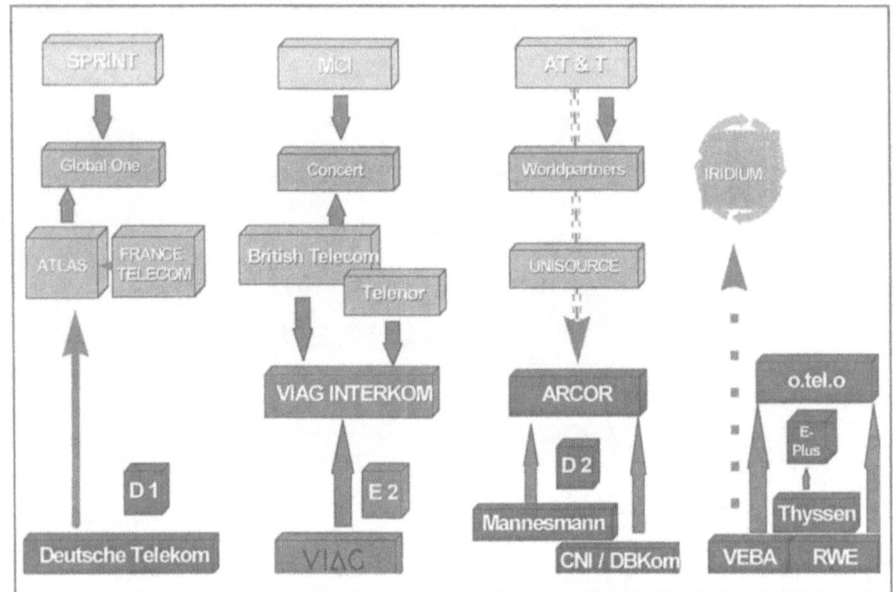

Quelle: VIAG INTERKOM (1997b).

Die Beobachtung der Entwicklungen im Umfeld der Allianzbildung zeigt, daß Verbindungen von TK-Unternehmen nicht immer die erforderliche Stabilität erreichen konnten und bei der ersten Belastungsprobe aufgelöst wurden. Die Abbildung der Allianzverhältnisse im März 1997 und die Übersicht der Strukturen im Herbst 1997 sowie im Januar 1998 verdeutlichen das.

Anfang 1998 hat die DTAG pro Tag durchschnittlich 480 Mio. Verbindungsminuten (Vorjahr 476 Mio. Gesprächsminuten) abgewickelt[1], alle Newcomer zusammen hatten im Mai 1998 pro Tag zwischen 12 und 20 Mio. Verbindungsminuten aufgebaut. Mannesmann Arcor hatte 5 Mio. Minuten vermittelt und MobilCom beispielsweise 2 Mio. Minuten.[2] Das entsprach einem Marktanteil von 2 bis 4 Prozent.[3] Talkline hatte 0,65 Mio. Minuten, Interroute 0,6 Mio. Minuten und Telepassport 0,5 Mio. Minuten übertragen.[4] „By the middle of this year [1998] the new entrants are tipped to increase their market share to 5 % of the German market."[5] Die Zahl der tatsächlich durch die Newcomer vermittelten Gesprächsminuten hat sich

---

[1] Vgl. WESTLB (1998), S. 57.

[2] Vgl. INTUG (1998), S. 17.

[3] Siehe GERPOTT (1998).

[4] Vgl. GERPOTT (1998a), S. 9.

[5] INTUG (1998), S. 17.

3 Monate später, im August 1998, auf 50 Millionen Minuten gesteigert, das entspricht einem Marktanteil von 10,4 %.[1]

Tabelle 63: Marktanteile der Newcomer in Deutschland

Netzbetreiber	Gesprächs-minuten/Tag im August 1998	Kunden im August 1998	Gesprächs-minuten/Tag im Dezember 1998	Gesprächs-minuten/Tag im März 1998	Kunden im Dezember 1998[2]
Colt Telecom	2,5	700	4,5	k. A.	2.000
Debitel[3]	0,8	400.000	1,2	k. A.	900.000
Esprit/Plusne	> 1,0	3.000	2,0	k. A.	10.000
First	> 0,15	> 35.000	k. A.	k. A.	87.000
HanseNet	> 0,071	6.060	k. A.	k. A.	16.000
Interroute 66	2,6	k. A.	2,6	k. A.	200.000
Mannesm.	> 8,0	2.500	17,0	20,0	k. A.
MobilCom	9,7	2.500.000	19,5	17,0	4.500.000
o.tel.o	> 2,5	800	10,0	15,0	200.000
RSL Com	1,0	2.500	1,5	k. A.	10.500
Talkline	> 2,0	> 170.000	4,5	5,2	k. A.
Tele2	2,0	361.000	2,0	k. A.	550.000
TelDaFax	3,4	k. A.	5,7	15,0	k. A.
TelePassport	1,0	130.000	1,2	k. A.	k. A.
VIAG	3,0	590	4,5	9,0	198.000
WorldCom	7,0	5.000	7,0	k. A.	k. A.

Quelle: TELECOM HANDEL (1998), S. 20, TELECOM HANDEL (1998a), S. 20, VIAG INTERKOM (1998a), S. 11, BUSINESS INTELLIGENCE (1998), GERPOTT (1999a), S. 9. Alle Angaben in Millionen Minuten.

Nach den Angaben der Regulierungsbehörde lag der Marktanteil aller Newcomer im November 1998 im Fernnetzbereich bei 12 % und im Dezember 1998 schon bei 13,3 %.[4] Daraus folgt, daß der Anteil der DTAG am täglichen Aufkommen innerhalb des Jahres 1998 um 46,5 Mio. Minuten auf 433,5 Mio. Minuten gesunken ist. Unter der vereinfachenden Annahme, daß es sich um eine Gleichverteilung innerhalb des gesamten Jahres und um Gespräche innerhalb der Region 50 zur Hauptverkehrszeit handelt, entspricht dieser Marktanteilsverlust

---

[1] Vgl. TELECOM HANDEL (1998), S. 20.

[2] Die Zahl der Kunden Ende 1998 ist teilweise geschätzt.

[3] Debitel hat anstelle von Kunden die Zahl der Anschlüsse genannt.

[4] Siehe auch BUSINESS INTELLIGENCE (1998). 13, 3 % entspricht 66,5 Mio. Minuten von insgesamt 500 Mio. vermittelten Gesprächsminuten.

einem (theoretischen) Äquivalent von 4,073 Mrd. DM (0,24 DM/Min. x 365 Tage x 46,5 Mio. Min./Tag). „Nach vorläufigen Schätzungen beträgt das bei den neuen Wettbewerbern in diesem Jahr [1998] generierte Verkehrsvolumen mehr als 11 Mrd. Minuten. Mit diesem Aufkommen konnten 1998 über 2,5 Mrd. DM Umsatz erzielt werden."[1] Im Dezember 1998 war der Anteil der Newcomer an den Ferngesprächen 32,5 % (mit 52 Mio. Minuten), der Anteil an den Ortsgesprächen aber nur 4,5 % (mit 15 Mio. Minuten).[2] Für das Jahr 2005 sind folgende Marktanteile der Newcomer am gesamten Telekommunikationsmarkt denkbar: VIAG Interkom könnte 5 % erreichen, Arcor könnte 8 % erreichen, und MobilCom hat das Potential, einen Marktanteil von 10 % zu erreichen. Dabei wird sich die Gewinnung der Marktanteile für die Newcomer in den verschiedenen Marktsegementen unterschiedlich schnell entwikkeln. Im Dezember 1998 hat der Präsident der deutschen Regulierungsbehörde für Telekommunikation und Post, Klaus-Dieter Scheurle, den Marktanteil der Newcomer im Jahr 2005 auf insgesamt 28 Prozent geschätzt.[3]

Abbildung 25: Wettbewerbssituation im September 1999 in Deutschland

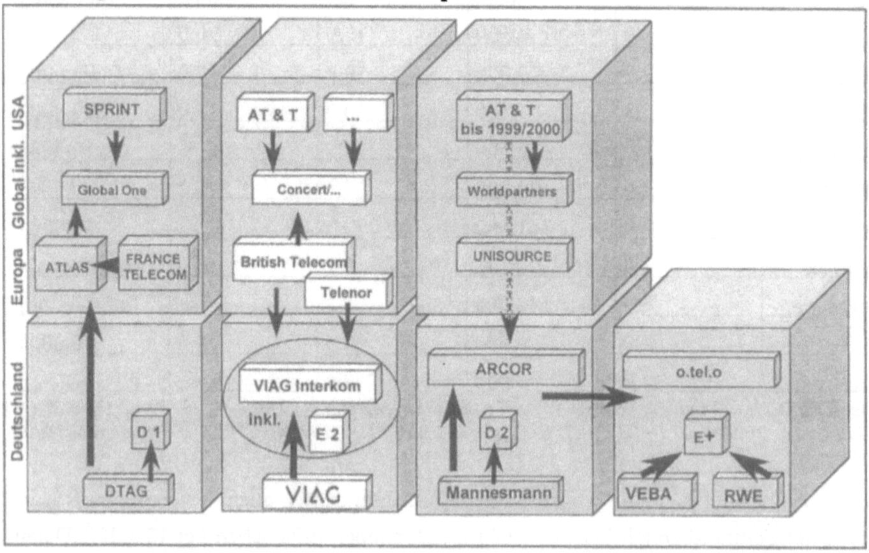

Quelle: VIAG INTERKOM (1999).

Trotz der hohen jährlichen Wachstumsraten in einigen Segmenten des TK-Marktes sind die klassischen, langsamer wachsenden Sparten wie zum Beispiel die öffentliche Sprachvermittlung von einem Verdrängungswettbewerb und zum Teil ruinösen Preiswettkämpfen gekennzeichnet. Die Homogenität des Produktes erlaubt nur bedingt, daß Differenzierungspotentiale

---

[1] REGTP (1999), S. 8. Im Sondergutachten der Monopolkommission wurde den neuen Anbietern im Jahr 1998 ein Umsatz von 2,78 Mrd. DM zugerechnet. Vgl. MONOPOLKOMMISSION (2000), S. 14.

[2] Vgl. BUSINESS INTELLIGENCE (1998), S. 3.

[3] Siehe auch LEMKEMEYER (1998).

genutzt werden können. Die Alternativen Carrier (AC) unterscheiden sich noch zu wenig voneinander, der Aufbau eines eigenständigen und unverwechselbaren Images wurde unmittelbar nach der Liberalisierung des TK-Marktes nicht wahrgenommen. Spill-Over-Effekte können die relativen Marktanteile kurzfristig beeinflussen. Eine Zulassung der Call-by-Call-Selection im Mobilfunk wird die Stärkeprofile der Service Provider beeinflussen. Tabelle 67 zeigt Stärke- und Schwächeprofile ausgewählter Anbieter.

Tabelle 64: Stärke- und Schwächeprofile der Carrier in Deutschland, März 1999

DTAG Stärken	Hoher Bekanntheitsgrad	Hohe Netzabdeckung bis zum Endkunden	Langjährige technische TK-Erfahrung, Systemlösungskompetenz
Arcor Stärken	Zugriff auf etabliertes D2-Netz	Bundesweites Festnetz, 1.000 Großkunden	Sicheres Kundenpotential Deutsche Bahn AG
Colt Stärken	Hochwertige Stadtnetze	Profitabler Kundenstamm	Schlanke Organisation
o.tel.o Stärken	Beteiligung bei E-Plus Mobilfunk, hoher Bekanntheitsgrad	Leistungsstarkes Glasfasernetz, aggressive Preise	Enge Kooperation mit City Carriern
VIAG Interkom Stärken	Aufbau eines innovativen E2-Netzes	Zuverlässiger internationaler Partner Concert und BT	Konzept der nahtlosen Integration Mobil- und Festnetz
WorldCom Stärken	Modernste Technik und breites Produktportfolio	Weltweit auf Expansionskurs, z. B. mit MCI	Sehr flexibles und kundenorientiertes Vorgehen, niedrige Preise
DTAG Schwächen	Imagenachteil (Reputationsprobleme) als Ex-Monopolist	Hoher Verschuldungsgrad	Zu geringe Pro-Kopf-Produktivität
Arcor Schwächen	Zu starre Strukturen durch das DB-KOM-Netz	Nur latente Unterstützung durch internationalen Partner	Geringe Deckungsbeiträge durch hohe Fixkosten, zu hohe Preise
Colt Schwächen	Keine nationale Flächendeckung	Kein nahtloses Produktportfolio	Kein internationaler Partner
o.tel.o Schwächen	Führungsschwäche durch die Anteilseignerinvolvierung	Kein internationaler Partner	Ungeplante Verluste und Imagenachteile im Mobilfunkbereich
VIAG Interkom Schwächen	Stark verspäteter Eintritt in den Privatkundenmarkt	Reibungsverluste durch explosives Personalwachstum	Zu geringe Kapazität bei eigenen Übertragungsbandbreiten

Quelle: VIAG INTERKOM (1998a), S. 12 f., eigene Recherchen.

Während die Unternehmen DTAG und Arcor sowie die VIAG Interkom gezielt an dem Abbau der vorhandenen Schwächen arbeiten, konnte das Unternehmen o.tel.o die gravierenden Nachteile der Instabilitäten auf Seite der Anteilseigner und Partner nicht kompensieren. Colt setzt konsequent auf den Nischenmarkt der Geschäftskunden und die Expansion der eigenen Infrastruktur. In ähnlichem Maße positiv entwickelt sich WorldCom, hier konnte der Trend der schwächer werdenden Allianzbildung am Markt durch eine erfolgreiche Politik des Unternehmenszukaufs genutzt werden.

4.8.3 Eigenkapitalquoten

Die jährlichen Eigenkapitalquoten der DTAG im Betrachtungszeitraum spiegeln nicht nur die Aufwendungen für die technische Aufrüstung Ostdeutschlands nach 1990, sondern auch die Personalkosten und die hohen Preise für das Equipment der TK-Hersteller in Deutschland wider.[1] Die DTAG hat im Zusammenhang mit der Wiedervereinigung Deutschlands im Jahr 1990 und der damit verbundenen Modernisierung des TK-Netzes in Ostdeutschland im Dezember 1997 die geplanten Investitionsvorhaben in Höhe von 50 Mrd. DM[2] abgeschlossen. In der ursprünglichen Planung waren 10 Mrd. DM mehr für die Modernisierung des Ostnetzes vorgesehen. In der ehemaligen DDR waren schätzungsweise 62 % der Vermittlungsanlagen mehr als vierzig Jahre in Betrieb.[3] Im Durchschnitt hatten die Bewohner der DDR eine Wartezeit von 10 Jahren für einen neuen Telefonanschluß, und nur auf jeden zehnten DDR-Bürger kam ein Telefonanschluß. Die Penetrationsrate für Telefonanschlüsse pro 100 Einwohner hat sich zwischen 1991 und 1995 in den neuen Bundesländern von 17,9 auf 38,9 % erhöht.[4] Die Anzahl der analogen Telefonanschlüsse ist von 1,8 Mio. im Jahr 1990 auf rund 7,6 Mio. im Dezember 1997 gesteigert worden, zusätzlich wurden 1,1 Mio. ISDN-Kanäle installiert.[5] Allen Altlasten stehen jedoch ebenso Altvorteile gegenüber. Die umfangreiche Investitionsleistung in Ostdeutschland hat nicht nur Vorteile in dem Sektor der Infrastruktur, sondern auch bei der Kundenbindung erbracht. Einem Konzernüberschuß von 4,2 Mrd. DM im Jahr 1998 (Vorjahr 3,3 Mrd. DM) standen Finanzverbindlichkeiten von 77,4 Mrd. DM (Vorjahr 86,4 Mrd. DM) gegenüber.[6] Die Beteiligung am Aufbau Ost hat das dortige Image der DTAG in bezug auf die lokale Schaffung von Arbeitsplätzen geprägt. Die unter der Budgetvorgabe abgewickelten Investitionen in das ostdeutsche Netz, die Preisrückgänge im Bereich der technischen Ausrüstungen durch den einsetzenden Wettbewerb, die erfolgreiche Börsenplazierung der Deutschen Telekom AG und die wirksamen Maßnahmen zur Positionierung gegenüber den Wettbewerbern haben die Eigenkapitalquote von 11,5 % im Jahr 1994

---

[1] Siehe auch GERPOTT (1997).

[2] Siehe auch KERSTING (1997).

[3] Vgl. ECONOMIDES (1997), S. 146.

[4] Vgl. OECD (1997), S. 57.

[5] Siehe auch KERSTING (1997).

[6] Siehe auch ENZWEILER (1999a).

auf 29,5 % im Jahr 1998 ansteigen lassen.[1] Das Eigenkapital der Deutschen Telekom AG hat sich in diesem Zeitraum um 30 Mrd. DM auf 49 Mrd. DM erhöht.

Tabelle 65: Eigenkapitalquote der DTAG

Jahre	1993	1994	1995	1996	1997	1998
Kennzahlen						
DTAG Umsatz in Mio. DM	60.100	63.800	66.100	63.100[2]	67.600	69.900
DTAG Eigenkapital in Mio. DM	15.200[3]	19.300	24.700	46.600	48.100	49.000
DTAG Eigenkapitalquote[4] in % der Bilanzsumme	21,5 %	11,5 %	14,7 %	25,8 %	27,5 %	29,5 %

Quelle: DEUTSCHE TELEKOM AG (1997a), S. 1, DEUTSCHE TELEKOM AG (1998), S. 19, ENZ-WEILER (1999a), DEUTSCHE TELEKOM AG (1999), S. 7, DEUTSCHE TELEKOM AG (1999a), S. U2, GERPOTT (1997), S. 156, eigene Berechnungen.

Der ungewohnte, teilweise ruinöse Preiskampf in den vermeintlichen „Cash-Cow-Areas" wie etwa internationale Gesprächsaufkommen und dem Mobilfunk wird aber unweigerlich zu einer Fokussierung auf die Steuerung von Investitionen führen müssen. Das Telekommunikationsunternehmen, welches die geringsten Quersubventionen aufwendet und eine markt- und kostengerechte Preisgestaltung anwendet, wird in einem durch staatliche Regulierung beeinflußten Umfeld die höchste Umsatzrendite erzielen können. Diese Renditen sichern die unerläßlichen Investitionen bei gleichzeitig geringer Fremdkapitalrate und sind dadurch die wesentliche Grundlage für einen eigenständigen, langfristigen Erfolg. Ein unmittelbarer Zusammenhang zwischen den Eigenkapitalraten und dem Verlauf der Beteiligungsstrategie an TK-Unternehmen konnte im Fall der DTAG nicht eindeutig nachgewiesen werden. Zwar sind für den Aufbau eigener Telekommunikationsnetze hohe Vorinvestitionen erforderlich, aber mit ihnen ist noch keine ausreichende Differenzierung durchführbar. Die Entscheidungen der Regulierungsbehörde in Deutschland haben diese Entwicklung gefördert. Im Jahr 1998 haben die Entscheidungen der Regulierungsbehörde die allgemeine Konzentration auf die Differenzierung durch den Abgabepreis verstärkt. Ausgehend von den festen Interconnectiongebühren, die für alle Weiterverkäufer ausreichend Deckungsbeiträge zuließen, wurden in bezug auf die Vereinfachung des Zugangs zum Fremdkapital auf Aktienmärkten die Anbieter ohne substanzielle eigene Infrastruktur bevorzugt. Niedrige eigene Kosten bei minimaler Infrastruktur erlaubten eine Preisführerschaft und damit eine schnelle Verbreitung der Dachmarke;

---

[1] Vgl. DEUTSCHE TELEKOM AG (1999a), S. U2.

[2] Da der Wert von 1995 einschließlich MwSt. dargestellt wird, stieg der Umsatz mehrwertsteuerbereinigt von 59,6 Mrd. DM 1995 auf 63,1 Mrd. DM 1996.

[3] Für 1993 hat die DTAG nur eine ungeprüfte Konzernbilanz erstellt.

[4] Eigenkapital in Prozent der Bilanzsumme ist gleich Eigenkapitalquote.

daraus resultierte eine rasche Steigerung der Aktienkurse. MobilCom ist der bekannteste Vorreiter dieser Konzeption und eines der wenigen Unternehmen, das 1998 im Markt der Festnetztelefonie in der Lage war, Pioniergewinne zu erzielen. Die grundsätzlichen Möglichkeiten der TK-Unternehmen aus eigenen Finanzmittel die entsprechenden Infrastrukturinvestitionen zu tätigen, waren 1998 nicht die vorrangigen Differenzierungsmerkmale.

5 Wirtschaftspolitische Konsequenzen

Die technologischen Konvergenzentwicklungen zwischen dem Computer- und Telekommunikationsmarkt und die dynamische Etablierung von Newcomern und Mehrwertdiensten haben unmittelbare wirtschaftspolitische Konsequenzen. Zusätzlich stellen die Internationalisierung und Globalisierung die oftmals nationalen wirtschaftspolitischen Regelwerke vor neue Herausforderungen. Der Radius des relevanten Marktes im Telekommunikationsnetzbetrieb hat sich ausgeweitet, und zwar häufig über Ländergrenzen hinaus, so daß grenzübergreifende Rahmenregulierungen in Westeuropa etwa durch die EU und eine internationale Kooperation von Regulierungsbehörden notwendig werden können. Der Telekommunikationsmarkt gleicht in bezug auf Innovationszyklen mehr und mehr dem Computermarkt, in dem beispielsweise das Unternehmen Sun angekündigt hat, die Entwicklungszeit neuer Computer und Workstations auf wenige Wochen zu verkürzen. Mobile Telefone ermöglichen die individuelle fernmündliche Kommunikation unabhängig vom Aufenthaltsort. Aus wirtschaftspolitischer Sicht kommt daher dynamischen Effizienzaspekten, also dem Innovationsgrad der Anbieter, große Bedeutung zu. Die Erfindung des Telefons hat zum Aufbau eines weltweiten Übertragungsleitungssystems geführt. Die Erfindung und die Verbreitung des Computers hat in Verbindung mit modernen Telefonnetzen den flächendeckenden Zugang zum Internet und damit grundsätzlich die Teilnahme am elektronischen Handel (Electronic Commerce) ermöglicht.

Neue Wirtschaftszweige und Verfahrenstechniken sind auf Grundlage des globalen Netzes entstanden. Bei Branchen wie dem Reisemarkt führt E-Commerce zu einer Veränderung der Wertschöpfungskette und der Handelsstufen. Um in den unterschiedlichsten Märkten Führungspositionen verteidigen zu können, ist ein Hochgeschwindigkeitszugriff auf Informationen unerläßlich, denn im Vergleich zu früheren Epochen genießt man heute als Unternehmer einen Vorsprung oft nur von Monaten oder Wochen. Der Wert der aktuellen Information ist gestiegen und die Bedeutung der konstanten Informationsübertragung gleichermaßen[1]. Der Telekommunikationssektor ist über seine eigene Wertschöpfung hinaus der „Lieferant" des Produktionsfaktors Information für andere Sektoren. Ein zunehmender Austausch von Informationen zwischen Unternehmen steigert die Produktion und Produktivität.[2]

Die kontinuierliche Umstrukturierung internationaler Telekommunikationsallianzen reflektierten die Auswirkungen solcher verkürzter Innovationszyklen im TK-Markt. Dabei wird sich zeigen, ob das zeitlich frühere Einsetzen einer Marktliberalisierung ausreichende First-Mover-Advantages erzeugt, oder ob das spätere Adaptieren eines Trends mehr Vorteile durch Nutzung der Lernkurven und Erfahrungen mit sich bringt. Die Überlegenheit und der Dichte- bzw. Größenvorteil der vorhandenen Netze legt nahe, daß die Newcomer im Rahmen von

---

[1] Siehe auch KIM und MAUBORGNE (1999).

[2] Vgl. WELFENS (1996b), S. 18 f.

Zusammenschaltungsvereinbarungen ihren Zugang zum bestehenden Netz erhalten. Die nationale und internationale Entwicklung der Telekommunikation hat weitreichende wirtschaftspolitische Konsequenzen. Dabei erzwingt der globale Wettbewerbsdruck eine Angleichung der „best current practice and technology".

5.1 Der globale Rahmen und der EU-Rahmen in der Standardisierung

5.1.1 Die Standardisierung im globalen Rahmen

Der globale Rahmen der Standardisierung und die darin enthaltene Komplexität zeigt sich bei den für den Anrufer gebührenfreien Telefonaten, den sogenannten Freephone Services. Call Center sind in den Vereinigten Staaten sehr weit verbreitet, und die Kunden nutzen beim Dialog mit diesen Zentren die für sie gebührenfreie Nummer. Diese in den gesamten USA einheitlichen Telefonnummern erreichen eine zunehmende Beliebtheit, weil trotz langer Weiterschalt- und Gesprächszeiten für den A-Teilnehmer[1] keine Kosten entstehen. Ohne den Einsatz von Kleingeld sind diese Anrufe von den öffentlichen Fernsprechern aus durchführbar. Im Call Center kommen kombinierte Telefonanlagen und Computersysteme zum Einsatz. Diese PaCT-Technologie[2] verbindet die Nebenstellenanlage (PBX) mit dem Rechnersystem. Bei den Inboundanwendungen wird die Rufnummer automatisch vom Computer analysiert und die Informationen aus der Datenbank, die für diese Nummer hinterlegt sind, werden am Bildschirm angezeigt.[3] Sogenannte Interactive Voice Response (IVR) Systeme ermöglichen es abhängig von den Antworten des Anrufers, daß das Gespräch direkt auf die zuständige Fachfunktion geschaltet werden kann.

Die stark ansteigende Nachfrage in den USA hat neben der ursprünglichen Freephone Nummer 800 zur Schaffung der zweiten Nummer 888 geführt.[4] Diese ist mittlerweile auf den Bermudas, in der Karibik, in Kanada und in den USA benutzbar. Bisher ist es nicht gelungen, eine solche Entwicklung weltweit sychronisiert umzusetzen. In Europa gab es in jedem Land eine eigene, nationale Vorwahlkennung, in Deutschland zum Beispiel die 0130 für gebührenfreie Gespräche und die 0180 für einen Gesprächsaufbau zum Ortstarif, unabhängig vom Aufenthaltsort des Anrufers. 1997 wurde ein weltweites Konzept zur Schaffung einheitlicher Freephone Services unter dem Begriff Universal International Freephone Numbers (UIFN) geschaffen. Als Grundlage dienten die ITU-T-Empfehlungen E.169 und E.152[5], seit Februar 1997 wurden schon 20.000 Telefonnummern vergeben. „It works by allocating an international three figure country code (800) as a prefix before an eight figure number registered with

---

[1] Der A-Teilnehmer ist der Teilnehmer, der die Verbindung aufbaut.

[2] PaCT ist die Abkürzung von Private Branch Exchange Computer Teaming.

[3] Vgl. PRIBILLA, REICHWALD und GOERCKE (1996), S. 92 ff.

[4] Vgl. ITU (1997a), S. 75.

[5] Vgl. ITU (1997a), S. 86 und IRMER (1998), S. 15.

the ITU."[1] Im Jahr 1998 wurden deshalb in Deutschland die gebührenfreien 0800-Nummern eingeführt.

5.1.2 Die Standardisierung innerhalb der EU

Die Standardisierung innerhalb der EU ist für die Telekommunikation auf globalen Märkten ein Instrument, die Penetration mit technologischen Entwicklungen zu fördern. Die Europäische Kommission hat an den Rat, den Wirtschafts- und Sozialausschuß und das Europäische Parlament im November 1996 eine Mitteilung zur Festlegung der allgemeinen Strategie für die gezielte Entwicklung der europäischen Informationsgesellschaft herausgegeben. Die zentralen Punkte der Empfehlungen[2] sind: (i) Förderung der entsprechenden Aus- und Fortbildung als Investition in die Zukunft; (ii) Verbesserung der wirtschaftlichen Rahmenbedingungen in den Unternehmen; (iii) Stärkung des sozialen Zusammenhalts der Bürger und (iv) Ausbau der aktiven Zusammenarbeit im internationalen Rahmen. Die EU formuliert außerdem konkrete Empfehlungen an die nationalen Regulierungsbehörden. Empfohlen wird beispielsweise bei der Preisfestsetzung im Netzzugang eine Anlehnung an die drei preisgünstigsten EU-Mitgliedsstaaten („best current practice"), und abgeraten wird von der historisch etablierten Preisfindung auf Basis der ehemals getätigten Investitionen. Um in den verschiedenen Mitgliedsstaaten einen internationalen Dienst freigegeben zu bekommen, muß unter Benutzung unterschiedlicher Verfahrensprozesse die jeweils zuständige nationale Regulierungsbehörde eingeschaltet werden.[3] Dadurch entstehen zusätzliche Kosten für Unternehmen, die paneuropäische Kommunikationsdienste anbieten. Die Europäische Kommission spricht sich ebenso gegen die Anomalien einer entfernungsabhängigen, grenzüberschreitenden Preisdifferenzierung und einer unterschiedlichen Mobilfunk- und Festnetztariffierung aus.

Zur Einordnung neuer innovativer Technologien wie Internet-Telefonie hat die EU vier Kriterien für die Sprachtelefonie definiert. Solche Kommunikationsverfahren müssen: (i) Gegenstand eines kommerziellen Angebots sein; (ii) sie müssen für die Öffentlichkeit zur Verfügung stehen; (iii) sie stellen Verbindungen von und zu dem öffentlichen vermittelten Festnetz her und (iv) sie schließen den Transport und die Vermittlung von Sprachinformationen in Echtzeit ein.[4] Da die Internet-Telefonie das Kriterium (vi) „Echtzeitübertragung" nicht erfüllt, unterliegt dieser Dienst nicht den Regulierungsrichtlinien. Unabhängig von dieser Einordnung verläuft die Entwicklung der Internet-Telefondienste schleppend. Während die Bedeutung der IP-Technologie für die Übertragung von Sprachinformationen zunimmt und schon von einer „Soft-PABX" gesprochen wird, die in die Firmendatennetze integriert ist, verzögert sich die Verbreitung der Internet-Telefonie zunehmend. Teilweise sind auch die

---

[1] Vgl. ITU (1997a), S. 76.

[2] Vgl. EUROPÄISCHE KOMMISSION (1996), S. 53.

[3] Vgl. EUROPÄISCHE KOMMISSION (1998), S. 20.

[4] MCKNIGHT und LEIDA (1998), S. 568.

Eingangsbarrieren zu hoch, für die Benutzung dieser Dienstes ist immer noch ein PC mit speziellem Equipment erforderlich. Die Soft-PABX hingegen läßt die unveränderte Benutzung herkömmlicher Telefonendgeräte zu, lediglich die klassische Nebenstellenvermittlungsanlage wird durch spezielle Datenprotokollrouter ersetzt.

5.2 Rahmenbedingungen für hohe Innovations- und Investitionsdynamik

5.2.1 Grundlagen der Investitionspolitik

Die entscheidende Grundlage des erfolgreichen unternehmerischen Handels ist eine auf die Unternehmensphilosophie abgestimmte, verantwortungsbewußte Investitionspolitik.[1] Die Investionsplanung legt auf lange Sicht die Parameter der horizontalen und vertikalen Integration, die Produktions- und Vertriebsverfahren, den Grad der Rationalisierung und die Zielgröße des Unternehmens fest. Die Exaktheit der Planungsphase und die Transparenz der Entscheidungsphase bestimmen maßgeblich die Qualität der Investitionsprozesse.[2] Die Entscheidung für eine Kaufoption als konkretisierter Abschluß einer investitionspolitischen Überlegung übt Einfluß auf die Konjunkturentwicklung einer Volkswirtschaft aus. Über die Parameter als Grundlage für eine Investitionsentscheidung hinaus sind die Möglichkeiten eines Unternehmens in der Realität vermutlich durch den (maximalen) Investitionsrahmen begrenzt. Dieser Rahmen wird von folgenden Prämissen bestimmt: (i) Umsatz- und Eigenkapitalgröße des Unternehmens; (ii) Zugangsstruktur zu Fremdkapital und (iii) der Wert des Unternehmens auf dem Markt. Während die Ergebniswerte (i) in der Gewinn- und Verlustrechnung sowie in der Bilanz abzurufen sind, ist der Marktwert eines Unternehmens (iii) im besonderen durch die Einschätzung der Zukunftsperspektiven des unternehmerischen Konzeptes durch die Anleger und Investoren geprägt. Vergleichbar subjektiv kann auch die Reaktion der Banken im Fall der Fremdkapitalgewährung (ii) sein. Folglich versuchen im Telekommunikationsmarkt die Unternehmen nicht nur durch Expansion und Übernahme anderer Unternehmen die Umsätze und Gewinne zu erhöhen, es wird darüberhinaus versucht, die Trendeinschätzung gegenüber den Unternehmensprodukten maßgeblich zu beeinflussen.

Grundsätzlich kann man zwischen der Innen- und Außenfinanzierung unterscheiden.[3] Bei der Innenfinanzierung geht es um finanzielle Mittel, die dem Unternehmen in Form eines Überschusses zwischen Einzahlungen und Auszahlungen aus Nicht-Finanzierungsmärkten verbleiben. Als Beispiel kommen geplante Umwandlungen in künftige Ansprüche Dritter wie bei Mitarbeiter-Gewinnbeteiligungen oder explizite Auschüttungssperrbeschlüsse des Managements in Frage. Bei der Außenfinanzierung werden dem Unternehmen explizit Mittel aus den Kredit- oder Kapitalmärkten zur Verfügung gestellt. Es kann sich dabei um Eigenfinanzie-

---

[1] Vgl. LÜCKE (1991), S. 185.

[2] Vgl. BLOHM und LÜDER (1995), S. 29; ALTROGGE (1996), S. 44.

[3] Vgl. DRUKARCZYK (1993), S. 15.

rungen, Gesellschafterdarlehen, Fremdfinanzierungen, Beteiligungsfinanzierungen oder um eine Mischung aus diesen Faktoren handeln. Klare Regulierungen in der nationalen bzw. Internationalen Telekommunikation sind Voraussetzung für hohe Investitionen bzw. für das Minimieren von Fehlinvestitionen in der gesamten Branche.

5.2.2 Voraussetzungen für eine hohe Investitionsdynamik

Die Rahmenbedingungen für eine hohe Investitionsdynamik werden durch die exogenen Rahmenbedingungen determiniert. Die EG-Währungsintegration soll nach der Vorstellung der EU durch den Wegfall der Wechselkursschwankungen und der konvertierungsbedingten Transaktionskosten die Binnenmarktentwicklung in Europa fördern.[1] Die Belebung der Wirtschaft kann ebenso durch investionsanregende Telekommunikationsinnovationen erfolgen. Alle OECD-Staaten kämpfen mit der hohen Sockelarbeitlosigkeit, und auch wenn bei der Telearbeit die Verordnung über Bildschirmarbeitsplätze oder die Arbeitszeitregeln nicht so ohne weiteres kontrolliert werden können, so sprechen doch viele Faktoren für eine Arbeitstätigkeit von zuhause aus. (i) Die flexible Gestaltung der Arbeitszeit; (ii) die Verringerung des Pendlerverkehrsaufkommens und der damit verbundenen Zeitverluste; (iii) und die Erzielung von Kosteneinsparungen durch die Verringerung der oftmals teuren Büromietflächen (Desk-Sharing) in den Innenstädten repräsentieren die Vorteile der sogenannten Telearbeitsplätze. Neben den umweltpolitischen Vorteilen durch die Verringerung der Schadstoffemission bei der Reduktion des Pendlerverkehrsaufkommen sparen auch die Kommunen einige Investitionen bei Infrastrukturmaßnahmen.[2] Die Vereinigten Staaten haben die Vorreiterrolle bei der flexiblen Gestaltung der Arbeitsumgebung unter Einbeziehung der Telekommunikation übernommen.

Tabelle 66: Telearbeit im Vergleich

Land	Telearbeitsplätze 1995	Telearbeitsplätze 1996	In Prozent der Beschäftigten (1996)
USA	6.800.000	7.600.000	15,8
Großbritannien	560.000	563.000	2,2
Deutschland	140.000	149.000	0,4

Quelle: WELFENS und GRAACK (1996), S. 41, KÖHLER (1997), BOOZ, ALLEN & HAMILTON (1997), S. 101.

Unterschiedliche Studien gehen von einer Zunahme der Telearbeitsplätze von 1,3 Mio. in Europa im Jahr 1995 auf ca. 10 Mio. im Jahr 2000 aus.[3] Die Anzahl der Telearbeitsplätze in

---

[1] Vgl. WELFENS (1997), S. 300.

[2] Vgl. WELFENS und GRAACK (1996), S. 41.

[3] Vgl. BOOZ, ALLEN & HAMITON (1997), S. 101.

Deutschland wird auf dann 3, 5 Mio. geschätzt. Allerdings muß in diesem Zusammenhang der Begriff der Telearbeit exakt und nachvollziehbar definiert werden. Telearbeit beschreibt die Ausübung der Beschäftigung aus der Ferne unter Zuhilfenahme von Telekommunikationseinrichtungen. Diese Definition schließt den Außendienstmitarbeiter, den Installateur und die Reisebegleiter nicht ein. Ihre Tätigkeit vereinfacht sich durch die Nutzung innovativer Kommunikationsmedien, aber es handelt sich hier nicht um eine substantielle Verlagerung der Berufstätigkeit.

Über die Option der eigentlichen Telearbeitsplätze hinaus entstehen neue Arbeitsplätze bei den privaten TK-Unternehmen[1] im Umfeld der (i) Festnetz-Carrier, der (ii) Mobilfunkanbieter, der (iii) Gerätehersteller und der (iv) Nischenanbieter. VIAG Interkom hat die Zahl der Mitarbeiter in 1997 verdreifacht, o.tel.o wollte von 1.650 Mitarbeitern bis Ende 1997 auf 2.300 und bis zum Jahr 2001 auf 5.000 Mitarbeiter wachsen.[2] Arcor hatte Anfang 1997 ca. 7.000 Mitarbeiter beschäftigt und einen Zuwachs von 1.000 Angestellten im gleichen Jahr umgesetzt.[3] Die DTAG hat 1996 ein Mitarbeiterabbauprogramm angekündigt, um im Jahre 2000 nur mehr 170.000 Mitarbeiter zu beschäftigen. Das entspricht in Relation zum Mitarbeiterbestand von 1994 einem Abbau von 60.000 Mitarbeitern, also 26 %.[4] Die direkte Wirkung der Förderung der Beschäftigung durch die Liberalisierung der Telekommunikation wird durch das Abschmelzen von Beschäftigten beim Ex-Monopolisten nahezu kompensiert. Die RegTP sieht, auf die Jahre 1998 und 1999 bezogen, die Beschäftigtenentwicklung positiver. So ist die Zahl der Mitarbeiter der Wettbewerber der DTAG von 34.700 im Jahr 1998 auf 47.100 im Jahr 1999 angestiegen.[5] Das entspricht einem Zuwachs von 36 %. Einschließlich der Kabelfernsehsparte und der Telekommunikationsgeräteproduktion waren 1999 insgesamt 322.100 Personen in Deutschland in dieser Branche beschäftigt. Die Betrachtung des Zeitraums nach 1998 vernachlässigt den starken Personalabbau der DTAG zwischen 1994 und 1998 (Reduzierung um 33 %) und beleuchtet nur die Abschmelzung des Personalbestands um 6,2 % ab 1998. Die indirekte Wirkung auf die Beschäftigtenentwicklung, bei der die Marktöffnung und die Betonung des Leistungsprinzips im Vordergrund stehen, hat zusammen mit der Flexibilisierung der Arbeitsmärkte eine Zunahme der Investitionsdynamik zur Folge. Die gesamtwirtschaftliche Belebung durch die Liberalisierung der Telekommunikation und die Förderung neuer Technologien wie E-Commerce und Internet können in benachbarten Industriesparten zu einer Zunahme der Beschäftigtenzahlen führen. Beschäftigungspolitisch

---

[1] In diesem Zusammenhang wird zwischen der direkten und der indirekten Wirkung der Telekommunikation auf die Beschäftigungssituation verwiesen. Die Arbeitsplätze bei den Carriern zählen folgerichtig zu den direkten Wirkungen.

[2] Vgl. HARTGE (1997).

[3] Vgl. LINDSTRÖM (1997), S. 9.

[4] Vgl. DEUTSCHE TELEKOM AG (1996), S. 95.

[5] Vgl. REGTP (1999c), S. 5. Die angegebenen Zahlen beinhalten nicht die Beschäftigten im Breitbandkabelnetzbereich. Im Festnetzsegment wuchs die Zahl der Mitarbeiter der Wettbewerber im untersuchten Zeitraum von 18.700 auf 27.900, im Mobilfunkbereich von 16.000 auf 19.200.

könnte ein dynamischer Telekomsektor von großer Bedeutung sein, nicht nur mit Blick auf das Entstehen zusätzlicher Arbeitsplätze, sondern auch weil sich Arbeitsplatzverhältnisse stärker flexibilisieren lassen.

5.2.3 Grundlagen der Innovationsdynamik

Die Grundlagen der Innovationsdynamik sind ausreichende Nachfragepotentiale, ausbaubare Verteilstrukturen und eine Basisstruktur von technischem Know-how auch auf Seite der Verbraucher. Innovation bedeutet aber nicht nur einen prozeßtechnischen Mechanismus, Innovation repräsentiert ein soziales Verständnis, in dem gesellschaftliche Bedürfnisse zum Ausdruck kommen. Dieser kollektive Ansatz befaßt sich mit den Grundlagen einer Innovationsdynamik in Bildungswesen und Wirtschaftspolitik gleichermaßen wie mit dem Wunsch nach verbesserten Arbeits- und Lebensbedingungen.[1] Dieses Verständnis, prozeßtechnische Vorgänge zu verbessern und zu optimieren, ist in verschiedenen Bereichen angesiedelt: (i) Die Universitäten gelten dabei als Bildungs- und Forschungszentren, in denen die Fähigkeit zur Innovationsentwicklung gelegt und entsprechende Rahmenbedingungen für Forschungsaufgaben gelegt werden; (ii) die Unternehmen, die sowohl auf der Produktions- als auch der Handelsseite innovative Weiterentwicklungen beauftragen, finanzieren und implementieren; (iii) die Banken und Finanzierungsinstitute, die durch ihre Vorgehensweise bei der Bereitstellung von Kapital die Innovationsdynamik beeinflussen; (iv) die Marktteilnehmer, die mit diesen innovativen Produkten konkurrieren oder aber diese Produkte kaufen, steuern durch ihr Verhalten und ihre Marktmacht die Dynamik der Innovationszyklen. Teilt man die Telematikdienste in die Produktgruppen Mobilfunk, Telefondienste, Mehrwertdienste, Personalcomputer sowie Fernseh- und Videoapplikationen auf, so weisen die Mobilfunkdienste, die Mehrwertdienste und die Entwicklung der PCs eine besonders hohe Innovationsdynamik auf. Solche Marktentwicklungen entsprechen dann der Schumpeterschen Innovationsdynamik[2]. Danach wird der Produzent, der nicht nur eine minimal verbesserte Lösung in den Markt einführt, sondern durch Prozeßinnovationen erhebliche Kostenvorteile realisiert bzw. durch Produktinnovationen eine maßgebliche Erhöhung des Verbrauchernutzens herbeiführt zum Pionierunternehmer. Ein Newcomer im Telekommunikationsmarkt, der sich als Pionierunternehmer positioniert, liefert seinen Kunden Innovationen und nicht nur Substitutionen der ehemaligen Monopolleistungen.

5.2.4 Voraussetzungen für eine hohe Innovationsdynamik

Die Rahmenbedingungen für eine hohe Innovationsdynamik sind bei atomistischer Konkurrenz nur begrenzt gegeben, bei einem Duopol gibt es aufgrund der Wettbewerbssituation der beiden Anbieter je nach Verhaltenshypothese Anreize für Innovationen. Obwohl die Oligopolsituation die Gefahr von Wettbewerbsbeschränkungen beinhaltet, kann es der Entfaltung

---

[1] Vgl. EUROPÄISCHE KOMMISSION (1995a), S. 21.
[2] Siehe auch SCHUMPETER (1911).

des Wettbewerbs durchaus helfen, wenn eine Reaktionsverbundenheit der Produzenten gegeben ist. In einer preisregulierten Monopolsituation hingegen gibt es keine ausreichenden Anreize für Qualitätsverbesserung und technischen Fortschritt.[1] Freier Wettbewerb und eine Konkurrenzsituation innerhalb der Anbieter im Markt sind wesentliche Voraussetzungen für die Innovationsdynamik. Tatsächliche und potentielle Konkurrenz können die Innovationsdynamik fördern.

Hohe Gewinne, die sich aus temporären Vormachtstellungen im Markt ergeben und durch außerordentliche Innovationsdynamik begründet sind, stellen einen Anreiz zum Markteintritt für andere Unternehmen dar. Allerdings können Patente, welche die Innovation des Pioniers schützen, das zeitlich befristete Monopol des innovativen Pioniers (auch Schumpeter-Monopol genannt) zu einem dauerhaften Monopol werden lassen.[2] Dadurch würde der Wettbewerbsprozess gebremst werden. Da insgesamt die Technologiedynamik im Telekommunikationsmarkt bei der Hardware hoch ist, lassen sich bestehende Patente oft umgehen bzw. sie werden durch Neuentwicklungen obsolet.

Die in einem relativ kurzen Zeitraum erreichte Marktführerschaft der amerikanischen Firma CISCO hat zahlreiche Folgeinnovationen und ähnlich gelagerte Unternehmensgründungen initiiert. Die aus einer Campusumgebung der Stanford University in San Francisco im Jahr 1984 hervorgegangene Firma CISCO hält die Marktführerschaft in der Produktion von Routern zur Kopplung von LAN-Systemen. Der Jahresumsatz von 660 Mio. US$ im Jahr 1993 hat sich in 4 Jahren fast verzehnfacht. Im Geschäftsjahr 1997 hat CISCO einen Umsatz von 6,4 Mrd. US$ und einen Gewinn von 1,048 Mrd. US$ ausgewiesen. Im Geschäftsjahr 1998 stieg der Umsatz auf 8,459 Mrd. US$ und der Gewinn auf 1,350 Mrd. US$.[3] Die Produkte des Unternehmens CISCO sind ein Beispiel für vergleichsweise wenig durch Patente geschützte Märkte. Vielmehr entwicklen sich im Umfeld der IP-Technologien kurzfristig sogenannte Industriestandards.

Erzielen Unternehmen ständig überdurchschnittliche Gewinne, so kann man von einem Versagen der markteigenen Regulierungskonzeption ausgehen.[4] Das Beispiel der marktbeherrschenden Stellung von Microsoft im Bereich der Betriebssysteme und Applikationssoftware zeigt, daß in diesem Fall über die Anwendung von Kartellgesetzen und Gesetzen gegen die Wettbewerbsbeschränkung eine ex-post-Regulierung anzuwenden ist. Als gemeinsames Resultat der Innovation der einzelnen Technologiebereiche ist in Europa in den neunziger Jahren eine globale Informationsgesellschaft entstanden. Die von der EU auf den 1. Januar 1998 festgesetzte Liberalisierung der Infrastruktur und der Dienste der Telekommunikation hat die

---

[1] Vgl. WELFENS (1997b), S. 118.

[2] Vgl. BERG (1999), S. 304 f.

[3] Vgl. CISCO (1999), S. 2.

[4] Vgl. GRAACK (1997), S. 333.

TK-Branche mit den vor- und nachgelagerten Bereichen sowie informationsintensive Segmente[1] nachhaltig verändert. Die fallenden Preise für die Netznutzung senken die anteiligen Kosten der Informationsbeschaffung und Nachrichtenübermittlung. Dadurch können die Unternehmen ihre Marktradien vergrößern, die Verbraucher profitieren von einem intensivierten Wettbewerb und erhöhter Markttransparenz.[2] Grundsätzlich sind im Computer- und Telekommunikationsmarkt die Voraussetzungen für eine hohe Innovationsdynamik gegeben. In einigen Fällen erreichen Pionierunternehmen rasch die Marktführerschaft und gegebenenfalls ein Schumpeter-Monopol, das aber ausreichend angegriffen werden kann. Da die rasche Ausbreitung von Internet und E-Commerce gesamtwirtschaftlich wettbewerbsförderlich und wachstumsstimulierend ist, erfährt die Wirtschaftspolitik insgesamt in der Wettbewerbs- und Wachstumspolitik eine gewisse Entlastung.

5.3 Effiziente regulatorische Arbeitsteilung auf EU- und nationaler Ebene

5.3.1 Vorgehensweise auf EU-Ebene

Die Vorgehensweise auf EU-Ebene ist von einem förderalistischen Regulierungskonzept geprägt, das vorrangige Ziel ist die Errichtung eines Binnenmarktes für den Waren-, Personen-, Dienstleistungs- und Kapitalverkehr. Die EU-Kompetenzen wurden in den Römischen Verträgen von 1957 auf die Bereiche des gemeinsamen Agrarmarkts, der Wettbewerbspolitik, der Außenhandelspolitik und der Transportpolitik festgelegt.[3] Später kamen die Umweltpolitik und mit dem Maastrichter Vertrag 1992 die Geld- und Währungspolitik, die Zollunion sowie die gemeinsame Außen- und Sicherheitspolitik und die Zusammenarbeit in der Innen- und Rechtspolitik hinzu.[4] Im nächsten Schritt übernimmt die EU eine grundlegende Verantwortung für die transeuropäischen Verkehrs-, Energie- und Telekommunikationsnetze. Der Schwerpunkt der EU-Wettbewerbsregeln liegt in der Verhinderung von Wettbewerbsverzerrungen und Wettbewerbsverfälschungen sowie in der Beaufsichtigung von staatlichen Beihilfen.[5] Während das Europäische Parlament, mit den gewählten Vertretern von 370 Mio. Bürgern, Gesetze erläßt und die Exekutive kontrolliert, sorgt der Rat der Europäischen Union für die allgemeine Abstimmung der Tätigkeiten in der Europäischen Gemeinschaft.[6] Die Europäische Kommission hat eine zentrale Rolle in der Politik der EU und folgende drei Hauptaufgaben: (i) Sie macht Vorschläge für die EU-Rechtvorschriften; (ii) sie wacht über die Einhaltung der Verträge und (iii) sie führt die Unionspolitik durch und handelt im Namen der EU

---

[1] Solche informationsintensiven Wirtschaftssegmente sind die Bank- und Versicherungsbranche, die Medienlandschaft, die wissenschaftlichen Bereiche und das Transportgewerbe.

[2] Vgl. WELFENS (1996b), S. 2 f.

[3] Vgl. WELFENS (1995), S. 132.

[4] Vgl. WELFENS (1997), S. 298.

[5] Vgl. WELFENS (1995), S. 270.

[6] Vgl. EUROPÄISCHE KOMMISSION (1999), S. 2 f.

internationale Übereinkommen aus. Die Europäische Kommission, die mit 15.000 Bediensteten die größte Institution der EU ist, gliedert sich in 24 Generaldirektorate und rund 15 Sonderdienste.[1] Das Generaldirektorat XIII ist dabei für die Entwicklung der Liberalisierungs- und Regulierungskonzepte der europäischen Telekommunikations- und Postpolitik, einschließlich der Aspekte Interconnection, Interoperabilität, Universaldienste und Sicherheitskonzepte zuständig.[2] Zusätzlich gehört die Förderung der Forschungs- und Entwicklungsprogramme für diesen Markt und die Unterstützung der Entwicklung eines europäischen Gemeinschaftsmarktes für die Schaffung, Speicherung und Weiterverarbeitung von elektronischen Informationen zu dem Verantwortungsbereich des Generaldirektorats XIII.

Wirtschaftspolitisch sinnvoll unter Berücksichtigung des Subsidaritätsprinzips wäre ein vernünftiges Zusammenspiel von EU-Rahmenregulierung und nationaler Regulierung. Innerhalb der EU müßte die Vision einer European Regulatory Authority (ERA) entwickelt werden. Die ERA könnte die bestehenden internationalen Gremien wie ETO und ETSI integrieren, die transnationalen technischen Entwicklungen unterstützen, die Vorgehensweise der National Regulatory Authorities (NRA) im Cross-Border-Business ergänzen und Interconnection Agreements harmonisieren.[3] In Großbritannien und den USA wurde diese Form der Regulierung angewendet, dabei sind aber unterschiedliche Varianten der Preisbestimmung durch die Regulierungsorganisationen vorgegeben worden. In Nordamerika hat die Gesamtregulierung des Markts durch die förderalistische Struktur der US-Bundesstaaten, die in der Konsequenz die Ausführungsbestimmungen des Telecommunications Act von 1996 der FCC auf die PUCs verlagert hat, an Effizienz verloren. Die EU-Wettbewerbspolitik strebt einen vor Verfälschungen geschützten Wettbewerb[4] an. Grundsätzlich wird zwischen der normativen und faktischen Theorie der Deregulierung unterschieden.

Die normative Theorie untersucht dabei die Kriterien für Regulierungsvoraussetzungen[5], wobei normative Theorien als generelle Normen nicht auf Grundlage ihrer intrinsischen Wahrheit, sondern aufgrund ihrer subjektiven Gültigkeit auf Basis von Willensentschlüssen gelten.[6] Die faktische (positive) Theorie der Regulierung richtet sich nach den in der Praxis umsetzbaren Vorgaben. Die Europäische Kommission als Trägerin der Wettbewerbspolitik möchte mit ihrer Ausrichtung die Effizienz und Innovation fördern und Preissenkungen herbeiführen. In den letzten Jahren hat sich die Europäische Kommission für die Liberalisierung des Telekommunikationsmarkts eingesetzt. Dadurch sollte die Bevölkerung in den Mitgliedsstaaten in die Lage versetzt werden, die Vorteile der Informationsgesellschaft und der

---

[1] Vgl. EUROPÄISCHE KOMMISSION (1999), S. 4.

[2] Vgl. EUROPÄISCHE KOMMISSION (1999b), S. 1 f.

[3] Vgl. WORTHY und KARIYAWASAM (1998), S. 5 ff.

[4] Vgl. WELFENS (1997), S. 310.

[5] Vgl. WELFENS, P.J.J. und GRAACK, C. (1996), S. 139.

[6] Vgl. CHMIELEWICZ (1994), S. 219.

Multimediaprodukte nutzen zu können.[1] Gleichzeitig wurde aber fest verankert, daß allen Bürgern der universale Telefondienst zu tragbaren Preisen zur Verfügung stehen muß. Die Rolle des Staats bei der Sicherung des Wettbewerbs in einem dynamischen Umfeld, das sich schnell entwickelt und komplexen technologischen Zusammenhängen unterliegt, muß konstant angepaßt werden.[2] Durch die Digitaltechnik wurde die Verschmelzung von visuellen Broadcastsystemen (Fernsehen) und Sprachübertragungssystemen (Telefondienste) ermöglicht. Ein europäisches Regulierungskonzept muß auf diese Entwicklung reagieren und die daraus resultierenden wettbewerbseinschränkenden Konsequenzen verhindern. Solche durch den technischen Fortschritt beschleunigte Negativfolgen sind: (i) Das häufigere Versagen von Märkten bei der Entstehung und dem Vertrieb von Informationen; (ii) die schneller mögliche Erreichung von marktbeherrschenden Positionen und (iii) die Intensivierung der vertikalen Integration zwischen den Informationsinhalteanbietern und den Informationsübermittlern. Ohne eine effiziente Kooperation der nationalen Regulierungsbehörden auf internationalem Niveau, kann die Förderung der globalen Wettbewerbsfähigkeit der Carrier nicht erfüllt werden.

Nach den Sitzungen des EU-Ministerrates am 11.6.1993 und 17.11.1994 wurde beschlossen, in Europa, von wenigen Ausnahmen abgesehen, die Monopole der Netz- und Telefondienste für die Mitgliedsstaaten zum 1.1.1998 aufzuheben. Die entscheidende Frage in diesem Zusammenhang untersucht den Ursprung der Aktion. Ist die Rolle der EU im Umfeld der Telekommunikation die einer Besprechungsrunde für die Telekom- und Postminister, oder übt die EU ihre Aufgabe aktiv als singulär agierende Institution aus? Die Europäische Union strebt die Verbesserung der Wirtschaftskraft und die Intensivierung der Innovationskraft in Europa an; die Erhöhung der Informationsdienstenutzung ist eine wichtige Voraussetzung für die Umsetzung dieser Ziele.[3] Daneben vertritt die ITU als weltweit tätiger Verband mit derzeit über 350 Mitgliedern die Interessen des Telecommunication-Equipment-Manufacturer- und des TK-Carrier-Markts. Interessanterweise waren zu Beginn der ITU-Aktivitäten die meisten Mitglieder private Unternehmen, ein Trend, der sich erst in jüngster Zeit nach einer langen Monopolperiode wieder etabliert. Das Hauptziel europäischer und globaler Vereinigungen im Hinblick auf die Privatisierung ist die Verbesserung der Leistungsfähigkeit (Performance) der PTTs. Weltweit gab es 1996 mehr als 40 Mio. potentielle Teilnehmer, die auf ihren Telefonanschluß gewartet haben; die durchschnittliche Wartezeit für einen neuen Anschluß war im gleichen Zeitraum ungefähr ein Jahr.[4] Die ITU hat zur Überprüfung der eigenen Strategie im Hinblick auf die verschiedenen Marktentwicklungen und die daraus resultierenden Anforderungen schon 1994 ein Variantenmodell (siehe in der nächsten Tabelle) entwickelt. Zu die-

---

[1] Vgl. EUROPÄISCHE KOMMISSION (1999a), S. 2 f.

[2] Vgl. EUROPÄISCHE KOMMISSION (1997), S. 28.

[3] Vgl. WELFENS und GRAACK (1997), S. 224.

[4] Vgl. TARJANNE (1996), S. 2

sem Zeitpunkt war die Strategie der ITU auf das Szenario B ausgelegt. „...the ITU in its current form is optimised towards the „national sovereignty" scenario [B]. ... But the „global players" scenario [A] would require a substantial rethink of the ITU's mission and strategy direction."[1]

Tabelle 67: ITU-TK-Szenarien

Szenario	A: Shake out und Globalisierung	B: Status quo mit dominanten Ex-Monopolisten	C: Vielschichtiger, fragmentierter TK-Markt
Merkmale	Wenige globale Unternehmen (Allianzen) beherrschen den Markt, kleinere Anbieter können nur durch Spezialisierung überleben	Der nationale Carrier dominiert weiterhin seinen Heimatmarkt, der Wettbewerb beschränkt sich auf die Technologiefelder (z. B. Mobilfunk)	Zahlreiche Wettbewerber bieten unterschiedliche Technologien für die Kunden in fragmentierten Märkten
ITU-Einschätzung der Eintrittswahrscheinlichkeit	Hoch	Sehr hoch	Gering
Vergleichsindustrie	TK-Hersteller, Automobilindustrie	Eisenbahn, Luftverkehr	Chemische Industrie, Computerbranche

Quelle: TARJANNE (1994), S. 10.

Eine Überprüfung der ITU-Szenarien im Jahr 2000 zeigt, daß zwar gemäß Fall B der Ex-Monopolist immer noch die Heimatmärkte dominiert, so ist der gesamte Marktanteil der Newcomer bei derzeit 19 %, aber die Wettbewerbsintensität auf den innovativen Marktsegmenten - der Marktanteil der Newcomer im Mobilfunkmarkt liegt bei 45 % - hat die ursprünglichen Erwartungen weit übertroffen.[2] Einbrüche bei der globalen Allianzbildung und die Entwicklungsgeschwindigkeit des Internets haben die Eintrittswahrscheinlichkeit der Fälle A und C reduziert, aber auch die Auswirkungen des Szenarios B inhaltlich stark verändert.

5.3.2 Vorgehensweise auf nationaler Ebene

Das Vorgehen auf nationaler Ebene in Deutschland unterscheidet sich von den globalen Zielsetzungen, die von einer verbesserungsbedürftigen Servicequalität ausgehen. Die Bedarfsdeckung in Deutschland funktioniert, und die Wartezeiten für Telefondienstleitungen gehen sehr stark zurück. In Deutschland geht es nicht nur um eine Privatisierung, sondern um eine effektive Einführung des Wettbewerbs durch die zügige Liberalisierung des Marktes, damit die Preise in allen Produktsparten so weit sinken, daß sie als Anstoß für einen Innovationswettbewerb wirken können. In Zeiten der TK-Monopolsituation in Deutschland waren die indivi-

---

[1] TARJANNE (1994), S. 9.

[2] Vgl. OECD (2000), S. 19 f.

duellen Serviceleistungen zu geringen Marktpreisen eine Art Mangelware. Heute unterscheiden sich die Gebühren und Kosten für Telefondienstleistungen auch in der Form, daß neben den offiziellen Preislisten-Tarifen auch direkte und indirekte Rabatte gewährt werden. Der durchschnittlich zu erzielende Nettopreis muß deshalb als Vergleichsmaßstab der Länder untereinander herangezogen werden.

Tabelle 68: Grundgebühren und Kosten eines 3-min-Gespräches

Land	Grundgebühr (monatlich, residential)1995 (1996) nach ITU	Kosten des Konsumenten 1995 (1996) für ein 3-min-Ortsgespräch nach ITU	Grundgebühr (monatlich) im Februar 1997 nach National Utility	Kosten des Konsumenten im Februar 1997 für ein 3-min-Ortsgespräch unter Berücksichtigung aller Rabatte nach National Utility
Deutschland	17,2 (16,3)	0,16 (0,16)	16,63	0,149
Großbritannien	13,0 (12,9)	0,19 (0,0)	19,61	0,136
USA	11,7 (12,2)	0,09 (0,09)	23,54	0,067
Kanada	8,1 (13,2)	0,0 (0,0)	54,73	0,0

Quelle: NATIONAL UTILITY (1997), ITU (1997a), S. A-31, ITU (1998), S. A-39, alle Werte in US$.

Tabelle 68 gibt Einblick in die Entwicklung der Preisniveaus über den Zeitraum von zwei Jahren und die Wirkung der realen Nachlässe im Marktgeschehen. Deutschland hat nach der ITU-Untersuchungsmethode im Jahr 1995 die teuerste Grundgebühr im Vergleichsmaßstab. Wenn man den Fall Kanada, bei dem die Ortsgespräche kostenfrei angeboten werden, vernachlässigt, so war 1995 das Ortsgespäch in USA am billigsten und in Großbritannien am teuersten. Bei der Markterhebung durch National Utility im Jahr 1997 ist klar hervorgegangen, daß Rabattoptionen wie „Family & Friends"[1] die effektiven Preise in Großbritannien unter das deutsche Preisniveau gedrückt haben. Im Gegensatz zu „Dial & Benefit"[2] der DTAG stehen die Preisreduzierungen in Großbritannien nicht nur den Abnehmern hoher Minutenzahlen zur Verfügung. Die Anbieter in den USA boten auch im Jahr 1998 den niedrigsten Preis für eine 3-Minuten-Ortsverbindung an.

Die in Deutschland im Sommer 1994 durchgeführte Postreform II hat die damalige Deutsche Bundespost Telekom am 1.1.1995 in die Deutsche Telekom AG umgewandelt. Diese nationale Entscheidung wurde in enger Anlehnung an die europäischen Beschlüsse gefällt. Ein weiteres Beispiel zeigt die deutliche Orientierung an den EU-Vorgaben sehr gut: Obwohl nach deutschem Rechtsverständnis die Corporate Networks (CN) zum Telefondienst gehören, werden nach dem TKG für CN keine Lizenzen vergeben, weil nach europäischem Recht die

---

[1] Kundenprogramm in Großbritannien bei dem Teilnehmer häufig benutzte Telefonnummern angeben und bei diesen Gesprächen Rabatte bis zu 100 % erhalten.

[2] Preisnachlässe in den einzelnen Tarifbändern, falls entsprechende Volumen abgenommen werden; das Programm fördert auch sogenannte Sammelabnehmer oder Reseller.

Kommunikation innerhalb von geschlossenen Benutzergruppen (GBG) nicht zum Telefondienst gezählt wird.[1] Corporate Network-Strukturen, also der Betrieb von Fernmeldeanlagen
für die Vermittlung von Sprache zwischen zusammengefaßten Unternehmen, sind allgemein
genehmigt bzw. im Fall von Sprachvermittlung für einen abschließend festgelegten Kreis von
Teilnehmern durch Einzelgenehmigungen zu legitimieren.[2]

5.4 Asymmetrische Regulierung und standort- bzw. wettbewerbsgerechte Politik

5.4.1 Asymmetrische Regulierung zur Sicherstellung der Wettbewerbsgerechtigkeit

Durch die Vorzugsposition der DTAG in den strategischen Produktfeldern der Telekommunikation hat die asymmetrische Regulierung[3] die Aufgabe, die Grundlagen einer wettbewerbs-
gerechten Politik zu legen. Vier Eckpfeiler sind im Mittelpunkt der Betrachtung: (i) Verbot
der Quersubventionierung aus Monopolgewinnen[4], auch für die alternativen Carrier; (ii) ko-
stengünstige Netzzugangstarife der DTAG für die Newcomer; (iii) Universaldienstverpflichtung, abhängig von der Marktdurchdringung und (iv) Netzzusammenschaltungsverordnung
für alle Marktteilnehmer. Jedoch ist der Begriff Wettbewerbsgerechtigkeit bidirektional aus-
zulegen, eine ungleichgewichtige Bevorteilung der Newcomer zu Lasten der DTAG ist ebenfalls zu vermeiden. Ein zweiter, nicht zu unterschätzender Faktor liegt in der Reaktionsgeschwindigkeit des Regulierungsverfahrens. Die Tatsache, daß die Festlegung der Interconnectiontarife Ende 1997 vom Bundespostminister getroffen wurde und die Anfechtung dieser
Entscheidung durch die DTAG gerichtlich ausgetragen wird, ist ein Indikator für eine zu
langsame Reaktionsgeschwindigkeit. Die noch nicht operativ wirksame Regulierungsinstanz
erzwingt eine Verlagerung der Entscheidung und deren Durchsetzungsprozesse auf dafür
nicht speziell vorbereitete Instanzen wie Gerichte oder Ministerien. Die Spezifika des TK-
Markts und die erforderliche adaptive Regulierungkonzeption konnten so nicht umgesetzt
werden.

In modernen Volkswirtschaften ist die Schlüsselindustrie Telekommunikation mit den Wa-
renströmen der Daten und Informationen zum Motor des Wirtschaftswachstums geworden
und wirkt dadurch gleichzeitig als Impulsgeber für alle anderen (High-Tech)-Industrien. Die
Analyse der derzeitigen Situation des Telekommunikationsmarkts in Großbritannien, USA
und Deutschland hat aufgezeigt, daß der technologische Fortschritt und die volkswirtschaftli-

---

[1] Vgl. BÖTSCH (1996a), S. 12ff.

[2] Siehe auch AMTSBLATT DES BMPT Nr. 24 /1995 vom 8.11.1995, § 4 ff.

[3] Der Begriff der asymmetrischen Regulierung wird zum Teil in der Literatur auch in einem anderen Zusammenhang verwendet. So verweisen Engel und Knieps auf eine asymmetrische Regulierung, bei der die ungleichmäßi-
ge Behandlung von einzelnen Unternehmen oder Technologien vollzogen wird. Im Umkehrschluß ist die unterschiedliche Behandlung von Unternehmen verschiedener Größe zur Erzielung eines Marktgleichgewichtes dort
als symmetrische Regulierung dargestellt. Vgl. ENGEL und KNIEPS (1998), S. 66 f.

[4] Vgl. JÄGER (1995), S. 128.

chen Rahmenbedingungen wesentliche Determinanten für die Umsetzung der Deregulierung sind. Daß dabei paradoxerweise die Marktöffnung über einen begrenzten Zeitraum durch Regulierung gesteuert werden muß, führt unweigerlich zu der Forderung nach einer möglichst pragmatischen und ausreichend flexiblen Regulierungskonzeption. Dabei darf nicht in Vergessenheit geraten, daß ein zügiger Erfolg dieser Regulierungskonzeption unmittelbar zu einer Substitution derselben führen wird. Je eher der Wettbewerb selbständig funktioniert, umso schneller kann die asymmetrische Regulierungskonzeption in eine symmetrische Regulierung überführt werden. Am Ende dieser Evolution steht dann möglicherweise die Abschaffung der regulierenden Institution selbst. Dadurch könnte eine ineffiziente Überregulierung verhindert werden.

Abbildung 26: Regulierungsetappen in Deutschland

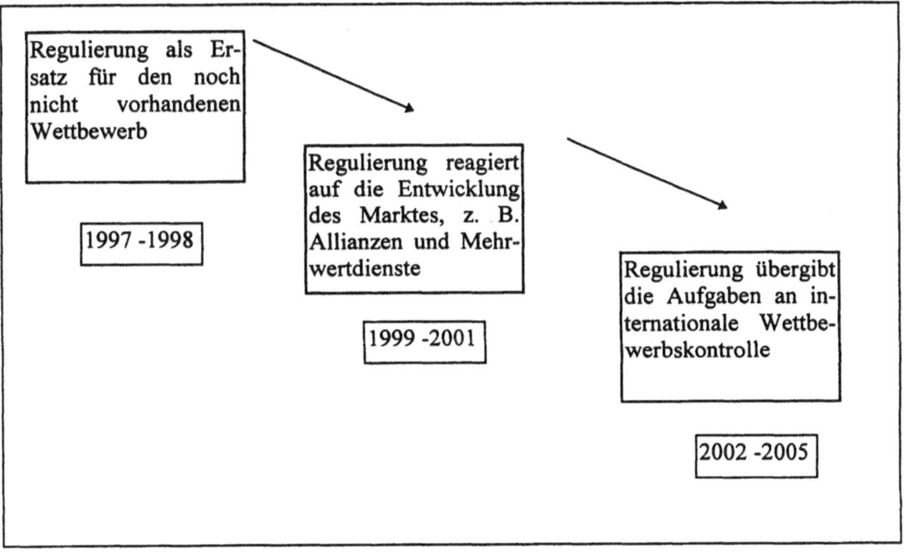

„Of course, a truly competitive telecommunication industry should be driven by the market - not by the regulator."[1] Im eingeschwungenen Zustand werden möglicherweise die bestehenden allgemeinen Regeln, also das Gesetz gegen Wettbewerbsbeschränkungen und das Kartellrecht, ausreichen, um ein reibungsloses Funktionieren des Markts auch im Hinblick auf die Universaldienstleistungsverpflichtung sicherzustellen. Die Entflechtung der leitungsgebundenen Dienste im Telekommunikations-, Energie- und Verkehrswesen erfordert neue Instrumente im Wettbewerbsrecht. Die Newcomer sind ausnahmslos auf ihren allgemeinen Zugangsanspruch zu den vorhandenen Netzen angewiesen. Volkswirtschaftlich ist die Duplizierung von physischen Netzen, die auf absehbare Zeit nicht angreifbare natürliche Monopole darstellen,

---

[1] VALLANCE (1998), S. 1.

ineffizient. Vier Hauptaspekte müssen folglich rechtlich abgesichert werden: (i) Die Frage der Entgeltregelung für die Nutzung vorhandener Infrastrukturen durch Dritte darf sich nur an marktwirtschaftlichen Prinzipien orientieren, garantierte Gewinne dürfen weder beim Ex-Monopolisten noch beim Newcomer vereinbart werden; (ii) durch eine Beweislastumkehr kann der Neueinsteiger die Rechtfertigung der Netzzugangsverweigerung vom Netzbetreiber verlangen; (iii) Entscheidungen und Schlichtungsmaßnahmen der Kartellbehörde müssen ohne Zeitverzug umgesetzt werden, da jede Verzögerung einseitig dem Netzbetreiber Vorteile verschafft; (iv) verschiedene Sektoren sollten nach dem gleichen Mechanismus reguliert werden. Wahrscheinlich werden die Erkenntnisse über den Verlauf der Regulierung des TK-Markts aus der normativen Theorie aber nur bedingt der Realität gerecht; gemäß den Erkenntnissen der positiven Theorie dürften die Entscheidungsträger ausreichend Einfluß behalten, mit dem sie ihre eigentlich unausweichliche Auflösung verhindern.

5.4.2 Die Entwicklungen in Deutschland Mitte der neunziger Jahre

Das Bundesamt für Zulassungen in der Telekommunikation (BZT) in Saarbrücken ist am 1. September 1996 mit dem Bundesamt für Post und Telekommunikation (BAPT) in Mainz zu einer Behörde unter dem Namen BAPT zusammengelegt worden. Diese neue Behörde mit 2.500 Mitarbeitern in 54 Außenstellen ist zuständig für (i) die Zulassung von Telekommunikations-Endeinrichtungen und Funkanlagen, (ii) die Zertifizierung von Qualitätsmanagement-Systemen, und (iii) organisatorisch davon getrennt für das Prüfen von Telekommunikationsend-Einrichtungen und elektronischen Geräten. Das löste die Frage nach dem exakten Aussehen der Regulierungsbehörde in Deutschland noch nicht. Es bestanden Planungen, daß auch wesentliche Aufgaben wie die Vergabe von Frequenzen des Bundesministeriums für Post und Telekommunikation (BMPT), das Ende 1997 aufgelöst wurde, in Zukunft durch die Regulierungsbehörde durchgeführt werden sollen. Die Entwicklung in Deutschland ist von der Frage der Ausgestaltung der Regulierungsbehörde als einer der maßgeblichen Faktoren in der Determinierung der Förderung der Wettbewerbsintensität und der Umsetzung der Liberalisierungskonzepte bei gleichzeitiger Entscheidungstransparenz für die Investoren des TK-Markts geprägt.[1] Das bisher mit TK-Aufgaben betraute BAPT mit seinen 2.500 Beschäftigten hat schon wegen der inhaltlich bedenklichen Verbindung der Postaufgaben und Telekommunikationsdienstleistungen an dieser Stelle eigentlich keine Berechtigung. Das TKG sieht deshalb eine oberste Bundesbehörde vor. Die Planungen im Januar 1997 gingen von einer sektorspezifischen Regulierungsinstitution mit maximal 200 bis 350 Mitarbeitern aus, die direkt dem Wirtschaftministerium bzw. dem Finanzministerium unterstellt werden sollte. An der Spitze stehen der Präsident und zwei Vizepräsidenten, die von der Bundesregierung vorgeschlagen und dann vom Bundespräsidenten ernannt werden. Wichtige Entscheidungen werden in fünf Beschlußkammern getroffen, die RegTP hat vier Fachabteilungen und ein neunköpfiger Bei-

---

[1] Vgl. LEE (1997), S. 858 und BÖTSCH (1997b), S. 1.

rat mit Mitgliedern aus den Legislativorganen Bundesrat und Bundestag steht der Regulierungsinstanz zur Seite.[1] Die Beschlußkammer 1, auch Präsidentenkammer genannt, ist zuständig für die Lizenzierung, Frequenzvergabe und die Universaldienste für Post und Telekommunikation. Die Beschlußkammer 2 beschäftigt sich mit der Entgeltregulierung bei Telefondiensten und Übertragungswegen sowie mit der Vergabe der Lizenzklasse 3. Die Beschlußkammer 3 übt besondere Mißbrauchsaufsicht im Telekommunikationsmarkt aus und ist für die nachträgliche Entgeltregulierung verantwortlich. Die Beschlußkammer 4 regelt besondere Netzzugänge und Netzzusammenschaltungen. Die Beschlußkammer 5 übt besondere Mißbrauchsaufsicht und Entgeltregulierung im Postmarkt aus. Die Abteilung Z zählt die Querschnittsreferate, das Bauwesen, den Einkauf und die Informationstechnik zu ihrem Verantwortungsbereich. Die Fachabteilung 1 ist für die Regulierung der Telekommunikation und damit für ökonomische Grundsatzaufgaben, Lizenzen und Frequenzverwaltung zuständig. Die Fachabteilung 2 ist für die Regulierung der Postmärkte und damit für ökonomische Grundsatzaufgaben, Regulierung und Frequenzverwaltung zuständig. Die Fachabteilung 3 beschäftigt sich mit der technischen Regulierung der Telekommunikationsmärkte und hier insbesonders mit technischen Fragen der Standardisierung.

In einer Anhörung der Wettbewerber der DTAG am 29. Januar 1997 durch das BMPTs haben die Unternehmen Arcor, AT & T, Colt, vebacom, VIAG Interkom und die verschiedenen Verbände nachdrücklich eine Wunschstruktur vorgestellt: (i) Der Regulierer muß die Chancengleichheit mit Sachverstand und Kompetenz durchsetzen, dazu sind sicherlich verschiedene mehrköpfige Gremien mit signifikater Rekrutierung aus der Wirtschaft und eine wirksame Gewaltenteilung innerhalb der einzelnen Ausschüsse erforderlich; (ii) die operativen Elemente müssen spätestens am 1. Januar 1998 funktionsfähig sein; (iii) die Entscheidungen müssen mit nachvollziehbaren Begründungen wirkungsvoll kommuniziert werden und jederzeit den Nachweis der klaren Trennung der Regulierungsinteressen des Bundes und seiner Eigentumsinteressen an der DTAG erkennen lassen. Im März 1997 hat die Bundesregierung entsprechende Verlautbarungen bestätigt, daß die oberste TK-Regulierungsbehörde mit einem Etat von 300 Mio. DM jährlich und einer Zahl von 3.000 Mitarbeitern[2] dem Bundesministerium für Wirtschaft unterstellt werden wird. Dabei kommen 2.450 Mitarbeiter aus dem BAPT in Mainz und sind überwiegend mit Marktbeobachtung und technischen Sachverhalten beschäftigt; mit den ordnungspolitischen Aufgaben selbst beschäftigten sich in Bonn etwa 280 Mitarbeiter. 70 Planstellen aus dem zum 31. Dezember 1997 aufgelösten BMPT werden in das Finanzministerium verlagert, u. a. für die Verwaltung der Bundesanteile an der DTAG, und weitere 80 Planstellen fallen dem Wirtschaftministerium zu.[3]

---

[1] Vgl. REGTP (1998c), S. 3.

[2] Vgl. CANIBOL (1997).

[3] Vgl. REIERMANN (1997), S.3.

Zügige Regulierungsentscheidungen sind erforderlich, weil die marktbeherrschende Stellung der DTAG durch ihr in Deutschland einzigartiges flächendeckendes Schmalbandnetz inbesondere bei der Belieferung der privaten Anbieter auf absehbare Zeit ohne vollwertige Substitution im Local Loop bleiben wird. Die in den über hundert Jahren der monopolistischen Anbieterverhältnisse aufgebaute Netzinfrastruktur mag vielleicht durch alternative Funktechnologien[1] oder neue Wegeführungen wie etwa Telefonie im Rückkanal der TV-Kabelnetze ergänzt werden. Die Netzknotenstandorte der Konkurrenten der DTAG müssen aber auch in Zukunft von digitalen Mietleitungen der DTAG verbunden werden. Hinzu kommt die Frage der Rufnummernportabilität, bei der Endkunden eine faire Verwaltung der Anschlußadressen unabhängig vom Diensteanbieter erwarten. Die Hauptaufgaben der regulierenden Institution, deren Aufbau im Jahre 1997 abgeschlossen werden konnte, sind die Schaffung von Chancengleichheit, die Verfolgung von Mißbrauch, die gestalterische Unterstützung des Aufbaus des Konkurrenzumfelds, die Erteilung von Lizenzen, die Verwaltung von Nummern und die Preisfestsetzung innerhalb der Interconnection Agreements.[2]

Im Frühjahr 1997 gab es erste Anzeichen der Bundesregierung, das BAPT zusätzlich mit der Marktregulierung für das Postwesen zu beauftragen. Eine Absicht, die von der Industrie mit Skepsis aufgenommen wurde. Die zukünftige Regulierungsinstanz oder präziser das Büro für Marktöffnung und Wettbewerb darf auf keinen Fall als Schutzfraktion für den Ex-Monopolisten agieren, und kein prinzipielles Auffangbecken für ehemalige Mitarbeiter der Bundesministerien werden. In bezug auf die immer wieder von den privaten Anbietern geäußerte Forderung nach einer zügigeren Inkraftsetzung der Regulierungsbehörde vertrat das BMPT 1997 den Standpunkt, daß die Maßnahmen zur Schaffung der erforderlichen gesetzlichen Rahmenbedingungen für eine Liberalisierung des TK-Marktes in der Vergangenheit immer zum geplanten Termin umgesetzt werden konnten. Man ging davon aus, daß das im Falle der Regulierungsinstanz genauso sein wird.[3] Diese Institution soll dem Willen der Bundesregierung nach zwei Zielsetzungen verfolgen: (i) Die konsequente Umsetzung des Verfassungsauftrages nach § 87f GG; (ii) eine asymmetrische Regulierung, die sicherstellen muß, daß das derzeit marktbeherrschende Unternehmen DTAG nicht durch Anwendung einer entsprechenden Unternehmensstrategie die Newcomer vom Markteintritt ausschließen kann.

Die Asymmetrie in der Regulierungskonzeption soll die ungleichen Startvoraussetzungen zwischen der DTAG und den Newcomern ausgleichen und so ein Gleichgewicht der Kräfte im Wettbewerb sichern. Im Unterschied zu vorhandenen Instrumentarien wie dem Bundeskartellamt in Berlin, das eine nachträgliche Mißbrauchsaufsicht umsetzt, muß die Regulierungsbehörde für Telekommunikation und Post (RegTP) proaktiv tätig werden und dem möglichen Mißbrauch einer marktbeherrschenden Stellung entgegenwirken. Zu diesem Zweck lizensiert

---

[1] Man spricht in diesem Zusammmhang auch von WLL, also wireless local loop.

[2] Vgl. o.V. (1997e).

[3] Vgl. BÖTSCH (1997).

die RegTP die TK-Unternehmen, regelt ex ante Zusammenschaltungsvereinbarungen, garantiert den Netzzugang zu fairen Bedingungen und kontrolliert ex post Endkundenentgelte.[1] „The central focus of such a regulatory policy should be to restrict regulatory measures to monopolistic bottleneck areas only. Price or rate of return regulation in complementary contestable networks would contradict the principle of minimalistic regulatory intervention and obstruct the objective of global market opening."[2]

Das unterstreicht die Hauptaufgaben dieser Institution bei der Wahrung der Wettbewerbsgleichheit: Die unabhängige Verwaltung der knappen Ressourcen, also der Rufnummern und der Frequenzen, und zusätzlich die Verhaltenskontrolle in den Bereichen Entgeltmißbrauchsverhinderung und Netzzusammenschaltungsbedingungen. Der diskriminierungsfreie und kostenorientierte Zugang der alternativen Carrier zum existierenden Netz der DTAG ist von Bedeutung, weil die technischen Alternativen wie Mobilfunk, Wireless Local Loop oder auch ADSL aus Sicht der Kunden, und hier auch bei den Privatkunden und dem Mittelstand, dem einzelnen Festnetzanschluß nicht per se gleichgestellt werden. Die Newcomer fordern deshalb einen entbündelten Zugang im Ortsnetzbereich von der DTAG. Für die alternativen Carrier ist die Forderung gemäß § 2 NZV bzw. § 33 und 35 TKG[3] von entscheidender Bedeutung. „Ein Anbieter ... hat Wettbewerbern auf diesem Markt diskriminierungsfrei den Zugang zu seinen intern genutzten ... Leistungen ... zu den Bedingungen zu ermöglichen, die er sich selbst bei der Nutzung dieser Leistungen ... einräumt."[4] „Der Betreiber eines Telekommunikatonsnetzes ... hat anderen Nutzern Zugang zu seinem Telekommunikationsnetz oder zu Teilen desselben zu ermöglichen."[5] Ohne die Möglichkeit, direkt auf die Zugangsleitung im Local Loop zugreifen zu können, laufen die ACs in eine ganze Reihe von Wettbewerbshindernissen[6]: (i) Eine Produktdifferenzierung im Ortszugang ist nicht möglich, wenn die Primärmultiplexer der DTAG zwangsweise mitgenutzt werden müssen; (ii) die Differenzierung in der Tarifgestaltung ist eingeschränkt; (iii) die unabhängige Gestaltung eines Netzwerkmanagementsystems wird deutlich erschwert.

Die DTAG möchte die vor 1998 vorhandene marktbeherrsche Stellung schützen und versucht deshalb, die letzte Meile für die Newcomer so teuer wie möglich zu verkaufen. Das wird am ehesten in einer gebündelten Abnahmeweise erreicht werden können. Die Verordnung über besondere Netzzugänge vom 1.10.1996 legt dazu folgendes fest: „Der Betreiber eines Telekommunikatonsnetzes ... muß Leistungen ... in einer Weise anbieten, daß keine Leistungen

---

[1] Vgl. SCHEURLE (1998), S. 1.

[2] Vgl. KNIEPS (1997a), S. 11.

[3] Im Sinne einer juristisch-ökonomischen Bewertung dagegen kommen Engel und Knieps zu dem Schluß: „§ 33 wie § 35 TKG sind keine kodifikatorischen Meisterleistungen. Beide Vorschriften sind mit Tatbestandsmerkmalen überladen und lesen sich wie ein Verwirrspiel." Vgl. ENGEL und KNIEPS (1998), S. 56.

[4] TELEKOMMUNIKATIONSGESETZ (1996), § 33, Abs. 1 Satz 1.

[5] TELEKOMMUNIKATIONSGESETZ (1996), § 35, Abs. 1 Satz 1.

[6] Vgl. STRAWE (1997), S. 24.

abgenommen werden müssen, die nicht nachgefragt werden. Er hat hierbei einen entbündelten Zugang zu allen Teilen des Telekommunikationsnetzes einschließlich des entbündelten Zugangs zu den Teilnehmeranschlußleitungen zu gewähren."[1] Es war die Absicht des Gesetzgebers, den Bedarf der Nachfrager nach dem entbündelten Zugang auf allen Netzebenen so zu regeln, daß die Interessen von TK-Unternehmen mit marktbeherrschendem Einfluß nicht zu wettbewerbsverzerrenden Konsequenzen führen können. In begründeten Einzelfällen kann der marktbeherrschende Betreiber Tatsachen vorbringen, die eine Entbündelung sachlich nicht rechtfertigen.

Die Präzisierung in § 2, Satz 2 NZV[2] wurde vom Bundesrat in seiner 702. Sitzung am 27.9.1996 beschlossen. Mit der expliziten Betonung auf den entbündelten Zugang in der Ortsebene[3] sollte die zügige Entwicklung des Wettbewerbs in der Fläche gefördert werden. Ende September 1997 haben sich die DTAG und die alternativen Carrier Arcor, o.tel.o und NetCologne gütlich vor dem Oberverwaltungsgericht Münster geeinigt. Es kam zu dieser Anhörung, da die Deutsche Telekom AG der im Mai und Juli 1997 vom Bundespostministerium geforderten Öffnung des Zugangs zu Telefonhauptanschlüssen nicht nachgekommen war. Bei der Regelung wurden die Anwendung des entbündelten Zugangs mit auschließlichem Bezug auf nachgefragte Leistungen ebenso bestätigt, wie das Recht der DTAG, an Konkurrenten vermietete Leitungen parallel für eigene Zwecke zu nutzen.[4] Der § 33 TKG hat mit der Vorschrift für einen marktbeherrschend eingestuften TK-Carrier, seinen Wettbewerbern diskriminierungsfrei Zugang zu seinen intern genutzten oder am Markt angebotenen Leistungen zu gewähren, eine Entlehnung der Essential-Facilities-Doktrin aus dem nordamerikanischen Kartellrecht manifestiert.[5]

5.4.3 Die Entwicklungen in den USA

Die Entwicklung in den USA nach Beendigung des Gebietsmonopols der RBOCs für Ortsgespräche im Jahre 1996 ist geprägt von dem großen Interesse der Fernnetzanbieter, in diesem Markt entsprechende Anteile zu gewinnen. Das liegt vor allem an den Zugangsgebühren, die in der Zeit vor 1996 von den Fernnetzbetreibern für den Break-in in die Ortsnetze und die outgoing Calls verlangt wurden. MCI spricht in dem Zusammenhang von einem Anteil von 40 % bis 50 %[6] der Preise für Ferngespräche, die auf diesen Interconnectionanteil zurückzuführen sind. Ohne dafür gesonderte Mehrinvestitionen tätigen zu müssen, konnten die RBOCs

---

[1] NETZZUGANGSVERORDNUNG (1996), § 2, Satz 1f.

[2] „Er hat hierbei entbündelten Zugang zu allen Teilen seines Telekommunikationsnetzes einschließlich des entbündelten Zugangs zu den Teilnehmeranschlußleitungen zu gewähren." §2, Satz 2 NZV.

[3] Man bezeichnet das auch als Kopplung auf der Multi-Device-Frame (MDF) Ebene. Ein MDF wird in der Namensgebung der DTAG auch Hauptverteiler (HV) genannt.

[4] Vgl. REUTERS (1997).

[5] Vgl. ENGEL und KNIEPS, S. 85.

[6] Eigene Befragung von MCI-Top-Managern wie Tony Russo in Reston, Virginia, im Herbst 1997.

knapp die Hälfte der Ferngesprächsumsätze der LDCs als eigene Einnahmen verbuchen. Nach der Analyse dieser Situation ist es leicht nachvollziehbar, warum die Fernnetzanbieter wie AT & T und MCI schon mit dem Ausbau eigener Netze zumindest in den Ballungszentren (Metropolitan Areas) begonnen haben. Durch die vertikale Integrationsstrategie der in den Ortsbereich eindringenden TK-Carrier soll die „Fertigungstiefe" und damit das Wertschöpfungsspektrum erheblich vergrößert werden. Allerdings ist zu beachten, daß von den zahlreichen Fernnetzanbietern in den USA nur die drei großen Anbieter[1] Sprint, MCI und AT & T eigene physikalische Netze betreiben und somit keine Übertragungsgebühren für Inter-LATA-Calls an Dritte bezahlen. Außerdem hat es in den Vereinigten Staaten zu keiner Zeit ein kodifiziertes, mit europäischen Institutionen vergleichbares Monopol gegeben; für Intrastate- und Local-Calls sind die Public Utility Commissions (PUCs) zuständig. Diese bundesstaatlichen Commissons sind mit der politischen Umgebung des jeweiligen Bundesstaates eng verbunden. So konnten im ersten Jahr nach der Deregulierung die RBOCs einen so hohen Druck auf die PUCs ausüben, daß die Ziele für die erste Deregulierungsphase im Ortsbereich Ende 1997 nicht erreicht werden konnten. Trotz veränderter gesetzlicher Rahmenbedingungen blieb bisher das De-Facto-Monopol der RBOCs nahezu unangetastet. Außerdem deutet sich in den Vereinigten Staaten eine Übernahmewelle bei den Long-Distance-Carriern an, nach der Fusion MCI und WorldCom wurde von diesem neuen Konzern im Herbst 1999 die Übernahme von Sprint ausgeführt. Das hat zu einem Quasi-Duopol im Fernnetzbereich geführt.

Traditionell wird die Infrastruktursicherung und damit die Gewährleistung der Universaldienste in den Vereinigten Staaten mit zwei Maßnahmepaketen[2] erreicht: (i) Der Universal Service Fund (USF) stellt eine Subventionierung für lokale Telefongesellschaften dar, deren Kostenindex über 115 % des Durchschnitts liegt; (ii) Lifeline Assistance (LA) bzw. Financial Assistance unterstützt einkommensschwache Haushalte mit Zuschüssen zur monatlichen Grundgebühr und zur einmaligen Anschlußgebühr. Diese sehr transparenten Förderungsprogramme werden von Carriern finanziert, die einen Marktanteil von mindestens 0,5 % haben, es ist dabei ein Betrag abhängig von der Anzahl der presubscribed Lines zu bezahlen. Bei der USF-Lösung werden die Kosten von allen (Inter-LATA-) Carriern getragen. Schwierig dagegen ist die exakte Kostenerfassung des Universal Service; ohne einen administrativen Aufwand kann diese Aufgabe nicht bewältigt werden. Die amerikanische Regulierungsbehörde FCC verteilt die von den Inter-LATA-Unternehmen bezahlten USF-Gebühren nach einem festgelegten Zuordnungsverfahren an die Intra-LATA-TK-Unternehmen.[3] Das WTO Basic Telecommunication Agreement (BTA) hat die Ausbreitung der marktorientierten Telekommunikation außerhalb der USA in drei Hauptgebieten gefördert: (i) Marktliberalisierung einschließlich der Schaffung von Regulierungsinstitutionen; (ii) Öffnung für den Wettbewerb in

---

[1] Vgl. WEINKOPF (1994), S. 31.

[2] Vgl. WEINKOPF (1994), S. 29.

[3] Vgl. DINC, HAYNES, STOUGH und YILMAZ (1998), S. 542.

den verschiedenen Dienstarten und (iii) Zugang von privaten Investoren sowie Direktinvestitionen.[1] Das am 15. Februar 1997 vereinbarte und im Januar 1998 implementierte BTA wurde von 69 Ländern unterschrieben. „Nevertheless the nations making commitments represent
over 90 percent of world telecommunication revenues leading the acting US trade representa-
tive to project a doubling or tripling of revenues from the 1995 level of $600 billion and the
development of a Global Information Highway."[2] Dabei wurde eine multilaterale Plattform
zur Vereinbarung von Interconnectionagreements geschaffen.

Die LA-Variante ist direkt auf die Kundengruppe, die auf Unterstützung angewiesen ist, zu-
geschnitten. Die Bearbeitung der Financial Assistance erzeugt ebenfalls administrative Kosten. Im Rahmen einer theoretischen Betrachtung können zwei weitere Maßnahmenpakete[3]
aufgezeigt werden: (iii) Quersubventionierung (Cross Subsidy) und (iv) Gesprächsterminierungsgebühren (Access Charging). Bei der Quersubventionierung werden Profite aus lukrativen Geschäftsfeldern[4] dazu verwendet, die Verluste im Residential Market[5] zu kompensieren. Die einfache Methode kann nur von Vollsortimentern, die alle Dienstarten anbieten, angewendet werden. Im Rahmen der Marktliberalisierung sind Quersubventionierungen teilweise wettbewerbsverzerrend, allerdings sind Märkte für Informationen recht unvollkommen, so
daß hier regulierungspolitische Vorgaben - bei adäquater Begründung - durchaus wirtschaftspolitisch sinnvoll sind. Bei Märkten mit geringer vertikaler Integration kann durch Access
Charges, also Gesprächsterminierungsgebühren, die der Verbindungsnetzbetreiber an den
Anschlußnetzbetreiber bezahlt, ein Universal-Service-Funding-Mechanismus aufgebaut werden. Eine zu hohe Zugangsgebühr (Access Charge) sollte reduziert werden, weil sie die Anreize zur Effizienzsteigerung beim Anschlußnetzbetreiber verringert. Jeder Teilnehmer muß
sich in den USA auf einen Fernnetzanbieter festlegen. Es ist die Aufgabe der RBOCs, diese
Wahl in der Ortvermittlungsstelle zu programmieren und damit voreinzustellen (Pre-
Selection). Wählt ein Kunde die 1 für national Calls bzw. 011 für international Calls, wird er
automatisch mit dem Carrier seiner Vorauswahl verbunden.

Zu entsprechend höheren Gebühren, etwa auf dem Niveau der Calling Cards, besteht die
Möglichkeit, durch die Eingabe einer weiteren Selektionsnummer jederzeit mit einem der
anderen LDCs zusammenzuarbeiten (Call-by-Call-Selection). Ohnehin ist in den USA die
einschränkungsfreie Wahl zwischen unterschiedlichen Fernnetzanbietern mit der entsprechenden Calling Card von jedem öffentlichen Telefon aus möglich. Gebührenfrei kann man
mit der Nummer 0800-CallATT nach der AT & T-Operatormeldung die Landesvorwahl und
dann die Vorwahl und Nummer des Zielteilnehmers eingeben. Nach der Abfrage der Calling-

---

[1] Vgl. TARJANNE (1997), S. 22.

[2] FRIEDEN (1998), S. 971.

[3] Vgl. ITU (1998), S. 90 f.

[4] Das sind erfahrungsgemäß Ferngespräche und Mietleitungsdienste.

[5] Hier entstehen Verluste erfahrungsgemäß im Ortsnetzbereich und bei den Auskunftsdiensten.

Card-Nummer und des entsprechenden PIN-Codes wird man direkt mit dem Zielteilnehmer verbunden. Die bei diesem Gespräch anfallenden Gebühren werden von einer der Calling Card zugeordneten Kreditkarte des Verbrauchers abgebucht. An diesem Beispiel zeigt sich, daß man auf eine historisch gewachsene Struktur mit Ortsnetzmonopolen durchaus Wettbewerb im Fernverkehr aufbauen kann. Mehr noch: Für die Wirtschaftspolitik zeigt sich allgemein die Aufgabe, den Telekommunikationssektor wettbewerbsförderlich differenziert zu betrachten. Nur dort, wo es aus technischen Gründen „Essential Facilities" (unverzichtbare Hardware/Software für die Marktteilnahme) in Engpaßbereichen gibt, wie im Ortsnetzbereich, oder wo marktbeherrschende Anbieterpositionen bestehen oder soziale Gründe relevant sind (z. B. kostenloser Anschluß für arme Rentner in USA, Stichwort „Lifeline"), gibt es eine regulierungspolitische Aufgabe. In Abhängigkeit der Marktstrukturen und Technologien werden sich diese Aufgaben des Regulierers mit der Zeit ändern. Im übrigen gibt es besondere Regulierungsaufgaben beim Aufbrechen einer anfänglichen Monopolsituation.

5.5 Preis- und Innovationswettbewerb

Der Preis- und Innovationswettbewerb hat einen unmittelbaren wirtschaftspolitischen Zusammenhang mit Umfang und Ausprägung der Deregulierung in den untersuchten Volkswirtschaften. Der wirtschaftspolitische Erfolg der Marktliberalisierung und Deregulierung des Telekommunikationsmarkts läßt sich am Grad des Preis- und Innovationswettbewerbs ablesen. Der Preiswettbewerb in Deutschland von 1998 bis 1999 war durch die frühzeitige Entscheidung über die Höhe der nationalen Interconnectiontarife von durchschnittlich 0,027 DM pro Minute und deren Stabilität gekennzeichnet. 1998 sind die Preise für inländische Fernverbindungen in der Hauptzeit um bis zu 70 % gesunken[1], während die Preise für Ferngespräche im Referenzzeitraum in Großbritannien nur um 31 % und in den USA nur um 20 % gefallen sind. Unter diesem Aspekt war der regulierende Eingriff erfolgreich bei der Förderung des Wettbewerbs. Berücksichtigt man jedoch, daß nur 2 % der Endkunden (471.000) im Juni 1999 eine Pre-Selektion beantragt hatten und 38 % der Haushalte (ca. 12 Mio.) eine Call-by-Call-Selektion[2] vornehmen, so ist die Dominanz der DTAG weiterhin unangetastet. Da die Kundenbindung bei Call-by-Call sehr gering ist, konnte die DTAG als Teilnehmernetzbetreiber den 98 %-Marktanteil halten. Erst der Verkauf des Kabelfernsehnetzes und der Aufbau der Point-to-Multipoint-Richtfunkstrecken kann das de-facto Ortsnetzmonopol der DTAG auflösen. 1999 wurde außerdem der monatliche Mietpreis einer 1,92 Mbit/s Mietleitung (Distanz 100 km) in Deutschland von 10.109 DM auf 6.180 DM gesenkt und gleichzeitig der Preis einer 64 kbit/s Mietleitung (Distanz 10 km) von 709 DM auf 732 DM erhöht.[3] Dadurch hat sich für die Datenübertragungsprodukte der Newcomer die finanzielle Grundlage

---

[1] Vgl. REGTP (1999), S. 8.
[2] Siehe auch GFK (1999).
[3] Siehe auch DEUTSCHE TELEKOM (1999b).

verschlechtert. Die Preisreduktion bei den Weitverkehrsstrecken mußten auch Newcomerprodukte wie Frame Relay umsetzen, gleichzeitig erhöhten sich die Kosten der Newcomer durch die gestiegenen Preise auf der Zugangsseite. Durch die fehlende Kostentransparenz bei der RegTP konnte das wettbewerbsverzerrende Verhalten der DTAG nicht verhindert werden. Das liegt auch an den verwirrenden, nach Abnahmemenge und Laufzeit gestaffelten, Rabattsystemen für Mietleitungen.[1]

Die in 1999 einsetzende Welle der Unternehmenskonzentrationen[2] demonstriert die gefährliche ökonomische Wirkung der sich immer weiter öffnenden Schere zwischen den steigenden Kosten für die Vermittlung von Sprache, den gleichzeitig radikal sinkenden Preisen und der wachsenden Churn-Bereitschaft der Konsumenten. Das reine Call-by-Call-Geschäft für Gesellschaften ohne eigenes Netz hat die ökonomische Grundlage verloren. Hat zum Beispiel MobilCom im Jahr 1998 in Spitzenperioden täglich 20 Millionen Minuten Sprachverkehr vermittelt, so sind Ende 1999 davon ca. 9 Mio. Minuten durch Interneteinwahl substituiert. MobilCom hat bei gleicher Auslastung durch die unterschiedlichen Tarife zwar Umsatzeinbußen hinzunehmen, konnte aber im Vergleich zur Konkurrenz zumindest die relativen Marktanteile halten.

Im Jahr 1996 wurde weltweit mit internationalen Telekommunikationsdiensten ein Umsatz von 65 Mrd. US$ realisiert. Dabei wurden rund 10 Mrd. US$ in Form von Accounting Rate-Zahlungen der Industrieländer an die Schwellen- und Entwicklungsländer überwiesen.[3] Volkswirtschaften mit einem höheren Bruttosozialprodukt generieren mehr abgehenden als kommenden Verkehr (Outbound Carryover).[4] Die Kompensationszahlungen für internationale Gespräche, bei denen der A-Teilnehmer (Call Origination) in einem anderen Land als der B-Teilnehmer (Call-Termination) ist, haben auf Basis monopolistisch überhöhter Preise, zunehmender Verkehrsungleichgewichte und wachsender Call-Back-Dienste zu asymmetrischen Zahlungsströmen geführt. Die Interconnectionzahlungen als Basis der sogenannten Accounting Rates für den teureren abgehenden Verkehr erhöhen die Importquote und verschlechtern die Handelsbilanz. In den USA hat sich das Verhältnis zwischen abgehenden und ankommenden Gesprächsminuten von dem Faktor 1,84:1 im Jahr 1990 auf 2,29:1 im Jahr 1996 vergrößert.[5] Außerdem profitiert der TK-Carrier im Land mit hohen TK-Preisen und einem Inbound-Carryover zweimal. Einmal bei der erhaltenen Ausgleichszahlung für den Überhang in der Gesprächsterminierung und zum zweiten Mal bei den Einnahmen der Collection Rate, den lokalen Endkundengebühren. 1996 kostete die Gesprächsminute von den USA nach

---

[1] Vgl. ALKAS (1999), S. 5 f.

[2] Beispielsweise die Übernahme von o.tel.o durch Arcor, die Übernahme von Esprit und Westcom durch GTS, die Übernahme von TelePassport durch MobilCom und die Verhandlungen zwischen TelDaFax und Talkline und Debitel.

[3] Vgl. TARJANNE (1999), S. 1 f.

[4] Siehe auch CANE (1998).

[5] Vgl. TYLER und BEDNARCZYK (1998), S. 803.

Deutschland 0,76 US$ und in umgekehrter Richtung 1,37 US$, das entspricht einem Mehrpreis von 80 %.[1] Die Schwellen- und Entwicklungsländer subventionieren mit den eingenommenen Settlement Rates die nationale Telekommunikationsinfrastruktur.

Die Settlement Rates ergeben sich bei der Multiplikation von halber Accounting Rate und dem Nettoverkehrsflußüberhang. Die Accouting Rate gilt normalerweise als Richtwert für die Gespräche in beiden Richtungen.[2] Allerdings sind die Verteilmechanismen nicht auf die Frage der Bedürftigkeit, sondern auf die jeweils bilateral vereinbarten Gebührensätze und das tatsächliche Verkehrsaufkommen ausgerichtet. Während die Accounting Rate der USA mit Großbritannien bei 0,14 US$ und mit Deutschland bei 0,22 US$ liegt, ist die Accounting Rate der USA mit Pakistan 2 US$, mit dem Iran 3 US$ und mit Laos 4 US$.[3] Obwohl sich 80 % des weltweiten Sprach- und Datenvolumens in der Kommunikation zwischen den 200 größten Städten abspielt[4], sind die fiskalisch bewerteten Beträge durch die asymmetrischen Accounting Rates verzerrt. Das Settlement Rate Defizit der Vereinigten Staaten hat bereits die 6 Mrd. US$-Grenze überschritten und steigt weiter.[5] Obwohl die Accounting Rates in Europa seit 1990 um 19 % gefallen sind und die USA durch eigene Produkte wie Calling Cards und Call-Back-Dienste eine Mitverantwortung an der defizitären Lage haben, ist das heutige One-to-One-Accounting-Rate-Verfahren technisch und ökonomisch überholt. Neue Verfahren, die multilateralen Interconnectbestrebungen entsprechen, sollten eingeführt werden. „A number of alternative revenue-devision mechanisms already exist - such as call termination charges, facility-based interconnection payments and sender keeps it all."[6]

Aus wirtschaftspolitischer Sicht geht es neben der für die Konsumenten entscheidenden Komponente des Preiswettbewerbes auch um die Stärkung der Schumpeterschen Innovationsdynamik. Zum Pionierunternehmer wird nach Schumpeter ein Produzent, der nicht nur eine minimal verbesserte Lösung in den Markt einführt, sondern durch Prozeßinnovationen erhebliche Kostenvorteile realisiert bzw. durch Produktinnovationen eine maßgebliche Erhöhung des Verbrauchernutzens herbeiführt.[7] Prozeßinnovationen sichern die Überlebensfähigkeit und die Ertragskraft der Telekommunikationsunternehmen. Durch ständig sinkende Stückerlöse sind Kostenreduktionen unerläßlich. Im weiteren Sinne gehören auch „Mergers and Acquisitions" zu den Prozeßinnovationen, wenn sie die horizontale oder vertikale Integration fördern und so Synergien zwischen den Unternehmen schaffen. „In fact, if there is any

---

[1] Vgl. OECD (1997), S. 121 f. Die Werte gelten für die Hauptverkehrszeit (peak rate). Unter Einbeziehung der maximalen Nachlässe (cheapest discount rate) kostete die Gesprächsminute von USA nach Deutschland 0,76 US$ und in umgekehrter Richtung 0,81 US$.

[2] Vgl. TYLER und BEDNARCZYK (1998), S. 800.

[3] Siehe auch STANLEY (1999).

[4] Siehe auch BERKE (1999).

[5] Vgl. TARJANNE (1999a), S. 58.

[6] TARJANNE (1999a), S. 58.

[7] Siehe auch SCHUMPETER (1911).

situation where the typical „Schumpeter Entrepreneur" can be studied in his purest form, it is the acquisition of a former competitor."[1] Produktinnovationen, die im Rahmen der Produktlaunches erzeugt werden, erhöhen den Verbrauchernutzen und stärken die Kundenbindung.

Die Entwicklung der dynamischen Wettbewerbskräfte in Deutschland stehen erst am Anfang. In Marktsegmenten mit hohem technologischen Einfluß spiegeln üblicherweise die Patentanmeldezahlen den Grad des Innovationswettbewerbs wider. So hat sich die Zahl der Patentanmeldungen (siehe auch folgende Abbildung) der DTAG von 19 im Jahr 1992 auf 270 im Jahr 1996 und schließlich 363 im Jahr 1998 erhöht.[2] Das entspricht einer Steigerung um 34 % in nur 2 Jahren. In den Forschungs- und Entwicklungsabteilungen sowie in den fünf Softwareentwicklungszentren der DTAG waren 1998 insgesamt 4.400 Mitarbeiter beschäftigt. Damit hat der Ex-Monopolist alleine in diesem Bereich mehr Mitarbeiter beschäftigt, als der Newcomer VIAG Interkom insgesamt.[3] Der finanzielle Aufwand, von dem 40 % in die Softwareentwicklung flossen, belief sich auf 2,3 Mrd. DM. Weltweit besitzt die DTAG insgesamt 3.000 Schutzrechte.[4]

---

[1] HOMBURG (1999), S. 114.

[2] Siehe auch HACKER (1999).

[3] VIAG Interkom beschäftigte im Oktober 1999 ca. 4.000 Mitarbeiter. Vgl. VIAG Interkom (1999), S. 20.

[4] Vgl. DEUTSCHE TELEKOM AG (1999a), S. 20 f.

Abbildung 27: Patentanmeldungen der DTAG

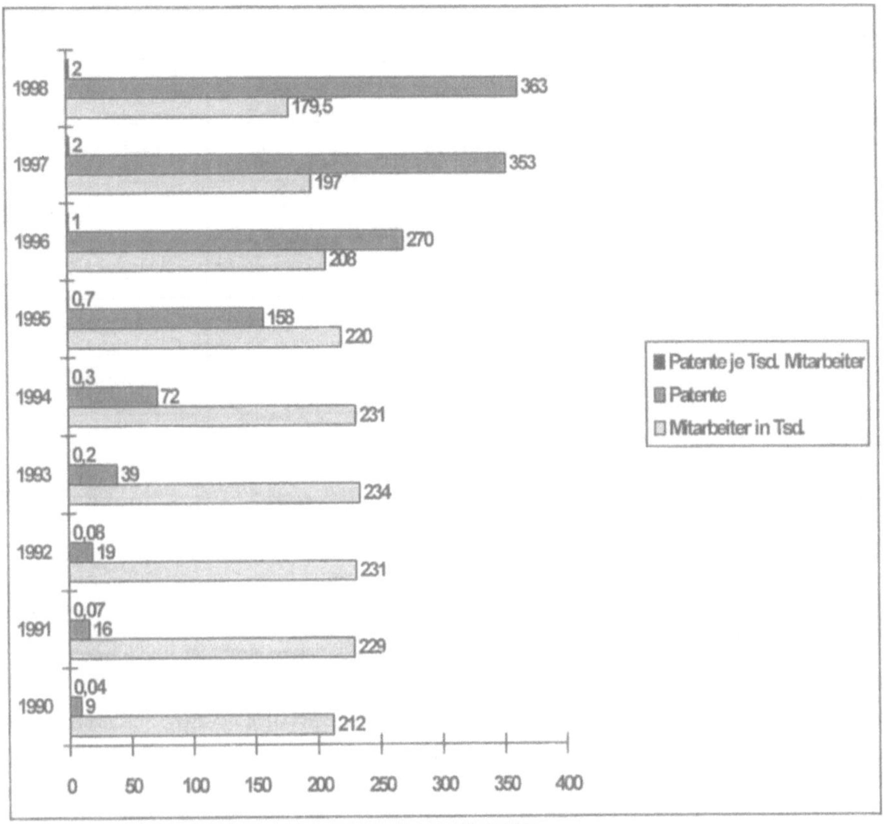

Quelle: DEUTSCHE TELEKOM AG (1998), HACKER (1999).

Auch im Vergleich mit AT & T und BT in den Kriterien Umsatz pro Mitarbeiter, Hauptanschlüsse pro Mitarbeiter und Anzahl der Patente pro Tausend Mitarbeiter ist die DTAG gut plaziert. Unter diesem Gesichtspunkt hat sich die DTAG nach der Privatisierung 1994 erfolgreich dem Innovationswettbewerb gestellt und die Patentanmeldezahlen erhöht. Die in der folgenden Tabelle gezeigten Patentanmelderaten lassen dennoch nur eine begrenzte Zahl von Rückschlüssen auf die Innovationsdynamik des Telekommunikationsmarkts zu. Dafür lassen sich mehrere Gründe anführen.

Tabelle 69: Patent- und Produktivitätsrate der globalen Carrier

	Anzahl der Patente pro Mitarbeiter	Umsatz pro Mitarbeiter in Mio. DM	Hauptanschlüsse pro Mitarbeiter	Internationaler abgehender Verkehr in Mrd. Min.
Jahr	1996/1998	1996/1998	1996/1998	1996/1998
DTAG	1,34/2,03	0,365/0,389	212/259	4,8/4,7
MMO	1,2/1,4	k. A.	k. A.	k. A.
BT	1,10/1,43	0,323/0,370	211/221	2,593/k A.
AT & T	2,53/2,73	0,733/0,894	k. A.	9,452/k. A.
Cable & Wireless (Mercury)	0,9/1,6	0,412/0,455	0,107[1]	0,763/k. A.
MCI/(WorldCom)	0,4/1,2	2,575/k. A.	k.A.	5,356/k. A.

Quelle: ITU (1998), HACKER (1999), S. 3, BT (1998c), S. 15, DEUTSCHE TELEKOM (1998), AT & T (1999), CIT (1999), CABLE & WIRELESS (1998), EITO (1999), eigene Anfragen, 1996 waren MCI und AT & T reine Long Distance Carrier.

Erstens verstehen sich die Carrier und hier besonders die Newcomer bei der Einführung von Innovationen als Anwender und nicht als Produzenten. So liegen in diesen Fällen die Patente der technologischen Entwicklungen bei den Telecommunication Equipment Manufacturies (TEM) und nicht beim Carrier. Beispiele hierfür sind die seit der CeBIT 1998 im Markt befindlichen Dual-Band-Handies, die dem Teilnehmer die Benutzung der GSM-900- und DCS-1800-Frequenzen erlauben. Diese Geräte haben die neuen Mobilfunklizenzbetreiber E-Plus und VIAG Interkom in die Lage versetzt, ihren Kunden beim grenzüberschreitenden Roaming auch Netzbetreiber anderer Länder anzubieten, die nicht in dem DCS-1800-Band vertreten sind. Das führte zu einem positiven Effekt für die Konsumenten, weil in einigen europäischen Ländern die DCS-1800-Lizenzen im Unterschied zu den GSM-900-Lizenzen noch nicht flächendeckend ausgebaut sind. VIAG Interkom hat darüber hinaus ein nationales Roamingabkommen mit der T-Mobil vereinbart und somit die Phase des Netzausbaus vereinfacht. VIAG Interkom-Handies roamen außerhalb der vom E2-Netz ausgeleuchteten Ballungszentren in das D1-Netz und gewährleisten so die Vollversorgung in Deutschland.

---

[1] Da sich die Zahl der Mitarbeiter von Cable & Wireless nur schwer auf die Hauptanschlüsse in Großbritannien beziehen läßt (C & W hat einen deutlichen internationalen Umsatzanteil und erzielt nur einen vergleichsweise geringen Umsatzanteil mit Hauptanschlüssen) führt hier der Indikator Hauptanschlüsse pro Mitarbeiter nicht zum gewünschten Ergebnis.

Diese Produktinnovationen haben zu Differenzierungsmerkmalen geführt und eine wettbewerbsbelebende Wirkung gezeigt. Die günstigeren Tarife und die technologisch bedingte höhere Sprachqualität von E-Plus und E2 mußten von den Teilnehmern nicht länger mit Einschränkungen der nationalen oder europäischen Versorgung „erkauft" werden. Für die Newcomer sind konsequenterweise die Patentanmeldezahlen kein hinreichendes Kriterium für die Innovationsdynamik. Die Newcomer streben in der Regel keinen Innovationsschutz durch Patente an. Die Ex-Monopolisten DTAG und AT & T bilden aus historischen Gründen und auch aufgrund der verfügbaren Personaldecke hier eine gewisse Ausnahme.

Zweitens handelt es sich bei den neuen Telekommunikationsprodukten oft um softwarebasierende Applikationen, Softwareentwicklungen selbst sind allerdings nicht patentfähig. Beispiele für innovative softwaregestützte Innovationen in der Telekommunikation sind die maßgeschneiderten Rechnungsformate. Geschäftskunden benötigen für ihre Mitarbeiter Firmensammelrechnungen in denen die Kostenstellenstrukturen des Unternehmens abgebildet sind. Außerdem erwarten die Firmen volumenabhängige Nachlässe. Solche Leistungsmerkmale bei der Auswertung der sogenannten Call-Logs, also der Verbindungsübersichten aus den Festnetz- und Mobilfunkvermittlungssystemen, sind klassische Softwareapplikationen des jeweiligen Billingsystems.

Drittens ist aufgrund der raschen Entwicklungsgeschwindigkeit eine Patentierung oft nicht durchführbar, besonders vor dem Hintergrund der komplexen, zum Teil abweichenden, nationalen und internationalen Richtlinien und Rechtslagen. Die Markteinführung einer neuen Entwicklung kann nicht bis zur Klärung der Patentrechte verschoben werden, die TK-Unternehmen empfinden diese Produkte als nicht patentwürdig. Hier unterscheidet sich der Telekommunikationsmarkt klar von der Chemie- und Pharmaindustrie. Dort werden vor Einführung eines neuen Arzneimittels aus nachvollziehbaren Gründen umfangreiche Feldversuche durchgeführt, während dieser langfristigen Testphase sind die Patentanmeldungen meist abgewickelt. 1998 sind die europäischen Patentanmeldungen um 13 % gestiegen; im Bereich Medizin/Tiermedizin wurden 6.883 Patente eingereicht.[1]

Viertens arbeitet die TK-Branche in vielen Fällen mit sogenannten Industriestandards, die oft vom Marktführer eigenständig eingeführt werden. So generieren die TK-Carrier Wettbewerbsvorteile und Differenzierungsmerkmale durch spezifische Kopplung von telekommunikationstechnischen Standardkomponenten. Ein Beispiel hierfür ist das Produkt Genion der VIAG Interkom. Auf Basis der herkömmlichen Komponenten zum Aufbau und Betrieb eines digitalen Mobilfunknetzes hat die VIAG Interkom zur Realisierung eines FMI-Konzeptes die Informationen im Home-Location-Register der Basisstationen über den Aufenthaltsort des Endgeräteteilnehmers systematisch ausgewertet. Durch Anwendung eines Graphical Information Systems (GIS) kann die Position des Endteilnehmers aktiv ausgewertet werden. Be-

---

[1] Vgl. EUROPÄISCHES PATENTAMT (1999), S. 8 und S. 19.

findet sich ein Mobilfunkteilnehmer in der von ihm vorher bekanntgegebenen Home-Zone, so telefoniert er dort zu Festnetztarifen.

Fünftens haben sich die Newcomer von Anfang an darauf konzentriert, in den Bereichen Vertrieb und Marketing die Differenzierungsmerkmale zu den Ex-Monopolisten aufzubauen. Im Unterschied zu herkömmlichen Produktionsinnovationen sind moderne innovative Vertriebs- und Marketingkonzeptionen nicht patentfähig.

Aufgrund dieser Überlegungen scheint es im Gegensatz zur Patentanmelderate eher geeignet zu sein, die Produktlaunchaktivitäten der Carrier zu untersuchen. Nur so können die Newcomer mit dem Ex-Monopolisten verglichen werden. Dabei stehen die Anzahl der durchgeführten Produktlaunches, die Dauer der Einführungsphasen und die Qualität der bereitgestellten Produkte im Vordergrund. Die Deutsche Telekom AG hat mit Wirkung vom 1. Oktober 1998 das Produktmarketing, zu dem die Bereiche Produktgestaltung, Produktmanagement und die Gestaltung der strategischen Marketingfaktoren gehören, aus dem Vertrieb ausgegliedert und daraus einen eigenen Vorstandsbereich entwickelt.[1] Damit sollte der gestiegenen Komplexität der Produkte Rechnung getragen werden. Im Produktmarketing werden die Produktgruppen Telefonnetzkommunikation, spezielle Mehrwertdienste, Endgeräte, Datenkommunikation, Multimediakommunikation und Systemlösungen betreut. Neben der Weiterentwicklung von ISDN und ADSL wurde die T-NetBox, der digitale Anrufbeantworter im Netz, erweitert und die Erprobungsphase von T-NetCall, einer Internet-Telefonie-Applikation, intensiviert. Bei dem Newcomer VIAG Interkom wurde ebenfalls Ende 1998 die Marketingabteilung in den eigenständigen Bereich Produktmarketing und in einen beim Vertrieb angesiedelten Bereich „Marketing and Communications" aufgeteilt.[2] Auch hier stand der Aspekt im Vordergrund den Produkteinführungsprozessen ein höheres Gewicht zu geben und die Einführungsgeschwindigkeiten neuer Produkte zu erhöhen. Während sich beim Konkurrenten MobilCom die Einführung neuer Produkte auf die Etablierung eines Internetdienstes beschränkte, hat VIAG Interkom in dem Privat- und Geschäftskundenmarkt zahlreiche neue Produkte gelauncht. Dazu gehören die Produkte Loop (Pre-Paid-SIM-Karte), Genion (Fixed-Mobile-Integration-Konzept), Concert-ATM-Dienste und die sogenannten Free-Phone-Nummern. Im Jahr 2000 werden die SMS-Dienste umfangreich erweitert und WAP-gestützte Dienste eingeführt. Wireless Application Protocol (WAP) nutzt die Sprache Wireless Markup Language ähnlich HTML für die Errichtung von weniger stark grafikorientierten Internetseiten. Dadurch eignet sich WAP besonders für den Einsatz auf Handies mit der begrenzten Bildschirm- und Spreichergröße. Der qualitative Vergleich der DTAG und VIAG Interkom zeigt, daß sich im Bereich der Produkteinführungsaktivitäten der Ex-Monpolist und ein ausgewählter Newcomer nur marginal, im Vergleich zu den Patentanmeldeaktivitäten, unterscheiden.

---

[1] Vgl. DEUTSCHE TELEKOM AG (1999a), S. 36.
[2] Vgl. VIAG INTERKOM (1999), S. 13.

5.6 Empfehlungen für die nationale und internationale Telekommunikations-Regulierungspolitik

Empfehlungen für die Ausrichtung der Telekommunikations-Regulierungspolitik sind auf der internationalen und nationalen Ebene zu untersuchen. Dabei sind die Felder Internationalisierung, Newcomerdynamik und Mehrwertdienste zu bewerten. Die Internationalisierung stellt die überwiegend nationalen Legislativorgane vor neue Herausforderungen. Nach der Theorie der Internationalisierung kann durch Zusammenschlüsse und Zunahme der Unternehmensgröße der Marktanteil dauerhaft vergrößert werden.[1] Art und Umfang einer Internationalisierung unterscheiden sich; es gibt Unternehmen, die ihre Waren und Dienstleistungen regelmäßig auf einem ausländischen Markt verkaufen und Unternehmen, die weltweite Geschäftsfelder und Produktionseinrichtungen unterhalten und betreiben. Da die Tendenz internationale Allianzen zu bilden nach dem Ausscheiden von Sprint aus Global One und dem Ausscheiden von AT & T aus Unisource/Uniworld stark abgenommen hat, werden die nationalen Regulierungsbehörden mit Direktinvestitionen und Firmenübernahmen konfrontiert. Die Fusion von MCI und WorldCom im Dezember 1998 war mit einer Übernahmesumme von 43,4 Mrd. US$ noch vergleichsweise klein, gegen den späteren Fusionswert von AT & T mit TCI im Juni 1999 (69,9 Mrd. US$), von Vodafone und Airtouch im Januar 1999 (70,1 Mrd. US$), von Bell Atlantic und GTE im Juli 1999 (71,3 Mrd. US$), von SBC und Ameritech im Mai 1999 (72,4 Mrd. US$) und schließlich von MCI-WorldCom und Sprint im Oktober 1999 mit einer Fusionssumme von 129 Mrd. US$.[2]

Obwohl sich über die Zunahme der mindestoptimalen Betriebsgröße und Vorteile von weiten Oligopolen[3] ein positiver Effekt der Unternehmenskonzentration herleiten läßt, so bleibt doch ungeklärt, zu welchen mittelfristigen Folgen die de-facto Aufhebung der Zerschlagung[4] von AT & T im Jahre 1984 führen wird. Bemerkenswert ist die Tatsache, das der Telecommunications Act von 1996, dessen Hauptzweck die Aufhebung des Ortsmonopols war, diesen Konzentrationsvorgang wesentlich beschleunigt hat.

Es stellt sich in diesem Zusammenhang die Frage, ob ausländische Investoren bevorzugt behandelt werden sollten. Grundsätzlich sollte die Regulierungsbehörde diskriminierungsfrei entscheiden. Eine Diskriminierung der inländischen TK-Carriern ist abzulehnen, weil nicht in allen Fällen die ausländischen Carrier subventionsfrei operieren. Durch die in Europa zum Teil in die Zukunft verschobenen Liberalisierungszeitpunkte, wie in Griechenland und Portugal, und Quersubventionierungen könnten ausländische (Quasi)-Monopolunternehmen den Markteintritt in Deutschland suchen. Eine einseitige Bevorzugung dieser Unternehmen

---

[1] Vgl. auch FUNKSCHAU (1997); dort wird die geplante Teilung von NTT in einzelne Gesellschaften unter dem Aspekt des internationalen gegenläufigen Trends der Zusammenschlüsse kritisch betrachtet, weil geteilte Unternehmen größere Summen für F & E aufteilen müssen.

[2] Siehe auch BERKE (1999) und WERRES (1999).

[3] Siehe auch KANTZENBACH (1966).

[4] Siehe auch Szenario A in der Tabelle 70.

schwächt den Inlandswettbewerb in Deutschland und kann zu Wettbewerbsverzerrungen führen. Da die Deutsche Telekom AG aufgrund der hohen relativen Marktanteile im Mobilfunk-, Internet-, Kabelfernseh, Bandbreiten- und Festnetzgeschäft eine im internationalen Vergleich einmalige Vormachtstellung hat, dürfen andererseits ausländische Mitbewerber nicht diskriminiert werden. Die relativen Marktanteile[1] der DTAG lagen im Mobilfunk bei 41,2 %, beim Internet bei 61,3 %, beim Kabelfernsehen bei 33 %, beim Bandbreitengeschäft bei 69 % und beim Festnetzgeschäft bei 85 %. Zur Aufrechterhaltung der Universaldienstverpflichtungen, zur Schaffung einer aufwandsminimierenden Regulierungskonzeption und zur richtigen Bewertung der internationalen TK-Kooperationen scheint es erforderlich zu sein, nicht nur einen „EU-Regulator" zu schaffen, sondern einen „World-Regulator", der die derzeitigen nationalen Institutionen ersetzt bzw. ergänzt. Damit könnte auch das Problem der unsymmetrischen Lizenzgebühren gelöst werden. „There are some interesting differences between countries. Overall, the countries with the lowest teledensities (number of lines per 100 inhabitants) tend to have the highest licence fees."[2]

Die Newcomerdynamik hat einen direkten Zusammenhang mit der Qualität und Stabilität der Entscheidungen der Regulierungsbehörde. Die frühzeitige Entscheidung für eine vergleichsweise niedrige Interconnectiongebühr ohne Berücksichtigung der Netzdichte und -größe des Newcomers hat im Zeitraum von Januar 1998 bis Juli 1999 zu einem intensiven Wettbewerb mit zahlreichen neuen Konkurrenten und einer drastischen Preisreduktion geführt. Der erwartete Innovationsschub bei den Pre-Selection- und Call-by-Call-Selection-Verbindungen ist ausgeblieben. In der Klasse 4 (Sprachtelefondienst) wurden 223 Lizenzen vergeben, davon im ersten Halbjahr 1999 bereits an 59 Unternehmen. Insgesamt haben im Juli 1999 ca. 1.680 Anbieter (einschließlich lizenzfreier Leistungserbringer) Telekommunikationsdienstleistungen in Deutschland angeboten.[3] Die Preise für inländische Ferngespräche sind seit der Marktliberalisierung um bis zu 85 % gesunken.[4] Ende 1999 haben allerdings die bevorstehenden Neuverhandlungen über die Interconnectiongebühren und die geringe Bereitschaft der Konsumenten sich dauerhaft an Newcomer zu binden zu einer Welle der Unternehmenskonsolidierungen insbesonders unter den Resellern und lizenz- bzw. netzfreien Anbietern geführt.

Die Mehrwertdienste sind integrierter Bestandteil der Innovationsentwicklung der Telekommunikation. Nachdem die Mobilfunkanbieter mit SMS, WAP und GPRS (General Packet Radio Service) ihre Dienste erweitern, wird aus dem ursprünglich reinen mobilen Sprachübertragungsdienst zunehmend eine multimediale Mehrwertanwendung. Bei GPRS können die Datenübertragungsgeschwindigkeiten im GSM-Netz verzehnfacht werden. Somit könnten Internetapplikationen und E-Mail-Korrespondenz auf das Handy umgeleitet werden. Die Un-

---

[1] Vgl. REGTP (1999c), S. 8 ff.

[2] WRIGHT (1999), S. 559.

[3] Vgl. REGTP (1999c), S. 6 und 24.

[4] Vgl. REGTP (1999c), S. 8.

sicherheit über den Vergabemechanismus für die nächste Mobilfunkgeneration UMTS, hat den technologischen Ausbau von GSM zunächst gefördert. Zu gering ist hier die bisher implementierte Innovationsquote. Betrachtet man die Markteinführungsphase des digitalen Mobilfunks in Deutschland im Jahr 1992, so sind im wesentlichen vier technische Verbesserungen eingeführt worden: (i) Ausbau der Flächendeckung außerhalb der Autobahnen auf die Gesamtfläche Deutschlands; (ii) Verkleinerung der Endgeräte und Einführung der sogenannten Handies; (iii) Einführung der Dual-Band-Handies und (iv) Promotion der Short Message Services (SMS). Weitere Dienste wie Unified Messaging, Multi-SIM-Geräte, die in Abhängigkeit von der jeweiligen räumlichen und zeitlichen Situation den optimalen GSM-Provider auswählen und nationales Cross-Roaming sowie Multimedia-Applikationen wurden bisher nicht eingeführt. Newcomer wie die VIAG Interkom konnten ein FMI-Konzept im Netzaufbau nicht realisieren, weil die Systemlieferanten nicht in der Lage waren, eine integrierte Backbone-Struktur für Festnetz- und Mobiltelefonie zu liefern. Das sollte ein Signal für die Wettbewerbshüter sein, die dynamischen Wettbewerbskräfte stärker zu fördern.

Es stellt sich die Frage in welcher Form die Innovationskompetenz der Newcomer einen Einfluß auf die Entscheidungen der Regulierungsbehörde haben sollte. Im Fall der Lizenzvergabe im Bereich Mobilfunk und Point-to-Multipoint-Richtfunk (PMP) sind neben der Realisierungskompetenz und Finanzstärke der Bieter auch die Kernelemente der Innovationskraft bewertet worden. Ohne eine innovative Orientierung eines Unternehmens ist der Roll-Out eines neuen Ortszugangskonzepts nicht vorstellbar. Das gilt besonders unter dem Gesichtspunkt der Bewertung der alternativen Netzzugänge im Anhang in Tabelle 83. Wireless Point-to-Multipoint-Richtfunksysteme haben dort nur den sechsten Platz erreicht, besonders die erforderlichen Investitionen zum vollständigen Aufbau eines solchen Netzes sprechen gegen diese Technologie. Einige Unternehmen verfolgen die Politik grundsätzlich keine Funkstrecken oder Richtfunkstrecken für die Übertragung von Firmendaten zu verwenden. Auf der anderen Seite entstehen in Verbindung mit einem vorhandenen Mobilfunknetz, wie im Fall der VIAG Interkom, einige Skalen- und Verbundvorteile.

Zu Beginn der Einführung des digitalen Mobilfunks in Deutschland hat eine Basisstation (BTS) einen Preis von 1,3 Mio. DM gehabt, der Preis für eine BTS ist im Jahr 1999 auf 80.000 DM gesunken. Die gestiegenen Absatzmengen bei den Systemlieferanten Siemens, Nokia und Ericsson, sowie ein verstärkter internationaler Wettbewerbsdruck haben zu diesem Effekt geführt. Eine vergleichbare Entwicklung ist bei den PMP-Basisstationen zu erwarten. Ein PMP-Betreiber, der gleichzeitig ein Mobilfunknetz unterhält, kann außerdem die Antennenstandorte für beide Applikationen nutzen. Zusätzlich kann die Point-to-Point-Richtfunkverbindung zwischen der BTS (Standort A) und der BSC (Base Station Transceiver am Standort B mit Einbindung in das Netz des Carriers) zur Übertragung von Datenströmen eines Kunden am Standort A in das Netz des Carriers ohne Benutzung der Mietleitungen des Ex-Monopolisten genutzt werden. Aus Sicht der Kunden kann ein Telekommunikationsanbieter, der sämtliche Verbindungsstrecken selbst betreibt und damit zum Teilnehmernetzbetreiber wird, einen besseren Störungsdienst bei umfangreicheren SLAs (Service Level Agreements) liefern.[1] Bei der Vergabe eines knappen Gutes, den UMTS-Lizenzen, wird nach der Maßgabe des TKG und in Anlehnung an die Vorgehensweise in den USA ein simultanes, mehrstufiges und elektronisch abgewickeltes Versteigerungsverfahren angewendet. Dadurch sollen die subjektiven Wertungseinflüsse der bei Ausschreibungsverfahren eingeführten Katalogbewertungen verringert werden. Durch eine gleichzeitige Verringerung der möglichen Einflüsse von Lobbyisten soll die Transparenz und Diskriminierungsfreiheit erhöht werden. In einer Versteigerung wird die effiziente Zuteilung über das höchste Angebot geregelt. Das geschieht in der Annahme, daß der effizienteste Nutzer einer Frequenz ihr auch den wirtschaftlich höchsten Wert bemißt und deshalb bereit ist den höchsten Preis abzugeben [2]. Unter dem Gesichtspunkt der relevanten Innovationskompetenz des Bieters kann ein Versteigerungsverfahren das Ausschreibungsverfahren nicht übertreffen. Bei der Vergabe der PMP-Lizenzen im Ausschreibungsverfahren hat die RegTP die Fachkunde mit 10 %, die Leistungsfähigkeit mit 10 %, die technische Planung mit 25 %, die geschäftliche Planung mit 40 % und die Fähigkeit zur Erlangung der Vollversorgung mit 15 % gewichtet.[3] Konsequenterweise sollte das Versteigerungsverfahren in der ökonomischen Schlußphase der Vergabe dominieren und ein Ausschreibungsverfahren in der Vorrunde die technische Kompetenz der Bieter bewerten. Trotz des höheren Verwaltungsaufwands bei der Regulierungsbehörde bietet das vorgeschlagene, zweistufige Verfahren wirtschaftspolitische Vorteile.

Es stellt sich die Frage, ob staatliche Förderprogramme verstärkt Telekommunikationsthemen aufnehmen sollten. Zweifelsohne ist die staatliche Förderung der Mehrwertdienste und Internetlösungen in Deutschland derzeit nicht ausreichend. Bei der Transformation einer Produktionsgesellschaft in eine Informationsgesellschaft muß eine intensive Förderung der Telekommunikationsentwicklung durchgeführt werden. Nur so kann das Paradigma „Innovation anstelle von Substitution" umgesetzt werden. Das schließt gleichermaßen die technologische Förderung neuer multimedialer Applikationen wie WAP oder GPRS und die ökonomische Forschung zur Optimierung des Umgangs mit dem Free-Rider-Effekt ein. Dieser Trittbrettfahrereffekt zwingt Unternehmen zur Konzentration auf die Faktoren Preis, Absatzvolumen und Entstehungskosten.[4] Oder anders formuliert, der strategischen Preissetzung zur Absatzerhöhung folgt unmittelbar die Optimierung der Kosten zur Gewinnerreichung. Die Regulierungskonzeption muß auf diese Punkte Rücksicht nehmen und schneller als bisher anstehende Sachverhalte klären und dauerhaft für Rechtssicherheit sorgen. Sonst führen die hohen äußeren Kräfte und schnellen Innovationszyklen zu einem inhärenten Wettbewerbsvorteil für

---

[1] Siehe auch PELZEL (1997).

[2] Siehe auch STUMPF (1999).

[3] Vgl. REGTP (1999d), S. 15.

[4] Siehe auch KIM und MAUBORGNE (1999).

den Ex-Monopolisten, weil den Newcomern die Return-on-Investment-Grundlage entzogen wird.

Neben der schrittweisen Reduktion des Regulierungseinflusses auf das minimal erforderliche Maß muß über eine Grundsatzentscheidung zur dauerhaften Schaffung von Chancengleichheit nachgedacht werden. In diesem Zusammenhang sprechen einige Gründe für eine zwangsweise Ausgliederung des Internet- und Kabelfernsehgeschäfts aus dem Konzernverbund der Deutschen Telekom AG. Obwohl keine Gründe für eine grundsätzliche regulatorische Trennung dieser Geschäftsfelder sprechen, im Gegenteil technologische Innovationen wie „Phone over Cable" erfordern integrierte Netzbetreiber, ist die Summe der Marktführerschaften der DTAG wettbewerbsbehindernd. Das gilt besonders dann, wenn der verschleppte Verkauf des Kabelfernsehbereiches und die gleichzeitig überhöhten Preisforderungen die Weiterentwicklung dieser Infrastruktur blockieren. Aufgrund des beschränkten Zahlenmaterials und der wirtschaftspolitischen Besonderheiten ist eine absolute Orientierung an der Regulierung in Großbritannien und den USA nicht zu empfehlen. Die aktuellen Entscheidungen und Erfahrungen in diesen Ländern sollten aber in Deutschland berücksichtigt werden. Aus der Perspektive einer gesamtheitlichen Betrachtungsweise scheint sich Deutschland mit der Internationalisierung ungeschickter als Großbritannien und die USA zu verhalten. Für die Vereinigten Staaten bietet allerdings alleine der Heimatmarkt durch seine Größe und seinen Entwicklungsstand eine überdurchschnittliche Attraktivität. Die USA zeichnet dabei eine Übergehungsstrategie der erfolgreichen europäischen Standardisierungen aus. Unterstützt wird dieses Vorgehen durch technische Entwicklungen im Hardwarebereich. Obwohl der GSM-Standard in Nordamerika nicht verbreitet ist, gestatten mittlerweile sogenannte Triple-Band-Handies einen gleichzeitigen Einsatz in den europäischen D- und E-Netzen und im nordamerikanischen digitalen Mobilfunknetz. Obwohl die ISDN-Verbreitung in USA weit hinter der Penetration in Europa zurückbleibt, erlauben moderne Hochgeschwindigkeitsmodems einen schnellen Zugriff ins Internet über die analogen Netze.

Es bleibt die Aufgabe der Wirtschaftspolitik, die derzeitigen Schwächen der Regulierung in Deutschland zu erkennen und diese schrittweise abzubauen. Wenn die klassischen Preismodelle bestehen bleiben, bei denen mobile Kommunikation teurer ist als statische, bei denen internationale Kommunikation teurer ist als nationale und bei denen Fernstrecken-Kommunikation teurer ist als lokale Verbindungen, dann muß der Einblick in die Kostenstrukturen der Carrier verbessert werden. Ebenso sind vorhandene Price-Caps und Accounting Rates auf diese Entwicklungen anzupassen. Möglicherweise entstehen Preisdifferenzierungen in Zukunft aufgrund der Priorität und Sicherheitsstufe mit der ein Gespräch übertragen wird und nicht in Abhängigkeit von der Entfernung oder Distanz der Teilnehmer voneinander.

Gleichzeitig verschwinden durch Internet und IP-Technologien die etablierten Grenzen zwischen der Datenkommunikation und der Sprachkommunikation. Durch IP-Switching, E-

Commerce und Call-Center-Applikationen entstehen in Verbindung mit Unified Messaging neue Märkte. Eine kontinuierliche Durchsetzung der existierenden benutzungsunabhängigen Monatspreise im Datenumfeld und der benutzungsabhängigen Preisstellung einschließlich monatlicher Grundgebühren im Sprachverkehr scheint unwahrscheinlich. Auch hier könnte die Qualität, die Sicherheitsstufe und die Verfügbarkeit der Verbindung in Zukunft eine größere Rolle bei der Preisfindung spielen. Neben der Konvergenz der Technologien entsteht auch eine Konvergenz der Anwendungen. Neue Datenübertragungsdienste wie ATM ermöglichen die enge Zusammenarbeit von „Content-Providern" (Film- und Medienindustrie, Webpage-Agenturen) und Transport-Providern (TK-Carrier). Die Konvergenz der Medien und Telekommunikationsverfahren wird die vorhandenen Regulierungsansätze langfristig vor neue Herausforderungen stellen.

6 Zusammenfassung der wesentlichen Ergebnisse und Ausblick

Bei der Zusammenfassung der wesentlichen Ergebnisse wird offensichtlich, daß im Telekommunikationsmarkt zahlreiche Änderungen in relativ kurzer Zeit vollzogen wurden und werden. Der Wechsel von der Agrarwirtschaft zur Industrie- und Dienstleistungsgesellschaft erfolgte in langsamerem Tempo, verglichen mit dem derzeitigen Wandel zur globalen Informationsgesellschaft. Seit über hundert Jahren gibt es Telekommunikationsanwendungen, aber die Privatisierung der monopolistisch strukturierten PTTs in Europa und die anschließende Liberalisierung und Öffnung der Märkte ergab sich erst zum Ende des 20. Jahrhunderts. Der wirtschaftspolitische Einfluß der Europäischen Union und die entsprechenden Forderungen der USA haben entscheidend zu diesem Prozeß beigetragen. Für die Vereinigten Staaten von Amerika geht es dabei auch um den Abbau des Außenhandelsdefizits verursacht durch das sogenannte „Outbound-Carryover". Aus der Privatisierung resultiert eine stärkere Kommerzialisierung der Unternehmen und ein mit Industrieunternehmen vergleichbarer Zugang zu den Kapitalmärkten. Der verminderte Einfluß aus dem politischen Lager und staatlichen Umfeld erlaubt gleichzeitig den Zutritt zu wirtschaftlich orientierten Managementstrukturen. Für die Newcomer ist der Zugang zu solchen aktuellen Managementerfahrungen besonders in der Aufbauphase unverzichtbar. Grundlage für einen effektiven Wettbewerb bleibt allerdings die durchgeführte Liberalisierung und damit die Positionierungsmöglichkeit von neuen Unternehmen im Markt.

Zielsetzung

Zielsetzung dieser Arbeit war es, in einer vergleichenden Analyse zwischen Großbritannien, den Vereinigten Staaten von Amerika und Deutschland die wirtschaftspolitischen Implikationen und Entwicklungen der Internationalisierung, der Newcomer-Dynamik und der Mehrwertdienste im globalen Telekommunikationsmarkt zu untersuchen. In allen drei Volkswirtschaften haben sich im untersuchten Zeitraum die äußeren Rahmenbedingungen und damit die Einflüsse auf die Newcomer verändert. In Deutschland wurde das Monopol auf öffentliche Sprachvermittlung am 31.12.1997 abgeschafft, in den USA wurden mit dem Telecommunication Act 1996 die Ortsnetzmonopole de jure beendet. In Großbritannien hat sich der Wettbewerb seit 1984 in den Mobilfunk- und Kabel-Telefonkombimärkten intensiviert.

Diese Untersuchung soll dazu beitragen, die Erfolgsdeterminanten rascher und dauerhafter Liberalisierung länderübergreifend zu identifizieren, um dadurch zukünftig folgenschwere Fehlentwicklungen von Unternehmen zu verhindern. Auch die wirtschaftspolitischen Implikationen für die untersuchten Länder USA, Großbritannien und Deutschland unterscheiden sich dabei zum Teil erheblich, die Länder haben in zahlreichen Einzelkriterien rechtliche, wirtschaftliche und regionale Besonderheiten. Das gilt für die gesetzlichen Grundlagen, die technischen Ausgangsvoraussetzungen, die Funktion der Regulierungsbehörde, die Struktur und Organisationsform der vorhandenen Telekommunikationsunternehmen und die Präferenz der Verbraucher.

In Großbritannien hat sich die Internethostdichte von 19 Hosts pro 10.000 Einwohner im Jahr 1993 auf 100 Hosts pro 10.000 Einwohner im Jahr 1996 verfünffacht. Im gleichen Zeitraum hat sich die Internethostdichte in Deutschland und in den USA versechsfacht (in Deutschland auf 87 Hosts pro 10.000 und in den USA auf 380)[1]. Während in Deutschland und Großbritannien die PC-Dichte pro 100 Einwohner bei 18 Stück lag, erreichten die USA im Jahr 1996 schon den doppelten Kennwert von 36.[2] In beiden Kennwerten (Internethostdichte und PC-Verbreitung) sind die Vereinigten Staaten deutlich weiter entwickelt als die beiden europäischen Vergleichsstaaten. Mit 15,3 Mio. Kreditkarten in Deutschland sind zumindest ausreichende Voraussetzungen für die Abrechnungsverfahren bei E-Commerce-Anwendungen gegeben. Außerdem ist die marktführende T-Onlineanbindung mit einem Telebankingschwerpunkt ausgestattet. In den Vereinigten Staaten ist die Zahl der Kunden, die regelmäßig über das Internet einkaufen, im Jahr 1996 von 2,5 Mio. auf 10 Mio. gestiegen.[3] Es wurde empirisch festgestellt, daß im Gegensatz zu einem Ortsgespräch mit einer durchschnittlichen Dauer von 4 bis 5 Minuten die aufgebauten Einwahlverbindungen zu einem Internet Service Provider (ISP) im arithmetischen Mittel 17,7 Minuten bestehen bleiben.[4] Besonders in den Local Access and Transport Areas (LATAs), in denen für Ortsgespräche außer der Grundgebühr keine variablen Minutenpreise erhoben werden, steigt also die Netzbelastung, ohne daß für den TK-Carrier eine Umsatzsteigerung resultiert. Gleichzeitig entfallen beim Internetbetrieb die Interconnectiongebühren des Fernnetzbetreibers an die RBOC. Das stellt neue Anforderungen an das Netzausbaukonzept der Telekommunikationsunternehmen, die normalerweise primär von der Umsatzentwicklung abgeleitet die Netze ausbauen. Auf der anderen Seite kompensiert der Interneteinwahlverkehr im Sprachnetz die Stagnation des On-Net-Verkehrs im Festnetz, die durch die zunehmenden On-Net-Gespräche im Mobilfunknetz entsteht.

Wettbewerb durch Wiederverkäufer (Reseller) versus facilities-based Competition

Es bleibt abzuwarten, ob die Reseller nicht nur zu einem intensivierten Preiswettbewerb beitragen, sondern über das Anbieten innovativer Mehrwertdienste bzw. Dienstpakete auch zum

---

[1] Vgl. ITU (1997b), S. A-10 f.

[2] Vgl. ITU (1997b), S. A-18.

[3] Siehe auch PICOT (1998).

[4] Vgl. OECD (1997), S. 144.

Innovationswettbewerb. Wettbewerber mit eigenen Netzen dürften tendenziell den Wettbewerb dominieren („facilities-based competition"), soweit es um netzbasierte Innovationen geht. Bei neuen Informations- bzw. Dienstekonzepten könnten auch Schumpetersche Reseller eine beträchtliche Rolle spielen. Mit Blick auf die Regulierungspolitik ist es wichtig, daß der Regulierer in der anfänglichen Deregulierungs- bzw. Demonopolisierungsphase für einen offenen Marktzugang und für klare Interconnection-Regeln sorgt, zugleich aber marktverzerrende Cross Subsidization (Überkreuzsubventionierung) beim dominanten Anbieter verhindert. In gewissem Rahmen wird eine Bündelung von Produkten und Diensten jedoch als normales Element moderner Wettbewerbsstrategien bei allen Anbietern zu tolerieren sein.

Auffallend problematisch in der deutschen Regulierungspraxis ist, daß dem Ex-Monopolisten im Bereich Zusammenschaltvereinbarungen (Interconnection-Agreements) lange Zeiträume für „strategische Verhandlungsprozesse" mit anderen Anbietern zugestanden werden. Indem die DTAG bzw. der Regulierer (RegTP) Unsicherheit für die Newcomer entstehen lassen, wird deren Marktexpansion und deren Marktpositionierung geschwächt. Wünschenswert wäre, daß die DTAG im schnellebigen Telekomgeschäft keine Freiräume für willkürliche Verzögerungen und diskriminierende Zusammenschaltungsmodalitäten erhält.

Seit dem 1. Januar 1998 ist in Deutschland bei regionalen, nationalen und internationalen Telekommunikationsverbindungen der Wettbewerb zulässig. Der Marktanteil aller Newcomer im Fernnetzbereich lag im Dezember 1998 schon bei 13,3 %.[1] Daraus kann abgeleitet werden, daß der Anteil der DTAG am täglichen Vermittlungsaufkommen um 46,5 Mio. Minuten auf 433,5 Mio. Minuten gesunken ist. Die liberale Gesetzgebung und die zwischen 1998 und 1999 bestehende Rechtssicherheit in der Frage der Zusammenschaltungsgebühren hat den Wettbewerb, zumindest in der Fernebene, deutlich angekurbelt. Die Newcomer haben hier mehr Dynamik entwickelt, als das ursprünglich erwartet wurde. Die rechtzeitige Entscheidung über die Höhe der nationalen Interconnectiontarife von im Durchschnitt 0,027 DM pro Minute und deren Stabilität haben dazu beigetragen. Im ersten Jahr des Telekommunikationswettbwerbs sind die Preise für inländische Fernverbindungen in der Hauptzeit um bis zu 70 % gesunken[2], während die Preise für Ferngespräche im Referenzzeitraum in Großbritannien um 31 % und in den USA um 20 % gefallen sind. Dieser Wettbewerb zwischen dem Ex-Monopolist und den Newcomern ist auch eine direkte Konkurrenz um die bessere Organisationsform und Fertigungstiefe. Dabei hat sich die aus theoretischer Sicht erwartete Differenzierung zwischen den netzbetreibenden Carriern und Resellern[3] nicht manifestiert. Der hohe Fixkostenanteil, verursacht durch die Anmietung von Leitungen, um die letzte Meile zu über-

---

[1] Siehe auch BUSINESS INTELLIGENCE (1998). 13, 3 % entspricht 66,5 Mio. Minuten von insgesamt 500 Mio. vermittelten Gesprächsminuten.

[2] Vgl. REGTP (1999), S. 8.

[3] Reseller sind Wiederverkäufer von Telekommunikationsdiensten, ohne daß die Reseller dabei über eine eigene Infrastruktur verfügen oder den Aufbau einer Infrastruktur in den Mittelpunkt der Geschäftstätigkeit stellen.

brücken, blockiert alle alternativen Carrier gleichermaßen; außerdem hat der Wettbewerb im Ortsnetz in Deutschland noch nicht begonnen. Die facility-based Reseller erfahren im Unterschied zu den netzfreien Wiederverkäufern weniger Einbußen.

Da die Frage des Preises des entbündelten Ortszugangs erst im Februar 1999 abschließend geregelt wurde, hat der Wettbewerb um die „Last Mile" nicht früher beginnen können. Anfang 1999 waren erst 0,25 % aller Teilnehmeranschlüsse an Newcomer vermietet. Weiter fortgeschritten ist die Entwicklung der Geschäftskundenanschlüsse in wirtschaftlichen Ballungszentren, die Vorreiterrolle wurde von den City-Carriern übernommen. In der nächsten Entwicklungsstufe könnten dann die City-Carrier den informationstechnisch ausgebauten TK-Dienst auch für eigene Anwendungen wie Telemetrie, kommunale Informationssysteme, Verkehrslenkung oder Objektschutz nutzen und dadurch Verbundvorteile generieren.[1] Die Vergabepolitik der RegTP bei den Point-to-Multipoint-Frequenzen zeigte, daß der alternative Wettbewerb im Ortsnetz in Deutschland eine Chance erhält. Da sich der Markt in Großbritannien und den USA bereits in der zweiten Liberalisierungsdekade befindet, sind dort die unmittelbaren Abhängigkeiten von den Entscheidungen der Regulierungsbehörden geringer.

Internationale Allianzen

Die Bedeutung der internationalen Allianzen verglichen mit 1995 ist zurückgegangen, verschiedene technologische Innovationen werden diese globale Entwicklung in Zukunft verstärken. Bei der ehemaligen Triade (Worldpartners/Unisource, Concert und Global One) haben sich tiefgreifende strukturelle und ökonomische Veränderungen ergeben. Die Entwicklung der Internationalisierung und der gleichzeitig steigende Kostendruck hat Unternehmen wie Cable & Wireless, WorldCom, Colt und Equant stärker gefördert als die losen Kopplungen (Allianzen) national orientierter Partner. Ein Grund für die Instabilität von Allianzen ist, daß in einem technologisch und regulierungspolitisch dynamischen Markt - mit sich vergrößernden Radien von einer nationalen zu einer internationalen und globalen Ausdehnung - konfliktreiche Entscheidungen anstehen, bei denen Verzögerungen wegen komplizierter Eigentümerstrukturen zu einem gravierenden Wettbewerbshandicap werden. Netzbetreiber mit klaren kompakten Strukturen - z. B. MCI-WorldCom oder Equant oder AT & T oder BT - haben, eine durchdachte Internationalisierungsstrategie vorausgesetzt, demgegenüber einen Wettbewerbsvorteil. Selbst im Mobilfunkbereich dürfte eine nur national gefaßte Wettbewerbsstrategie zu kurz greifen. Die Entwicklungstendenz geht dahin, daß in den großen und dynamischen Märkten USA, Großbritannien und Deutschland eine wechselseitige Durchdringung stattfindet.

Dabei scheint selbst ein aggressiv expandierender Newcomer wie Mannesmann nicht vor Übernahmen geschützt zu sein, wie die Entwicklung zu Ende 1999 zeigte. Das relativ hohe

---

[1] Siehe auch MATHAUER (1996).

Aktienkursniveau in den USA erschwert den europäischen Telekommunikationsunternehmen, dort Beteiligungen und Übernahmen umzusetzen; der Vodafone-Airtouch-Deal dürfte eher die Ausnahme als die Regel sein. Möglicherweise steht die europäische GSM-Technologie auch für einen internationalen Wettbewerbsvorteil, zumal sich auf Basis von GSM und entsprechender Nachfolgetechnologien leicht neue Mehrwertdienste profitabel auf das Kerntelefongeschäft aufsetzen lassen. Liberale und zugleich klare Regulierungsbedingungen dürften der Markt- und Unternehmensexpansion förderlich sein, vorausgesetzt Regulierungsgebiet und relevanter Markt sind hinreichend deckungsgleich. Deutschland ist als ein seit 1998 durch klare liberale Regulierungsbedingungen gekennzeichneter Markt anzusehen, aber der relevante Markt im Geschäftskundenumfeld und im Mobilfunkbereich dürfte bei fortschreitender Marktdynamik und verstärkter Herausbildung „europäischer Großkonzerne" zunehmend die EU sein. Innerhalb der EU wirkt eine Regulierungskonkurrenz nationaler Behörden durchaus im Sinne eines effizienzförderlichen Systemwettbewerbs (wobei rigide Regulierungskonzepte von liberalen klaren Regulierungskonzepten verdrängt werden), zugleich fehlt es aber an EU-weiten Rahmenregulierungen bzw. Grundsätzen im Regulierungsbereich. Ein EU-Anbieter, der sich in den einzelnen EU-Ländern sehr unterschiedlichen Regulierungsansätzen gegenübersieht, hat Kosten- bzw. Strategienachteile im Vergleich zu einer Situation mit EU-weiten Rahmenregulierungen etwa für die Frequenzvergabe oder Nummernportabilität. Immerhin erleichtert der GSM-Standard von der technologischen Seite aus gesehen den Anbietern aus EU-Ländern - und aus den USA - in Europa europäische Strategien zu entwikkeln. Ein großer, wettbewerbsintensiver Heimatmarkt dürfte im übrigen ein wichtiger Erfolgsfaktor im globalen Wettbewerb sein. Was den zunehmenden Handel mit Telekommunikationsdienstleistungen angeht, so wird längerfristig wohl die WTO eine zunehmend wichtige Rolle spielen.

Innovationen und Newcomer-Dynamik

Obwohl die Telekommunikationsbasistechnologien wesentlich älter sind als vergleichsweise die Computer- oder Chiptechnologien, so scheint doch erst mit der multimedialen Innovation und dem Zusammenwachsen der TK- und Computertechnik die Neuordnung der TK-Märkte die volle Dynamik für die Newcomer entwickelt zu haben. In weniger als zwei Jahren hat sich die Landschaft der TK-Carrier grundlegend verändert. Die Bedeutung der netzfreien Reseller und der globalen losen Allianzen ist gesunken, und die Bedeutung der eigenen Infrastruktur und der Firmenfusionen gestiegen. Die Internationalisierung der Warenströme und die Zunahme der globalen Wirtschaftsbeziehungen steigern die Anforderungen an die Kommunikationssysteme stetig. Dabei sind die Steigerungsraten der Übertragungskapazität in der Unterwasserkabeltechnologie sehr hoch. Zusätzlich verändern neue Technologien den Grad der Bestreitbarkeit von Märkten rasch. So regelt die FCC beispielsweise die Sicherung des nordamerikanischen Marktes gegenüber ausländischen TK-Unternehmen. Mit diesem Ansatz soll verhindert werden, daß Investoren die Monopolgewinne der Heimatmärkte dazu verwenden können, sich im amerikanischen Umfeld zu Dumpingkonditionen Marktanteile zu kaufen.

Deutschland hat nicht als einer der Vorreiter die Marktöffnung umgesetzt, andererseits gibt es vergleichbare Volkswirtschaften die die wirtschaftspolitische Entscheidung gefällt haben, eine TK-Monopolversorgung auch im Jahr 1998 aufrecht zu erhalten. Im Rahmen dieser Untersuchung hat der deutsche liberalisierte Telekommunikationsmarkt eine kürzere Historie als der in Großbritannien oder in den USA. Die erfolgreiche Marktöffnung setzt eine effektive und adaptive Regulierung voraus, bei der verhindert wird, daß der Monopolist durch Ausnutzung seiner Marktmacht die neuen Wettbewerber aus dem Markt drängen kann bzw. deren Markteintritt vereitelt. Der Einfluß der Regulierungsbehörde ist in gleichem Maße für die Positionierung der Newcomer untereinander maßgebend. Die Öffnung der ehemaligen Monopolmärkte verläuft nicht reibungslos, deshalb ist die Nachjustierung im Bereich der de-facto-Restmonopole, wie dem von der DTAG dominierten Teilnehmerendanschluß, genauso wichtig wie die Kontrolle der tatsächlichen Beschleunigung der Innovationen und Investitionen. Für die ehemaligen Monopolisten ist diese Entwicklung nicht zwangsläufig existenzgefährdend, mit einem Marktanteil von unter 70 % kann, auch bei angemessener Berücksichtigung der Altlasten, profitabel operiert werden. Größere Schwierigkeiten bei der Erreichung der ursprünglichen Businesspläne hatten die Newcomer mit eigenem Netz und diversifizierten Geschäftsbereichen. So ist der kalkulierte Break Even der Investitionen der netzbetreibenden Herausforderer in den ersten Monaten der Deregulierung kontinuierlich weiter in die Zukunft gewandert.

Bezeichnend für diese Situation ist auch die Tatsache, daß mögliche vertikale Trennungen der Geschäftsbereiche der Incumbent Player nicht durchgeführt wurden. So steht die DTAG, die das dominierende Backbone-Netz für Daten-, Breitband- und Sprachübertragung betreibt, Konkurrenten mit sehr variierender Fertigungstiefe gegenüber. Zu niedrige Interconnectionpreise für netzfreie Carrier können die Durchsetzung innovativer Technologien im Übertragungs- und Anschlußbereich blockieren. In diesem Fall liegt ein Trittbrettfahrerverhalten vor, bei dem die neuen TK-Carrier ausschließlich als Wiederverkäufer eines DTAG-Netzes auftreten. Der Free-Rider bzw. der Trittbrettfahrer profitiert dabei von einer Leistung, ohne dafür eine entsprechende Gegenleistung zu bringen, benachteiligt werden hier aber auch die Newcomer mit eigener Netzinfrastruktur. Auf der anderen Seite profitierte die DTAG von dem Verzicht auf die sog. obligatorische Primärauswahl. Im Unterschied zu einem Land wie Chile ist in Deutschland jeder Kunde, der nicht selbst aktiv wird, automatisch auf die DTAG voreingestellt. Während in Chile, dort bestand eine Auswahlpflicht, in wenigen Jahren der Marktanteil des Ex-Monopolisten auf 42 % gesunken ist, hatte die DTAG nur in Spitzenzeiten 32,5 % des Fernnetzmarktes und 4,5 % des Ortsnetzmarktes verloren.[1] Ein wichtige Rolle

---

[1] Vgl. ENZWEILER (1998), S. 75 und BUSINESS INTELLIGENCE (1998), S. 3.

spielen ceteris paribus die internationalen Regeln der Niederlassungsfreiheit, die ausländischen Investoren den Marktzugang ermöglichen und dadurch Direktinvestitionen fördern. Die Investoren in den Vereinigten Staaten haben sehr große Anstrengungen unternommen, um die Erfahrungen aus den verschiedenen Märkten zu übertragen und so das Risiko einer Fehlinvestition in Europa zu verhindern. Die nachfolgende Tabelle faßt die Unterschiede und Gemeinsamkeiten auch in bezug auf die neuen technologischen Trends der Telekommunikationsmärkte in den untersuchten Ländern zusammen.

Tabelle 70: Vergleich internationaler TK-Märkte

Merkmal/Land	USA	Deutschland	Großbritannien
Liberalisierungszeitpunkt	1984	1998	1981
Regulierungsbehörde	FCC	RegTP	OFTEL
Einfacher Marktzugang	ja	ja	nein
Marktstruktur nach Deregulierung	Wettbewerb im Fernnetz und Mobilfunk, Monopol im Ortsnetz ist seit 1996 de jure aufgehoben	Wettbewerb, de facto beschränkt im Ortsnetzbereich und Kabelfernsehen	Duopol, später auch Wettbewerb, besonders im Fernnetz und Kabelfernsehen
Anzahl relevanter Ballungszentren	> 10	> 5	> 1
Bedeutung der Telekommunikation für die Wirtschaft	sehr hoch	hoch	hoch
Flächendeckender digitaler Mobilfunk	nein	ja	ja
Akzeptanz von Internetanwendungen	sehr hoch	mittel	hoch

Quelle: Eigene Analysen, Stand 1999.

Beschäftigungspolitische Effekte

Gemäß führenden Analysten wird das weltweite TK-Marktvolumen von heute 600 Mrd. US$ auf 1.000 Mrd. US$[1] nach der Jahrtausendwende ansteigen; sicherlich nicht nur ein beachtliches Marktwachstum, sondern auch eine absolute Marktgröße, die zahlreiche Investoren anzieht. Von herausragender Bedeutung für die Volkswirtschaft ist auch die mittelfristige Entwicklung der Beschäftigungslage in der Telekommunikation. Die Europäische Union ging 1997 davon aus, daß bis zum Jahr 2000 in Europa 1,3 Mio. Arbeitsplätze entstehen, davon alleine 154.000 in Deutschland.[2] Europa führt gegenüber den USA in den Mobilfunkmärkten in bezug auf ökonomische und technologische Parameter. Das ist nicht zuletzt dem paneuropäischen GSM-Standard und der geographischen Situation in Mitteleuropa zu verdanken. Ende 1998 waren bei den Mobilfunkbetreibern rund 22.000 Mitarbeiter/innen und bei den

---

[1] Vgl. EVAGORA (1997), S. 54.

[2] Vgl. HARTMANN (1997).

Newcomern (Lizenzklasse 3 und 4) rund 16.400 Personen beschäftigt.[1] Andererseits zeigt die Erfahrung in Großbritannien, daß alleine BT zwischen 1991 und 1997 über 100.000 Arbeitsplätze abgebaut hat, und die Entwicklungen bei der DTAG zeigen auch, daß einige zehntausend Mitarbeiter[2] abgebaut werden mußten. Während die DTAG seit 1991 die Mitarbeiterzahl nur um 22 % reduzierte, ist der Abbau bei BT mit 45 % wesentlich höher ausgefallen. Volkswirtschaftlich betrachtet gibt es direkte und indirekte Auswirkungen auf den Arbeitsmarkt. Für eine Gesamtbetrachtung der wirtschaftlichen Belebung durch die Liberalisierung der Telekommunikation ist nicht nur die direkte Zahl der Neueinstellungen von Mitarbeitern der Newcomer im Vergleich zum Personalabbau der Ex-Monopolisten, sondern die Steigerung der Wettbewerbsfähigkeit in kommunikationsintensiven Industrien (indirekte Wirkung) zu berücksichtigen. Die Regulierungsbehörde in Deutschland schätzt, daß im Bereich Informationstechnik, der Medienwirtschaft und in Call-Centern 150.000 neue Arbeitsplätze geschaffen werden.[3] Zusammenfassend kann festgestellt werden, daß die indirekten positiven Wirkungen auf die Beschäftigungslage in kommunikationsorientierten Bereichen, die negativen direkten Wirkungen übertreffen. Selbst wenn der Ex-Monopolist mehr Personal abbauen muß, als die Summe der Newcomer einstellen, so kompensiert das kaum die Zunahme an Arbeitsplätzen in anderen Bereichen.

Konvergenz der Technologien

Die technische Weiterentwicklung, die Digitalisierung, das Internet und das Zusammenwachsen einzelner Mehrwertdienste in einer multimedialen Umgebung beeinflussen die Dynamik der Marktliberalisierung in sehr großem Maße. Während das erwartete jährliche Marktwachstum in Deutschland für Festnetztelefonie, Breitbandnetze und Datendienste bis zum Jahr 2005 bei unter 5 % liegt, wachsen die multimedialen, internet-orientierten und mobilen TK-Dienste mit durchschnittlich 25 %. Die weltweite Zahl der Menschen, die über ein Mobiltelefon verfügen, hat sich von 1990 an bereits verzwanzigfacht. Schon im Jahr 2000 werden 90 Mio. Hostrechner an das Internet angeschlossen sein, und im Jahr 2002 werden E-Commerce-Umsätze von mehr als 327 Mrd. US$ prognostiziert.[4] Ausgelöst durch die Internationalisierung und Globalisierung eignet sich die technologische Innovationskraft immer weniger zur Differenzierung der nationalen Volkswirtschaften. Internationale Standards und Direktinvestitionen führen zu einer Angleichung der nationalen technischen Dienste und Systemlösungen. Sogenannte Triple-Band-Handies ermöglichen es, sich wahlweise in GSM-900-, DCS-1800- und 1900-MHz-Netze einzuloggen. Wenn in der nächsten Entwicklungsstufe die Wire-

---

[1] Vgl. REGTP (1999), S. 17.

[2] Abbau von ca. 20.000 Beschäftigten im Jahr 1999; Abbau von 46.000 Beschäftigten seit 1995.

[3] Vgl. REGTP (1999), S. 17.

[4] Siehe auch BT (1998).

less-Local-Loop-, Mobilfunk- und Satelliten-Frequenzen integriert werden, dann wird die Konvergenz der mobilen Endgeräte die bisherige Engpaßfunktion im Ortsnetz grundlegend verändern. Damit verschwindet[1] der Unterschied zwischen einem Mobiltelefon und einem schnurlosen Festnetztelefon. In dieser Situation kann der Mobilfunkanschluß zu einer vollständigen Substitution des Festnetzanschlusses herangezogen werden. Die dann mögliche Verlagerung von Kommunikationsbedürfnissen vom Festnetz ins Mobilfunknetz wird zu einer Kannibalisierung der Festnetzerlöse führen.[2] Fixed Mobile Integration stellt das Leitmotiv für die Konvergenz der Telekommunikationsdienste auch innerhalb des Netzes des Carriers dar. In zahlreichen Ländern ging die Liberalisierung der Mobilfunkmärkte der Deregulierung der Festnetzmärkte voran. Zur klaren Trennung der Monopolmärkte von den offenen Märkten, wurde eine strikte Trennung der Kostenrechnung der mobilen und festen Sprachnetze vorgeschrieben. Zusätzlich sind für die beide Dienste aus regulatorischer Sicht unterschiedliche Lizenzen erforderlich. Das hat dazu geführt, daß die TK-Carrier unterschiedliche organisatorische Einheiten für die verschiedenen Geschäftsbereiche geschaffen haben. Die Technologie erlaubt inzwischen eine Aufhebung dieser administrativen Trennung. Eine weitere Konvergenz entsteht zwischen den IP- und den Sprachnetzen. Das britische Marktforschungsunternehmen Frost & Sullivan schätzt das weltweite Internet-Telefondienste-Marktvolumen im Jahr 2000 auf 2 Mrd. US$.[3] Im Unterschied zu den herkömmlichen Strukturen, bei denen eine Punkt-zu-Punkt-Verbindung zwischen Anrufer und Empfänger aufgebaut wird, kann bei den Internet-Telefondiensten auf Multipunktverkehrsströme zurückgegriffen werden. Für alle Anbieter im TK-Markt stellen die konvergierenden mobilen und festen Sprach- und Datenanschlüsse eine erhebliche Anforderung an die Flexibilität der Organisation und an den Weitblick des Managements.

Die technologischen Konvergenzentwicklungen zwischen dem Computer- und Telekommunikationsmarkt und die dynamische Etablierung von Newcomern und Mehrwertdiensten haben unmittelbare wirtschaftspolitische Konsequenzen. Zusätzlich stellen die Internationalisierung und Globalisierung die oftmals nationalen wirtschaftspolitischen Regelwerke vor neue Herausforderungen. Diese Gesichtspunkte sind dann auf ihre Realisierungsfähigkeit zu untersuchen, das gilt besonders unter dem Aspekt der sich verkürzenden Innovationszyklen. Der Wert der aktuellen Information ist gestiegen und die Bedeutung einer kontinuierlichen Informationsübertragung gleichermaßen. Der Telekommunikationssektor ist über seine eigene Wertschöpfung hinaus der „Lieferant" des Produktionsfaktors Information. Ein zunehmender Austausch von Informationen zwischen Unternehmen steigert die Produktion und Produktivität.[4] Dabei erzwingt der globale Wettbewerbsdruck eine Angleichung der „best current

---

[1] Wie zum Beispiel beim Home-Zone-Konzept der VIAG Interkom, Produktname „Genion".

[2] Vgl. WESTLB (1998), S. 16.

[3] Siehe auch HANDELSBLATT (1998c).

[4] Vgl. WELFENS (1996b), S. 18 f.

practice and technology". Die Rahmenbedingungen für eine hohe Investitionsdynamik werden durch die exogenen Rahmenbedingungen determiniert. Die EG-Währungsintegration soll nach der Vorstellung der EU durch den Wegfall der Wechselkursschwankungen und der konvertierungsbedingten Transaktionskosten die Binnenmarktentwicklung in Europa fördern.[1] Eine Belebung der Wirtschaft kann auch durch investitionsanregende Telekommunikationsinnovationen erfolgen. Die Grundlagen der Innovationsdynamik sind ausreichende Nachfragepotentiale, ausbaubare Verteilstrukturen und eine Basisstruktur von technischem Knowhow auch auf Seite der Verbraucher. Solche Marktentwicklungen entsprechen dann der Schumpeterschen Innovationsdynamik[2]. Danach wird der Produzent, der nicht nur eine minimal verbesserte Lösung in den Markt einführt, sondern durch Prozeßinnovationen erhebliche Kostenvorteile realisiert bzw. durch Produktinnovationen eine maßgebliche Erhöhung des Verbrauchernutzens herbeiführt zum Pionierunternehmer. Je eher der Wettbewerb selbständig funktioniert, umso schneller kann die asymmetrische Regulierungskonzeption in eine symmetrische Regulierung überführt werden. Am Ende dieser Evolution steht dann möglicherweise die Abschaffung der regulierenden Institution selbst. Dadurch könnte eine ineffiziente Überregulierung verhindert werden. Dem steht aber ein steigender Regulierungsbedarf durch z. B. die erforderliche Vergabepraxis neuer Frequenzbänder gegenüber.

Der Preis- und Innovationswettbewerb hat einen unmittelbaren wirtschaftspolitischen Zusammenhang mit Umfang und Ausprägung der Deregulierung in den untersuchten Volkswirtschaften. Der wirtschaftspolitische Erfolg der Marktliberalisierung und Deregulierung des Telekommunikationsmarkts läßt sich am Grad des Preis- und Innovationswettbewerbs ablesen. Die in 1999 einsetzende Welle der Unternehmenskonzentrationen[3] demonstriert die gefährliche ökonomische Wirkung der sich immer weiter öffnenden Schere zwischen den steigenden Kosten für die Vermittlung von Sprache, den gleichzeitig radikal sinkenden Preisen und der wachsenden Churn-Bereitschaft der Konsumenten. Das reine Call-by-Call-Geschäft für Gesellschaften ohne eigenes Netz hat die ökonomische Grundlage verloren. Im Jahr 1996 wurde weltweit mit internationalen Telekommunikationsdiensten ein Umsatz von 65 Mrd. US$ realisiert. Dabei wurden rund 10 Mrd. US$ in Form von Accounting-Rate-Zahlungen der Industrieländer an die Schwellen- und Entwicklungsländer überwiesen.[4] Die Interconnectionzahlungen als Basis der sogenannten Accounting Rates für den teureren abgehenden Verkehr erhöhen die Importquote und verschlechtern die Handelsbilanz. Obwohl die Accounting Rates in Europa seit 1990 um 19 % gefallen sind und die USA durch eigene Produkte wie Calling Cards und Call-Back-Dienste eine Mitverantwortung an der defizitären Lage haben,

---

[1] Vgl. WELFENS (1997), S. 300.

[2] Siehe auch SCHUMPETER (1911).

[3] Beispielsweise die Übernahme von o.tel.o durch Arcor, die Übernahme von Esprit und Westcom durch GTS, die Übernahme von TelePassport durch MobilCom und die Verhandlungen zwischen TelDaFax und Talkline und Debitel.

[4] Vgl. TARJANNE (1999), S. 1 f.

ist das One-to-One-Accounting-Rate-Verfahren technisch und ökonomisch überholt. Aus wirtschaftspolitischer Sicht geht es neben der für die Konsumenten entscheidenden Komponente des Preiswettbewerbs auch um die Stärkung der Schumpeterschen Innovationsdynamik.

Die Entwicklung der dynamischen Wettbewerbskräfte in Deutschland stehen erst am Anfang. In Marktsegementen mit hohem technologischen Einfluß spiegeln üblicherweise die Patentanmeldezahlen den Grad des Innovationswettbewerbs wider. Aufgrund der raschen Entwicklungsgeschwindigkeit ist eine Patentierung oft nicht durchführbar, besonders vor dem Hintergrund der komplexen, zum Teil abweichenden, nationalen und internationalen Richtlinien und Rechtslagen. Die Markteinführung einer neuen Entwicklung kann nicht bis zur Klärung der Patentrechte verschoben werden, die TK-Unternehmen empfinden diese Produkte als nicht patentwürdig. Aufgrund dieser Überlegungen scheint es im Gegensatz zur Patentanmelderate eher geeignet zu sein, die Produktlaunchaktivitäten der Carrier zu untersuchen. Nur so können die Newcomer mit dem Ex-Monopolisten verglichen werden. Der qualitative Vergleich der DTAG und VIAG Interkom zeigt, daß sich im Bereich der Produkteinführungsaktivitäten der Ex-Monpolist und ein ausgewählter Newcomer nur marginal, im Vergleich zu den Patentanmeldeaktivitäten, unterscheiden. Bei der Analyse hat sich mit Blick auf die späten 90er Jahre gezeigt, daß die Patentintensität von AT & T in den USA höher als die von BT in Großbritannien und von der DTAG in Deutschland ist; dabei ist für die DTAG im Vorfeld der Deregulierung und Liberalisierung ein Anstieg der Patentaktivität bzw. –produktivität festzustellen. Auch wenn man vor dem Hintergrund der Analyse und des Datenmaterials nur Tendenzaussagen machen kann, so ist doch festzustellen, daß eine sektorale Liberalisierung und – mit Blick auf Europa – Privatisierung sich günstig auf die Innovationsdynamik auswirken. Das gilt nicht nur für patentfähige Innovationsfelder, sondern auch für das Ausmaß an innovativen (nichtpatentfähigen) Dienstleistungsangeboten.

Regulierungsperspektiven

Eine im statischen und dynamischen Sinn effiziente Regulierung sollte sowohl den Preiswettbewerb als auch die Innovationsdynamik stärken. Mit Blick auf die großen nationalen Preisunterschiede im Mobilfunkbereich in der EU erweist sich die fragmentierte nationale Regulierung zum Teil als problematisch, soweit die EU als der relevante Markt bei Geschäftskunden anzusehen ist, wäre eine verstärkte EU-Rahmenregulierung vorstellbar; möglicherweise ist auch eine gewisse Koordinierung der nationalen Regulierungsbehörden zu realisieren, etwa soweit es um Grundsätze der Nummernportabilität geht. Wegen des EU-weiten GSM-Standards ist der Mobilfunkbereich längerfristig wohl leichter mit einer EU-weiten Rahmenregulierung zu gestalten als der Festnetzbereich. Im Festnetzbereich ist – bei Annahme eines telekommunikationsfähigen Kabel-TV-Netzes – die Regulierung und auch die grenzüberschreitende Kooperation komplizierter, zumal dann, wenn für das Kabel-TV-Netz eine andere

Behörde zuständig ist als bei der traditionellen Telekommunikation. Während in Deutschland (und Portugal) Kabel-TV noch überwiegend in der Hand des dominanten Festnetzbetreibers ist, spielt das Kabel-TV-Netz in Großbritannien und den USA bereits eine eigenständige Rolle für den Wettbewerb und die Innovationsbereitschaft der Anbieter auf der Ortsnetzebene. Die traditionell in einigen EU-Ländern sehr politisierte Regulierung des Kabel-TV dürfte ein Übergehen auf ein liberalisiertes Wettbewerbsregime für Telekommunikation im weiteren Sinn erschweren. In den USA – und zunehmend in den EU-Ländern – in Konkurrenz zum Kabel-TV stehende TV-Satellitenübertragung bedeutet, daß Kabel-TV und Satelliten-TV in neuerlicher Konkurrenz stehen. Wegen der Konvergenz von Telekommunikation, Fernsehen und Internet entstehen hierbei auch telekommunikationsrelevante Überlappungen der beiden Übertragungstechnologien. Satelliten-TV ist ein relativ stark über die ITU (International Telecommunications Union) regulierter Bereich, in den Telekommunikationsbereich spielt zudem seit einigen Jahren auch die WTO hinein; im Internet- und Telekommunikationsbereich ist wiederum die OECD involviert. In bezug auf die Sicherheitsfragen im Internet, die sich mit Authentifizierung, Verschlüsselung und Zertifikatsverteilung beschäftigen, spielt aus nordamerikanischer Sicht auch das US-Verteidigungsministerium eine entscheidende Rolle. Da noch nicht recht abzusehen ist, ob Satellitentelefonie rasch zu einer ernsthaften Alternative zur Mobil- und Festnetztelefonie auf breiter Front wird, ist auch kaum abzuschätzen, ob es schon in kurzer und mittlerer Frist einer weltweiten Rahmenregulierung bedarf. Hier sind mit ITU und WTO dann im wesentlichen zwei in Genf ansässige Organisationen zu verstärkten Aktivitäten aufgerufen.

Die ITU arbeitet zu Ende der 90er Jahre an modifizierten Accounting und Settlement Rates im internationalen Bereich, also an neuen Grundsätzen für die internationale Abrechnung von Telefongesprächen. Diese läuft ja nicht länger einfach zwischen Staaten bzw. staatlichen Monopolunternehmen ab, sondern zwischen zum Teil privatisierten Unternehmen, die national und international im Wettbewerb stehen. Die USA werden sicher vehement in der ITU – ggf. auch in der WTO – auf veränderte Abrechnungsmodalitäten und verbesserten Marktzugang drängen, die das traditionelle Leistungsbilanzdefizit bei internationalen Telekommunikationsdiensten vermindern. Mit ihren häufig monopolistisch überhöhten Zugangspreisen verschafften sich in der Vergangenheit viele Entwicklungsländern, aber auch einzelne EU-Staaten einen künstlichen sektoralen Leistungsbilanzüberschuß. Von einem liberalisierten Marktumfeld außerhalb der USA profitieren so gesehen die großen internationalen US-Telekomgesellschaften AT & T und MCI-WorldCom/Sprint. Neben diesen großen Gesellschaften drängen auch Bell Atlantic/GTE und SBC/Ameritech durch Direktinvestitionen auf Auslandsmärkte[1], speziell auch in West- und Osteuropa. Die Erfahrungen in den liberalisierten, z.T. sehr wettbewerbsintensiven und innovationsdynamischen US-Märkten dürften für

---

[1] Siehe auch die Spekulationen im November 1999 über eine mögliche Übernahme von 22 % der Anteile des Bundes an der DTAG durch SBC.

US-Firmen bei Auslandsinvestments ein Vorteil sein, wobei den US-Firmen häufig auch eine beträchtliche Kapitalmacht zugute kommt. Bei dem Ausschreibungsverfahren für die Vergabe der Point-to-Multipoint-Lizenzen (PMP) im Sommer 1999 sind ca. die Hälfte der Versorgungsgebiete an US-Unternehmen vergeben worden. International investitionswillige US-Firmen werden in der EU und damit auch in Großbritannien und Deutschland verstärkt auf Deregulierungsfortschritte drängen, so daß auf die Wirtschaftspolitik ein äußerer Liberalisierungsdruck einwirkt. Zugleich werden wohl EU-Telekommunikationsfirmen – hierzu zählt auch der führende britisch-amerikanische Mobilfunkanbieter Vodafone/Airtouch – Druck in den USA machen, um eine Beseitigung der Direktinvestitionsbarrieren und de-facto Ortsnetzmonopole zu erreichen. Die EU-Länder sind insgesamt bei Telekommunikations-Direktinvestitionen offener als die USA, weit verschlossener als beide Wirtschaftsräume ist wiederum Japan. Nicht auszuschließen ist, daß die USA und die EU gegenüber Japan auf verschiedenen Ebenen – etwa G-7, WTO, OECD – gemeinsamen Liberalisierungsdruck aufbauen werden. Obwohl sich über die Zunahme der mindestoptimalen Betriebsgröße und Vorteile von weiten Oligopolen[1] ein positiver Effekt der Unternehmenskonzentration herleiten läßt, so bleibt doch ungeklärt, zu welchen mittelfristigen Folgen die de-facto Aufhebung der Zerschlagung[2] von AT & T im Jahre 1984 führen wird. Bemerkenswert ist die Tatsache, das der Telecommunications Act von 1996, dessen Hauptzweck die Aufhebung des Ortsmonopols war, diesen Konzentrationsvorgang wesentlich beschleunigt hat. Für die FCC stellt sich die Frage nach dem Erfolg des Telecommunication Act von 1996.

Die Newcomerdynamik hat einen direkten Zusammenhang mit der Qualität und Stabilität der Entscheidungen der Regulierungsbehörde. Die frühzeitige Entscheidung für eine vergleichsweise niedrige Interconnectiongebühr ohne Berücksichtigung der Netzdichte und Netzgröße des Newcomers hat im Zeitraum von Januar 1998 bis Juli 1999 zu einem intensiven Wettbewerb mit zahlreichen neuen Konkurrenten und einer drastischen Preisreduktion geführt. Der erwartete Innovationsschub bei den Pre-Selection- und Call-by-Call-Selection-Verbindungen ist ausgeblieben. Es stellt sich die Frage, in welcher Form die Innovationskompetenz der Newcomer einen Einfluß auf die Entscheidungen der Regulierungsbehörde haben sollte. Im Fall der Lizenzvergabe im Bereich Mobilfunk und Point-to-Multipoint-Richtfunk sind neben der Realisierungskompetenz und Finanzstärke der Bieter auch die Kernelemente der Innovationskraft bewertet worden. Bei der Vergabe eines knappen Gutes, den UMTS-Lizenzen, wird nach der Maßgabe des TKG und in Anlehnung an die Vorgehensweise in den USA ein simultanes, mehrstufiges und elektronisch abgewickeltes Versteigerungsverfahren angewendet. In einer Versteigerung wird die effiziente Zuteilung über das höchste Angebot geregelt. Das geschieht in der Annahme, daß der effizienteste Nutzer einer Frequenz ihr auch den wirt-

---

[1] Siehe auch KANTZENBACH (1966).
[2] Siehe auch Szenario A in der Tabelle 70.

schaftlich höchsten Wert beimißt und deshalb bereit ist, den höchsten Preis abzugeben[1]. Unter dem Gesichtspunkt der relevanten Innovationskompetenz des Bieters kann ein Versteigerungsverfahren das Ausschreibungsverfahren nicht übertreffen; beide Verfahren sollten deshalb kombiniert werden.

Die induktive Untersuchung des Verhaltens der Regulierungsinstitutionen hat dabei gezeigt, daß die rechtlichen und wirtschaftlichen Rahmenbedingungen im Zusammenhang mit der Deregulierung der Telekommunikationsmärkte eine weitaus stärkere als ursprünglich angenomme nationale Ausprägung besitzen. Im globalen Wettbewerb der Wirtschaftsstandorte bleiben die hoheitlichen Aufgaben des Staates bei der Schaffung und Sicherung marktwirtschaftlicher Ordnungen ein zentraler Differenzierungsfaktor. Nur flexible Anreiz- und Sanktionssysteme fördern die ökonomische Effizienz, schützen das Privateigentum und verhindern eine unkontrollierte Zunahme der Staatsverschuldung. Die Höhe des erforderlichen Eigenkapitals der Newcomer ist demzufolge nicht nur vom Telekommunikationsmarktsegment, sondern auch vom regulatorischen (nationalen) Umfeld abhängig. Wenn der Marktanteil der DTAG bis zum Jahr 2002 auf weniger als 70 % sinkt, dann benötigt jeder der großen nationalen Newcomer einen Umsatz von mindestens 5 Mrd. DM, um nicht als Nischenplayer agieren zu müssen. Die Newcomer wie VIAG zusammen mit BT haben keine finanztechnische Schwierigkeiten, in ein Joint-Venture VIAG Interkom insgesamt 8,5 Mrd. DM im Zeitraum von 4 Jahren zu investieren. Auch MobilCom verfügt seit 1998 über eine entsprechende Kapitalausstattung. Mit Hilfe kritizistischer Lösungsansätze und entsprechender Analogieschlüsse konnte gezeigt werden, daß die geeignete Mischung von technologischen Erfahrungen, angemessenen Marktzugangsstrategien und die richtige Antizipation von Entwicklungstrends für ein langfristig erfolgreiches Telekommunikationsunternehmen unumgänglich ist. Die wirtschaftlichen Grundregeln der Unternehmensführung gelten für Newcomer im Telekommunikationsmarkt ohne Einschränkungen. Die Analyse beim direkten Vergleich der untersuchten Länder hat gezeigt, daß sich die Entwicklungen in den USA, Großbritannien und Deutschland unterscheiden. Die jeweiligen Volkswirtschaften gaben unterschiedliche Rahmenbedingungen vor und die verschiedenen Liberalisierungszeiträume führen zu Implikationen in bezug auf den tatsächlichen Zeitverlauf der technischen Innovationen. Die Unterschiede verringern sich aber mit zunehmender Geschwindigkeit, sichtbar wird das an der Entwicklung des digitalen Mobilfunks in den USA, der Zunahme der Internetpenetration in Deutschland und des Wachstums im Kabelfernsehen in Großbritannien. Ein empirischer Nachweis für die Entstehung von Preiskämpfen konnte bei den untersuchten Duopolmärkten nicht geführt werden. Das britische Duopol Mercury/BT wie auch das deutsche Duopol DTAG/D2 Mannesmann und die nordamerikanischen Mobilfunkduopole haben Merkmale von kartellartigen Preisabsprachen und segment-orientierten Marktaufteilungen[2] gezeigt. Erst oligopolistische Tele-

---

[1] Siehe auch STUMPF (1999).

[2] Auch Cherry-Picking genannt.

kommunikationsmärkte in den untersuchten Ländern haben Merkmale von effektivem Wettbewerb gezeigt. Durch die Globalisierung der Märkte, die Zunahme der Kommunikationsintensität und die steigende Konvergenz der Übertragungstechnologien weisen immer weniger Teilmärkte die Merkmale eines natürlichen Monopols auf. Deshalb ist es zur Optimierung der Wohlfahrt erforderlich, durch eine umsichtige und entschlossene Regulierungspolitik dem Wettbewerb auch gegen die existierende Marktmacht der Ex-Monopolisten eine faire Chance zu geben. Für die globale Wettbewerbsfähigkeit der Volkswirtschaften und die Förderung der globalen Informationstechnologie ist deshalb die marktwirtschaftlich orientierte Telekommunikation eine unerläßliche Voraussetzung.

Internetdynamik

Soweit längerfristig internetbasierte Telefonie an Bedeutung zunehmen sollte (IP-basierte Netze wachsen zum Ende der 90er Jahre mit hohen Zuwachsraten), ist mit einer verstärkten internationalen Liberalisierung nach US-Muster zu rechnen. Die USA wünschen im Interesse einer raschen Expansion des E-Commerce – hier führt die USA weltweit -, daß das Internet und damit auch E-Commerce möglichst unreguliert bzw. liberal reguliert bleibt. Es bleibt abzuwarten, ob die OECD ein Forum für eine gewissen Rahmenregulierung im Internet-Bereich werden wird. Wirtschaftspolitisch relevant sind hier nicht nur Wettbewerbsfragen und Sicherheitsaspekte, sondern etwa auch die steuerpolitische Behandlung von Mehrwertdiensten. Hier herrschen noch erhebliche Unsicherheiten auch im Hinblick auf die bevorstehende Konvergenz der Telefoniedienste und des Internets.

Die Wirtschaftspolitik sollte den Anbietern bzw. Newcomern im Telekommunikations- und Mehrwertdienstebereich klare und transparente Rahmenbedingungen setzen, damit das hohe Investitions- und Innovationspotential hier voll erschlossen werden kann. Die Telekommunikationsregulierungsbehörden werden vermutlich in den nächsten Jahren zu einer klaren Berichtspraxis kommen, die Unterschiede in den nationalen Regulierungskonzepten der nationalen und internationalen Öffentlichkeit zunehmend verdeutlicht. Daher und aus offenkundigen technologischen Gründen dürfte es zu einer wachsenden internationalen Regulierungskonkurrenz kommen. Auf EU-Ebene dürfte angesichts erfolgreicher nationaler Liberalisierungen und Privatisierungen die ohnehin liberale Grundorientierung mit Blick auf Möglichkeiten einer Rahmenregulierung gestärkt werden. Politische Konflikte auf transatlantischer Ebene könnten entstehen, wenn sich im liberalisierten internationalen Wettbewerb eine Dominanz von US-Anbietern im technologisch, wirtschaftlich und kulturell wichtigen Telekommunikations- und Internetmarkt Europas herausstellen sollte; vor allem wenn diese Dominanz sich in Form einer Welle von Übernahmen von EU-Firmen durch US-Anbieter zeigen sollte. Angesichts eines global besonders starken Wachstums in der Mobiltelefonie, in der EU-Unternehmen eine starke Stellung haben, scheinen solche Dominanzprobleme auf mittlere Sicht eher unwahrscheinlich.

Insgesamt wirkt die Liberalisierung der Telekommunikation und des Internets weltweit als transparenzerhöhend in Bezug auf die Wirtschaftspolitik jedes Landes, denn positive wie negative Informationen über Standorte, aktuelle Situationen und politische Konzeptionen werden künftig schneller und umfassender weltweit abrufbar sein. Allerdings wächst dabei auch der Aufwand in den verschiedenen Medien jederzeit aktuelle Daten bereitzustellen; konsequenterweise wird die Qualität und die Aktualität von Informationen wesentlich wichtiger werden. Damit entsteht durch die moderne Telekommunikation und das Internet insgesamt eine verschärfte weltweite Politik- und Systemkonkurrenz, die Ineffizienzen der Wirtschaftspolitik zu reduzieren helfen dürfte[1]. Die intensivierte Konkurrenz der Wirtschaftssysteme bzw. der Regulierungskonzepte dürfte tendenziell die weltweite Liberalisierung im Telekommunikations- und Mehrwertdienstebereich stärken, denn unter liberalen Rahmenbedingungen sind die Expansions- und Innovationschancen besonders günstig. Der Telekomsektor bietet mit seinen Deregulierungs- und Internationalisierungserfahrungen interessante Perspektiven für mögliche Entwicklungen in anderen Netzindustrien, die in Europa in einer Phase progressiver Liberalisierung sind, insbesondere im Energie- und Verkehrsbereich.

---

[1] Siehe auch WELFENS (2000).

Abbildungsverzeichnis

Tabellenverzeichnis

Abkürzungs- und Anglizismenverzeichnis

AAN	All Area Networks
a.a.O.	am angegebenen Ort
Abb.	Abbildung
ABC	American Broadcasting Company
AC	Alternative Carrier
ACD	Automatic Call Distribution
ADC	Access Deficit Contribution
ADI	Ausländische Direktinvestition
ADSL	Asymmetrical Digital Subscriber Line
AfA	Abschreibung für Anlagen
ANB	Anschlußnetzbetreiber
ANI	Automatic Number Identification
AoC	Advice of Charge (Gebührenimpuls)
AOL	America Online
ARPA	Advanced Research Projects Agency
ARPAnet	Advanced Research Projects Agency Network
ATC	Airtraffic Control
AT & T	American Telephone and Telegraph
ATM	Asynchronous Transfer Mode
Aufl.	Auflage
AWV	Arbeitsgemeinschaft für wirtschaftliche Verwaltung e. V.
BA	British Airways
BAB	Bundesautobahn
BAPT	Bundesamt für Post und Telekommunikation in Deutschland
Bd	Baud, Einheit für Bit pro Sekunde
Bewag	Berliner Kraft und Licht (EVU)
BHCA	Busy Hour Call Attempts
BIP	Bruttoinlandsprodukt
BISDN	Breitband ISDN
BMPT	Bundesministerium für Post und Telekommunikation in Deutschland
Bn	Billion (englischer Ausdruck für Milliarde)
BNL	Banca Nazionale del Lavoro
BOC	Bell Operating Company
BPM	Bundespostministerium (später BMPT)
BSC	Base Station Controller
BSP	Bruttosozialprodukt
BT	British Telecommunications plc
BTA	Basic Telecommunication Agreement
BTE	BT Europe
BTS	Base Transceiver Station
BZT	Bundesamt für Zulassungen in der Telekommunikation in Deutschland
CAGR	Compound Annual Growth Rate
CAI	Common Air Interface
CAP	Competitive Access Provider
CATV	Common Antenna Television, bzw. Cable TV
CC	Call Center
CCITT	Vorläuferorganisation der ITU (Comité Consultatif International Télégraphique et Téléphonique)

CCLC	Carrier Common Line Charge
CD	Compact Disk
CDMA	Code Division Multiple Access
CDR	Call Detail Record
CeBIT	Name der jährlichen internationalen „Office-Information-Telecommunications"-Messe in Hannover
CEPT	Conférence Européenne des Administrations des Postes et Télécommunications
CFU	Customer Facing Unit
CGI	Common Gateway Interface
CHURN	Fachbegriff für den Wechsel des Telekommunikationslieferanten
CIR	Committed Information Rate
CIX	Commercial Internet Exchange
CNE	Corporate Network Essen
CNI	Communications Network International (Vorläufergesellschaft der Arcor)
CNS	Communikationsnetz Süd-West GmbH
Colt	City of London Telecommunications
CPE	Customer Premises Equipment
CT	Cordless Telephone
CTI	Computer Telephony Integration
CTM	Cordless Terminal Mobility
COPT	Customer Owned Pay Telephone
Corp.	Corporation
CVNS	Concert Virtual Network Service
C & W	Cable and Wireless
CW	Computerwoche
CWC	Cable & Wireless Communications
DATEX-P	Paketvermittelte Datenkommunikation auf Basis virtueller Verbindungen
DAX	Deutscher Aktienindex
DBAG	Deutsche Bahn AG
DBP	Deutsche Bundespost
DCS 1800	Digital Cellular System (Frequenz 1,8 GHz)
DDR	Deutsche Demokratische Republik
DDV	Digitale Datenfestverbindung
DECT	Digital European Cordless Telephon
DF1	Digitaler Fernsehkanal in Deutschland
DFRS	Domestic Frame Relay Service
DGT	Director General of Telecommunications (OFTEL)
DIN	Deutsche Industrienorm
DIRC	Digital Inter Relay Communication
DM	Deutsche Mark (entspricht 0,51129 Euro)
DNS	Domain Name Service
DSL	Digital Subscriber Line
DSS1	Digital Signaling Standard One
DTAG	Deutsche Telekom AG
DTI	Department of Trade and Industry
DPS	Domestic Packet Service
DV	Datenverarbeitung
EC	Electronic Commerce, auch Euro Cheque
ECU	European Currency Unit, 1 ECU = 1,96162 US$, Stand 11.4.1997
EDI	Electronic Data Interchange, auch elektronischer Dokumentenaustausch

EDIFACT	Electronic Data Interchange for Administration, Commerce and Trade, auch Electronic Data Interchange for Administration, Commerce and Transport
EG	Europäische Gemeinschaft
EIIW	Europäisches Institut für Internationale Wirtschaftsbeziehungen
EITO	European Information Technology Observatory
ELFE	Elektronische Fernmelderechnung
EMU	European Monetary Union
EMV	Elektromagnetische Verträglichkeit
Eon	Name der fusionierten VIAG AG und VEBA AG
EPOS	Electronic Point of Sale(s)
ERA	European Regulatory Authority
ERP	Enterprise Resource Planning
erw.	erweiterte
ETO	European Telecommunication Organization
ETSI	European Telecommunication Standards Institute
EU	Europäische Union
EUROBIT	European Association of Manufacturers of Business Machines and Information Technology Industry
Eutelsat	European Telecommunications Satellite Organisation
e. V.	eingetragener Verein
EVS	Energieversorgung Schwaben
EVU	Energieversorgungsunternehmen
EW	Einwohner
EWSD	Elektronisches Wählsystem Digital (der Fa. Siemens)
f.	folgende Seite
Fa.	Firma
FAG	Fernmeldeanlagengesetz
FAZ	Frankfurter Allgemeine Zeitung
FCC	Federal Communications Commission
FDMA	Frequency Division Multiple Access
F & E	Forschung und Entwicklung
ff.	folgende Seiten
FLAG	Fiberoptic Link around the Globe
FMC	Fixed Mobile Convergence
FMI	Fixed Mobile Integration
FR	Frame Relay
FT	Financial Times
FTP	File Transport Protocol
FTTH	Fiber to the Home
FTZ	Fernmeldetechnisches Zentralamt in Deutschland
FVIT	Fachverband Informationstechnik im VDMA und ZVEI
FY	Fiscal Year
GAM	Global Account Management
GATS	General Agreement on Trade in Services
GATT	General Agreement on Trade and Tariffs
Gbit/s	Gigabit pro Sekunde
GBG	Geschlossene Benutzergruppe
GEnie	General Electric Network for Information Exchange
GEO	Geostationary Earth Orbit
gfk	Gesellschaft für Konsumforschung
GG	Grundgesetz
GHz	Gigahertz

GIS	Graphical Information System
GM	General Motors
GPO	General Post Office
GPRS	General Packet Radio Services
GSM	Global System for Mobile Communication, auch Groupe Spéciale Mobile
GTE	General Telephone & Electrics (US Telefongesellschaft)
GTS	Global TeleSystems Group
GWB	Gesetz gegen Wettbewerbsbeschränkungen (Kartellgesetz)
GWh	Gigawattstunden
HALE	High Altitude Long Endurance
HDSL	High Bit Rate Digital Subscriber Line
HF	Hochfrequenz
HH	Haushalt
HKT	Hong Kong Telecom
HM	Her Majesty
Hrsg.	Herausgeber
HSCSD	High Speed Circuit Switch Data
HTML	Hypertext Markup Language
http	Hypertext Transport Protocol
HV	Hauptverteiler
IAHC	Internet International Ad Hoc Committee
IAP	Internet Access Provider
IC	Interconnection
ICO	Intermediate Circular Orbit
ICT	Information and Communications Technology
i. d. R.	in der Regel
IGCC	Integrated Ground Cockpit Communication
IHK	Industrie- und Handelskammer
IIR	Institute for International Research
ILEC	Incumbent Local Exchange Carrier (bestehender Ortsnetzbetreiber)
IN	Intelligentes Netz
Inc.	Incorporation
int.	international
INTUG	International Telecommunications User Group
IML	Internationale Mietleitung, auch IPLC
IMT 2000	International Mobile Communication 2000
IMO	Information Market Observatory
IOS	Interorganisatorische Informationssysteme
IP	Internet Protocol
IPLC	International Private Leased Circuit
ISDN	Integrated Services Digital Network
ISI	Institut für Systemtechnik und Innovationsforschung
ISP	Internet Service Provider
ITU	International Telecommunication Union
IuKDG	Informations- und Kommunikationsdienste-Gesetz
IVR	Interactive Voice Response
IXC	Long Distance Inter-Exchange Carrier, auch IEC genannt
JV	Joint-Venture
k. A.	keine Angabe
kbit/s	Kilobit pro Sekunde
KC	Kingston Communications
KDD	Japanischer Fernnetzbetreiber (Kokusai Denshin Denwa)

KKS	Kaufkraftstandard
KPN	Koninklijke PTT Nederland
kV	Kilovolt
LA	Lifeline Assistance
LAC	Local Area Code
LATA	Local Access & Transport Area
LAN	Local Area Network
LDC	Long Distance Carrier
LDO	Long Distance Operator
LDDS	Long Distance Discount Service
LEC	Local Exchange Carrier
LEO	Low Earth Orbit
LFGebV	Lizenz- und Frequenzgebührenverordnung in Deutschland
LMDS	Local Multipoint Distribution Systems
LOI	Letter of Intent
LWL	Lichtwellenleiter
MAN	Metropolitan Area Network
MBA	Master of Business Administration
Mbit/s	Megabit pro Sekunde
MCI	MCI Communications Corporation (US Carrier, wobei MCI ursprünglich für Microwave Communications Inc. stand)
MCL	Mercury Communications Limited
MDF	Multi Device Frame
MFS	Metropolitan Fiber Systems
MHz	Megahertz
Min.	Minute(n)
Mio.	Million(en)
MIS	Management Information System
MIT	Massachusetts Institute of Technology
MMC	Mergers and Monopolies Commission
MMO	Mannesmann Mobilfunk
MNC	Multinational Company, auch Multinational Corporation
MOTO	(Mercury) One-2-One
MoU	Memorandum of Understanding
Mrd.	Milliarden
MS	Microsoft
ms	Millisekunde
MSC	Mobile Switching Center
MSG	Media Service Gesellschaft
MSN	Microsoft Network
MTR	Mutual Type Recognition
MwSt.	Mehrwertsteuer
NAM	National Account Management
nat.	national
NCR	National Cash Register
NG	Nutzergruppen
NGBT	Negotiating Group on Basic Telecommunications
NIC	Network Information Center
NID	Network Interface Device
Nortel	Northern Telecom
NRA	National Regulatory Authority
NS	Nederlandse Spoorwegen

NSFNET	National Science Foundation Network
NTT	Nippon Telegraph & Telephone Corporation (japanische Telefongesellschaft)
NZV	Netzzugangsverordnung in Deutschland
ODZ	Ort der Zusammenschaltung
OECD	Organization for European Coordination and Development
OFTEL	Office for Telecommunications (UK)
ONK	Ortsnetzkennzahl
ONP	Open Network Provision
OSI	Open Systems Interconnection
OSS	One-Stop-Shopping
o.tel.o	TK-Carrier ursprünglich von RWE und VEBA gegründet
öfftl.	öffentlich
ÖN	Öffentliche Netze
PABX	Private Automatic Branch Exchange
PaCT	Private Branch Exchange Computer Teaming
PBX	Private Branch Exchange
PC	Personal Computer
PCN	Personal Communications Networks
PCS	Personal Communications Systems (Sammelbegriff für Mobilfunksysteme der zweiten Generation in den USA, auch Produktname der DTAG)
PDC	Personal Digital Cellular Networks
PHS	Personal Handyphone System (Japan)
PIN	Personal Identification Number
plc	Public Limited Corporation
PLT	Power Line Technologie
PMP	Point-to-Multipoint-(Richtfunk)
POI	Point of Interconnect
POP	Point of Presence
POS	Point of Sale(s)
POTS	Plain Old Telephone Service
PPV	Pay-per-View
PSTN	Public Switched Telephone Network
PTO	Public Telephone Operator
PTS	Swedish National Post & Telecom Agency, Regulierungsinstitution
PTT	Post, Telephone and Telegraph (auch Synonym für den marktbeherrschenden Carrier)
PUC	Public Utility Commission
RBOC	Regional Bell Operating Company
RegTP	Regulierungsbehörde für Telekommunikation und Post, auch RTP genannt
RFC	Request for Comment
ROI	Return on Investment
ROM	Read Only Memory
RPI	Retail Price Index
RSVP	Reservation Setup Protocol
RWE	Rheinisch-Westfälische Elektrizitätswerke
S.	Seite
s.	siehe
SBC	Southwestern Bell Communications
SBR	Skill Based Routing
SCART	Niederfrequente Schnittstelle in der Radio- und Fernsehtechnik
SDH	Synchrone Digitale Hierarchie

SDSL	Single Line Digital Subscriber Line
SES	Société Européenne de Satellite
SET	Secure Electronic Transactions Specification, auch Secure Enterprise Transaction (nach Kontext)
SFV	Standardfestverbindung
SGF	Strategisches Geschäftsfeld
SIM	Subscriber Identification Module
SITA	Société International de Télécommunication Aéronautique
SLA	Service Level Agreement
SME	Small- and Medium-sized Enterprises
SMP	Significant Market Power
SMS	Subscriber Management System, bzw. Short Messages System
SMTP	Simple Mail Transport Protocol
SOHO	Small Offices, Home Offices
SZ	Süddeutsche Zeitung
TASL	Teilnehmeranschlußleitung
TCI	Tele Communications Inc.
TCP/IP	Transmission Control Protocol Internet Protocol
TDD	Telecommunication Device for the Deaf
TDG	Teledienstegesetz in Deutschland
TDMA	Time Division Multiplex Access
Telco	Telephone Company
TEM	Telecommunications Equipment Manufacturer
TK	Telekommunikation
TK-Anlage	Telekommunikationsanlage
TKG	Telekommunikationsgesetz in Deutschland
TKLGebV	Telekommunikations-Lizenzgebührenverordnung in Deutschland
TKÜV	Telekommunikations-Überwachungsverordnung in Deutschland
TKV	Telekommunikations-Kundenschutzverordnung in Deutschland
TLD	Top Level Domain Names
TNB	Teilnehmernetzbetreiber
TO	Telecom Operator
TQM	Total Quality Management
Tsd.	Tausend
TV	Television (Fernsehen)
u.	und
u. a.	unter anderem
UCPTE	Union pour la coordination de la production et du transport de l'électricité
UDV	Universaldienstverordnung
UIFN	Universal International Freephone Number
UK	United Kingdom of Great Britain and Northern Ireland (wird in diesem Zusammenhang stellvertretend für den Begiff Großbritannien verwendet)
UKL	britische Pfund Sterling bzw. £ Sterling (1 UKL = 2,96 DM, Stand 21.2.1999)
UMTS	Universal Mobile Telecommunications System
US	United States, steht für Vereinigte Staaten
US$	US Dollar (auch US$, 1 US$ = 1,81 DM, Stand 21.2.1999)
USA	United States of America
USF	Universal Service Fund
USO	Universal Service Obligation
UPS	United Parcel Service
UPT	Universal Personal Telephone Number
überarb.	überarbeitete

VAS	Value Added Services
VC	Videokonferenz
VDEW	Verband der Elektrizitätswerke
VDMA	Verband Deutscher Maschinen- und Anlagenbau e. V.
VDSL	Very High Data Rate Digital Subscriber Line
VEBA	VEBA AG (börsennotierte Aktiengesellschaft)
verb.	verbesserte
VEW	Vereinigte Elektrizitätswerke Westfalen
vgl.	vergleiche
VHE	Virtual Home Environment
VI	VIAG Interkom GmbH & Co
VIAG	VIAG AG (börsennotierte Aktiengesellschaft)
VKU	Verband der kommunalen Unternehmen in Deutschland
VNB	Verbindungsnetzbetreiber
VOD	Video-on-Demand
vollst.	vollständig
VPN	Virtual Private Network
VSAT	Very Small Aperture Terminal
WAN	Wide Area Network
WAP	Wireless Application Protocol
WIK	Wissenschaftliches Institut für Kommunikationsdienste GmbH
WLL	Wireless Local Loop
WTO	World Trade Organization
WWW	World Wide Web
X.25, X.31	Serie von ITU-Empfehlungen
xDSL	Überbegriff für die verschiedenen Digital Subscriber Line Technologien
z. B.	zum Beispiel
Ziff.	Ziffer
ZVEI	Zentralverband Elektrotechnik und Elektronikindustrie e. V.

Literaturverzeichnis

ALBERT, Cecelia (1987), World Economic Data - A Compendium of current Economic Information for all Countries of the World, Santa Barbara. ABC-Clio 1987

ALKAS, Hasan (1999), Rabattstrategien marktbeherrschender Unternehmen im Telekommunikationsbereich, Diskussionsbeitrag Nr. 195, Wissenschaftliches Institut für Kommunikationsdienste, WIK, Bad Honnef, Oktober 1999

ALTROGGE, Günter (1996), Investition, 4., völlig überarbeitete und erweiterte Auflage, München, Wien: Oldenburg 1996

AMERITECH (1997), White Pages North Woodward Area, Metropolitian Detroit, April 1997

AMTSBLATT DES BMPT Nr. 2 / 1995 vom 8. November 1995, § 4 ff

ANGA (1999), Homepage des Verbandes der privaten Kabelfernsehbetreiber, download von: http://www.anga.de vom 1. März 1999

ANSOFF, Igor H. und MCDONNELL, Edward J. (1990), Implanting Strategic Management, Second Edition, London: Prentice Hall 1990

APPLE COMPUTER GmbH (1996), Vom Web-Surfen zum Seitendesign, in: Masters of Media, Ausgabe Nr. 1 Winter 1996

ARCOR (1999), Geschäftsberichte der Mannesmann Arcor AG & Co, download von: http:\\www.arcor.de vom 4. Februar 1999

ARDELT, Maximilian (1997), Strategie der Telekommunikationsaktivitäten der VIAG AG, anläßlich des Fachpressegesprächs Telekommunikation am 21. Februar 1997 in München

ARTHUR D. LITTLE (1998), Carrierwechsel in der Telekommunikation, Chancen für den Mittelstand, Ergebnisse einer repräsentativen Umfrage in Zusammenarbeit mit Capital, Düsseldorf: Juli 1998

AT & T (1996), We're hatching three unusual start-ups, Annual Report 1995, Februar 1996

AT & T (1997), Communications and information services from the „New" AT & T help people enrich their lives, Annual Report 1996, Februar 1997

AT & T (1999), Straight talk, Annual Report 1998, März 1999

AT & T - BT (1999), Leading the Future of Global Communications through Partnership

AUDRETSCH, David (1997), Industrieökonomik, in: Hagen, v. J und Welfens, P. J. J. und Börsch-Supan, A. (Hrsg.), Handbuch der Volkswirtschaftslehre - Band 1, Grundlagen, Berlin, Heidelberg: Springer 1997, S. 177 - 227

BARRO, Robert, J. (1996), Makroökonomie - europäische Perspektive, München, Wien: Oldenburg 1996

BAUER, Antonie (1998), Ende der friedlichen Koexistenz - auf dem Mobilfunk-Markt herrscht endlich echter Wettbewerb, in: Süddeutsche Zeitung vom 14. November 1998, S. 21

BAUER, Siegfried (1997), Der Preis der Freiheit, in: Südwest Presse vom 10. Februar 1997

BAUER, Stephan (1999), Die Spinne im Netz, in: Euro am Sonntag vom 17. Januar 1999

BAUERVERLAG (1997), Telematik in Haushalten 1996, Marktstudie des Heinrich Bauer Verlags, Mai 1997

BAUMOL, William J., PANZAR, John C. und WILLIG, Robert D. (1983), Contestable Markets and the Theory of Industry Structure, New York: Harcourt 1983

BAUSEWEIN, Gerd (1997), Telenor steigt bei VIAG Interkom ein - wertvolles Know-how, in: Gateway April 1997, S. 22

BEALE, Jeremy (1997), The Internet: Market Competition and Policy Considerations, in: STI Review - Special Issue on Information Infrastructures, Paris: OECD 1997, S. 49 - 69

BEIJER, Thomas (1998), On the Road to the Universal Mobile Telecommunications System (UMTS), in: Speidel, Joachim (Hrsg., 1998) Mobilität und Telekommunikation, Heidelberg: Hüthig 1998, S. 81 - 86

BENNIGSEN-FOERDER, Rudolf von (1990), Umwelt und Energie - Kennzeichen des künftigen Fortschritts, in: Schmitt, Dieter und Heck, Heinz (1990), Handbuch Energie, Weinsberg: Verlag Günther Neske, S. 420 - 431

BERG, Hartmut (1999), Wettbewerbspolitik, in: Bender (1999), Vahlens Kompendium der Wirtschaftstheorie und Wirtschaftspolitik, Band 2, 7., überarbeitete Auflage, München: Vahlen, S. 301 - 361

BERGER, Roland (1998), Eastward Bound, in: Agenda, The international RWE Magazine, Nr. 1/1998, S. 28 - 29

BERKE, Jürgen (1998), Auf Eis gelegt, die Telekom versucht, im Schulterschluß mit Mannesmann den Markteintritt von Discountern zu bremsen, in: Wirtschaftswoche Nr. 20 vom 7. Mai 1998, S. 60

BERKE, Jürgen (1999), Aus dem Nichts - MCI-WorldCom setzt den Durchmarsch an die Spitze fort, in: Wirtschaftswoche Nr. 41 vom 7. Oktober 1999

BERKE, Jürgen und FISCHER, Manfred (1996), Partner einverleiben, Die Fusion von BT und MCI bringt die Telekom vor ihrem Börsengang unter Druck, in: Wirtschaftswoche Nr. 46 vom 7. November 1996

BERWING, Peter (1996), Anwendungspotential von DECT in der geschäftlichen Nutzung, Diskussionsbeitrag für die Konferenz Drahtlose Inhouse-Kommunikation des IIR in Düsseldorf am 3. bis 5. Dezember 1996, Kap. 2

BIALA, Jacek (1996), Mobilfunk und Intelligente Netze - Grundlagen und Realisierung mobiler Kommunikation, 2., neubearbeitete Auflage, Vieweg 1996

BLANK, Lutz (1995), Internationale Anbieter im Wettbewerb: Das BT-Konzept und seine Umsetzung, in: telak GmbH (Hrsg.), Corporate Networks und neue Techniken, Proceedings des Telekom-Anwender-Kongresses '94, Wiesbaden: Vieweg 1995, S. 189 - 194

BLICK DURCH DIE WIRTSCHAFT (1997), Die Mannesmann Arcor AG & Co..., 4. Februar 1997

BLICK DURCH DIE WIRTSCHAFT (1997a), Energieversorger EVS und Badenwerk kooperieren, 22. Januar 1997

BLICK DURCH DIE WIRTSCHAFT (1997b), Nachrichtentechnik, Wenig Sinn für private Anwender, vom 11. Februar 1997

BLOHM, Hans und LÜDER, Klaus (1995), Investition: Schwachstellenanalyse des Investitionsbereichs und Investitionsrechnung, 8., aktualisierte und ergänzte Auflage, München: Vahlen 1995

BLOTTNITZ, von Andreas (1998), AOL macht Internet-Surfen billiger, in: Handelsblatt vom 13. November 1998

BMPT (1997), Entwurf einer Lizenz- und Gebührenverordnung, Az.: 323 A 3100, Stand: 16. Januar 1997

BOHLÄNDER, Egon (1996), Mobilkommunikation/Funktelefonnetz C, in: Schulte, H., Telekommunikation - Dienste und Netze wirtschaftlich planen, einsetzen und organisieren, INTEREST Verlag, Augsburg, Grundwerk [1988], letzte Aktualisierung Dezember 1996, Teil 9, Kapitel 2.1 - 2.6.1, Kapitel 5, S. 1 - 9

BOOZ, ALLEN & HAMILTON (1995), Development of the IT Market in Germany, Düsseldorf

BOOZ, ALLEN & HAMILTON (1997), Regionale Telekommunikation - Nutzen, Konzepte und Perspektiven, Institut für Medienentwicklung und Kommunikation

BOSTON CONSULTING (1999), Telekommunikationswettbewerb in Deutschland: Start in die zweite Phase - Erfahrungen und Progonosen nach einem Jahr der Liberalisierung im Festnetz

BÖMER, Roland (1988), Die Pflichten im Computersoftwarevertrag, Darstellung der Besonderheiten im Vergleich zu den Vertragstypen des allgemeinen Zivilrechts, München VVF, 1988

BÖRNSEN, Arne (1998), Aktuelle Bewertung der Wettbewerbsentwicklung in Deutschland, in: teldak Telekommunikations GmbH (Hrsg.), Anwendervorteile durch Wettbewerb, Proceeding des Telekom-Anwender-Kongresses '98, S. 15 - 24

BÖTSCH, Wolfgang (1996), Grußwort des Ministers für Post und Telekommunikation, in: 4. Forum für Telekommunikation, der deutsche Markt: Vom Monopol zum Oligopol oder totale Liberalisierung, ComMunich Kongress in Bonn am 29. und 30. Mai 1996

BÖTSCH, Wolfgang (1996a), Grundsatzreferat anläßlich des Kongresses des Münchner Kreises am 25. und 26. September 1995, in: Witte, E. (Hrsg., 1996), Regulierung und Wettbewerb in der Telekommunikation - Ein internationaler Vergleich, Heidelberg: v. Decker 1996, S. 9 - 16

BÖTSCH, Wolfgang (1997), Die Telekommunikation als Rückgrat von Multimedia, Vortrag anläßlich des CSU-Innovationskongresses „Telekommunikation und Multimedia - Neue Arbeitsplätze durch neue Technologien" am 7. März 1997 in München

BÖTSCH, Wolfgang (1997a), Entscheidung aus dem Bereich Interconnection, in: Pressegespräch am 12. September 1997

BÖTSCH, Wolfgang (1997b), Die Rahmenbedingungen für die Telekommunikation 8 Monate vor Marktöffnung, download von: http://www.bundesregierung.de/bmpt/rede.html vom 18. Dezember 1997

BÖTSCH, Wolfgang (1998), Moderne Telekommunikation - wirtschafts- und gesellschaftspolitische Entwicklungen, in: teldak Telekommunikations GmbH (Hrsg.), Anwendervorteile durch Wettbewerb, Proceeeding des Telekom-Anwender-Kongresses '98, S. 87 - 96

BRENKE, Herbert (1996), Telekommunikation 2005 - Neue Mobilfunktechniken werden sich gegen das Festnetz durchsetzen, in: Die Welt vom 13. November 1996

BRITAIN IN FIGURES (1997), The Economist - Pocket Britain in Figures - 1997 Edition, London: Profile Books Ltd. 1996

BROSS, Peter (1997), Regulatorische Entscheidungen werden an die Forschungslabors der Industrie delegiert, in: VDI-Nachrichten vom 10. Januar 1997

BROSS, Peter (1997a), Die Evolution der Mobilkommunikation - Neue Märkte und Anwendungen, anläßlich des Kongresses des Münchner Kreises am 12. u. 13. November 1997, in: Witte, E. (Hrsg.), Global Players in Mobilität und Telekommunikation, Berlin, Heidelberg, New York: Springer 1997

BROWN, C. John und KLEIN, W. Michael (1997), Die Volkswirtschaft der Vereinigten Staaten von Amerika, in: Hagen, v. J und Welfens, P. J. J. und Börsch-Supan, A. (Hrsg.), Handbuch der Volkswirtschaftslehre - Band 2 Wirtschaftspolitik und Weltwirtschaft, Berlin, Heidelberg, New York: Springer 1997, S. 326 - 375

BRULL, Steven und ELSTROM, Peter (1997), At 7,5 Cent a Minute, who cares if you can't hear a Pin drop? Why long-distance Internet calling is about to take off, in: Business Week, 29. Dezember 1997, S. 35

BT (1995), BT - Von der britischen Postgesellschaft zum globalen Telekommunikations-Anbieter, Dezember 1995

BT (1995a), Annual Report and Accounts 1995, London, 22. Mai 1995

BT (1996), Competitive Analysis, Intranet: London

BT (1996a), Half Year Results for FY 97, 15. November 1996

BT (1996b), Every second BT generates 457 [pounds] - where does the money go?, Annual Report and Accounts 1996, London: 21. Mai 1996

BT (1997), The Worldwide BT/MCI Operations, ComNet Fair Presentation, Februar 1997

BT (1997a), Why BT and MCI are merging, Annual Report and Accounts 1997, London: 20. Mai 1997

BT (1998), BT World Communications Report 1998/99, download von: http://www.bt.com/ global_reports/1998-99/exec.htm, vom 21. Mai 1998

BT (1998a), BT's Summary Statistical Information, download von: http://swift.boat.bt.co. uk:8080/CRD/InvestorRels/10year/10yrline.html, vom 1. Dezember 1998

BT (1998b), Annual Review and Summary Financial Statement 1998, London, 26. Mai 1998

BT (1998c), Annual Report and Accounts 1998, London, 26. Mai 1998

BT (1999), Annual Report and Accounts 1999, London, Mai 1999

BT/MCI (1996), The BT/MCI Global Communications Report 1996/97 - The Business Challenge, London

BUCHAL, Detlev (1997), Statement anläßlich der Pressekonferenz am 17. Dezember 1997 in Bonn, download von: http://www.telekom.de/aktuell/tarife98/buchal.htm vom 19. Dezember 1998

BUCKLEY, Neil (1997), Brussels probes BT/MCI link-up, in: Financial Times vom 3. Januar 1997

BUSINESS INTELLIGENCE (1998), Development of the German Telecommunication Market

BUSINESS ONLINE (1998), Führende Online-Dienste in Deutschland, in: Business Online, Februar 1998, S. 9

BUSINESS ONLINE (1998a), Bekanntheitsgrad von TK- und Internet-Anbietern, in: Business Online, Juli 1998, S. 9

BUSINESS ONLINE (1998b), Der europäische Markt für Internet-Dienstleistungen, in: Business Online, November 1998, S. 8

BUSSE, Franz-Joseph (1993), Grundlagen der betrieblichen Finanzwirtschaft, 3. völlig überarb. und erw. Auflage, München, Wien: Oldenburg 1993

CABLE & WIRELESS (1997), Annual Report & Accounts 1997, London

CABLE & WIRELESS (1997a), Competitor Assessment Cable and Wireless, download von: http://www.irc.bt.co.uk/caassess/cw/cw.htm vom 30. Juni 1997

CABLE & WIRELESS (1998), Annual Report & Accounts 1998, London

CABLE & WIRELESS (1999), Annual Report & Accounts 1999, London

CANE, Alan (1997), Satphones scheme put on hold, plans to launch 66 satellites delayed by Delta rocket disaster, in: Financial Times vom 30. Januar 1997

CANE, Alan (1997a), Everybody is talking - Alliances are being welded and broken almost daily as global telecommunication groups jostle for position, in: Financial Times vom 27. März 1997

CANE, Alan (1998), ITU must sort out Accounting Rates, in: Financial Times vom 17. März 1998

CANE, Alan (1998a), MCI sells internet business to C & W, in: Financial Times vom 29. Mai 1998

CANE, Alan (1998b), The real Thing, in: Financial Times vom 28. Juli 1998

CANE, Alan und MCLVOR, Greg (1998), European Communication Industry agrees Framework for Combination of Technologies called W-CDMA - Compromise over Mobil Phone Standards, in: Financial Times vom 30. Januar 1998

CANE, Alan und TUCKER, Emma (1997), European Commission only seeking two substantial Concessions on $20bn Deal - EU to approve BT-MCI Merger, in: Financial Times vom 11. April 1997

CANIBOL, Hans-Peter (1997), Telekommunikation - Bürokraten-Paradies, in: Focus 13/97 vom 24. März 1997

CAPITAL (1997), Gewinn mit Aktien, Information und Innovation - kaum eine Branche wird das nächste Jahrhundert stärker prägen. Ihre Chance! „Heiße Drähte: Multimedia", in: Capital Sonderdruck vom Januar 1997

CAPITAL (1997a), Gewinn mit Aktien, Information und Innovation - kaum eine Branche wird das nächste Jahrhundert stärker prägen. Ihre Chance! „Kabel schlägt Satellit" aus Telegeography 1994, in: Capital Sonderdruck vom Januar 1997

CHALMERS, J. (1995), Pocket Telecommunications, London: The Economist Group

CHANNING, Ian (1997), DECT finally coming of Age, in: CeBIT News, The official English-Language Newspaper of CeBIT Hannover vom 13. / 14. März 1997, S. 74 - 76

CHMIELEWICZ, Klaus (1994), Forschungskonzeptionen der Wirtschaftswissenschaften, 3. unveränderte Auflage, Stuttgart: Schäffer Poeschel 1994

CHRISTOPH, Alfred (1969), Ich sag' Dir alles - ein praktisches Nachschlagewerk, Gütersloh: Bertelsmann 1969

CISCO (1999), Cisco 1998 Annual Report - Corporate Profile, download von: http://www.cisco.com vom 11. Januar 1999

CIT (1999), The Yearbook of European Telecommunications 1999, CIT Publications Limited, Exeter, Devon, Dezember 1998

CITIZENS TELECOM (1996), Official Telecom Directory, June 1996, Moab, Utah, USA

COASE, Ronald (1937), The Nature of the Firm, in Economics Volume 4/1937, S. 386 - 405

COE, Charles (1994), Bell South's Strategy for Global Participation, anläßlich des Kongresses des Münchner Kreises am 20. u. 21. April 1994, in: Witte, E. (Hrsg.), Global Players in Telecommunications, Berlin, Heidelberg, New York: Springer 1994, S. 119 - 126

COMMUNICATIONS ACT of (1934), An Act to provide for the Regulation of Interstate and Foreign Communication by Wire or Radio, and for other Purposes, 1934, Senate and House of Representatives of the United States of America

COMMUNICATIONS ACT of (1996), An Act to promote Competition and reduce Regulation in order to secure lower Prices and higher Quality Services for American Telecommunications Consumers and encourage the rapid Deployment of new Telecommunications Technologies, 1996, Senate and House of Representatives of the United States of America

COMPAINE, Benjamin und WEINRAUB, Mitchell (1997), Universal Access to Online Services: An Examination of the Issue, in: Telecommunications Policy, Vol. 21, No. 1, February 1997, S. 15 - 33

COMPUTERWOCHE (1996), Börsengang der Telekom löst starke Nachfrage aus, in: Computerwoche, bezugnehmend auf Quellen ITU und OECD in der Kalenderwoche 46, 1996, S. 54

COMPUTERWOCHE (1997), SET-Allianz zwischen IBM und Verifone, in: Computerwoche 50/97, S. 29

CONCERT (1995), Concert - Global Communications from BT and MCI, Statement of Capabilities, 1995

CONCERT (1997), Concert - Overview and Milestones, download von: http://www.concert.com/about/mile.htm vom 30. April 1997

CONCERT (1997a), Concert Facts and Figures, August 1997

CONCERT (1998), Global Venture Fact Sheet, download von: http://att-bt-globalventure.att.com vom 23. September 1998

CONNECT (1997), Connect - Das Praxismagazin zur Telekommunikation, Juni 1997

CRUICKSHANK, Don (1997), Don Cruickshank, Director General of Telecommunications, speech to FT World Telecommunications Conference: 1 of December 1997, download von: http://www.oftel.gov.uk/speeches/dgft112.htm vom 17. Dezember 1997

CRYSTAL, David (1997), American Lessons, in: Business Traveller vom März 1997, S. 40 - 41

DAHL, Dieter (1993), Volkswirtschaftslehre: Lehrbuch der Volkswirtschaftstheorie und Volkswirtschaftspolitik, 7., überarbeitete Auflage, Wiesbaden: Gabler 1993

DALAN, Marco (2000), Das Wettbieten um Global One steht kurz bevor, in: Die Welt vom 7. Januar 2000

DAVIES, Simon (1998), CWC to reduce debt by $1.5bn bond buy-back - Annual sayings may reach $65m, in: Financial Times vom 14. Januar 1998, S. 10

DAY, Keith (1997), Internet set to boost the UK Telephony Revenues, in: The Manager, BT, Januar/Februar 1997, S. 9

DAY, Lisa (1995), Mercury Update - Competitor Assessment, July 1995, London

D-BOX (1997), d-box, und ihr Fernseher hat die Zukunft im Kasten, DF1, München 1997

DECKEN, von der, Nikolaus (1997), Presseinformation DF1, das digitale Fernsehen, München, Frühjahr 1997

DEMMLER, Horst (1996), Grundlagen der Mikroökonomie, 3., verb. Auflage, München, Wien: Oldenburg 1996

DENGLER, Konrad (1997), Seekabel - weltweites Netz für Globalisierung, in: Handelsblatt vom 8. April 1997

DENIC (1999), Richtline zur Vergabe von deutschen Internet-Domains, download von: http://www.denic.de/DENIC/vergaberichtlinien.htm

DENTON, Nicholas (1996), Telecoms Giant loses suit against Watchdog, in: Financial Times vom 23. Dezember 1996

DETESYSTEM (1997), Unternehmenspräsentation der DeTeSystem, Mai 1997

DEUTSCHE TELEKOM AG (1995), Auf neuem Kurs. Die Deutsche Telekom im globalen Wettbewerb. Das Geschäftsjahr 1994, Mai 1995

DTAG Preisinformation (1996), Teil 2 - allgemeine Übersicht der Preisänderungen im Telefondienst zum 1. Januar 1996, herausgegeben von DeTeMedien, Deutsche Telekom Medien GmbH vom 4. August 1995

DEUTSCHE TELEKOM AG (1996), Unvollständiger Verkaufsprospekt, Bonn, 3. Oktober 1996

DEUTSCHE TELEKOM AG (1996a), Startklar. Die Deutsche Telekom vor dem Börsengang. Das Geschäftsjahr 1995. Geschäftsbericht Mai 1996

DEUTSCHE TELEKOM AG (1996b), Unternehmenszahlen auf einen Blick, DTAG, Stand September 1996

DEUTSCHE TELEKOM AG (1997), Mit neuen Diensten in den offenen TK-Markt - Die Telekom entdeckt den Service als Wettbewerbsfaktor, in: Computerwoche aktuell, unabhängige Messezeitung zur CeBIT 97 vom 14. März 1997, S. 7

DEUTSCHE TELEKOM AG (1997a), Here we are. Die Deutsche Telekom an den Weltbörsen. Das Geschäftsjahr 1996, Geschäftsbericht Mai 1997

DEUTSCHE TELEKOM AG (1997b), Firmengeschichte der Deutschen Telekom AG, download von: http://www.telekom.de/untern/chrono/right.htm vom 3. Dezember 1997

DEUTSCHE TELEKOM AG (1997c), Auf einen Blick: Die wichtigsten Daten der Deutschen Telekom, download von: http://www.telekom.de/untern/g_zahl/right.htm vom 3. Dezember 1997

DEUTSCHE TELEKOM AG (1998), Durch Leistung überzeugen. Die Deutsche Telekom im Wettbewerb. Das Geschäftsjahr 1997, Geschäftsbericht Mai 1998

DEUTSCHE TELEKOM AG (1999), Deutsche Telekom Konzern-Zwischenbilanz 1. Januar 1998 bis 30. September 1998

DEUTSCHE TELEKOM AG (1999a), Vernetzt denken. Global handeln. Das Geschäftsjahr 1998, Geschäftsbericht Mai 1999

DEUTSCHE TELEKOM AG (1999b), Neue Tarife für Ihre Leased Link Datendirektverbindungen (DDV), gültig ab 1. April 1998, DTAG

DEUTSCHE TELEKOM AG (1999c), Deutsche Telekom Konzern-Zwischenbilanz 1. Januar 1999 bis 31. Juli 1999

DEUTSCHER BUNDESTAG (1999), Technikfolgenabschätzung, hier: „Entwicklung und Folgen des Tourismus", Bericht zum Abschluß der Phase II, 21. Mai 1999

DIGITAL EQUIPMENT (1993), Business Trends - Major Human Resource Issues of the 1990's, Digital Equipment, 2. April 1993

DINC, Mustafa, HAYNES, Kingsley, STOUGH, Roger und YILMAZ, Serdar (1998), Regional Universal Telecommunication Service Provisions in the US, in: Telecommunications Policy, Vol. 22, No. 6, Juli 1998, S. 541 - 553

DOEBLIN, Jürgen (1998), Teurer Internet-Zugang verhindert Innovationsschub, in: Welt am Sonntag, Berlin vom 5. Juli 1998

DRIES, Folker (1997), Concert schwingt bereits den Taktstock - BT/MCI schmieden mit atemberaubender Geschwindigkeit Allianzen - eine promiskuitive Industrie, in: Börsenzeitung vom 16. April 1997

DRUKARCZYK, Jochen (1993), Theorie und Politik der Finanzierung, 2., völlig neugestaltete Auflage, München: Vahlen 1993

DUNNING, John (1991), The Eclectic Paradigm of International Production, in: Pitelis und Sundgen, The Nature of the Transnational Firm, London 1991

DÜRIG, Günter (1994), Grundgesetz, Textausgabe mit ausführlichem Sachverzeichnis und Einführung von G. Dürig, 32., neubearbeitete Auflage, Stand. 15. November 1994, München: Verlag C. H. Beck 1994

DYKES, Steve (1997), Pacific Bell Performance records a major Roadblock to Competition, Sprint says in complaint to California Public Utilities Commission, download von: http://www.sprint.com/sprint/press/releases/9702/9702200372.html vom 17. März 1997

D2PRIVAT (1998), Daten und Fakten zu D2 privat, download von: http://www.d2privat.de/presse/d2_news_fakten.html vom 25. September 1998

EARL, Michael J. (1989), Management Strategies for Information Technology, Cambridge: Prentice-Hall 1989

EBBINGHAUS, Nikolaus (1997), Digitales Fernsehen und Dienstleistungen via „d-Box Network" - Per Box ins Netz, in: Gateway vom Februar 1997, S. 62 - 64

ECHENSPERGER, Heimo (1996), Corporate Networks in einem liberalisierten Markt - Trend zum Outsourcing, in: Gateway vom November 1996

ECONOMIC REPORT OF THE PRESIDENT (1996), Washington D.C.: US Government Printing Office, Februar 1996

ECONOMIDES, Stephen (1997), Modernization of Telecommunications in the former GDR, in: Welfens, J.J. Paul und Yarrow George (Eds., 1997), Telecommunications and Energy in Systemic Transformation - International Dynamics, Deregulation and Adjustment in Network Industries, Berlin, Heidelberg, New York: Springer 1997, S. 143 - 152

ECONOMIST (1998), Survey Electronic Commerce, in http://www.economist.com/editorial/freeforall/14_9_97.ec4.html vom 13. März 1998

ECONOMIST (1998a), British Telecom a Map of the Future, in: The Economist, 4. April 1998, S. 19 - 26

EILENBERGER, Guido (1994), Betriebliche Finanzwirtschaft: Einführung in die Finanzpolitik und das Finanzmanagement von Unternehmungen; Investition und Finanzierung, 5. gründlich überarb. und erw. Auflage, München, Wien: Oldenburg 1994

EITO (1997), The ICT Market in Europe - the technological Evolution of ICT and Standards, in: European Information Technology Observatory 1997, Mainz: Eggebrecht-Presse

EITO (1997a), The Future of the Internet - Electronic Commerce over the Internet, in: European Information Technology Observatory 1997, Mainz: Eggebrecht-Presse

EITO (1999), European Information Technology Observatory 1999, Mainz: Eggebrecht-Presse

ELIXMANN, Dieter (1996), Internationale Konsortien als neue Spieler in einem liberalisierten Telekommunikationsmarkt, in: Kubicek, Herbert (Hrsg.), Jahrbuch der Telekommunikation und Gesellschaft 1996 - Öffnung der Telekommunikation, neue Spieler - neue Regeln, Heidelberg: v. Decker 1996, S. 50 - 64

ELIXMANN, Dieter und HERMANN, Henrik (1997), Strategic Alliances in the Telecommunications Services Sector - A Comparative Analysis of Corporate Strategy, Wissenschaftliches Institut für Kommunikationsdienste, WIK, Bad Honnef, März 1997

ELLEDGE, Juliane v., (1976), Illustrierte Weltgeschichte, Erstauflage 1939 von Albert de Luge, Amsterdam: Verlag Kiepenheuer und Witsch, Köln, S. 1186

ELSTROM, Peter (1998), New Boss new Plan, in: Business Week vom 2. Februar 1998, S. 42 - 48

ENGEL, Christoph und KNIEPS, Günter (1998), Die Vorschriften des Telekommunikationsgesetzes über den Zugang zu wesentlichen Leistungen: Eine juristisch-ökonomische Untersuchung, 1. Auflage, Baden-Baden: Nomos-Verlag 1998

ENZWEILER, Tasso (1998), Klare Defizite - Deutsche Telekom, in: Capital 3/98, S. 64 - 77

ENZWEILER, Tasso (1999), Global One schreibt Milliarden-Verlust, in: Die Welt vom 8. Januar 1999

ENZWEILER, Tasso (1999a), Die Telekom gilt vielen Bürgern als sicherer Hafen - Unternehmen festigt überraschend seine starke Stellung im liberalisierten Telefonmarkt, in: Die Welt vom 20. Januar 1999

E-PLUS (1997), E-Plus baut sein Netz aus - Mobilfunkfirma will Ende 1997 eine Million Kunden haben, in: Hannoversche Allgemeine vom 14. März 1997, S. 21

E-PLUS (1997a), E-Plus Presseinformationen, Berlin, April 1997

E-PLUS (1997b), Jahresabschlüsse und Hinterlegungsbekanntmachungen E-Plus Mobilfunk GmbH - Konzernlagebericht 1995, in: Beilage zum Bundesanzeiger Nr. 5 vom 9. Januar 1997 S. 147 - 155

E-PLUS (1998), Presseinformation zur CeBIT 1998 vom März 1998

E-PLUS (1998a), E-Plus spart beim Service, Mobilfunkbetreiber baut Arbeitsplätze ab, in: teleCommunication, Juli 1998

ERICSSON (1998), Die Entstehung des UMTS/IMT-2000 Weltstandards für die dritte Generation von Mobilfunksystemen, in: Ericsson Unternehmenspräsentation in Hannover auf der CeBIT 1998

EUROBIT (1996), Developing a Global Information Society (GIS), Industry Recommendation to the G-7 Meeting in Johannesburg, 13. - 15. Mai 1996

EUROPÄISCHE KOMMISSION (1995), Grünbuch zur Liberalisierung der Telekommunikations-Infrastruktur und der Kabel-TV-Netzwerke, Brüssel 1995

EUROPÄISCHE KOMMISSION (1995a), Grünbuch zur Innovation, Brüssel, Dezember 1995

EUROPÄISCHE KOMMISSION (1995b), Die Informationsgesellschaft, Brüssel 1996

EUROPÄISCHE KOMMISSION (1996), Bulletin der Europäischen Union, Brüssel, November 1996

EUROPÄISCHE KOMMISSION (1996a), Bericht der Task Force „Lernprogramme und Multimedia", Brüssel, Juli 1996

EUROPÄISCHE KOMMISSION (1997), Eine europäische Informationsgesellschaft für alle, Abschlußbericht hochrangiger Experten, Brüssel, April 1997

EUROPÄISCHE KOMMISSION (1997a), Evolution of the Internet and the WWW in: Europe - Final Report, Oktober 1997

EUROPÄISCHE KOMMISSION (1998), Grünbuch zur Konvergenz der Branchen Telekommunikation, Medien und Informationstechnologie und ihre ordnungspolitischen Auswirkungen - Ein Schritt in Richtung Informationsgesellschaft, Brüssel, 3. Dezember 1997

EUROPÄISCHE KOMMISSION (1998a), Die Wettbewerbspolitik der Europäischen Gemeinschaft XXVII. Bericht über die Wettbewerbspolitik 1997, Luxemburg

EUROPÄISCHE KOMMISSION (1999), Die Europäische Kommission - Institutionen der EU, download von: http://europa.eu.int/inst/de/com.htm vom 2. Januar 1999

EUROPÄISCHE KOMMISSION (1999a), Präsentation der Europäischen Kommission 1995 - 2000, download von: http://europa.eu.int/comm/presentation_de.htm vom 4. Januar 1999

EUROPÄISCHE KOMMISSION (1999b), European Commission Directorate-General XIII, download von: http://www2.echo.lu/dg13/en/dg13tasks.html vom 4. Januar 1999

EUROPÄISCHE KOMMISSION (1999c), Information Market Observatory (IMO) - The Markets for Electronic Information Services in the European Economic Area, download von: http://www2.echo.lu/imo/en/ms-study.html vom 4. Januar 1999

EUROPÄISCHE KOMMISSION (1999d), Amtsblatt C 220, 31. Juli 1999, Brüssel

EUROPÄISCHES PATENTAMT (1999), Jahresbericht 1998, Europäisches Patentamt München

EUROPÄISCHE UNION (1998), Mehr Konkurrenz beim Telefonieren, in: iwd, Nr. 15 vom 9. April 1998, S. 6

EUROPÄISCHE UNION (1998a), Beschluß Nr. /98/EG des Europäischen Parlaments und des Rates über das fünfte Rahmenprogramm der Europäischen Gemeinschaft im Bereich der Forschung, technologischen Entwicklung und Demonstration (1998 - 2002), Europäische Union, Brüssel 25. November 1998

EUROPE'S TELECOMS (1997), Europe's Telecom Market gears up for 1998, in: CeBIT News, The official English-Language Newspaper of CeBIT in Hannover vom 13. / 14. März 1997, S. 126 - 136

EVAGORA, Andreas (1997), Dash for Cash, in: tele.com vom März 1997, S. 53 - 60

FAHLE, Robert und STANNOSSEK, Georg (1997), Schlüsselmarkt für Global Player, in: Funkschau Nr. 14/97, S. 38 - 41

FALCH, Morten (1996), Electricity Companies and Railway Networks as Newcomers in Telecommunications, Diskussionspapier anläßlich der internationalen Konferenz „Competition in Network Industries" des Europäischen Instituts für internationale Wirtschaftsbeziehungen im November 1996

FETH, Gerd Gregor (1998), Handy sucht Zelle - engmaschige GSM-Netze lassen sich schwer verwalten, in: Frankfurter Allgemeine Zeitung vom 2. Juni 1998

FISCHBACH, Rainer (1996), Volkswirtschaftslehre I, Einführung und Grundlagen, 9., durchgesehene Auflage, München, Wien: Oldenburg 1996

FLEISCHNER, Frank (1998), „Hallo Amerika!" Zum Billigtarif telefonieren, in: Focus Nr. 35/1998 vom 24. August 1998, S. 130 - 132

FLOSDORFF, René und HILGERTH, Günther (1979), Elektrische Energieverteilung, 3., überarb. Aufl., Stuttgart: Teubner 1979

FORRESTER (1998), European Media Strategies - The Forrester Report, Volume One, Number One, April 1998

FÖCKLER, Knut (1998), Multimediale Individualkommunikation für den geschäftlichen und den privaten Bereich, Rede anläßlich der Fachkonferenz „Das Internet von Morgen - Neue Technologien für neue Anwendungen" des Münchner Kreises am 20. November 1998

FREDEBEUL-KREIN, Markus und FRYTAG, Andreas (1997), Telecommunications and WTO Discipline - an Assessment of the WTO Agreement on Telecommunication Services, in: Telecommunications Policy, Vol. 21, No. 6, Juli 1997, S. 477 - 491

FREDEBEUL-KREIN, Markus und FRYTAG, Andreas (1998), Mit dem Telefon um die ganze Welt, in: FAZ vom 21. Februar 1998

FREY, Peter (1999), 5,9 Millionen D2-Kunden, Mannesmann Mobilfunk - der Marktführer im deutschen Handybusiness - meldet für das abgelaufene Jahr neue Rekordergebnisse, in: Telecom Handel vom 8. Januar 1999

FRIEDEN, Rob (1998), Falling through the Cracks - International Accounting Rate Reform at the ITU and WTO, in: Telecommunications Policy, Vol. 22, No. 11, Dezember 1998, S. 963- 975

FRITSCH, Michael, WEIN, Thomas und EWERS Hans-Jürgen (1999), Marktversagen und Wirtschaftspolitik, mikroökonomische Grundlagen staatlichen Handelns, 3. völlig überarbeitete und erweiterte Auflage, München: Vahlen 1999

FROHBERG, Wolfgang (1998), Asynchroner Transfer Mode (ATM), in: Schulte, H., Telekommunikation - Dienste und Netze wirtschaftlich planen, einsetzen und organisieren, Interest Verlag, Augsburg, Grundwerk [1988], letzte Aktualisierung Juli 1998, Teil 7, Kapitel 5

FULLERTON, Hugh (1998), Duopoly and Competition, in: Telecommunications Policy, Vol. 22, No. 7, August 1998, S. 593 - 607

FUNK, Jefrey (1998), Competition between regional Standards and the Success and Failure of Firms in the world-wide Mobile Communication Market, in: Telecommunications Policy, Vol. 22, No. 4/5, 1998, S. 419 - 441

FUNKSCHAU (1997), Japans Telekom-Riese bewegt sich, in: Funkschau vom 3. Januar 1997

FUNKSCHAU (1997a), Das Mobilfunknetz der Zukunft, in: Funkschau vom 30. Januar 1997

FVIT (1996), Wege in die Informationsgesellschaft, Status quo und Perspektiven Deutschlands im internationalen Vergleich, Frankfurt am Main, 1996

GABLER (1992), Gabler Wirtschafts-Lexikon, A - E. 13. vollst. überarb. Aufl., Wiesbaden: Gabler Verlag 1992

GABLER (1992a), Gabler Wirtschafts-Lexikon, F - K. 13. vollst. überarb. Aufl., Wiesbaden: Gabler Verlag 1992

GABLER (1992b), Gabler Wirtschafts-Lexikon, L - SO. 13. vollst. überarb. Aufl., Wiesbaden: Gabler Verlag 1992

GALLAGHER, Pat (1998), Where do we go from here?, Rede am 23. Januar 1998 in München anläßlich der Veranstaltung der VIAG Interkom „Focus '98"

GATERMANN, Reiner (1997), Neue Großallianz in der Telekombranche - British Telecom, MCI und Telefónica schließen Bündnis, in: Die Welt vom 19. April 1997

GATEWAY (1999), MCI-WorldCom - Erfreuliche Bilanz 1998, in: Gateway Nr. 4 vom März 1999, S. 8

GEICKE, Percy (1998), Kommunikation 2000, Internet-Telefonie heute und morgen - ein neues Zeitalter öffnet sich, Rede bei der 4. Internationalen Jahrestagung „Telekommarkt Europa" in Bonn vom 29. Juni 1998 bis 1. Juli 1998

GERPOTT, Torsten J. (1997), Wettbewerbsstrategien im Telekommunikationsmarkt, 2. aktualisierte und erweiterte Auflage, Stuttgart: Schäffer-Poeschel 1997

GERPOTT, Torsten J. (1997a), Steht der deutsche TK-Markt vor einer Revolution? in: Der Countdown läuft, Updateveranstaltung der VIAG Interkom am 7. November 1997 in Köln

GERPOTT, Torsten J. (1998), Untergrenzen erreicht, in: Facts Nr. 5/1998

GERPOTT, Torsten J. (1998a), Entwicklungsstand der europäischen Telekommunikationsmärkte im Überblick, Rede bei der 4. Internationalen Jahrestagung „Telekommarkt Europa" in Bonn vom 29. Juni 1998 bis 1. Juli 1998

GERPOTT, Torsten J. (1999), Mega-Mergers, Fusionen und Kooperationen in der Telekommunikation: Größe ist nicht alles, in: Views - das VIAG Interkom Magazin zur Telekommunikation, Juli 1999, S. 5 - 7

GERPOTT, Torsten J. (1999a), Telekommunikationsmärkte in Europa - Status und Perspektiven, Entwicklungsstand der europäischen Telekommunikationsmärkte im Überblick, Rede bei der 5. Internationalen Handelsblatt-Jahrestagung „Telekommarkt Europa" in Köln vom 29. Juni 1999 bis 1. Juli 1999

GFK (1999), Verhalten der Konsumenten im deutschen liberalisierten Telekommunikationsmarkt, Gesellschaft für Konsumforschung (gfk), Juni 1999

GIERSBERG, Georg (1998), Macht ruft auf dem Markt immer wieder Gegenmacht hervor, in: Frankfurter Allgemeine Zeitung, 7. Juli 1998, Nr. 154, S. B 10

GIROD, Thomas (1999), Mehr Bandbreite im Mobilfunk, in: Funkschau, März 1999, S. 5 - 7

GLOBAL LINK (1996), The Global Satellite Services Newsletter, Issue 3, Dezember 1996, S. 4

GLOBUS Kartendienst (1996), Telekommunikation: Wer mit wem? vom 9. Dezember 1996

GLOBUS (1997), Drang in die Städte, 6. Februar 1997

GOMES-CASSERES, B (1996), The Alliance Revolution: The New Shape of Business Rivalry, Cambridge, MA: Harvard University Press 1996

GRAACK, Cornelius (1996), Deregulation, Privatization and Internationalization of European Telecommunications Markets, Diskussionsbeitrag des Europäischen Instituts für Internationale Wirtschaftsbeziehungen, Potsdam 1996

GRAACK, Cornelius (1997), Telekommunikationswirtschaft in der Europäischen Union: Innovationsdynamik, Regulierungspolitik und Internationalisierungsprozesse, Heidelberg: Physica-Verlag 1997

GRATHWOHL, Manfred (1983), Energieversorgung: Ressourcen, Technologien, Perspektiven, 2., völlig neubearbeitete und stark erw. Aufl., Berlin, New York: de Gruyter 1983

GREEN, Terence (1998), Beyond Electronic Commerce, in: CeBIT News, 19. bis 25. März 1998, S. 12 - 17

GROSS, Bernd (1998), Die Integration von Festnetz und Mobilfunk - Die Evolution der Dienste und der Systeme in der Telekommunikation, in: teleTechnik vom März 1998, S. 12 - 15

GROSSEKETTLER, Heinz (1999), Öffentliche Finanzen, in: Bender (1999), Vahlens Kompendium der Wirtschaftstheorie und Wirtschaftspolitik, Band 1, 7., überarbeitete Auflage, München: Vahlen 1999, S. 519 - 672

GROSSMANN, Klaus (1997), Netzzugangsverordnung - Verordnung konkretisiert, in: Funkschau Nr. 14/97

GROVE, Andrew (1997), Der Personalcomputer wird nicht dümmer - Multimedia überholt TV-Technik, Internet, PC und Fernsehen wachsen zusammen, in: Handelsblatt vom 29. Januar 1997

GRUBE, Frank und RICHTER, Gerhard (Hrsg., 1994), Amerika, Amerika - das große Buch der USA, Hamburg: Hoffmann und Campe Verlag, 1994

GTE (1997), The Everythings Pages, April 1997, Santa Monica, California, USA

GTE (1998), People Moving Ideas, in FT vom 24. März 1998, S. 19

GTS (1999), Annual Report Global TeleSystems Group 1998

HABBEL, Rolf W. (1997), Strategische Neuausrichtung durch Unternehmensvitalisierung - Die Herausforderung durch Konzerne im 3. Jahrtausend, in: Booz, Allen & Hamilton (Hrsg.), Unternehmensvitalisierung - Wachstumsorientierte Innovation - Lernende Organisation - Wertebasierte Führung, Stuttgart: Schäffer-Poeschel 1997, S. 5 - 14

HACKER, Klaus (1999), Patentanmeldungen bei der Deutschen Telekom AG, Bonn, September 1999

HAGEN, von Jürgen (1997), Internationale Wirtschaftsbeziehungen, in: Hagen, v. J, Welfens, P. J. J. und Börsch-Supan, A. (Hrsg.), Handbuch der Volkswirtschaftslehre - Band 2 Wirtschaftspolitik und Weltwirtschaft, Berlin, Heidelberg, New York: Springer 1997, S. 235 - 280

HAIMERL, Ulrike und GASPARD, Delphine (1998), Market Fact Book, VIAG Interkom, Customer Facing Unit, München 1998

HALUSA, Martin (1998), US-Telefonriesen vereinbaren Fusion - Zusammenlegung von Bell Atlantic und GTE wird über einen Aktientausch abgewickelt, in: Die Welt, vom 29. Juli 1998

HALUSA, Martin (1999), Qwest übernimmt regionale Telefonfirma US West, in: Die Welt vom 20. Juli 1999

HAMILL, Jim und GREGORY, Karl (1997), Internet Marketing in the Internationalization of UK SMEs, in: Journal of Marketing Management, Volume 13, London: The Dreyen Press, S. 9 - 23

HAMMER, Michael und CHAMPY, James (1993), Reengineering the Corporation - A Manifesto for Business Revolution, Nicholas Brealy Publishing, London

HAMMOND (1991), World Atlas - Collectors Ed., Hammond Incorporated, United States 1991

HAMPE, Felix (1997), Intranet: Zur Konzeption und Implementierung, in: Intranet '97, Intranet als Unternehmensnetzwerk, Einführung, Anwendung und Optimierung, München: ComMunich, S. 43 - 52

HANDELSBLATT (1998), Aus der Fusion zwischen Bell Atlantic und GTE entsteht ein neuer Telefongigant, in: Handelsblatt, vom 28. Juli 1998

HANDELSBLATT (1998a), Verläßt AT & T das Mannesmann-Arcor-Konsortium - VIAG Interkom profitiert vom Joint-Venture AT & T - BT, in: Handelsblatt, vom 31. Juli 1998

HANDELSBLATT (1998b), Nur Wettbewerb stimuliert den Markt, in: Handelsblatt, vom 13. August 1998

HANDELSBLATT (1998c), Internet-Telefonie ab Herbst, in: Handelsblatt, vom 25. August 1998

HANDELSBLATT (1999), E-Plus und MobilCom läuten neue Runde der Preissenkungen ein - Mobilfunkmarkt winkt mit niedrigen Tarifen, in: Handelsblatt, vom 11. Januar 1999

HANDELSBLATT (1999a), Der größte Mobilfunker der Welt - Vodafone übernimmt Airtouch für 61 Milliarden Dollar, in: Handelsblatt, vom 18. Januar 1999

HANSEN, Hans Robert (1987), Wirtschaftsinformatik, 5. Auflage, Stuttgart: Gustav Fischer Verlag, 1987

HARTGE, Thomas (1997), Bis zum Jahr 2010 können in der Telekommunikation 30.000 zusätzliche Arbeitsplätze entstehen - Positive Signale für den Stellenmarkt, in: Handelsblatt, vom 31. Januar 1997

HARTMANN, Norbert (1997), Telekommunikationsbranche - Eine Million neue Arbeitsplätze bis 2000, in: Süddeutsche Zeitung, vom 3./4. Mai 1997

HECKMAN, Carey (1998), Background Note Electronic Commerce, in: OECD, Gateways to the Global Market, Consumers and Electronic Commerce, S. 27 - 64

HEERKLOTZ, Klaus-Dieter und ERNST, Rainer (1997), Produktivitätsfaktor Intranet - VIAG Interkom: mehr Erfolg mit eigenem Web, in: LANline, das Magazin für Netze und Kommunikation, März 1997

HEFERMEHL, Wolfgang (1990), Wettbewerbs- und Kartellrecht, 13. neubearbeitete Auflage, München: C. H. Beck 1990

HEIDEMANN, Rolf (1998), Netztechnologien für das Breitband-Internet: Das Kernnetz, Rede anläßlich der Fachkonferenz „Das Internet von Morgen - Neue Technologien für neue Anwendungen" des Münchner Kreises am 20. November 1998

HEILMANN, Dirk H., (1997), Allianz T-Online/AOL gestorben, in: Telekommunikation, Zeitschrift für Wirtschaft, Recht und Technik, Bonn, vom 13. April 1997

HENKE, Ruth (1998), Telekommunikation - ungebremst ins Ziel, in: FOCUS Nr. 5/1998, S. 115

HENN, Harald (1997), Multimedia Call Center, in: TeleTalk, Nr. 08/97, August 1997, S. 27 - 29

HERMANN, Henrik und MAHLER, Alwin (1997), PC-Ausstattung und Nutzung von Internet- und Onlinediensten in deutschen Haushalten, in: WIK Newsletter, Nr. 27, Juni 1997

HEYWOOD, Peter (1997), International Service Providers: The Best in the World, in: Data Communications, Mai 1997, S. 56A - 56J

HIELLE, Ingrid (1998), An Privatkunden haben wir kein Interesse, in: FAZ vom 13. Juli 1998, S. 23

HILL, Richard (1997), Electronic Commerce, the World Wide Web, Minitel, and EDI, in: The Information Society, an international Journal, Volume 13, Number 1, London: Januar - März 1997, S. 33 - 41

HIRSCHEY, Mark und PAPPAS, James (1992), Fundamentals of Managerial Economics, 4. Auflage, 1992, Orlando (Florida): The Dreyen Press 1992

HOFFMANN, Ute (1996), „Requests for Comment" - Das Internet und seine Gemeinde, in: Kubicek, Herbert (Hrsg.), Jahrbuch der Telekommunikation und Gesellschaft 1996 -

Öffnung der Telekommunikation, neue Spieler - neue Regeln, Heidelberg: v. Decker 1996, S. 104 - 117

HOHENSEE, Matthias (1998), Fliegende Telefonzellen, in: Wirtschaftswoche, Nr. 23 vom 28. Mai 1998, S. 114 - 118

HOMBURG, Christian (1999), Structure and Dyamics of the German Mittelstand, Physica-Verlag, Heidelberg, New York 1999

HOMBURG, Stefan (1996), Makroökonomik, in: Hagen, v. J und Welfens, P. J. J. und Börsch-Supan, A. (Hrsg.), Handbuch der Volkswirtschaftslehre - Band 1 Grundlagen, Berlin, Heidelberg, New York: Springer 1997, S. 43 - 76

HOMEYER, Jürgen und PETERS, Rolf-Herbert (1997), Online-Dienst - Seiten gewechselt, in: Wirtschaftswoche vom 6. März 1997, S. 58 f.

HOMMER, Günter (1995), UKW Sprechfunkzeugnis: Beschränkt gültiges Sprechfunkzeugnis für Ultrakurzwellen, 10. Auflage, Bielefeld: Klasing 1995

HOOVER, Gary (1997), Hoover's 500 Profiles of America's largest Business Enterprises, Austin, Texas: Business Press 1997

HOWARD, Keith und SHARP, John A. (1983), The Management of a Student Research Project, Hampshire: Gower Publishing, reprinted 1993

HUBER, Karlheinz (1998), Carrier-Überblick: Strategie und Angebote, in: teldak Telekommunikations GmbH (Hrsg.), Anwendervorteile durch Wettbewerb, Proceeding des Telekom-Anwender-Kongress '98, S. 191 - 216

HULTZSCH, Hagen (1998), Innovationsperspektiven des global operierenden Telematikunternehmens, anläßlich der Fachkonferenz „Telekommunikation im Spannungsfeld von Innovation, Wettbewerb und Regulierung" des Münchner Kreises am 9. Januar 1998

INTERNET INDUSTRY ALMANAC (1998), Top 15 Countries with the most Internet Users, Glenbook, download von: http://biz.yahoo.com/prnews/980112/ca_comp_in_1.html vom 13. Januar 1998

INTERNET WORLD (1997), Vital Signs, in: Internet World vom Dezember 1997

INTUG (1997), International Telecommunications Users Group - INTUG News Juli 1997, Namur Belgien

INTUG (1998), International Telecommunications User Group News, Mai 1998

IRIDIUM (1998), Kommunikation kennt keine Grenzen, in http://www.iridium-communications.de vom 30. März 1998

IRIDIUM (1998a), Roam - The Iridium Magazine, First Quarter 1998, Volume 4, Number 2

IRMER, TH. (1998), Liberalisierung, Privatisierung, Globalisierung - wozu brauchen wir noch Telekommunikationsstandards? Rede bei der 4. Internationalen Jahrestagung „Telekommarkt Europa" in Bonn vom 29. Juni 1998 bis 1. Juli 1998

ITU (1994), World Telecommunication Development Report 1994, Genf

ITU (1997), ITU to release Report on Trade Communications, download von: http://www.itu.int/press/release vom 4. April 1997, Geneve

ITU (1997a), World Telecommunication Development Report 1996/97, ITU, Genf März 1997

ITU (1997b), Challenges to the Network, ITU, Genf September 1997

ITU (1998), World Telecommunication Report - Universal Access, ITU, Genf März 1998

ITU (1999), Challenges to the Network - Internet for Development, ITU, Genf Februar 1999

IUKDG (1998), Das Informations- und Teledienstegesetz, download von: http://www.Bmbf.de/archive/magazin vom 24. Juni 1998

JÄGER, Bernd (1995), Forderungen an Monopoldienste, in: telak GmbH (Hrsg.), Corporate Networks und neue Techniken, Proceedings des Telekom-Anwender-Kongresses '94, Wiesbaden: Vieweg 1995, S. 113 - 128

JOHNSON, Gerry und SCHOLES, Kevan (1993), Exploring Corporate Strategy, Prentice Hall International 1993

JUNG, Volker (1998), Strategien der Telekommunikationshersteller unter den Bedingungen liberalisierter globaler Märkte, anläßlich der Fachkonferenz „Telekommunikation im

Spannungsfeld von Innovation, Wettbewerb und Regulierung" des Münchner Kreises am 9. Januar 1998

JUNGMITTAG, A. und WELFENS, P.J.J. (1996), Telekommunikation, Innovation und die langfristige Produktionsfunktion, Diskussionsbeitrag Nr. 20 des Europäischen Instituts für Internationale Wirtschaftsbeziehungen, Potsdam 1996

KAHNT, Helmut (Red., 1994), Der Brockhaus in einem Band, 6. vollständig überarbeitete und aktualisierte Auflage, Leipzig, Mannheim: Brockhaus 1994

KALIDE, Wolfgang (1974), Kraftanlagen und Energiewirtschaft, München: Carl Hanser Verlag 1974

KANTZENBACH (1966), Die Funktionsfähigkeit des Wettbewerbs, Göttingen: Vandenhock & Ruprecht 1966

KASTNER, Hans (1998), Bayern Online - eine Sprachlösung für den Freistaat Bayern, Bayerisches Landesamt für Statistik und Datenverarbeitung, 2. April 1998

KENNARD, William (1997), Remarks by William Kennard, Chairman Federal Communications Commission to Practicing Law Institute December 11, 1997 Washington, DC, download von: http://www.fcc.gov/Speeches/Kennard/spwek702.html vom 17. Dezember 1997

KERSCHER, Bernhard (1996), Telekommunikation im Bankgeschäft - Ein ganzheitliches Gestaltungskonzept für innovative Telekommunikationssysteme im elektronischen Bankgeschäft, Dissertation: Universität Regensburg

KERSCHNER-ACEVAL, Susanne (1997), E2-Lizenz: Paralleler Aufbau von Fest- und Mobilnetz kann von Vorteil sein - Mobilfunkneuling setzt auf vierte Technikgeneration, in: VDI-Nachrichten vom 31. Januar 1997

KERSCHNER-ACEVAL, Susanne (1997a), Großbritannien - Testmarkt für Europa, in: Funkschau vom 11. April 1997, S. 48 - 49

KERSCHNER-ACEVAL, Susanne (1997b), USA - Keimzelle der Global Player, in: Funkschau vom Oktober 1997, S. 36 - 39

KERSTING, Silke (1997), Neue Länder / Telekom beendet Aufbau des Netzes - Ost-Telefonnetz auf Weltniveau, in: Handelsblatt vom 10. Dezember 1997

KIM, Chan und MAUBORGNE, Renée (1999), Strategy, Value Innovation, and the Knowledge Economy, Sloan Management Review

KING, Rachael (1997), There's Electricity in the Air, in: tele.com, September 1997

KLEIN, Stefanie (1993), Wettbewerbsstrategische und organisatorische Auswirkungen von Electronic Data Interchange (EDI), Diplomarbeit an der Universität zu Köln, September 1993

KLODT, Henning; Laaser, Claus-Friedrich; Lorz, Jens Oliver und Maurer, Rainer (1995), Wettbewerb und Regulierung in der Telekommunikation, Tübingen: Mohr 1995

KNIEPS, Günter (1997), Wettbewerbspolitik, in: Hagen, v. J und Welfens, P. J. J. und Börsch-Supan, A. (Hrsg.), Handbuch der Volkswirtschaftslehre - Band 2 Wirtschaftspolitik und Weltwirtschaft, Berlin, Heidelberg, New York: Springer 1997, S. 40 - 79

KNIEPS, Günter (1997a), Market Entry in the Presence of a „Dominant" Network Operator, Diskussionsbeitrag für die internationale Konferenz „Competition in Network Industries: Telecommunications, Energy and Transportation in Europe and Russia" in Potsdam vom 21. bis 23. November 1996, Europäisches Institut für internationale Wirtschaftsbeziehungen, Potsdam

KNIEPS, Günter (1999), Costing und Pricing auf liberalisierten Telekommunikationsmärkten, in: Multimedia und Recht - Zeitschrift für Informations-, Telekommunikations- und Medienrecht, 2. Jahrgang, 18. März 1999, München: Verlag C. H. Beck, S. 18 - 21

KOCH, Christopher (1997), Competition Calling in: CIO, the magazine for information executives, Juni 97, S. 58 - 68

KÖHLER, Torsten und GREBE, Andreas (1998), Internet-Telephony - Basis für innovative Mehrwertdienste, in: LANline Spezial Internet/Intranet Nr. III/1998, S. 60 - 64

KÖHLER, Wolfgang (1997), Jede fünfte Firma denkt über Tele-Jobs nach, in: Die Welt am Sonntag, vom 26. Januar 1997

KOTLER, Philip (1991), Marketing Management - Analysis, Planning, Implementation and Control, 7. Auflage, Englewood Cliffs: Prentice-Hall 1991

KRATZ, Wilfried (1996), Schwerer Durchblick - Beispiel Großbritannien: Nur Rechenkünstler profitieren vom Wettbewerb der Telephongesellschaften, in: Die Zeit, vom 27. Dezember 1996

KROEBER-RIEL, Werner (1996), Konsumentenverhalten, 6., völlig überarbeitete Auflage - München: Vahlen 1996

KROL, Ed (1993), The Whole Internet User's Guide & Catalog, O'Reilly & Associates, USA

KRUSE, Jörn (1997), Regulation and Concentration Policy in the Media Markets, in: Elixmann, Dieter und Kürble, Peter (Eds.), Multimedia - Potentials and Challenges from an Economic Perspective, Bad Honnef: WIK, April 1997, S. 43 - 63

KUHN, Oliver und HOFMEIR, Stefan (1999), Fernsehen - Die Sehräuber, in Focus Nr. 3, 1999, S. 177 - 178

KUHN, Wilfried (1977), Physik, Weatermann, Braunschweig 1977, S. E 40

KULS, Norbert (1999), US-Mobilfunkmarkt vor Konsolidierung - Kleinere Anbieter geraten zunehmend unter Druck, in: Handelsblatt vom 22. Januar 1999

KUTZBACH, Carl-Josef (1997), Ein Stückchen Kristall, das die Welt veränderte. Vor 50 Jahren wurde in den USA der Transistor erfunden. Der Physiker Walter Schottky leistete in Berlin wichtige theoretische Vorarbeiten, in: Berliner Zeitung, Nummer 294, vom 17. Dezember 1997

LABONTE, Heinz-Peter (1998), Zukunft des Kabel-TV in Deutschland, in: teldak Telekommunikations GmbH (Hrsg.), Anwendervorteile durch Wettbewerb, Proceeding des Telekom-Anwender-Kongresses '98, S. 327 - 340

LAM, Pun Lee (1998), The Development of Information Infrastructure in Hong Kong, in: Telecommunications Policy, Vol. 22, No. 8, September 1998, S. 713 - 725

LANGE, Jürgen (1997), Bündelfunk, in: Schulte, H., Telekommunikation - Dienste und Netze wirtschaftlich planen, einsetzen und organisieren, Interest Verlag, Augsburg, Grundwerk [1988], letzte Aktualisierung Oktober 1997, Teil 9, Kapitel 14, S. 1 - 28

LANGNER, Mark (1997), The Anchor for new PCS Services, in: Telephony - for today's competitive public network market, Chicago 26. Juni 1997, S. 22 - 26

LAROUCHE, Pierre (1998), EC Competition Law and the Convergence of the Telecommunications and Broadcasting Sectors, in: Telecommunications Policy, Vol. 22, No. 3, April 1998, S. 219 - 242

LATOUR, Almar (1999), Telia and Telenor renew Negotiations on Merger, in: The Wall Street Journal Europe vom 20. Januar 1999

LARSEN, Trond Arnulf (1996), Strategy Analysis of Telenor Bedrift AS, Thesis for a degree in Master of Technology Management, Bodo (Norwegen), 30. Januar 1996

LAWYER, Gail (1997), Bells contemplate Long-Distance-Options, in: tele.com, New York, August 1997, S. 30

LAWYER, Gail (1998), Telecom Act Progress Report - The terrible Twos, in: tele.com, New York, Februar 1998, S. 55 - 68

LAY, Andrew (1997), Global Opportunities in the Telecommunications Industry - The Partnership Approach, MBA-Dissertation, Henley Management College/Brunel University, Uxbridge (UK)

LE COEUR, Philippe (1997), La téléphonie mobile dope le marché des télécommunications, in: Le monde, 20. November 1997, S. VI

LEE, Hokyu (1997), Retrospective technology assessment, in: Telecommunications Policy, Vol. 21, No. 9/10, 1997, S. 845 - 859

LEITERMANN, Richard (1998), Fischen in fremden Teichen, in: Euro 3/1998, S. 1 - 3

LEMKE, Frank (1995), Bericht und Empfehlungen der Enquête-Kommission „Entwicklung, Chancen und Auswirkungen neuer Informations- und Kommunikationstechnologien in Baden-Württemberg" (Multimedia-Enquête), Landtag von Baden-Württemberg, Drucksache 11/6400, 20. Oktober 1995

LEMKEMEYER, Sven (1998), Ein Jahr liberalisierter Telefonmarkt in Deutschland - Drastischer Preisverfall erwartet, in: Neue Westfälische (Bielefelder Tageblatt) vom 11. Dezember 1998

LEONHARDT, Erich (1982), Grundlagen der Digitaltechnik, 2., überarb. und erw. Auflage, München, Wien: Hanser 1982

LINDNER, Ulrich und MEIER, Helmut (1994), Privatisierung in der Liberalisierung, in: Booz, Allen und Hamilton (1994), Gewinnen im Wettbewerb: erfolgreiche Unternehmensführung, Stuttgart: Schäffer-Poeschel, S. 155 - 176

LINDSTRÖM, Lars (1997), DPS/DFRS Domestic Competition, in: Data Service Forum Sales Event, München: VIAG Interkom, Juni 1997

LIPINSKY, K. (1995), Lexikon der Datenkommunikation, Bergheim: Datacom Buchverlag 1995

LIPKA, Alois (1998), Die besten Informationen gibt es immer noch bei Minitel, in: Handelsblatt vom 11. August 1998, S. 41

LIPPERT, Ingo (1998), Die Entwicklung des Internet, Studie von Roland Berger, München

LORENZ, Andrew (1998), AT & T to harmonise with BT's Concert, in: The Sunday Times vom 28. Juni 1998

LOSDORFF, René und HILGARTH, Günther (1979), Elektrische Energieverteilung, 3., überarbeitete Auflage, Stuttgart: B. G. Teubner 1979

LOSSAU, Norbert (1997), Mit der Vorwahl 8816 ins All - weltweites Telefonieren an jedem Ort für drei Dollar die Minute in: Die Welt, vom 10. Januar 1997

LOWENSTEIN, Roger (1997), BT's Roar is bigger than its Bite, in: Journal Europe vom 9. Oktober 1997, S. 15

LUBER, Thomas (1999), Galgenfrist bis Juni - o.tel.o - Unter Vorbehalt billigten RWE und VEBA den Sanierungsplan von Firmenchef Thomas Geitner, sollte die Telefonfirma ihre Ziele verfehlen, droht der Verkauf, in: Capital vom 22. Januar 1999

LUDSTECK, Walter (1998), Entscheidung über das Handy der Zukunft - in Europa konkurrieren zwei Unternehmensallianzen um die Nachfolge für die GSM-Technik, in: Süddeutsche Zeitung, vom 27. Januar 1998

LUX, Harald (1998), Equant: Schritt in die private Marktwirtschaft gemeistert, in: Business Online Dezember 1998, S. 22 - 24

LÜCKE, Wolfgang (Hrsg., 1991), Investitionslexikon, 2. völlig neubearbeitete Auflage, München: Vahlen 1991

LÜTGE, Gunhild (1998), Funkt's endlich? Ein vierter Netzbetreiber soll den Handymarkt aufmischen - er startet mit Handicaps, in: Die Zeit, vom 17. September 1998

MACHE, Wolfgang (1993), Lexikon der Text- und Datenkommunikation, 3. verbesserte Auflage, München, Wien: Oldenburg 1993

MAHER, David W. (1997), Trademark Law on the Internet - will it scale? The Challenge to develop international Trademark Law, in: The John Marshall Journal of Computer & Information Law, Volume XVI, Fall 1997, Number 1, S. 3 - 1

MAIER-MANNHART, Helmut (1997), Kein „Big-Bang" am europäischen Himmel - Wie sich die Liberalisierung des Luftverkehrs auswirken wird, in: Süddeutsche Zeitung, vom 29. März 1997

MANNESMANN (1999), Geschäftsbericht 1998 der Mannesmann AG, download von http://www.mannesmann.de vom 6. Februar 1999

MATERNAGMAN, Mike (1996), More for less - „going virtual" is providing one way for businesses to free themselves..., in: Henley Newslink, Henley-on-Thames, Summer 1996, S. 12

MATHAUER, Veit (1996), Städte und Kommunen bauen eigene Netze auf - Deutschland im City-Netz-Fieber, in: PC-Magazin vom 23. Oktober 1996

MAUSSNER, Alfred und KLUMP, Rainer (1996), Wachstumstheorie, Berlin, Heidelberg, New York: Springer 1996

MAYO, John (1994), Directions in Technology and Customer Needs at AT & T, anläßlich des Kongresses des Münchner Kreises am 20. u. 21. April 1994, in: Witte, E. (Hrsg.), Global Players in Telecommunications, Berlin, Heidelberg, New York: Springer 1994, S. 127 - 137

MÄVER, Karl-Heinz (1997), Hanse-Net, Erfahrungsbericht eines City-Carriers [in Hamburg], Beitrag anläßlich des Carrier-Fachseminars 1997

MCCARTNEY, Neil (1997), December Surge in UK Market fails to match Christmas 1995, in: Financial Times, mobile Communications, Issue Number 209 vom 9. Januar 1997, S. 1 - 13

MCCARTNEY, Neil (1997a), BT trails Dect/GSM equipment with View to offering convergent Services, in: Financial Times, Mobile Communications, Issue Number 209 vom 9. Januar 1997, S. 1 - 13

MCDYSAN, David und SPOHN, Darren (1995), ATM Theory and Application, McGraw-Hill 1995

MCI (1997), Working together on a global Basis, August 1997, McLean, VA

MCI (1997a), 1996 Annual Report of MCI Communications Report, Washington, D.C.

MCI (1997b), MCI Statement on Louisiana PSC ruling on Bellsouth's premature long distance Bid, download von: http://www.mci.com/news-news/headline-872113644.shtml vom 20. August 1997

MCI (1997c), MCI 5 cents Sundays: 5 cents a Minute, every Minute, every Sunday, download von: http://www.mci.com/aboutus/products/mcione/index.shtml vom 28. September 1997

MCI (1998), MCI NNUL Reports: Selected Financial Information, download von: http://investor-mci.com/annual_reports/ar_1995/selcetd.html

MCKNIGHT, Lee and LEIDA, Brett (1998), Internet Telephony - Costs, Pricing and Policy, in: Telecommunications Policy, Vol. 22, No. 7, August 1998, S. 555 - 569

MCNALLY, Andrew (1997), Road Atlas United States, Canada, Mexico, Rand McNally USA 1997

MCNEE, Bill (1997), The Gartner Group Scenario: Rethinking the IT Investment Paradigm, GG Scenario V5.0 (3/97), Spring/Summer 1997

MEHTA, Stephanie (1998), BT to Buy MCI's 24.9 % Concert Stake, in: The Wall Street Journal Europe, vom 13. August 1998

MERCURY (1996), Business Review 1995 - 1996, London

MERCURY (1996a), Financial Statements 1995 - 1996, London

META (1998), Telekommunikationsmarkt wieder kräftig in Bewegung, auch Auswirkungen in Deutschland, Pressemitteilung der Meta Group vom 29. Juli 1998

MICHEL, Helmut (1998), Bald Funkstille für D-Netz-Kunden, in: Telefon Magazin, Nr. 3/98, S. 22 - 23

MIDDELHOFF, Thomas (1998), Wer bestimmt die Multimedia-Wertschöpfungskette, anläßlich der Fachkonferenz „Telekommunikation im Spannungsfeld von Innovation, Wettbewerb und Regulierung" des Münchner Kreises am 9. Januar 1998

MIHATSCH, Peter (1998), Telekommunikation auf dem Weg zum Wettbewerb, in: Picot (Hrsg.), Arnold, Telekommunikation im Spannungsfeld von Innovation, Wettbewerb und Regulierung, Heidelberg: Hüthig 1998, S. 65 - 75

MILLIN, Nicolaus (1997), Internationale Online-Dienste, in: Schulte, H., Telekommunikation - Dienste und Netze wirtschaftlich planen, einsetzen und organisieren, Interest Verlag, Augsburg, Grundwerk [1988], letzte Aktualisierung Oktober 1997, Teil 10, Kapitel 11.1, S. 1 - 30

MINES, Christopher (1998), Internet-Provider lösen die Telefonfirmen ab, Marktstudie der Forrester Research, 1998

MISERRE, Rainer (1997), Teilnehmerzugang im Ortsnetz - der steinige Weg zum Kunden, in: Gateway, vom Februar 1997, S. 92 - 96

MITCHELL, Bridger M. und VOGELSANG, Ingo (1991), Theory of Telecommunications Pricing, Wissenschaftliches Institut für Kommunikationsdienste, Diskussionsbeitrag Nr. 65, Bad Honnef, Juni 1991

MOBILCOM (1998), Firmenprofil und Pressemitteilungen der MobilCom AG, download von: http://www.MobilCom.de/about.html vom 29. Oktober 1998

MOLITOR, Bruno (1995), Wirtschaftspolitik, 5., überarb. u. ergänzte Aufl., München, Wien: Oldenburg 1995

MONLOUIS, Joseph (1998), The Future of Telecommunications Operator Alliances, in: Telecommunications Policy, Vol. 22, No. 8, September 1998, S. 635 - 641

MONOPOLKOMMISSION (2000), Wettbewerb auf Telekommunikations- und Postmärkten?, Sondergutachten der Monopolkommission gemäß § 81 Abs. 3 Telekommunikationsgesetz und § 44 Postgesetz

MÖSCHEL, Wernhard (1998), Der Staat auf dem Rückzug, in: Frankfurter Allgemeine Zeitung, vom 30. Mai 1998, S. 15

MUELLER, Milton (1998), The Battle over Internet Domain Names - global or national TLDs?, in: Telecommunications Policy, Vol. 22, No. 2, März 1998, S. 89 - 107

MÜLLER, Ute (1998), Telefon-Allianz Spanien-USA, Telefónica, WorldCom und MCI kooperieren - Hauptziel Lateinamerika, in: Die Welt, vom 11. März 1998

MÜLLER-BERG, Tanja (Hrsg., 1995), EDI-Knigge - Elektronischer Datenaustausch am Beispiel der Ausschreibung, Vergabe und Abrechnung (AVA) von Bauleistungen, Berlin, Heidelberg, New York: Springer 1995

MÜLLER-RÖMER, Frank (1998), Universelle mobile Kommunikation - Gibt es genügend Frequenzen?, in: Speidel, Joachim (Hrsg., 1998) Mobilität und Telekommunikation, Heidelberg: Hüthig 1998, S. 193 - 206

MÜLLER-VEERSE, Falk (1997), Datapro untersucht Trend im deutschen TK-Markt, Auf Wachstum geeicht, in: GATEWAY, Oktober 1997, S. 84 - 86

NAIK, Gautam (1998), Crosses Wires - BT's Global Dreams face huge Hang-Up in U.S. Merger Craze, in: The Wall Street Journal Europe, vom 22. und 23. Mai 1998

NATIONAL UTILITY (1997), Pay now or pay later, in: tele.com, vom Mai 1997, S. 10

NETZZUGANGSVERORDNUNG (1996), Verordnung über besondere Netzzugänge - NZV, Bundesministerium für Post und Telekommunikation, Referat für Presse und Öffentlichkeitsarbeit, Stand: 1. Oktober 1996

NEU, Werner (1997), Die Kunst der Regulierung, in: WIK Newsletter 28-1, download von: http://www.wik.org/N128-1.htm vom 18. November 1997

NEUBURGER, Rahild (1995), EDI und Internet, in: 10. DIN-Tagung EDIFACT, Anwender berichten über ihre Erfahrungen mit neuen EDI/EDIFACT-Implementierungen und Anwendungen am 27. und 28. Juni 1995 in Herrenberg bei Stuttgart, S. 18.1 - 18.9

NEUMANN, Manfred (1995), Theoretische Volkswirtschaftslehre II, Produktion, Nachfrage und Allokation, 4., überarbeitete Auflage, München: Vahlen 1995

NIEMANN, Frank (1997), Netscape will das Extranet hoffähig machen, in: Computerwoche Nr. 50/1997, S. 29 - 30

NOAM, Eli (1992), Telecommunications in Europe, New York, Oxford: Oxford University Press, 1992

NOAM, Eli (1996), The Prerequisites to Competition: Two Proposals to reform Universal Services and Interconnection, in: Witte, E. (Hrsg.), Regulierung und Wettbewerb in der Telekommunikation - Ein internationaler Vergleich, Heidelberg: v. Decker 1996, S. 101 - 120

NOAM, Eli (1997), Beyond Spectrum Auctions - Taking the next Step to open Spectrum Markets, in: Telecommunications Policy, Vol. 21, No. 5, Special Issue Juni 1996, S. 461 - 475

NOLDEN, Matthias (1997), TK-Anlagen, in: Schulte, Heinz, Telekommunikation - Dienste und Netze wirtschaftlich planen, einsetzen und organisieren, Interest Verlag, Augsburg, Grundwerk [1988], letzte Aktualisierung Juli 1997, Teil 8, Kapitel 4, S. 3

NORSWORTHY, John und TSAI, Diana (1996), Performance Measurement for Price Cap Regulation in Telecommunications using Evidence from a Cross-Section Study of U.S. Local Exchange Carriers, Rensselaer Polytechnic Institute and National Sun Yat-Sen University, Rev. 12 December 1996

NTTDOCOMO (1998), Mobile Innovations from NTT DoCoMo, CeBIT 1998

NÜRNBERGER, Christian (1997), Zukunft von der Rolle, in: Süddeutsche Zeitung Magazin Nr. 9, vom 28. Februar 1997, S. 12

OECD (1996), OECD Economic Studies No. 25, 1995/II, Paris

OECD (1996a), Globalisation and Linkages to 2020 - Challenges and Opportunities for OECD Countries, Paris, 1996

OECD (1997), Communications Outlook 1997, Volume 1, Paris, 1997

OECD (1997a), Communications Outlook 1997, Volume 2, Regulatory Annex, Paris, 1997

OECD (1998), Gateways to the global Market, Consumers and Electronic Commerce, OECD Proceedings, Paris, 1998

OECD (1998a), Open Markets Matter - The Benefits of Trade and Investment Liberalisation, Paris, 1998

OECD (1998b), Kein Wohlstand ohne offene Märkte - Vorteile der Liberalisierung von Handel und Investitionen, Paris, 1998

OECD (1999), The Economic and Social Impact of Electronic Commerce - Preliminary Findings and Research Agenda, Paris, 1999

OECD (2000), Communications Outlook 1999, Paris, 2000

OELLER, Karl-Heinz (1997), Die Bildung von strategischen Geschäftsfeldern, in: General Management Seminarunterlagen der St. Gallen Management und Business School, Zürich, Dezember 1997

OETINGER, Bolko v. (Hrsg., 1995), Das Boston-Consulting-Strategie-Buch, die wichtigsten Managementkonzepte für den Praktiker, 4. Auflage, Düsseldorf, Wien, New York, Moskau: ECON 1995

OFTEL (1998), A brief History of recent UK Telecoms and OFTEL, download von: http://www.oftel.gov.uk/history.htm vom 20. April 1998

OFTEL (1998a), Office of Telecommunication News, Issue No. 40, Juni 1998

OFTEL (1998b), Office of Telecommunication Competition Bulletin, Issue No. 10, Oktober 1998

OFTEL (1998c), Office of Telecommunication News, Issue No. 42, Dezember 1998

OFTEL (1999), Office of Telecommunication News, Issue No. 43, März 1999

OFTEL (1999a), Office of Telecommunication Competition Bulletin, Issue 12, April 1999

OLSON, Paul (1994), EDI und Electronic Commerce, in: EDIFACT Elektronischer Datenaustausch für Verwaltung, Wirtschaft und Transport, 9. DIN-Tagung am 14. und 15. Juni 1994 in München, S. 9.1 - 9.34

ONLINE-OFFLINE/Spiegel (1996), Awareness Comparision, Jan. - Sept. 1996

ONO, Ryota und AOKI, Kumiko (1998), Convergence and new regulatory Frameworks, in: Telecommunications Policy, Vol. 22, No. 10, November 1998, S. 817 - 838

O.TEL.O (1997), Das neue Gesicht der Telekommunikation, Düsseldorf, März 1997

O.TEL.O (1997a), o.tel.o gewinnt RTL als 750. Großkunden, download von: http://www.o-tel-o.de/PRESSE/ARCHIV/RTL.HTM vom 27. Oktober 1997

O.TEL.O (1999), VEBA und RWE verkaufen das Festnetzgeschäft von o.tel.o, download von: http://presse-o-tel-o.de/presseinfo/mitteilungen/pm990104.html vom 20. April 1999 o.V. (1995), BT sucht Ertragsausgleich auf dem Kontinent - Rationalisierung, Anlageinvestitionen und Auslandsengagements, in: Frankfurter Allgemeine Zeitung vom 9. Dezember 1995

o.V. (1996), Amerika will Monopole ausländischer Telefongesellschaften brechen, Benachteiligung der amerikanischen Verbraucher, in: Frankfurter Allgemeine Zeitung vom 19. November 1996

o.V. (1996a), Telefongebühren: Amerika droht mit Sanktionen, in: Frankfurter Allgemeine Zeitung, vom 20. Dezember 1996

o.V. (1996b), Development of the Revenue in the US Telecom Sector, in: FT vom 6. November 1996

o.V. (1996c), Telekommunikation, Viele Interessenten für neue Lizenzen, BT und C & W verlieren Duopol, in: Handelsblatt, vom 21. November 1996

o.V. (1996d), Vergabe der ersten Telefonlizenzen, Bötsch teilt noch in diesem Jahr [1996] für 1998 zu / viele Interessenten, in: Süddeutsche Zeitung, vom 19. Dezember 1996

o.V. (1997), Millennium and Emu Pose Problems, in: FT vom 7. Januar 1997

o.V. (1997a), Telekommunikation, RWE will tauschen, in: Der Spiegel, vom 13. Januar 1997

o.V. (1997b), Die vebacom vergrößert durch Kauf ihr Kabelnetz, in: Frankfurter Allgemeine Zeitung, vom 7. Januar 1997

o.V. (1997c), Spekulation um Talkline und E-Plus - Hartnäckige Gerüchte über den Tausch von Lizenzen / Thyssen dementiert, in: Frankfurter Allgemeine Zeitung, vom 13. Januar 1997

o.V. (1997d), British Telecom und MCI: Fusion schadet dem Wettbewerb nicht, Britischer Markt offen für Ausländer / Klagen über Monopole bei Ortsgesprächen in Amerika, in: Frankfurter Allgemeine Zeitung, vom 31. Januar 1997

o.V. (1997e), Behörde soll Anschluß sichern, Anhörung zur Regulierung des Telekommunikationsmarktes, in: Frankfurter Rundschau, vom 31. Januar 1997

o.V. (1997f), NCR Abspaltung von AT & T vollzogen, in: Handelsblatt, vom 3. Januar 1997

o.V. (1997g), Energiewirtschaft / Keine Versorgungsengpässe ... - Standortvorteile durch liberalisierte Märkte, in: Handelsblatt, vom 23. Januar 1997

o.V. (1997h), RWE will Talkline abgeben, in: Handelsblatt, vom 13. Januar 1997

o.V. (1997i), Sprint / Cable & Wireless interessiert? Telefon-Weltmacht, in: Handelsblatt, vom 19. März 1997

o.V. (1997j), AOL / Weltmarktführer will einsteigen - CompuServe soll übernommen werden, in: Handelsblatt, vom 5./6. April 1997

o.V. (1997k), Glasfasernetz für München, in: Süddeutsche Zeitung, vom 22. Januar 1997

o.V. (1997l), vebacom verstärkt das Geschäft mit Kabel-TV, in: Süddeutsche Zeitung, vom 7. Januar 1997

o.V. (1997m), Fesseln und Chancen der Globalisierung, die Großen werden mächtiger, die nationale Politik ist zunehmend zur Ohnmacht verurteilt, in: Süddeutsche Zeitung, vom 20. Januar 1997

o.V. (1997n), Telekom-Ortsnetz München jetzt vollständig digitalisiert - Ein Microchip führt in die Zukunft, in: Süddeutsche Zeitung, vom 30. Januar 1997

o.V. (1997o), Telephonieren in den USA - ein Problem, nur wer sich im Tarif-Wirrwarr zurechtfindet, kann preisgünstig Gespräche führen, in: Süddeutsche Zeitung, vom 13. Februar 1997

o.V. (1997p), Alcatel Alsthom erzielt nach Sanierungskur wieder Gewinn, in: Süddeutsche Zeitung, vom 19. März 1997

o.V. (1997q), Die Entscheidung über Bewag fällt Anfang Mai, in: Süddeutsche Zeitung, vom 24. April 1997

o.V. (1997r), Mobilfunk / Sony tritt UMTS-Konsortium führender GSM-Hersteller bei - Sieben führende Anbieter basteln an den Standards von morgen, in: Handelsblatt, vom 9. Dezember 1997 o.V. (1998), Telephon-Gesellschaften legen Widerspruch gegen Gebührenpläne der Telekom ein, in: Süddeutsche Zeitung, vom 3. Januar 1998, S. 23

o.V. (1998a), Grundstein für Weltstandard gelegt - Europas Telekombranche einigt sich auf Mobilfunkstandard, in: Handelsblatt, vom 29. Januar 1998

o.V. (1998b), Die höhere Gebühr für das Kabelfernsehen wird nicht genehmigt, in Frankfurter Allgemeine Zeitung, vom 20. April 1998

o.V. (1998c), Eutelsat bereitet seine Privatisierung vor, in Frankfurter Allgemeine Zeitung, vom 25. Mai 1998, S. 21

o.V. (1998d), Der transatlantische Anschluß, in: Börsen-Zeitung, vom 28. Juli 1998

o.V. (1999), Bell Atlantic will Airtouch für 45 Milliarden Dollar kaufen, in: Süddeutsche Zeitung, vom 2./3. Januar 1999

o.V. (1999a), Motorola erwägt Ausstieg aus dem Satellitenkonsortium - Das Aus für Iridium rückt näher, in: Handelsblatt, vom 17. Juni 1999

PACIFIC BELL (1997), White Pages for San Francisco until September 1997

PALINKAS, Peter (1997), Cooperation in Energy Policies: European Union (EU) - Eastern Europe, in: Welfens, J.J. Paul und Yarrow George (Eds., 1997), Telecommunications and Energy in Systemic Transformation - International Dynamics, Deregulation and Adjustment in Network Industries, Berlin, Heidelberg, New York: Springer 1997, S. 393 - 421

PATERNA, Peter (1995), Postreform II - und wie geht es weiter, in: telak GmbH (Hrsg.), Corporate Networks und neue Techniken, Proceedings des Telekom-Anwender-Kongresses '94, Wiesbaden: Vieweg 1995, S. 177 - 187

PATERNA, Mischa (1996), Globalisierung der Telekommunikationsmärkte - Internationalisierungstrategien der Netzbetreiber am Beispiel der Deutschen Telekom AG, Dissertation: Universität St. Gallen

PELZEL, Robert (1991), Design und Implementierung einer Marketingstrategie in der Investitionsgüterindustrie, AKAD Rendsburg

PELZEL, Robert (1995), The Project Approach of Computer Enterprises, Henley Management College/Brunel University, Uxbridge (UK)

PELZEL, Robert (1997), Service Level Agreements in the Telecommunication Industry, Diskussionsbeitrag für das International Institute of Research in Düsseldorf am 22. Januar 1997

PELZEL, Robert (1998), The European Integration of Bid and Project Management, Diskussionsbeitrag für die European BT Bid Management Conference in Rom am 4. Juni 1998

PELZEL, Robert (1999), Großkundenprojektmanagement im internationalen Telekommunikationsmarkt, Diskussionsbeitrag für das International Institute of Research in Köln am 30. März 1999

PELZEL, Robert (1999a), Maß genommen, maßgeschneidert, Lösungen aus einer Hand von VIAG Interkom und kompetenten Partnern, in: Views - das VIAG Interkom Magazin zur Telekommunikation, Juli 1999, S. 15 - 16

PENZIAS, Arno (1998), Das Internet als Herausforderung, in: NET, Zeitschrift für Kommunikationsmanagement, April 1998, S. 60 - 61

PESCH, Stephan (1997), Telefonnummer - Wechsel ohne Kummer, in: IHK Magazin, Hannover: Juni 1997

PETER, Michael (1997), Das Hauptziel verfehlt, in: Wirtschaftswoche Nr. 26, vom 19. Juni 1997, S. 22 - 23

PETERS, Eva-Maria (1997), Internet-Telefonie: Entwicklungstendenzen und wettbewerbspolitische Implikationen, in: WIK Newsletter März 1997, Nr. 26

PETERS, Hans-Rudolf (1993), Einführung in die Theorie der Wirtschaftssysteme, 2., überarb. u. erw. Aufl., München, Wien: Oldenburg 1993

PETERSEN, Hans-Georg (1988), Finanzwissenschaft II, Spezielle Steuerlehre - Staatsverschuldung - Finanzausgleich - makroökonomische Finanzwissenschaft und Finanzpolitik, Stuttgart, Berlin, Köln: Kohlhammer 1988

PETERSEN, Hans-Georg (1993), Finanzwissenschaft I, Grundlegung - Haushalt - Aufgaben und Ausgaben - Allgemeine Steuerlehre, 3., überarb. und erw. Auflage, Stuttgart, Berlin, Köln: Kohlhammer 1993

PETRIK, Claudia (1997), 5. Forum Telekommunikation, Allianzen sind Zeitverschwendung, in: Gateway April 1997, S. 18

PEUCKERT, Heribert (1999), Electronic Commerce und Sicherheit, Vortrag beim Bundesamt für Sicherheit und Informationstechnik, download von: http://www.bsi.de/literat/tagungsb/preukert.htm vom 27. Mai 1999

PICOT, Arnold (1998), Zusammenhänge zwischen Innovation und Marktentwicklung in der Telekommunikation, anläßlich der Fachkonferenz „Telekommunikation im Spannungsfeld von Innovation, Wettbewerb und Regulierung" des Münchner Kreises am 9. Januar 1998

PINSKE, Jürgen (1981), Elektrische Energieerzeugung, Stuttgart: Teubner 1981

PITTS, Alison (1997), Overview of Competition in the Business Market 1997/98, download von: http://www.irc.bt.co.uk/caassess/mktsummi/mktsummi.htm vom 3. März 1998

PLAGEMANN, Jürgen (1996), Rechtliche Rahmenbedingungen für Funkkommunikation, Diskussionsbeitrag für die International Institut of Research Konferenz „Drahtlose Inhouse-Kommunikation" vom 3. bis 5. Dezember 1996 in Düsseldorf, Kap. 11, S. 1 - 20

PLICA (1998), Ortstarife im Mobilfunk sollen Privatkunden locken - eine Plica Marktstudie, in: Frankfurter Allgemeine Zeitung, vom 28. September 1998

POLACK, Fr. (1882), Bilder aus der alten und vaterländischen Geschichte, ein Leitfaden für Volks- und Bürgerschulen, 10. Auflage, Berlin: Theodor Hofmann Verlag 1882

POLLACK, Wolfgang (1996), Gemeinden entdecken das Network-Geschäft, die deutschen Städte lassen Telefonfirmen außen vor - ..., in: Welt am Sonntag, vom 27. Oktober 1996

POPPER, K. R. (1984), Logik der Forschung, 8. Auflage, Tübingen

PORTER, Michael (1985), Competitive Advantage - Creating and Sustaining Superior Performance, in: The Free Press, New York

POSPISCHIL, Rudolf (1998), Fast Internet, An Analysis about Capacities, Price Structures and Government Intervention, in: Telecommunications Policy, Vol. 22, No. 9, Oktober 1998, S. 745 - 755

POSTINETT, Axel (1998), Online-Dienste - vom Datenspediteur zur globalen Medienwelt, in: Handelsblatt, vom 2. Februar 1998

PRIBILLA, Peter; REICHWALD, Ralf; GOECKE, Robert (1996), Telekommunikation im Management - Strategien für den globalen Wettbewerb, Stuttgart: Schäffer-Poeschel 1996

PRIBILLA, Peter (1997), It's the people that make the difference, in: Turning Future into Reality, Imagebroschüre des Unternehmensbereiches ÖN [öffentliche Netze] der Siemens AG, März 1997

PRIEGER, James (1998), Universal Service and the Telecommunications Act of 1996, in: Telecommunications Policy, Vol. 22, No. 1, 1998, S. 57 - 71

REGTP (1998), Pressemitteilung - Preselection-Antrag zurückgezogen, download von: http://www.regtp.de/Aktuelles/pmreselction.htm

REGTP (1998a), Abschlußbericht des Expertengremiums für Numerierungsfragen beim Bundesministerium für Post und Telekommunikation, vom 4. Dezember 1995, in: RegTP-Thema: Numerierung, vom Februar 1998

REGTP (1998b), Leitlinien der Regulierungspolitik des wissenschaftlichen Arbeitskreises bei der Regulierungsbehörde, vom 19. Juni 1998 download von: http://www.regtp.de/ Aktuelles/pm1906.htm

REGTP (1998c), Regulierungsbehörde für Telekommunikation und Post (RegTP), vom 16. April 1998 download von: http://www.regtp.de/Regulierung/regtp.htm

REGTP (1999), Ein Jahr Regulierungsbehörde für Telekommunikation und Post - Jahresbericht 1998, Referat für Presse und Öffentlichkeitsarbeit Bonn

REGTP (1999a), Regulierungsbehörde für Telekommunikation und Post (RegTP), vom 13. Februar 1999 download von: http://www.regtp.de/Regulierung/regtp.htm

REGTP (1999b), Amtsblatt 4/99 vom 10. März 1999 - Regulatorische Behandlung von Verbindungsnetzen und öffentlichen Telekommunikationsnetzen im Hinblick auf die Zusammenschaltungsvorschriften des TKG

REGTP (1999c), Telekommunikations- und Postmarkt im Jahre 1999 - Marktbeobachtungsdaten der Regulierungsbehörde für Post und Telekommunikation, Stand: 30. Juni 1999, Referat für Presse und Öffentlichkeitsarbeit Bonn

REGTP (1999d), WLL-PMP-Richtfunk, weitere Zuteilungsmöglichkeiten - Regulierungsbehörde für Post und Telekommunikation, Stand: 13. Oktober 1999, Referat für Presse und Öffentlichkeitsarbeit Bonn

REGTP (1999e), Tätigkeitsbericht 1998 / 1999 der Regulierungsbehörde für Telekommunikation und Post, Bonn, Dezember 1999, Referat für Presse und Öffentlichkeitsarbeit Bonn

REIERMANN, Christian (1997), Der Abwickler wird abgewickelt, in: Berliner Zeitung Nr. 294, vom 17. Dezember 1997

REUTERS (1997), Deutschland: Telekom lenkt im Netzzugangsstreit ein, in: Reuters News Service, 29. September 1997

RICKE Helmut (1994), Referat „New Opportunities Through Cooperation" anläßlich des Kongresses des Münchner Kreises am 20. u. 21. April 1994, in: Witte, E. (Hrsg.), Global Players in Telecommunications, Berlin, Heidelberg, New York: Springer 1994, S. 32 - 44

RIEDEL, Donata (1998), Ein Schritt zum Wettbewerb im Ortsnetz, in: Handelsblatt, vom 11. März 1998

RIEDEL, Donata (1998a), Wieviel kostet ein Telefonanschluß wirklich - Regulierungsbehörde und Unternehmen arbeiten an einem Kostenmodell Ortsnetz, in: Handelsblatt, vom 20. Juli 1998

RITTER, Ulrich Peter (1997), Vergleichende Volkswirtschaftslehre, 2. durchgesehene und erweiterte Auflage, München, Wien: Oldenburg 1997

ROCHLITZ, Alexander (1996), Strategisches Planungskonzept für Corporate Networks, in: NET November 1996

ROLAND BERGER & PARTNER (1997), Herrschaft der Ex-Monopolisten, die zehn größten Telefongesellschaften der Welt, in: Managermagazin, Netzwerk der Giganten, Januar 1997

ROSENBUSH, Steve (1997), More Players deal prepaid Cards, in: USA Today, 16. April 1997, Section B

RUGGIERO, Renato (1996), WTO / Die erste Ministerkonferenz muß wichtige Weichenstellungen vornehmen, eine Botschaft des Vertrauens für die Zukunft des freien Handels, in: Handelsblatt, vom 19. November 1996

RUMPEL, D. und SUN, J. R. (1988), Netzleittechnik: Informationstechnik für den Betrieb elektrischer Netze, Berlin, Heidelberg, New York: Springer 1989

RWE (1996), RWE Aktiengesellschaft, Geschäftsbericht 1995/1996, Dezember 1996

RWE (1997), RWE Aktiengesellschaft, Geschäftsbericht 1996/1997, Dezember 1997

RWE (1998), RWE AG, Geschäftshalbjahr 1997/1998, April 1998

RWE (1999), RWE AG Geschäftsbericht 1997/1998, September 1998

SCHANZ, Günther (1988), Methodologie in der Betriebswirtschaft 2. überarbeitete und erweiterte Auflage, Stuttgart: Schäffer Poeschel 1988

SCHECKENBACH, Rainer (1997), Electronic Commerce (EC), in: Schulte, H., Telekommunikation - Dienste und Netze wirtschaftlich planen, einsetzen und organisieren, Interest Verlag, Augsburg, Grundwerk [1988], letzte Aktualisierung Oktober 1997, Teil 14, Kapitel 15, S. 1 - 12

SCHEUCH, Fritz (1989), Marketing, 3., erneuerte und erweiterte Auflage, München: Vahlen 1989

SCHEURLE, Klaus-Dieter (1996), Was versteht man künftig in Deutschland unter Universal Service und wie soll er von wem festgelegt werden?, in: Kubicek, Herbert (Hrsg.), Jahrbuch der Telekommunikation 1996, S. 217 - 222

SCHEURLE, Klaus-Dieter (1996a), Der neue ordnungspolitische Rahmen für die Telekommunikationsmärkte - eine Bestandsaufnahme, in: Witte, E. (Hrsg.), Das Telekommunikationsgesetz 1996: Eine Herausforderung für Markt und Ordnungspolitik; das Buch hat als Grundlage die Referate der Fachkonferenz des Münchner Kreises vom 8. Juli 1996, Heidelberg: v. Decker 1996, S. 17 - 34

SCHEURLE, Klaus-Dieter (1998), Aufgaben der Regulierungsbehörde für Post und Telekommunikation im Bereich Electronic Commerce, Rede beim 1. Deutschen Praxisforum für Electronic Commerce am 4. März 1998 in Frankfurt, download von: http://www.regtp.de/Regulierung/scheurle3.htm vom 25. Juni 1998

SCHEURLE, Klaus-Dieter (1998a), Förderung des Wettbewerbs auf dem deutschen Telekommunikationsmarkt, Rede bei der 4. Internationalen Jahrestagung „Telekommarkt Europa" in Bonn vom 29. Juni 1998 bis 1. Juli 1998

SCHEURLE, Klaus-Dieter (1999), Regulierung erfolgreich, in: IT-Business Magazin vom Juli 1999, S. 11 - 12

SCHKEUDITZ (1997), Telekom-Bündnis im Osten - fünf Stromversorger gründen Netzgesellschaft - Unternehmen als Kunden, in: Die Welt, vom 11. Februar 1997

SCHMALEN, Helmut (1990), Grundlagen und Problem der Betriebswirtschaft, 7. Auflage, Köln: Wirtschaftsverlag Bachem 1990

SCHMELZER, Lisa (1998), Preiskampf am Handymarkt hat erst begonnen, in: Frankfurter Societät, 14. Juli 1998

SCHMITZ, Ulrich (1998), TV-Kabelnetz: Telekom denkt an den Verkauf der Infrastruktur - Konkurrenz testet Internet übers Kabel, in: VDI Nachrichten, Nr. 20 vom 15. Mai 1998

SCHNEIDER, Helmut (1997), Grundlagen der Volkswirtschaftslehre, 2. Auflage, München; Wien: Oldenburg 1997

SCHNEIDER, Peter (1997a), Regulierung und Standardisierung, INTEREST Verlag, Augsburg, Grundwerk [1988], letzte Aktualisierung Oktober 1997, Teil 1, Kapitel 5/2

SCHNÖRING, Thomas und GRUPP, Hariolf (1990), Internationaler Vergleich von Forschung und Entwicklung für die Telekommunikation: Abschlußkapitel einer gemeinsamen Untersuchung des WIK und des Instituts für Systemtechnik und Innovationsforschung (ISI) der Fraunhofer-Gesellschaft, Bad Honnef 1990

SCHRADER, Stephan (1996), Der neue ordnungspolitische Rahmen für die Telekommunikationsmärkte - eine Bestandsaufnahme, in: Witte, E. (Hrsg.), Das Telekommunikationsgesetz 1996: Eine Herausforderung für Markt und Ordnungspolitik, Heidelberg: v. Decker 1996, S. 35 - 44

SCHRADER, William (1998), In 5 Jahren 80 % Internet-Telefonie, in: teleCommunication, Juli 1998

SCHRADER-KELLER, Angelika (1997), Liberalisierung / Die Anbieter haben sich formiert - Die Strategie der Neuen: Alles oder Nichts, in: Handelsblatt vom 19. Februar 1997

SCHRADER-KELLER, Angelika (1998), Neuer Standard ermöglicht die Übertragung großer Datenmengen, in: Handelsblatt vom 17. Februar 1998

SCHULTE, Heinz (1996), Telekommunikation - Dienste und Netze wirtschaftlich planen, einsetzen und organisieren, INTEREST Verlag, Augsburg, Grundwerk [1988], letzte Aktualisierung Dezember 1996, Teil 3, Kapitel 2-V, S. 4

SCHUMPETER, Joseph Alois (1911), Theorie der wirtschaftlichen Entwicklung, 6. Auflage, Duncker & Humblot, Berlin, 1964

SCHWAB, Rolf (1996), Netze, Dienste, Marktvolumina im statistischen Überblick, in: Kubicek, Herbert (Hrsg.), Jahrbuch der Telekommunikation 1996, S. 398 - 404

SCHWARZ-SCHILLING, Christian (1998), Telekommunikation in Deutschland - auf dem Weg zum Wettbewerb?, Rede am 23. Januar 1998 in München anläßlich der Veranstaltung der VIAG Interkom „Focus '98"

SCHWEIKLE, Johannes (1997), Im Dienst [von BTX zu T-Online], in: Zeitmagazin, vom März 1997

SCHÄFERS, Horst (1999), Customer Care in der Praxis, Vortrag bei der 5. Internationalen Handelsblatt-Jahrestagung „Telekommarkt Europa" in Köln vom 29. Juni 1999 bis 1. Juli 1999

SCOTT, Charlie, WOLFE, Paul and ERWIN, Mike (1999), Virtuelle Private Netze, 1. Aufl., Köln: O'Reilly 1995

SELL, Axel (1994), Internationale Unternehmenskooperationen, München, Wien: Oldenburg 1994

SHAPIRO, Carl und VARIAN, Hal (1998), Information Rules - A Strategic Guide to the Network Economy, Rede anläßlich der Fachkonferenz „Das Internet von Morgen - Neue Technologien für neue Anwendungen" des Münchner Kreises am 19. November 1998

SIEDECK, Hans-Jürgen (1996), Perspektiven der Telekommunikations-Angebote, Diskussionsbeitrag für die Konferenz Drahtlose Inhouse-Kommunikation des IIR in Düsseldorf am 3. bis 5. Dezember 1996, Kap. 7, S. 1 - 43

SIEMENS (1997), Turning Future into Reality, Imagebroschüre des Unternehmensbereichs ÖN der Siemens AG, März 1997

SIEMENS (1997a), EWSD - the Generic Platform for all Applications, Technical System Description, Verkaufsprospekt des Bereichs Öffentliche Kommunikationsnetze der Siemens AG, 1997

SIEMENS (1997b), Communications and Information Systems, download von: http://www.siemens.com/milestone/comm.html vom 17. Dezember 1997

SIERRA TELEPHONE (1997), Directory for Mariposa Country and Eastern Madera Country

SINCLAIR, Alison (1996), Vertical Integration in the Electricity Supply Industry: Competition and Investment Issues, in: Diskussionspapier anläßlich der internationalen Konferenz „Competition in Network Industries" des Europäischen Instituts für internationale Wirtschaftsbeziehungen in Potsdam, November 1996

SOMMER, Ron (1996), Wir erleben gerade eine Revolution, Interview in: Der Spiegel vom Februar 1996

SOMMER, Ron (1997), Chancen durch Wettbewerb, Diskussionsbeitrag anläßlich des CSU Innovationskongresses „Telekommunikation und Multimedia - Neue Arbeitsplätze durch neue Technologien" am 7. März 1997 in München

SOMMERLATTE, Tom (1998), Liberalisierung und Marktwirtschaft, in: 75 Jahre VIAG, März 1998, S. 41

SPECTRUM (1997), Moving into the Information Age - An International Benchmark Study, 1997, download von: http://www.isi.gov.uk/isi/bench/mitia/index.html vom 12. Dezember 1997

SPECTRUM (1998), Moving into the Information Age - An International Benchmark Study, 1998, download von: http://www.isi.gov.uk/isi/bench/mitia/index.html vom 3. Dezember 1998

SPEHR, Michael (1998), Netzstart ohne Geräte, mit Iridium ist man auf der ganzen Welt erreichbar - wenn denn die Handies lieferbar sind, in: Frankfurter Allgemeine Zeitung vom 15. Dezember 1998

SPEIDEL, Joachim (1997), Begrüßung und Einführung, anläßlich des Kongresses des Münchner Kreises am 12. u. 13. November 1997, in: Witte, E. (Hrsg.), Mobility and Telecommunications, Berlin, Heidelberg, New York: Springer 1997, S. 2

SPRINT (1997), Sprint PCS in your Area - We are headed your way, September 1997, download von: http://www.sprint.com/pcs/area.html vom 24. September 1997

SPRINT (1998), Sprint Milestones, download von: http://www.sprint.com/sprint/overview/mileston.html vom 25. Mai 1998

STANLEY, Kenneth (1999), Accounting Rates of the United States, the United Kingdom and New Zealand, ITU 1999

STATISTISCHES BUNDESAMT (1999), Bundesrepublik Deutschland in Zahlen, Statistisches Bundesamt Wiesbaden 1999

STATISTISCHES JAHRBUCH (1996), für die Bundesrepublik Deutschland, Statistisches Bundesamt Wiesbaden 1996, S. 337

STEINHOFF, Jürgen (1997), Affäre - Mit 32 Jahren in Rente, in: Stern Nr. 10 vom 27.2.1997

STOETZER, Matthias-W und TEWES, Daniel (1996), Competition in the German Cellular Market - Lessons of Duopoly, in: Telecommunications Policy, Vol. 20, No. 4, 1996, S. 303 - 310

STRAWE, Olav V. (1997), Der blanke Kupferdraht - Telekom will Zugang zum Teilnehmer nur gebündelt bereitstellen, in: TeleTalk, Juni 1997, S. 24 - 25

TARJANNE, Pekka (1994), The Implications of Global Telecommunication Systems for the ITU, anläßlich des Kongresses des Münchner Kreises am 20. u. 21.4.1994, in: Witte, E. (Hrsg.), Global Players in Telecommunications, Berlin, Heidelberg, New York: Springer 1994, S. 5 - 14

TARJANNE, Pekka (1996), The Promise and the Pitfalls of Privatization, ITU-Office of the Secretary-General, download von: http://www.itu.int/speeches/tarjanne..., vom 22. Januar 1996

TARJANNE, Pekka (1996a), New World of Telecommunications, Referat in: Witte, E. (Hrsg.), Regulierung und Wettbewerb in der Telekommunikation - Ein internationaler Vergleich, Heidelberg: v. Decker 1996, S. 149 - 159

TARJANNE, Pekka (1997), The WTO Basic Telecommunication Agreement - An ITU Viewpoint, Geneva, WTO, 28. November 1997

TARJANNE, Pekka (1999), Reforming the international accounting rate system, ITU-Office of the Secretary-General, Download von: http://www.itu.int/plweb-cgi/fastweb, vom 4. Oktober 1999

TARJANNE, Pekka (1999a), Preparing for the Next Revolution in Telecommunications: Implementing the WTO Agreement, in: Telecommunications Policy, Vol. 23, No. 1, Februar 1999, S. 51 - 63

TELECOM HANDEL (1998), Private vermitteln 50 Millionen Minuten, in: Telecom Handel 17/98 vom 21. August 1998, S. 20 - 21

TELECOM HANDEL (1998a), Festnetzmarkt - Knirschen im Netzwerk, in: Telecom Handel 24-25/98 vom 11. Dezember 1998, S. 20

TELECOMMUNICATIONS (1998), Telecom Act's 'Failure' blamed for US Consolidation, in: International Edition Telecommunications - Data, Image, Voice and Networks, Juni 1998, S. 13 - 22

TELEKOMMUNIKATIONSGESETZ (1996), Bundesministerium für Post und Telekommunikation, Referat für Presse und Öffentlichkeitsarbeit zum Thema TKG, Stand: Juli 1996

TELETALK (1997), Lizenzvergabe in der Telekommunikation, in: Teletalk vom Februar 1997

TENZER, Gerd (1999), Netzsicherheit - ein entscheidender Mehrwert im Diensteangebot der Deutschen Telekom AG, Vortrag beim Bundesamt für Sicherheit und Informationstechnik, download von: http://www.bsi.de/literat/tagungsb/tenzer.htm vom 27. Mai 1999

TEST (1998), Mobilfunknetze in Deutschland, in: Test Dezember 1998

TEWES, Daniel (1998), Fixed Mobile Convergence und Unternehmensorganisation, in: WIK Newsletter, September 1998, Nr. 32

THOMAS, Hans-Dieter (1992), Rationalisierung und Ordnungsmäßigkeit des Zahlungsverkehrs, AWV - Arbeitsgemeinschaft für wirtschaftliche Verwaltung e. V., Eschborn 1992

THUM, Marcel (1995), Netzwerkeffekte, Standardisierung und staatlicher Regulierungsbedarf, Tübingen: Mohr 1995

THUSWALDNER, Andreas (1998), International Telephony Revenue Settlement Reform, in: Telecommunications Policy, Vol. 22, No. 8, September 1998, S. 681 - 696

THYSSEN (1994), Thyssen Aktiengesellschaft, Geschäftsbericht 1993/1994, Dezember 1994

THYSSEN (1995), Thyssen Aktiengesellschaft, Annual Report 1994/1995, Dezember 1995

THYSSEN (1996), Thyssen Aktiengesellschaft, Geschäftsbericht 1995/1996, Dezember 1996

THYSSEN (1997), Thyssen Aktiengesellschaft, Geschäftsbericht 1996/1997, Dezember 1997

THYSSEN (1998), Thyssen Aktiengesellschaft, Konzernbilanz 1995/1996, April 1998

THYSSEN (1999), Thyssen Stahl AG, Geschäftsbericht 1997/1998, Dezember 1998

TICHY, Roland (1998), Sprung im Netz, in: Die Woche vom 9. April 1998, S. 1 - 3

TKLGEBV (1998), Telekommunikations-Lizenzgebührenverordnung (TKLGebV), im Kabinett verabschiedet am 23. Juni 1997, tritt rückwirkend zum 1. November 1996 in Kraft, Stand Februar 1998

TKV (1997), Entwurf einer Telekommunikations-Kundenschutzverordnung aufgrund des § 41 des Telekommunikationsgesetzes vom 25. Juli 1996 ..., Stand: 12. September 1997

TYLER, Michael und BEDNARCZYK, Susan (1998), International Economic Relationships in Telecommunications - A painful Transformation, in: Telecommunications Policy, Vol. 22, No. 10, November 1998, S. 797 - 816

UCPTE (1993), UCPTE Halbjahresbericht April - September 1993, Madrid

UMTS (1997), Spectrum for IMT 2000, UMTS Forum, London, October 1997

UMTS (1999), Mobile Telephony will overtake fixed Telephony soon, UMTS Forum, Paris, Mai 1999

UNISOURCE (1997), Annual Report 1996, Amsterdam, 24. April 1997

VALLANCE, Ian (1994), Referat „Putting Global Customers First" anläßlich des Kongresses des Münchner Kreises am 20. u. 21. April 1994, in: Witte, E. (Hrsg.), Global Players in Telecommunications, Berlin, Heidelberg, New York: Springer 1994, S. 15 - 19

VALLANCE, Ian (1998), The Role of Regulation in newly Competitive European Markets, download von: http://swift.boat.bt.co.uk:8080/vallance/articles/pne.htm vom 12. November 1998

VALLETTI, Tommaso und CAVE, Martin (1998), Competition in UK mobile communications, in: Telecommunications Policy, Vol. 22, No. 2, März 1998, S. 109 - 131

VEBA (1995), VEBA AG Geschäftsbericht 1994, Düsseldorf, 1. März 1995

VEBA (1997), VEBA AG Geschäftsbericht 1996, Düsseldorf, 1. März 1997

VEBA (1997a), VEBA AG Interim Report 1. Januar - 30. September, 1997, Düsseldorf, November 1997

VEBA (1998), VEBA AG Zahlen und Fakten 1997, Düsseldorf, 6. April 1998

VEBA (1999), VEBA AG Geschäftsbericht 1998, Düsseldorf, 24. März 1999

VEBACOM (1996), Über das Unternehmen, Publikation anläßlich der Systems 1996 vom 21.- 25. Oktober 1996 in München

VEREINSBANK (1995), Branchenanalyse - die deutsche Telekommunikationsbranche, München: Bayerische Vereinbank AG, 10. März 1995

VIAG (1995), VIAG AG Geschäftsbericht 1994, München, Mai 1995

VIAG NEWS (1996), Informationen der VIAG Aktiengesellschaft, Nr. 9, Stand: Dezember 1996

VIAG (1996a), VIAG AG Annual Report 1995, München, Mai 1996

VIAG (1997), VIAG AG Geschäftsbericht 1996, München, Mai 1997

VIAG (1998), VIAG AG Zwischenbericht 1997, München, Februar 1998

VIAG (1998a), 75 Jahre VIAG, München, März 1998

VIAG (1998b), VIAG AG Geschäftsbericht 1997, München, Mai 1998

VIAG (1999), VIAG AG - Value through Excellence, Geschäftsbericht 1998, München, Mai 1999

VIAG INTERKOM (1997), Unternehmenspräsentation und Wettbewerbsübersicht, Stand Februar 1997

VIAG INTERKOM (1997a), Kundenpräsentation Frame Relay, Stand März 1997

VIAG INTERKOM (1997b), Unternehmenspräsentation und Wettbewerbsübersicht, Stand September 1997

VIAG INTERKOM (1997c), Wettbewerbsbeobachtung CeBit 1997, WorldCom/MFS

VIAG INTERKOM (1998), Unternehmenspräsentation Dezember 1997 / Januar 1998

VIAG INTERKOM (1998a), Corporate-Review - Marktanalyse und strategischer Handlungsbedarf auf Basis einer Infrateststudie, September 1998

VIAG INTERKOM (1999), Unternehmenspräsentation und Wettbewerbsübersicht, Stand: September 1999

VIAG INTERKOM (1999a), Offizieller Produkt Launch Kalender 1999/2000, Oktober 1999

VOGELSANG, Ingo (1996), Wettbewerb im Ortsnetz - Neue Entwicklungen in den USA, Diskussionsbeitrag Nr. 168, Bad Honnef, Wissenschaftliches Institut für Kommunikationsdienste

VOGELSANG, Ingo (1996a), Preisregulierung und Wettbewerb in der Telekommunikation, Referat in: Witte, E. (Hrsg.), Regulierung und Wettbewerb in der Telekommunikation - Ein internationaler Vergleich, Heidelberg: v. Decker 1996, S. 121 - 141

VOGELSANG, Ingo (1997), Antitrust vs. Sector Specific Approaches in Regulating Telecommunications Markets, in: Elixmann, Dieter und Kürble, Peter (Eds.), Multimedia - Potentials and Challenges from an Economic Perspective, Bad Honnef: WIK, April 1997, S. 65 - 88

VOGT, Günter (1996), Technische Entwicklung in der Telekommunikation, in: Kubicek, Herbert (Hrsg.), Jahrbuch der Telekommunikation 1996, S. 391 - 395

VWD (1997), Bötsch vergibt die E2-Mobilfunklizenz an Viag/BT-Joint-Venture, 4. Februar 1997

WAGNER, Helmut (1997), Wachstum und Entwicklung: Theorie der Entwicklungspolitik, 2., erw. Aufl., München, Wien: Oldenburg 1997

WALKER, Anna (1996), Reports on the Developments and Experiences in selected Countries, [here] UK, Referat in: Witte, E. (Hrsg.), Regulierung und Wettbewerb in der Telekommunikation - Ein internationaler Vergleich, Heidelberg: v. Decker 1996, S. 35 - 46

WALKER, Dawson und KELLY, Frank und SOLOMON Jonathan (1997), Tariffing in the new IP/ATM environment, in: Telecommunications Policy, Vol. 21, No. 4, Mai 1997, S. 283 - 295

WALZ, Uwe (1997), Innovation, Foreign Direct Investment and Growth, in: Economica, Volume 64, London, Februar 1997, Nr. 253, S. 63 - 79

WATERS, Richard (1997), AT & T begins attack on local Telephone Market, in: Financial Times, vom 28. Januar 1997

WATERS, Richard (1999), AT & T and MCI numbers beat forecast, in: Financial Times, vom 30. Juli 1999

WEBER, Lukas (1998), Ein Blitzstart mit angezogener Handbremse - Bertelsmann, Kirch, die Telekom und die Wettbewerbsbehörden - Chronik des digitalen Fernsehens, in: Frankfurter Allgemeine Zeitung, vom 28. Mai 1998

WEILER, Bernd (1999), NTT wird in vier Teile gespalten - größter Telefonkonzern der Welt plant Holdingstruktur - Folge der Deregulierung, in: Handelsblatt vom 16. Februar 1999

WEINKOPF, Marcus (1994), Regulierung und Markteintrittsliberalisierung im US-amerikanischen Telekommunikationsbereich, Diskussionsbeitrag Nr. 132, Bad Honnef, Wissenschaftliches Institut für Kommunikationsdienste

WEISHAUPT, Georg (1997), Eifersucht, in: Handelsblatt, vom 25. März 1997

WEISHAUPT, Georg (1997a), Telekommunikation, Internet als Konkurrenz zum Festnetz - Preiskampf um die Telefonkunden, in: Handelsblatt, vom 4. April 1997

WEISMANN, Dennis L. und ZHANG, Mingyuan (1997), Opportunities vs incentives to discriminate in the US telecommunications industry, in: Telecommunications Policy Mai 1997, S. 309 - 316

WELLENIUS, Björn (1996), Emerging Economies, in: Referat in: Witte, E. (Hrsg.), Regulierung und Wettbewerb in der Telekommunikation - Ein internationaler Vergleich, Heidelberg: v. Decker 1996, S. 69 - 82

WELFENS, Paul, J. J. (1995), Grundlagen der Wirtschaftspolitik, Berlin, Heidelberg, New York, Tokio: Springer 1995

WELFENS, Paul, J. J. (1996), Competition, Privatization and Foreign Direct Investment in Network Industries, Diskussionsbeitrag für die internationale Konferenz „Competition in Network Industries" vom 21. - 23. November 1996, Europäisches Institut für internationale Wirtschaftsbeziehungen, Potsdam 1996

WELFENS, Paul, J. J. (1996a), Small and Medium-sized Companies in Economic Growth: Theory and Policy Implications for Germany, Diskussionsbeitrag Nr. 27, Europäisches Institut für internationale Wirtschaftsbeziehungen, Potsdam, Mai 1996

WELFENS, Paul, J. J. (1996b), Die Position Deutschlands im veränderten Europa: Wirtschaftliche und reformpolitische Perspektiven, Diskussionsbeitrag Nr. 23, Europäisches Institut für internationale Wirtschaftsbeziehungen, Potsdam November 1996

WELFENS, Paul J. J. (1997), Europäische Union: Wirtschaft und Wirtschaftspolitik, in: Hagen, v. J, Welfens, P. J. J. und Börsch-Supan, A. (Hrsg.), Handbuch der Volkswirtschaftslehre - Band 2 Wirtschaftspolitik und Weltwirtschaft, Berlin, Heidelberg, New York: Springer 1997, S. 281 - 323

WELFENS, Paul, J. J. (1997a), Internationalization of Telecoms, Deregulation, Foreign Investment and Pricing: Analysis and Conclusions for Transforming Economies, Diskussionsbeitrag für die internationale Konferenz „Restructuring and Foreign Investment in Telecoms and Electricity Industry: Russia and International Experience" in Moskau vom 25. - 27. April 1997, Universität Potsdam, Europäisches Institut für internationale Wirtschaftsbeziehungen, Potsdam

WELFENS, Paul, J. J. (1997b), Telecommunications in Systemic Transformation: Theoretical Issues and Policy Options, in: Welfens, J.J. Paul und Yarrow George (Eds., 1997), Telecommunications and Energy in Systemic Transformation - International Dynamics, Deregulation and Adjustment in Network Industries, Berlin, Heidelberg, New York: Springer 1997, S. 85 - 141

WELFENS, Paul, J. J. (1998), Die Deutsche Telekom blockiert die Konkurrenz über das Kabel-TV-Netz, in: Handelsblatt, vom 3. August 1998

WELFENS, Paul, J. J. (1999), Market Deregulation and Internationalisation of Telecommunications: Economic Growth, Service Expansion and Foreign Direct Investment in Europe and the US, in: Jean Monnet Research Project No. 97/0235

WELFENS, Paul, J. J. (2000), Wirtschaftspolitik im Internetzeitalter, EIIW-Diskussionspapier Nr. 72, Universität Potsdam, Januar 2000

WELFENS, Paul J. J., AUDRETSCH, David, ADDISON, John T. und GRUPP, Hariolf (1998), Technological Competition, Employment and Innovation Policies in OECD Countries, Berlin, Heidelberg, New York: Springer 1998

WELFENS, Paul J. J. und GRAACK, C. (1996), Telekommunikationswirtschaft. Deregulierung, Privatisierung und Internationalisierung, Berlin, Heidelberg, New York: Springer 1996

WELFENS, Paul J. J. und GRAACK, C. (1997), Telekommunikationsmärkte in Europa: Marktzutrittshemmnisse und Privatisierungsprobleme aus Sicht der Neuen Politischen Ökonomie, in: Schenk, Schmidtchen und Streit (1997), Jahrbuch für Neue Politische

Ökonomie, 16. Band, Neue Politische Ökonomie der Integration und Öffnung von Infrastrukturnetzen, Tübingen: J. C. B. Mohr 1997

WELFENS, Paul J. J. und PELZEL, R. (1997), Strategic Potentials of Broadband Network Infrastructure and their Exploitation, in: Elixmann, Dieter und Kürble, Peter (Eds.), Multimedia - Potentials and Challenges from an Economic Perspective, Bad Honnef: WIK, April 1997, S. 109 - 135

WELGE, Martin (1997), Global heißt nicht überall sein, in: Manager Magazin, April 1997, S. 120 - 126

WERRES, Thomas (1999), Größte Fusion aller Zeiten perfekt - US-Telefonkonzern MCI-WorldCom übernimmt Sprint, in: Die Welt vom 6. Oktober 1999

WESTLB (1998), Markt- und Unternehmensanalyse - Telekommunikation: Deutschland im Jahr Eins nach der Liberalisierung, WestLB Panmure, 16. Dezember 1998

WIED-NEBBELING, Susanne (1997), Markt- und Preistheorie, 3., verbesserte und erweiterte Auflage, Berlin, Heidelberg, New York: Springer 1997

WIESENFARTH, Reinhold (1998), Produkt- und Preisanalyse von Basic Business Voice, VIAG Interkom, März 1998

WIESHEU, Otto (1997), Bayern ist Online, Ansprache anläßlich des CSU-Innovationskongresses „Telekommunikation und Multimedia - Neue Arbeitsplätze durch neue Technologien" am 7. März 1997 in München

WIGAND, Rolf T. (1997), Electronic Commerce: Definition, Theory and Context, in: The Information Society, An international Journal, Volume 13, Number 1, London: January - March 1997, S. 1 - 16

WIK (1998), Ein analytisches Modell für das Ortsnetz, erarbeitet vom WIK im Auftrag der Regulierungsbehörde für Telekommunikation und Post, Stand 4. März 1998

WILLIAMSON, O.E. (1985), The Economic Institutions of Capitalism, London, New York 1985

WILSON, Francis (1996), The socio-cybernetic Paradox of the networked Firm, in: Information, Technology and People, Volume 9, Number 2, Bradford: MCB University Press Limited 1996, S. 3 - 23

WINGER, Richard W. und EDELMAN, David (1995), Individualisierung oder Segment-of-One-Wettbewerb, in: Oetinger, Bolko. v. (Hrsg., 1995), Das Boston-Consulting-Strategie-Buch, die wichtigsten Managementkonzepte für den Praktiker, 4. Auflage, Düsseldorf, Wien, New York, Moskau: ECON 1995, S. 382 - 387

WINTERMANN, Jürgen (1999), o.tel.o vor Übernahme aller E-Plus-Anteile - Vodafone zieht sich nach Übernahme von Air touch zurück - Positive Signale von RWE und VEBA, in: Die Welt vom 19. Januar 1999

WISNIEWSKI, Daniel (1997), Annual Abstract of Statistics, 1997 Edition, London: The Stationary Office

WITTE, Eberhard (Hrsg., 1994), Global Players in Telecommunications, Proceedings of a Congress held in Munich, April 20/21 1994, Berlin, Heidelberg, New York: Springer 1994, S. 1 - 4

WITTE, Eberhard (Hrsg., 1996), Regulierung und Wettbewerb in der Telekommunikation - Ein internationaler Vergleich, Heidelberg: v. Decker 1996, S. 7 - 8

WITTE, Eberhard (1998), Schlußwort anläßlich der Fachkonferenz „Telekommunikation im Spannungsfeld von Innovation, Wettbewerb und Regulierung" des Münchner Kreises am 9. Januar 1998

WITTE, Eberhard (1999), Der Regulierer inszeniert den Wettbewerb - aus netzbesitzenden Monopolen wird nur mühsam ein Markt mit vielen Anbietern, in: Frankfurter Allgemeine Zeitung vom 5. Januar 1999

WRIGHT, David (1999), Sovereignty and Universal Service: sacred Cows in the Satellite Industry, in: Telecommunications Policy, Vol. 23, No. 7/8, August/September 1999, S. 557 - 568

WORLDCOM (1997), Glasfasernetz mit 40 Gigabit Kapazität geplant, WorldCom errichtet Netz auf Basis von Frame Relay, in: Computerwoche aktuell, unabhängige Messezeitung zur CeBIT 97 vom 14. März 1997, S. 2

WORLDCOM (1998), Annual Report 1997

WORTHY, John und KARIYAWASAM, Rohan (1998), A Pan-European Telecommunications Regulator, in: Telecommunications Policy, Vol. 22, No. 1, February 1998, S. 1 - 7

WÖHE, Günter (1986), Einführung in die allgemeine Betriebswirtschaftslehre, 16. überarbeitete Auflage, München: Vahlen 1986

XAVIER, Patrick (1997), Universal Service and Public Access in the networked Society, in: Telecommunications Policy, Vol. 21, No. 9/10, 1997, S. 829 - 843

XAVIER, Patrick (1997a), Universal Service and Public Access in the Information Society, in: STI Review - Special Issue on Information Infrastructures, Paris: OECD 1997, S. 121 - 155

YAN, Xu und PITT, Douglas (1999), One Country, two Systems: Constrasting Approaches to Telecommunication Deregulation in Hong Kong and China, in: Telecommunications Policy, Vol. 23, No. 3/4, April/May 1999, S. 245 - 260

YOUNG, Rt. Hon. Lord of Graffham (1994), Tradition and Future of a Global Player, anläßlich des Kongresses des Münchner Kreises am 20. und 21. April 1994, in: Witte, E. (Hrsg.), Global Players in Telecommunications, Berlin, Heidelberg, New York: Springer 1994, S. 138 - 148

ZEPELIN, Joachim (1998), Freudenfest im kalifornischen Silicon Valley, At Home sieht sich durch die TCI-Übernahme durch AT & T in seiner Vision bestätigt, in: Süddeutsche Zeitung vom 3. Juli 1998

ZGODZINSKI, David (1997), Satellites will soon Flex their Internet Muscles, in: Internet World, Mecklermedia, November 1997, S. 20

ZIMMER, Jochen (1996), Wer liefert den Inhalt für die Datennetze? Online-Aktivitäten von Telekommunikations- und Medienunternehmen in Deutschland, in: Kubicek, Herbert (Hrsg.), Jahrbuch der Telekommunikation und Gesellschaft 1996 - Öffnung der Telekommunikation, neue Spieler - neue Regeln, Heidelberg: v. Decker 1996, S. 118 - 129

ZIMMERS, Peter (1996), Schnurlos-Technologie, in: Schulte, H., Telekommunikation - Dienste und Netze wirtschaftlich planen, einsetzen und organisieren, Interest Verlag, Augsburg, Grundwerk [1988], letzte Aktualisierung 12/1996, Teil 9, Kapitel 11.2, S. 1

ZUBER, Stefan (1998), Was bringt die Handy-Zukunft, in: Connect Dezember 1998

ZUNDL, Thomas (1999), Der Preis der letzten Meile - kontroverse Diskussionen um die wahren Kosten der Teilnehmeranschlußleitung, in: TeleTalk Februar 1999, S. 28 - 30

ZVEI (1996), Eckdaten der Informationsgesellschaft - Informationsinfrastrukturen im internationalen Vergleich - Statistik des ZVEI, Stand 30. Januar 1996, in: Kubicek, Herbert (Hrsg.), Jahrbuch der Telekommunikation und Gesellschaft 1996 - Öffnung der Telekommunikation, neue Spieler - neue Regeln, Heidelberg: v. Decker 1996

ZVEI (1997), Gerüstet für die Datenautobahn, Heidelberg: v. Decker 1997

ZVEI (1997a), Corporate Networks (II), Leitfaden zur Qualität der Sprachübertragung, Frankfurt: Giese-Druck Januar 1997

Anhang

Anhang A-1: Offene und verdeckte Numerierung

T-Mobil (D1) hat die Vorwahl 0171, D2 Mannesmann 0172, E-Plus 0177 und E2 0179, das analoge C-Netz wird hingegen mit 0161 erreicht. Alle Lizenzinhaber verfügen darüber hinaus über eine zweite Gasse, bei D1 mit den Vorwahlen 0170 und 0175, bei D2 mit den Vorwahlen 0173 und 0174 und bei E2 ist es die 0176. Man spricht in diesem Zusammenhang auch von einer verdeckten Numerierung. Offene Numerierung bedeutet, daß ein Teilnehmer beim Aufbau einer Verbindung mit einem Teilnehmer im gleichen Netz nicht die Netzkennzahl mitwählen muß. In Deutschland wird bei den Ortsnetzen und teilweise bei den Mobilfunknetzen die offene Numerierung eingesetzt. Vgl. REGTP (1998a), S. 25 f. Jeder „Ort" besitzt eine Ortsnetzkennzahl, die immer mit einer Null beginnt (z. B. 089 für München). Die Länge der Ortsnetzkennzahl ist ein Indikator für die Größe des Ortes. Kleinere Städte wie etwa Dachau haben eine fünfstellige (08131) Vorwahl bzw. Ortsnetzkennzahl (ONK). Eine dedizierte Teilnehmernummer, wie etwa 135792 kann es in jedem Ortsnetz einmal geben, sie ist somit nicht einmalig und außerhalb des Ortsnetzes nur in Verbindung mit der Vorwahl zu verwenden. Ein offenes Numerierungssystem ist in ein verdecktes irreversibel konvertierbar. Dadurch entstehen neue Kapazitäten, da ein ONK-Splitting oder eine Prefixerweiterung angewendet werden kann. Die DTAG faßt Ortsnetze mit unterschiedlicher Vorwahl aufgrund ihrer geografischen Nähe zu Citytarifzonen zusammen.

Anhang A-2: TK-Unternehmen in den neunziger Jahren

Wie in der folgenden Abbildung dargestellt, haben verschiedene Faktoren einen Einfluß auf die Erfolgsaussichten von Unternehmen auf dem Telekommunikationsmarkt: (i) Der Verteilungsgrad der Organisation; (ii) die Konkurrenzfähigkeit der Produkte; (iii) die Flexibilität des Unternehmens; (iv) die Penetrationsstrategie und (v) die Effizienz der Organisation. Eine hohe Flexibilität des TK-Unternehmens signalisiert dessen Fähigkeit, sich in kurzer Zeit auf veränderte Markterfordernisse einstellen zu können und explosive Wachstumsphasen zu unterstützen. Die Untersuchung der Penetrationsstrategie befaßt sich mit der Fragestellung der nationalen Flächenabdeckung und der Einbindung in globale Netze. Die Effizienz eines Unternehmens kann mittels Kostenstrukturvergleich und Prozeßanalyse gemessen werden. „Selbstzufriedenheit angesichts monopolistischer oder marktbestimmender Marktposition verhindert zugleich eine klare Markt- und Wettbewerbsorientierung, aus der Produktionsinnovation und Geschäftsfeldentwicklung ihre belebenden Impulse erfahren."[1]

---

[1] HABBEL (1997), S. 5.

Abbildung 28: Telekommunikationsunternehmen in den neunziger Jahren

Quelle: VIAG INTERKOM (1997a), S.2.

Anhang A-3: xDSL-Prinzipien

Mit dem Asymmetrical-Digital-Subscriber-Line[1]-Verfahren können außerdem auf der regulären zweiadrigen Telefonleitung bei einer typischen Distanz von 3 km Übertragungsgeschwindigkeiten bis zu 768 kbit/s in Richtung Hauptverteiler und 8 Mbit/s zum Endgerät eingesetzt werden.[2] Das im Jahre 1989 von Bellcore entwickelte ADSL-Prinzip erlaubt die gleichzeitige Übertragung von vier komprimierten Videokanälen, einem ISDN-B-Kanal, einem ISDN-Kanal und einem analogen Telefonanschluß. Die Übertragungszeit einer digitalen Fotographie mit der Speichergröße von 125 kByte, die bei ISDN-Übertragungen 15,6 Sekunden dauert, vermindert sich bei ADSL auf 200 ms.[3] Beim High-Bit-Rate-Digital-Subscriber-Line-(HDSL)-Verfahren kann die Distanz zwischen Hauptverteiler und Endgerät von drei auf vier Kilometer erweitert werden, und im Unterschied zu dem asymmetrischen ASDL-Prinzip werden bei HDSL bidirektionale Übertragungsraten von 2 Mbit/s erreicht. HDSL kann ohne Repeater bei zwei parallel geschalteten T1-Leitungen eine Übertragungsgeschwindigkeit von 1,5 Mbit/s und bei drei parallel geschalteten E1-Leitungen eine Übertragungsgeschwingikeit von 2,048 Mbit/s erreichen.[4] Bei der Single-Line-Digital-Subscriber-Line-(SDSL)-Variante kann über den sogenannten Splitter ein analoger Telefonanschluß betrieben werden. Bei der vierten xDSL-Technologie, dem Very-High-Data-Rate-Digital-Subscriber-Line-(VDSL)-Verfahren, wird eine hybride Netzkonzeption aus Kupfer und Glasfaser angewendet und dadurch bei mittleren Distanzen eine Übertragungsgeschwindigkeit von 30 Mbit/s erreicht. Die mögli-

---

[1] o.V. (1997), man nennt dieses Prinzip ADSL.

[2] Vgl. ITU (1997b), S. 67.

[3] Vgl. HENKE (1998), S. 115.

[4] Siehe auch ITU (1997b).

chen Eckwerte gehen von 12,9 Mbit/s bei einer Übertragungsdistanz von 13,7 km bis zu 51,8 Mbit/s bei einer Distanz von 3,05 km.[1]

Anhang A-4: Datenübertragungsverfahren Frame Relay

Frame Relay (FR) ist ein Datenübertragungsverfahren und eine Variante des FastPacket-Switching , das in Deutschland als Konkurrenz zu Standleitungen oder DATEX-P angeboten wird. Dabei arbeitet das Protokoll auf der OSI-Schicht 2 mit Übertragungsrahmen (Frames) von unterschiedlicher Länge. Im Gegensatz zum ITU-X.25-Standard kommt bei FR eine eingeschränkte Fehlererkennung zu Anwendung, bei der fehlerhafte Daten zwar vernichtet, aber danach nicht erneut versendet werden. Die niedrigen Fehlerraten der heutigen Glasfaserleitungen erlauben es, schnelle Übertragungsverfahren wie FR, die ohne Fehlerkorrekturmaßnahmen auskommen, einzusetzen.

Anhang A-5: Datenübertragungsverfahren ATM

Der Asynchrone Transfer Modus verfügt über die Möglichkeit der flexiblen Bandbreitenzuordnung und bietet trotz aller noch offenen Fragen zur Standardisierung skalierbare Breitbandtechnologien auf einem einzigen Träger mit entsprechenden virtuellen Verbindungen von 2 Mbit/s bis 155 Mbit/s für Sprach-, Daten- und Bildübertragungen. ATM wurde vom Comité Consultatif International Télégraphique et Téléphonique, kurz CCITT, als Softwareplattform für breitbandige Übertragungen standardisiert. Es handelt sich um ein schnelles paketvermitteltes System, das nach dem asynchronen Zeitmultiplexverfahren arbeitet.[2] Die Zellen haben eine feste Länge von 53 Byte, wobei 5 Byte den sogenannten Header repräsentieren, der die Information für die Vermittlungsrechner beinhaltet, und die verbleibenden 48 Byte für Nutzinformationen (payload) reserviert sind. Die verbindungsorientierte ATM-Technologie erfüllt verschiedene Anforderungen der Breitbandkommunikation: (i) Übertragungsmöglichkeit für Verkehrsaufkommen mit unterschiedlichen Bitraten; (ii) Verkehrsabwicklung zwischen Informationsquellen und Informationssenken unterschiedlichster Kommunikationssysteme; und (iii) Verbindungsaufbau in verschiedenen Konstellationen (Point-to-Point, Broadcast).[3]

Anhang A-6: Übertragungsstandard CDMA

Der in den USA ursprünglich für militärische Anwendungen entwickelte technische Standard CDMA verfügt über eine höhere Sprachqualität, weil bei diesem Verfahren jeder Mobilfunkkommunikation ein unverwechselbarer Bitcode zugeteilt wird und dadurch Sender und Empfänger synchron getaktet werden können. Alle Teilnehmer nutzen einen breitbandigen Frequenzkanal mit 1.250 kHz. Nach den Angaben von Qualcomm, einem 1985 gegründeten Unternehmen, das sich der Weiterentwicklung von CDMA widmet, können mit der CDMA-Technik dreimal mehr Gespräche auf der gleichen Bandbreite vermittelt werden, als mit der herkömmlichen TDMA-Technologie. Das CDMA-Verfahren erfordert eine sehr hohe Prozessorleistung, die Anfang der neunziger Jahr im Mobilfunkgerätemarkt noch nicht verfügbar war.
Die grundsätzlichen Vorteile von CDMA liegen im Bereich der Frequenzökonomie in Verbindung mit einer sehr guten Qualität und der auf eigenen Kanälen laufenden Datenübertragung.[4] CDMA-basierende Technologien kommen als klassisches Mobilfunksystem[5] und als

---

[1] Vgl. ITU (1997b), S. 67.

[2] Vgl. WALKER, KELLY, SOLOMON (1997), S. 285 und siehe auch FROHBERG (1998).

[3] Vgl. FROHBERG (1998), S. 2.

[4] Vgl. SIEDEK (1996), S. 30.

Wireless-Local-Loop-Lösung im Bereich der Festnetzanschlüsse in Betracht. Das Handover zu einer neuen Funkzelle wird aufgebaut, während die Verbindung zur alten Funkzelle noch besteht; man bezeichnet dieses Verfahren als sanftes Handover. Bei dem CDMA-Verfahren sind rund ein Drittel weniger Funkzellen erforderlich als bei herkömmlichen Mobilfunkkonzepten, und die Sendeleistung der Handies kann geringer dimensioniert werden, das erhöht automatisch die Stand-by- und Sendezeiten der Geräte. 1998 lagen zwei konkurrierende Konzepte bei den Gremien ETSI und ITU zur Abstimmung vor. Die TK-Ausrüster Siemens, Bosch, Alcatel, Italtel, Nortel, Motorola und Sony arbeiten an dem TD-CDMA-Verfahren. Es handelt sich um eine Anreicherung des TDMA-Prinzips um CDMA-Mechanismen. TD-CDMA umgeht die Patente von Qualcomm und erlaubt eine verhältnismäßig einfache Aufrüstung der GSM-Infrastruktur.[1] Ericsson, Nokia und der japanische Mobilfunkbetreiber NTT DoCoMo[2] setzen auf W-CDMA, eine Mischung zwischen GSM, CDMA und japanischen Standards. Im Januar 1998 wurde im Rahmen einer ETSI-Tagung in Paris eine Kompromißlösung, die W-CDMA und TD-CDMA kombiniert, beschlossen. Dem Vorschlag für die ITU-Tagung im Juni 1998 haben sich BT, Telefónica und Mannesmann angeschlossen, die ursprünglich für die W-CDMA-Variante eingetreten sind.[3] Die Anbieter und Produzenten der Basistechnologie haben auf die Definition von neuen technischen Standards einen wesentlichen Einfluß, der sich durch entsprechende temporäre Allianzen dokumentiert.

Anhang A-7: Das analoge C-Netz der DTAG

Bei diesem analogen Verfahren wird eine Mobilstation innerhalb einer räumlich begrenzten Funkzelle mit der Funkfeststation Alpha und in der daran angrenzenden Funkzelle Beta nach einem automatischen Handover mit dem nächsten freien Sprechkanal der Funkfeststation Beta verbunden. Der Übergang, das Handover von Alpha nach Beta, verläuft automatisch, ohne Einwirkungen des Teilnehmers und ohne Unterbrechung des Gesprächs. Technisch ist das C-Netz hochentwickelt, so wird meßtechnisch der Anmeldezeitpunkt der nächstfolgenden Zelle nicht durch einen Feldstärkevergleich, sondern durch Signallaufzeitmessungen errechnet. Diese genauere Methode kompensiert das Überreichweitenproblem und schafft somit die Grundlage für ein exaktes Zellmanagement. Die Zellstruktur selbst bietet zwei entscheidende Vorteile:[4] (i) Die knappe Ressource „Frequenz" wird durch die nach Teilnehmerdichten variierte Zellgröße - Reichweiten zwischen 2 und 20 km - optimal ausgenutzt; (ii) die automatische Teilnehmerlokalisierung entbindet den Anrufer von der ansonsten erforderlichen Angabe des vermuteten Aufenthaltsorts des Zielteilnehmers. Trotz dieser innovativen Technologie und den modernen Leistungsmerkmalen wie Rufumleitung oder Mobilbox ist dieses Netz als rein nationale Monopollösung zu betrachten.[5]

---

[5] Vgl. MISERRE (1997), S. 94.

[1] Siehe auch LUDSTECK (1998).

[2] NTT DoCoMo, ein Tochterunternehmen der staatlichen japanischen Telefongesellschaft NTT, wobei docomo im japanischen „überall" bedeutet, hatte 1997 ca. 14 Mio. Mobilfunkkunden, das entspricht einem Marktanteil von 55 %. Siehe auch o.V. (1998a). 1996 waren es 10,96 Mio. Teilnehmer, 1995 hatte NTT DoCoMo 4,938 Mio. Teilnehmer, 1994 verzeichnete man 2,206 Mio. Teilnehmer und 1993 waren 1,323 Mio. Teilnehmer im Mobilfunknetz bei diesem Unternehmen. Vgl. NTTDOCOMO (1998), S. 1. Der Börsengang von NTT DoCoMo im Oktober 1998 führte dem Unternehmen Kapital im Wert von 29 Mrd. DM zu. NTT DoCoMo beschäftigte zu diesem Zeitpunkt 4.000 Mitarbeiter. Siehe auch WEILER (1999).

[3] Siehe auch CANE und MCLVOR (1998).

[4] Vgl. BOHLÄNDER (1996), Teil 9, Kap. 2.6, S. 3 f.

[5] Daran erkennt man die Rückständigkeit der deutschen Lösung von 1986, denn ein Jahr später gingen in Großbritannien bereits zwei konkurrierende Mobilfunksysteme in Betrieb.

Anhang A-8: Der Begriff Telekommunikation

Obwohl es eindeutige Definitionen des Begriffes „Telekommunikation" gibt, steht dieser Begriff vielfach für Themen wie Mobilfunk, Satelliten-Handies, Datenautobahnen, Call Center-Anwendungen (CC-Applications) und Internet. Recht präzise ist die folgende Definition: „Telekommunikation, Fernmeldewesen, Nachrichtenwesen: Sammelbezeichnung für alle theoretischen und praktischen Aspekte der Nachrichtenübertragung mit Mitteln der elektrischen Nachrichtentechnik. Man unterscheidet a) konventionelle Formen ... Fernsehen, Fernsprecher, Rundfunk, b) neue Formen der Telekommunikation in bestehenden Netzen: ... Fernkopierer ..., Formen der Telekommunikation in Breitbandverteilernetzen: ... Kabelfernsehen und d) Breitbandvermittlungsnetze: ... Videokonferenzen."[1]

Anhang A-9: Die Bedeutung der Sprache für die Verbreitung von Technologien

Die Marktmacht in führenden Technologien fördert nicht nur die wirtschaftliche Kraft des Leaders, sondern auch die kulturelle Verbreitung der damit verbundenen Werte. Eine Untersuchung der Ausbreitung amerikanischer Sprachelemente im englischen Sprachraum[2] hat aufgezeigt, daß Meilensteine wie die erste Radiosendung 1906 in den USA, die Entscheidung 1944 über die Lingua Franca „amerikanisches Englisch" im Airtraffic-Control (ATC)-Umfeld und die von den Vereinigten Staaten ausgehende Verbreitung des Internets die Dominanz einer Sprache klar fördern können. In Frankreich hat sich Mitte der achtziger Jahre das Minitel, eine nationale Sonderlösung in französischer Sprache entwickelt.[3] Die fehlenden Informationen im Internet in französischer Sprache, die Konkurrenz durch Minitel und fehlende staatliche Förderung von neuen innovativen Internet Service Providern sind die Ursachen für die langsamere Entwicklung der globalen Vernetzungstechnologien in Frankreich.[4]

Anhang 10: Pay-TV-Konzepte

Seit dem 28. Juli 1996 können Haushalte, falls sie über eine d-Box[5] verfügen und sich als zahlende Teilnehmer bei DF1[6] anmelden, auch ein digitales Fernsehen nutzen. Die ausschließlich über Fernbedienung zu steuernde Oberfläche bietet dabei eine Video-on-Demand-Lösung und prinzipielle Rückkanaltelefonmerkmale an.[7] Bis April 1997 konnten ausschließlich die Besitzer einer Satellitenanlage die Möglichkeiten der d-Box nutzen, da die DTAG noch keine Entscheidung über den letztlich wirksamen Verschlüsselungsstandard im Kabelnetz getroffen hat. Während Premiere[8] als ursprünglich analoger Pay-TV-Anbieter auf den deutsch-französischen Standard SECA setzt, wird bei DF1 mit dem Irdeto-Verfahren ver-

---

[1] KAHNT (Red., 1994) S. 974 f.

[2] Vgl. CRYSTAL (1997), S. 40.

[3] Siehe auch LIPKA (1998).

[4] Vgl. SPECTRUM (1998), S. 13.

[5] Es handelt sich bei einer d-box um eine sogenennte Set-Top-Box, auch Digital Recorder genannt, in der die Zugangsberechtigung, die Entschlüsselung des digitalen Fernsehsignals, das Teilnehmermanagement und die Navigationssoftware als jederzeit abrufbare Funktionen hinterlegt sind.

[6] Der digitale Pay-TV-Sender DF1 gehört wie auch die Free-TV-Sender PRO7, SAT1 und Kabel 1 zur Kirch-Gruppe.

[7] Siehe auch D-BOX (1997).

[8] Der Pay-TV-Sender Premiere, der im Februar 1997 den digitalen Testbetrieb gestartet hatte, gehört, wie auch der Free-TV-Sender RTL, zum Bertelsmann-Konzern. Im April 1996 fusionierten die Bertelsmann-Tochtergesellschaft ufa und die RTL-Muttergesellschaft CLT zum größten europäischen Fernsehkonzern CLT-ufa. Siehe WEBER (1998). Die Kirch-Gruppe hat einen 25 % Anteil, das französische Abonnementenfernsehen Canal Plus einen 37,5 % Anteil und CTL-ufa einen 37,5 % Anteil an Premiere (Stand Juli 1997).

schlüsselt, und die DTAG hat ein eigenes neues Verfahren ausgeschrieben.[1] 1998 wurde dann mit der Einspielung der digitalen Programmangebote der ARD, DF1, Premiere und des ZDF begonnen.

Zieht man hier Parallelen zu den T-Online-Strategien der DTAG, so wird die dahinterliegende Absicht schnell klar. Ein proprietärer einheitlicher Verschlüsselungsstandard im Breitbandnetz verschafft der Deutschen Telekom die Rolle des einzigen Vermarktungs- und Mehrwertanbieters. Diese Politik behindert aber den Wettbewerb und die Entfaltung der Portfolioelemente; während der im Juni 1994 eingeführte digitale und werbefreie Fernsehanbieter DirecTV in USA mittlerweile schon zwei Millionen Abonnenten hat, lag DF1[2] in Deutschland mit 20.000 Teilnehmern Ende 1996 deutlich hinter der Erwartung von 200.000 Kunden zurück. „There is a strong concern that the digital recorder could be used as a means to monopolize the market for digital television. If this happened, not only the economic effeciency would be monopolistically reduced, but also variety would be detrimented."[3] Im Januar 1999 verfügte Premiere über insgesamt 1,7 Mio. Abonnenten, 420.000 Kunden nutzten das digitale Premiereangebot. DF1 hatte zum gleichen Zeitpunkt nur 280.000 Abonnenten, eine Marktdurchdringung, die man schon 1997 erwartet hatte.[4] Ausgelöst durch Kooperationsverhandlungen zwischen dem Unternehmen Bertelsmann und der Kirch-Gruppe, an denen sich auch die DTAG beteiligt hat, sollten auf Grundlage der d-box-Technologie beide Pay-TV-Sender mit einem einzigen Entschlüsselungssystem im Breitbandkabel zu empfangen sein. Die EU und das deutsche Bundeskartellamt haben diese geplante Pay-TV-Allianz bis Mitte 1998 untersucht und hatten im Jahresabschlußgeschäft 1997 der Bertelsmann AG den Vertrieb der d-box als unzulässige Vorwegnahme der noch nicht genehmigten Kooperation untersagt. Da die DTAG über eine marktbeherrschende Position im Breitbandkabelnetz verfügt, hätte diese Allianz mit Bertelsmann und der Kirch-Gruppe eine Verhinderung des Wettbewerbs im digitalen Kabelgeschäft nach sich ziehen können. Am 27. Mai 1998 wurde von der Wettbewerbskommission der EU die Allianz zwischen Bertelsmann und der Kirch-Gruppe endgültig abgelehnt, sie sah in der geplanten Verbindung ein marktbeherrschendes Monopol. Die Kirch-Gruppe hat daraufhin die Zukunft von DF 1 in Frage gestellt, da die Anlaufverluste von über 1 Mrd. DM nicht mehr wie geplant zur Hälfte von der Bertelsmann AG übernommen werden. Maßgebend für diese Situation nach der EU-Entscheidung sind drei nicht notwendigerweise miteinander verbundene Interdependenzen: (i) Das digitale Fernsehen wurde bis zu diesem Zeitpunkt als reines Pay-TV konzeptioniert, ein dem analogen Fernsehen entsprechendes Finanzierungskonzept über Gebühren und Werbeeinnahmen existierte nicht; (ii) anstelle der erforderlichen Konzentration auf den Kundennutzen, wird die öffentliche Diskussion durch die ausschließlich technische Frage nach dem Decodersystem geprägt; (iii) eine Vernetzungskonzeption in den multimedialen Bereich (Internet, Bildtelefon, Video-on-Demand) ist bis zu diesem Zeitpunkt nicht erfolgt.

Bereits am 9. November 1994 gab es eine ablehnende Entscheidung der EU zu dem Media-Service-Gesellschaft-Konzept (MSG) der DTAG, der Bertelsmann AG und der Kirch-Gruppe.[5] Das gemeinsame Unternehmen MSG sollte Dienste im Bereich des digitalen Pay-TV und die passende Infrastruktur bereitstellen. Die Begründung der EU-Kommission beruhte auf der durch entsprechende Analysen bestätigten Feststellung, daß sowohl Bertelsmann/Kirch als auch die DTAG alleine in der Lage wären, ein digitales Fernsehkonzept auf den Markt zu bringen. Es wurde festgestellt, daß die Verbindung der drei Anbieter für andere potentielle Anbieter eine unüberwindbare Markteintrittsbarriere darstellen würde. Die EU-Kommission hat die folgenden Teilmärkte, die von dem MSG-Joint-Venture betroffen gewe-

---

[1] Vgl. EBBINGHAUS (1997), S. 63.

[2] DF1 hat am 28. Juli 1996 den Betrieb aufgenommen.

[3] KRUSE (1997), S. 59.

[4] Vgl. KUHN und HOFMEIR (1999), S. 177.

[5] Vgl. LAROUCHE (1998), S. 224 f.

sen wären, identifiziert: (i) Administrative und technische Systeme, wie Decoder und Teilnehmerabrechnungsverfahren, für das Pay-TV; (ii) der eigentliche Pay-TV-Markt mit darin enthaltenen Leistungsmerkmalen wie Pay-Per-View (PPV) und (iii) der Breitbandkabelmarkt mit der letzten Anschlußmeile zum Abnehmer.

Nach der Restrukturierung der Kirch-Gruppe Ende 1998 in die drei Bereiche Filmhandel / werbefinanziertes Fernsehen (wie SAT1 oder DSF), Pay-TV (wie DF1 oder Beteiligung an Premiere) und sonstige Beteiligungen (wie Springer-Verlag) hat sich der Konflikt zwischen Bertelsmann und Kirch um die Zukunft von Premiere verschärft. In 1999 sind beim digitalen Sender Premiere Verluste in Höhe von 400 Mio. DM und bei DF1 kumuliert von 500 Mio. DM vorausberechnet worden. Im Unterschied zu Bertelsmann plant Kirch die Aufwertung von Premiere zur digitalen Plattform oder die Reduzierung der Investitionen, um in diesem Fall die Förderung von DF1 intensivieren zu können. Bertelsmann experimentiert dagegen mit der Variante Web-TV, bei der mit Unterstützung von AOL die Internettechnologie für die Verbreitung von TV on Demand genutzt werden kann. Bisher krankt die Verbreitung von digitalem Fernsehen vergleichbar zu der Expansion der Onlinedienste an dem natürlichen Verhalten der Konsumenten, die sehr differenziert die Grenznutzen abwägen, bevor laufende monatliche Kosten akzeptiert werden.

Anhang A-11: Satellitentelefonieanbieter Iridium

Das Unternehmen Iridium[1] investierte 5 Mrd. US\$[2] und hatte Ende 1997 bereits 41 der insgesamt 66 Satelliten für ein weltumspannendes Mobilfunknetz positioniert.[3] Im Mai 1998 waren alle Satelliten im All; in nur einem Jahr sind bei 15 Raketenstarts über 70 Systeme in den Weltraum transportiert worden.[4] Zur Realisierung des Vorhabens in nur einem Jahr war es erforderlich, die eingeführte Produktionstechnik von Satelliten zu verändern. Durch die Übertragung von Fertigungskonzepten, die sich in der Automobilindustrie bewährt hatten, konnte die Fertigungszeit eines Satelliten auf 32 Tage reduziert werden. Diese Erdtrabanten umkreisen in einhundert Minuten und achtundzwanzig Sekunden in 6 Umlaufbahnen die Erde in einer Flughöhe von 421,5 nautischen Meilen bzw. 780 km.[5] Mit Hilfe russischer, chinesischer und amerikanischer Raketen können bis zu sieben der 689 kg schweren Satelliten an ihren Bestimmungsort gebracht werden.

Die nachrichtentechnische Verbindung zwischen Satellit und Bodenstation wird im sogenannten K-Band von 18 - 30 GHz durchgeführt. Die Übermittlung von der Bodenstation zu dem Satelliten erfolgt in dem Frequenzband von 29,1 - 29,3 GHz und in der Gegenrichtung von 19,4 - 19,6 GHz. Über ein Crosslinkverfahren werden die Gespräche mit 25 Megabit pro Sekunde von Satellit zu Satellit übertragen und nahe des Zielteilnehmers über eines der 11 Gateways (Bodenstationen) in das Festnetz eingespeist. Zum Jahresende 1998 sollten die ersten Teilnehmer auf das Netz geschaltet sein, bis zum Jahr 2002 wollte das Unternehmen 3 - 5 Mio. Kunden bedienen, davon ca. 1,5 Mio. in Europa. Zur CeBIT 1998 hatten die TK-Hersteller Motorola und Kyocera die ersten Iridium-Handies vorgestellt. Die verspätete Lieferung dieser Geräte hat den Start des Netzes im Dezember 1998 verzögert. Der Preis dieser Geräte lag zur CeBIT 1999 bei etwa 5.000 DM. Iridium hatte im Juni 1999 nur knapp 15.000 Kunden, daher stand für das erste Quartal 1999 dem Umsatz von 1,45 Mio. US\$ ein Verlust

---

[1] Motorola ist an Iridium mit 21 % beteiligt. Der drittgrößte Investor nach Motorola und der Nippon Iridium Corporation ist mit 8,8 % RWE und VEBA. Insgesamt wird Iridium von 90 Einzelinvestoren unterstützt. Vgl. HOHENSEE (1998), S. 114. Da man ursprünglich von 77 Satelliten ausgegangen ist, benannte man das Projekt nach dem 77. Element des Periodensystems Iridium.

[2] Vgl. ZGODZINSKI (1997), S. 20.

[3] Siehe auch IRIDIUM (1998a).

[4] Vgl. IRIDIUM (1998a), S. 14.

[5] Siehe auch IRIDIUM (1998).

von 505 Mio. US$ gegenüber.[1] Das Gerät von Motorola verfügt über eine entnehmbare Terrestrial Radio Cassette (TRC), die Verbindungen zu terrestrischen Mobilfunknetzen herstellt. Die Lösung von Kyocera basiert auf dem Dual-Mode-Concept. Ein entsprechendes GSM-, CDMA-, AMPS- oder PDC-Gerät wird dabei in einen Iridium-Adapter eingesteckt und satellitentauglich gemacht.[2] Dadurch kann der Teilnehmer die günstigeren terrestrischen Netze nutzen, und nur in Gebieten ohne eine solche Abdeckung geht es über die Iridium-Vorwahl 008816 zur Relaisstation im All. Anfangs fielen pro Gesprächsminute Gebühren zwischen zwei und sechs US$ an, diese Minutenpreise wurden Mitte 1999 auf eine Bandbreite von 1,89 US$ bis 3,99 US$ gesenkt. In Deutschland kostete die Telefonminute in das Satellitennetz 14 DM.[3] Die Einkopplung in terrestrische Funknetze war aus Kundensicht grundsätzlich erforderlich. Die Uplink-Downlink-Verbindung zum Satelliten erforderte Sichtkontakt. Das System konnte daher nicht in geschlossenen Gebäuden verwendet werden. Die Verwendung von Mobiltelefonen in Gebäuden stellte aus Sicht der Teilnehmer aber ein wichtiges Leistungsmerkmal dar.

Der Satellitenbetreiber Iridium, an dem Motorola zu 20 % beteiligt war, hat im März 2000 den Betrieb eingestellt, rund 55.000 Kunden wurden von der Abschaltung des Dienstes über das Internet informiert. Trotz Investitionen von rund 5 Mrd. US$ verhinderten teure Endgerätepreise (3.000 US$), hohe Verbindungsentgelte (4 US$ pro Minute), Lieferengpässe und fehlgeschlagene Marketingmaßnahmen den Markterfolg. Die rund 66 Satelliten werden voraussichtlich so von ihrer Bahn abgelenkt, daß sie in der Stratosphäre verglühen.[4]

Anhang A-12: Vermittlungstechnik bei der Internettelefonie

Die Vermittlungstechnik herkömmlicher Telefonsysteme unterscheidet sich grundlegend von der Internet-Telefonie. Unter Verwendung des leitungsvermittelten Plain Old Telephone Service (POTS) wird vom Teilnehmer A zum Zielteilnehmer B über dazwischenliegende Schaltstellen hinweg eine für die gesamte Gesprächsdauer „anstehende" temporäre Verbindung aufgebaut. Bei der Benutzung des paketvermittelten Internets hingegen wird die Sprachinformation exakt in der gleichen Art und Weise wie die Dateninformation beim Absender A in einzelne Pakete zerlegt und auf gegebenenfalls getrennten Wegführungen zum Empfänger B geschickt und dort wieder zusammengesetzt. Eine technische Variante stellt das Reservation Setup Protocol (RSVP) dar, bei dem innerhalb eines Netzes mit reservierten Bandbreiten eine garantierte Übertragungsrate von 9,6 kbit/s ermöglicht wird. 1995 gab es aufgrund der Bandbreitenengpässe bei der Sprachübertragung via Internet noch Pausen von bis zu einer Sekunde. 1998 sind diese Sprechpausen auf 400 ms gedrückt worden, nach Meinung der Experten werden aber erst 250 ms vom menschlichen Ohr nicht mehr als störend wahrgenommen. Die Qualitätsmängel der Internet-Telefonvermittlungsdienste sind im wesentlichen auf drei Ursachen[5] zurückzuführen: (i) systembedingte Verzögerungen; (ii) netzbedingte Verzögerungen und (iii) Drop-Outs. Systembedingte Verzögerungen lassen sich durch geeignete Auswahl der Codierungsverfahren und durch einen ausreichend großen Datenzwischenspeicher, den sogenannten Jitter-Buffer, minimieren. Die netzbedingten Verzögerungen werden von der Länge der Übertragungsstrecke, der Anzahl der zwischengeschalteten Router und der Netzbelastung determiniert. Drop-Outs entstehen immer dann, wenn ankommende Daten im Jitter-Buffer nicht auf eine konstante Verzögerung optimiert werden können, sondern ausgeworfen werden müssen. Netzbedingte Verzögerungen über einem spezifischen Schwellwert

---

[1] Siehe auch o. V. (1999a).

[2] Vgl. IRIDIUM (1998), S. 5.

[3] Vgl. SPEHR (1998), S. 6. Im Jahr 1999 lagen die Preise dann zwischen 4,86 DM und 18,39 DM.

[4] Vgl. COMPUTERWOCHE (2000), Nach dem Aus läßt Iridium seine Satelliten verglühen, in: Computerwoche 12/2000 vom März 2000, S. 9

[5] Vgl. KÖHLER und GREBE (1998), S. 62.

können die Drop-Out-Rate erhöhen, weil in diesem Fall die Datenpakete zwar künstlich auf einen konstanten Wert verzögert werden, aber die Wartefenster des Empfängers nicht mehr rechtzeitig erreicht werden. Im Grundsatz ist es möglich, daß paketvermittlungsorientierte Systeme die derzeitigen leitungsvermittelten Systeme ablösen.

Die Digitalisierung der Endgeräte und der TK-Infrastruktur hat die klassische Sprachtelefonie und unmittelbar darauf aufgesetzte Dienste angreifbar gemacht. Im Falle eines ISDN-Anschlusses transformiert ein Analog-Digitalwandler (A/D-Wandler) die durch Schallwellen angeregten elektrischen Impulse eines Mikrofons in binäre Signale[1]. Beim Empfänger wird der umgekehrte Vorgang durchgeführt, die ankommenden digitalen Signale werden im Digital-Analog Wandler (D/A-Wandler) in ein kontinuierliches analoges Signal übersetzt, verstärkt und in einem Lautsprecher in Schallwellen umgewandelt. Bei der Internet-Telefonübertragung in der PC-to-PC-Variante übernimmt der PC die A/D-Wandlung der Quellinformation, diese wird im digitalen Format (allerdings mit einem anderen Übertragungsverfahren) auf der gleichen Anschlußleitung zum Hauptverteiler (HV) und zur Ortsvermittlungsstelle des TK-Carriers übertragen. Dort wird dieser Datenstrom ausgeschieden und in das Internet-Backbone eingespeist. In der Ortsvermittlungsstelle des Empfängers wird der gleiche Vorgang in umgekehrter Reihenfolge abgewickelt. Anstelle einer vollständig aufgebauten, also durchgeschalteten Verbindung vom Absender bis zum Empfänger und der abgeleiteten Preisstellung durch das Telekommunikationsunternehmen entstehen für den Kunden nur die Ortsgebühren und die Zugangs- und Übertragungspreise der ISPs. Die ISPs mit benutzungsunabhängigen Gebühren ermöglichen somit bei internationalen Gesprächen hohe Arbitragen für den Endkunden.

Dieser Markt der Internet Service Provider wird von zwei Entwicklungen bedroht: (i) Die PTTs selbst können in den Voice-over-Internet-Markt einsteigen und durch mögliche Verbundvorteile unmittelbar einen Preiskampf beginnen; (ii) die fortschreitende technische Entwicklung der Internettelefondienste kann Voraussetzungen erfüllen, die zu einer rechtlichen Gleichstellung mit den klassischen Sprachdiensten führen. In diesem Fall unterliegt die neue Technologie den Regulierungsrichtlinen und der entsprechenden Lizenzpflicht. Die Europäische Kommission hat im Mai 1997 eine solche Überprüfung bis zum Januar 2000 angekündigt.[2] Im Sinne der Europäischen Union versteht man unter „Voice Telephony" folgende Definition: „Voice telephony means commercial provision for the public of direct transport and switching of speech in real time between public switched network termination points, enabling any user to use equipment connected to such a network termination point in order to communicate with another termination point."[3] Derzeit erfüllt die Internettelefonie alle vier Hauptkriterien noch nicht. Dieser Dienst ist nicht der primäre Gegenstand des Angebotes der ISPs, ein öffentlicher Zugang ist nicht gewährleistet, die Verwendung von Mietleitungen ist bei diesem Dienst noch vorgesehen, und die Echtzeitanforderungen werden nicht erfüllt.

Anhang A-13: Anwendungsbeispiele für Turn-Key-Projekte

Beispiele für Turn-Key-Projekte sind All-Area-Networklösungen (AAN), Call-Center-Projekte und SAP-Vernetzungen. AAN steht für die nahtlose Integration von Local Area Networks (LAN) und Wide Area Networks (WAN). Der Carrier überschreitet dabei die her-

---

[1] Das folgende Beispiel ist für einen digitalen Kundenanschluß (ISDN) aufgebaut. Es gilt aber für analoge (a,b-Leitungen) Teilnehmeranschlüsse gleichermaßen. Wenn die Teilnehmeranschlußleitung noch mit analogen Signalen betrieben wird, dann erfolgt die Konvertierung in digitale Signalfolgen in der Ortsvermittlungsstelle der DTAG. Auch die Einwahl ins Internet ist bei analogen Anschlüssen möglich, man verwendet anstelle einer ISDN-Karte im PC ein Modem. Durch die Verwendung einer Nebenstellenanlage (PBX) können sogar analoge Endgeräte (Telefon, Telefax) an ISDN-Leitungen betrieben werden.

[2] Vgl. EUROPÄISCHE KOMMISSION (1998a), S. 43.

[3] Vgl. ONO und AOKI (1998), S. 824.

kömmliche Grenze und bietet mit Hilfe von Partnern über das WAN hinaus eine LAN-Konzeption einschließlich der dafür benötigten Hardware wie Computer, Drucker und Serversysteme an. Der Endkunde profitiert von der Lieferung aus einer Hand (Seamless Services) und kann auf die weiteren Vorteile der Bundled Services zugreifen. Dazu gehört die Kontrolle des gesamten AAN ausgehend von sogenannten Network Control Points. Da Datenverbindungen sehr häufig unternehmenskritische Informationen, wie Logistikdaten, Buchungswerte oder Transaktionsblöcke übertragen, ist die Verringerung eines möglichen Ausfallrisikos ein wichtiger Faktor für Endkunden. Hinzu kommt, daß sich komplexe Anforderungen nach maßgeschneiderten Netzwerklösungen nur durch die enge Zusammenarbeit unterschiedlicher Lieferanten erfüllen lassen.[1] Newcomer, die wie z. B. Colt oder Concert über solche Geschäftsprozeßlösungen verfügen, können sich durch diesen Mehrwertdienst von den Incumbent Carriern distanzieren.

Call-Center-Projekte erfordern eine Kombination aus adaptierten Festnetztelefoniekomponenten, einer lokalen, modifizierten Nebenstellenanlage (PABX) und einem darauf abgestimmten Computersystem (LAN). Durch Verwendung entsprechender Programme können die eingehenden Anrufe identifiziert und klassifiziert werden. Wird das Gespräch dann auf einen Agentenplatz durchgestellt, so hat der betreffende Mitarbeiter des Call Centers (CC) die erforderlichen Kundeninformationen schon auf dem Bildschirm. Dabei verwendet man Automatic Call Distribution (ACD) und Skill Based Routing (SBR). ACD verteilt die ankommenden Gespräche automatisch auf den nächsten freien Agentenplatz. SBR berücksichtigt dabei die persönlichen Kenntnisprofile der Agenten, da der Anrufer über Tasteneingaben seine Hauptwünsche schon mitgeteilt hat, wird automatisch ein Mitarbeiter mit dem passenden Profil ausgesucht und ihm wird das Gespräch zugeteilt. Die aus dem Gespräch resultierende Aktion wird im Computersystem aufgenommen und weiterverarbeitet. Der Bedarf an Call Centern, sowohl für den Outbound- als auch für den Inboundtraffic nimmt kontinuierlich zu. Die Zahl der CC-Arbeitsplätze in Deutschland wird sich von 40.000 im Jahr 1998 auf 170.000 im Jahr 2002 erhöhen, jedes zweite Großunternehmen in Deutschland wird dann ein eigenes, gegebenenfalls outgesourctes, Call Center betreiben. Die Regulierungsbörde in Deutschland schätzt, daß in der Informationstechnik und in Call Centern zur Kundenbetreuung über 150.000 neue Arbeitsplätze entstehen.[2] Die Newcomer haben durch die größeren Freiheitsgrade auch in der Organisation bei der Entwicklung eigener Produkte die Möglichkeit, überproportional an der Lieferung der Gesamtinfrastruktur diese Arbeitsplätze beteiligt zu werden. Die CC-Applikationen erlauben im Rahmen der Computer-Telefon-Integration (CTI) die Ablösung der herkömmlichen sternförmigen Verkabelung der Telefonanlagen durch ringförmige, kostengünstigere LAN-Vernetzungen für Computer und Nebenstellenanlagen. Eine solche konvergierte In-House-Verkabelung kann auch in Kombination mit AANs eingesetzt werden.

Das Unternehmen SAP ist vor seinen Konkurrenten BaaN und Peoplesoft Marktführer in Produktion und Installation von betriebswirtschaftlicher Applikationssoftware[3] für Geschäftskunden. Besonders die SAP-Software R/3 erfordert ein stabiles Vernetzungskonzept aller Unternehmens- und Verwaltungsstandorte zur Übertragung von Lagerdaten, Bestandsveränderungen und Arbeitsaufträgen. Die Newcomer können durch ihre gemanagten Bandbreitendienste wie Frame Relay oder ATM in stärkerem Maße eine Verschmelzung der Übertragungsfunktionen und der Applikationsverarbeitungsfunktionen erreichen und sich damit von reinen Carriern wie der DTAG oder der France Télécom distanzieren.

---

[1] Vgl. PELZEL (1999a), S. 15.

[2] Vgl. REGTP (1999), S. 17.

[3] Man bezeichnet diese Applikationen auch als Enterprise Resource Planning System (ERP).

Tabelle 71: Internethostdichte, 1993 - 1998

Land	1993	1994	1995	1996	1997	1998
Deutschland	13,83	24,51	57,94	87,39	138,0	176,0
Großbritannien	19,10	38,92	75,13	100,31	173,0	246,0
USA	57,18	122,03	230,12	380,49	k. A.	k. A.
Hongkong	9,69	20,61	28,74	78,29	k. A.	k. A.
Israel	12,70	24,45	52,60	66,32	k. A.	k. A.
Japan	3,43	7,74	21,51	58,45	k. A.	k. A.
Singapur	9,94	17,92	76,24	94,92	k. A.	k. A.
Österreich	19,07	34,50	66,23	112,18	134,0	213,0
Dänemark	16,08	35,29	96,28	201,42	324,0	565,0
Finnland	65,15	134,31	422,29	552,30	949,0	896,0
Frankreich	9,33	14,44	26,04	42,04	61,0	87,0
Südafrika	2,69	6,50	11,65	24,03	k. A.	k. A.
Kanada	29,82	63,83	125,95	201,34	k. A.	k. A.
Island	66,70	170,10	310,07	432,31	k. A.	k. A.
Irland	6,49	15,48	37,47	74,55	111,0	155,0
Italien	2,99	5,36	12,80	26,06	44,0	67,0
Luxemburg	7,41	12,62	46,08	84,44	k. A.	k. A.
Niederlande	28,64	55,84	111,10	174,20	251,0	399,0
Norwegen	70,92	111,23	192,89	390,90	666,0	725,0
Spanien	3,62	7,04	10,18	28,04	50,0	78,0
Schweden	46,97	84,79	164,05	261,05	393,0	426,0
Schweiz	46,38	69,90	113,83	185,67	268,0	346,0

Quelle: ITU (1997b), S. A-10 f., EITO (1999), S. 60, die Angaben der Internethostdichte beziehen sich auf jeweils 10.000 Einwohner.

Tabelle 72: Eckdaten zur Informationsgesellschaft

Land/Region	Netz/Dienst	Direktanschlüsse
Weltweit		> 27.000.000
International	Internet	6.642.000
Frankreich	Minitel	6.500.000
USA	America Online	4.000.000
International	Compuserve	3.800.000
USA	Prodigy	1.500.000
Japan	PC-VAN	1.000.000
Japan	Nifty-Serve	970.000
Deutschland	T-Online	965.000
International	MSN	600.000
Japan	Asahi-Net	320.000
Japan	People	320.000
USA	Delphi	140.000
International	eWorld	120.000
Japan	ASCII-Net	100.000
USA	GEnie	100.000
Europa		9.278.600
	Minitel	6.500.000
	Internet	1.453.600
	T-Online	965.000
	Compuserve	360.000
Deutschland		1.481.000
	T-Online	965.000
	Internet	351.000
	Compuserve	160.000
	MSN	5.000
Frankreich		6.614.000
	Minitel	6.500.000
	Internet	114.000
USA		11.918.000
	Internet	4.278.000
	America Online	4.000.000
	Compuserve	1.900.000
	Prodigy	1.400.000
	Delphi	140.000
	Genie	100.000

Quelle: ZVEI (1996).

Tabelle 73: Internethost- und PC-Bestand

Land	PCs in Tausend	PCs pro 100 Einwohner	Internethosts in Tausend	Hostdichte pro 100 Einwohner	Internethosts pro 100 PCs
Deutschland	15.000	18,16	721,8	0,87	4,81
Großbritannien	11.200	18,99	591,6	1,00	5,28
USA	96.600	36,35	10.112,9	3,80	10,47
Hongkong	950	15,05	49,2	0,78	5,17
Israel	670	11,54	38,5	0,66	5,75
Japan	16.100	12,84	734,4	0,59	4,56
Singapur	660	21,68	28,9	0,95	4,38
Österreich	1.200	14,64	91,9	1,12	7,66
Dänemark	1.600	30,27	106,5	2,01	6,65
Finnland	930[1]	18,12	283,5	5,52	30,49
Frankreich	8.800	15,07	245,5	0,42	2,79
Südafrika	1.600	3,87	99,3	0,24	6,21
Kanada	5.700[2]	19,02	603,3	2,01	10,58
Island	55[3]	20,38	11,7	4,32	21,21
Irland	520[4]	14,33	27,1	0,75	5,20
Italien	5.300	9,23	149,6	0,26	2,82
Luxemburg	k. A.	k. A.	3,5	0,84	k. A.
Niederlande	3.600	23,18	270,5	1,74	7,51
Norwegen	1.193[5]	27,16	171,7	3,91	14,39
Spanien	3.700	9,43	110,0	0,28	2,97
Schweden	1.900	21,29	233,0	2,61	12,26
Schweiz	2.900	41.70	129,1	1,86	4,45

Quelle: ITU (1997b), S. A-18. Die Zahl der Internethosts ist Ende 1997 in Deutschland (Großbritannien) auf 1,132 Mio. (1,02 Mio.) und bis zum Jahresende 1998 auf 1,45 Mio. (1,44 Mio.) Stück gestiegen. Vgl. EITO (1999), S. 60.

---

[1] Zahl gilt für 1995.

[2] Zahl gilt für 1995.

[3] Zahl gilt für 1995.

[4] Zahl gilt für 1995.

[5] Zahl gilt für 1995.

Tabelle 74: Peak- und Off-Peak-Internetgebühren

Land	PSTN-Gebühr (peak time)	IAP-Gebühr	Anteil in % der PSTN-Gebühr am Total Basket	PSTN-Gebühr (off peak time)	IAP-Gebühr	Anteil in % der PSTN-Gebühr am Total Basket
Deutschland	57,92	16,74	77,57	39,55	16,74	70,26
Großbritannien	53,42	11,82	81,88	31,87	11,82	72,95
USA	13,93	14,95	48,23	13,93	14,95	48,23
Kanada	11,99	8,60	58,23	11,99	8,60	58,23
Island	15,51	17,72	46,68	10,78	17,72	37,82
Finnland	29,55	8,41	77,85	17,72	8,41	67,81
Spanien	31,01	20,00	60,79	31,01	20,00	60,79
Japan	33,38	16,57	66,77	33,28	16,57	66,77
Schweden	34,55	11,78	74,57	29,80	11,78	71,67
Luxemburg	38,44	23,92	61,64	22,26	23,92	48,20
Frankreich	43,35	9,01	82,77	30,94	9,01	77,46
Italien	43,40	10,50	80,53	28,72	10,50	73,24
Norwegen	44,33	10,71	80,54	24,17	10,71	69,30
Niederlande	50,58	15,01	77,12	32,57	15,01	68,46
Schweiz	56,08	19,04	74,65	35,18	19,04	64,88
Dänemark	58,29	14,25	80,35	36,32	14,25	71,82
Österreich	69,95	19,85	77,89	69,95	19,85	77,89
Irland	78,49	13,08	85,71	30,77	13,08	70,17

Quelle: OECD (1997), S. 115, die monatlichen Preise sind in US$ bei einer Nutzung von 20 Stunden angegeben.

Tabelle 75: Wachsende Netzwerke, 1991 - 2001

Kategorie	Installa-tionen 1991	Installa-tionen 1996	Installa-tionen 2001	CAGR, 1991 - 1996	CAGR, 1996 - 2001
Telefonfestanschlüsse	545,0	741,1	1.000,0	6,30 %	6,20 %
Mobilfunkteilnehmer	16,3	135,0	400,0	52,76 %	24,30 %
Personal Computer	123,0	245,0	450,0	14,80 %	12,90 %
Internet Hostcomputer	0,7	16,1	110,0	85,80 %	46,80 %
Geschätzte Internetnutzer	4,5	60,0	300,0	67,90 %	38,00 %

Verhältniszahlen	Installa-tionen 1991	Installa-tionen 1996	Installa-tionen 2001	CAGR, 1991 - 1996	CAGR, 1996 - 2001
Internetnutzer pro Host	6,2	3,7	3,0	- 9,60 %	- 4,20 %
Internethosts pro 100 Festan-schlüsse	0,1	2,2	11,0	74,70 %	38,20 %
Internetnutzer pro 100 Fest-anschlüsse	0,8	8,1	30,0	57,90 %	29,90 %
Internethosts pro 100 PCs	0,6	6,6	24,4	61,80 %	30,00 %
Internetnutzer pro 100 PCs	3,7	24,5	66,7	46,30 %	22,20 %

Quelle: ITU (1997b), S. 65; die weltweiten Installationen werden in Millionen angegeben, CAGR steht für Compound Annual Growth Rate, die Angaben für 2001 sind ITU-Schätzungen.

Abbildung 29: Nutzungsstrukturen der Internetanwendungen, 1998

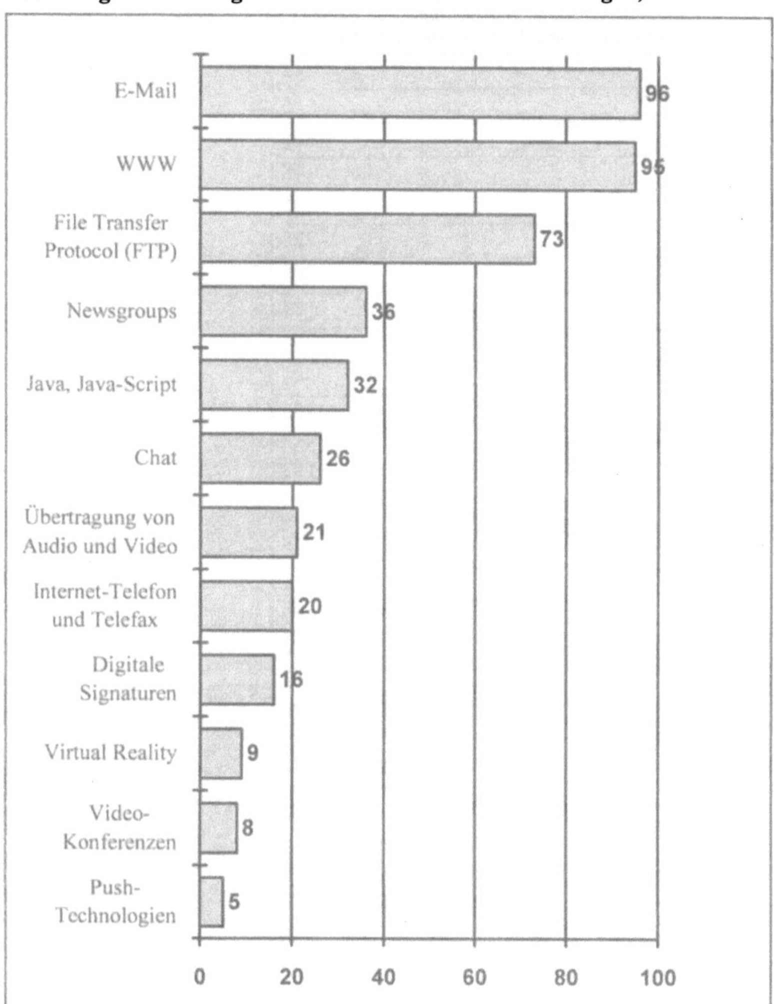

Quelle: REGTP (1999), Angaben in Prozent.

Tabelle 76: Unternehmenszusammenschlüsse in Deutschland

Jahr	Anzahl der Unternehmenszusammenschlüsse
1966	43
1967	65
1968	65
1969	168
1970	305
1971	220
1972	269
1973	34
1974	294
1975	445
1976	453
1977	554
1978	558
1979	602
1980	635
1981	618
1982	603
1983	506
1984	575
1985	709
1986	802
1987	887
1988	1.159
1989	1.414
1990	1.548
1991	2.007
1992	1.743
1993	1.514
1994	1.564
1995	1.430
1996	1.434

Quelle: GIERSBERG (1998), angezeigte Zusammenschlüsse gemäß Bundeskartellamt nach § 23 GWB, anzeigepflichtig seit 1972 sind mehr als 500 Mio. DM Volumen, bzw. mehr als 25-prozentige Beteiligungsverhältnisse.

Abbildung 30: Langfristige Entwicklung des Mobilfunkmarkts in Deutschland

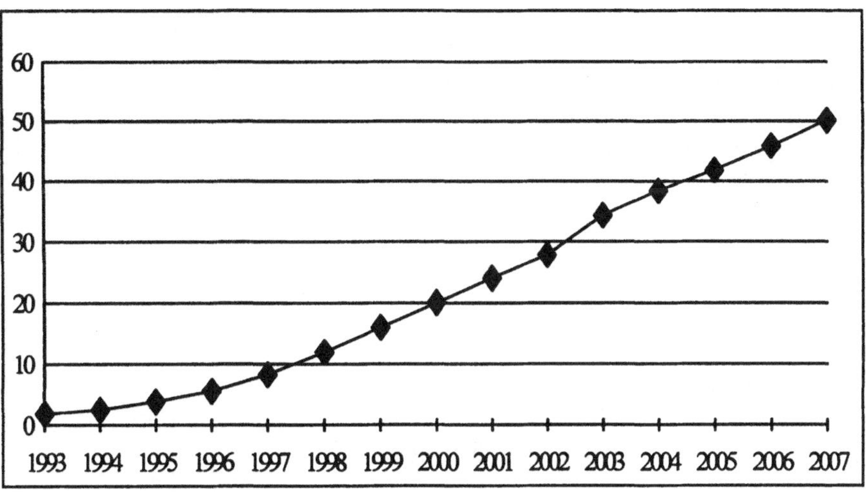

Quelle: PLICA (1998), alle Angaben in Millionen Nutzer, von 1998 an Prognose.

Tabelle 77: Netzebenen in Deutschland

BK-Netzebene Eins	Fernverteilung	Vom zentralen Empfangssystem zum Regionalverteiler, bzw. von den Programmstudios zum Satelliten (TV-Schnittstelle)
BK-Netzebene Zwei	Verteilung in Regionen	Vom Regionalverteiler (Kabelkopfstationen) zum Segementverteiler (Kabel-Verstärkerstelle)
BK-Netzebene Drei	Verteilung in Straßenzügen	Vom Segementverteiler zum Hauptverteiler/Übergabepunkt
BK-Netzebene Vier	Grundstücksverteilung	Vom Hauptverteiler bis zum Hausanschluß (Kabelanschlußdose)
(BK-Netzebene Fünf)	Hausverteilung	Vom Hausanschluß bis zum Endgerät

Quelle: Eigene Analysen und WESTLB (1998), S. 68.

Tabelle 78: Schritte zur globalen Informationsgesellschaft

Deutsche Informations-Infrastruktur	
FVIT-Memorandum "Die Bedeutung der Informationstechnik für die Gesellschaft des 21. Jahrhunderts"	Sept. 1993
Konstituierung des Technologierats beim Bundeskanzleramt	1994
Abschlußberichte der VDMA/ZVEI-Arbeitsgruppen zur Informationsgesellschaft	Juli 1995
Bericht "Info 2000: Deutschlands Weg in die Informationsgesellschaft"	1995/96
Europäische Informations-Infrastruktur	
EUROBIT-Memorandum "Building the European Information Highway"	Nov. 1993
Weißbuch der EU-Kommission "Wachstum, Wettbewerbsfähigkeit, Beschäftigung"	Dez. 1993
Bangemann-Bericht "Europa und die globale Informationsgesellschaft"	Juni 1994
EU-Ratstagung Korfu	Juni 1994
Aktionsplan der Europäischen Kommission "Europas Weg in die Informationsgesellschaft"	Juli 1994
EU-Grünbücher zu politischen, rechtlichen und sozialen Aspekten der Informationsgesellschaft	Seit Ende 1994
Regionale Informations-Infrastrukturen	
Naher Osten: Regional Arab Information Technology Network (RAITN)	1994
Afrika: Communiqué of Addis Adeba	April 1995
Südostasien: Seoul Declaration for the Asia-Pacific Information Infrastructure: the A II	Mai 1995
Globale Informations-Infrastruktur	
Clinton/Gore-Initiative	1994
Kyoto Deklaration der ITU Plenipotentiary Conference	Okt. 1994
EUROBIT/ITI/JEIDA-Memorandum "Global Information Infrastructure: Recommendations to the G7 Meeting"	Jan. 1995
G7-Ministerkonferenz zur weltweiten Informationsgesellschaft	Febr. 1995
EUROBIT/ITI/JEIDA Gipfel zur globalen Informations-Infrastruktur	Nov. 1995

Quelle: ZVEI (1996).

Tabelle 79: Mobilfunkteilnehmer in Europa, 1990 - 1999

Land	1990	1995	1996	1997	1998	1999
Deutschland	272.600	3.750.000	5.118.357	8.252.070	13.250.00	21.300.000
Großbritannien	1.114.000	5.735.800	6.314.000	8.850.351	9.071.000	14.850.000
Italien	266.000	3.864.000	5.397.500	11.683.000	k. A.	k. A.
Schweden	461.200	2.025.000	2.362.622	2.492.000	k. A.	k. A.
Spanien	54.700	965.700	2.135.000	4.338.087	k. A.	k. A.
Frankreich	283.200	1.379.000	2.050.005	5.763.000	k. A.	k. A.
Finnland	226.000	1.017.600	1.368.855	2.176.000	k. A.	k. A.
Dänemark	148.200	822.300	1.286.062	1.421.000	k. A.	k. A.
Norwegen	196.800	980.800	1.171.050	1.677.000	k. A.	k. A.
Niederlande	79.000	513.000	881.000	1.716.000	k. A.	k. A.
Schweiz	125.000	447.200	585.000	1.050.000	k. A.	k. A.
Österreich	73.700	383.500	526.422	1.164.000	k. A.	k. A.
Portugal	6.500	340.800	471.378	663.000	k. A.	k. A.
Griechenland	k. A.	273.000	451.601	938.000	k. A.	k. A.
Belgien	42.900	235.000	365.650	983.000	k. A.	k. A.
Irland	25.000	158.000	226.000	450.000	k. A.	k. A.
Zypern	3.200	44.500	64.833	80.000	k. A.	k. A.
Island	10.000	30.900	42.021	50.000	k. A.	k. A.
Luxemburg	800	26.700	39.350	43.000	k. A.	k. A.
Malta	k. A.	10.800	13.251	16.000	k. A.	k. A.
Jersey	900	4.400	5.588	6.200	k. A.	k. A.
Andorra	k. A.	2.800	4.483	4.800	k. A.	k. A.
Faröer	k. A.	k. A.	3.250	4.000	k. A.	k. A.
Guernsey	500	2.400	3.000	3.400	k. A.	k. A.
Gibraltar	k. A.	k. A.	940	1.200	k. A.	k. A.
Summe aller europäischen analogen und digitalen Mobilfunkteilnehmer	3.425.000	24.110.800	30.887.218	56.789.000		

Quelle: ITU (1997a), S. A-35, EITO (1997), S. 161, ITU (1998), S. A-91, CIT (1999), S. 20 ff., EITO (1999), S. 405, OFTEL (1999),HANDELSBLATT (1999), eigene Analysen.

Tabelle 80: Mobilfunkanbieter in den USA, 1998

Unternehmen	Anzahl der Kunden in Mio.
Airtouch	7,5
AT & T	6,8
Bell Atlantic	5,9
Southwestern Bell	5,3
GTE Mobile	4,7
Bell South	4,5
ALLTEL	3,9
Ameritech	3,5
Nextel	2,4
US Cellular	2,0
Sprint PCS	1,8
Summe	48,3

Quelle: KULS (1999).

Tabelle 81: Abgehende internationale Gespräche im Vergleich

Land	Minuten in Mio., 1995	Minuten in Mio., 1996	Minuten pro Einwohner, 1995	Minuten pro Einwohner, 1996	Minuten pro Teilnehmer, 1995	Minuten pro Teilnehmer, 1996
Deutschl.	5.244,0	5.200,0	64,1	63,5	129,8	117,9
Großbrit.	4.070,0	4.539,0	69,5	78,1	138,4	148,0
USA	15.657,2	19.172,2	59,5	71,9	95,1	112,4

Quelle: ITU (1997a), S. A-51, ITU (1998), S. A-59.

Tabelle 82: Interconnectionpreise in Deutschland, 2000

Angaben pro Minute ohne MwSt und in Pfennigen, Reduktion in % in Klammern	Peak-Zeit, Mo -Fr, (9:00 - 18:00)	Off-Peak-Zeit, Mo -Fr, (18:00 - 9:00) und Sa, So 0:00 - 24:00
Ortszone (City)	1,71 (13,2 %)	1,08 (13,0 %)
Region 50	2,92 (13,1 %)	1,75 (13,4 %)
Region 200	3,69 (13,2 %)	2,04 (13,2 %)
Fernzone	4,47 (13,2 %)	2,75 (13,0 %)

Quelle: Eigene Anfrage bei der RegTP, Gültigkeit ab 1.1.2000, Durchschnittspreis 2,04 Pfennige pro Minute

Tabelle 83: Alternative Netzzugänge

	Analoge A/B-Leitung	ISDN	xDSL	Breit-band-kabel-netz	Point-to-Multi-point Richt-funk	Strom-netz	Satelli-tennetz	Mobil-funk/ GSM	Mobil-funk/ UMTS
Tech-nische Aus-führung	50	100	100	100	50	10	10	50	10
Kosten-analyse	100	100	50	50	50	100	50	100	50
Aufbau-zeit	100	100	10	50	10	10	50	10	10
Summe	250	300	160	200	110	120	110	160	70
Platz	2	1	4	3	6	5	6	4	7

Quelle: Basierend auf Expertenmeinungen. Die Angabe 100 bedeutet optimal, 50 bedeutet einge-schränkt vorteilhaft, 10 bedeutet ungeeignet bzw. unvollständig implementiert. Die Plazierung indiziert die Realisierungsattraktivität.

Begründung der oben genannten Bewertungen:

Analoge A/B-Leitung: Die flächendeckend vorhandene Infrastruktur kann kostengünstig betrieben werden (allerdings nur aus Sicht des Ex-Monopolisten), sie erlaubt aber nur begrenzte zusätzliche innovative Dienste über Fax und Modem hinaus.

ISDN: Vergleichsweise hoher Verbreitungsgrad in Deutschland. Zum Einsatz sind keine Modifikationen am Transportsystem sondern nur an den Vermittlungs- und Empfangseinrichtungen erforderlich. ISDN ermöglicht die gleichzeitige Benutzung von E-Mail, Internet und Telefon auf nur einer Doppelader.

xDSL: Neue innovative Technologie besonders in der höheren Geschwindigkeitsklasse, die Umstellung ist teurer als bei ISDN. Die flächendeckende Einführung wird derzeit vom Ex-Monopolisten verzögert.

Breitband-Kabel: Im europäischen Vergleich gibt es in Deutschland einen sehr hohen Verbreitungsgrad, die vorhandenen Installationen weisen einen störungsfreien Standard auf, allerdings erfordert die Einführung der Rückkanalfähigkeit eine hohe Vorinvestition.

Point-to-Multipoint-Richtfunk: (PMP) Aktuelle Vergabe von 689 Lizenzen (3,5 und 26 GHz) in 262 Landkreisen. Die Technologie ist ausgereift, allerdings steht der technische Aufbau ganz am Anfang. Moderne Richtfunksysteme kompensieren die wetterbedingten Störungen auf der Funkstrecke und sie bieten ausreichend Schutz gegen aktive Abhörmaßnahmen.

Stromnetz: Vollständige Netzflächendeckung, allerdings gibt es keine massenmarkttauglichen und störungsfreien Kommunikationsadapter.

Satellitennetz: Einige globale Netze sind in Betrieb. Die Empfangsanlage benötigt jedoch Sichtkontakt zum Satelliten und teilweise treten Laufzeitprobleme auf. Hohe Gebühren und unhandliche Geräte schrecken die potentiellen Teilnehmer ab.

Mobilfunk GSM: Hohe Flächendeckung in Europa und die Teilnehmer profitieren von fallenden Gebühren und subventionierten Endgeräten. In Ballungszentren treten jedoch schon Netzüberlastungen auf. Entsprechende Homezone-Konzepte stehen erst am Anfang ihrer Markteinführung.

Mobilfunk UMTS: Innovativer breitbandiger Weltstandard, allerdings ist das Einführungs- und Endgerätekonzept noch nicht verabschiedet. Für die Betreiber werden hohe Anlaufverluste und Lizenzgebühren anfallen.

Tabelle 84: Alternativen im Local Loop

Ver-fahren	Eigene terrestrische Infrastruktur	Neue drahtlose Technologien	Eingeführte Mobilfunkkonzepte	Nutzung von alternativen Netzen, z.B. Kabel-TV
Chancen	Unabhängigkeit von Interconnection Agreements, Nutzung von WDM[1]	Flexible Anbindung möglich, z. B. mit DECT, HALE oder LMDS	Integration eines vorhanden Kundenpotentials (mit einer Rufnummer)	Kurzfristige Anbindung möglich, ADSL auch mit Multmediaansätzen, z. B. Internet
Risiken	Hohe Investitionen, zusätzlich Schwierigkeiten in den Genehmgungsverfahren	Keine einheitlichen Standards, starke Ausprägung von regionalen Lösungen	Andere Preisgestaltung erforderlich, Preisniveau maximal 15 % über Festnetz, Kapazitätsbeschränkungen bei GSM	DTAG kann den Zugriff blockieren, Investitionen teilweise beim Endverbraucher erforderlich

Quelle: MISERRE (1997), S. 92 und eigene Untersuchungen.

---

[1] Wavelength Division Multiplexing (WDM) ist eine Übertragungstechnik, bei der verschiedene Wellenlängen zur gleichzeitigen Datenübertragung über eine einzige Glasfaser genutzt werden. Damit können auf einer einzigen Glasfaser bis zu 16 unabhängige Kanäle übertragen werden.

Ergänzungen der aktuellen Veränderungen im TK-Markt

Die France Télécom plant eine mindestens zwanzigprozentige Beteiligung für 3 Mrd. DM an der MobilCom zu erwerben. Mit einem Umsatz von 2,5 Mrd. DM hat MobilCom das Geschäftsjahr 1999 erfolgreich abgeschlossen, MobilCom verfügt über 3 Mio. Festnetz- und 2 Mio. Mobilfunkkunden.[1]

In der zweiten Jahreshälfte 1999 hat Arcor im Rahmen einer Akquisition den City Carrier ISIS übernommen.

Die DTAG gründet ein gemeinsames Joint-Venture mit dem Debis Systemhaus im März 2000 und verstärkt damit die Lösungsgeschäftsaktivitäten der DeTeSys.

Die DTAG-Tochter T-Online hat im ersten Quartal 2000 den Börsengang durchgeführt.

Die fusionierten Konzerne VIAG und VEBA firmieren ab dem Frühsommer 2000 unter dem Namen E.ON; ein neuer Konzern mit 140 Mrd. DM Umsatz und 200.000 Beschäftigten.

Vodafone hat die Mannesmann Mobilfunk für über 200 Mrd. DM übernommen, dabei werden jährliche Einsparungen aus Synergien von bis zu 1,5 Mrd. DM erwartet.[2]

Der inzwischen von der Kirchgruppe betriebene Pay-TV-Sender „Premiere World" plant ein neues Bündnis mit dem amerikanischen Medienhändler R. Murdoch und der DTAG. Dabei soll R. Murdoch mit seinem britischen Pay-TV-Sender BSkyB mit knapp 3 Mrd. DM bei Premiere World einsteigen und die Deutsche Telekom AG will sich an der beta research, dem Hersteller der d-box, beteiligen. Es ist geplant, die d-box so weiterzuentwickeln, daß Internetapplikationen darüber gefahren werden können. Gegen den Widerstand von ARD und Bertelsmann argumentiert die DTAG unter anderem mit dem geplanten Verkauf der Kabelfernsehnetze.[3]

---

[1] Vgl. COMPUTERWOCHE (2000), France Télécom plant die Übernahme von MobilCom, in: Computerwoche 12/2000 vom März 2000, S. 9.

[2] Vgl. WINTERMANN (2000), In Europa entsteht ein neuer Mobilfunkgigant, in: Die Welt vom 4. Februar 2000.

[3] Vgl. WILD (2000), Widerstand gegen Kirch-Telekom-Bündnis, in: Süddeutsche Zeitung vom 21. Februar 2000.

Wirtschaftswissenschaftliche Beiträge

Band 142: Ph. C. Rother, Geldnachfragetheoretische
Implikationen der Europäischen Währungsunion,
1997. ISBN 3-7908-1014-2

Band 143: E. Steurer, Ökonometrische Methoden
und maschinelle Lernverfahren
zur Wechselkursprognose, 1997.
ISBN 3-7908-1016-9

Band 144: A. Groebel, Strukturelle Entwicklungs-
muster in Markt- und Planwirtschaften, 1997.
ISBN 3-7908-1017-7

Band 145: Th. Trauth, Innovation und
Außenhandel, 1997. ISBN 3-7908-1019-3

Band 146: E. Lübke, Ersparnis und wirtschaftliche
Entwicklung bei alternder Bevölkerung, 1997.
ISBN 3-7908-1022-3

Band 147: F. Deser, Chaos und Ordnung
im Unternehmen, 1997. ISBN 3-7908-1023-1

Band 148: J. Henkel, Standorte, Nachfrageexternali-
täten und Preisankündigungen, 1997.
ISBN 3-7908-1029-0

Band 149: R. Fenge, Effizienz der Alterssicherung,
1997. ISBN 3-7908-1036-3

Band 150: C. Graack, Telekommunikationswirtschaft in der Europäischen Union, 1997.
ISBN 3-7908-1037-1

Band 151: C. Muth, Währungsdesintegration –
Das Ende von Währungsunionen, 1997.
ISBN 3-7908-1039-8

Band 152: H. Schmidt, Konvergenz wachsender
Volkswirtschaften, 1997. ISBN 3-7908-1055-X

Band 153: R. Meyer, Hierarchische Produktions-
planung für die marktorientierte Serienfertigung,
1997. ISBN 3-7908-1058-4

Band 154: K. Wesche, Die Geldnachfrage
in Europa, 1998. ISBN 3-7908-1059-2

Band 155: V. Meier, Theorie der Pflegever-
sicherung, 1998. ISBN 3-7908-1065-7

Band 156: J. Volkert, Existenzsicherung in der
marktwirtschaftlichen Demokratie, 1998.
ISBN 3-7908-1060-6

Band 157: Ch. Rieck, Märkte, Preise und
Koordinationsspiele, 1998. ISBN 3-7908-1066-5

Band 158: Th. Bauer, Arbeitsmarkteffekte der
Migration und Einwanderungspolitik, 1998.
ISBN 3-7908-1071-1

Band 159: D. Klapper, Die Analyse von
Wettbewerbsbeziehungen mit Scannerdaten, 1998.
ISBN 3-7908-1072-X

Band 160: M. Bräuninger, Rentenversicherung und
Kapitalbildung, 1998. ISBN 3-7908-1077-0

Band 161: S. Monissen, Monetäre Transmissions-
mechanismen in realen Konjunkturmodellen, 1998.
ISBN 3-7908-1082-7

Band 162: Th. Kötter, Entwicklung statistischer
Software, 1998. ISBN 3-7908-1095-9

Band 163: C. Mazzoni, Die Integration der Schweizer Finanzmärkte, 1998. ISBN 3-7908-1099-1

Band 164: J. Schmude (Hrsg.) Neue Unternehmen
in Ostdeutschland, 1998. ISBN 3-7908-1109-2

Band 165: A. Rudolph, Prognoseverfahren
in der Praxis, 1998. ISBN 3-7908-1117-3

Band 166: J. Weidmann, Geldpolitik und europäische Währungsintegration, 1998.
ISBN 3-7908-1126-2

Band 167: A. Drost, Politökonomische Theorie der
Alterssicherung, 1998. ISBN 3-7908-1139-4

Band 168: J. Peters, Technologische Spillovers zwischen Zulieferer und Abnehmer, 1999.
ISBN 3-7908-1151-3

Band 169: P.J.J. Welfens, K. Gloede, H.G. Strohe,
D. Wagner (Hrsg.) Systemtransformation in
Deutschland und Rußland, 1999.
ISBN 3-7908-1157-2

Band 170: Th. Langer, Alternative Entscheidungs-
konzepte in der Banktheorie, 1999.
ISBN 3-7908-1186-6

Band 171: H. Singer, Finanzmarktökonomie, 1999.
ISBN 3-7908-1204-8

Band 172: P.J.J. Welfens, C. Graack (Hrsg.)
Technologieorientierte Unternehmensgründungen
und Mittelstandspolitik in Europa, 1999.
ISBN 3-7908-1211-0

Band 173: T. Pitz, Recycling aus produktions-
theoretischer Sicht, 2000. ISBN 3-7908-1267-6

Band 174: G. Bol, G. Nakhaeizadeh, K.-H. Vollmer
(Hrsg.), Datamining und Computational Finance,
2000. ISBN 3-7908-1284-6

Band 175: D. Nautz, Die Geldmarktsteuerung
der Europäischen Zentralbank und das Geldangebot
der Banken, 2000. ISBN 3-7908-1296-X

Band 176: G. Buttler, H. Herrmann, W. Scheffler,
K.-I. Voigt (Hrsg.), Existenzgründung, 2000.
ISBN 3-7908-1312-5

Band 177: B. Hempelmann, Optimales Franchising,
2000. ISBN 3-7908-1316-8

Paul J. J. Welfens; C. Graack

Telekommunikationswirtschaft

Deregulierung, Privatisierung und Internationalisierung

1. Aufl. 1996. XVIII, 272 S. 41 Abb., 18 Tab.
Geb. DM 86,- ISBN 3-540-60690-4

Die Telekommunikationswirtschaft ist das Nervensystem der
modernen Wirtschafts- und Freizeitgesellschaft in Europa.
Dieses Buch behandelt die strategische Rolle der Telekommunikation in der Informationsgesellschaft, präsentiert aktuelle
internationale Entwicklungen und diskutiert die zentralen
Aspekte einer zukunftsweisenden Deregulierungspolitik sowie
Liberalisierungsoptionen in Deutschland und den EU-Partner-
ländern. Privatisierungsaspekte, das Phänomen internationaler
Allianzen und langfristige Internationalisierungstendenzen
werden in ihren wirtschaftlichen Bedeutungen analysiert.

Springer-Verlag, Kundenservice, Haberstr. 7, 69126 Heidelberg, Deutschland, Fax +49 6221/345-229, e-mail: orders@springer. de

C. Graack

Telekommunikationswirtschaft in der Europäischen Union

Innovationsdynamik, Regulierungspolitik und Internationalisierungsprozesse

1. Aufl. 1997. XXII, 404 S. 67 Abb., 35 Tab.
(Wirtschaftswissenschaftliche Beiträge Bd. 150)
Brosch. DM 120,- ISBN 3-7908-1037-1

Durch die Entwicklung innovativer Übertragungstechnologien, Deregulierungsinitiativen auf nationaler und supranationaler Ebene und die schrittweise Privatisierung der ehemaligen staatlichen Netzbetreiber haben sich die Voraussetzungen für den Markteintritt von Newcomern in der Telekommunikationswirtschaft geändert. Dieses Buch zeigt die neueren Entwicklungen innerhalb der Telekommunikationswirtschaft, insbesondere mit Blick auf die Länder der Europäischen Union auf, analysiert aus theoretischer und regulierungspolitischer Sicht und formuliert effiziente Politikoptionen. Weiterhin werden internationale Impulse, Verflechtungen und Deregulierungsinterdependenzen verdeutlicht und die sich hieraus ergebenden Veränderungen und Anpassungstendenzen in der europäischen Telekommunikationswirtschaft aufgezeigt.

Physica-Verlag

Ein Unternehmen des Springer-Verlags

Springer-Verlag, Kundenservice, Haberstr. 7, 69126 Heidelberg, Deutschland, Fax +49 6221/345-229, e-mail: orders@springer.de